AutoCAD 实用技巧大全

袁传杰 / 编著

中国铁道出版社有限公司
CHINA RAILWAY PUBLISHING HOUSE CO., LTD.

内 容 简 介

AutoCAD 是一款功能强大的计算机辅助设计软件，主要用于二维绘图和基本三维设计，在国内拥有庞大的用户群。用户在学习和使用 AutoCAD 的过程中难免会遇到各种各样的问题，本书是在总结归纳网友提出的各类常见问题基础上，结合 AutoCAD 版本升级带来的变化，从实用角度出发编写而成。这些问题涉及从绘图到打印出图的各个环节，可帮助读者快速提升 AutoCAD 的使用水平和工作效率。

本书可以帮助初学者完成从入门到高手的跨越，也能帮助资深用户解决工作中遇到的一些实际问题，既可以作为 CAD 使用者手边的一本速查手册，也可作为高等院校和培训机构相关专业师生的参考书。

图书在版编目（CIP）数据

AutoCAD 实用技巧大全/袁传杰编著. —北京：中国铁道出版社有限公司，2020.10

ISBN 978-7-113-27087-2

Ⅰ.①A… Ⅱ.①袁… Ⅲ.①AutoCAD 软件-问题解答 Ⅳ.①TP391.72-44

中国版本图书馆 CIP 数据核字(2020)第 131815 号

书　　名： AutoCAD 实用技巧大全
AutoCAD SHIYONG JIQIAO DAQUAN
作　　者： 袁传杰

责任编辑： 于先军　　**读者热线电话：**（010）63560056　　**邮箱：** 46768089@qq.com
封面设计： MXK DESIGN STUDIO
责任校对： 孙　玫
责任印制： 赵星辰

出版发行： 中国铁道出版社有限公司（100054，北京市西城区右安门西街 8 号）
印　　刷： 国铁印务有限公司
版　　次： 2020 年 10 月第 1 版　2020 年 10 月第 1 次印刷
开　　本： 787 mm×1 092 mm　1/16　**印张：** 27.25　**字数：** 710 千
书　　号： ISBN 978-7-113-27087-2
定　　价： 89.00 元

配套资源下载地址：

链接：https://pan.baidu.com/s/1sIL3etGldGHVBXC78xOXpQ

提取码：m5ag

http://www.m.crphdm.com/2020/0812/14284.shtml

前　言

AutoCAD（简称为 CAD，本书在无特别说明时，CAD 即指 AutoCAD）有上千个命令和变量，虽然我已经接触 CAD 有 20 多年，而且还一直从事与 CAD 相关的工作，但还是有不少功能和变量不了解甚至根本没用过，在使用 CAD 过程中也经常会遇到各种问题。起初，遇到问题后我会先查看 CAD 的帮助，但很多问题在 CAD 帮助中无法找到答案，只能到网上去寻找解决方法。于是，我关注了一些论坛和贴吧，经常去看网友分享的 CAD 实用技巧，有时候也帮网友解答一些问题。

一段时间后，我发现网上的信息太零散，而且非常凌乱，一个问题可以搜到好多答案，有的虽然正确但讲解太过简单，并未将问题讲清楚，有些写得很详细但却不太对甚至完全是错误的，需要自己挨个去试才知道哪个是对的；而且大家遇到的问题很多都是类似的，昨天刚回答了这个问题，今天又有人提相同的问题，我经常要重复回答相同的问题。2011 年，我在新浪博客上注册了一个账号：CAD 小苗，利用业余时间将 CAD 的各种使用技巧编写成博文，然后在论坛和贴吧上分享给大家。之所以取名 CAD 小苗，一是希望能帮助很多初学者成长为 CAD 高手，同时也希望大家在使用 AutoCAD 的同时，能多关注和支持国产 CAD，让国产 CAD 也能从一棵小苗成长成参天大树。

到 2017 年，已经发布 CAD 疑难解答和使用技巧文章 400 多篇，博客访问量超过 700 万，很多文章阅读量上万，最多的超过 30 万。博客也成为我与网友交流的平台，很多文章的素材就来自这些网友，当看到网友表示肯定的留言或帮助网友解决了一个难题时，我有一种满足感和成就感，这就是最好的回报，也是我能一直坚持下来最重要的原因。

近几年博客的热度明显下降，我博客上的文章还经常被一些网站和个人抄袭，我开始尝试其他自媒体平台，最终选择了微信公众号。公众号延用了博客的账号：CAD 小苗（CADSKILL）。不仅将博客文章都重新整理后发布到公众号，还不断地分享更多的 CAD 使用技巧以及图库、插件、绘图教程和练习图，目前发布的文章已经超过 1 400 篇。

也正是看到了我的博客，于编辑找到我，希望能结合网友提出的问题和我发表的文章出版一本介绍 CAD 实用技巧的图书，我也非常愿意把相关的知识进行总结归纳，以便帮助到更多人。

于是，我结合 AutoCAD 版本升级带来的变化，以及近几年与网友交流的心得，对以往的文章重新整理，并加入更多快捷实用的解决方法，才有了大家今天看到的这本书。

为了方便读者阅读学习，在编写本书时，按照问题类型进行编排，将同一类型的问题归到一章中，这样大家可以集中学习同一类问题，也便于理解掌握。

由于本书篇幅有限，无法囊括我博客和微信公众号分享的所有 CAD 技巧，只能从中精选一些常用、实用的 CAD 使用技巧，并加入一些新的内容进行讲解。大家在学习和使用 CAD 中如果遇到常规问题，通常都可以在本书中找到答案。如果遇到疑难杂症，在书中没有找到答案，可以到我的微信公众号去咨询，我会尽所能帮助大家解答。

在本书编撰过程中，难免有不足和疏漏之处，恳请读者批评指正，不吝赐教。

袁传杰
2020 年 9 月

目录

第 1 章 文件相关问题......1

1.1 AutoCAD 都用到哪些文件格式，各种文件格式都有什么用？......1

1.2 DWG 和 DXF 文件有哪些版本？......3

1.3 如何快速识别 DWG 文件的版本？......4

1.4 设置好的图层、线型等是否能在新建图纸时使用？样板文件有什么用？......5

1.5 AutoCAD 的样板文件存放在什么地方？样板文件怎么使用？......5

1.6 怎样能不用选择样板文件就快速新建图形？......7

1.7 如何设置自动保存的时间？......8

1.8 如何快速找到并打开自动保存的文件？......9

1.9 为什么图纸目录下会有 BAK 文件？如何能不生成 BAK 文件？......10

1.10 AutoCAD 文件如何瘦身？......11

1.11 为什么打开和保存文件时出现命令行提示，而不是弹出对话框？......12

1.12 打开 DWG 图纸时提示“非 Autodesk DWG”有问题吗？......13

1.13 图纸文件为什么无法打开？遇到这种情况怎么办？......14

1.14 为什么图纸内容不多但文件特别大？AutoCAD 文件如何瘦身？......15

1.15 什么是自定义对象？什么是代理图形（Proxy Entity）？......18

1.16 为什么把图形复制粘贴到另一张图后会改变？......21

1.17 图形有时无法复制粘贴是怎么回事？......28

1.18 AutoCAD 中如何输出和输入 PDF 格式？......29

1.19 怎样将图纸使用的字体、图像、外部参照一起打包？如何使用电子传递功能？......34

1.20 AutoCAD 中如何将图纸输出成 JPG、PNG 等格式的图像？......36

第 2 章 绘图环境设置......42

2.1 如何设置模型和布局空间的背景颜色？......42

2.2 单位应该如何设置？AutoCAD 中单位到底有没有用？......45

2.3 绘图前一定要设置图形界限吗？图形界限有什么作用？......47

2.4 新建图纸的视图范围不合适怎么办？......48

2.5 如何设置十字光标的长度？怎样让十字光标充满图形窗口？......52

2.6 如何设置十字光标中间方框的大小？这个方框有什么用？......53

2.7 如何设置快捷键？编辑后如何立即生效？......55

2.8 如何设置默认比例列表？......58

2.9 命令行不见了怎么办？......60

2.10 替换字体的对话框不弹出来怎么办？如何重新显示被隐藏的消息对话框？......62

2.11 重生成是什么？缩放时为什么提示无法进一步缩小或放大？圆为什么显示为多边形？..63

第 3 章 基础操作......66

3.1 AutoCAD 中执行命令的方式有哪些？......66

3.2 命令前加与不加“-”的区别？......67

3.3 如何快速重复执行命令？......68

3.4 AutoCAD 中鼠标可以实现哪些操作？为什么有时鼠标中键无法平移？......69

3.5 坐标如何输入？......74

3.6 修改图形的基本操作有哪些？......74

3.7 如何调整图形的显示？......75

3.8 如何取消刚进行的操作？......76

第 4 章 绘图辅助工具......77

4.1 什么是世界坐标系？什么是 UCS？......77

4.2 什么是绝对坐标？什么是相对坐标？什么是极坐标？......78

4.3 UCS 怎么用？UCS 的基本应用有哪些？......79

4.4 栅格有什么作用？......83

4.5 为什么光标不能连续移动？......85

4.6 什么是正交（ORTHO）功能？怎样开关正交功能？......85

4.7 什么是动态输入，动态输入和命令行中输入坐标有什么不同？......87

4.8 什么是极轴追踪？极轴如何使用？......89

4.9 如何使用对象追踪？......90

4.10 对象捕捉的设置方法有哪几种？对象捕捉有哪些选项？......92

4.11 对象捕捉的灵敏度由什么控制？......95

4.12 当图形密集不容易捕捉到自己需要的点时怎么办？......97

4.13 定位时如何合并不同点的 X、Y 轴坐标值？捕捉菜单中的点过滤器怎么用？......98

4.14 捕捉自（FROM）怎么用？......99

4.15 两点没有连线，想捕捉两点间的中点怎么办？......104

4.16 想定位到离捕捉点一定距离处怎么办？追踪捕捉方式如何使用？......105

4.17 有些点直接捕捉无法定位怎么办？......106

4.18 什么是递延垂足和递延切点？......109

第 5 章 选择的方法和技巧......111

5.1 选择对象的方法有哪些？......111

5.2 AutoCAD 中隐藏起来的选择选项有哪些？......114

5.3 选择对象时之前选择的对象被取消，为什么不能累加选择？......116

5.4 如何快速选择相同或类似的图形?......116

5.5 快速选择（QSELECT）怎么用？......118

5.6 选择过滤器（Filter）运算符怎么用？......119

5.7 在 AutoCAD 中怎样反选？......123

第 6 章 图层......125

6.1 图层有什么作用？......125

6.2 什么是当前层？如何设置当前层？ 126
6.3 如何将图形移动到其他图层上？ 127
6.4 图层的开关、锁定和冻结有什么作用？ 128
6.5 图纸中为什么会多出 Defpoints 图层？ 132
6.6 图层过滤器有什么作用？ 133
6.7 图层状态管理器有什么作用？ 137
6.8 什么是图层隔离？如何使用？ 138
6.9 图层转换的作用是什么？图层转换器如何使用？ 139
6.10 提示存在未协调图层是怎么回事？应该如何解决？ 140

第 7 章 对象属性 143

7.1 Bylayer、Byblock 是什么意思？ 143
7.2 在 AutoCAD 中颜色有哪些作用？ 144
7.3 线型有什么作用？线型如何加载？ 144
7.4 线宽的作用是什么？画图时是否必须设置线宽？ 147
7.5 为什么虚线会显示为实线？线型比例应如何设置？ 150
7.6 线型显示不正常是什么原因？ 153
7.7 如何定制自己的线型？ 155

第 8 章 图形绘制 160

8.1 画线时是否可以先确定角度，然后再设置长度？ 160
8.2 多段线的绘制技巧有哪些？ 161
8.3 矩形命令画出来的不是矩形是怎么回事？ 166
8.4 怎样设置和编辑多线（MLINE）？ 170
8.5 如何等分一条直线或曲线？如何沿曲线排列图形？ 172
8.6 如何利用 Excel 输入坐标在 AutoCAD 中画图？ 176
8.7 面域（REGION）有什么用？为什么有时生成面域不成功？ 179
8.8 如何画三维模型的等轴测图？ 180
8.9 如何计算图形的面积？ 183
8.10 如何测量多个连续线段长度？ 188
8.11 如何提取 AutoCAD 图纸中图形的数据？ 189

第 9 章 图形编辑 194

9.1 什么是夹点？夹点编辑怎么用？ 194
9.2 如何编辑多段线？ 198
9.3 如何旋转图形让它与一条斜线平行？ 201
9.4 如何将图形前置和后置？ 203
9.5 拉长怎么用？怎样绘制指定弧长的圆弧？ 205
9.6 如何把一个图形缩放为想要的尺寸？ 207
9.7 修剪（TRIM）和延伸（EXTEND）的使用技巧有哪些？ 209
9.8 圆角（FILLET）、倒角（CHAMFER）的使用技巧有哪些？ 213
9.9 如何对齐图形？对齐（ALIGN）命令怎么用？ 217
9.10 如何将部分图形暂时隐藏？ 219

9.11 如何把样条曲线转换成多段线？多段线如何转换成样条曲线？......221

第 10 章 文字应用......223

10.1 AutoCAD 的字体怎么安装？......223
10.2 什么是形文件？什么是大字体？......225
10.3 AutoCAD 的 SHX 字体与操作系统的 TTF 字体各有什么特点？......229
10.4 打开图纸后为什么文字显示为问号甚至不显示？怎样解决？......230
10.5 如何设置文字样式？......234
10.6 AutoCAD 中如何输入文字？......237
10.7 如何输入平方、立方？如何输入上下标和分数？堆叠功能怎么用？......241
10.8 AutoCAD 中如何输入特殊符号（如直径、钢筋符号等）？......244
10.9 为什么有些文字换了文字样式后字体仍不变？......247
10.10 如何查找和替换文字？为什么有些文字查找不到？......249
10.11 如何将整图的文字放大或缩小？缩放文字（SCALETEXT）命令怎么用？......251
10.12 为什么格式刷无法匹配文字的字体和颜色？到底哪些特性可以匹配？......252

第 11 章 尺寸标注......255

11.1 为什么标注后看不到尺寸值？......255
11.2 什么是标注特征比例？应如何设置？......258
11.3 标注值和实际测量值不一样是怎么回事？......265
11.4 如何手动修改标注的尺寸值？......269
11.5 什么是标注关联？为什么创建出来的标注是散的？......272
11.6 为什么两个标注的标注样式相同但标注形式却不同？......274
11.7 如何一次性标注多个尺寸？快速标注（QDIM）命令怎么用？......277
11.8 标注怎样显示单位？......281
11.9 如何倾斜和旋转标注及标注文字？......283
11.10 如何修改弧长标注中圆弧标记的显示方式？......287
11.11 同一标注样式的线性标注和角度标注是否可以使用不同的箭头？......288

第 12 章 图案填充......292

12.1 AutoCAD 中的填充比例是怎么算的？......292
12.2 为什么不能填充？为什么填充后图案变了？......297
12.3 拾取点和选择对象有什么区别？......304
12.4 为什么有的填充没有面积特性？......305
12.5 “独立的图案填充”是什么意思？......308
12.6 如何自定义 AutoCAD 的填充图案？......309
12.7 找不到填充图案又不会自定义怎么办？......311

第 13 章 图块和外部参照......313

13.1 创建图块时应如何设置图层、颜色等特性？......313
13.2 图块插入点定义错了怎么办？......316
13.3 如何插入图块？......319
13.4 动态块是什么？动态块到底有什么用？......324

13.5 什么是属性块？如何创建属性块？......325
13.6 如何将图块中的属性文字分解为普通文字？......329
13.7 为什么图块复制到另一张图中会变？如何批量重命名图块？......331
13.8 修改图块的方法有哪些？......333
13.9 图块无法分解怎么办？......336
13.10 如何才能彻底删除一个图块？......339
13.11 什么是外部参照？它与图块有什么不同？......340
13.12 如何裁剪图块或外部参照？......344
13.13 外部参照绑定选项中的绑定和插入有什么不同？......349
13.14 为什么编辑外部参照时提示“选定的外部参照不可编辑”？......350

第 14 章 图像和 OLE 图形......352

14.1 AutoCAD 中如何裁剪光栅图像？......352
14.2 插入图片的边框怎样去除？......354
14.3 如何将 AutoCAD 中插入图片的多余部分抠掉？......356
14.4 如何将图片保存到图纸中？......359
14.5 如何在 Word、Excel 文档中插入 AutoCAD 图纸？......363
14.6 在 Office 2007 以上版本中插入 AutoCAD 图形后如何裁剪？......367

第 15 章 布局和视口......369

15.1 AutoCAD 布局怎么用？......369
15.2 什么是视口？视口主要设置有哪些？......374
15.3 如何将图形从布局转换到模型中？......376
15.4 为什么我的图框和布局显示的图纸背景不匹配？......381
15.5 AutoCAD 布局最多可建多少个视口？......382
15.6 AutoCAD 布局空间不同比例视口中的线型比例不同怎么办？......385

第 16 章 打印......388

16.1 如何打印图纸？......388
16.2 如何设置绘图比例和打印比例？......394
16.3 如何设置图层和对象的打印样式？......396
16.4 如何设置打印样式表？CTB 和 STB 有什么区别？......402
16.5 如何设置打印输出的颜色？......404
16.6 是否可以输入其他图纸中的打印设置？......406
16.7 为什么有些图形能显示，却打印不出来？......408
16.8 已经设置了线宽，为什么画出来的线还是细的？打印时能正常吗？......411
16.9 如何控制图形的打印线宽？......414
16.10 发布（Publish）命令怎么用？......417
16.11 本机无法直接打印，需要在其他计算机上打印应该怎么办？......419
16.12 A4 的图框为什么在 A4 纸上打不下？......420
16.13 为什么输出成 PDF 预览时正常，但打印后很多文字都消失或变宽了？......421

第 1 章 文件相关问题

AutoCAD 内部使用了几十种文件格式，并且经常与其他软件进行数据交互，因此在使用过程中会遇到很多与文件相关的问题。要用好 CAD 软件，不仅要熟悉 CAD 内部使用的各种文件格式，还要对相关软件的文件格式有一定的了解。本章将简单介绍 CAD 内部使用的各种文件格式，并介绍文件处理中常见问题的解决方法。

1.1 AutoCAD 都用到哪些文件格式，各种文件格式都有什么用？

AutoCAD 默认的图纸文件格式是 DWG，是 drawing 的简写。除了大家都熟悉的 DWG 图纸文件外，AutoCAD 中还用到各式各样的文件，例如样板文件、字体文件、填充文件、线型文件等。了解 CAD 一些常用文件的扩展名和作用，对大家深入了解 CAD 非常有帮助，因此这里简单介绍一下。

- *.dwg

AutoCAD 创立的一种图纸保存格式，已经成为二维 CAD 的标准格式，浩辰 CAD 等一些同类的 CAD 软件为了兼容 AutoCAD，也直接使用 DWG 作为默认工作文件。

- *.dxf

另一种图纸文件保存格式，主要用于与其他软件进行数据交互。普通的 DXF 文件可以用记事本打开，就能看到保存的各种图形数据。

- *.dwt

样板文件，可在新建图形时加载单位、图层、线型等格式设置，还可以直接包含图框等标准图形。除 AutoCAD 提供的样板文件外，可以创建符合自己需要的样板文件，可以直接替换 AutoCAD 自带的样板文件，也可以重命名。

- *.dwf

用于网络交换的图形文件格式，可以用发布功能或 DWF 虚拟打印机输出，用 AutoCAD 无法打开，但可以用 AutoCAD 提供的 DWF 浏览器查看。AutoCAD 中提供了 DWF 参考底图功能，可以将 DWF 作为底图插入图纸中，并进行捕捉辅助定位其他图形。

- *.dwl、*.dwl2

打开图纸文件后记录打开的机器、用户、时间等信息，当其他人或应用程序打开时将提示相关信息，通常以只读的形式打开，可以保证图纸不同时被两个人修改覆盖。图纸文件正常关闭后，DWL 文件自动删除。

- *.mnu、*.mnc、*.mnl、*.mns

AutoCAD 低版本使用的菜单文件，高版本也可以加载。其中 MNU 使用较多，是菜单的源代码，可以直接用记事本编辑，各类专业软件和插件通常利用 MNU 文件来加载菜单。

- *.cui、*.cuix

AutoCAD 高版本使用的自定义界面文件，AutoCAD 低版本使用的 MNU 文件加载后自动生成 CUI 文件。用 CUI 命令可以直接编辑界面设置，用 CUILOAD 命令可以加载其他 CUIX 文件。CUI 文件可以直接用记事本或其他工具进行编辑。CUIX 是多个 CUI 文件打包压缩的文件，可以将扩展名修改成 RAR 后解压成 CUI 和 XML 文件进行编辑。

- *.shx

AutoCAD 采用的字体文件，也称形文件。SHX 文件分为三类：一类是符号形（SHAPE），保存一些用于制作线型或独立调用的符号；另一类是常规字体文件（UNIFONT），支持字母、数字及一些单字节符号；还有一类是大字体文件（BIGFONT），支持中文、日文、韩文等双字节文字。

- *.pat

AutoCAD 采用的填充图案文件，纯文本文件，可以用记事本编辑。可以自己编写或将收集的 PAT 文件复制粘贴到 CAD 的填充目录或填充文件中。

- *.lin

AutoCAD 采用的线型文件，可定义虚线、点划线等各种线型。纯文本文件，可以自己编写，收集的线型文件中线型可以直接浏览加载。

- *.ctb

颜色相关打印样表，设置了每种索引色所对应打印输出的颜色、线宽及其他效果，是一种常用的控制打印输出的文件。AutoCAD 附带一些预设的打印样式表，有单色、灰度、彩色的，可以直接调用或做简单编辑。

- *.stb

命名打印样式表，设置一些打印输出设置的样式，可以设置不同图层使用不同的打印样式。在早期版本和一些设计单位使用比较多，个人很少使用。

- *.plt

打印输出文件。如果使用打印机驱动时勾选“打印到文件”复选框，将不直接输出到打印机，而是生成 PLT 文件，此 PLT 文件无须 AutoCAD 即可直接输出到打印机。一些设计单位统一出图或到打印社出图通常都输出为 PLT 文件，这样可以避免出现缺少字体、版本不兼容等情况而导致的图纸显示和打印不正常。

- *.pc3

打印机和绘图仪配置文件，是 AutoCAD 中保存打印驱动及相关设置的文件。

- *.hdi

HDI（Heidi® 设备接口）驱动程序用于与硬拷贝设备进行通信。这些驱动程序可分为三类：文件格式驱动程序、HDI 非系统驱动程序和 HDI 系统打印机驱动程序。

- *.dws

图层标准文件，可保存一些图层定义及图层映射表，主要用于标准检查、图层转换。

- *.las

图层状态文件，可以将设置好的图层的开关、冻结、锁定等状态保存下来，以后需要时在当前图或其他图中加载恢复保存的状态。

- *.scr

脚本文件，可批量执行保存命令，完成绘图工作。纯文本文件，可以手动编辑，也可以利用

CAD 的记录脚本功能记录操作过程。一些专业测绘软件利用脚本来绘制断面图或一些表格。

- *.lsp、*.dcl、*.fas、*.vlx

AutoCAD 二次开发工具 AutoLisp 的程序文件，后续增加了一些对 VBA 控件的调用，并提供了编辑器，被称为 Visual lisp（Vlisp）。原始的 LISP 程序通常为纯文本文件，可以用 CAD 提供的工具编辑，也可以直接用记事本编写。LISP 可以加密，加密后扩展名仍为 LSP，无法用记事本打开，但可加载。FAS 和 VLX 是经过编译和打包的文件。

  - *.lsp：包含 AutoLisp 程序代码的 ASCII 文本文件。
  - *.dcl：用于编辑 LSP 程序使用的对话框的文件。
  - *.fas：单个 LSP 程序文件的二进制编译版本。

*.vlx：一个或多个 LSP 文件和/或对话框控制语言（DCL）文件的编译集。

- *.dvb

AutoCAD 针对 VB 提供的开发工具生成的文件，类似于 Word 和 Excel 中的宏。

- *.arx

AutoCAD 针对 C++提供的开发工具，现在一些复杂的程序通常使用 ARX 开发，ARX 程序的运行效率比较高。ARX 程序通常都是编译过的，因此无法直接在不同版本的 CAD 中加载，不同版本需要重新编译才能加载运行。

- *.bak

自动备份文件，通常在保存文件时，会将上次保存的文件修改成 BAK 格式，避免保存出错，可以将 BAK 改成 DWG 来恢复之前的版本。AutoCAD 默认生成这个文件，在“选项”对话框的“打开和保存”选项卡中设置是否生成此文件。

- *.sv$

自动保存文件，在“选项”对话框中可以设置自动保存的时间间隔，AutoCAD 会按此间隔自动对当前图纸进行保存，以防在编辑文件时出现异常。SV$通常会保存在当前用户的临时文件目录(%temp%)下，当然也可以在“选项”对话框中进行设置。如果出现异常情况，可以用 AutoCAD 提供的图形修复管理器直接恢复图纸，或者直接从临时文件目录找到的自动保存文件的扩展名改回 DWG，然后打开。

- *.arg

配置文件，在 CAD 中设置好“选项”对话框的各类选项后，可以输出为*.arg 文件，这样可以将配置分享给其他人。一些专业软件通常使用配置文件来加载自己的相关设置。

AutoCAD 内部使用的文件格式还不止这些，还有图纸集（*.dst）、标记集等文件，此处不再一一介绍。一些重要的文件格式，例如字体、填充、线型、打印样式表文件在后面的章节中还会详细讲解。

1.2 DWG 和 DXF 文件有哪些版本？

AutoCAD 图纸保存格式有 DWG 和 DXF 两种格式。图纸文件也是有版本的，不同版本支持的对象类型不同，采用的压缩格式不同，无法通用，高版本 AutoCAD 可以打开低版本的图纸文件，但低版本 AutoCAD 无法打开高版本的图纸文件。

AutoCAD 差不多每三年更新一次图纸文件格式，高版本更新频率有所下降，2013 版格式过了 5 年才升级为 2018 版，目前最新的 AutoCAD 2021 版使用的仍是 2018 版图纸格式。

现在常用的 DWG 和 DXF 文件版本有 2000、2004、2007、2010、2013、2018 几个版本。

AutoCAD 2000—2003 版用的是 2000 版格式；

AutoCAD 2004—2006 版用的是 2004 版格式；

AutoCAD 2007—2009 版用的是 2007 版格式；

AutoCAD 2010—2012 版用的是 2010 版格式；

AutoCAD 2013—2017 使用的是 2013 版格式；

AutoCAD 2018—2021 使用的是 2018 版格式。

有些单位还有一些更老版本的图纸，例如 R12 版或 R14 版，这些图纸用新版的 CAD 能打开，但有可能文字或一些数据格式会有一些不同。

建议大家在日常保存文件时使用软件默认的版本，只有将图纸发给其他人，为了保证他能正常打开时才将图纸保存成较低的版本，这样可以避免打开和保存图纸时反复在低版本和高版本 CAD 间转换导致出现错误数据。尤其需要注意的是，如果没有特殊需要，不要将高版本 CAD 文件转换成 2004 及以下版本，因为数据格式和文字编码方式不太一样，转换成这种低版本更容易带来兼容性问题。

1.3 如何快速识别 DWG 文件的版本?

当你的 CAD 版本比较低，打开一张图纸时提示 DWG 文件是用更新版本创建时，你一定很想知道，手头的这个 dwg 文件到底是哪个版本？要用哪个版本才能打开呢？

其实要解决这个问题非常简单，用记事本就可以搞定。操作方法如下：

打开 Windows 自带的记事本，打开 dwg 文件，如图 1-1 所示。

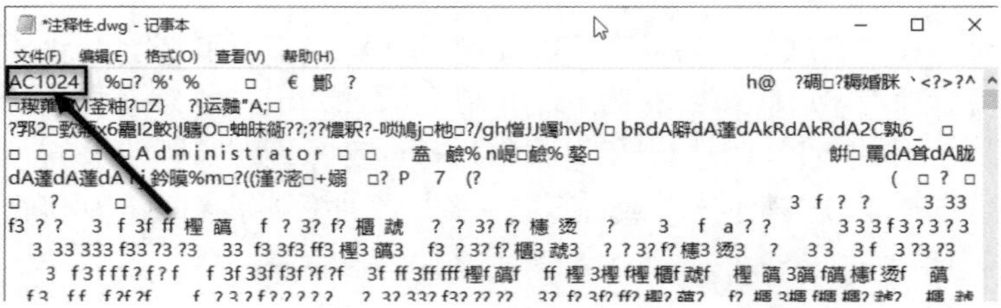

图 1-1

很多乱码，看不懂，是吧？不要紧，在第一行中你一定可以找到 AC****字样。下面是 AC 编号对应的 DWG 版本。

AC1015：2000 版 DWG，AutoCAD 2000 和 2002 版的默认保存格式，用 2000 及以上版本可以打开。

AC1018：2004 版 DWG，AutoCAD 2004—2006 版的默认保存格式，用 2004 及以上版本可以打开。

AC1021：2007 版 DWG，AutoCAD 2007—2009 版的默认保存格式，用 2007 及以上版本可以打开。

AC1024：2010 版 DWG，AutoCAD 2010—2012 版的默认保存格式，用 2010 及以上版本可以打开。

AC1027：2013 版 DWG，AutoCAD 2013—2017 版的默认保存格式，用 AutoCAD 2013 及以上版本可以打开。

AC1032：2018 版 DWG，AutoCAD 2018—2021 版的默认保存格式，用 AutoCAD 2018 及以上版本可以打开。

知道版本后就简单了，可以看看同事和朋友有没有安装高版本的 CAD，让他们帮忙转一下。如果周围没有人装高版本 CAD，也可以到网上去找一些工具进行转换，比如 Autodesk 提供的 DWG TrueConvert。这个工具也不小，下载和安装也挺麻烦。网上还有一些免费的工具，而且无须安装软件，例如浩辰 CAD 看图王的网页版，只要能连网，就可以通过浏览器打开网页，打开你的文件，另存为低版本。

如果你用 AutoCAD 2018 以上版本，各种版本的 DWG 和 DXF 都可以打开。

1.4 设置好的图层、线型等是否能在新建图纸时使用？样板文件有什么用？

在用 Word 新建文件时会让我们选择样板文件，比如 Word、PowerPoint 等，AutoCAD 也是如此，在 AutoCAD 中新建图纸时也是以样板文件为基础的。

AutoCAD 的样板文件扩展名是*.dwt，样板文件与 DWG 图纸文件扩展名不同，但没有实质的区别，在样板文件中可以设置和保存图层、线型、线宽、文字样式、标注样式、单位等各种参数，也可以保存图纸中一些固定不变的图形，例如图框等。

AutoCAD 提供了多种默认样板文件，为了适应不同国家、不同行业的需求，里面只是简单设置了单位和一两种标准的文字样式、标注样式，有些样板文件中虽然带了图框，但是英文图框，通常用不上。常用的样板文件有两个：acadiso.dwt（公制）和 acad.iso（英制）。

如果经常绘制相同格式的图纸，可以将设置好图层、文字样式、标注样式等格式的空图另存为覆盖 CAD 自带的样板文件。很多设计单位为了实现设计绘图的规范化和标准化，都规定必须使用特定的样板文件和图框。

总之，在绘图中经常需要设置或使用的参数和图形保存到样板文件中，不必再重复设置，可以提高设计效率。

1.5 AutoCAD 的样板文件存放在什么地方？样板文件怎么使用？

前面简单介绍了样板文件的作用，但怎样保存样板文件或样板文件应该保存在什么地方，很多人不太清楚，这里简单介绍一下。

样板文件的扩展名是*.dwt，样板文件作为一个模板和标准，通常只保留同类图纸共有的一些参数和图形。

1.样板文件创建好后应该保存到哪儿？

在 CAD 早期版本中，样板文件很好找，因为在 CAD 的安装目录下都有一个叫“templates”的目录，直接将样板文件存到这个目录下即可。在 CAD 高版本，为了考虑不同权限用户的使用，CAD 的一些配置文件都保存到当前用户的应用程序（AppData）文件夹，很难找。如果直接创建样板并保存，还是比较简单的，只要在另存时将文件类型调整为*.dwt，就会自动定位到样板文件的文件夹，如图 1-2 所示。

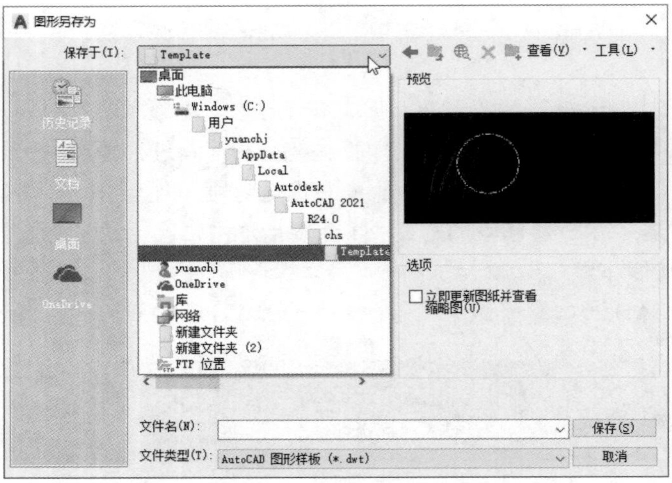

图 1-2

目录居然有 10 级，现在浩辰 CAD 等同类 CAD 软件也是如此，因为只有使用当前用户的相关文件夹，才能保证有足够的权限修改和保存样板文件。

假设现在拿到一个样板文件，需要复制到 CAD 的样板文件夹下，除了用另存 DWT 文件的方法可以自动定位路径外，还可以输入 OP 命令，在“选项”对话框的“文件”选项卡中找到样板文件保存的路径。

除了这个文件夹外，在 CAD 的安装目录下也可以找到自带的样板文件，通常是 *\UserDataCache\Template，这个目录相对好找一些，但这只是 CAD 支持文件的备份，如果不小心将标准的样板文件覆盖后可以从这里找到原始的样板文件。

CAD 对样板文件也进行了分类，首先是两个标准的样板文件 acad.dwt 和 acadiso.dwt，浩辰 CAD 等其他 CAD 也有对应的样板文件，如 gcad.dwt 和 gcadiso.dwt。同时，AutoCAD 还提供其他一些样板文件，有些样板文件带有不同幅面的图框，但这些英文的样板文件显然不适用于国内用户，只能作为参考。

2.样板文件怎么用？

当新建文件时，不同版本弹出的对话框不一样，低版本，如 AutoCAD 2007 版新建图形时会弹出一个“创建建图形”或“启动”对话框，如图 1-3 所示。

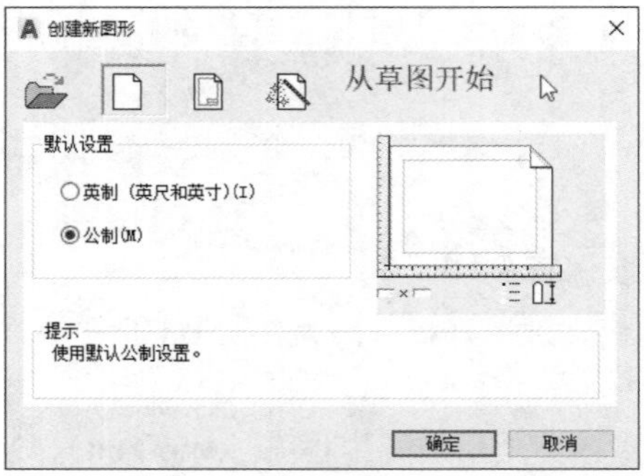

图 1-3

而高版本 CAD 则直接弹出“选择样板”对话框，如图 1-4 所示。

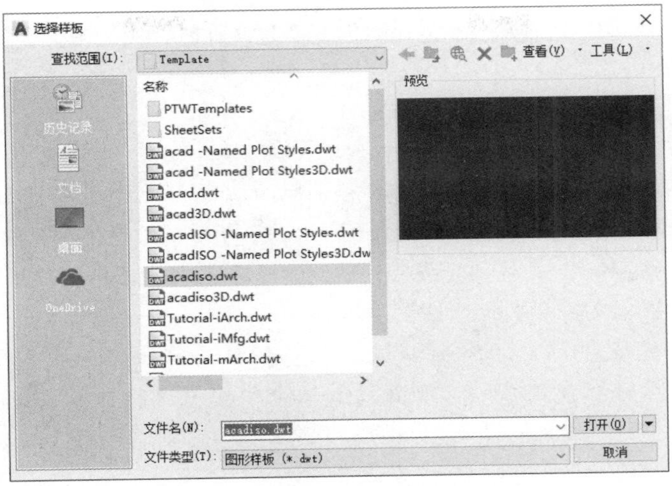

图 1-4

其实弹出哪一个对话框是由变量控制的，这个变量是：STARTUP。输入 STARTUP 命令，回车，如果设置为 1，弹出“创建新图形”对话框；如果设置为 0，则弹出“选择样板”对话框。

“创建新图形”对话框中的英制和公制对应的是两个样板文件：acad.dwt 和 acadiso.dwt。这两个样板文件的主要区别是 measurement 变量的值不同，一个是 0，一个是 1，这样填充图案和线型也会分别使用英制和公制的文件，另外还有默认的标注样式、多行文字默认高度等分别按英寸和毫米设置。

如果在“创建新图形”对话框中单击“使用样板”按钮，对话框中会列出样板目录下的所有文件，该对话框与单独弹出的“选择样板”对话框相同，如图 1-5 所示。

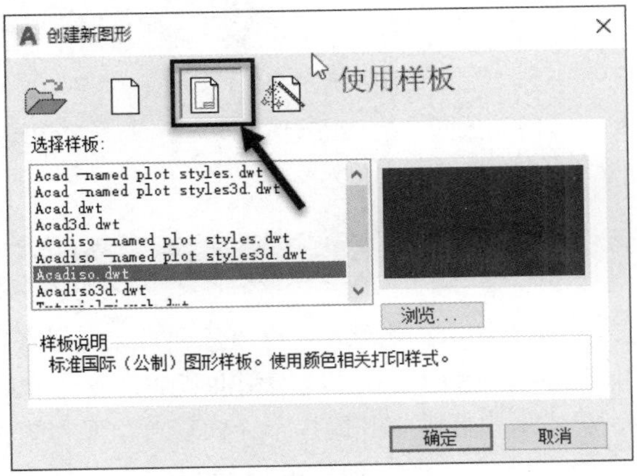

图 1-5

国内通常绘制的是公制的图纸，因此需要选用 acadiso.dwt 样板文件。如果在新建文件时需要一些特定的设置，可以自定义一个样板文件，保存成自己需要的名字，也可以直接覆盖 CAD 自带的样板文件。

1.6 怎样能不用选择样板文件就快速新建图形?

在 CAD 中每次新建图形都要求选择公制、英制，或者需要选择一次样板文件，好麻烦！大多数人是一直选择一个相同的样板文件。是否能在新建文件时直接使用一个默认文件，不再出现这个对话框和提示？

答案是肯定的！

CAD 提供了两个新建图纸的命令：新建（NEW）和快速新建（QNEW）。如果你仔细观察就可以发现：在经典界面的下拉菜单中的新建命令调用的是 NEW 命令，在工具栏中单击“新建”按钮调用的是 QNEW 命令。但是在常规状态下，这两个功能的效果是一样的。

要想使这两个功能不一样，需要先设置好默认的样板文件，设置方法如下：

Step 01 输入 OP 命令，回车，打开“选项”对话框。

Step 02 单击“文件”选项卡，在“样板设置”下，单击前面的加号展开下一级选项，单击“快速新建的默认样板文件名”，浏览设置一个你要使用的样板文件(*.dwt)，如图 1-6 所示。

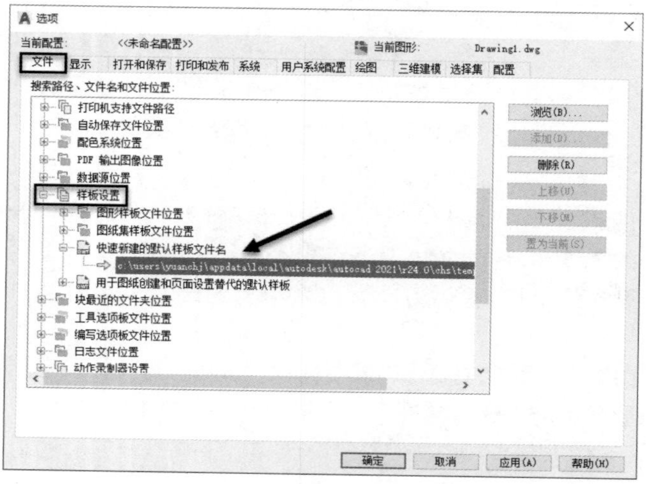

图 1-6

Step 03 单击“确定”按钮，关闭“选项”对话框。这样，再单击“新建”按钮或输入 QNEW 命令，就会直接创建一个新文件，不再弹出任何对话框。

1.7 如何设置自动保存的时间？

自动保存是很多软件采用的一种保护措施，可以避免因为数据错误、软件错误、系统错误等各方面问题导致软件异常退出后图纸数据的丢失，能帮助我们恢复部分数据。大家经常用的 Word 和 Excel 也有类似的功能，异常退出后再打开就提示让恢复自动保存的文件。

CAD 的数据更复杂，而且经常在不同的软件间转换数据，使用者的需求和习惯也千差万别，即使是 AutoCAD 最新版本也不能保证不出现异常退出，因此 CAD 软件提供了更多的“文件安全措施”，用户可以根据需要设置自动保存的各种选项，例如间隔时间、保存目录。

输入 OP 命令后回车，打开“选项”对话框，在“打开和保存”选项卡的“文件安全措施”中可以设置是否打开自动保存以及自动保存时间间隔，如图 1-7 所示。

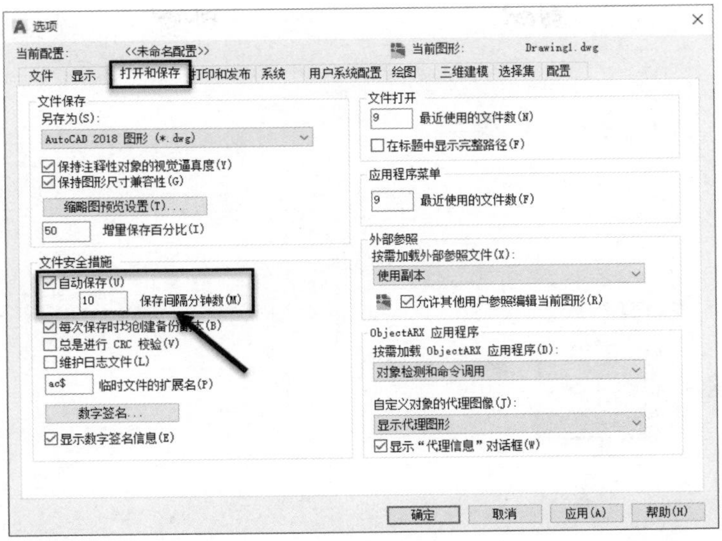

图 1-7

默认的自动保存时间不同版本不太一样，有 10 分钟的，有 90 分钟的，可以根据自己的图纸大小和个人习惯来设置保存间隔分钟数。如果你有随时按 Ctrl+S 快捷键快速保存的习惯，自动保存的时间间隔就不是很重要了。

1.8 如何快速找到并打开自动保存的文件?

当遇到软件异常退出的状况时，我们可以尝试打开自动保存文件，可以将损失减到最小。在“选项”对话框的“文件”选项卡中可以查看并设置自动保存文件路径，默认路径是当前用户的临时文件夹，这个文件夹通常有四级，例如在 Windows XP 系统中可能是：C:\Documents and Settings\Administrator\Local Settings\Temp，Win7 或 Win10 系统中可能是：C:\Users\CADUSER\AppData\local\temp\。在这个路径下手动找文件比较麻烦，下面介绍两种快速找回自动保存文件的方法。

1.图形修复管理器

如果 AutoCAD 异常退出，下次启动时会自动弹出“图形修复管理器”，如果没有自动弹出，可以从“文件”菜单中或通过输入 DRAWINGRECOVERY 命令打开“图形修复管理器”，如图 1-8 所示。

图 1-8

在该对话框中可以看到是否有自动保存的文件，选中自动保存的文件后，下面会显示保存的时间、文件大小，并有预览图，如果是我们要找的图纸，双击即可将文件打开。

这是最简单的方法，不用找目录，不用修改文件扩展名。

2.快速进入临时文件夹

如果“图形修复管理器”中并没有显示我们需要的自动保存的文件，可以到临时文件夹看一下。这里介绍一种快速进入临时文件夹的方法。

按 Windows+R 键，打开“运行”窗口，输入“%temp%”，单击“确定”按钮，如图 1-9 所示。

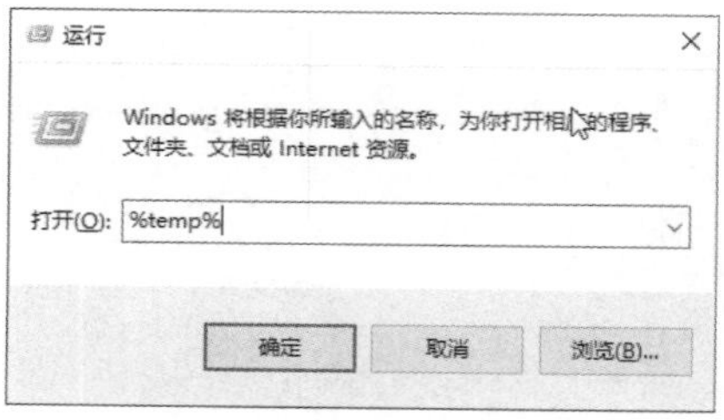

图 1-9

在 Windows 的资源管理器中直接输入“%temp%”也可以，如图 1-10 所示。

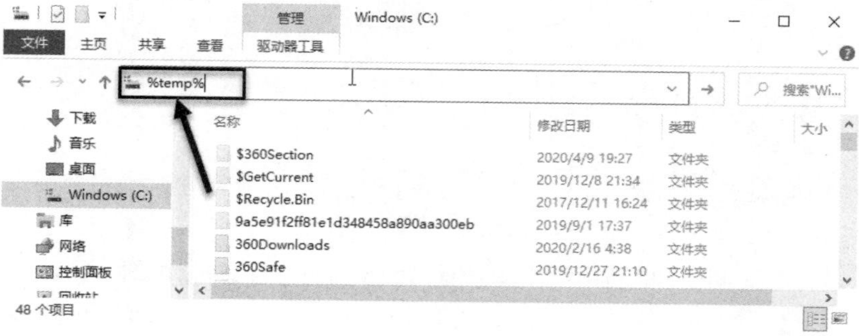

图 1-10

进入临时文件夹中，找到最近的*.sv$文件，然后将扩展名改为*.dwg，即可在 CAD 中打开，如图 1-11 所示。

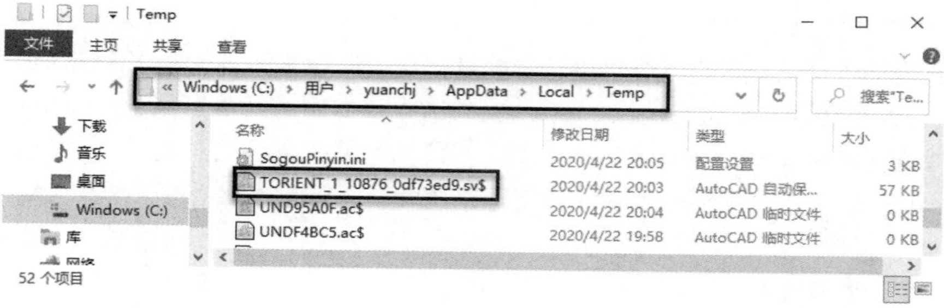

图 1-11

如果图纸绘制时间不够长，没有超过自动保存的时间间隔，就不会激发自动保存。如果没有找到自动保存的文件，就只能找上次保存的文件。

1.9　为什么图纸目录下会有 BAK 文件？如何能不生成 BAK 文件？

默认状态下，AutoCAD 在保存时都会生成备份文件（*.bak），这也是 CAD 的一种安全保护措施，避免软件操作或保存过程中出现异常导致图形文件损坏。BAK 文件就是图纸上一次保存的版本。如果图纸已经保存过，再次保存时，软件将上一次保存的图纸文件扩展名改成 BAK，最新的结果被保存为 DWG 或 DXF。下一次保存时，就会用最近保存的文件替换之前的 BAK。也就是说 CAD 始终保留上次保存文件的备份，这种防范错误是为了避免保存过程中系统或软件出现异常，比如断电、软件异常退出等导致保存的文件不完整或被损坏。

如果觉得生成一堆 BAK 文件占用空间，没有必要，可以让 CAD 不生成 BAK 文件，设置方法很简单。可以通过“选项”对话框设置，也可以通过变量设置。

设置方法如下：

在“选项”对话框的“打开和保存”选项卡中取消勾选“每次保存时均创建备份副本”复选框即可，如图 1-12 所示。

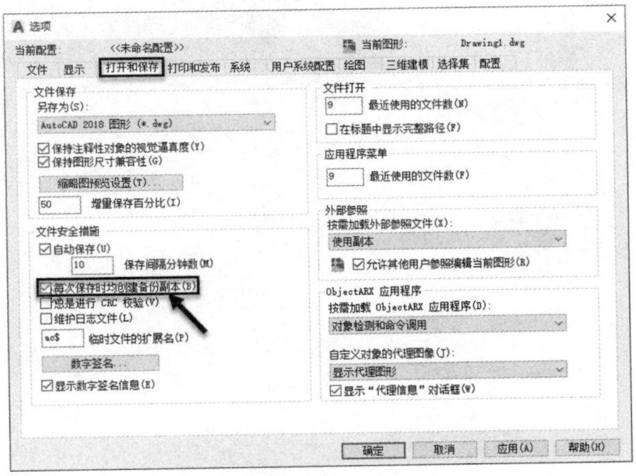

图 1-12

光标停留在此选项上，会出现提示，告诉你这个参数由变量 ISAVEBAK 控制。如果记住这个变量，可以不用打开“选项”对话框，直接设置变量的值：

在命令行中输入 ISAVEBAK 命令，回车，输入 0，回车，这样即可。

如果希望保存备份文件，将这个变量设置为 1 即可。

1.10　AutoCAD 文件如何瘦身？

DWG 对图形数据有固定的压缩和保存格式，不同版本的 DWG 文件数据保存时压缩比不完全相同，比如，一张 70MB 的 2000 版 DWG 图纸，保存成 2004 版 DWG 后可能会变成 40MB，当然文件大小减少的百分比与图纸中的图形类型有一定关系。

此外，在绘图的过程中经常会产生一些多余的数据，比如定义了一个图层，这个图层上没有任何对象；定义了一个文字样式或标注样式，但在图中并没有用；定义了一个图块，但没有插入图中，或者插入的图块已经被删除或炸开等，这些图纸中没有使用的数据我们可以根据情况决定是否保留。

多余的图层、文字样式、标注样式等数据量不大，对文件大小的影响不大。图块的数据量取决于块中图形的数量，如果冗余的图块比较复杂或比较多，对文件大小影响非常大。

图块一旦定义后，即使图中所有图块都被删除了，文件中仍会保留图块的定义，以方便你随时插入新的图块。因此，图纸经常会存在一些定义了但并未使用的图块，而且有些图块还包含大量的图形。例如，将一张建筑平面图复制（Ctrl+C）后，为了方便定位，在图中粘贴为图块（Ctrl+Shift+V），定位完后需要对图形进行编辑，就将此图块炸开了。此时图中的图块已经没有了，但包含一整张建筑平面图的大图块仍然保留在文件中，这种大图块不仅使图纸文件大小增加很多，更严重的是会影响图纸打开和操作的性能。

为了清除掉多余数据，提高 CAD 的处理效率，减少图形文件的大小，CAD 都提供了一个清理（PURGE）的功能，快捷命令是 PU。

清理的操作方法很简单，打开图纸，运行 PU 命令，弹出如图 1-13 所示的对话框。

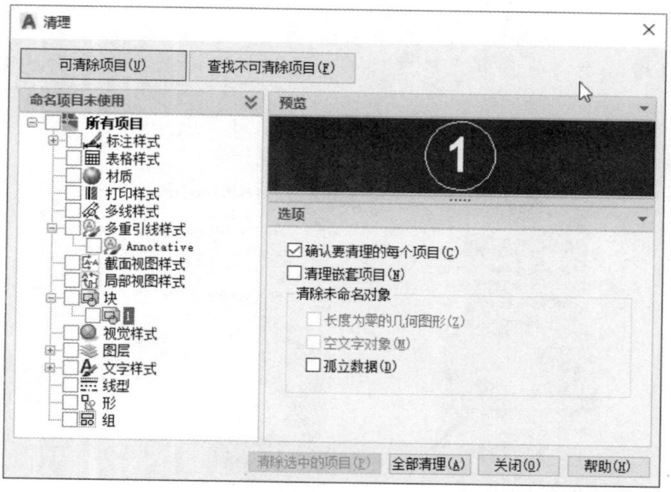

图 1-13

我们可以看到左侧列表中有些项目前面有加号，这就说明这类数据有可清理项目，例如图块、图层等。可以单击加号，展开看有哪些可清理的数据，有些数据是否有必要保留。上面的截图是 2021 版 CAD 的“清理”对话框，在清理之前还可以选中查看可清理数据的预览图，低版本 CAD 没有这个功能，只能通过名字来判断数据是否可以清理。

在列表中选择一项，比如“块”后，单击“清理”按钮即可清理所有的多余图块。如果图纸已完成，可以单击“全部清理”按钮，一次性清理掉所有的多余数据。

在“清理”对话框右侧还有几个选项（低版本的“清理”对话框中这些选项在列表的下方），这里简单介绍一下。

如果需要清理的数据项不多，且有些数据要保留，可以勾选“确认要清理的每个项目”复选框，这样可以避免将有用的数据也清理掉。如果图块中有嵌套图块，可以勾选“清理嵌套项目”复选框，将嵌套图块一起清理掉。

清理功能不仅可以清理一些常规的格式数据，还可以清理一些特殊的图形，例如清理零长度几何图形和空文字对象，这类图形在低版本 CAD 中比较容易生成。

在 2015 以上版本增加了“自动清理孤立的数据”的选项，在 2021 版中简化为“孤立数据”，可以将图纸中 DGN 冗余线型数据清理掉。

将所有多余数据清理掉可以让文件变小，有时文件会减少一半甚至更多，但如果图纸还没有绘制完成，就不要随意进行全部清理，全部清理可能会给后面的绘图带来麻烦。比如，画图时发现有一些想用的文字样式、标注样式或图块被清理了，还得重新定义。所以在清理文件时，最好确认这些数据可以清理后再进行清理。

1.11　为什么打开和保存文件时出现命令行提示，而不是弹出对话框？

通常单击“打开”按钮或输入 OPEN 命令会弹出一个对话框，通过对话框浏览并打开图纸文件，但有时执行“打开”命令后，并没有弹出对话框，而是出现下面的命令行提示输入文件名，如图 1-14 所示。

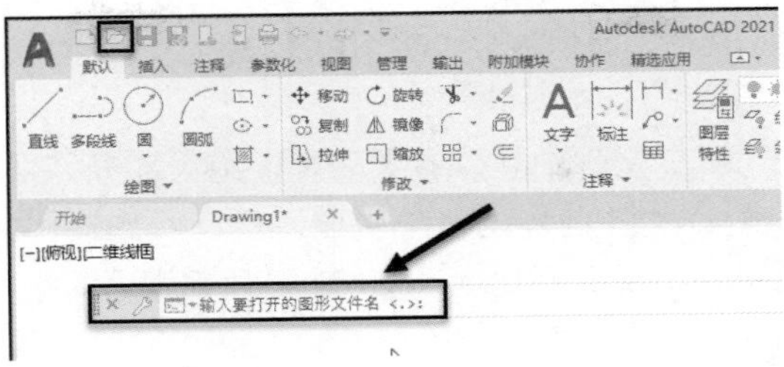

图 1-14

要输入文件的完整路径和名称，好麻烦啊！就算我们记得图纸在哪个目录下，也知道图纸的文件名，也需要输入一长串的文字；况且很多时候我们并不记得图纸所在的全路径以及图纸的准确名字。

当打开文件出现这样的情况时，新建文件、另存文件也会出现同样的问题，如果缺少图纸用的字体还会提示指定替换字体，很麻烦！

解决方法很简单，是否弹出文件对话框是由一个变量决定的，这个变量是 FILEDIA，就是“文件”对话框（File Dialog）的简写。设置方法如下：

- 输入 FILEDIA 命令，回车。
- 输入 1，回车。

大家在常规绘图操作时一般不会去修改这个变量。估计是运行了一些工具和插件，这些插件为了方便对文件进行处理，不弹出对话框，将 FILEDIA 设置为 0，但由于程序运行异常，在执行完后没有将变量设置回 1，最终导致出现这样的问题。如果能找到这个变量被修改的原因，从根源上来解决这个问题就更好了，可以避免以后反复出现类似问题。

1.12　打开 DWG 图纸时提示“非 Autodesk DWG”有问题吗？

当用 AutoCAD 打开一张 DWG 图纸时，可能会提示文件是非 Autodesk 开发或许可的软件应用程序保存的，并询问需要进行什么样的操作，如图 1-15 所示。

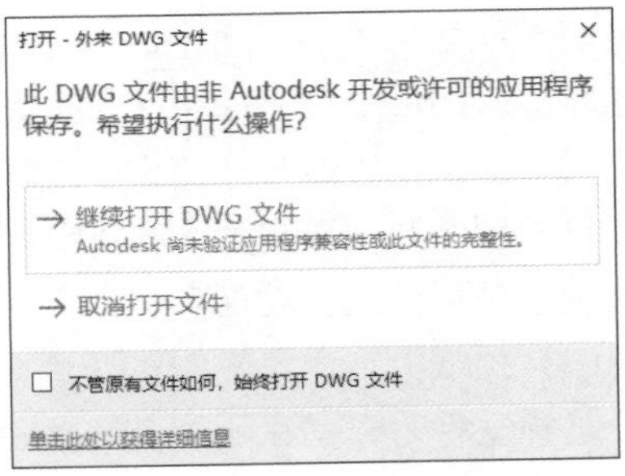

图 1-15

还有些低版本图纸虽能直接打开，但命令行提示：“非 Autodesk DWG。此 DWG 文件由非 Autodesk 开发或许可的软件应用程序保存。将此文件与 AutoCAD 软件一起使用可能导致稳定性问题。”

为什么会出现这样的提示呢？打开这样的文件是否有问题呢？

DWG 文件是 AutoCAD 定义的一种图纸格式，由于 AutoCAD 市场占有率比较高，DWG 文件成为二维绘图的标准工作文件。很多软件为了与 AutoCAD 兼容，希望能直接读写 DWG 文件，而 Autodesk 公司只对少数合作伙伴公开了 DWG 数据格式。因此就产生了专门研究 DWG 兼容的组织 OPENDWG，这个组织后来更名为 Opendesign（简称为 ODA）。由于很多软件利用 ODA 的模块来实现 DWG 文件的打开和保存，还有一些软件利用 ODA 模块开发出功能类似于 AutoCAD 的产品，对 AutoCAD 的销售造成了冲击。另外，早期 ODA 保存的文件存在一些兼容问题。Autodesk 公司针对这种状况，在打开 DWG 文件时加入了判断，如果 DWG 不是由 AutoCAD 提供数据接口保存的，就会弹出警告对话框，即使将 DWGCHECK 变量设置为 0，在打开文件后，也会弹出上述提示。

现在可以保存或输出 DWG 文件的软件有数百种，绝大部分都采用 ODA 的模块，这类图纸量非常大，兼容性非常好，出现问题的概率极低。所以看到这样的提示不必担心，直接打开即可，其实这种图纸出错的概率并不比 AutoCAD 各种版本之间来回转存出现数据错误的概率大。

1.13 图纸文件为什么无法打开？遇到这种情况怎么办？

估计大部分人都遇到过图纸文件打不开的情况，除了版本问题外，还有可能遇到提示“图形文件无效”、打开文件时 CAD 异常退出，或 CAD 花费了很长时间最终无响应或内存不足退出等各种现象。遇到这些情况一定很苦恼，这里就介绍一下这些问题可能出现的原因以及如何补救。

1.提示“图形文件无效”

当用 AutoCAD 或其他 CAD 打开某些图纸文件时，会提示“图形文件无效”，这是什么原因呢？

大致原因有以下三种：

（1）直接将其他扩展名的文件改成 DWG，也就是说，这个文件根本就不是 DWG 文件。

出现这种情况有两种可能：一种是对文件格式不了解，以为将 DXF 或其他文件扩展名改成 DWG 就能打开。这种情况出现的概率不高。

另一种是找到自动保存或备份的文件，这类文件可以直接将扩展名改成 DWG 后用 CAD 打开，但文件找错了，例如找到一个*.dwl，就给改成了 DWG，这也是无法打开的。

因此，如果你改过扩展名的 DWG，需要检查一下，原来的文件是否是自动保存文件（*.sv$）和备份文件（*.bak），如果不是这两类，将扩展名改成 DWG 是不行的。此外，在改扩展名时还需要将扩展名完整显示出来，因为有些系统默认不显示 BAK 这种扩展名，如果修改完后的文件名是***.dwg.bak，这种文件 CAD 软件也打不开。

（2）图纸保存时出现错误，例如保存图纸时断电或出现其他异常，导致图纸没有保存完全。

这种图纸数据不完整，虽然文件扩展名仍是 DWG，但也无法打开。这种图纸通常无法修复，只能找备份文件或自动保存文件。

（3）图纸中存在大量的错误数据，导致 CAD 软件无法正常修复打开。

这种文件可以尝试用修复（Recover）打开试试，有些图纸虽然无法直接打开，但修复是有可能打开的。当然也存在一些图纸错误数据无法修复的情况。

2.打开图纸文件 CAD 直接退出

产生这种情况的原因就是图中本来有错误数据，这些数据 CAD 在打开时无法修复也无法忽略。产生错误数据的原因有很多种，例如，不同图纸版本的转换，天正建筑高版本转换低版本，其他软件转换的 DXF 或 DWG 文件等。CAD 对普通的错误数据有容错处理，但无法保证能处理所有错误。图纸中一旦有错误数据而没有修复，又不断对图纸进行复制、编辑等操作后，错误会不断累积，而且可能会产生新的错误。当图纸中的错误累积到 CAD 软件无法处理的地步，就有可能导致图纸打不开。而 AutoCAD 不同版本的容错处理能力不一样，有些错误高版本能处理而低版本不能处理，有些错误低版本可能会忽略但却会引起高版本退出。

遇到这类图纸，可以尝试用修复（Recover）打开。有些错误数据可以修复，有些则可能无法修复。遇到你的 CAD 无法修复的图纸，还可以尝试让周围的同事或朋友用其他版本或不同的 CAD 修复打开试试。如果还不行，只能找之前的备份文件。

如果修复后能打开，一定要将修复后的文件保存，再进行后续的操作。

有些图纸在打开时就提示有错误建议修复打开，这种图纸打开后建议用核查（Audit）命令对错误进行修复，避免再次出现保存后无法打开的情况。

3.图纸打开很慢最后甚至由于内存不足溢出

首先看一下图纸有多大，如果超过 100MB，那么这类文件因为数据量过大，需要大量的内存才能处理，如果你电脑的物理内存或虚拟内存不足或者你安装的是 32 位的 CAD，同时打开了很多软件，或者同时打开了多张图纸，都有可能因为内存不足打不开。

遇到这种图纸，可以先打开任务管理器，查看一下图纸打开时内存占用的状态。如果内存确实占用太多，可以尝试尽量少启动软件、不打开其他图纸的情况下看图纸文件是否能打开。

如果你的 CAD 这种情况下还打不开，就要问问发给你图纸的人他用的是什么版本的 CAD，他怎么打开的。你尝试使用和他相同的 CAD，或者让他把图纸清理（PU）一下后你的 CAD 是否能打开。

对于一些特殊行业，如地质、勘察、市政规划等专业，这些图纸倒是很常见，要操作这样的图纸，必须提升自己的电脑配置，尤其是内存配置高一点（16GB 甚至更多），必须安装 64 位操作系统和安装 64 位的 AutoCAD（32 位 CAD 最多只能用到 2GB 内存），通常可以打开这类超大型的图纸。

还有一些图纸非常小，只有几 MB，但打开非常慢甚至因内存不足打不开。这种图纸最常见的原因是图中有非常密集的填充，填充图案本来应该用实体填充（SOLID），结果用成了 ANSI31 或其他线性填充，而且填充比例值设置得非常小，看上去跟 SOLID 填充类似，但一个填充就有几十万条线。填充在保存文件时描述很简单，只需记录填充图案样式和比例等一些参数，但要显示出来却需要生成几十万条线的数据，因此需要大量内存，如果图纸中有多处类似的填充，就有可能导致 CAD 打开慢甚至无法打开。

遇到这类图纸，可以先尝试修改一个变量 HPMAXLINES（单个填充最大的线数量，超过此数量，填充自动显示为实体填充），这个变量 AutoCAD 中默认值为 1 000 000。可以输入 HPMAXLINES 命令，尝试将这个变量数值改低，比如改成 100 000 后再打开图纸，看是否能打开。这种图纸最好的解决方法还是将填充图案改成 SOLID。

还有些图纸内容不多，但图纸打开异常，打开和操作速度很慢，有时也会出现打开退出的状况，出现这种图纸的原因各不相同，后面再详细介绍。

1.14　为什么图纸内容不多但文件特别大？AutoCAD 文件如何瘦身？

这种图纸会遇到过多次，看图中没什么图形，但图纸却有十几 MB 甚至几十 MB，图纸打开非常慢，进行复制粘贴等操作也反应很慢，出现这种图纸的原因还各不相同。笔者总结了一下，将常见的几种情况和解决方法列出来，大家遇到类似问题时，可以用排除法看看是不是这些原因。

1.冗余的 DGN 数据

图纸导入过 MICROSTATION 的 DGN 线型图形数据，有时会在图中遗留一个 DGN 数据字典，这种数据在复制粘贴图形的过程中累加，图纸不断增大，打开和操作速度变得很慢，还有一个明显的特征就是导致复制粘贴不成功。

曾经见过一张 2010 版 DWG 图文件大小超过 30MB，但清理完 DGN 数据后只有几百 KB。

遇到图面内容不多，但图纸异常大时，或者复制粘贴不成功时，可以先清理一下这类数据。

如果你用的是 AutoCAD 2015 以上版本，处理方法很简单，只需用清理功能即可。输入 PU 命令，回车，打开“清理”对话框，勾选“孤立数据”复选框，然后单击“全部清理”即可，如图 1-16 所示。

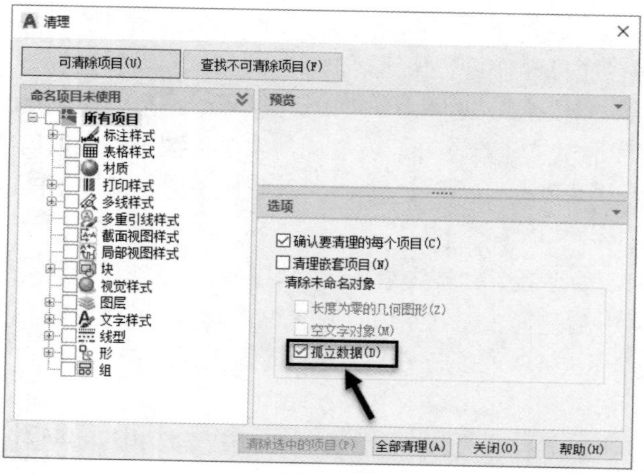

图 1-16

孤立数据的清理有时需要花较长时间。如果之前就勾选了这个选项，执行 PU 命令后有时会陷入长时间等待，但对话框弹出来后清理操作基本就结束了；如果之前没有勾选这个选项，打开“清理”对话框会很快，但勾选后单击“清理”按钮就需要等很长时间。如果清理长时间没有响应，说明 CAD 软件正在工作，请耐心等待，不要认为 CAD 死机而直接关闭软件。

假如 CAD 版本比较低又一时找不到高版本，可以在命令行输入下面的语句，回车执行。

```
(dictremove (namedobjdict) "ACAD_DGNLINESTYLECOMP")
```

2.海量的注释性比例

CAD 增加注释性功能以后，感觉用注释性的人并不多，但却多次遇到因为海量注释性比例导致图纸异常大、打开和操作性能特慢的图纸。正因如此，在 AutoCAD 和浩辰 CAD 的高版本加了一个注释性比例异常处理的功能，当注释性比例数量超过 100 个时，弹出如图 1-17 所示的提示。

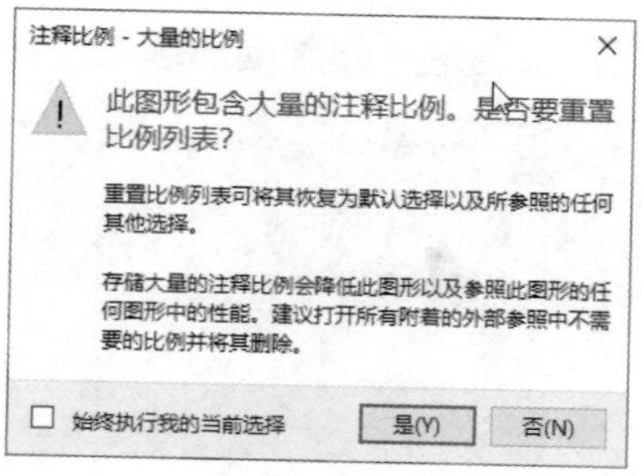

图 1-17

笔者见过一张 20 多 MB 的图纸，在重置比例列表后另存，文件仅有 470KB。如果用 32 位低版本的 CAD 打开，想要显示这张图中的所有比例，CAD 因内存不足退出了。

在 CAD 高版本中处理这种图纸很简单，出现上述提示对话框时单击“是”按钮，软件就自动处理。

如果常规操作，肯定不会产生如此多的注释性比例，应该是工具软件或插件自动生成的。曾经听人说有类似的病毒，会在操作的过程中不断生成注释性比例。

如果用的是 CAD 低版本，又发现图中有大量多余的注释性比例，可以用命令进行重置，或者让用高版本的同事或朋友帮你处理一下。

重置注释性比例列表的方法如下：

Step 01 在菜单中选择“格式”→“比例缩放列表”选项或输入 SALELISTEDIT 命令，回车。

Step 02 在“编辑图形比例”对话框中单击“重置”按钮即可，如图 1-18 所示。

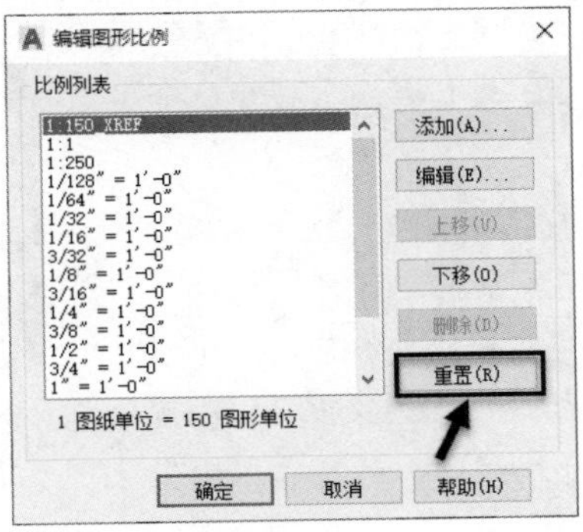

图 1-18

3.大量的图层过滤器或图层状态

曾经见到这样的一张图纸，图纸保存成 2000 版格式有 5MB 多，保存成 2007 版格式有 2MB 多，图并不算大，但有几百个图形，与实际图形数量比起来，文件就已经非常大了。

总共有不到 10 个图层，但图层过滤器至少有几千种，这显然不是画图的人自己做出来的，而是某个工具软件和插件生成的。CAD 打开图层管理器时有的版本会出现提示并可自动清理。

还见过有几张图纸中保存了几千上万种图层状态，图纸删空后清理完仍有几 MB，图层状态还无法清理，CAD 也不会自动处理。这些图纸中打开图层状态管理器后全选和删除这些图层状态时 CAD 反应都非常慢。如此多的图层状态显然也是工具软件生成，可能画图的人自己都不知道图层状态是什么，也没有用过这些图层状态，因为一旦用到，就应该知道是图层状态的问题了。

这种图纸处理的最简单方法就是全选后复制粘贴到一张新图中，但如果图纸有布局，就只能手动删除这些冗余的数据。

4.图纸瘦身的基本操作步骤

遇到类似图纸，即使不是上面介绍的几种情况，也可以用下面几招先试一下：

- 清理。清理（PU）确实可以解决一部分问题，比如图中保存了过多未使用的块定义，有的图纸在清理后只有原来的 1/10。如果是高版本，注意要勾选“自动清理孤立的数据”复选框。
- 核查。用核查（AUDIT）修复错误数据，检查图层过滤器列表、图层状态、注释性比例列表这些 CAD 自身可修复的数据。
- 复制粘贴到新图中。复制粘贴时要注意，如果按 Ctrl+A 快捷键全选后复制粘贴不行，可以尝试从左往右框选图形后复制粘贴。

- 写块（W）。执行 W 命令，框选所有图形，写成一个新的块文件，有时也可以去除一些冗余数据。

另外，2007 版的图纸会比 2000 版的图纸小很多，因此建议保存 2007 版及更高的版本。

1.15 什么是自定义对象？什么是代理图形（Proxy Entity）？

有时在打开图纸时会弹出“代理信息”对话框，如图 1-19 所示。

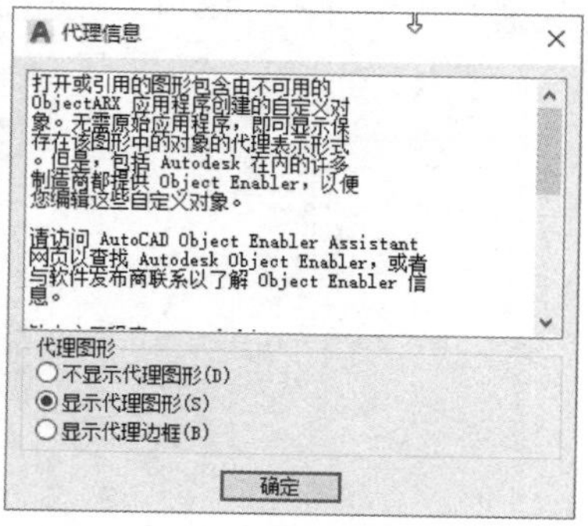

图 1-19

对话框中虽然有大量的解释文字，但什么是自定义对象，什么是代理图形很多人还是不太清楚，这里给大家解释一下。

在 CAD 中提供了一些基本的图形对象，例如直线、圆、弧、多段线等。当选中这些对象后，打开“特性”面板（Ctrl+1）可以看到对象的类型和相关参数，并可以通过修改参数来编辑图形。为了扩展 CAD 行业应用和提高操作效率，CAD 提供了二次开发接口，开发者可以根据特定行业的需求开发一些工具，这些工具可以调用 CAD 的基本图形和相关命令，并且可以定义一些与基本对象类似的参数对象，这些非 AutoCAD 内部定义的参数对象，称为自定义对象。

国内比较常用的天正建筑、浩辰建筑等都使用了自定义对象的技术，这些专业软件中的墙体、门窗，甚至标注、符号等都采用了自定义对象。以浩辰建筑的墙体为例，图 2-20 所示为选中墙体后夹点和特性的显示。

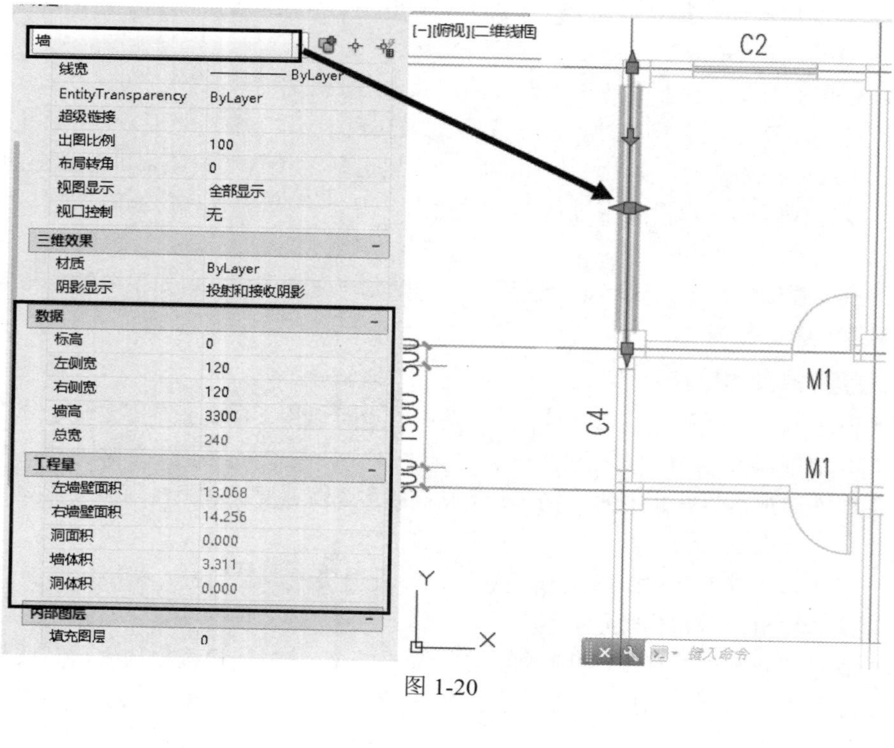

图 1-20

从“特性”面板中可以看到墙体不仅有宽、高的参数，还有墙体的外形、特征、用途、材料的信息，而且不同材质墙体的优先级不同，这决定了不同材质墙体相交时哪种墙体会被打断。墙体还增加了一些三角形的夹点，通过拖动这些夹点可以改变墙体的宽度、长度等，而且修改时，关联的墙体和门窗也会联动。

专业软件充分利用自定义对象和反应器相关的技术，使得绘制和修改图纸效率成倍提高。但自定义对象也会带来负作用，那就是兼容性问题。

如果安装了相应的专业软件或解释器（Enabler）插件，自定义对象可以正常显示和打印，也可以很方便地进行参数化编辑。但如果 CAD 中没有安装相应的解释器，CAD 将无法识别这些自定义对象，不仅无法进行参数化编辑，有时甚至还无法显示。

没有解释器时自定义对象是否能正确显示，取决于是否设置了代理图形（PROXY 或者称为替代显示图形），代理图形通常与自定义对象的显示效果相同。如果设置了代理图形，那么图形的显示和打印都基本正常，但如果没有定义代理图形，这些图形将不会显示。天正建筑的一些自定义对象就没有定义代理图形，因此在纯 CAD 上打开时会发现很多图形都看不到了，如图 1-21 所示。

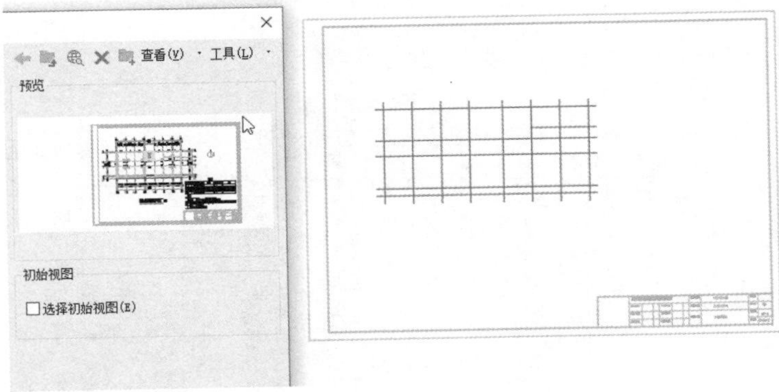

图 1-21

对比图纸预览和打开后图纸的显示，发现很多图形都消失了，没有显示的图形就是没有设置代理图形的自定义对象。

选中图中的代理图形后，“特性”面板（Ctrl+1）中显示的对象类型是：ACAD_PROXY_ENTITY（ACAD 代理实体），代理实体无法进行移动、复制等基本操作，不能作为修剪边界来修剪其他图形，能做的操作就是删除、炸开。代理实体炸开后会变成基本图形，可以用常规的修改命令进行编辑。但是代理实体一旦炸开并保存后，就无法再返回原来的状态，即使在有解释器的 CAD 软件上打开也无法再进行参数化编辑。

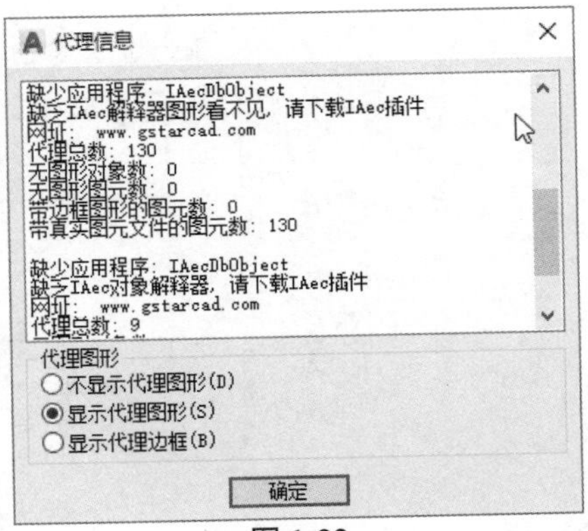

图 1-22

当打开图纸出现“代理信息”提示对话框时，如果想编辑这些图形，最好先在 CAD 上安装相应的解释器或专业软件。向下拖动“代理信息”提示对话框右侧的滚动条，可以看到代理实体的详细信息，如图 1-22 所示。

在对话框中显示自定义对象的相关信息，例如应用程序名、网址等，通过这些信息可以知道需要什么解释器或插件，到哪儿去找这个专业软件和插件。

除了设置是否显示代理图形外，还可以选中“显示代理边框”单选按钮，设置不同选项的效果对比如下。

不显示代理图形效果如图 1-23 所示。

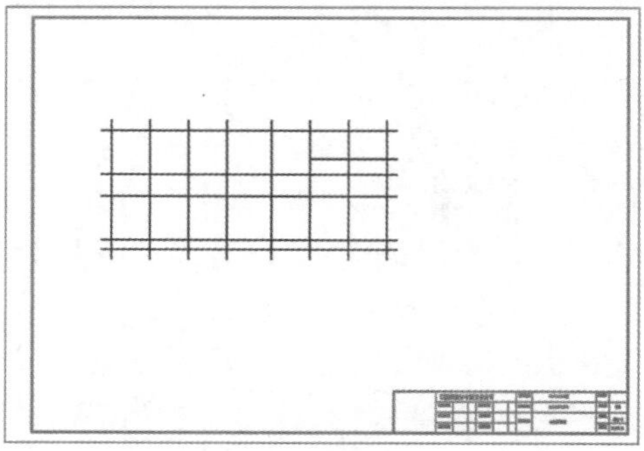

图 1-23

显示代理边框效果如图 1-24 所示。

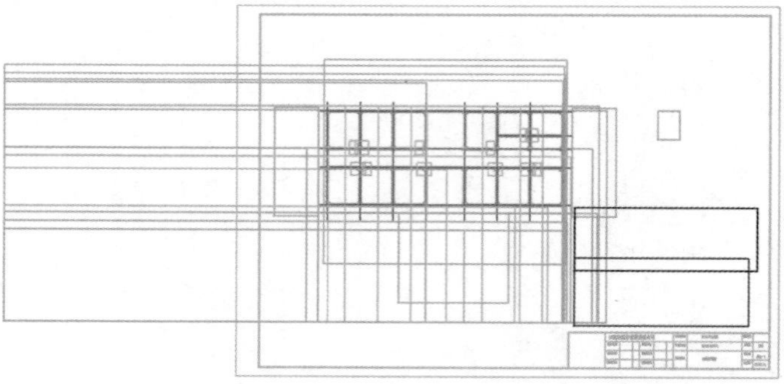

图 1-24

显示代理图形的效果如图 1-25 所示。

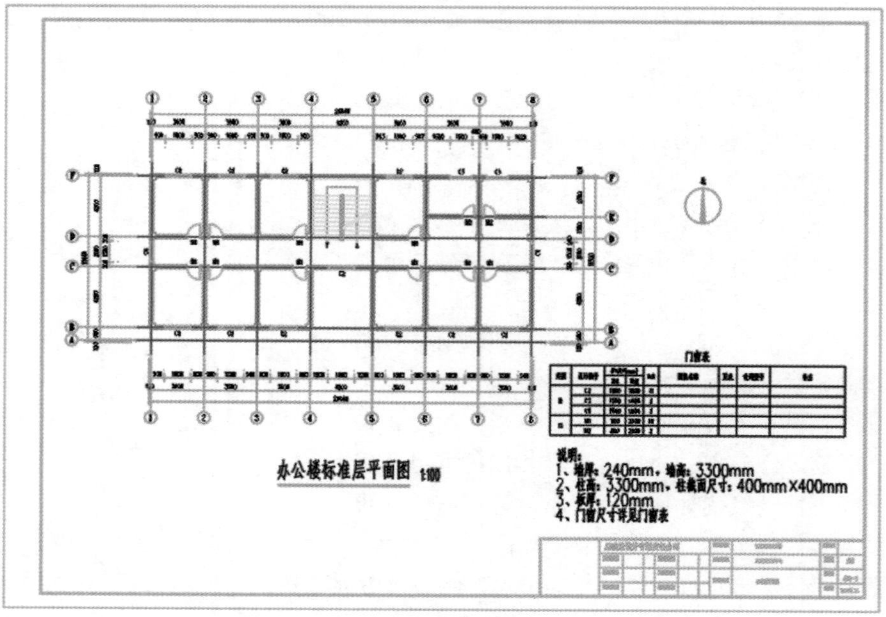

图 1-25

在 AutoCAD 的“选项”对话框中可以设置是否显示“代理信息”，并设置默认的显示选项，如图 1-26 所示。

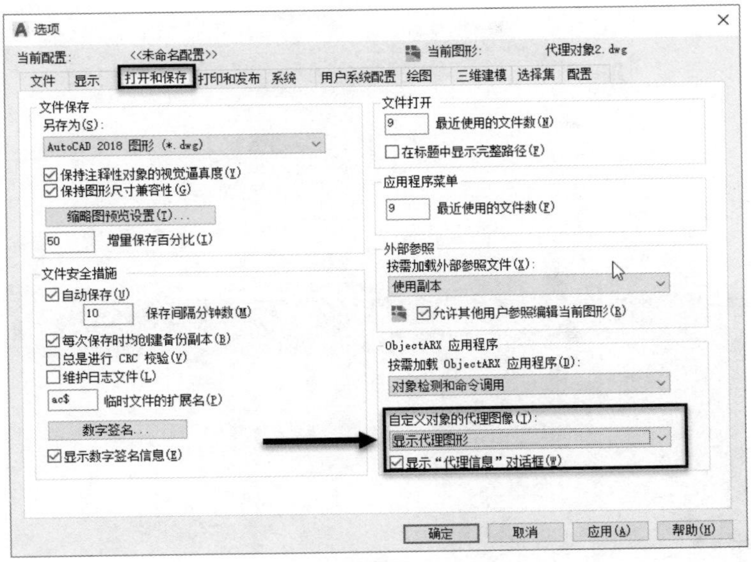

图 1-26

以上技巧适用于 AutoCAD、浩辰 CAD 等同类的 CAD 软件，但不同版本的“选项”对话框的选项可能会有所不同。

1.16 为什么把图形复制粘贴到另一张图后会改变?

网上有不少人提类似的问题，在一张图中按 Ctrl+C 快捷键复制，到另外一张图中按 Ctrl+V 快捷键粘贴，结果发现粘贴的图形变了。

如果不了解问题的原因，一定会觉得很奇怪。下面就讲一下为什么会这样，怎样避免出现类似的问题。

CAD 中保存了很多样式，比如文字样式、标注样式、多线样式等，图中还有一些命名的图块。这些样式和图块定义都有名字，一个名字只能对应一个设置，当两张图中有同名的样式或图块但设置不同时，就会出现这样的问题。下面我们看看几种常见复制粘贴后会变的图形。

1.复制粘贴后图块变了

当两张图中有同名图块但定义不同时，从一张图复制图块粘贴到另外一张图就会变，下面通过一个简单的实例来重现一下现象。

Step 01 新建一张图纸，画一个圆，输入 B 命令，回车，将圆定义成图块，块名设置为 1，插入点设置在圆的圆心，如图 1-27 所示。

Step 02 单击“新建”按钮，新建一张空图，绘制一个矩形，输入 B 命令，回车，将矩形定义成图块，块名也设置为 1，插入点设置在矩形的某个角点，如图 1-28 所示。

Step 03 选择矩形图块，按 Ctrl+C 快捷键，切换到前一张图纸（AutoCAD 2014 以上版本或浩辰 CAD 可以单击文件标签栏的文件名，低版本可以按 Ctrl+TAB 快捷键或从窗口菜单中选择），按 Ctrl+V 快捷键，可以看到明明复制的是矩形，但粘贴过来的却是圆，如图 1-29 所示。

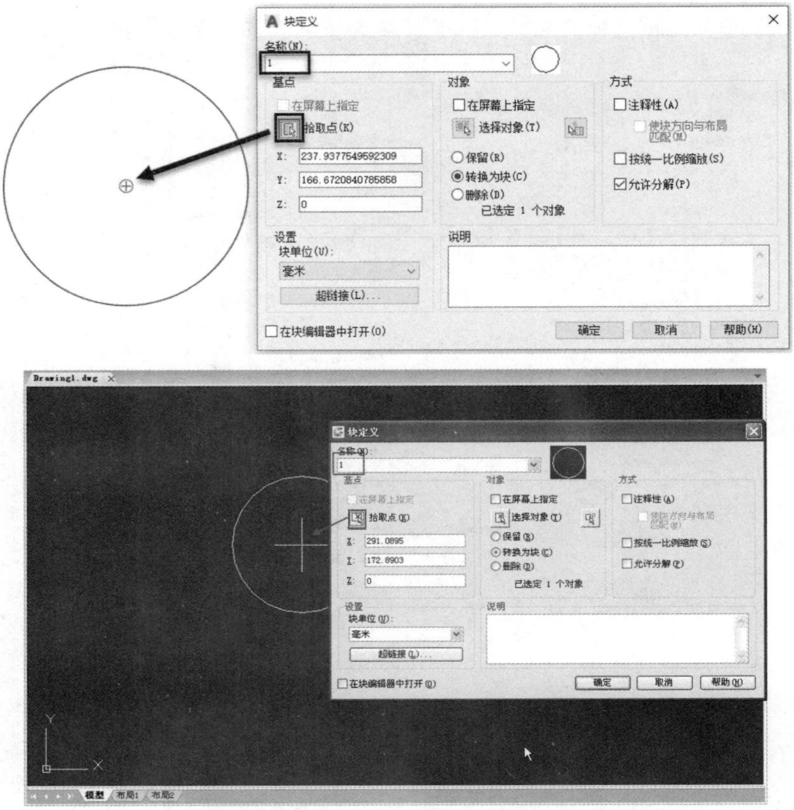

图 1-27

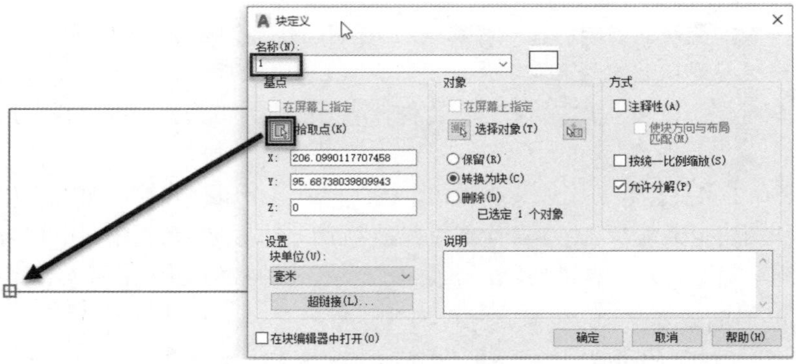

图 1-28

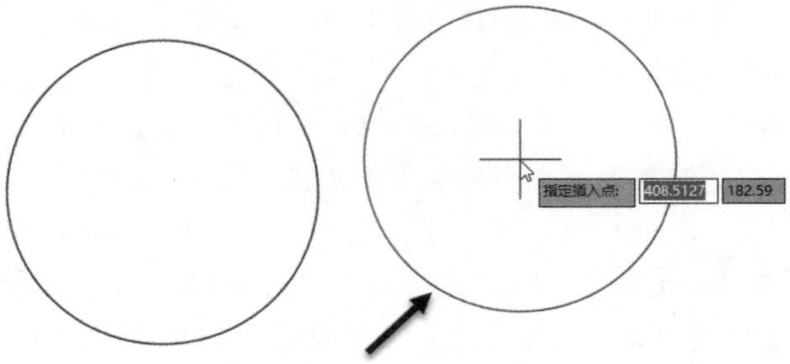

图 1-29

我们可以反过来在这张图中选中圆形的图块，复制粘贴到另一张图，会发现粘贴的是矩形，如图 1-30 所示。

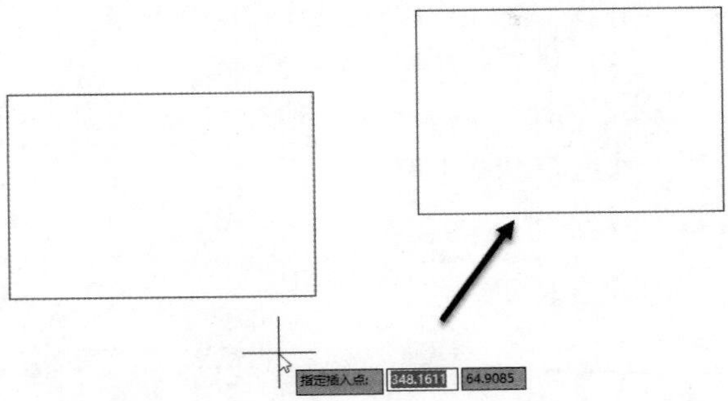

图 1-30

通过上面的操作我们应该清楚图块粘贴时发生变化的原因了，就是两张图中图块的名字相同，复制过来，粘贴时图块自动变成了当前图中同名的图块。

解决办法很简单，就是让两张图纸中图块的名字不同。

Step 01 切换到任意一张图纸，输入 REN 命令，回车（或者在格式菜单中找到“重命名”命令），打开“重命名”对话框。

Step 02 在左侧的列表中选择“块”选项，在右侧的列表中选择 1，在“重命名”文本框中输入 2，如图 1-31 所示，单击“确定”按钮，将图块名从 1 改成 2。

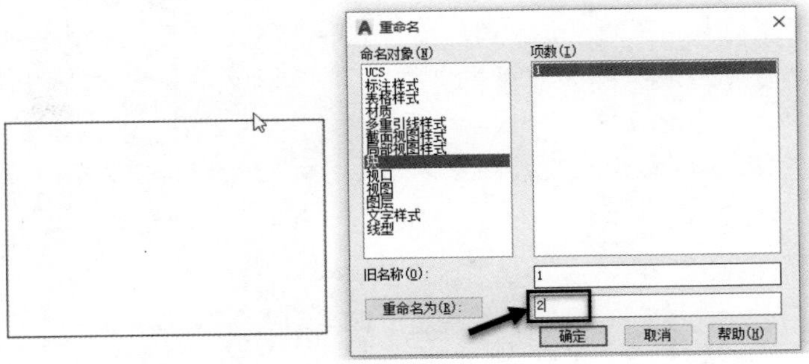

图 1-31

Step 03 再选中图块，按 Ctrl+C 快捷键，切换到另一张图，按 Ctrl+V 快捷键，这次可以看到粘贴的图块是正确的，如图 1-32 所示。

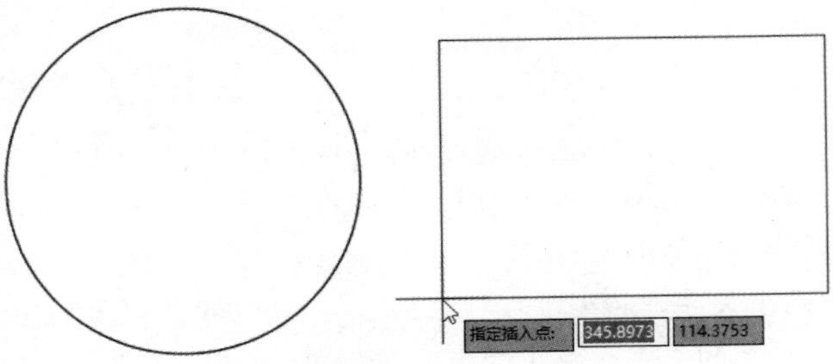

图 1-32

2.文字复制粘贴后字体变了

文字复制粘贴后内容不会变，但字体会变。如果字体变了，说明两张图中有同名的文字样式，而且字体的设置不同，我们同样通过一个简单的操作重现一下。

Step 01 打开一张空图，输入 ST 命令，回车，在“文字样式”对话框的 Standard 样式中将字体设置为宋体，然后输入 T 命令，回车，执行“多行文字”命令，在图中框选文字范围，随意写几个字母加汉字，例如“abc 中文”，如图 1-33 所示。

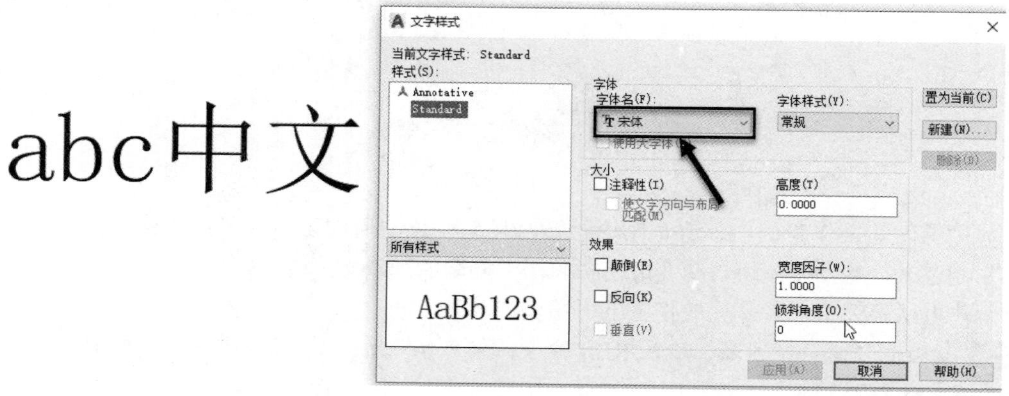

图 1-33

Step 02 为了同时观察单行文字的效果，将上面的文字复制一份，选中其中一个文字，输入 X 命令，回车，将文字炸开成单行文字。

Step 03 单击“新建”按钮，新建一张空图，输入 ST，回车，打开“标注样式”对话框，打开字体列表，输入 TX 命令，在打开的对话框中找到 TXT.SHX，如图 1-34 所示。将字体修改成 txt.shx，如果你的版本中默认就是 txt.shx，则不用修改。

Step 04 用多行文字输入“abc 中文”，再用单行文字输入“abc 中文”，如图 1-34 所示。

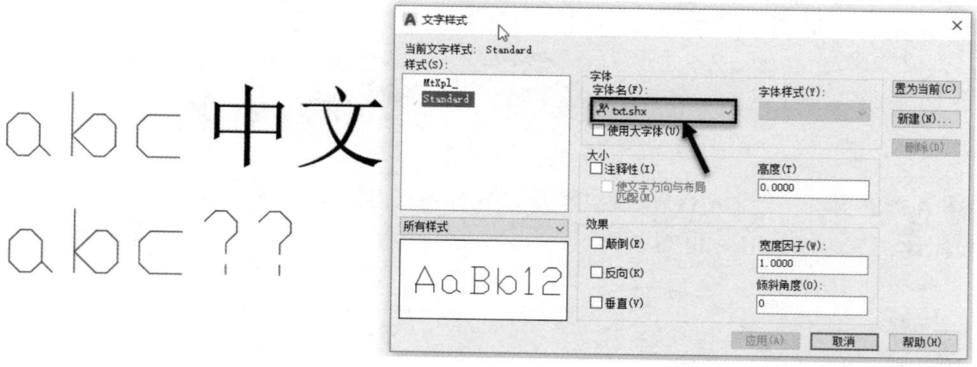

图 1-34

我们可以看到由于设置了 CAD 字体，但没有设置大字体，多行文字中中文自动被替换成宋体，而单行文字中则只能显示为问号。

Step 05 从新图中选中两个文字，按 Ctrl+C 快捷键复制，切换到之前的图纸中，按 Ctrl+V 快捷键粘贴，我们会发现粘贴后的文字变成了跟当前图相同的效果，如图 1-35 所示。

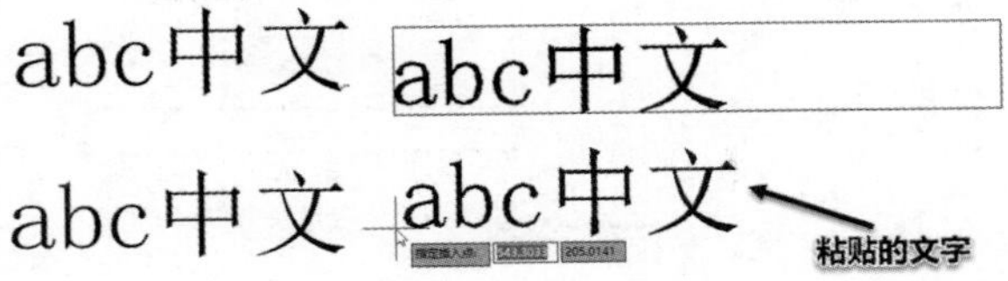

图 1-35

选中这张图的文字向另外一张图中复制粘贴也会出现同样的问题，如图 1-36 所示。

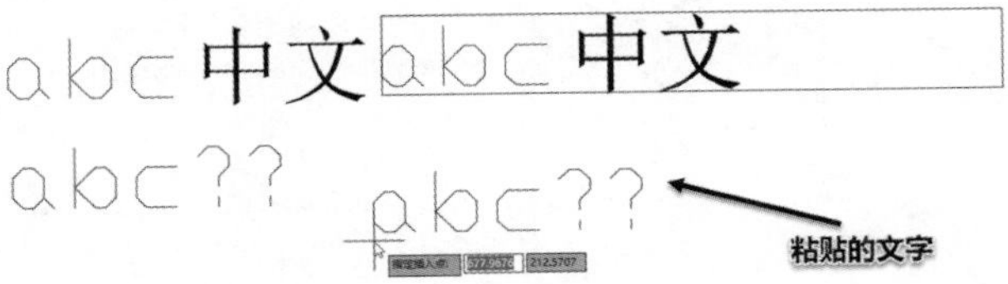

图 1-36

解决办法与图块重名相同，在任意一张图纸中输入 REN 命令，回车，打开“重命名”对话框，选中重名的文字样式，修改成其他名字，如图 1-37 所示。

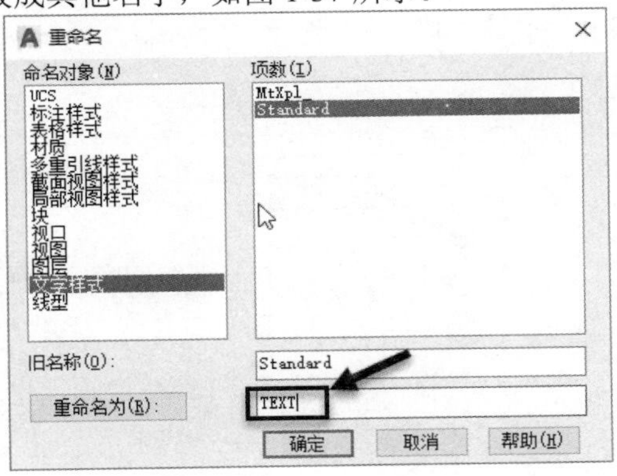

图 1-37

将其中一个文字样式改名，不存在重名现象后，当将文字复制到另一张图，改名的文字样式也会一起被复制到新图中。

总之，图纸中文字样式的名称最好与字体相关，这样可以避免同名不同字体的情况。另外不要总用默认的文字样式来修改字体，这样很容易产生重名的现象。

3.标注复制后变了

标注样式要比文字更复杂，不仅是因为标注参数多，而且标注中还会使用到文字和图块，不仅可能存在标注样式重名的情况，还有可能存在重名的问题，遇到问题时需要先看变的是什么，然后再根据变的原因去找问题。

（1）字体变了

输入 D 命令，打开“标注样式”管理器对话框，选择标注使用的标注演示，单击“修改”按钮，打开“修改标注样式”对话框，检查文字样式设置，如图 1-38 所示。

字体的变化可能是因为同名的标注样式在两张图中使用了不同的文字样式，也可能用的文字样式相同，但文字样式的定义不同。想保持复制后标注样式不变，如果是前一种情况，只需重命名标注样式；如果是后一种情况，则需要先重命名文字样式，然后将标注样式重命名。

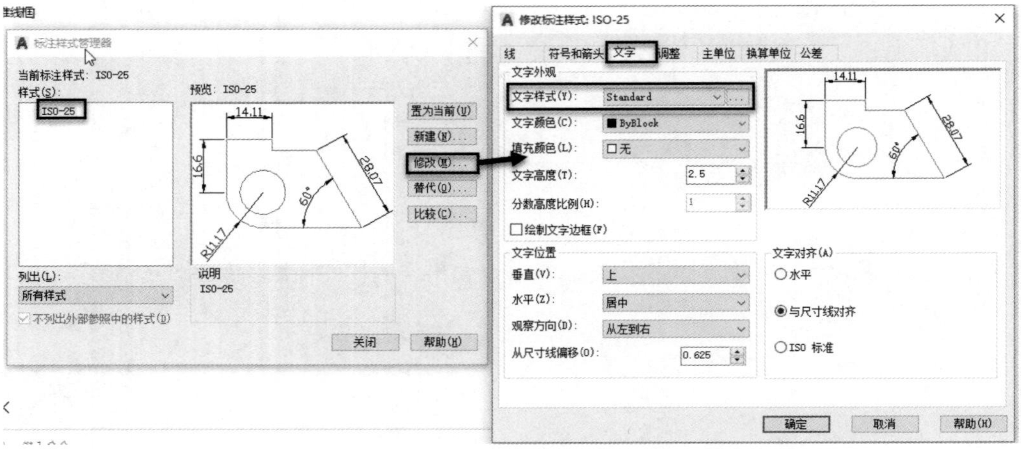

图 1-38

（2）箭头变了

标注默认的箭头不是图块，但如果用建筑斜线或其他某些形式，箭头则可能用图块来表示。要知道这一点很简单，比如，在 AutoCAD 2018 版本的一张空图中输入 D 命令，回车，将标注样式的箭头改成建筑标记的斜线，创建一个标注，然后输入 I 命令，插入图块，即可看到标注箭头的图块，如图 1-39 所示。

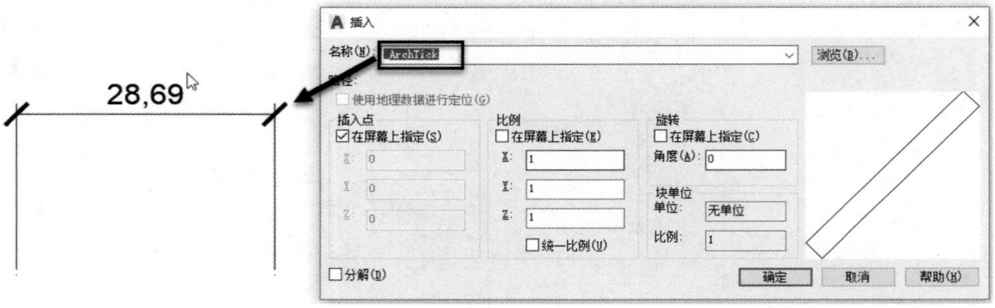

图 1-39

大家很少会创建同名的图块或去修改由标注创建的这个图块，但笔者不止一次见过这样的图纸，就是标注使用的图块被改了。如果发现这种情况，必须在被修改的图纸中将此图块重命名。

AutoCAD 2021 版本标注箭头的建筑斜线没有使用图块，倒是可以避免出现这个问题。

（3）尺寸线等其他效果变了

如果是同名标注样式其他参数不同也会导致标注复制粘贴后变化，要想保留标注原来的效果，REN 重命名标注样式即可。

（4）标注的特征比例变了

标注本身的长度没变，但线、文字、箭头都被整体放大和缩小了。如果标注设置了注释性，当从一个比例视口复制到另外一个比例视口时，特征比例会根据当前视口比例变化。这种变化是正常的，如果你用过注释性，这种变化应该是你需要的；如果你没有用过注释性，通常也不会遇到这种问题。

4.其他可能产生变化的图形或样式

（1）线型

线型可能会有两种变化：一是线型的形式没变，只是单元长度变了，有时可能虚线还会变成实线，这可能是两张图中全局线型比例设置不同，可以输入 LTSCALE 命令，回车，或者打开线型资源管理器查看。

二是线型的形式变了，这种原因可能有两种：一种是线型设置是 BYLAYER，两张图中同名图层设置的线型不同；另一种可能是同名的线型定义不同。

在同一款 CAD 软件中如果只用 CAD 自带的线型，同名线型定义不同出现的概率比较低，但如果用不同的 CAD 软件而且自己加载了一些特殊的线型就不好说了。

（2）多线

多线是 MLINE（ML），多线样式（MLSTYLE）也存在重名设置不同的问题。

（3）表格

表格（TABLE）对象也有样式（TABLESTYLE），也可能出现复制粘贴变化的情况。

（4）多重引线

多重引线其实是一种特殊的标注，多重引线样式（MLEADERSTYLE）重名时也需要同时分析文字样式和箭头的图块。

（5）填充

填充图案粘贴后比例变了，通常也与填充图案定义有关系，但在“重命名”对话框中没法修改，因为填充图案是保存在填充文件（*.pat）里。如果使用了自定义的填充图案，可能会产生这样的问题。

如果在不同版本或不同品牌的 CAD 之间复制粘贴一些复杂边界的填充图案，也有可能因为两者的算法不同导致效果变化，这是一种极端情况，通常不是我们个人能解决的。

填充不显示，这可能是 FILL 变量导致的，如果 FILL 被设置成关（0），填充就不显示。

5.图层、变量设置不同导致的变化

（1）图层设置不同

如果两张图中同名图层的设置不同，复制粘贴图形中所有随层的属性都会跟随变化，图层设置可能带来的变化包括颜色、线型、线宽、透明度等，所以出现这些变化时先检查一下图层。

当然图层的状态也会影响我们看到的效果，比如复制时图层是开的，粘贴时图纸中同名图层是关的或冻结的，我们会看不到图形，当然这对图形本身并没有什么影响。

通常一个人或一个单位的图层使用习惯是相同的，上述情况出现的概率不多，但如果图纸有多个来源，这种情况也可能出现。

（2）变量设置不同

CAD 中有一些控制图形显示的变量，例如，控制填充显示的变量 FILL 和 FILLMODE，控制文字是否简化显示成方块的 QTEXT 等，这些变量保存在图中。因此，如果两张图纸中这些变量设置不同，也可能导致从一张图纸复制到另外一张图纸发生变化。

小结

通过上面的讲解我们会发现，图纸复制粘贴发生变化的可能性太多了，不用感到奇怪，遇到问题后，我们首先要看变的是什么，发生了什么变化，判断原因后才能解决。大部分样式重名都

可以通过重命名（REN）来解决。

对于个人来说，要避免出现类似问题，首先要养成良好的习惯，不要直接修改默认样式的参数来使用，建议创建新的样式并起可以明显分辨的名字，图块命名尤其需要注意。

1.17　图形有时无法复制粘贴是怎么回事？

CAD 和我们用的 Word、Excel 类似，选择图形后，按 Ctrl+C 快捷键即可将图形复制到剪贴板，切换到另一张图纸后，按 Ctrl+V 快捷键即可将图形粘贴到这张图纸。但有时会出现提示无法复制或者粘贴空白的现象。下面就将几种常见的情况给大家讲一下。

1.是图形中有特殊数据或有错误数据

（1）代理图形

有些专业软件生成的自定义对象由于没有相应的插件，会显示为代理图形，当复制这些图形时，CAD 提示“无法复制到剪贴板”。遇到这种情况需要 CAD 安装原始的专业软件或插件才能复制粘贴，或者让安装有插件的人将这些图形分解成常规的 CAD 数据。如果不需要保留自定义对象的原始数据，可以炸开（X）这些代理实体后再复制。

（2）DGN 线型数据

在 1.14 节中介绍过，这类数据很大，看不到、删不掉，但会影响操作性能，如果在两张有这类数据的图纸间复制粘贴，没有任何错误提示，但却粘贴不了任何图形。解决方法就是用清理（PU）功能清理孤立的数据，或者在命令行输入下面的语句后回车，手动删除 DGN 数据：

```
(dictremove (namedobjdict) "ACAD_DGNLINESTYLECOMP")
```

（3）其他错误数据

图中如果有一些无法处理的错误数据，也可能出现无法复制到剪贴板的现象。如果不清楚具体原因，可以尝试用修复（RECOVER）命令打开图纸，或者打开图纸后用核查（AUDIT）命令修复错误后再进行尝试。在不同 CAD 版本或不同软件进行数据转换时，有时可能会产生错误数据，这些错误数据有时对操作没有影响，但有时却导致无法复制粘贴甚至导致 CAD 异常退出等现象。如果修复后仍然无法复制粘贴，只能去找可以打开的备份文件。

2.临时文件保存路径设置错误

在复制（Ctrl+C）图形时，CAD 通常会生成一个临时文件，这个文件就保存在 CAD 设置的临时文件路径（输入 OP 命令，在“选项”对话框中可以找到这个路径）下。在 AutoCAD 低版本，如果这个路径为空，或者设置的路径不可写，也会影响复制粘贴。AutoCAD 高版本设置了防范错误，删除此路径时会自动使用临时文件路径，所以不会出现这个问题。如果使用的 AutoCAD 版本较低，或者使用的某种 CAD 可能没有设置类似的防范错误，一旦出现简单图形都无法复制粘贴时，不妨检查一下这个路径，如图 1-40 所示。

如果路径为空，添加一个非只读的路径即可。

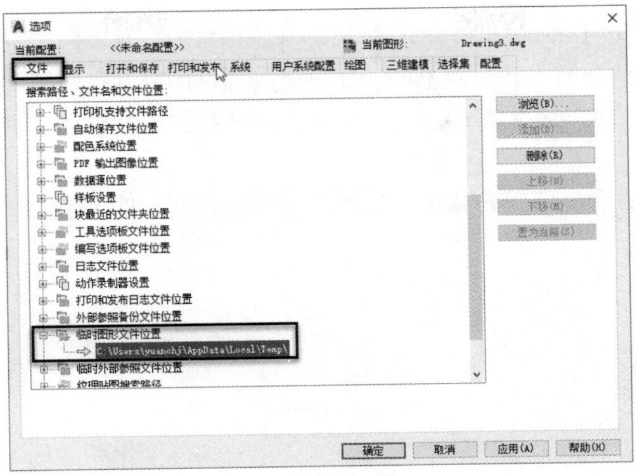

图 1-40

1.18　AutoCAD 中如何输出和输入 PDF 格式？

因为 DWG 格式需要 AutoCAD 等特定软件才能打开，其中涉及版本、兼容性，为了方便审阅、查看、打印、传输，很多情况下会将 DWG 图纸转换成 PDF 文件。PDF 文件拥有体积小、所见即所得（打印也是如此）、查看方便等优势。不会因为字体、打印样式、软件、移动设备限制。

因为这类需求越来越多，CAD 提供了越来越多与 PDF 相关的功能，2007 版增加了 PDF 虚拟打印驱动，2011 版可以直接输出 PDF，并且还可以将 PDF 插入成参考底图，2017 版还可以将 PDF 输入成 CAD 图形，后续版本还增加了 PDF 中的 SHX 字体识别的功能。下面简单介绍 CAD 中与 PDF 相关的功能。

1.打印输出 PDF

从 AutoCAD 2007 开始内置了 PDF 的虚拟打印驱动：DWG TO PDF，如果用更老的 CAD 版本，可以借用其他的 CAD 虚拟打印驱动，比如 ACROBAT 的 PDF 打印驱动。

通过打印输出 PDF 的操作很简单，与常规的打印操作一样，下面简单介绍一下。

打开图纸，单击“打印”按钮，打开“打印-模型”对话框，在打印设备列表中选择 DWG To PDF 或其他 PDF 的虚拟打印驱动，如图 1-41 所示。

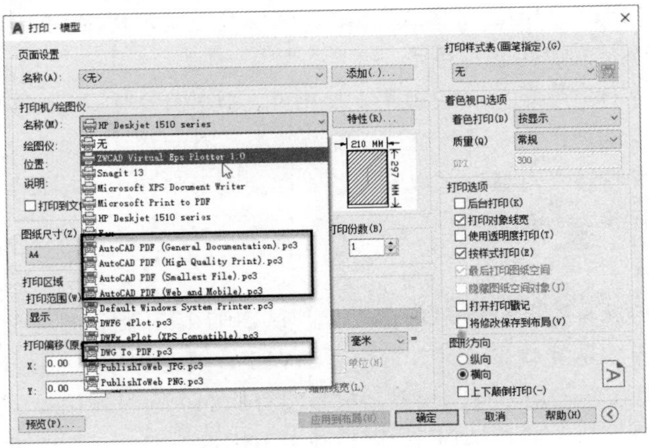

图 1-41

在 CAD 高版本中除了 DWG TO PDF 驱动外，还有多种针对不同需求的 PDF 打印驱动，这些 PDF 驱动只是预设的分辨率和尺寸不同，如果感兴趣可以看看这些驱动的区别。

PDF 打印驱动的纸张大小、打印范围、比例、打印样式表的设置与普通打印机的操作完全一致。

只是在一些特殊的情况下需要单击“特性”按钮去定制 PDF 打印的一些特性，如图 1-42 所示。

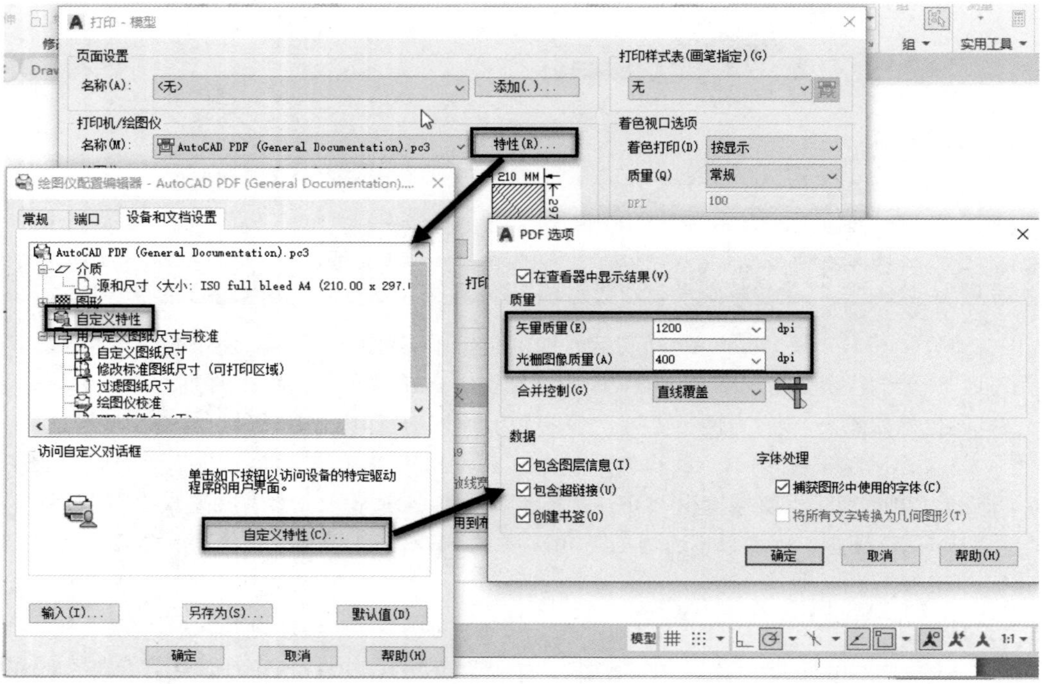

图 1-42

PDF 的自定义特性中，有两个参数比较重要，一是分辨率，二是字体处理。这个分辨率分为两种，一种是矢量图形的数据，另一种是光栅图像的分辨率。

如果图纸中使用了操作系统的字体，转换 PDF 时会保留字体，在 PDF 中可以编辑这些文字。但如果使用的是 CAD 内部的 SHX 字体或在 CAD 中修改了宽、高、比的操作系统文字，PDF 中不支持，只能将这些字体转换为几何图形。

由于有些图纸文字样式中的字体设置不支持中文，但多行文字显示成宋体，这种情况在转换时可能出问题，文字可能会消失。遇到这种情况解决办法有两种：一是将文字样式修改成正确的字体；二是在“自定义特性”对话框中取消勾选“捕获图形中使用的字体”复选框后，勾选“将所有文字转换成几何图形”复选框。

2.直接输出 PDF

AutoCAD 2007 还没有直接输出 PDF 的功能，从 2011 版开始有的这个功能。这种方式的优势是简单，直接在菜单中选择输出 PDF，即可将 DWG 转换成 PDF，如图 1-43 所示。

输出 PDF 的很多选项还是与打印相关，只是将打印的页面设置用一个选项表示。低版本可设置的选项较少，估计不少人直接输出 PDF 后效果不满意，因此后期版本又增加了一些选项。AutoCAD 2017 版，输出 PDF 的选项基本与打印的选项差不多，在 AutoCAD 2021 对话框右上方的下拉列表框中选择输出 PDF 的驱动，如图 1-44 所示。

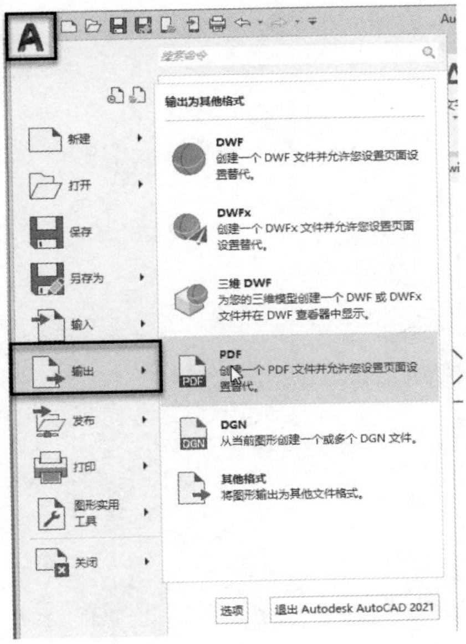

图 1-43

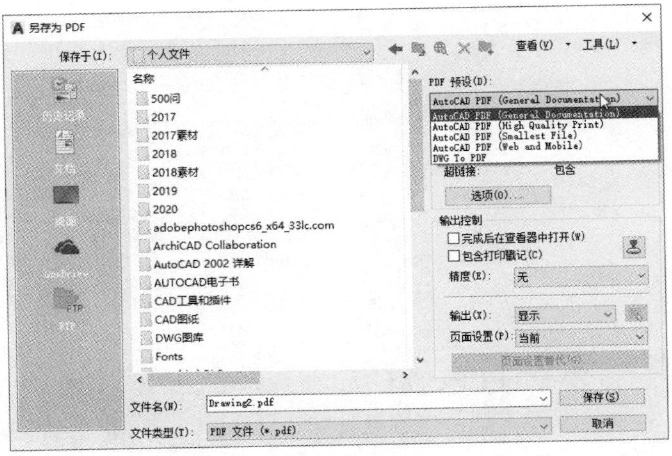

图 1-44

单击“选项”按钮，打开“输出为 PDF 选项”对话框，如图 1-45 所示。

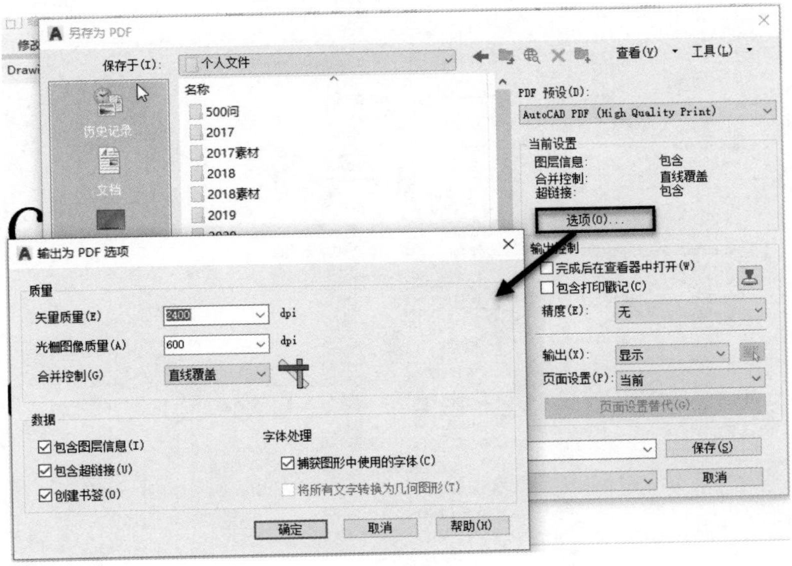

图 1-45

在下面也可以设置“输出”范围为“显示”、“范围”或“窗口”，页面设置默认使用当前的页面设置，也可以选择“替代”，指定替代的页面设置，在“页面设置替代”对话框中，可以重新选择图纸尺寸、打印样式表、打印比例和图形方向。

其实输出 PDF 与打印 PDF 没什么区别，只是将选项简化了，如图 1-46 所示。

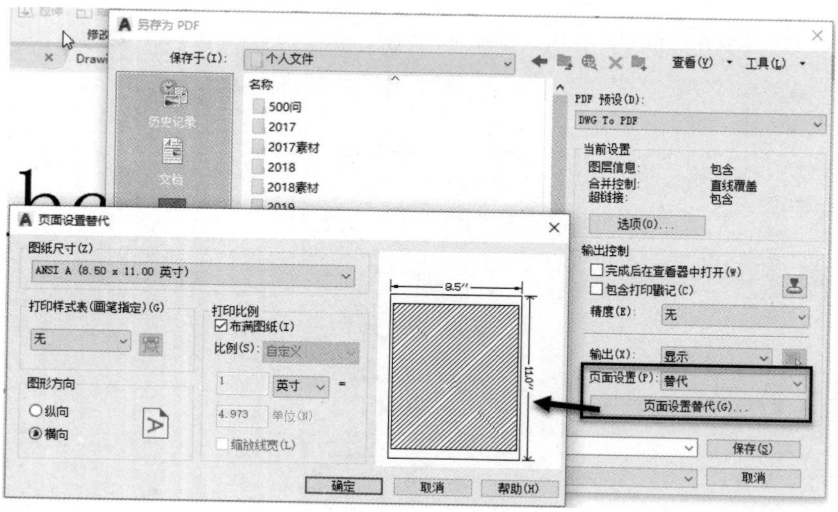

图 1-46

3.发布（PUBLISH）

CAD 是否能实现批量打印的功能？可以，但必须事先设置好布局和页面设置，每个布局只能放一个图框，这样就可以用发布功能进行批量打印。

当然也能批量打印 PDF，还能输出成多页的 PDF，如图 1-47 所示。

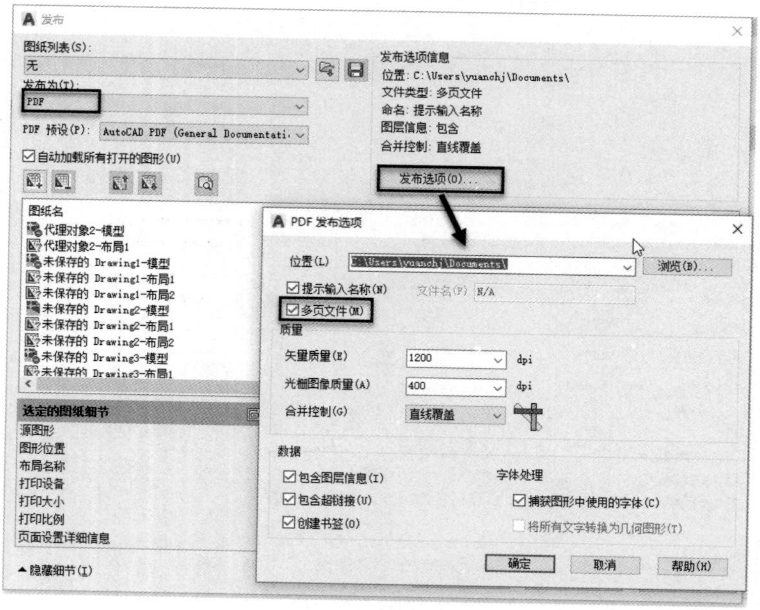

图 1-47

再次强调一下：想要用发布的功能，必须规范地使用布局，并预先保存好每个布局的页面设置，否则打印的效果不理想。

4.PDF 参考底图

国外有不少设计师会在 PDF 图纸的基础上进行一些批注或绘制一些新的图形，因此 CAD 高版本就提供了 PDF 参考底图的功能，可以将别人发过来的 PDF 文件附着（ATTACH）到 DWG 图中作为底图或参考，如图 1-48 和图 1-49 所示。

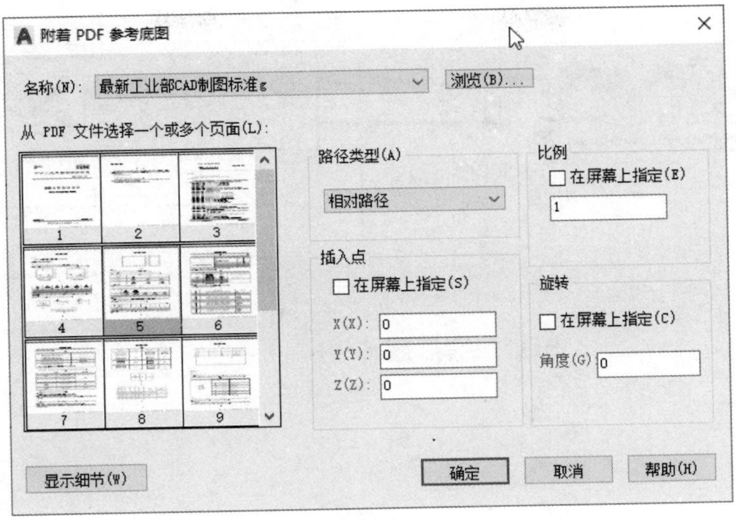

图 1-48

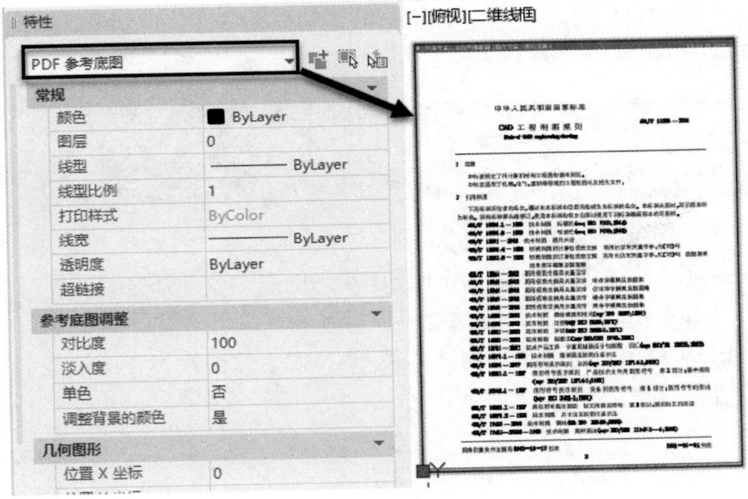

图 1-49

PDF 参考底图对于 PDF 是否是矢量格式并没有严格要求，只是矢量的 PDF 可以捕捉其中图形的一些特征点，如端点等。

5.输入 PDF

是否能把 PDF 图转回 DWG 文件，大多数用户输出成 PDF 就是不希望被人编辑再利用，所以 AutoCAD 早期的版本并没有提供这样的工具。但网上很早就有了这种转换工具，大家搜索 PDF2DWG 或 PDF2DXF 应该能找到这类工具。估计是这类需求越来越强烈，在 AutoCAD 2017 版就增加了输入 PDF 的功能 PDFIMPORT。

输入 PDF 命令后，选择图中已插入的参考底图的部分区域或全部进行转换，也可以直接回车选择一个新的 PDF 文件进行输入。

要想将 PDF 转换回 DWG，必须保证 PDF 是矢量数据，比如，是从 CAD 中打印或输出的 PDF 文件，如果是光栅图像类的 PDF，CAD 的 PDF 输入功能或网上这类工具也无法转换。

线框

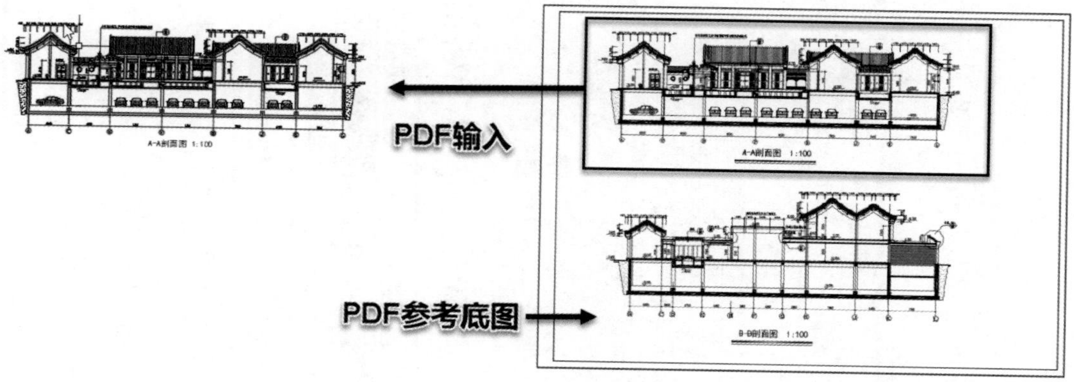

图 1-50

小结

CAD 软件早期版本没有提供输出 PDF 的工具，现在的版本提供了各种输出和输入 PDF 的功能，说明 PDF 用得越来越多。不同版本支持的功能或功能的选项各不相同。浩辰 CAD 也提供了相同的功能，最新的 2020 版本也提供了输入 PDF 的功能。

1.19 怎样将图纸使用的字体、图像、外部参照一起打包？如何使用电子传递功能？

有设计就有交流，图纸在传递的过程中往往存在不少问题，例如双方使用的字体文件不同，导致文字无法正常显示；传递图纸时忘记附上图中插入的图像或外部参照文件，导致对方打开时图面内容缺失。而 AutoCAD 的电子传递功能可以很好地解决这个问题。

无论使用 RIBBON 界面还是经典界面，单击 CAD 左上角图标，在下拉菜单中选择“发布”→“电子传递”功能选项，如图 1-51 所示。

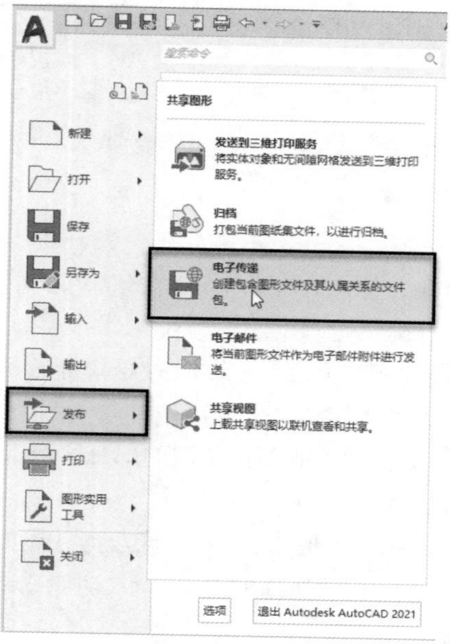

图 1-51

在经典界面中，还可以在“文件”下拉菜单中找到“电子传递”。当然也可以直接输入 ETRANSMIT 命令。

输入此命令后提示需要保存当前图纸，保存以后弹出“创建传递”对话框，如图 1-52 所示。

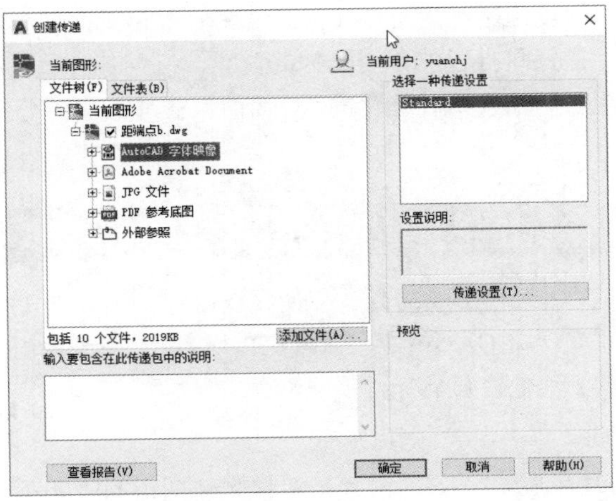

图 1-52

电子传递内容不仅包含图纸文件，还包括字体映像文件、图纸中插入的光栅图像和外部参照图纸。

右侧下拉框中的 Standard 是电子传递的设置，我们可以修改这个设置或添加新的设置。在左下方的输入框内可以填入简单的说明文字，这些说明文字将被写入一个文本文档内，和图纸相关文件一起打包。

单击“传递设置”按钮，弹出“传递设置”对话框。单击“修改”按钮，进入“修改传递设置”对话框，如图 1-53 所示。

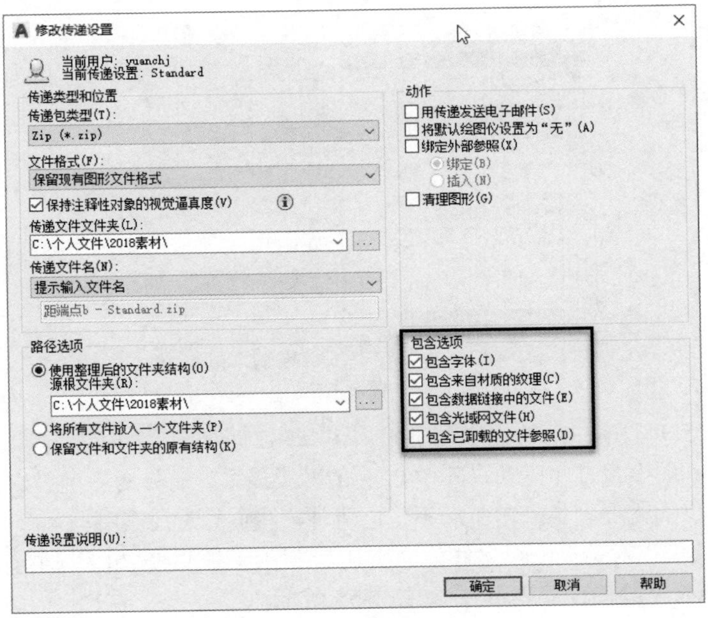

图 1-53

在该对话框中可以设置传递包的类型（文件集、自解压文件或 zip 包），以及传递文件建立的路径等。如果在图中使用了特殊的字体，建议勾选“包含字体”复选框，防止对方打开文件时因为没有字体显示问号或因为替换字体导致文字格式发生变化。如果需要保密，压缩包还可以输入密码。如果有多种不同设置，可以对传递设置加上说明。

一切设置好后，返回创建传递对话框，可以通过文件树和文件表来查看要打包的文件，还可以看看单击“查看报告”按钮将打包的说明文件的内容。

文件中不仅详细说明了压缩包内各文件的用途，而且在最下面的分发说明中对各类文件进行详细的解释。

1.20 AutoCAD 中如何将图纸输出成 JPG、PNG 等格式的图像？

很多行业希望将 CAD 图纸输出成高分辨率的光栅图像，然后在 Photoshop 或其他图像处理软件中进行填色或其他处理。在 CAD 中用 EXPORT（输出）命令输出 BMP 图像，但这种图像就相当于屏幕截图，分辨率很低，显然无法满足要求。

1.安装虚拟打印驱动

无论是 AutoCAD 还是浩辰 CAD，都内置了多种光栅图像的打印驱动，也就是说通过打印就可以输出图像文件，有些驱动是默认已安装的，但有些驱动需要自己安装。CAD 低版本支持的光栅图像格式比较少，如果版本特别老，甚至可能没有提供光栅图像打印驱动。

这里以 AutoCAD 2021 为例介绍 CAD 虚拟打印驱动的安装方法，首先看看 CAD 已经默认安装了哪些虚拟打印驱动。

打开一张图纸，单击“打印”按钮或者输入 PLOT 命令后回车，打开“打印-模型”对话框，在该对话框中打开打印机列表，可以看到 CAD 已预装了大量的驱动，如图 1-54 所示。

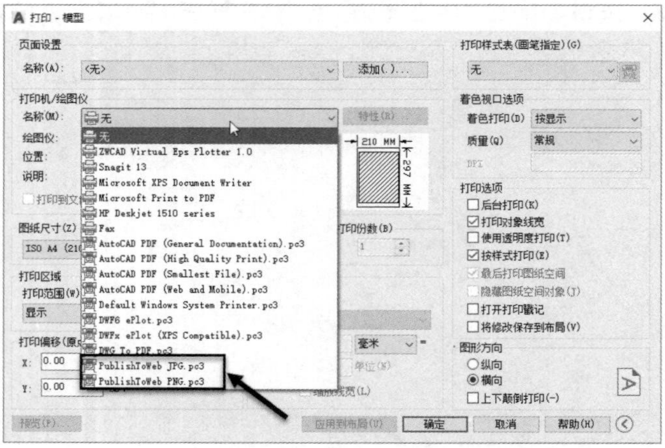

图 1-54

从图 1-54 中可以看出，CAD 已预装了 JPG 和 PNG 两种图像的虚拟打印驱动，另外还有多种输出 PDF、DWF 的虚拟打印驱动，其中 PDF 的种类最多，有针对各种需求的。

其实 CAD 提供的光栅图像打印驱动不止这两种，我们看看还有哪些。

关闭“打印-模型”对话框，在文件菜单或左上角图标的下拉菜单中选择，“打印”→“管理绘图仪”命令（或者是绘图仪管理器），如图 1-55 所示。

软件会自动打开 CAD 驱动所在的文件夹，我们看到文件夹中有很多*.pc3 文件，每个 PC3

文件就是一种内置打印驱动，可以通过删除 PC3 文件将打印驱动直接删除。在文件夹的最后是“添加绘图仪向导”，双击此文件可进入添加绘图仪的向导，如图 1-56 所示。

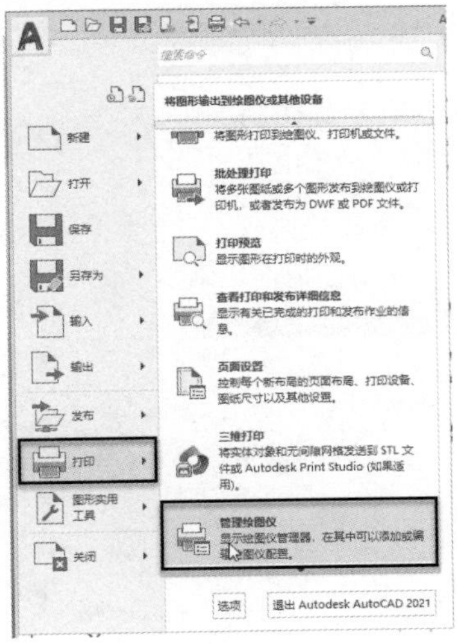

图 1-55

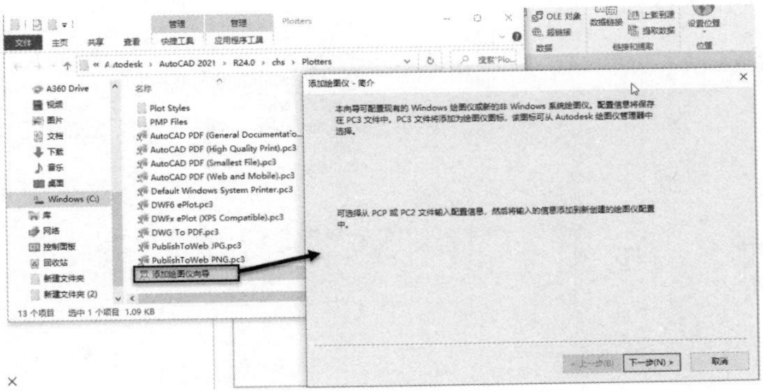

图 1-56

在向导对话框中单击“下一步”按钮，直到出现选择绘图仪型号的页面，在“生产商”选项组中选择“光栅文件格式”选项，如图 1-57 所示。

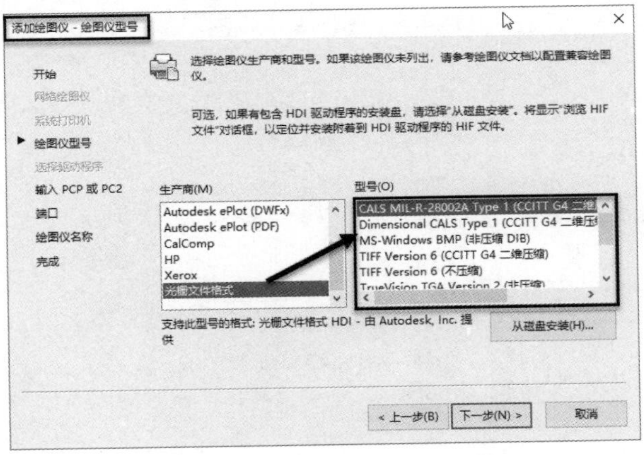

图 1-57

我们可以看到除了 JPG 和 PNG 以外，还可以添加 TIF、TGA、CALS、PCX 光栅文件格式，根据需要选择并安装某种驱动。

在“生产商”选项组中选择 Adobe 选项，在右侧选择 PostScript Level 2 选项，单击“下一步”按钮，如图 1-58 所示。

继续单击“下一步”按钮，直到显示选择端口的页面，因为这是虚拟打印驱动，也就是会将打印结果输出为文件而不是打印机的端口，因此这里务必要选中“打印到文件”单选按钮，如图 1-59 所示。

继续单击“下一步”按钮，如果不想给打印驱动重新命名就再次单击“下一步”按钮，直到安装完成。

在浩辰 CAD 软件安装虚拟驱动的操作略有不同，可以在“打印”对话框的打印机列表中选择添加绘图仪，虚拟打印机默认为打印到文件。

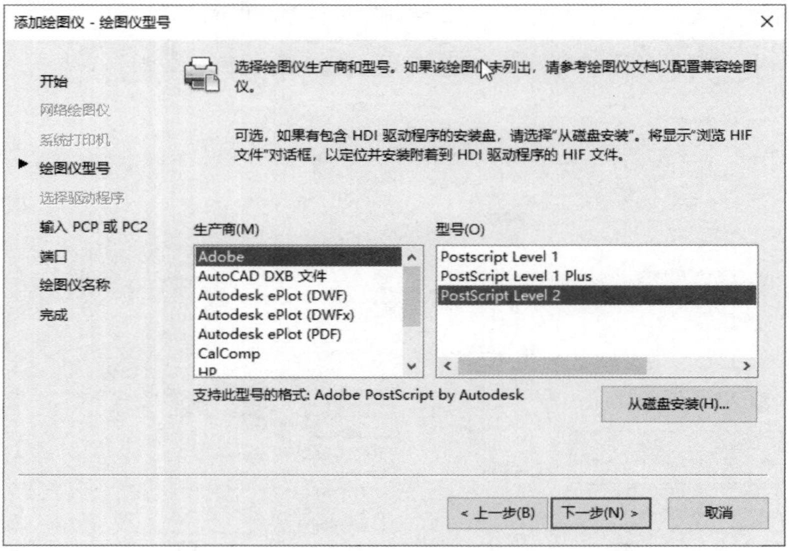

图 1-58

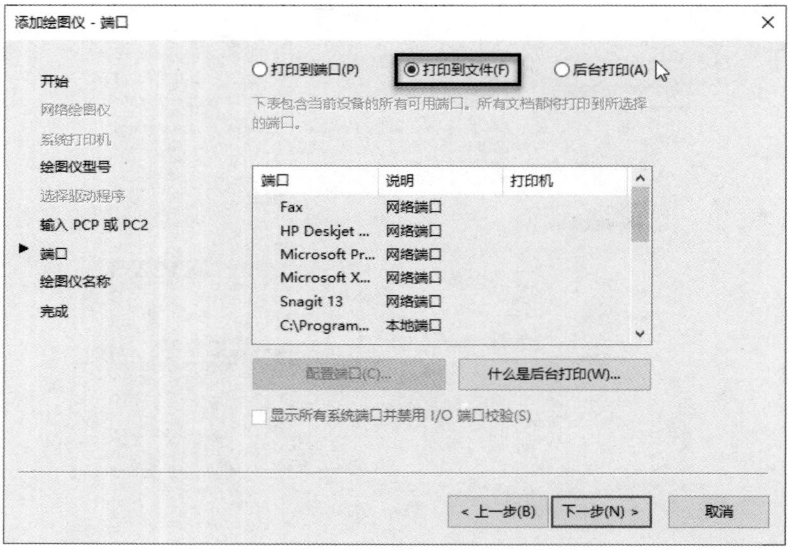

图 1-59

2.如何输出高分辨率的光栅图像

光栅图像可以分为三类：一类是 BMP、JPG 等不带透明通道的光栅图像，另一类是 TIF、PNG 等带透明通道的光栅图像，还有一类是 EPS（PostScript）这种类似矢量的图像文件。如果要输出高分辨率的图像，一种选择是输入成第一、第二类图像，将分辨率设置得比较高，另一种就是输出成 EPS 文件，然后在 Photoshop 打开时根据需要设置分辨率。下面分别以 PNG 和 EPS 文件为例简单介绍输出的方法。

（1）输出高分辨 PNG 图像

打开一张图纸，打开“打印-模型”对话框，在打印机列表中选择 PNG 驱动，如果图中之前保存了页面设置并设置的是常规的打印驱动，可能会提示未找到图纸尺寸，如图 1-60 所示。

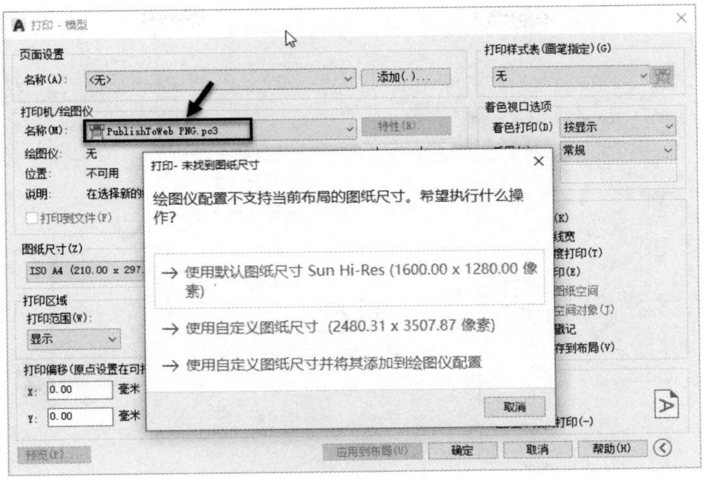

图 1-60

该对话框给了三个选择，前面两个给定了图像的分辨率，如果合适，可以选择其中一个；如果不合适，可以选择最后一个选项，自定义图像的分辨率。

如果图中未保存页面设置，选用驱动时会使用一个默认的设置，单击打印机列表后面的“特性”按钮，打开“绘图仪配置编辑器”对话框。在该对话框中单击“自定义图纸尺寸”，下面会显示已经定义好的尺寸，可以添加尺寸或编辑现有尺寸，如图 1-61 所示。

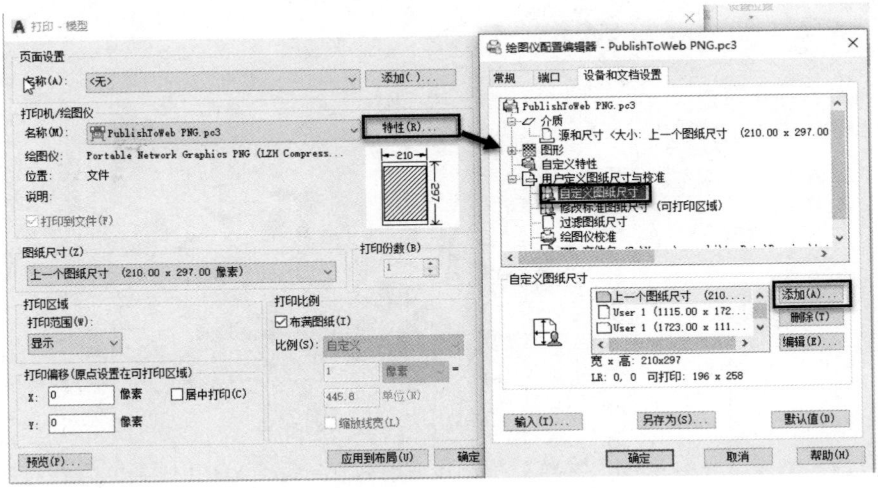

图 1-61

单击“添加”按钮，弹出一个向导对话框。单击“下一步”按钮，输入 PNG 图像横向和纵向的像素点数，例如输入 8 000 和 6 000。

然后继续单击“下一步”按钮，可以修改自定义尺寸的名称并完成自定义尺寸的添加，如图 1-62 所示。

在图纸尺寸列表中选择刚定义的尺寸，然后设置打印范围、比例、打印样式表、横纵向，然后单击“确定”按钮，弹出一个保存 PNG 文件的对话框，默认使用的是图纸的名称，根据需要进行修改，设置好名字后单击“保存”按钮，即可等待 CAD 软件完成 PNG 图像的输出，如图 1-63 所示。

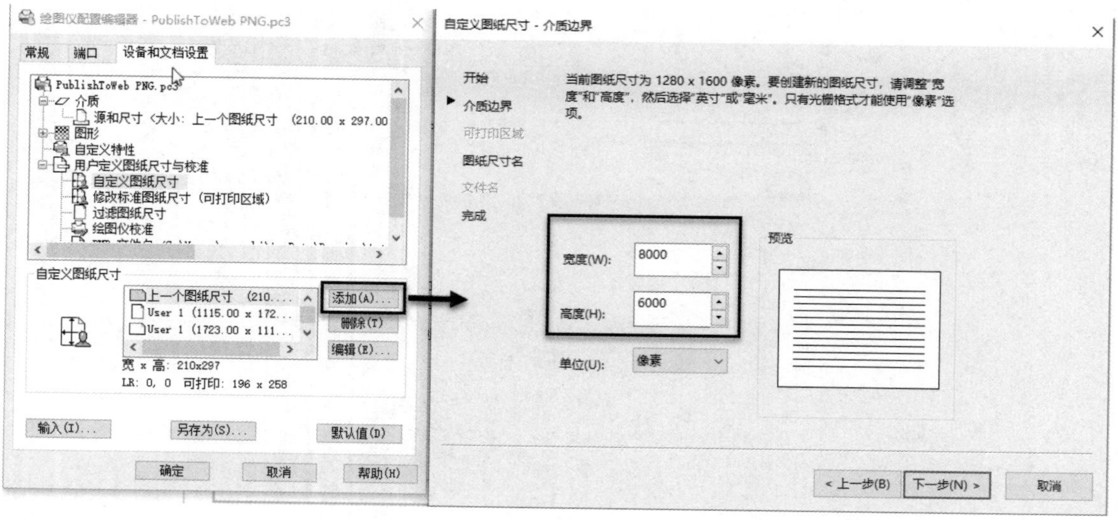

图 1-62

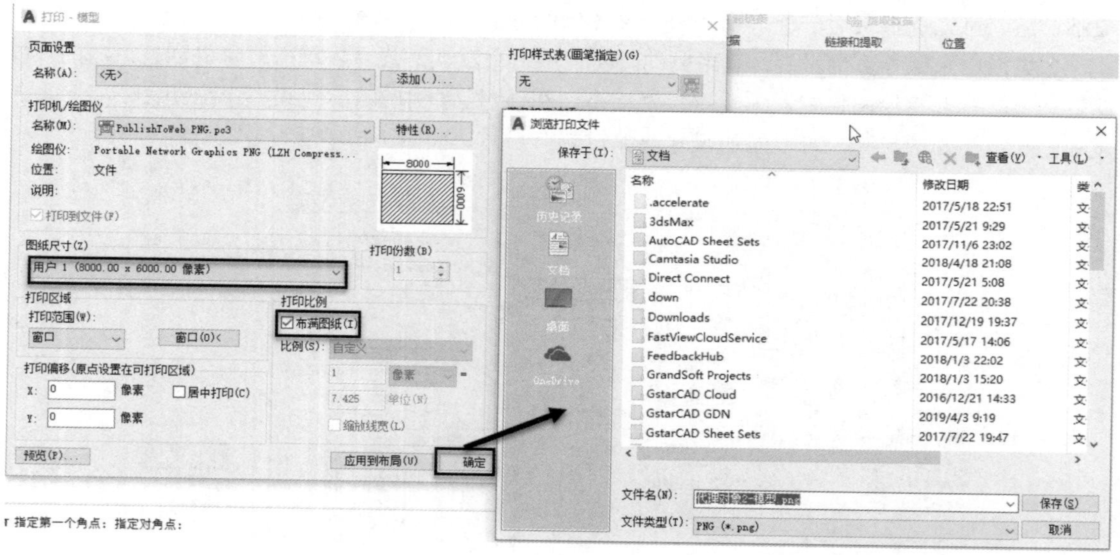

图 1-63

PNG 分辨率的设置也有限制，当将分辨率设置得过高时，CAD 可能会因为内存不足而无法输出，尤其是 32 位版本 CAD。在输出 PNG 前要算一下，到底输入多高分辨率才合适，不要随意设置过高的分辨率。

当然还有一种选择就是输出 EPS 文件。

（2）输出 EPS（PostScript）文件

输出 EPS 文件的设置与普通打印机类似，按照纸张尺寸来设置，我们将来要在 Photoshop 里打印输出多大的图，直接按需要设置纸张即可，这里就不再详细介绍。我们重点看一下 EPS 文件输出后在 Photoshop 中的处理。输出 EPS 文件的设置如图 1-64 所示。

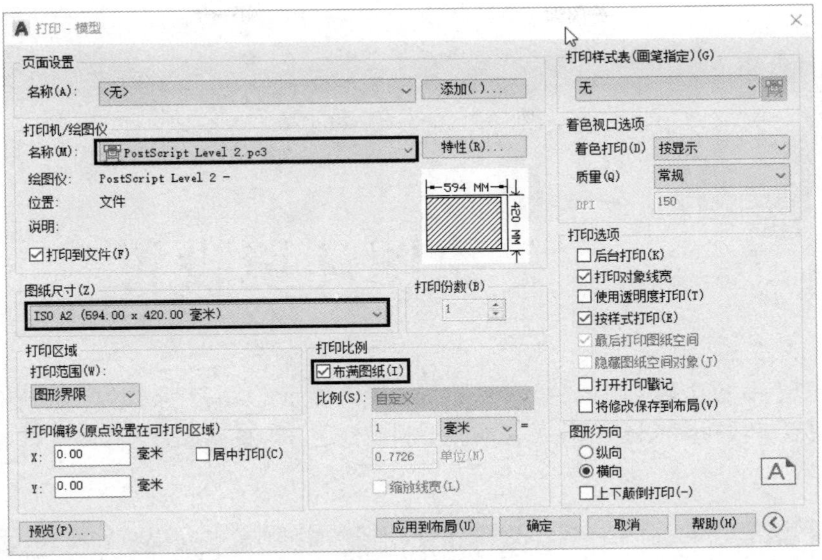

图 1-64

打开 Photoshop，打开输出的 EPS 文件，在 Photoshop 中会弹出“栅格化 EPS 格式”对话框，可以看到我们输出的 EPS 文件的尺寸，下面的分辨率可以根据我们的需要进行设置，如果打印尺寸没有变化，分辨率设置成 300dpi 基本就够了，如图 1-65 所示。

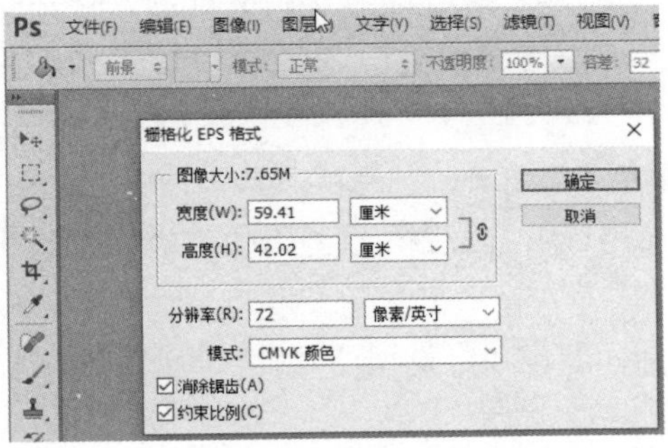

图 1-65

设置好分辨率后单击“确定”按钮，图像就被按照分辨率进行栅格化，完成后可以看图中的细节，如果不满足要求，可以重新打开，提高分辨率。

EPS 文件在 Photoshop 中打开时可以根据需要设置不同的分辨率，比直接输出 JPG 或 PNG 图像更加方便。

小结

其实问题就是这么简单，用打印就可以输出各种光栅图像格式的文件，如果感兴趣可以看看不同的光栅图像打印驱动的其他设置，例如 PNG 特性中还可以设置背景颜色等。

如果没有特殊要求，可以都输出成 EPS 文件，然后在 Photoshop 中设置分辨率或转换成其他图像格式。

第 2 章 绘图环境设置

安装 CAD 后大家会根据自己的习惯和喜好来设置界面风格、背景颜色、快捷键等，合理设置绘图环境可以有效提高绘图效率。本章将重点讲解绘图环境的基础设置以及一些常见问题的解决方法。

2.1 如何设置模型和布局空间的背景颜色？

用 CAD 画图时大多数人会采用默认的背景颜色，但也有一些人会将背景改成自己喜欢的颜色。CAD 默认的背景颜色也不是一成不变的，早期版本模型空间默认背景颜色是黑色，高版本模型空间颜色稍微变浅了一些。

CAD 为了适应不同用户的需求，提供了越来越多自定义颜色的选项，反而让简单的事情复杂化了，面对“选项”对话框中繁复的参数，“图形窗口颜色”对话框中的几个列表，很多初学者不知如何下手了。

1.修改模型空间背景颜色

输入 OP 并回车，或在命令行中右击后，在弹出的菜单中选择“选项”选项，打开“选项”对话框。

单击“显示”选项卡，单击“颜色”按钮，打开“图形窗口颜色”对话框，如图 2-1 所示。

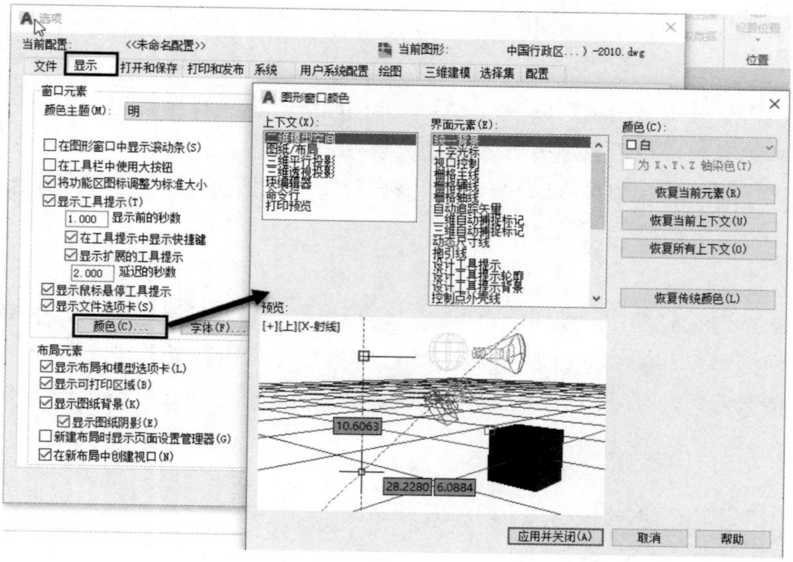

图 2-1

对话框中默认选项就是二维模型空间的背景颜色，因此只需在右上角的颜色下拉列表中选择我们需要的颜色即可。如果列表中的几种颜色不满足要求，单击“选择颜色”按钮，弹出“选择颜色”对话框，如图 2-2 所示。

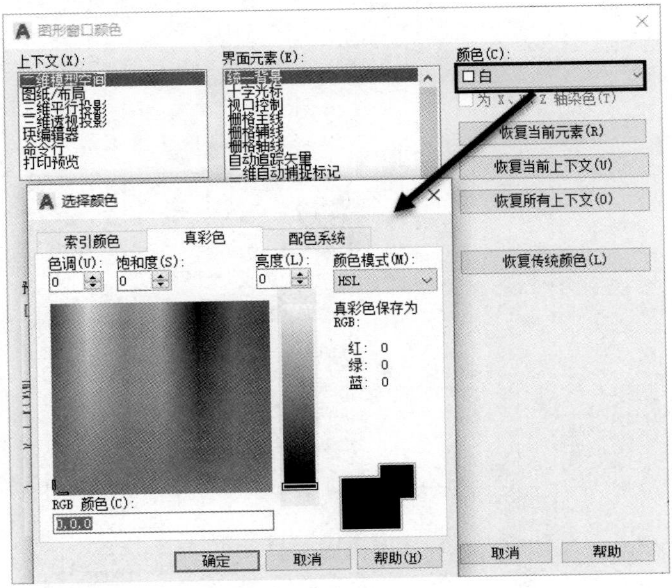

图 2-2

弹出的是一个标准的“选择颜色”对话框，但与设置图层或对象属性时不同的是，设置图层和对象属性时默认打开的是“索引颜色”选项卡，而设置背景颜色时默认显示的是“真彩色”选项卡。在对话框中可以输入颜色的色调、饱和度、亮度值，也可以在下方输入颜色的 RGB 值，或者用光标在色板上选择需要的颜色，设置好后单击“确定”按钮即可。

在“图形窗口颜色”对话框中单击“应用并关闭”按钮，这时虽然“选项”对话框没有关闭，但已经能看到设置的效果，如果不合适，可以接着改；如果没有问题，可以单击“确定”按钮关闭“选项”对话框。

2.修改图纸/布局空间的背景颜色

布局空间的背景颜色设置方法与模型空间的设置方法基本相同，但还是有一些区别。布局空间为了更形象地模拟纸张的效果，不仅显示模拟纸张的方框，还显示阴影和背景色。低版本只能修改模拟纸张部分的背景颜色，但很多人将布局空间像模型空间那样使用，在一个布局中放置多个视口和图框，因此希望图纸范围外也能用统一的背景颜色。如果这样的话需要设置布局空间统一背景颜色和图纸背景颜色，或者设置统一背景颜色后设置不显示图纸背景，布局空间背景颜色的设置如图 2-3 所示。

如果将图纸背景颜色也设置成白色，设置后的效果如图 2-4 所示。

如果你的 CAD 版本没有图纸背景颜色设置，可以在设置布局空间统一背景颜色后，关闭图纸背景的显示。在“选项”对话框的“显示”选项卡中，取消勾选“显示图纸背景”复选框即可，如图 2-5 所示。

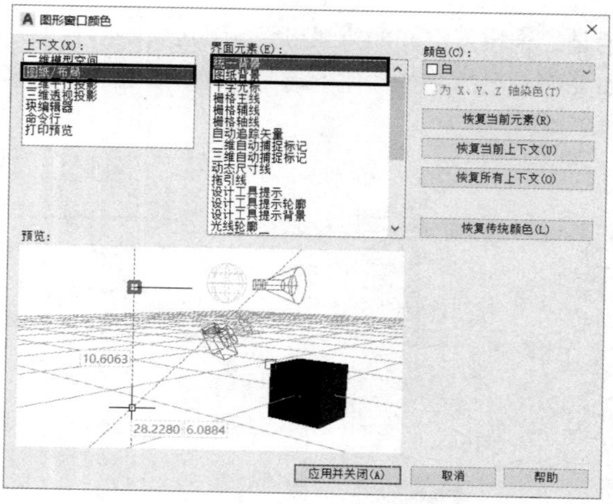
图形窗口颜色
上下文(X):
二维模型空间
图纸/布局
三维平行投影
三维透视投影
块编辑器
命令行
打印预览
界面元素(E):
统一背景
图纸背景
十字光标
栅格主线
栅格辅线
栅格轴线
自动追踪矢量
二维自动捕捉标记
三维自动捕捉标记
动态尺寸线
拖引线
设计工具提示
设计工具提示轮廓
设计工具提示背景
光线轮廓
颜色(C):
白
为 X、Y、Z 轴染色(T)
恢复当前元素(R)
恢复当前上下文(U)
恢复所有上下文(O)
恢复传统颜色(L)
预览:
10.6063
28.2280
6.0884
应用并关闭(A)
取消
帮助

图 2-3

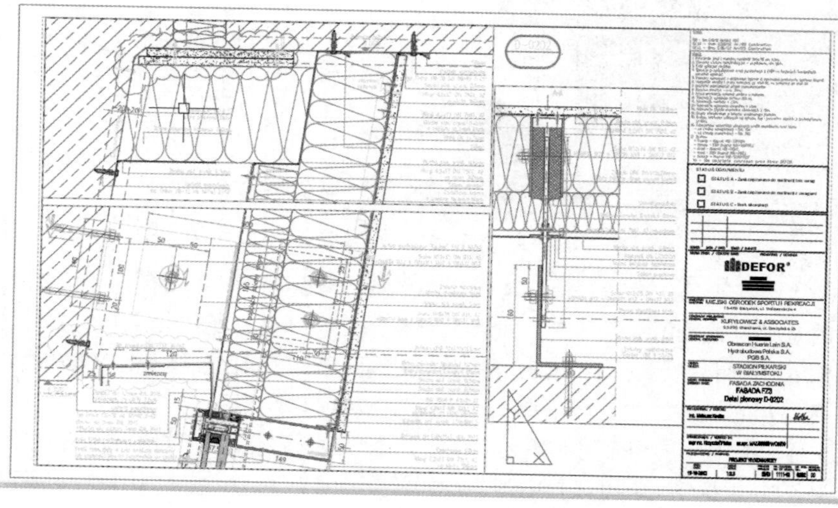

图 2-4

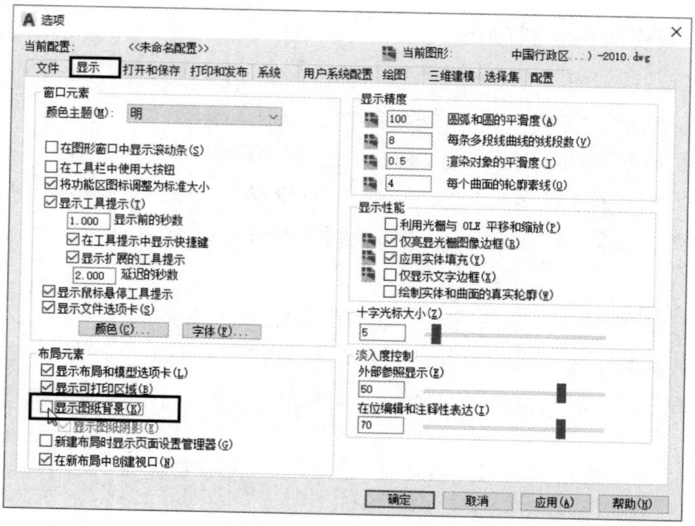
选项
当前配置:
<<未命名配置>>
当前图形:
中国行政区...) -2010.dwg
文件
显示
打开和保存
打印和发布
系统
用户系统配置
绘图
三维建模
选择集
配置
窗口元素
颜色主题(M):
明
在图形窗口中显示滚动条(S)
在工具栏中使用大按钮
将功能区图标调整为标准大小
显示工具提示(T)
1.000
显示前的秒数
在工具提示中显示快捷键
显示扩展的工具提示
2.000
延迟的秒数
显示鼠标悬停工具提示
显示文件选项卡(S)
颜色(C)...
字体(F)...
布局元素
显示布局和模型选项卡(L)
显示可打印区域(B)
显示图纸背景(K)
显示图纸阴影(E)
新建布局时显示页面设置管理器(G)
在新布局中创建视口(N)
显示精度
100
圆弧和圆的平滑度(A)
8
每条多段线曲线的线段数(V)
0.5
渲染对象的平滑度(J)
4
每个曲面的轮廓素线(O)
显示性能
利用光栅与 OLE 平移和缩放(P)
仅亮显光栅图像边框(R)
应用实体填充(Y)
仅显示文字边框(X)
绘制实体和曲面的真实轮廓(W)
十字光标大小(Z)
5
淡入度控制
外部参照显示(E)
50
在位编辑和注释性表达(I)
70
确定
取消
应用(A)
帮助(H)

图 2-5

小结

上面介绍了模型空间和布局空间背景颜色的设置方法，CAD 很多界面元素的颜色都可以用上述方法设置，例如十字光标、栅格线的颜色等。但还有一些界面元素的颜色不是在“图形窗口颜色”对话框中设置的，例如窗口和窗交选择区域的颜色、夹点的颜色就在“选项”对话框的“选择集”选项卡中设置，如图 2-6 所示。

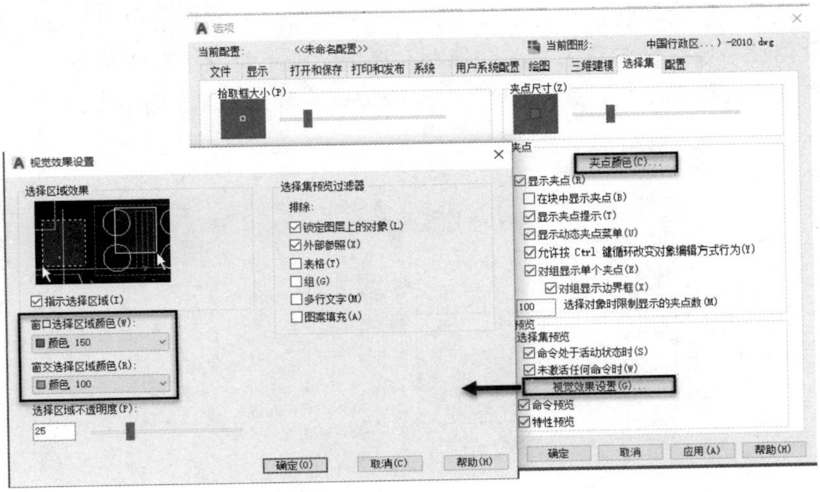

图 2-6

CAD 不同版本界面有所不同，但方法基本相同，可参照上面的界面进行操作。

2.2 单位应该如何设置？AutoCAD 中单位到底有没有用？

新建一个文件，将单位设置成毫米，画一段 100 毫米长的线，然后将单位设置为英寸，再画一条长 100 英寸的线，你会看到它与之前单位设置成毫米时画的线长度是完全一样的。因此很多人就产生了疑问，CAD 的单位有什么用？到底应该如何设置呢？

首先要确认一点，绘制的 CAD 图形都需要有精确的尺寸，因此 CAD 软件单位设置肯定是有作用的，那么为什么 100 毫米与 100 英寸一样长呢？首先要注意观察“图形单位”对话框，如图 2-7 所示。

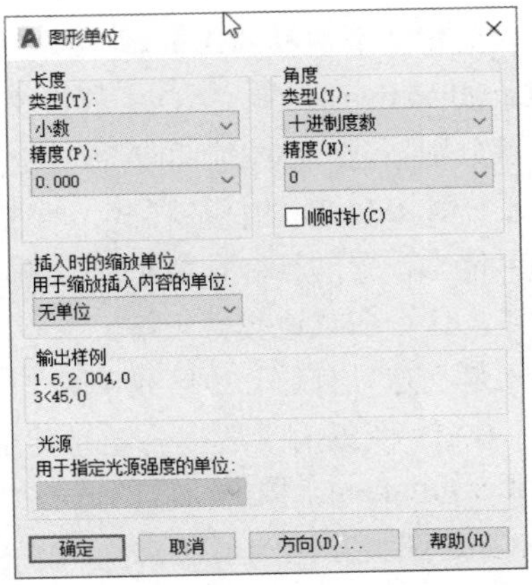

图 2-7

在该对话框中明确说明了这个单位是“插入时的缩放单位”，是“用于缩放插入内容的单位”，这是什么意思呢？

首先，在一张图纸内只有一个统一的单位，而这个单位是你开始画图时就应该确定的。正如前面提到的，你画一条 100 单位长度的线，你可以说它是 100 毫米，也可以说它是 100 英寸。在画图前你需要确定单位和绘图比例（虽然大多数人按 1∶1 比例绘图，但有一些单位或设计人员为了打印方便，在绘图时缩小或放大了一定的比例），还要确定 CAD 中一个单位表示的实际尺寸单位是多少，这和“图形单位”对话框中的单位实际没什么关系，设不设置这个单位都没关系。

所谓“插入时的缩放单位”，就是在插入图块或外部参照时，当被插入的图形单位与当前图形文件单位不同时，需要进行尺寸转换并对图形进行相应的比例缩放，使图形的尺寸保持一致。比如，将一张按英寸为单位画的图纸插入一张按毫米画的图纸时，这个图形单位会告诉 CAD 软件，插入的图纸需要放大 25.4 倍，就会被转换成毫米为单位的图纸。

由于不同国家、不同行业有些约定俗成的标准和习惯，大家都用相同的单位，因此大多数情况下这个单位设不设置都没有关系。即使存在需要转换单位的图纸或单位不小心设置错了，我们也可以在插入前设置单位，在“选项”对话框中设置源内容单位和目标图形单位，如图 2-8 所示。

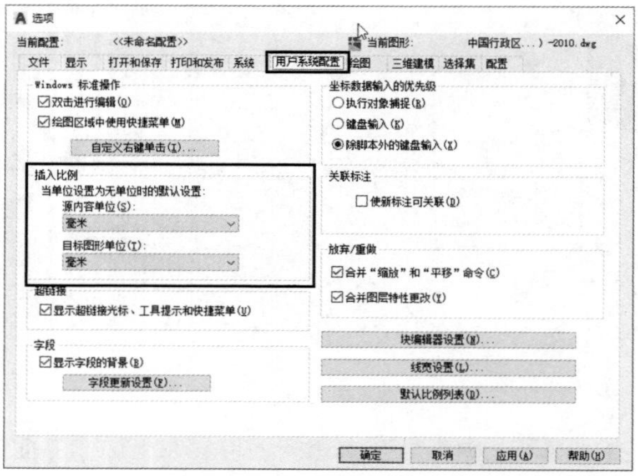

图 2-8

既然设不设置单位都无所谓，那么为什么新建图纸时还要设置“英制”和“公制”呢，这两个有什么区别呢？

新建图纸选择的“英制”和“公制”对应着 CAD 的两个样板文件，AutoCAD 的是 acad.dwt 和 acadiso.dwt，其他 CAD 中样板文件名字略有不同，例如，浩辰 CAD 是 gcad.dwt 和 gcadiso.dwt。可以分别新建一张公制和英制的空图，我们来看看两者的区别，首先看标注样式，在公制的图中多了一种 ISO-25 的标注样式，两张图中都有 STANDARD 的标注样式。STANDARD 是按照英寸为单位来设置的标注，我们可以看到文字、箭头的大小都比针对毫米设置的标注样式 ISO-25 小很多，这个应该比较好理解。

是不是只有这一点区别呢？

CAD 图纸为了适应公制和英制绘图的需要，在图纸中还保留了与单位相关的设置：系统变量 measurement。做个简单的试验：在一张公制图里画两个 10×10 的矩形，先在一个矩形里填充 ANGLE 图案，比例用默认值。输入 measurement 变量，将值设置为 0，然后在另一个矩形中用相同比例填充相同的图案，会看到两个矩形填充的密度完全不同，如图 2-9 所示。

Measurement 虽然与单位有一定关系，但实际上 Measurement 并不是真正的单位设置，只是决定加载不同的填充和线型文件。AutoCAD 及同类的 CAD 软件，通常都针对公制和英制提供不同的填充和线型文件，例如，AutoCAD 提供的填充文件有 acad.pat 和 acadiso.pat，线型文件是 acad.lin 和 acadiso.lin。当 measurement 为 0 时，填充和线型就用 acad.pat 和 acad.lin，当 measurement 为 1 时，填充和线型就用 acadiso.pat 和 acadiso.lin。

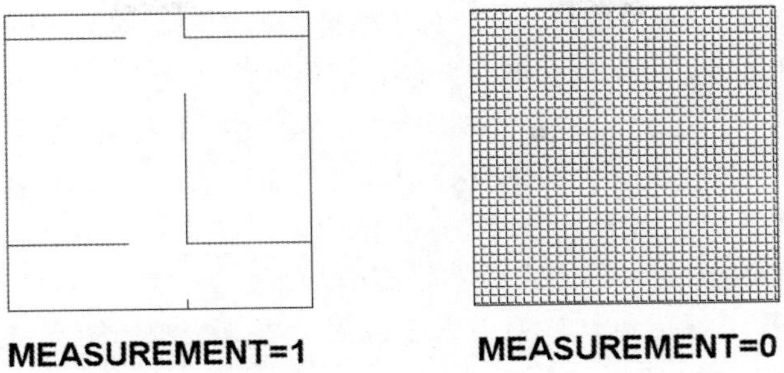

图 2-9

虽说在一张图纸内单位设置没有意义，但单位不同，标注、文字、线型、填充等的比例应该不相同，因此 CAD 提供了英制和公制的模板供大家选择，也可以根据需要建立自己的样板文件。平时绘图时要区分公制和英制，不必太关注单位，当需要合并不同单位比例绘制的图纸时，或者合并图纸时发现图形比例不比配时要特别注意插入单位的设置。

2.3 绘图前一定要设置图形界限吗？图形界限有什么作用？

图形界限可以不用设置，大部分设计人员不再使用它。

图形界限是从老版本继承下来的命令，在早期版本中绘图流程如下：先要知道你画的是 A4 或 A3 的图纸，再根据你的图幅设置一个图形界限（也就是图纸的左下角和右上角），栅格点只显示在图形界限内，然后在图形界限内，通过捕捉栅格点来绘图，如图 2-10 所示。

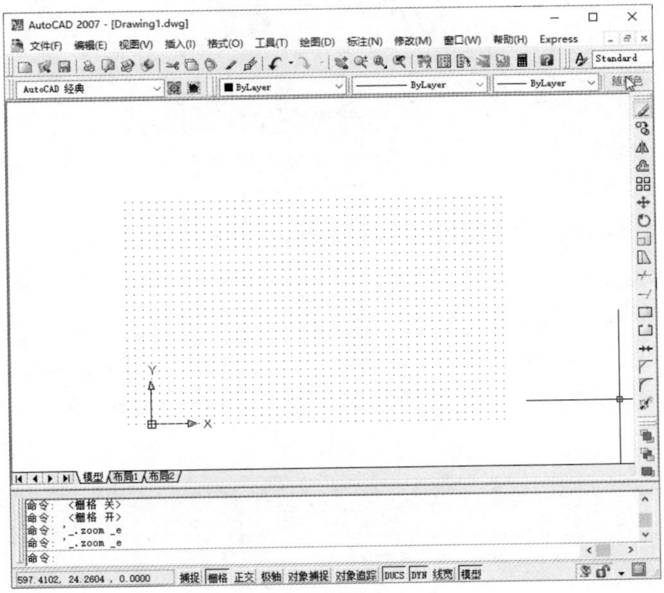

图 2-10

输入 Limits 命令，即可设置图形界限的左下角和右上角。

如果 limcheck 变量设置为 1，就只能在图形界限内绘图，在图形界限外无法定位点。假如画图过程中遇到执行“绘图”命令后无法在图面画图时，可以检查一下是否是因为 limcheck 设置为 1 引起的。

检查和修改 limcheck 变量的方法如下：

在命令行中输入 limcheck 命令，回车，如果当前值为 1，输入 0，回车即可。

CAD 之所以当初有这样的限制，是因为当时硬件性能非常差，一个 CAD 文件最好只画一张图。进入 Windows 的时代以后，随着硬件和系统性能的不断提升，CAD 的性能也越来越好，功能越来越强大，很多人会在一个图纸文件中放几个甚至几十个图框，图形界限的作用就不大了。但 CAD 中一直保留了这个命令，图形界限仍可以在绘图、缩放、打印等多种操作中发挥作用，例如，可以利用图形界限来设置图纸范围，然后 ZOOM（缩放）-全部（A），缩放显示整个图形界限，这样可以避免默认窗口太小或太大导致绘制的图形看上去过小或者超出视图范围。

CAD 高版本，栅格不再显示为点，而是显示为栅格线，不再限制只显示在图纸界限内，而是可以充满屏幕，如图 2-11 所示。

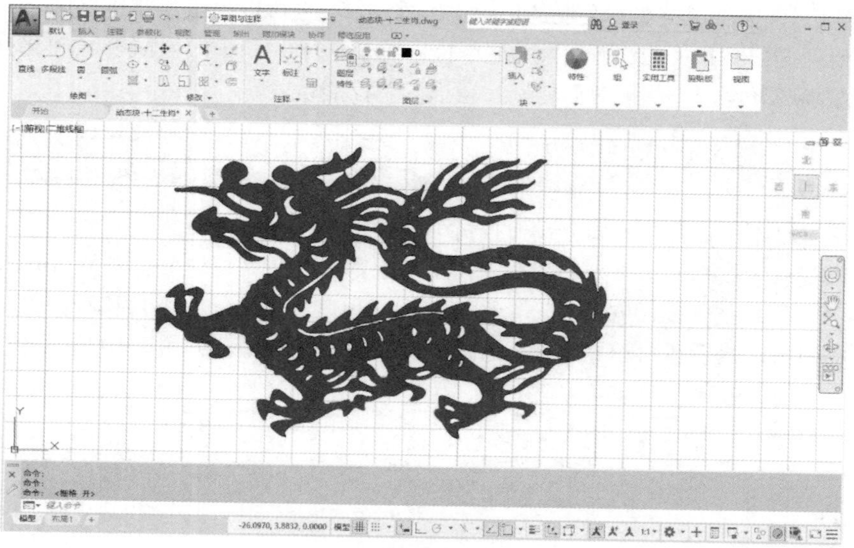

图 2-11

CAD 的帮助中对于图形极限的描述非常有限，说明现在用的人确实不多，所以，就算你不知道图形界限怎么用也没有关系。

你可以忽略图形界限，但这并不表示我们可以随意画图。如果没有特殊需要，图纸最好绘制在原点附近；在画图前也需要对图纸有一定的规划，例如图形的总体尺寸到底有多大，按什么比例去打印，对文字高度、打印线宽的要求是多少，合理的规划会提高绘图、改图、出图的效率。

2.4 新建图纸的视图范围不合适怎么办?

初学者经常会遇到这样的困扰，新建一张图纸后开始画图，但画了一条 1 000 长的线，输入长度后发现直线的端点一下子跑到视图外边去了。

有的初学者直接就卡在这儿不知道下一步怎么办了。有些人知道如何缩放视图，但希望新建文件时视图范围就比较合适，这样在绘图过程中就不用再反复缩放视图了。

这对于用过一段时间 CAD 的人来说这根本不是问题，但无论是不是初学者，在画图前还是应该有一个规划，设置一个合理的视图范围。下面简单介绍视图范围的设置方法。

1.绘图前先设置视图范围

新建文件时，其实就是读取一个样板文件（*.dwt），样板文件的视图范围是固定的，无法满足所有图纸的需要，绘制有些图形时也许正合适，但对于某些图形则会显得过大或者过小。

新建一个文件后（选择公制或 acadiso.dwt），输入一条长度为 10 的直线，看上去很短，但绘制一条 1 000 长的线就会超出视图范围，如图 2-12 所示。

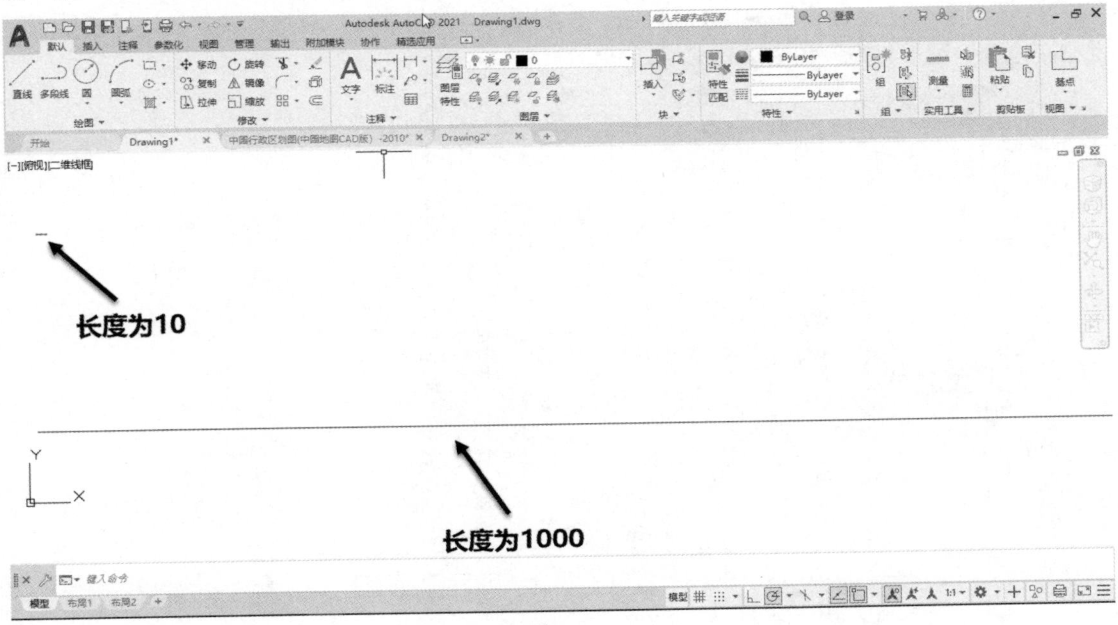

图 2-12

新建图纸的视图范围肯定不适用于所有图纸。因此，在画图之前我们就应该对要绘制的图纸的尺寸有个大概的估计，在正式绘图之前不光要调整视图大小，还要考虑需要用多大的图框、要按什么样的比例打印，文字和标注要求的字高是多少，箭头尺寸是多少等。只有预先做好规划，后面才会少走弯路，磨刀不误砍柴工！

（1）利用图形界限来设置视图范围

我们可以利用 2.3 节讲过的图形界限。从格式菜单调用图形界限或直接输入 limits 命令后回车，软件会提示指定左下角点，默认为坐标原点，通常可以直接回车，采用默认值。然后软件会提示指定界限的右上角点，如果选用的是公制的样板文件（acadiso.dwt），可以看到默认值是<420,297>，是一张 A3 的纸张大小，这也是为什么我们画一条 1 000 长的线就跑出了视图范围的原因。

① 根据需要的界限大小来指定右上角点的坐标，假设我们的图形最后是要 1∶100 打印到 A3 的纸张上，就需要将右上角设置为<42000,29700>，如图 2-13 所示。

图 2-13

设置完图形界限，视图并没有任何变化，因为图形界限只是记录设置的范围。如果希望视图按照图形界限设置的范围来显示，还需要进行缩放的操作。

② 输入 Z 命令，回车，执行 ZOOM（缩放）命令，输入 A 命令，回车，按全部范围（也就是图形界限）设置的范围显示。

假如按照上面说的将左上角设置到<42000,29700>，我们会发现长度 1 000 的线在视图里会显示得很短。

③ 在“草图设置”对话框中取消勾选“显示超出界限的栅格”复选框，才能通过栅格线实实在在地看到图形界限，如图 2-14 所示。

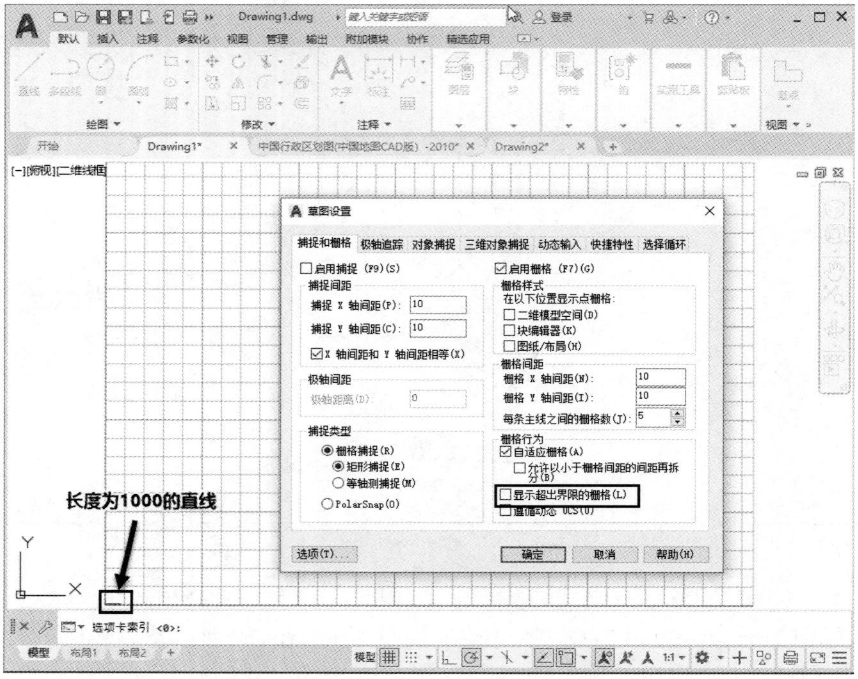

图 2-14

由于图形窗口的长宽比不可能与纸张完全一样，所以我们看到窗口两侧有空白区域，没有栅格线。

初学者如果记不住 LIMITS 命令，也可以用别的方法来设置视图范围，最简单的办法就是画矩形。

（2）用矩形或图框来设置视图范围

执行 REC（矩形）命令，左下角点输入<0,0>，定位到原点，右上角输入相对坐标，如<@42000,29700>（如果打开动态输入，在图形窗口中可以直接输入<42000,29700>）。画完矩形后，双击鼠标中键，按图形范围缩放即可。

如果有现成的图框，可以将图框插入原点位置，按打印比例缩放 SC 到合适尺寸，再双击鼠标中键，完整显示图框，然后在图框里绘图即可，如图 2-15 所示。

图 2-15

2.修改样板文件

前面已经介绍过，新建文件时视图的大小是由样板文件决定的，如果绘制的图纸尺寸都差不多，修改样板文件是一种一劳永逸的方法，可以省去很多重复操作。

关于样板文件在第 1 章有详细介绍，这里就不再重复介绍了。AutoCAD 除了提供空白的样板文件外，还提供了一些带图框的样板文件，如图 2-16 所示。

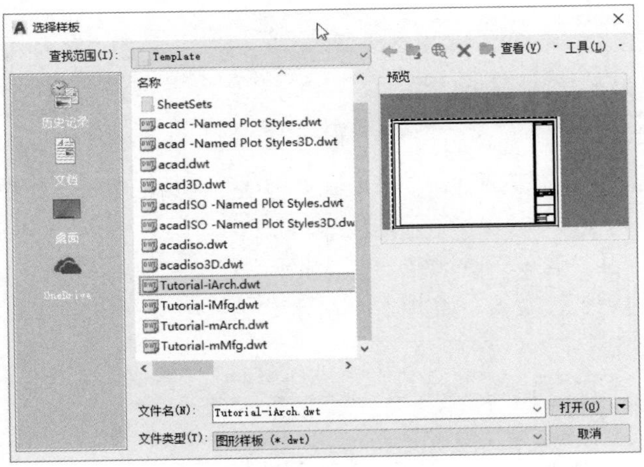

图 2-16

CAD 提供的某些样板文件国外用户也许可以直接使用，但对于中国用户，这些样板文件只能作为参考。

假设要设置一个 1∶100 的 A3 图面，在新建文件后将图形界限右上角设置成<42000，297000>，输入 Z-A 全图缩放调整视图尺寸，然后保存并替换 CAD 的样板文件。

单击“另存为”按钮或按 Ctrl+S 快捷键，打开“另存为”对话框，在下面的文件类型中选择 AutoCAD 图形样板（*.dwt），保存的目录会自动切换到 CAD 的样板文件所在的路径，如果不想覆盖 CAD 默认的样板文件，可以自己取个名字，比如 A3-100，表示 1∶100 的 A3 图纸，也可以直接覆盖 CAD 默认的样板文件。

2.5 如何设置十字光标的长度？怎样让十字光标充满图形窗口？

CAD 中当光标移动到菜单、工具栏或命令时显示的是操作系统中使用的标准光标，但当光标移动到 CAD 软件中间的图形窗口时，就变成了中间带方框的十字光标。CAD 的十字光标的长度可以设置。

很多设计人员习惯让十字光标充满整个图形窗口，这样十字光标就像一把丁字尺，可以帮助我们更清晰地了解图形之间的相互关系，如图 2-17 所示。

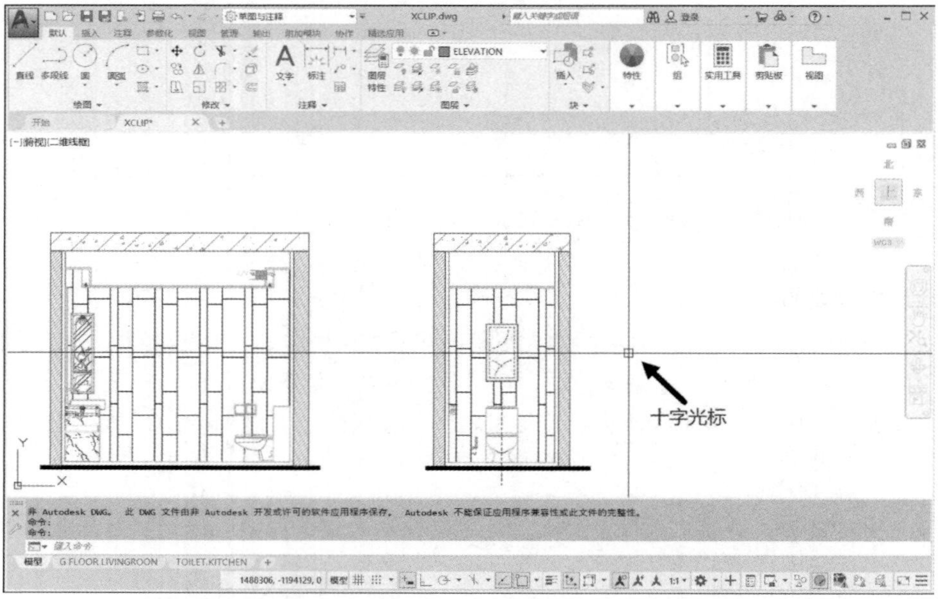

图 2-17

十字光标大小的设置方法有两种：一种是在“选项”对话框中调整参数，另一种是在命令行设置变量的值。

输入 OP 命令，打开“选项”对话框，在“显示”选项卡中的“十字光标大小”输入框中输入 100，或者将滑块拖动到最右端，如图 2-18 所示。

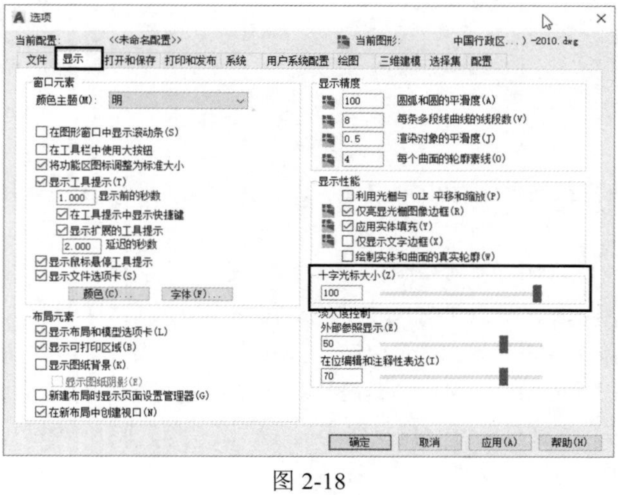

图 2-18

如果光标停留在光标大小的参数上，我们看到提示可以通过系统变量 CURSORSIZE 来设置大小。设置方法如下：

在命令行中输入 CURSORSIZE 命令，回车，输入 100，然后再回车。

如果英语不错的话，这个命令也不难记，高版本的 CAD 中输入前几个字母就会提示相关变量名或命令名，输入起来更简单。

这里设置的十字光标实际是一个百分比，基数是整个屏幕宽度。默认参数是 5%，也就是十字光标横纵向的长度都等于屏幕宽度的 5%。如果输入小于 100%的任意整数，十字光标的长度都是按这个公式来计算的，向两侧移动，都有可能看到十字光标的端点。而当输入 100%时，十字光标始终充满图形窗口，无论怎么移动都不会看到十字光标的边界。

2.6　如何设置十字光标中间方框的大小？这个方框有什么用？

在 CAD 中十字光标中间有一个小方框，常规状态下这个小方框是用来选择对象的，叫作选择拾取框，当图形的边界或顶点位于选择拾取框内时，单击选中对象，如图 2-19 所示。

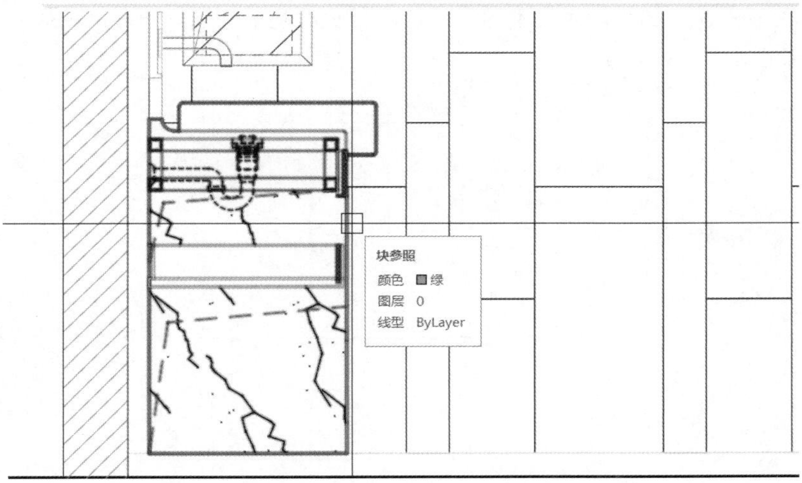

图 2-19

大多数人不会去修改选择拾取框大小，而是会适应默认的设置。但如果根据绘制图形的特征，适当调整选择拾取框的大小可以提高操作效率。

假如图纸中图形不是很密集，可以将选择拾取框设置大一些，这样可以降低对光标定位精确性的要求，可以减少鼠标移动的距离。CAD 中选择拾取框默认的大小是 3 个像素，我们可以改成 5 个或者 6 个像素。不过即使图形很密集，也不要将选择拾取框改得更小了，3 个像素已经足够小了。

选择拾取框可以在“选项”对话框的“选择集”选项卡中拖动“拾取框”滑块来调整大小，如图 2-20 所示。

选择拾取框大小也可以用系统变量进行调整，使用对话框调整的好处是可以在左侧的预览框中看到调整后的大小。

通过系统变量调整选择拾取框的方法：输入 PICKBOX 命令后回车，软件会提示现在的大小，输入新的数值后回车即可。

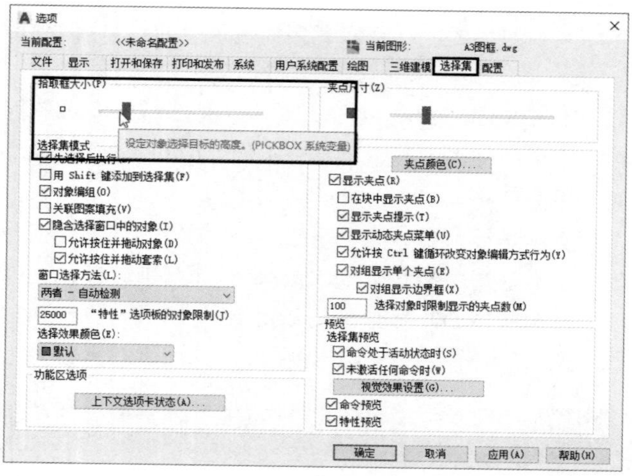

图 2-20

当屏幕分辨率比较高时，默认的选择拾取框比较小，适当将选择拾取框调整得大一点，可以有效减少鼠标移动距离。另外，高版本提供了选择预览的功能，拾取图形的准确性也不会有任何影响，如图 2-21 所示。

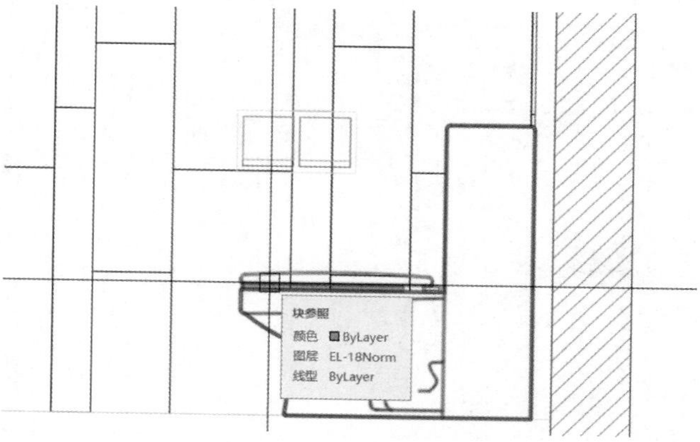

图 2-21

当绘图或执行修改命令，命令行提示让指定点坐标时，十字光标中间的方框消失了（低版本 CAD 会看到方框大小变了），如图 2-22 所示。

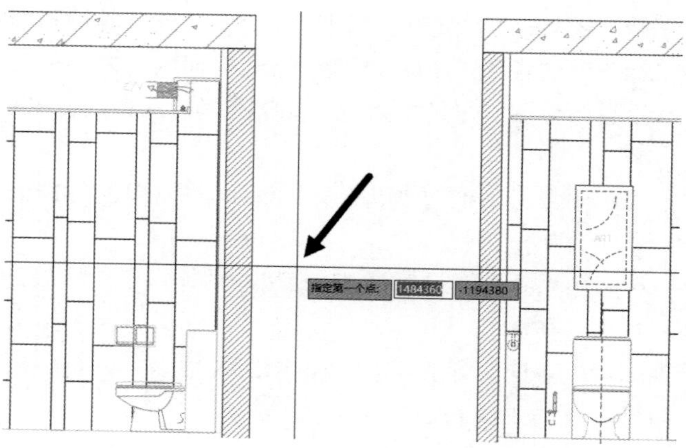

图 2-22

其实这时候也应该有一个方框，只是在高版本中这个方框默认被隐藏了，它被叫作自动捕捉靶框，我们可以将它显示出来。

在“选项”对话框的“绘图”选项卡中勾选“显示自动捕捉靶框”复选框，如图 2-23 所示。

在该选项卡中还可以设置靶框大小，即使靶框不显示，靶框的大小也会对捕捉产生影响。当线位于捕捉靶框范围内时，才能捕捉到线上的特征点，如图 2-24 所示。

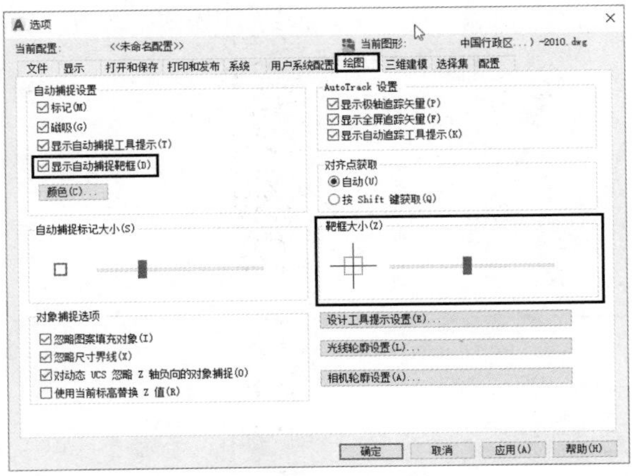

图 2-23

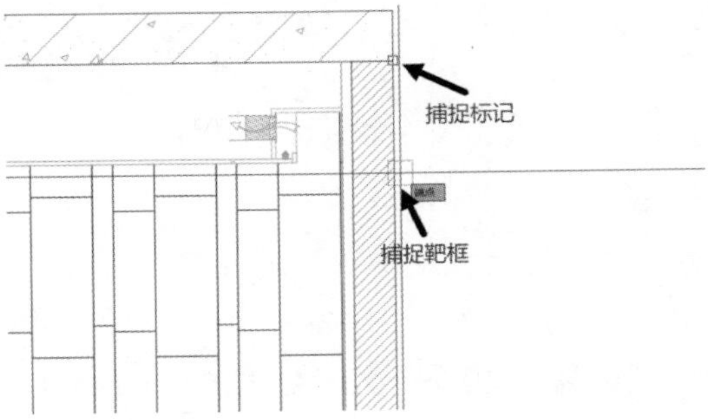

图 2-24

先打开一张自己常用的图纸，打开捕捉靶框的显示，然后尝试将捕捉靶框调整成不同大小，看看靶框设置成多大时捕捉比较顺手，选定大小后可以再设置成不显示自动捕捉靶框。

2.7　如何设置快捷键？编辑后如何立即生效？

学过几天 CAD 就知道直接输入 L 就可以调用 LINE（直线）命令，大家把 L 称为直线命令的快捷键，而在 CAD 软件中 L 则被称为 LINE 的别名（alias），别名跟快捷键有什么区别呢？

快捷键是 F1、Ctrl+A 类似这样的功能键和组合键，按下快捷键就可以直接执行命令或修改设置，例如，按 Ctrl+C 快捷键就会直接执行 COPYCLIP（复制到剪贴板）命令，按 F1 键就会直接弹出帮助。而别名则有所不同，别名是将命令简化了，输入别名后会出现在命令行，需要回车确认才能执行，比如输入 L 后，不回车不会有任何动作，回车后才会执行“直线”命令。

CAD 别名的作用类似快捷键，都可以简化操作，提高效率，因此把别名叫作快捷键，本书在后面的章节中也将别名称为快捷键。

CAD 将别名和快捷键分开了，表示编辑它们需要使用不同的命令，所以本节讲解时仍需要将两者分开。

1.编辑别名

CAD 在定义命令的别名时，已经考虑到命令的使用频率，将最常用的命令设置为一个字母，如直线（L）、移动（M）、图块（B）、填充（H）。将比较常用的命令设置成两个字母，比如边界（BO）等。有些命令使用频率也非常高，但由于单字母已经被占用，而不得不设置成两个字母，例如圆是 C，复制只能是 CO。每个人使用习惯不一样，可以根据自己使用命令的频率来修改命令别名，比如，很多建筑设计院的设计师认为复制比圆使用频率高很多，因此会将 COPY（复制）设置为 C，而将 CIRCLE（圆）设置成 CI。还有一些命令很常用，但后期已经通过其他更快捷的方式实现，例如平移 P，现在都按住鼠标中键实时进行平移，已经很少有人去输入 P，回车，然后再平移了，我们就可以将 P 设置成其他命令的别名，比如多段线（PL）。

CAD 中别名是由一个特殊的文本文件定义的，别名文件的扩展名为*.PGP（AutoCAD 为 acad.pgp、浩辰 CAD8 为 gcad.pgp）。PGP 文件是一个纯文本文件，找到 C 盘当前用户的 AppData 文件夹下 CAD 支持路径下的 PGP 文件后，可以用记事本打开进行编辑。

在 Windows 的资源管理器中找这个文件比较麻烦，CAD 在界面上提供了编辑别名的命令，操作与用记事本打开一样。在菜单中选择“工具”→“自定义”→“编辑程序参数”选项，在 RIBBON 工具面板中选择“管理”→“编辑别名”选项，如图 2-25 所示。

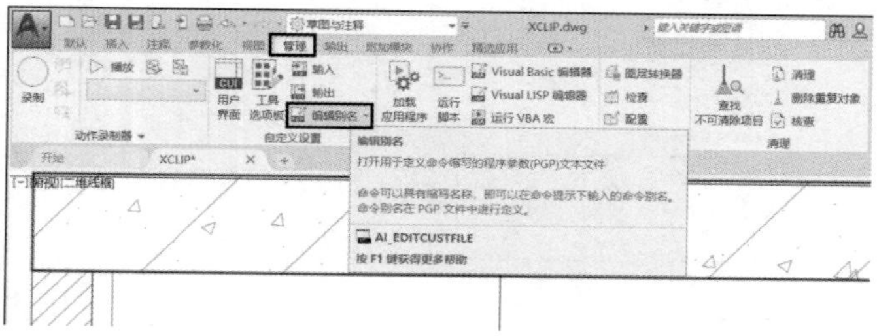
XCLIP.dwg
管理
编辑别名
打开用于定义命令缩写的程序参数(PGP)文本文件
AI_EDITCUSTFILE
按 F1 键获得更多帮助

图 2-25

如果能记得命令名：AI_EDITCUSTFILE，可以直接输入命令，但高版本中这个命令还可以编辑其他文件，所以还需要输入别名的文件名，如 acad.pgp，然后才能打开 PGP 文件，如图 2-26 所示。

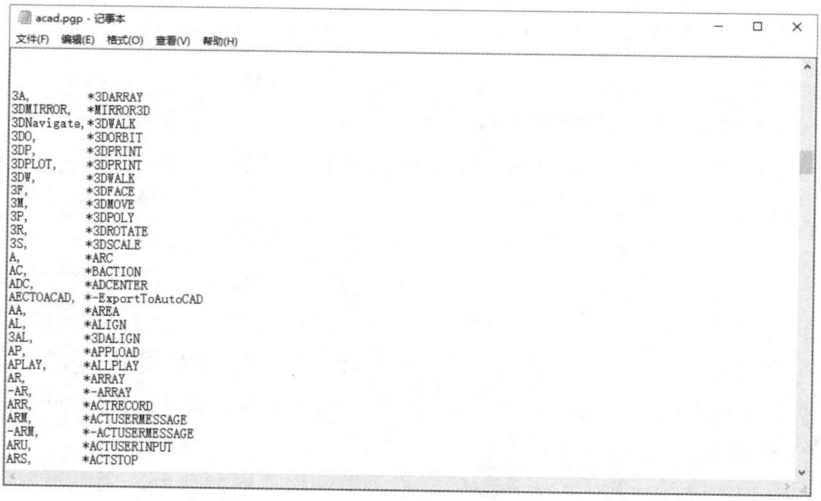
acad.pgp - 记事本
文件(F) 编辑(E) 格式(O) 查看(V) 帮助(H)
3A, *3DARRAY
3DMIRROR, *MIRROR3D
3DNavigate, *3DWALK
3DO, *3DORBIT
3DP, *3DPRINT
3DPLOT, *3DPRINT
3DW, *3DWALK
3F, *3DFACE
3M, *3DMOVE
3P, *3DPOLY
3R, *3DROTATE
3S, *3DSCALE
A, *ARC
AC, *BACTION
ADC, *ADCENTER
AECTOACAD, *-ExportToAutoCAD
AA, *AREA
AL, *ALIGN
3AL, *3DALIGN
AP, *APPLOAD
APLAY, *ALLPLAY
AR, *ARRAY
-AR, *-ARRAY
ARR, *ACTRECORD
ARM, *ACTUSERMESSAGE
-ARM, *-ACTUSERMESSAGE
ARU, *ACTUSERINPUT
ARS, *ACTSTOP

图 2-26

PGP 文件前面有大量的说明文字，前面带分号的行都是注释文字，不起作用，翻到下面，就可以看到图 2-26 中显示的命令定义，前面是别名，后面是命令名，两者用逗号分开，命令名前加上星号。我们可以编辑现有的定义，也可以添加新的别名。注意，不要重复使用相同的别名，假如一个别名对应了两个命令，只有前面的定义起作用。但一个命令可以有两个别名，比如，画圆的命令 CIRCLE 可以对应 C 或 CI 两个别名。

在别名文件顶部可以看到，在 CAD 中还可以设置一些操作系统的命令，例如 DEL\DIR 等，还可以通过在 CAD 中输入命令打开资源管理器、写字板等，如图 2-27 所示。

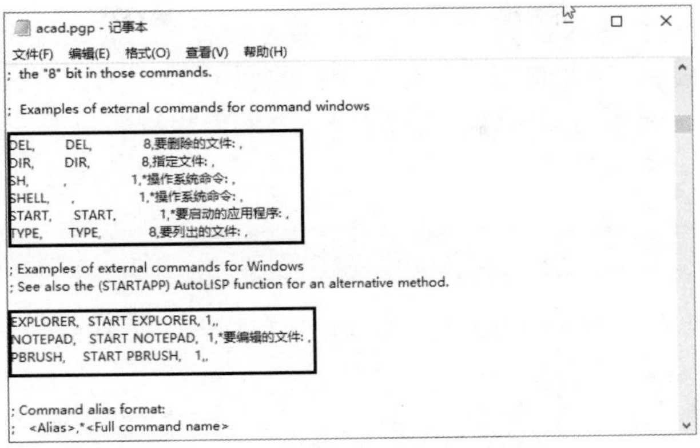

图 2-27

2.编辑别名后如何让它立即生效

如果在启动 CAD 后编辑的是别名文件，此文件不会立即生效，通常的做法是退出并重新启动 CAD。其实不用重新启动 CAD 也可以让别名文件生效。

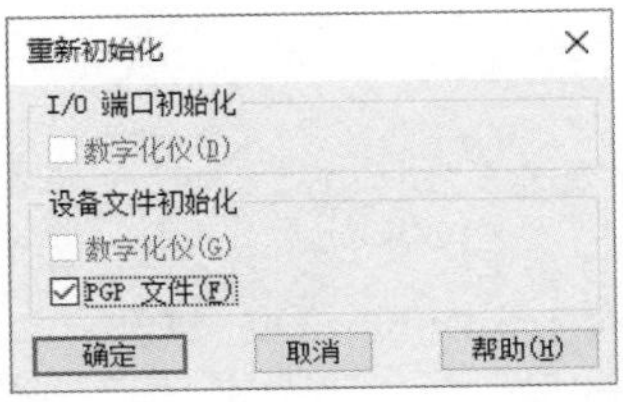

图 2-28

输入 REINIT 命令，如果是 AutoCAD，会弹出“重新初始化”对话框，如图 2-29 所示。

在对话框中勾选“PGP 文件”复选框，单击“确定”按钮后，新修改的快捷键就可以使用了。

浩辰 CAD 提供了编辑别名 EDITALIAS 命令，会将别名列在对话框中，可以编辑、添加、删除别名，而且编辑完后会自动初始化，即可直接使用。

3.编辑快捷键

前面介绍了 CAD 的快捷键是 F1～F12，这些功能键以及一些组合键，有一些对象双击后即可直接执行命令，比如文字、图块双击就可以编辑，还是鼠标组合键，例如 Shift+右键等。这些也可以算快捷键，这些都是在界面文件中定义的，高版本可以用 CUI 命令定义。

输入 CUI 命令，回车，打开“自定义用户界面”对话框，该对话框简直是包罗万象，菜单、工具栏、RIBBON 的选项卡、面板、快捷菜单、快捷键、双击动作、单击动作等，如图 2-29 所示。

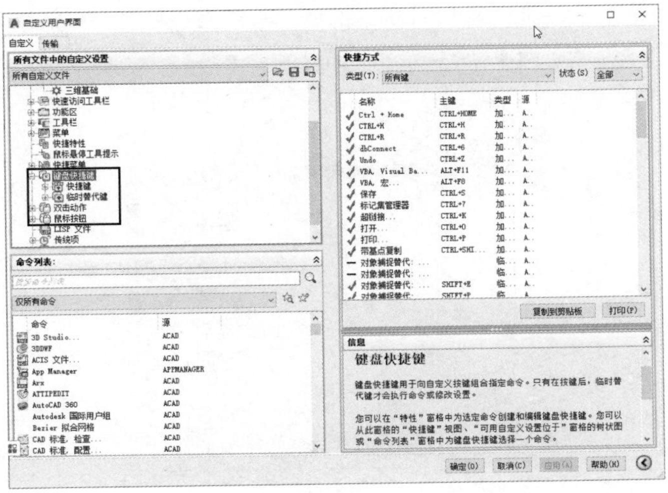

图 2-29

这些快捷键如果没有特殊需要，一般不会去改。有一些朋友喜欢用旧版的参照编辑（REFEDIT）来编辑图块，因此将图块的双击动作的命令从 BEDIT 改成 REFEDIT。这里就不再详细介绍操作了，大家如果感兴趣可以看看 CUI 中现有的快捷键或双击动作等是如何定义的。

2.8 如何设置默认比例列表?

当创建视口和打印时，CAD 提供了一个默认的比例列表，这个列表很长，如图 2-30 所示。

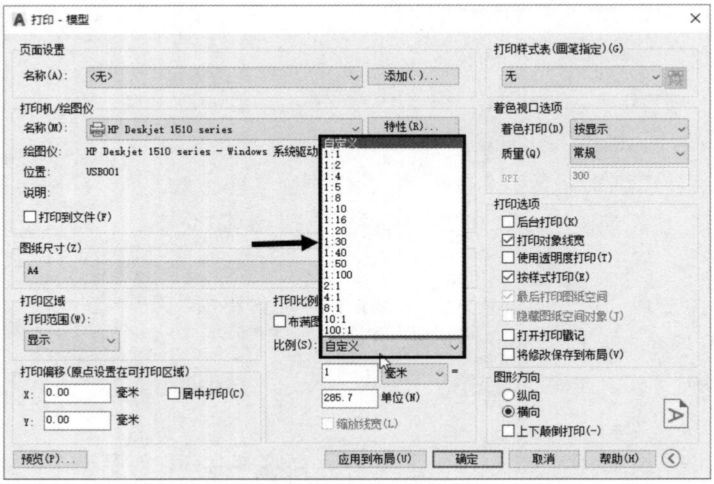

图 2-30

在这个默认的比例列表中很多比例基本用不到，例如 1∶8、2∶1、4∶1，但有些要用的比例这个列表中却没有，比如 1∶200 等，我们可以根据自己的需要来编辑这个比例列表，只保留经常使用的比例，将其他比例删除。

CAD 中提供了一个修改比例列表的命令 SCALELISTEDIT，下面就简单介绍一下这个命令的使用方法。

Step 01 在经典界面的菜单中选择“格式”→“比例缩放列表”选项，或在“草图与注释”工作空间中的“注释”选项卡中单击“比例列表”按钮，或者直接输入 SCALELISTEDIT 命令，打开“编辑图形比例”对话框，如图 2-31 所示。

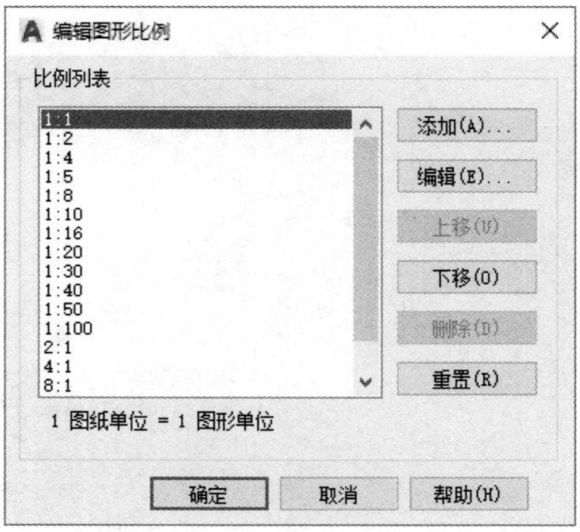

图 2-31

不同版本 CAD 的对话框名称略有不同，但对话框的形式基本相同。

Step 02 选中不需要的比例，单击“删除”按钮将它们删除。

Step 03 单击“添加”按钮，在弹出的“添加比例”对话框中加入需要的比例，如图 2-32 所示。编辑后的缩放比例列表如图 2-33 所示。

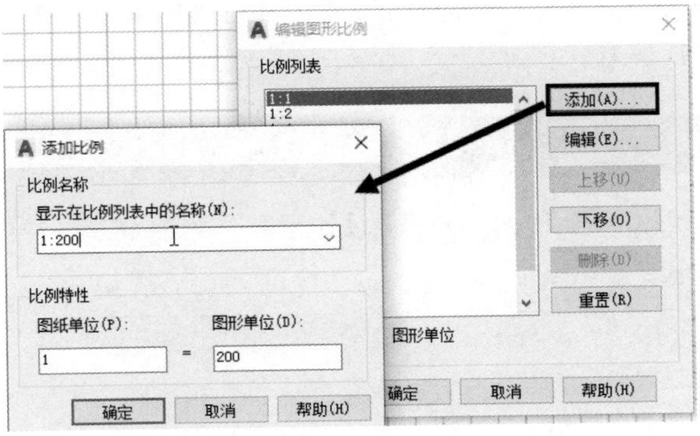

图 2-32

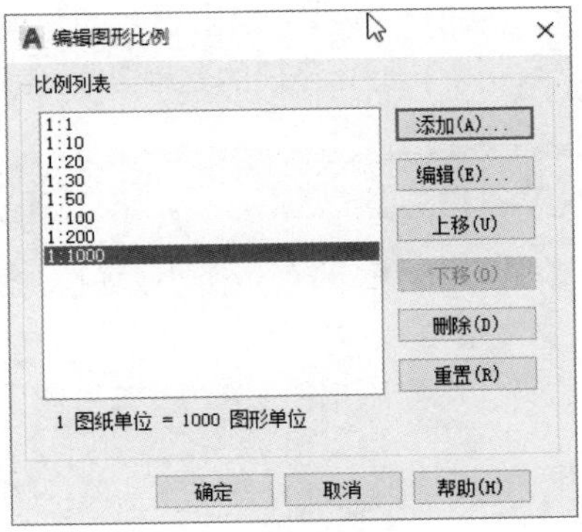

图 2-33

如果平时只使用一两种比例，这个列表可以根据我们的需要删除得更短。

Step 04 单击“确定”按钮关闭对话框。设置好后看看设置视口比例、打印比例时的效果，如图 2-34 所示。

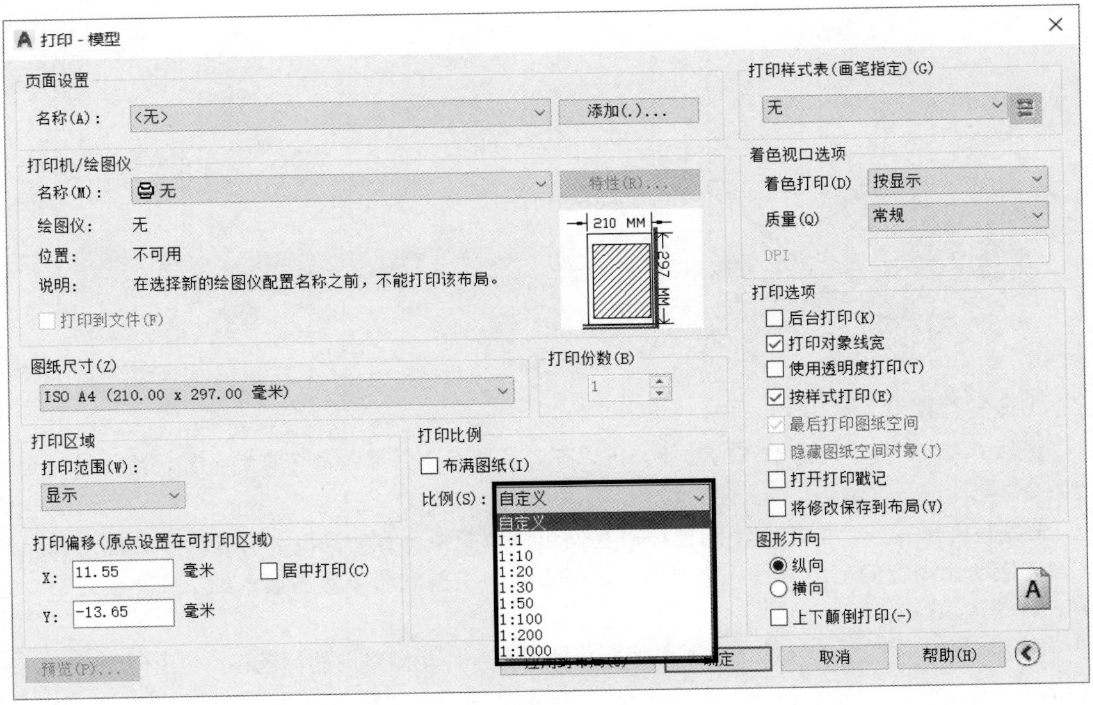

图 2-34

经过修改后列表短多了，在设置打印比例、视口比例时更方便了。

关于比例列表重置：

在“编辑图形比例”对话框中有一个“重置”按钮，它的作用是将比例列表恢复到默认的状态。“重置”按钮在常规状态并不太重要，如果删错了某个比例，重新添加也并不麻烦。

在 1.14 节提到有些图纸会出现图纸中有过量注释比例（数量有时会达到十几万），导致图纸特别大，打开和操作都非常困难，在 CAD 高版本打开此类图纸时会弹出对话框，提示图纸中有大量注释性比例，是否删除。低版本没有提供此功能，就可以打开“编辑图形比例”对话框，单击“重置”按钮进行手动重置。

CAD 提供了越来越多的功能，有时会给我们带来便利，有时也会给我们制造麻烦，正常规范的操作加上合理的定制，就会让 CAD 运行效率更高。

2.9 命令行不见了怎么办?

CAD 底部有一个小窗口，在该窗口中可以输入命令，同时可以显示和设置参数，在绘图中非常重要，如图 2-35 所示。

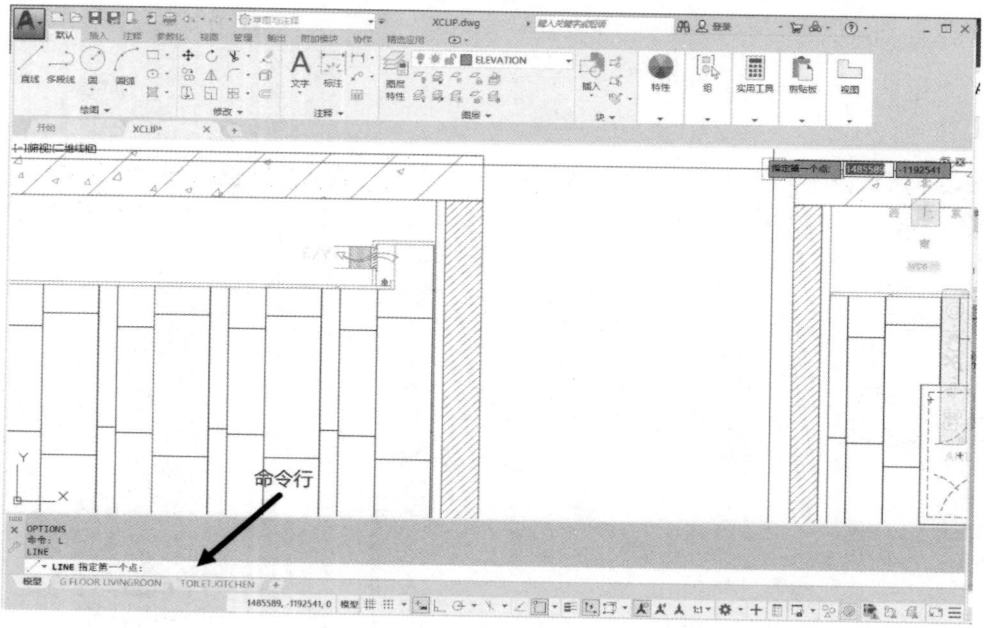

图 2-35

1.命令行简介

虽然 CAD 增加了动态输入的功能，可以在光标所在位置显示命令参数，但仍然无法完全替代命令行。

命令行并不是一个固定大小的窗口，我们可以调整命令行的高度。有人为了让图形窗口最大，会拖动命令行的上边界，只保留两行，但有人为了看到命令更多输入的历史，会让命令行显示多行。

命令行默认在图形窗口的下方，将光标移动到命令行左侧竖向的标题栏，会出现一个小叉的按钮，单击此按钮可以将命令行关闭，并弹出下面的提示，如图 2-36 所示。

单击命令行的关闭按钮很可能是命令行消失的原因，CAD 低版本没有这个提示。也不排除其他可能，因为如果看到这个提示，通常不会误操作关闭命令行，而且提示中也明确告诉了我们可以通过 Ctrl+9 快捷键开关命令行。

将光标停留在关闭按钮周围空白处，按住鼠标左键拖动，将命令行拖出来，变成浮动状态。

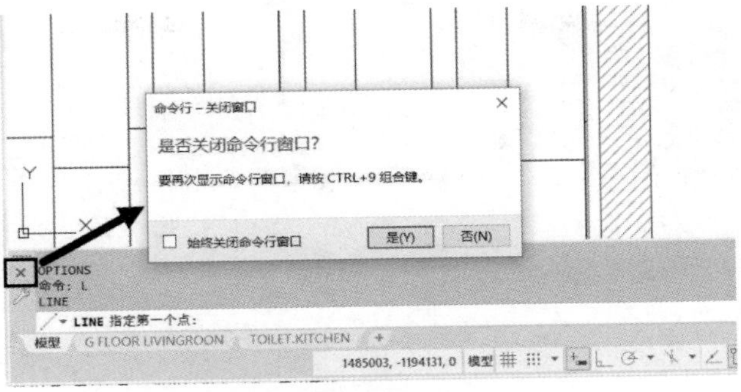

图 2-36

将光标拖动到浮动状态后，CAD 低版本在左侧标题栏会弹出一些新的按钮。单击带左右箭头的按钮，将命令设置为自动隐藏状态，当不输入命令和参数时，命令行只显示标题栏，如图 2-37 所示。

2017 版以上版本，没有了自动隐藏的选项，当命令行为浮动状态时，可以拖动命令行顶部边界让它只显示一行，在执行命令时，命令行的提示会透明地显示到图形窗口中，如图 2-38 所示。

图 2-37

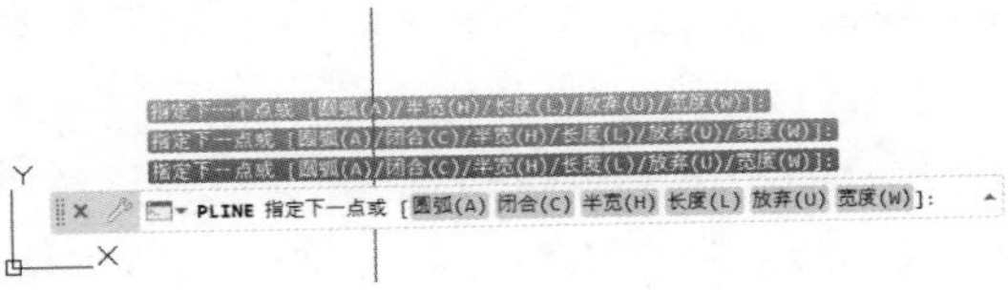

图 2-38

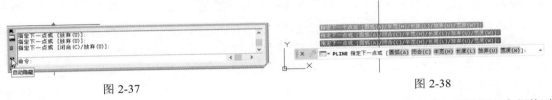

命令行不仅可以放到图形窗口下面，还可以停放在左右两侧。直接按住标题栏将命令行拖动到平面左右两侧，命令行可以自动停靠。

有些人还会将命令行放置在屏幕的上方，这样可以更多地将视线停留在屏幕上方，如图 2-39 所示。

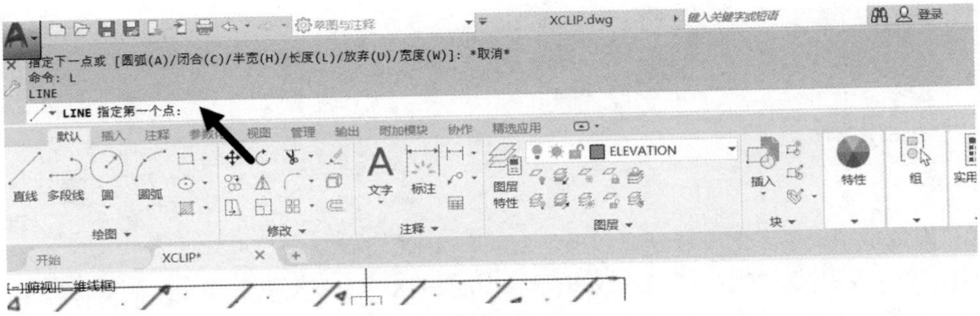

图 2-39

命令行不仅可以用于显示和输入命令及参数，还可以浏览命令历史和重复执行之前的命令，可以用上下方向键翻查命令，也可以在命令行中右击，打开右键菜单，在右键菜单中可以调用最近的命令，复制、粘贴命令行历史，而且还可以打开“选项”对话框，如图 2-40 所示。

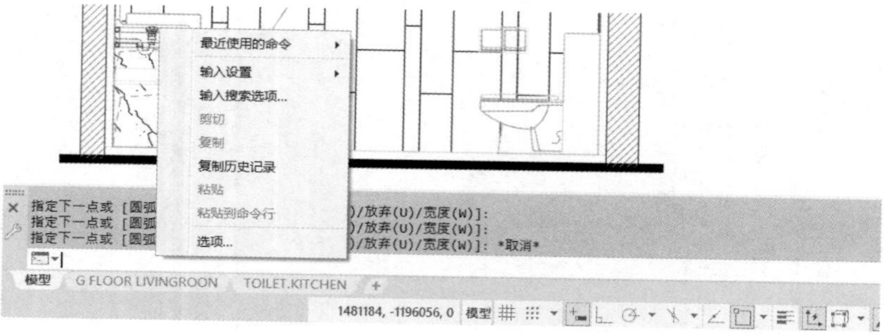

图 2-40

2.命令行不见了如何打开？

如果命令行被关闭了，直接按 Ctrl+9 快捷键就可以打开。

隐藏命令行和打开命令行都是有命令的，在菜单中找到打开或关闭命令行的命令即可。

其实问题的答案非常简单，本节主要想借这个问题介绍命令行的相关操作。

2.10　替换字体的对话框不弹出来怎么办？如何重新显示被隐藏的消息对话框？

CAD 打开一张图纸时如果缺少图中使用的字体，会弹出提示对话框。在 CAD 低版本会弹出每个字体的指定替换字体对话框，如果缺少的字体多的时候，需要多次选择替换字体并单击“确定”按钮或多次单击“取消”按钮，如图 2-41 所示。

CAD 高版本对对话框做了改进，当检查到缺少图纸中使用的 SHX 字体时，CAD 会弹出提示对话框，可以忽略缺少的 SHX 文件直接打开图纸，如图 2-42 所示。

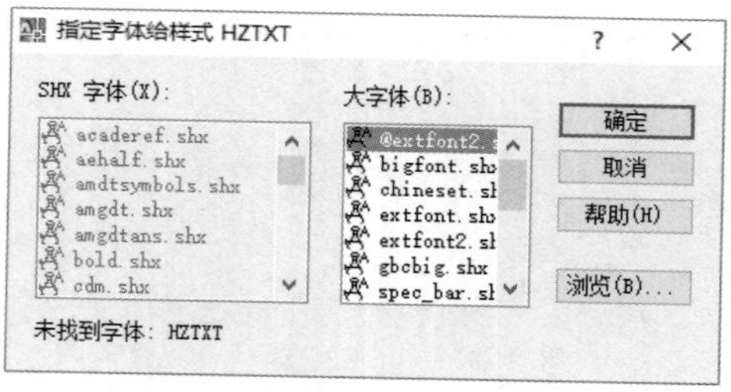

图 2-41

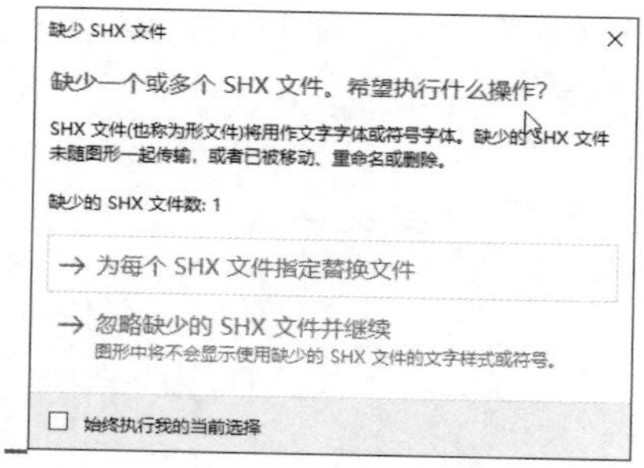

图 2-42

在该对话框中提供了两种选择，一种是为每个 SHX 文件指定替换文件，另一种是先忽略缺少的 SHX 文件并继续。在对话框上面列出了缺少的 SHX 文件的数量，当缺少的文件数量比较多的时候，通常会选择忽略缺少的字体，等图纸打开后再看。

但如果要打开的多张图纸都有缺少字体的问题时，选择“忽略缺少的 SHX 文件并继续”，同时勾选“始终执行我的当前选择”复选框，下次打开图纸时将不再弹出这个对话框。

“缺少 SHX 文件”对话框不再弹出来确实比较省事，但有时想知道打开的图纸到底缺少什么字体，又想重新显示这个对话框。想重新显示这个提示对话框应该怎么办呢？其实很简单，只是这个选项隐藏的有点深。

恢复缺少 SHX 字体提示对话框的方法如下：

输入 OP 命令，回车，打开“选项”对话框。在“系统”选项卡中单击“隐藏消息设置”按钮，打开“隐藏消息设置”对话框。

在该对话框中勾选“缺少 SHX 文件”复选框，展开此选项后，打开下一级的选项，在底部可以显示对话框的预览效果，这样可以进一步确认要取消隐藏的是否是我们需要的对话框，如图 2-43 所示。

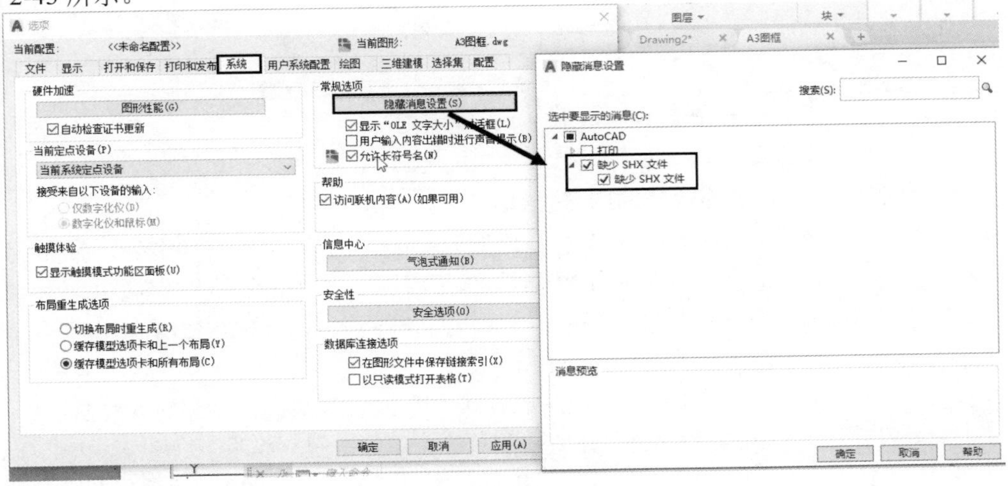

图 2-43

单击“确定”按钮关闭“隐藏消息设置”和“选项”对话框，再次打开缺少字体的文件，就会重新弹出提示对话框。

此消息不被隐藏，就不再出现在“隐藏消息设置”对话框中。如果感兴趣，还可以看看隐藏消息里还有哪些被隐藏的消息。打开图纸、外部参照、多行文字、注释比例、图形修复等多个提示消息对话框都可以隐藏，如果之前能显示但现在不显示的对话框，不妨到这里看看是否可以打开。

小结

很多问题在知道答案后会发现非常简单，但是这个设置确实不太容易找。“缺少 SHX 字体”对话框只是提示我们缺少图中使用的字体，即使不弹出这个对话框也没关系，遇到文字显示问号或不显示，打开图纸后输入 ST 命令，回车，打开“文字样式”对话框，在该对话框中检查哪些文字样式的字体没有找到，去找这些字体或看看能否替换成合适的字体，后面章节再详细介绍。

开图时在“替换字体”对话框中选择替换字体也只是一个临时解决方案，还是需要看图面显示的效果后，再打开“文字样式”对话框去选择一种合适的替换方案。

2.11　重生成是什么？缩放时为什么提示无法进一步缩小或放大？圆为什么显示为多边形？

当打开一张图纸后，为了观察图纸不同地方的细节或查看整体效果，经常需要滚动鼠标滚轮来放大和缩小图形，但有时滚轮滚动几次后，图纸就无法在放大和缩小，在底部状态会提示已无法进一步缩小或缩放，如图 2-44 所示。

如果出现图纸无法继续放大或缩小时，解决方法很简单：

输入 RE 命令，回车，再滚动鼠标滚轮，图形可以继续放大和缩小。但继续放大和缩小，到一定程度又会提示无法进一步缩小或缩放。

AutoCAD 高版本，如 2021 版不再提示无法缩放，而是在缩放过程中自动重生成，在命令行可以看到提示：正在重生成模型，如图 2-45 所示。

图 2-44

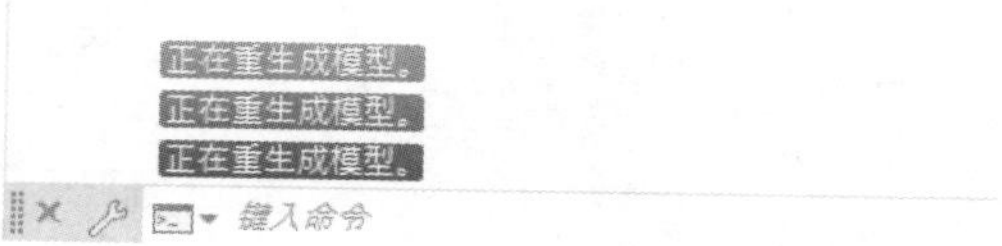

图 2-45

1.什么是重生成，无法缩放的原因是什么？

DWG 或 DXF 文件中保存的是图形数据，比如图中有一个圆，图纸文件中会记录圆心坐标、圆的半径，以及圆的颜色、线型等其他一些属性，但要将图纸文件中记录的这些数据转换成屏幕能显示的图形，就需要进行数据转换，将图形数据转换成显示数据，这个过程就叫作重生成。RE 是重生成（regen）的快捷命令。

打开图纸文件时分为两个步骤：一是把图形数据读进来，二是将图形数据转换成显示数据（也就是重生成）后显示出来。有些 CAD 版本直接将打开图纸的过程分成两个进度条，大部分 CAD 版本打开图纸虽然只有一个进度条，但打开比较复杂的图纸时，如果注意观察进度条可以看出开图的处理是分两步的。当进度条前进到一定比例，如 30%左右会有一个停顿，然后再继续前进，而且先后前进的速度还不太一样。

既然开图时已经生成了显示数据，那么为什么缩放到一定程度还需要再次生成显示数据呢？

有些图纸很复杂，图中线的数量级达到百万级别，如果将所有图形的显示数据都计算出来，而且圆或弧都按最高设置来生成，显示数据将非常巨大，图形显示和绘图操作都将非常困难。为了提高显示和操作性能，CAD 对显示数据进行了各种优化，通常只生成当前视图几倍大小的数据；圆和弧会用多边形显示，而且圆或弧在视图中显得越小，采用的边数越少；文字缩小到一定程度就会简化显示为方框；等等。下面以圆为例来介绍为什么需要重生成。

2.圆为什么会显示为多边形？

打开一个 AutoCAD 2014 或更低版本，在一张空图中画一个圆，然后不断缩小视图，中间可能需要输入几次 RE 命令，回车，继续缩放，直到圆看上去很小，如图 2-46 所示。

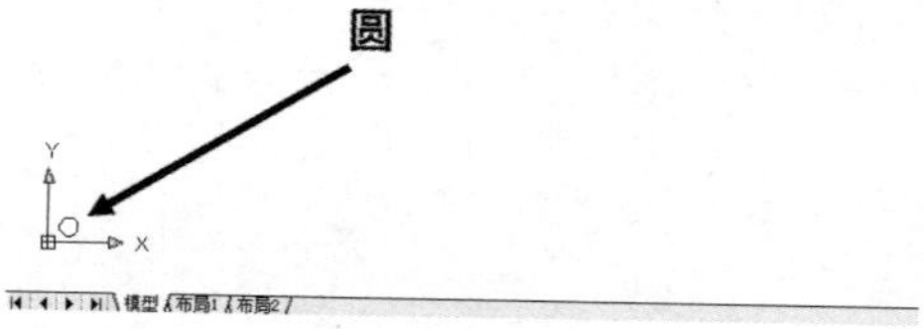

图 2-46

在这种状态下，输入 RE 命令，重生成，按当前的视图生成显示数据。向上滚动滚轮，直到能清楚地看到圆变成多边形为止，如图 2-47 所示。

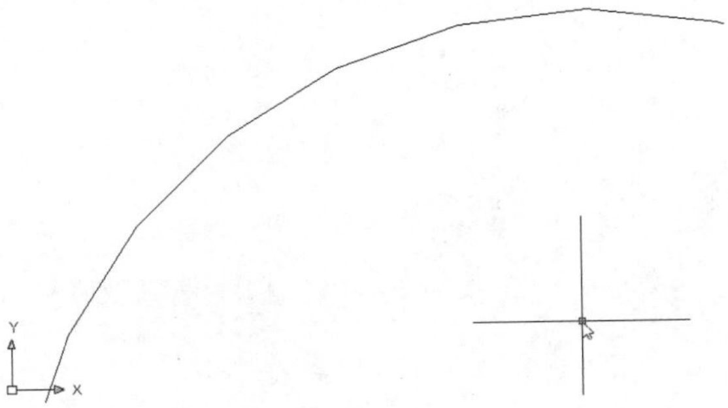

图 2-47

很多初学者对于圆显示成多边形感到奇怪，有些人不想经常进行重生成 RE 的操作，将圆弧显示精度（viewres）设置得特别大，希望圆始终显示成圆。其实没有这个必要，这只是 CAD 显示优化的一种策略，并不会对图形数据或打印有任何影响。

输入 RE 命令，回车，软件就会重新根据当前图形窗口的大小生成显示数据，会用更多的段数来显示圆，如图 2-48 所示。

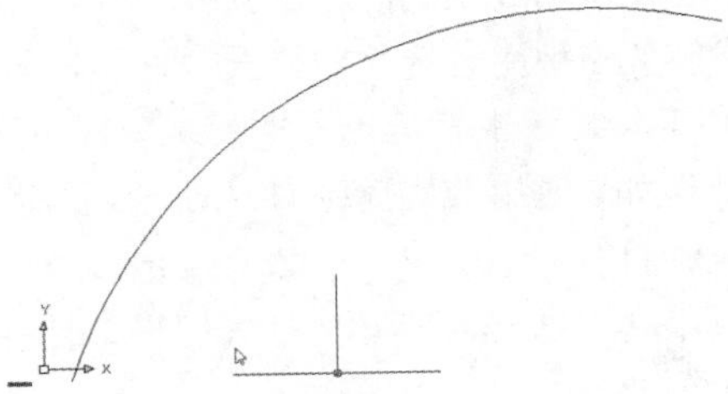

图 2-48

其实在 AutoCAD 2007 版中也可以设置让圆始终显示为光滑状态（将 WHIPARC 设置为 1），但那样会增加图纸的显示数据量，导致操作变慢，所以低版本默认还是用多边形来显示圆。高版本 CAD，如 2021 版，CAD 软件和计算机硬件性能都有了明显的提升，圆无论如何缩放，都始终显示是圆，不会出现这样的问题。

第 3 章 基础操作

CAD 中利用键盘可以输入命令名、参数、坐标、文字注释等，利用鼠标可以单击菜单或图标执行命令、在图中取点、选择图形、调整显示效果，了解键盘和鼠标在 CAD 中的作用，合理分配键盘和鼠标执行的操作，可以成倍提高绘图效率。

3.1 AutoCAD 中执行命令的方式有哪些?

早期版本 CAD 和其他所有 Windows 系统的应用软件一样，有两种基本的执行命令方式：下拉菜单、工具栏按钮，同时提供了一种比较特殊的方式：直接输入命令。AutoCAD 从 2009 版本采用 RIBBON 界面代替菜单和工具栏，也就是更多地使用图标按钮的方式来调用命令。

CAD 软件提供了快捷键，例如，通用的快捷键有 Ctrl+S（保存）、Ctrl+O（打开）、Ctrl+N（新建）、Ctrl+C（复制）、Ctrl+X（剪切）、Ctrl+V（粘贴）、Ctrl+Z（撤销）等。CAD 中还充分利用了 F1～F12 的所有功能键，可以利用这些功能键来打开栅格、捕捉、正交等绘图辅助工具。

除了这些常规的方式外，CAD 还提供了多种执行命令的方法，下面就简单汇总。

1.输入命令

与 Word、Photoshop 等软件不一样，AutoCAD 还提供了看似原始，但操作效率很高的操作方式：输入命令。

AutoCAD 一直保留命令行，可以直接输入命令名，然后按回车或空格键来执行命令。

不仅如此，用户还可以通过定义命令的别名来提高命令输入效率，例如将 Line 设置为 L、Move 设置为 M、OFFSET 设置为 O 等，相对常用的命令设置为 2 个字母或 3 个字母，使用者可以根据自己的操作习惯来定义别名。

AutoCAD 最有效的方式是左手控制键盘来输入命令、选项，右手操作鼠标在图面上进行定位。因此有的设计师会将命令别名都定义成左手易于操作的按键，进一步提高了操作效率。

2.右键菜单

在图形窗口中右击，弹出右键菜单。根据是否选择对象或选择类型不同，右键菜单中会显示相应的命令，利用右键菜单也可以调用最近执行的命令，操作非常方便。

在有些对话框中可以利用右键菜单来设置选项，例如图层管理器、多行文字编辑的对话框，都有大量的右键菜单选项。

3.回车或空格

当执行命令的过程中，回车和空格的作用是确认参数。当命令执行完了，回车或空格会重复上次命令，例如画完一个圆后，想再画一个圆，只需回车或按一下空格键就可以再执行画圆的命令。如果关闭了右键菜单，鼠标右键也有相同的功效。

4.双击图形

在 AutoCAD 中定义了针对常用图形设置了双击动作，双击这些图形对象时会自动执行相应的命令，例如双击圆、直线等会弹出特性面板；双击单行文字，会自动调用文字编辑功能；双击多行文字，会自动启动多行文字编辑器；双击多线，会自动执行多线编辑；双击普通图块，会执行块编辑（bedit）；双击属性块，会自动弹出增强属性编辑器；双击 OLE 对象，会自动启动相关软件并打开 OLE 对象；等等。

这些双击动作是 AutoCAD 为了提高操作效率专门定义的，双击这些对象时在命令行可以看到执行的命令。在 CAD 的 CUI（自定义界面）对话框中可以根据需要自定义双击动作。

5.上、下方向键

想调用之前执行过但不是刚刚执行的命令，如果嫌再次输入比较麻烦，可以利用键盘的上下方向键在命令行中查找之前执行的这个命令，找到后按回车或空格键可以再次执行此命令。

3.2 命令前加与不加“-”的区别?

在 AutoCAD 中输入命令时可以在前面加上“-”，加“-”与不加“-”的意义不一样，如果此命令有对话框，命令前加“-”是该命令的命令行模式，不加就是对话框模式。

下面通过一个命令作为例子来看一下，BLOCK 是创建图块的命令，B 是快捷键。输入 B 后回车，弹出“块定义”对话框，如图 3-1 所示。

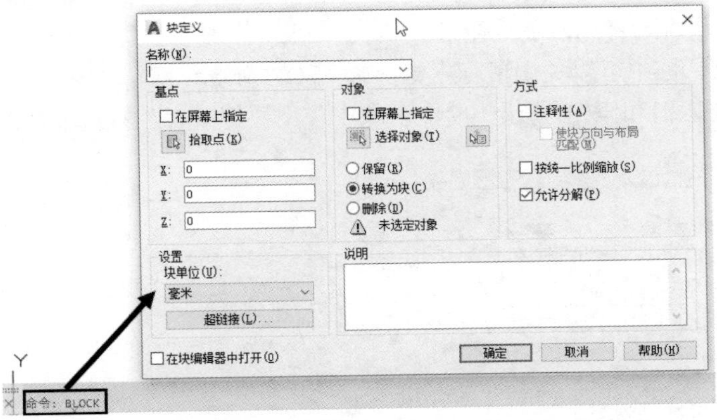

图 3-1

单击“取消”按钮关闭对话框，再在命令行输入-B 后回车，我们看到对话框并没有弹出来，而是命令出现了提示：请输入块名或[?]，如图 3-2 所示。

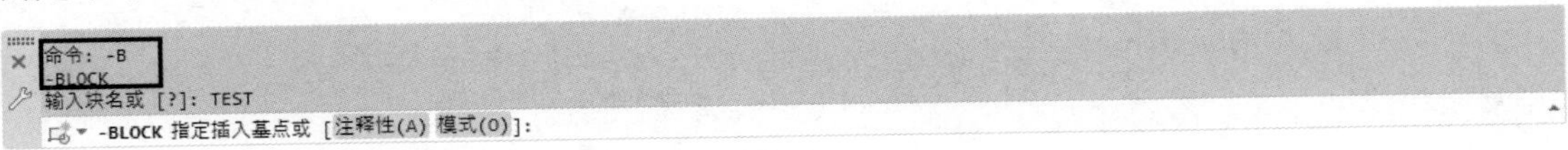

图 3-2

在常规绘图时，不会在命令前输入“-”，因为对话框操作通常更直观简单。但在脚本文件或 LISP 程序中调用命令中会在命令前加“-”，这样不弹出对话框就可以完成一系列操作。

也有一些命令，使用命令行模式时会有一些特殊的选项，例如，输入-H 填充时可以绘制无边界的填充，输入-XREF 时可以通过输入*号一次性绑定所有外部参照等。

3.3 如何快速重复执行命令？

按 Enter（回车）键可以重复执行命令，但 CAD 绘图时，右手通常都在鼠标上，按回车键不太方便，因此 CAD 提供了更为方便的替代方案：空格键和鼠标右键。

1.回车键

由于离其他键比较远，虽然 CAD 的操作说明中通常都写输入参数或结束命令时按回车键，但大部分时候我们会按空格键来代替，在 CAD 中回车键用得并不多。

2.空格键

无论输入中文或英文都需要频繁使用空格键，空格键也是键盘上最大的键，左、右手大拇指都可以很轻松地敲击。空格键在 CAD 中经常被当作回车键使用，这样也可以提高 CAD 操作速度。假设输入一个画圆的命令 C，然后回车，把回车键替换成空格键，一只左手就可以完成。

本书中关于操作的讲解中提到按回车键基本都可以用空格键代替。

3.鼠标右键

如果关闭了右键菜单，直接按鼠标右键也可以重复命令，有不少设计人员非常喜欢这种方式。如果没有关闭右键菜单，在右键菜单最上面的选项也是重复上一个命令。

当然，鼠标右键的用途肯定与空格键不完全相同，比如，在输入完命令或参数后，手在操作键盘，显然按一下空格键当回车更方便；但如果是鼠标在绘图，例如在单击确认了直线的端点后要结束画线命令，鼠标右键当然更方便了。

在“选项”对话框中可以关闭鼠标右键。输入 OP 命令，回车，打开“选项”对话框，在“用户系统设置”选项卡中取消勾选“绘图区域中使用快捷菜单”复选框，即可关闭右键菜单，如图 3-3 所示。

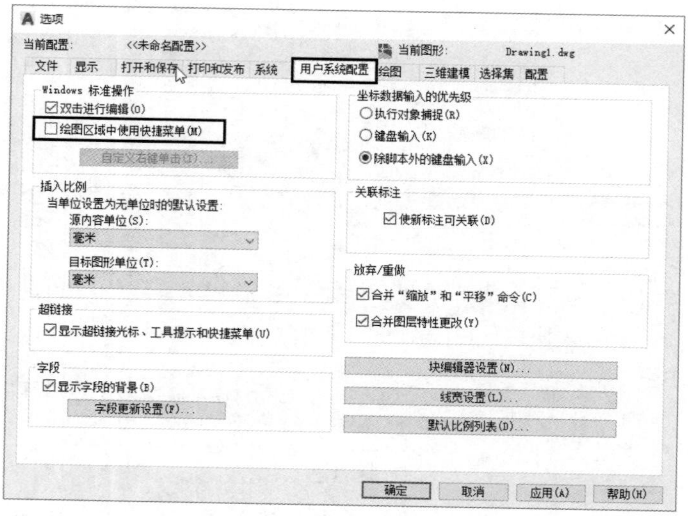

图 3-3

单击“自定义右键单击”按钮，在弹出的对话框中定义不同状态下右键单击执行的操作。

3.4 AutoCAD 中鼠标可以实现哪些操作？为什么有时鼠标中键无法平移？

为了提高操作效率，AutoCAD 充分利用了鼠标的左右键和滚轮，利用鼠标可以快速完成很多操作，掌握了鼠标的各项操作，可以有效提高操作效率。

下面就简单介绍一个普通鼠标：二键+中间滚轮鼠标在 AutoCAD 中应用一些基本操作技巧。

1.鼠标左键

（1）选择并执行命令

虽然 CAD 提供了命令行，可以直接输入命令或快捷键，但我们并一定记得住所有的命令，我们经常需要用鼠标到菜单、工具栏或 RIBBON 命令面板中单击选择并单击鼠标左键来执行命令。

当然并不限于单击命令，还包括在面板、对话框中通过单击来切换选项，在文档选项卡中单击文件名来切换文档等。

（2）点选对象

当需要选择某个图形时，光标移动到图形的线条（或称边界）上单击就可以选中对象。

在着色或消隐状态下选择三维模型，或在三维实体编辑状态下选择三维模型的面时，光标有时不是必须移动到图形的边界上，而是可以在图形中间单击就可以选中模型。

这里说的对象不仅包括二维图形和三维模型，也包括这些图形的子对象（点、线、面）和夹点。

（3）框选对象

在空白处单击，松开鼠标左键，拖动光标到一定位置再次单击，可框选对象。

从左往右拖动为窗选（Window），图形完全在选框内才会被选中，从右往左拖动为交叉选择（Cross），图形只要有一部分在选框内就会被选中。CAD 为了提醒初学者，两种框选方式会显示不同的颜色，同时十字光标的图标也会提示框选的方式，如图 3-4 所示。

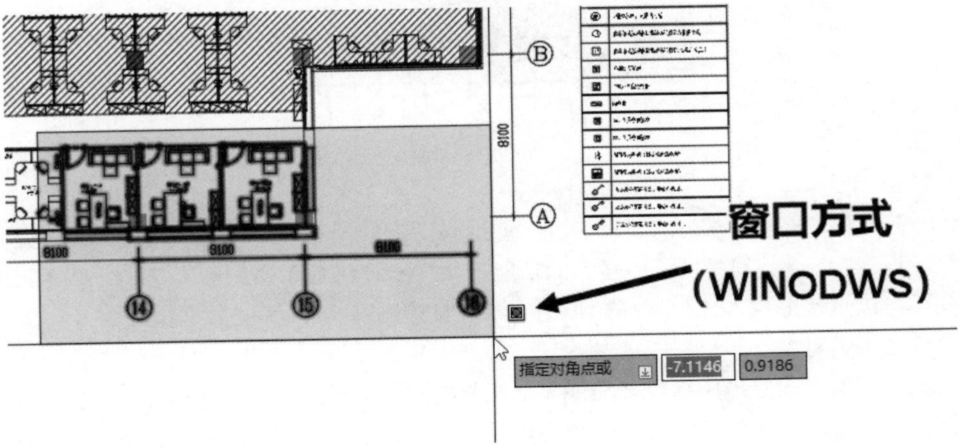

图 3-4

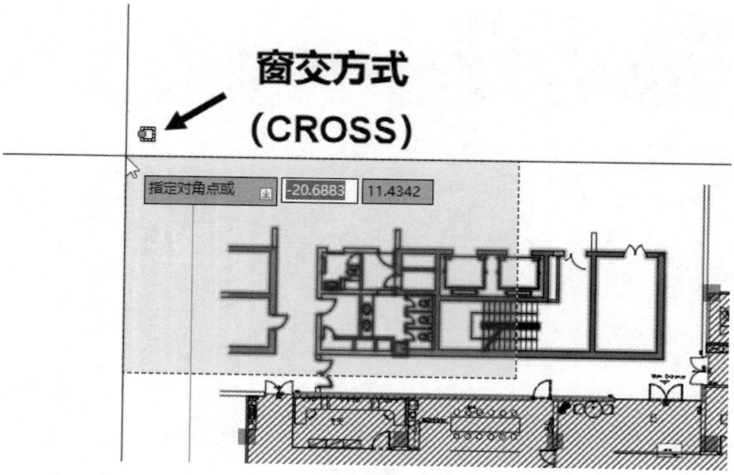

图 3-4（续）

颜色可以在“选项”对话框中设置，也可以不显示，光标的标记也可以关掉。

AutoCAD 2015 版增加了套索框选的功能，在空白处按住鼠标左键拖动，会沿鼠标拖动的轨迹形成一个不规则的区域（如图 3-5 所示），可以利用这个不规则区域框选，通常也可以设置窗选或交叉选择，还可以在“选项”对话框中关闭套索选择。

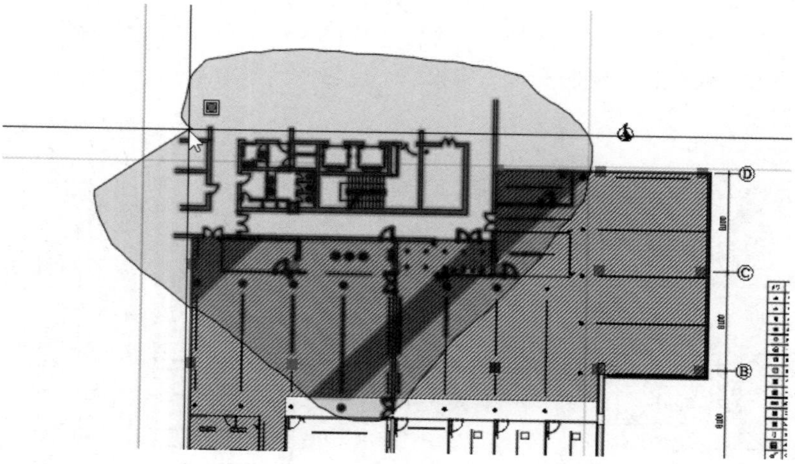

图 3-5

（4）选择子对象

CAD 低版本需要进入专门的编辑命令才能选择图形的子对象，比如多段线的线段、三维模型的面等，但 CAD 高版本提供了更强大的功能，按住 Ctrl 键后单击图形，选中一些图形的子对象，有些还可以直接编辑，比如选择矩形的一条边直接删除。

（5）双击编辑对象

双击编辑对象，即双击图形，其功能见 3.1 节的双击图形的介绍。这些双击动作是 CAD 为了提高操作效率专门定义的，双击动作也可以自己修改，CAD 高版本的 CUI（自定义界面）对话框中就可以定义双击动作，如图 3-6 所示。

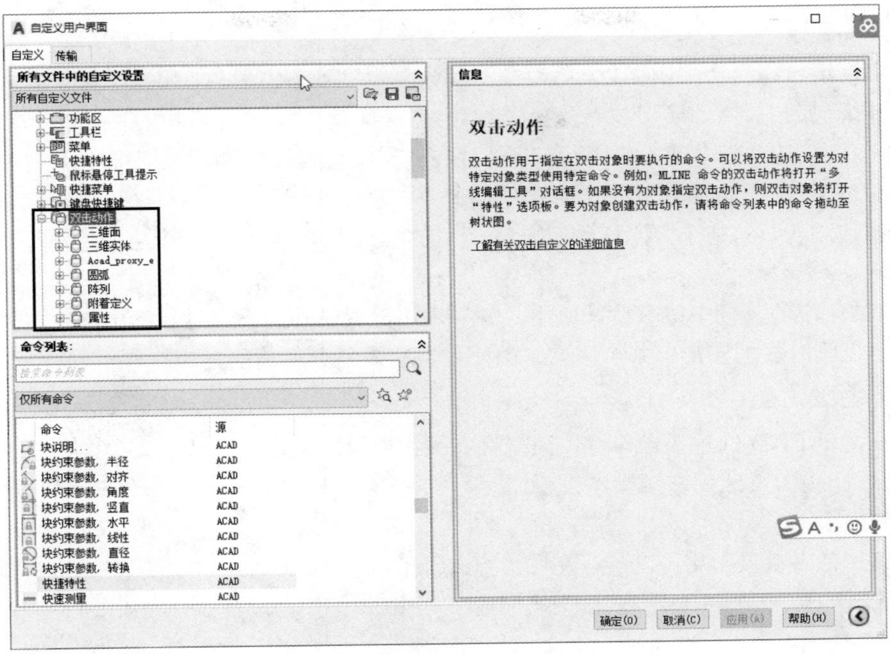

图 3-6

（6）移动对象

选中图形后，光标停留在图形边界上，按住鼠标左键拖动，到一定位置后放开鼠标左键，可以将图形移动到新位置。

（7）复制对象

图形选中后，光标停留在图形边界上，按住鼠标左键拖动，然后按住 Ctrl 键，松开鼠标左键，将图形复制到新位置。

2.中键滚轮

鼠标中键滚轮在 CAD 中的主要用途是缩放视图和平移图形，还有一些其他的作用，这里简单介绍一下。

（1）缩放视图

有时我们需要观察图形的整体，有时需要放大观察图形的局部，因此经常要缩小或放大图形，缩放图形有专门的命令，并有很多的选项：例如全图缩放、窗口缩放、动态缩放等。不过大家都很少用命令，都是用鼠标中键滚轮前后滚动来实时缩放视图。

默认状态下，中键滚轮向前滚动，是放大图形，向后滚动，是缩小图形。

用 ZOOMWHEEL 变量可以控制中键滚轮滚动方向和放大缩小的关系，默认值为 0。当设置为 1 时，向前滚动就变成缩小图形，向后滚动变成放大图形。

（2）平移图形

按住中键滚轮并拖曳可以对图形进行平移（PAN），改变图形在图形窗口中的位置。

当变量 Mbuttonpan 设置为 0 时（系统默认值=1）中键滚轮无法实现平移，按中键滚轮会弹出对象捕捉快捷菜单（等同于 Ctrl 或 Shift 加鼠标右键）。

如果中键滚轮无法平移，请检查此变量设置；如果此变量设置为 1，但仍无法平移，请检查鼠标中键是否损坏；如果是无线鼠标，更换电池试试。

（3）全图显示

双击中键滚轮相当于范围缩放，所有图形都会显示到当前窗口内，相当于命令的 ZOOM - E。

（4）环绕视图

Shift+按住滚轮并拖动或 Ctrl+Shift+按住滚轮并拖动，可以对视图做三维环绕。

（5）动态平移

Ctrl+按住滚轮，向某个方向移动，确定一下方向，图形就可以沿一个方向等速平移，直到松开中键滚轮。

浩辰 CAD 中的鼠标中键有特殊应用，如果启用放大镜功能，通过鼠标中键单击打开或关闭放大镜，可以临时放大图形中某个区域，关闭后自动恢复到之前的视图。

3.鼠标右键

鼠标左键是 CAD 的主要操作键，而鼠标右键主要起辅助作用，每个人的操作习惯不同，因此 CAD 提供了更为灵活的右键操作设置。

（1）右键菜单

右键菜单是右键最常用的功能，在图形窗口、工具栏、对话框中右击都会弹出快捷菜单，如图 3-7 所示。

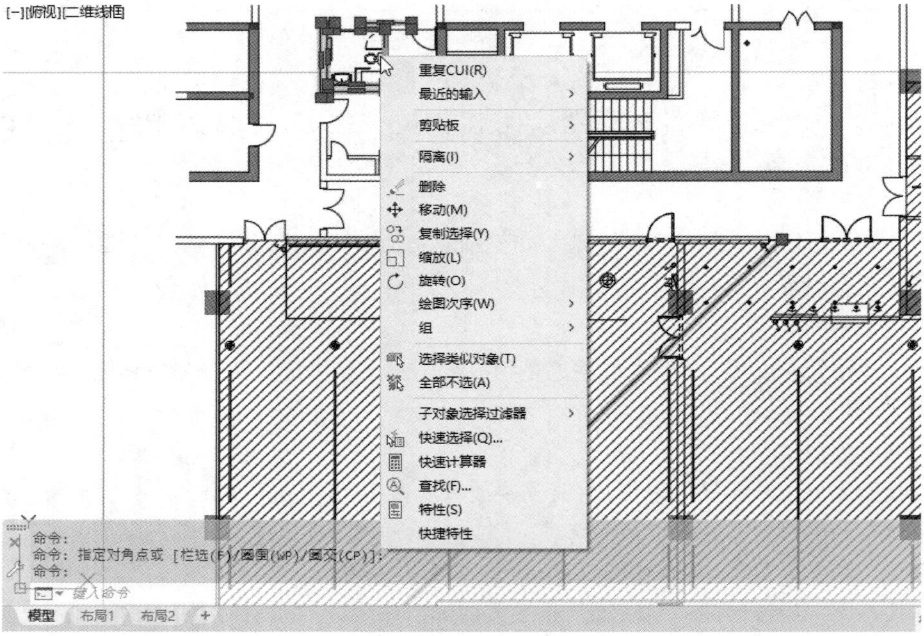

图 3-7

右键菜单会提供一些常用的选项，省去我们输入命令或单击图标的时间，提高效率。

在图形窗口中右击时，顶部还会显示最近使用的命令，可以通过右键菜单重复执行这些命令。

光标位置处于 CAD 界面的不同位置，或者在图形窗口中选择不同的对象、子对象或夹点，右键菜单的内容也会相应变化。

（2）确认和重复命令

有些设计人员习惯于在绘图区域中把右键作为回车，可以确认命令参数和重复上次命令，也就是在绘图区域不使用快捷菜单。

为了满足这种需要，在“选项”对话框中可以对右键单击进行设置，也可以通过变量进行设置：

变量 SHORTCUTMENU 等于 0---------右键相当于回车

变量 SHORTCUTMENU 大于 0---------快捷菜单

在“选项”对话框中不仅可以设置是否在“绘图区域中使用快捷菜单”，还可以自定义右键单击在不同状态下的使用方法，比如在选定对象时、编辑模式、命令模式下右击时弹出菜单，确认或重复上一命令，还可以打开计时，区分快速单击和慢速单击，在两种状态下采取不同的操作。

输入命令，比如画多段线（PL）命令时，即使没有关闭右键菜单，此时右击也等同于回车，可以执行命令，但执行命令过程中再输入选项，比如输入 A 想切换成画弧线段。如果没有关闭右键菜单，此时右击就会弹出菜单，不能当回车用了。

（3）打开捕捉快捷菜单

当画图时，如果需要临时使用某个捕捉选项，可以输入快捷键，也可以利用右键菜单来设置临时捕捉选项。

按住 Shift 或 Ctrl 键，在图形窗口中右击，弹出捕捉快捷菜单，如图 3-8 所示。

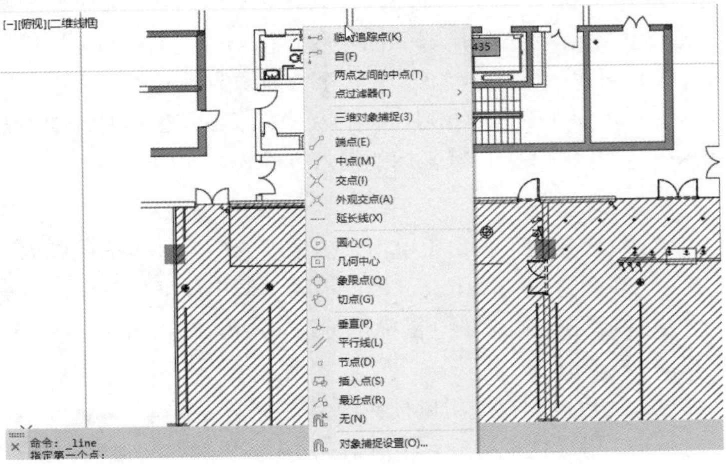

图 3-8

临时捕捉的右键菜单中的捕捉选项应该是最全的，使用也比较方便。

鼠标右键的相关功能可以在 CUI 对话框中定制，不过一般情况没有必要去修改。

（4）移动、复制或粘贴为块

选中图形后，按住鼠标右键拖动，会弹出一个菜单，可以选择移动、复制或粘贴为块，如图 3-9 所示。

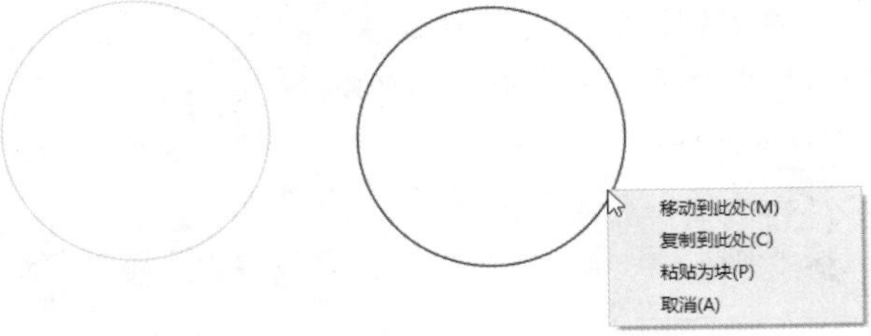

图 3-9

利用这种操作方式无须输入命令就可以移动、复制和粘贴为块，但缺点是无法进行准确定位。

（5）取消选择

CAD 默认是累加选择模式，选择对象后即使框选空白区域，选中的图形也不会取消。低版本需要按 Esc 键或在右键菜单中选择“全部不选”命令。如果右键菜单没有关闭，多按一会儿右键就可以取消选择。如果右键菜单关闭，长按右键也会重复执行上次命令。

3.5 坐标如何输入？

AutoCAD 提供了一个虚拟的三维空间，但主要用于绘制二维图纸，因此通常情况下，只需在 XY 平面上画图，只需定义 X 轴和 Y 轴的坐标。

点坐标的输入方式主要有以下两种。

1.输入坐标值

当命令提示需要定位点时，直接输入 X 轴和 Y 轴的坐标值，如（2,3），表示此点距离当前坐标系的原点 X 方向距离为 2，Y 轴方向为 3，在 AutoCAD 中这被称为绝对坐标。

如果已经定位过一个点，在定位下一个点时不仅可以输入绝对坐标，还可以输入相对第一点的相对位置。输入方式有两种：一种是沿 X、Y 两个方向的距离，另一种是总距离和相对 X 轴方向的角度。这两种输入方式分别被称为相对坐标和极坐标，输入坐标时需要在前面加上一个@符号，相对坐标的输入方式为（@2,3），极坐标的输入方式为（@10<45）。

2.光标定位

在 AutoCAD 中可以直接在图形窗口中单击来确定点的位置。由于鼠标单击会有一定的随意性，因此 CAD 提供了一系列绘图辅助工具，例如提供类似坐标纸的栅格、捕捉图形对象的特征点、极轴捕捉等。利用这些绘图辅助工具，鼠标也可以实现准确定位，而且鼠标定位操作更简单，在绘图时使用频率很高。

为了提高绘图速度，还可以配合使用鼠标和键盘来完成坐标输入，例如在画线或者移动、复制图形时用光标确定方向，用键盘直接输入距离值，而无须再输入角度值。本节只是做简单介绍，重点功能会在后面章节详细讲解。

3.6 修改图形的基本操作有哪些？

修改命令各不相同，不同的修改命令有不同的操作方式，但基本操作一样：先选择对象再执行命令，或者先执行命令后选择要修改的对象，然后根据命令的提示进行相应的操作或输入相应的参数。

以 MOVE（移动）命令为例，如果输入 M 命令，回车，命令行会提示：“选择对象:”，点选或框选要移动的对象后，软件会依次提示指定基点和目标点，具体如下：

指定基点或 [位移(D)] <位移>:

指定第二个点或 <使用第一个点作为位移>:

如果已经选择了对象，输入 M 命令，回车，就会直接出指定基点的提示，而不会再提示选择对象。

AutoCAD 还提供了是否允许先选择对象后执行命令的选项，如果先选择对象后执行修改命令，命令行仍提示让选择对象，可以检查一下选项设置。方法如下：

输入 OP 后回车，打开“选项”对话框，在“选择集”选项卡中检查是否勾选“先选择后执行”复选框，如图 3-10 所示。

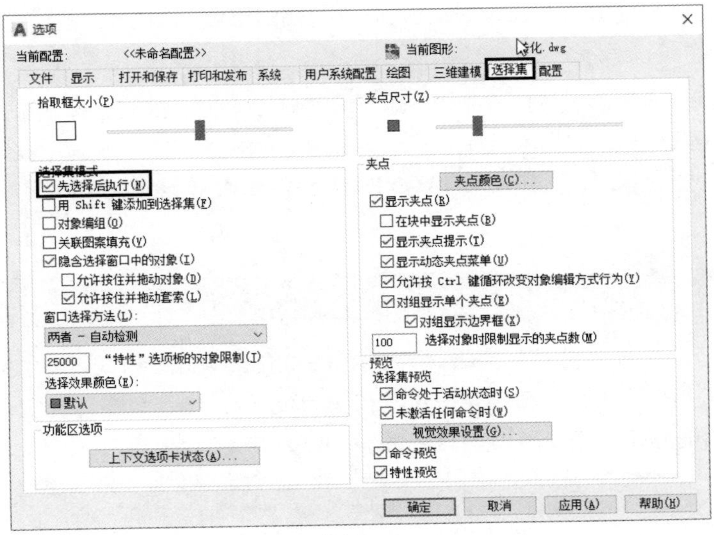

图 3-10

修改命令的操作类似，但在一些细节上会有差异，需要注意看命令行提示，同时要了解一些命令中比较特殊的操作，比如，STRETCH（拉伸）命令可以修改图形的局部，这种情况下需要从右往左框选图形需要被调整的顶点。

3.7 如何调整图形的显示?

AutoCAD 图形窗口提供的虚拟空间近似于无限，可以绘制尺寸很小的零件图，也可以画方圆几百公里的地形图，一张图纸中可以只有几十个简单图形，也可以有上百万个图形。但屏幕的尺寸有限，设计人员用再大的显示器甚至用两、三个显示器，也无法全部显示复杂图纸的细节，因此 AutoCAD 提供了一系列控制视图显示的工具，可以放大、缩小视图或平移视图。这些工具分为两类：缩放（ZOOM）和平移（PAN）。为了满足不同的需要，这两个命令提供了一系列参数，如窗口缩放、全图缩放、实时缩放等，可以通过菜单、工具栏来调用这些命令，但最方便的方法是输入快捷键和鼠标中键进行操作。

1.缩放视图

缩放视图的命令是 ZOOM，快捷键是 Z。

输入 Z 命令，回车，选项如下：

[全部(A)/中心(C)/动态(D)/范围(E)/上一个(P)/比例(S)/窗口(W)/对象(O)] <实时>:

其中比较常用的选项有：范围 E（将所有图形完整显示到窗口内）、窗口 W（将框选的范围放大到整个图形窗口），除了这些列出的选项外，还可以直接输入缩放的倍数，例如输入 2X，表示视图放大两倍。

<实时>虽然作为默认选项，但自从三键鼠标出现以后，CAD 将滚轮作为实时缩放的快捷方式后，实时缩放通常通过鼠标滚轮来操作，命令已经很少用了。

滚轮的缩放操作有以下两种：

- 默认向上滚动是放大视图，向下滚动是缩小视图。利用 ZOOMWHEEL 变量可以改变放大和缩小的方向，ZOOMWHEEL 的默认值是 0。输入 ZOOMWHEEL 回车，输入 1，回车后放大和缩小就反过来了，向上滚动是缩小，向下滚动是放大。
- 双击滚轮是全图缩放，相当于 ZOOM 命令的范围(E)选项。

2.平移视图

平移视图的命令是 PAN，快捷键是 P，由于按住鼠标中键后拖动鼠标就可以平移视图，平移命令基本上很少有人用了。

如果平移命令不能用，检查 MBUTTONPAN 变量是否被设置为 0，或者看鼠标是不是没电了。

3.8 如何取消刚进行的操作?

在误操作后可以通过“撤销”来取消刚进行的操作，Windows 软件的常规操作也适用于 AutoCAD，如在工具栏上单击“撤销”按钮，按 Ctrl+Z 快捷键，单击“撤销”按钮后面的下拉箭头，可以选择回退到哪一步，如图 3-11 所示。

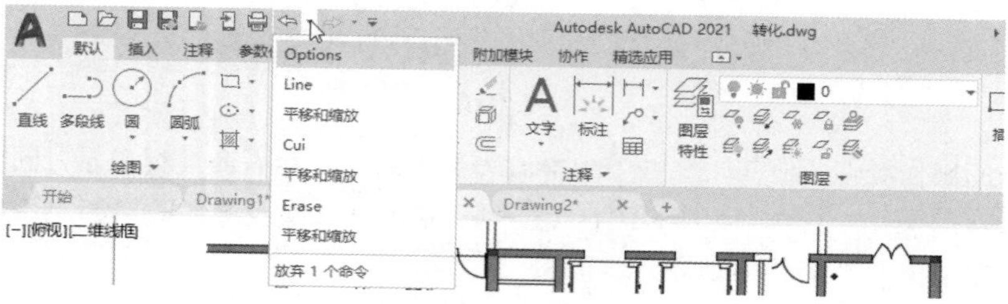

图 3-11

除了图标按钮和快捷键外，AutoCAD 还提供了命令，在命令行输入 U 和 UNDO 命令，都可以撤销操作步骤。输入 U 命令后回车，每次会撤销一步操作。利用 UNDO 命令，可以一次性回退多步，也可以通过设置开始、结束将多个命令组合到一起 UNDO，还可以设置标记、合并选项等。

除了这些常规的命令，AutoCAD 还根据一些特定的需要设置了一些特殊的撤销命令，例如恢复被删除对象的 OOPS，恢复到上一图层状态的 LAYERP。在一些绘图和编辑命令中也提供 U 选项，可以撤销上一步的操作，例如取消直线刚定位的端点，取消刚复制的对象等。

在 CAD 中要撤销刚进行的操作方法如下：

- 在常规工具栏或顶部的快速访问工具栏上单击“撤销”按钮，撤销一步操作。
- 按 Ctrl+Z 快捷键，撤销一步操作。
- 输入 U 命令，回车，撤销一步操作。
- 单击顶部“撤销”按钮后面的下拉箭头，在下拉列表中可一次性撤销多步操作。
- 输入 UNDO 命令，回车，通过输入数字撤销多步操作，可以设置开始、结束、标记等选项来定制撤销操作。
- 输入 OOPS 命令，回车，可以恢复刚被删除的对象，不撤销其他操作。
- 输入 LAYERP 命令，回车，可以恢复上一次的图层状态，不撤销其他操作，前提是 LAYERPMODE 是打开状态。
- 在绘制直线、多段线、样条线，执行复制、偏移等需要多步操作的绘图和编辑命令时，输入 U 命令，回车，可撤销刚刚定位点或生成的图形。

第 4 章 绘图辅助工具

CAD 中提供了一系列用于辅助定位的功能，例如栅格、正交、极轴、对象捕捉等。在绘图中合理地、充分地利用这些工具，不仅可以保证绘图的精确，也可以提高绘图效率。本章将介绍这些工具的作用和相关技巧。

4.1 什么是世界坐标系？什么是 UCS？

AutoCAD 软件提供了一个虚拟的三维空间，这个空间需要一个基准，这个基准被称为世界坐标系（World Coordinate System，WCS），它是由 X、Y、Z 三条坐标轴定义的笛卡儿坐标系，如图 4-1 所示。

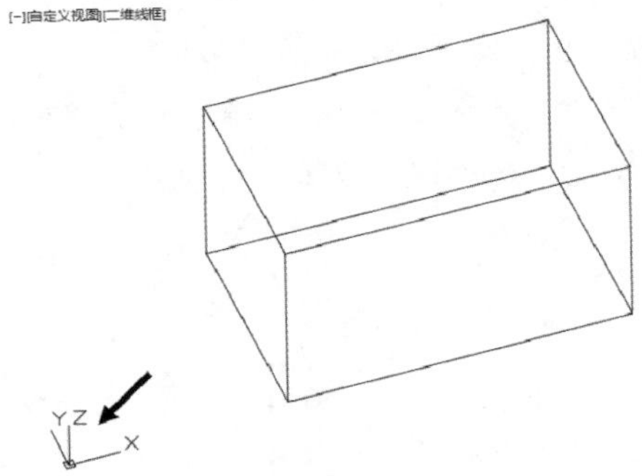

图 4-1

输入坐标值时，需要指示沿 X、Y 和 Z 轴相对于坐标系原点（0,0,0）点的距离（以单位表示）及其方向（正或负）。

因为 AutoCAD 以绘制二维图形为主，因此默认显示的是 XY 平面。在 XY 平面（也称为构造平面）上指定点时，可以忽略 Z 轴坐标。笛卡儿坐标的 X 值用于指定水平距离，Y 值用于指定垂直距离。原点（0,0）表示两轴相交的位置。

在有些特殊情况下，在世界坐标系下绘图并不是特别方便，因此用户会根据自己的需要设置一个新的参考坐标系，这个坐标系称为用户坐标系（User Coordinate System，UCS）。在 CAD 中输入 UCS 命令，可以根据不同的条件设置用户坐标系，例如改变坐标系的原点，旋转坐标系的方向，将坐标系与某个对象或某个面对齐。后面章节中会专门介绍 UCS 的设置方法和主要用途。

4.2 什么是绝对坐标？什么是相对坐标？什么是极坐标？

在绘图时有时知道具体的坐标值，有时只知道角度和距离，由于已知条件不同，需要用不同的方式来定位点，因此 AutoCAD 提供了多种坐标输入方式。

CAD 普通的坐标输入方式就是直接输入点的 X、Y、Z 坐标值，如果绘制平面图，只需输入 X、Y 两个坐标。还可以输入相对上一点的 X、Y 轴向距离，或者输入相对上一点的距离和角度，因此就有了绝对坐标、相对坐标、极坐标、球坐标等概念，这里简单介绍一下这几种坐标。

1.绝对坐标

绝对坐标就是直接输入相对坐标原点各轴向的距离或角度。例如，输入（2,3）表示此点在当前坐标系的 X 轴坐标是 2，Y 轴坐标是 3。如果输入（2,3,4），则 4 是 Z 轴坐标。

如果知道各点的坐标值，就可以直接输入绝对坐标来绘图，下面用绝对坐标绘制一条直线：

输入 L 命令，回车，命令行提示确定线的起始点，输入（-3,2）后回车，再输入（4,4），回车，完成一段直线的绘制，如图 4-2 所示。

2.相对坐标

相对坐标是指相对上一点各轴向的距离或角度，需要在输入的坐标值前加一个@，例如（@2,3），表示此点相对上一点 X 轴方向距离为 2，Y 轴距离为 3。如果在图形窗口中通过动态输入来输入坐标，默认会使用相对坐标。

下面用相对坐标来绘制一个左下角点在（-3,-2）的三角形：

输入 L 命令，回车，执行直线命令，输入（-3,-2），回车，输入（@8,0），回车，输入（@0,6），回车，输入 C，回车，完成三角形绘制，如图 4-3 所示。

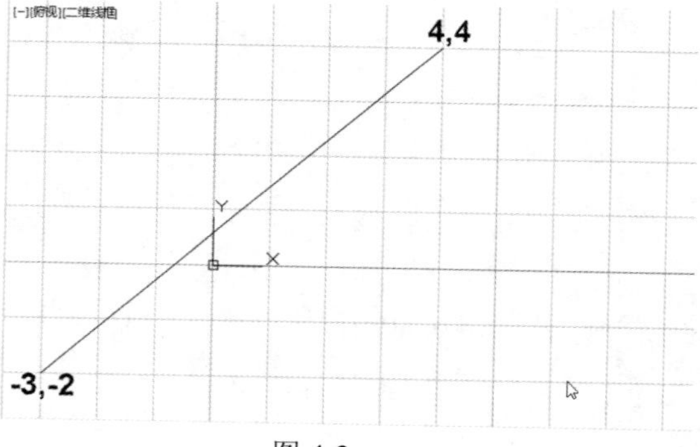

图 4-2

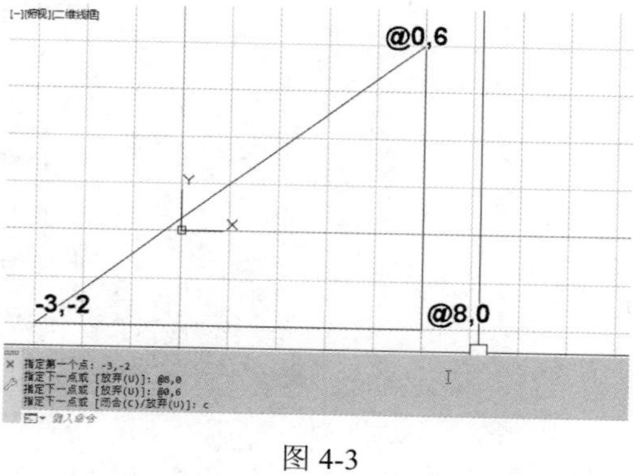

图 4-3

3.其他坐标

极坐标：通过输入以角括号（<）分隔的距离和角度来定位点，也同样可以输入绝对坐标和相对坐标，输入相对坐标时前面也要加@符号，例如（@10<45）。

柱坐标：三维点的坐标，输入形式为：X<[与 X 轴所成的角度],Z，也就是平面上的极坐标加上一个 Z 坐标。

球坐标：三维点的坐标，输入形式为：X<[与 X 轴所成的角度]<[与 XY 平面所成的角度]，就是平面上的极坐标加上一个与 XY 平面的角度。

4.3 UCS 怎么用？UCS 的基本应用有哪些？

CAD 软件提供了一个虚拟的二维和三维空间，这个空间需要一个基准，这个基准被称为世界坐标系（WCS），但在有些特殊情况下，世界坐标系下绘图并不是特别方便，因此用户会根据自己的需要设置一个新的参考坐标系，这个坐标系称为用户坐标系（User Coordinate System，UCS）。在 CAD 中输入 UCS 命令，就可以根据不同的条件设置用户坐标系。通常有下面几种方式：设置新的坐标原点，旋转某个轴向，以某个对象为基准设置坐标系，以三维模型的某个面来定义 UCS 方便后续建模。

下面简单介绍几种应用。

1.调整坐标原点，方便进行坐标标注

在一些机械零件、模具中有大量的孔或其他图形特征，设计人员通常的做法是在图形中确定一个基点，将 UCS 原点调整到基点处，然后利用坐标标注来进行尺寸标注。如果结合连续标注，标注非常快，而且图面也很整齐，如图 4-4 所示。

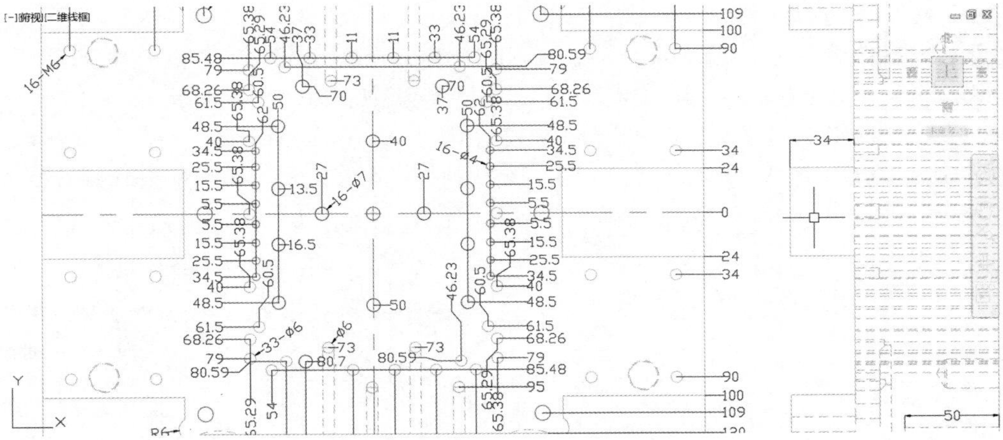

图 4-4

Step 01 绘制一个矩形，然后在矩形上绘制和复制一些小圆，如图 4-5 所示。

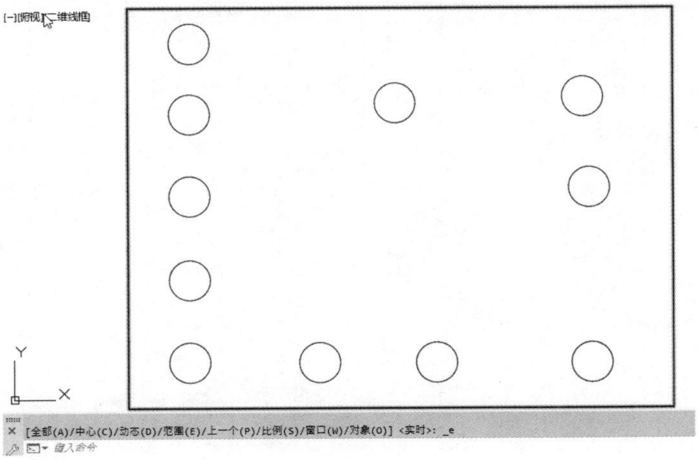

图 4-5

Step 02 输入 UCS 命令，回车，默认的 CAD 选项就是指定 UCS 原点，直接在图中捕捉矩形的左下角点作为坐标原点，如图 4-6 所示。

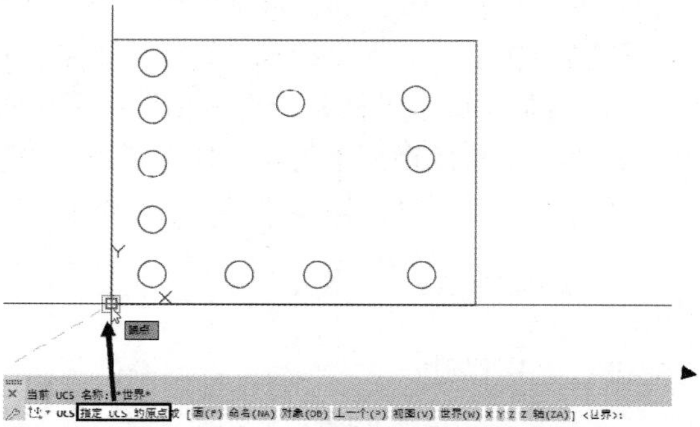

图 4-6

设置完后，可以看到标记着 X、Y 轴方向的 UCS 标记移动了矩形的左下角，表示用户坐标系 UCS 的原点位于此处。

Step 03 输入DOR命令或者在菜单或工具栏中调用坐标标注命令，在图中捕捉某一个圆的圆心，然后向右侧拖动，拖动到指定位置后单击完成标注，此时标注的是此圆心的Y轴坐标，如图 4-7 所示。

现在标注的数值，就是圆心距离矩形 UCS 坐标原点 Y 轴方向的距离。

Step 04 输入 DCO（连续标注）命令，回车，继续捕捉右侧的其他圆进行 Y 轴坐标的标注，如图 4-8 所示。

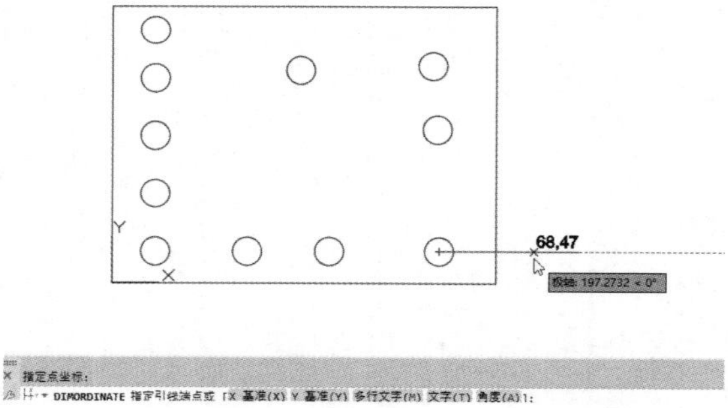

图 4-7

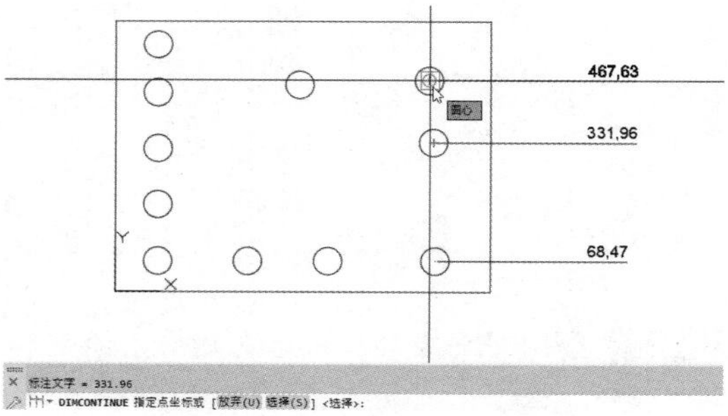

图 4-8

如果感兴趣，可以再次重复步骤 3 和 4，只是捕捉圆心后要向下或向下拖动，标注这些圆心的 X 轴坐标，如图 4-9 所示。

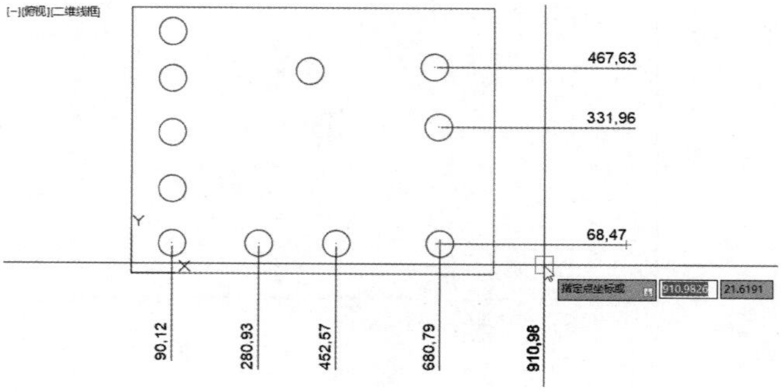

图 4-9

2.调整坐标方向，方便绘制倾斜图纸

一些建筑和市政规划图全部和部分是倾斜的，如果保持倾斜状态画图和出图都很不方便，如图 4-10 所示。

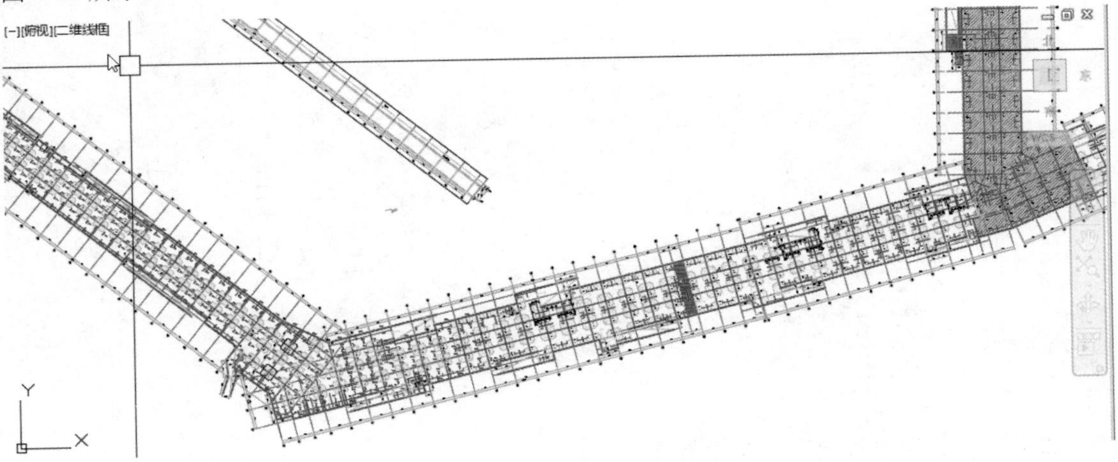

图 4-10

因此通常画图时会将坐标系进行旋转，将图形转成正向。基本操作方法如下：

Step 01 输入 UCS 命令，回车。

Step 02 输入 Z 选项，输入需要旋转的角度，将 UCS 沿 Z 周旋转一定角度。

当角度不明确时，可以输入 E（对象）选项，选择图中一条与图形整体角度一致的直线，设置后 UCS 方向就会与选定对象对齐，如图 4-11 所示。

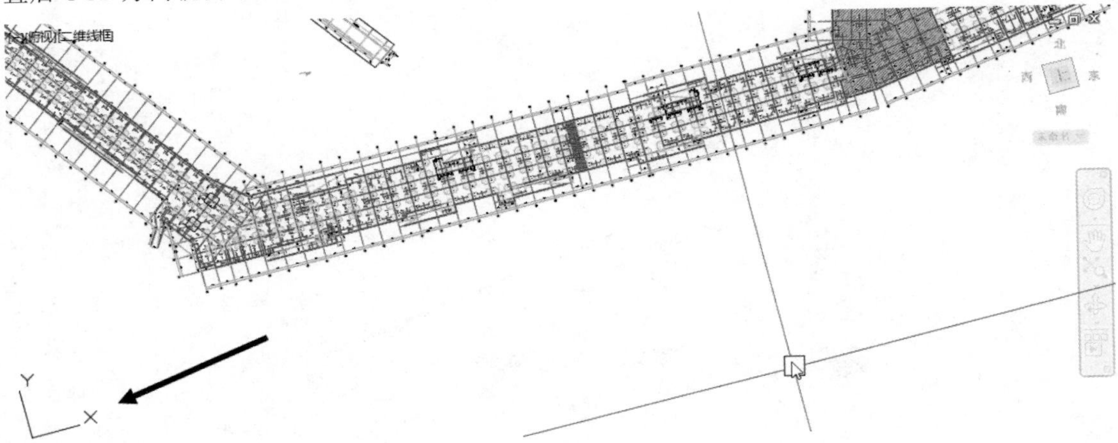

图 4-11

不过有时图形角度虽然是对的，但生成的坐标系方向可能是反的，此时就需要重新选择或自己通过捕捉绘制一条直线来创建 UCS。

Step 03 输入 PLAN 命令，回车，将视图切换为 UCS 的平面视图，如图 4-12 所示。

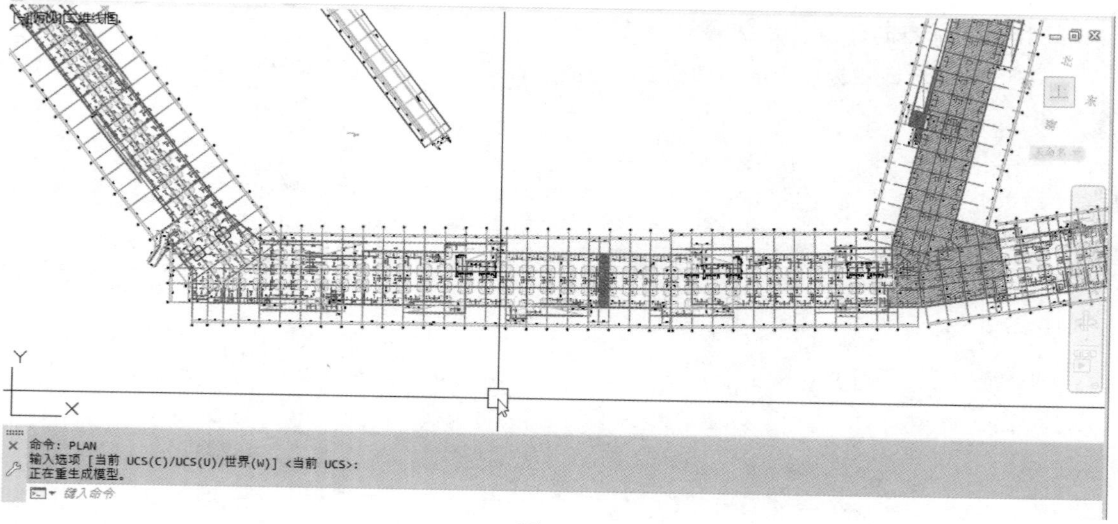

图 4-12

3.将坐标系定位到模型的某个表面

三维建模时经常需要频繁切换视图和切换 UCS，要学好三维建模，就必须先了解如何使用 UCS。

假设要在一个方体的侧面画一个圆柱，就需要将 UCS 定义到方体的侧面上，操作非常简单，输入 UCS 命令，回车，输入 F（面）选项，然后在图中选择方体的一个侧面，如图 4-13 所示。

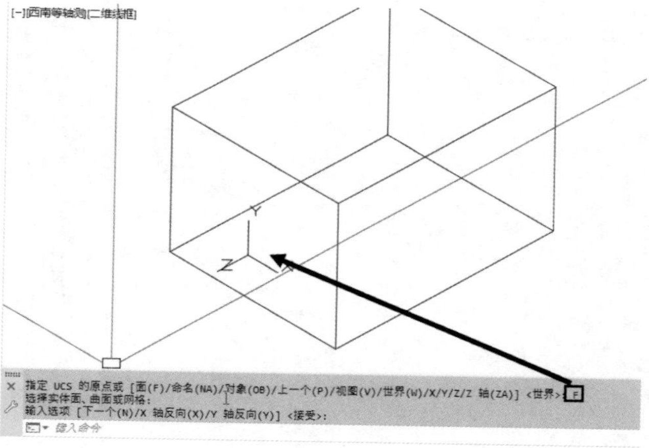

图 4-13

CAD 会提示一些调整选项，例如，N 选项可以将 UCS 定位到相邻的面上，X/Y 选项可以调整 XY 轴的方向。

将 UCS 定位到方体侧面后，可以直接在方体的侧面绘制其他图形，如图 4-14 所示。

AutoCAD 高版本三维功能有所增强，提供了动态 UCS 功能。在底部状态栏打开动态 UCS 后，光标移动到三维模型表面时，自动将 UCS 定位到光标所指的面上，避免了频繁切换 UCS。

UCS 还有很多其他选项，分别适用不同的需求，而且当选择不同对象时，UCS 的原点和方向也不尽相同，关于这些细节此处就不再详细讲解了，大家可以参看 CAD 的帮助去了解更多信息。

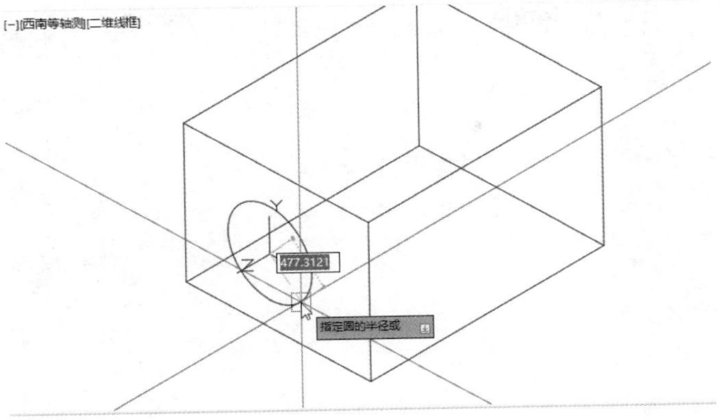

图 4-14

图 4-15

4.4 栅格有什么作用?

刚打开 CAD，CAD 会新建一张空图，在图中可以看到一些等距排列的点或线，这就是栅格。在低版本 CAD 中，默认使用的是栅格点，在高版本的 CAD 中通常显示的是栅格线。栅格到底有什么用呢？下面就简单地介绍一下。

栅格是点或线的矩阵，遍布在指定为栅格界限的整个区域。使用栅格类似于在图形下面放置一张坐标纸，利用栅格可以对齐对象并直观显示对象之间的距离。栅格是不会打印的。

栅格可以只在图形界限（limits）内显示，也可以不受图形界限的限制，如图 4-16 所示。

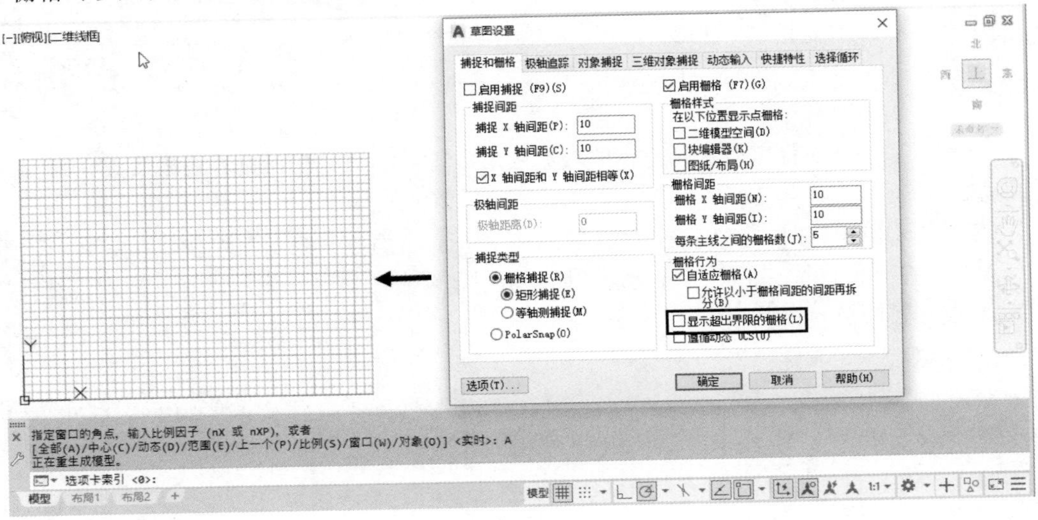

图 4-16

设置合理的栅格间距和范围后，可以打开栅格捕捉，通过捕捉栅格点来精确绘图，这样就可以不需要输入坐标值了。

假设需要输入一个 12.5 的距离，那么栅格间距需要设置成 0.5，数起来也不太容易吧，如图 4-17 所示。

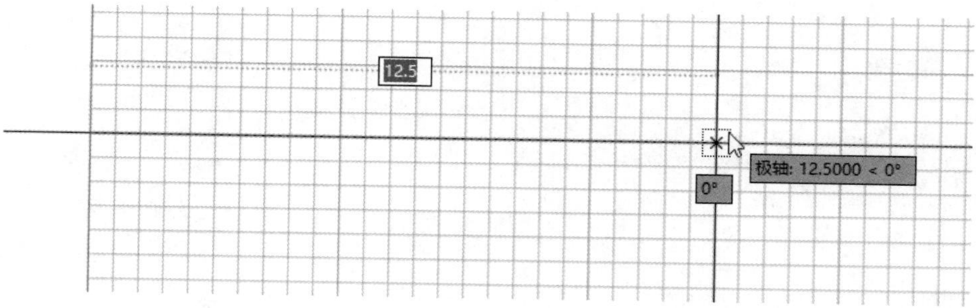

图 4-17

1.等轴测栅格

多年以前，三维 CAD 还不太普及，AutoCAD 三维功能也比较弱，有时会在平面上直接绘制三维模型的轴测图，此时栅格可以发挥非常重要的作用。

右击打开栅格设置，栅格的捕捉形式可以设置成等轴测捕捉形式，如图 4-18 所示。

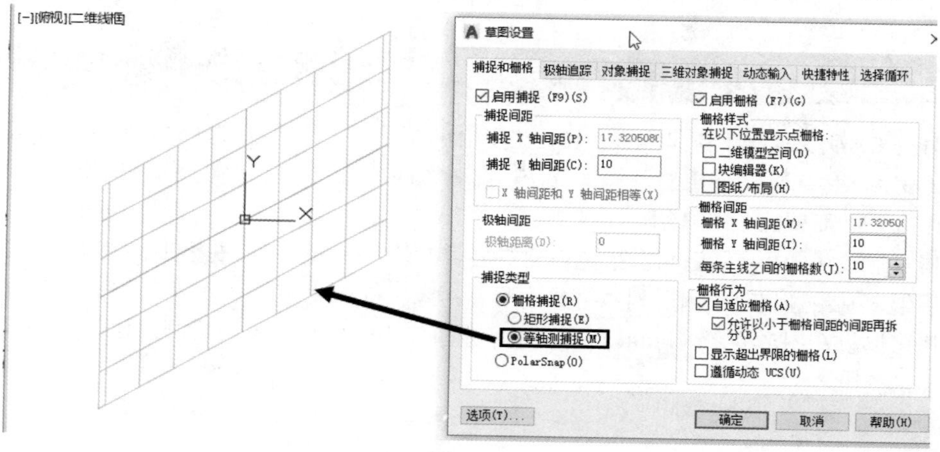

图 4-18

在这种状态下，不仅可以绘制方体的轴测效果，还可以利用椭圆的等轴测圆（I）选项来绘制轴测图中的圆。

在使用等轴测栅格时，按 F5 键可以切换坐标方向，从而方便绘制左视图、右视图、俯视图。

CAD 现在不仅提供了很多三维功能，而且提供了多种三维转二维的功能，建立三维模型后转换轴测图非常简单。

2.栅格样式

CAD 低版本中栅格显示的是点，高版本中默认显示栅格线，但也可以利用 gridstyle 变量将栅格显示为点的形式。

GRIDSTYLE 设置为 0 时显示为栅格线，设置为 1 时显示为栅格点。

3.栅格捕捉

现在直接利用栅格捕捉画图不太多了，但受到栅格困扰的人还不少，因为栅格无论是否显示，栅格捕捉都会起作用。

很多人将栅格关闭了，却不小心打开了栅格捕捉，结果发现光标不能连续移动，一顿一顿的，画图定位很困难。

如果在画图时出现类似现象，就检查底部状态栏“栅格”按钮旁的“捕捉”按钮是否被按下。

按 F9 键可以快速开关栅格捕捉，和在状态栏单击“栅格捕捉”按钮的效果一样。

4.关闭新建文件中的栅格

CAD 自带的模板是打开栅格显示的，但很多人不喜欢显示栅格线，也就是说希望新建图纸时就不显示栅格线。如果新建文件时不希望出现栅格线，首先要知道新建文件时用的是哪个样板文件。

解决方法非常简单：新建一张空图，在状态栏底部单击“栅格”按钮或按 F7 键取消栅格显示，然后另存，将文件格式设置成*.dwt，替换原来使用的样板文件。因为样板文件中的栅格显示被关闭了，所以再新建文件时就不会出现栅格线了。

4.5 为什么光标不能连续移动?

有人在使用 CAD 画图时，发现光标不能连续移动，移动光标时出现停顿和跳跃的现象，定位很困难，只有当放大到很大时才会感觉好一些。

有人怀疑是鼠标的问题，但这一点很好确认，随便启动一个其他软件，例如 Word。如果光标移动很顺畅，就不是鼠标的问题。出现这种情况的原因是因为：在 CAD 中打开了栅格捕捉。

在 CAD 早期版本中状态栏显示的是文字按钮，直接显示的是“栅格”和“捕捉”，高版本使用图标按钮。很多初学者对捕捉与栅格之间的关系、捕捉和对象捕捉的区别不太清楚。

有些人用过很长时间 CAD 但还不知道，即使栅格不显示，栅格捕捉仍然起作用。

在栅格捕捉关闭的状态下不小心打开了“捕捉”模式，由于栅格被关闭，无法看出光标移动的规律，就会以为鼠标出问题了。

解决这个问题的方法很简单，单击底部状态栏的“捕捉”按钮或者按一下 F9 键，关闭“捕捉”模式即可。

要想印象更深刻，不妨新建一张空图，打开“栅格”和“捕捉”，执行“画线”命令，然后移动一下看看光标移动的规律，按 F7 键关闭栅格显示，再移动光标感受一下。通过这种操作就可以很清楚地知道“捕捉”对光标移动的影响，以后就不会遇到上述问题了。

4.6 什么是正交（ORTHO）功能？怎样开关正交功能？

在绘图中有很多直线与坐标系的 X 或 Y 轴平行，为了方便绘制这种线，CAD 提供了正交功能。正交可以将光标限制在沿坐标系的水平或竖直方向上移动，以便于精确地创建和修改对象。移动光标时，不管水平轴或垂直轴哪个离光标最近，拖引线将沿着该轴移动。

当绘制的线需要保持水平或垂直时，如果打开正交，只需输入距离值，可以提高绘图效率。

单击底部状态栏的“正交”按钮或按 F8 键可以开关正交状态，命令是：ORTHO。在绘图的过程中通过按钮和快捷键随时打开或关闭正交状态，如图 4-19 所示。

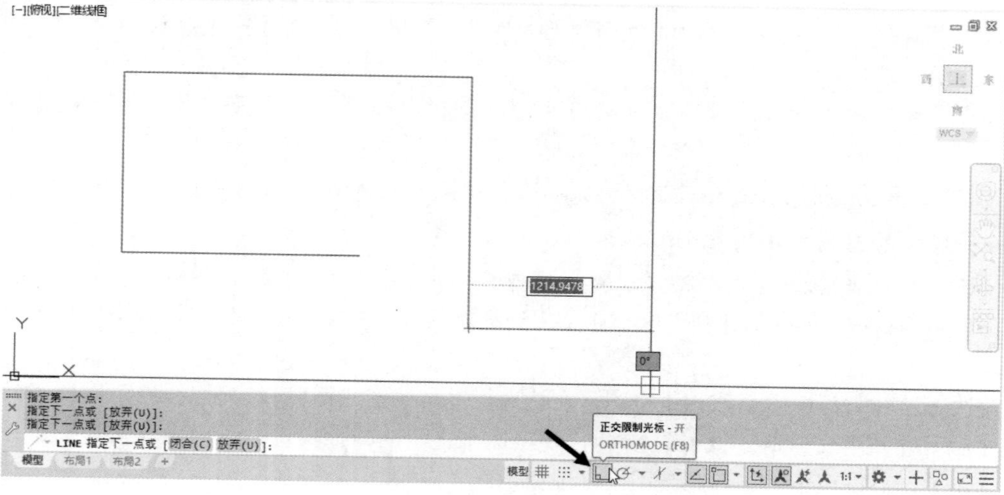

图 4-19

正交方向并不一定都是屏幕的水平和竖直方向，正交方向和坐标轴方向与栅格的捕捉方式相关，简单地说，正交方向与十字光标的方向保持一致。

如果当前用户坐标系（UCS）和视图方向不平行，则会看上去并不是水平和竖直的方向，如图 4-20 所示。

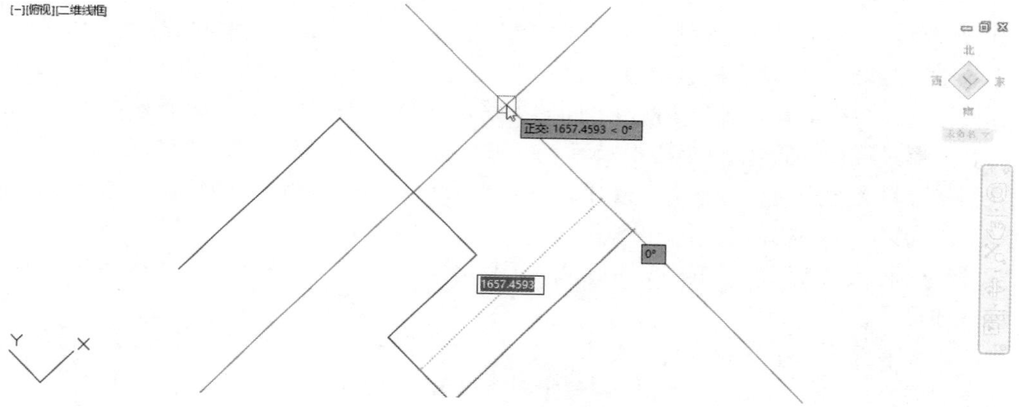

图 4-20

即使坐标系与当前视图平行，但如果打开了栅格的等轴测捕捉，也就是进入绘制等轴测图的状态，正交的方向也会跟随栅格的变化而变化，如图 4-21 所示。

在等轴测捕捉状态下，按 F5 键可以切换视图方向，栅格方向会变，正交的方向也会跟随变化。

在 CAD 低版本的“捕捉和栅格”设置中有捕捉角度的设置，高版本的对话框中没有这个参数，但还可以用 SNAPANG 变量设置。如果发现那张图纸的十字光标与 UCS 坐标不平行，也没有设置等轴测捕捉，但十字光标仍倾斜时，可能就是设置了捕捉角度，此时正交也会根据捕捉角度来调整。

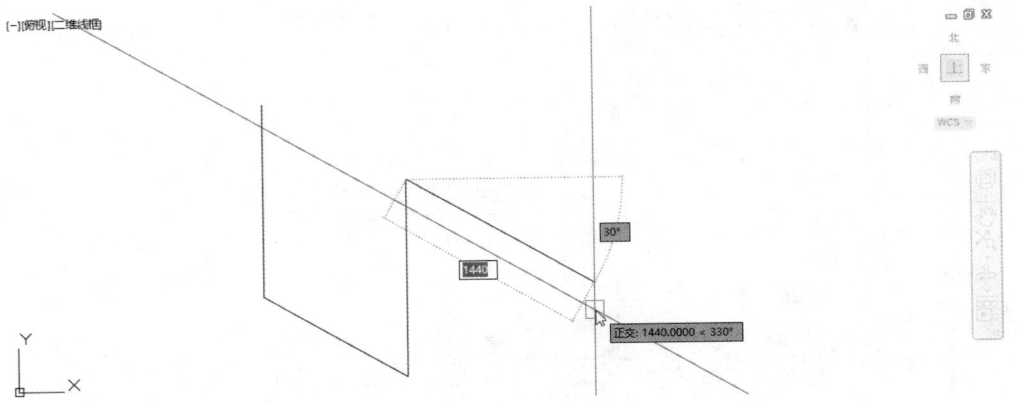

图 4-21

十字光标的方向就是正交的方向。

在绘图过程中按住 Shift 键可以临时打开和关闭正交状态。

注 意

“正交”模式和极轴追踪不能同时打开。打开“正交”将关闭极轴追踪。

4.7 什么是动态输入，动态输入和命令行中输入坐标有什么不同?

AutoCAD 在绘图时会在图形窗口中十字光标附近显示命令参数并输入图形的坐标，这种跟随光标的输入方式称为动态输入（DYN），如图 4-22 所示。

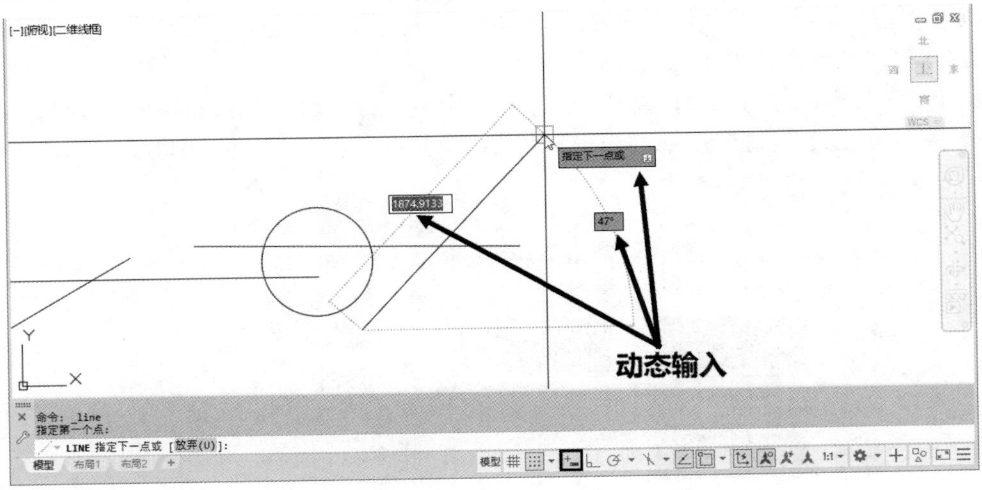

图 4-22

动态输入可以让我们将注意力都集中到图面上，不必再分散精力去关注命令行的提示，可以提高绘图效率。AutoCAD 不同版本的动态输入形式略有不同，版本越高功能越丰富，这里就不再详细介绍动态输入的功能，重点介绍动态输入与命令行输入的区别。

1.动态输入和命令行输入的区别

动态输入与在命令行输入坐标有所不同，如果是定位第一个点，输入的坐标是绝对坐标，当定位下一个点时默认输入的就是相对坐标，无须在坐标值前加@的符号，如图 4-23 所示。之所以这样处理，是考虑实际绘图中相对坐标使用频率更高。

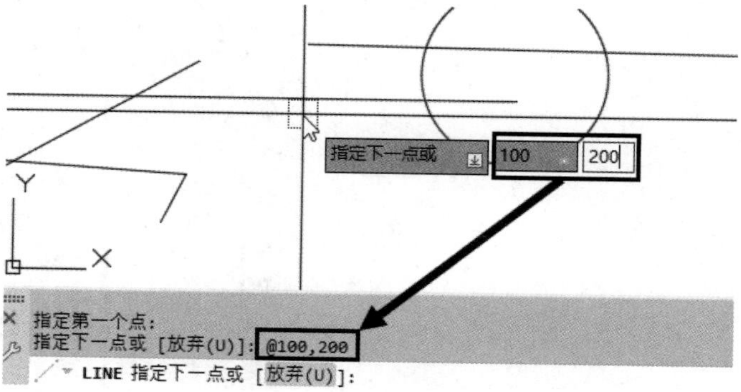

图 4-23

但这样就会遇到一个问题，比如，想把一个图形从当前位置移动到原点，在动态输入中输入 0,0，会发现图形在原地没有动，因为这相当于输入了（@0,0）。在这种状况下，就需要将光标移动到命令行处再输入（0,0），或者将动态输入关闭后输入（0,0）。

如果想在动态输入框中输入绝对坐标，反而需要先输入一个#号，例如输入（#20,30），就相当于在命令行直接输入（20,30），输入（#20<45）就相当于在命令行输入（20<45）。

2.动态输入的设置

CAD 高版本中动态输入默认的是极坐标，也就是长度和角度的输入。在这种状态下，通过正交或极轴确定角度后，直接输入线的长度即可，如果在角度容易确定的情况下，可以减少输入。

动态输入的坐标输入方式可以设置，将默认的输入方式设置为输入 X,Y 轴坐标，甚至可以设置动态输入直接输入绝对坐标。

设置方法很简单。右击底部状态栏的动态输入按钮，打开动态输入对话框，在对话框的“指针输入”中单击“设置”按钮，就可以设置默认的输入格式是极坐标还是笛卡儿坐标，是相对坐标还是绝对坐标，如图 4-24 所示。

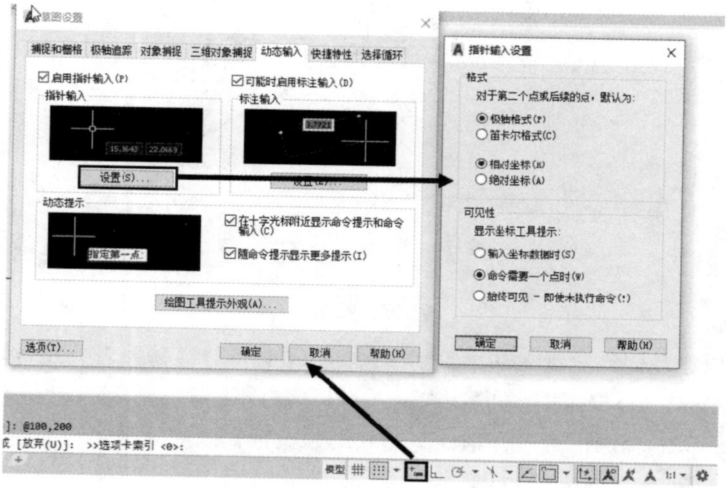

图 4-24

不同版本动态输入图标的位置和设置选项不完全相同，这里就不再详细介绍。

4.8 什么是极轴追踪？极轴如何使用？

由于一些图纸中的角度都是一些比较固定或有规律的角度，例如 30、45、60 等，为了免去输入这些角度的烦恼，AutoCAD 添加了极轴追踪的功能。根据需要设置一个极轴增量角，当光标移动到靠近满足条件角度时，CAD 就会显示一条虚线，也就是极轴，光标被锁定到极轴上，此时直接输入距离值，利用锁定极轴来确定角度的方式就是极轴追踪，如图 4-25 所示。

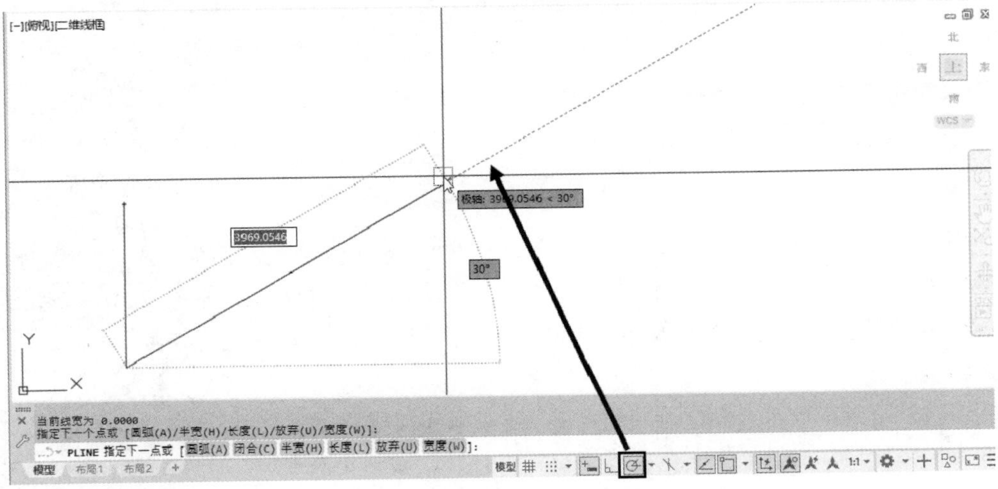

图 4-25

极轴的使用非常简单，关键是要设置合理的极轴增量角。软件提供了一系列常用的增量角设置，可以直接在下拉列表中选取。如果有特殊需要，也可以自己添加增量角。在底部状态的“极轴追踪”按钮上右击，弹出极轴的相关设置对话框，如图 4-26 所示。

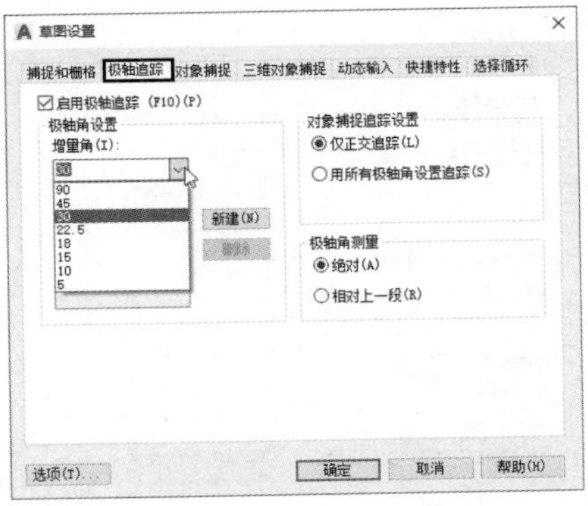

图 4-26

栅格捕捉、正交和极轴都会限制光标的角度，极轴不能跟正交和栅格捕捉同时打开，打开极轴，就会自动关闭正交。

单击底部状态栏的“极轴追踪”按钮或按 F10 键可以快速开关极轴。高版本 CAD 在状态栏单击“极轴”按钮后面的箭头，在列表中选择一种预设的极轴增量角。

通常情况下将极轴增量角设置为 30° 或 45° ，如果图中角度值比较多，也可以设置更小的增量角，如 5° 和 10° 。对于一些特殊角度，例如 35° ，不妨用极坐标或角度替换的方式进行输入。当光标从该角度移开时，极轴和提示消失。

1.相关极轴

默认状态下，极轴是针对单位（UNITS）对话框中设置的基准角度来计算的，极轴还提供了另一种定位方式：相对上一段，也就是以上一段绘制的直线为基准来计算极轴角，这种方式适用于已知两条线之间夹角的情况，如图 4-27 所示。

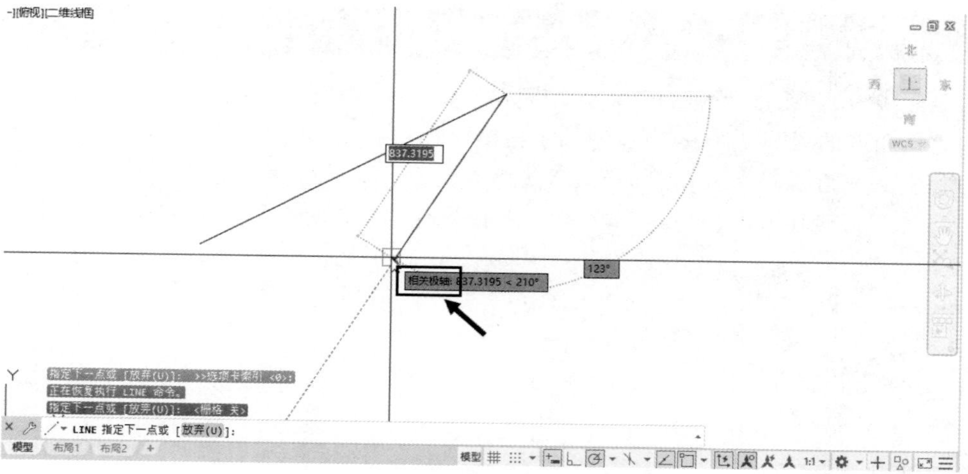

图 4-27

使用这种方式，只需在“草图设置”对话框中的“极轴角测量”选项组中选中“相对上一段”单选按钮即可。需要注意的是，由于角度计算的默认方向是逆时针的，图 4-27 中两条直线的夹角为 30° ，但相关极轴显示的角度却是 150° 。

2.极轴捕捉

利用极轴追踪不仅可以锁定绘图的角度，还可以和栅格捕捉配合用于确定绘制的长度，这个功能称为极轴捕捉。极轴捕捉需要在栅格设置中打开，如图 4-28 所示。

当选中“PolarSnap（极轴捕捉）”单选按钮后，可以设置极轴间距。假设极轴间距设置为 10，打开栅格捕捉，光标直接沿极轴方向捕捉 10、20、30 这样的点，利用极轴直接确定角度和长度，如图 4-29 所示。

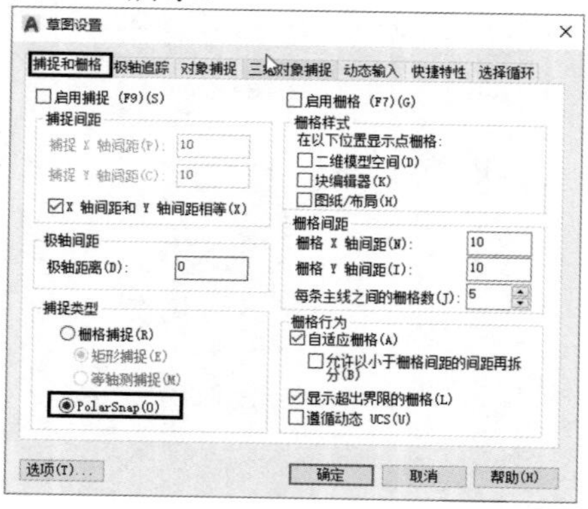

图 4-28

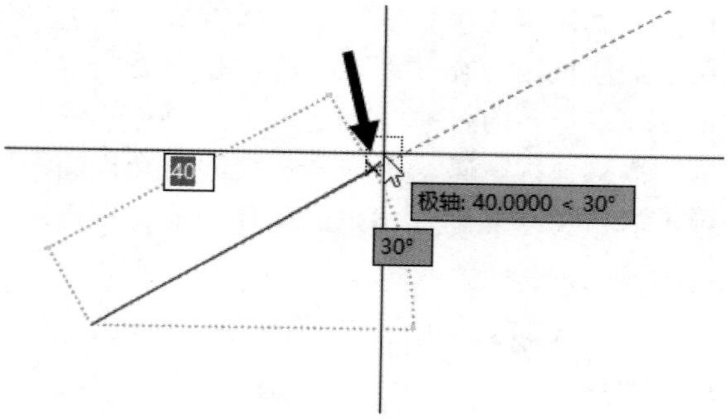

图 4-29

由于大部分用户不使用栅格捕捉，通常使用极轴追踪时都直接输入距离，因此极轴捕捉使用的人并不多。

4.9 如何使用对象追踪?

对象追踪更准确地说是对象捕捉追踪，是对象捕捉和极轴追踪的结合，也就是在捕捉对象特征点处进行极轴追踪。利用对象追踪可以在捕捉的同时输入偏移值，并且通过对两个捕捉点进行追踪，获取沿极轴方向的交点等。下面简单介绍对象追踪的应用。

正因为对象捕捉追踪是极轴追踪和对象捕捉的结合，因此设置选项分别在极轴追踪和对象捕捉的设置选项卡中，如图 4-30 和图 4-31 所示。

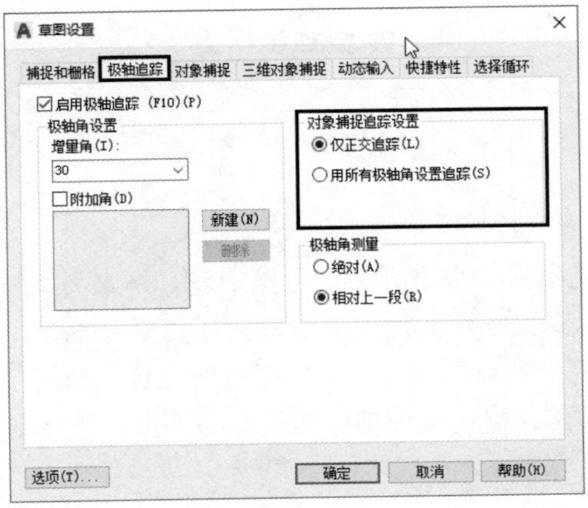

图 4-30

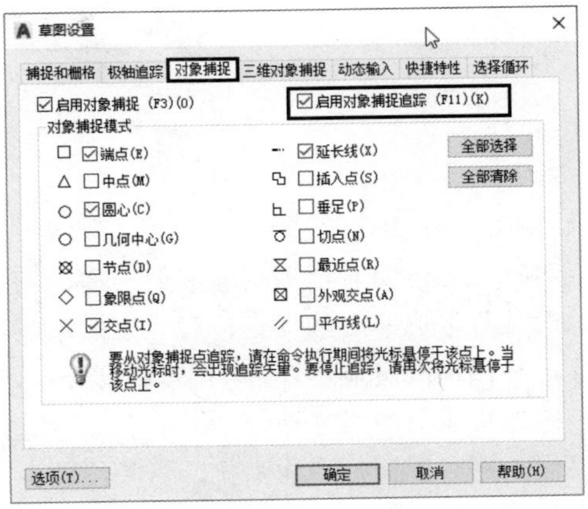

图 4-31

在“极轴追踪”选项卡中主要设置对象追踪的形式，一种是仅正交追踪，也就是即使设置了极轴增量角，对象捕捉追踪时也只追踪水平和竖直方向，也就是只出现水平或竖直的极轴；另一种是用所有极轴角设置追踪，意思是可以按极轴增量角来对对象捕捉点进行跟踪。

启动对象捕捉追踪可以单击界面底部状态栏的对象追踪按钮或按 F11 键，要使用对象追踪，需要同时启动对象捕捉。对于通过输入命令修饰符（如 TAN\END 等）、单击捕捉工具栏按钮、Shift+右键菜单捕捉的点无法进行对象跟踪。

对象追踪主要有以下几种应用：

- 绘制距离捕捉点一定距离的点。在捕捉某一点并出现极轴时，光标沿极轴移离捕捉点，输入距离，即可获取距离捕捉点一定距离的点，如图 4-32 所示。
- 通过追踪两个捕捉点的极轴交点，得到与两个捕捉点对齐的点，如图 4-33 所示。

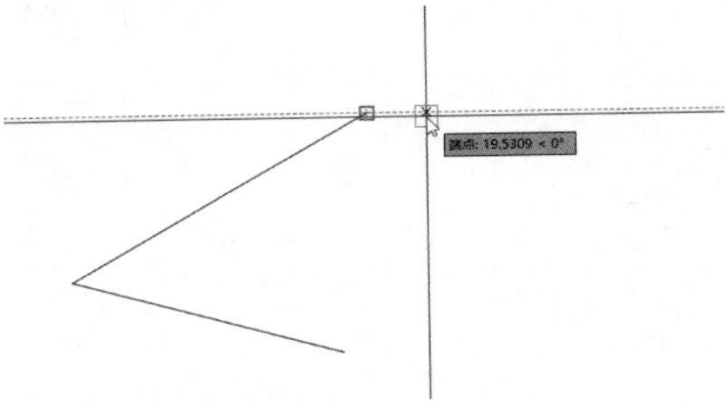

图 4-32

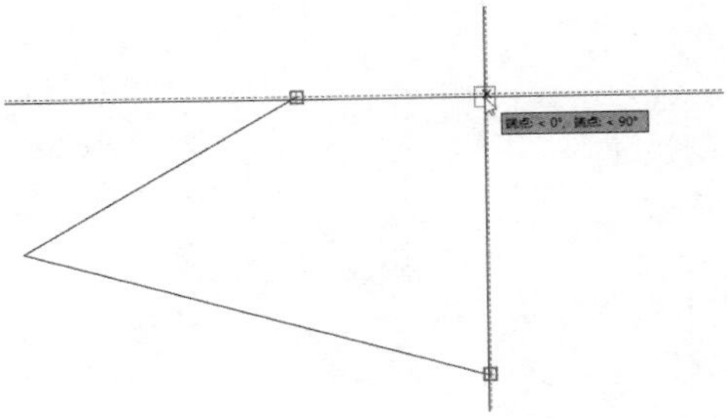

图 4-33

可以看到图 4-33 中的交点是分别追踪一个端点的 0° 角极轴和另一个端点 90° 极轴后得到的，实际上等同于得到了这两个点的 X 和 Y 轴坐标。如果打开了“用所有极轴角设置追踪”，可以定位更为复杂的交点，不过在实际绘图中用不用得上就不知道了，如图 4-34 所示。

- 与临时追踪点一起使用对象捕捉追踪。

在提示输入点时，输入 tt，然后指定一个临时追踪点。该点上将出现一个小的加号（+）。移动光标时，将相对于这个临时点显示自动追踪对齐路径，如图 4-35 所示。

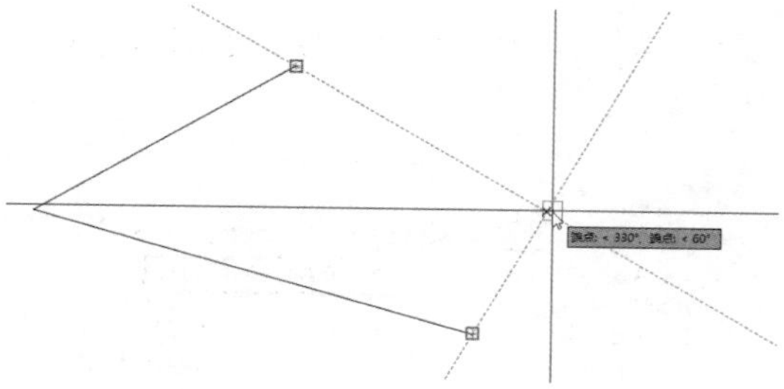

图 4-34

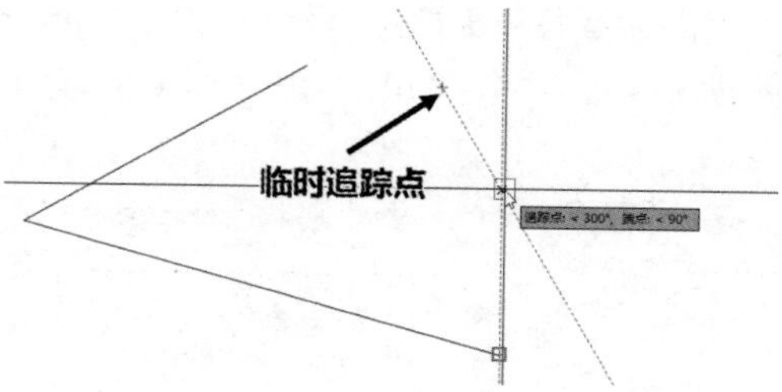

图 4-35

对象追踪确实有很多用途，但是由于需要通过光标移动来进行定位，操作效率不太高。

而且对象追踪对捕捉定位有一定的影响，当光标沿极轴移离捕捉点超过捕捉靶框大小时，捕捉标记和极轴同时显示，但如果此时单击，会将点定位到极轴上而不是捕捉点的位置。

假如平时只用对象捕捉，不用极轴追踪和对象追踪，建议将极轴和对象追踪关掉，避免在快速操作中对对象捕捉造成干扰，影响绘图。

4.10 对象捕捉的设置方法有哪几种？对象捕捉有哪些选项？

对象捕捉是 CAD 中最为重要的绘图辅助工具，使用对象捕捉利用现有图形的特征点作为辅助精确定位，可以快速地将点定位到图形的端点、中点、交点、圆心等位置。

当设置了对象捕捉选项并打开对象捕捉后，在图中绘图或定位点时，光标移动到满足条件的点时就会出现捕捉标记和相关提示，此时单击即可将点准确地定位到图形的特征点处，如图 4-36 所示。

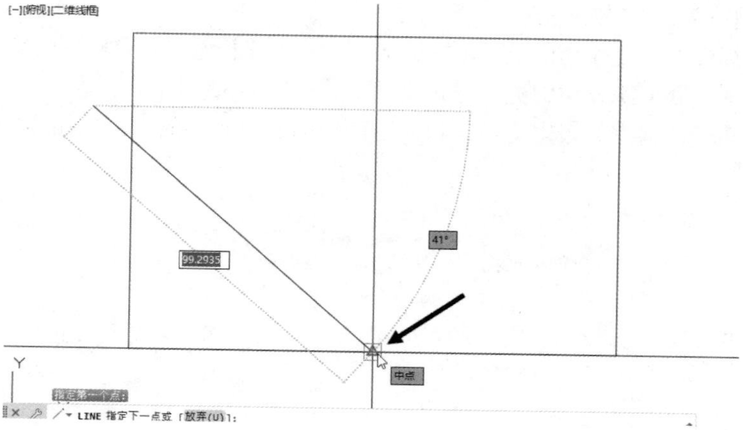

图 4-36

对象捕捉使用频率非常高，对象捕捉选项也非常多，总是设置很麻烦，于是就有不少人为了省事而将所有捕捉选项打开，其实这种方式并不好，因为这样不仅影响软件性能，而且不同的捕捉选项之间有时也会相互干扰，捕捉的效率并不高。

正因为捕捉的使用频率很高，还经常需要切换不同的捕捉选项，CAD 提供了多种方式可以设置，比如对话框、右键菜单、工具栏、命令修饰符等，而且远不止我们在对话框中看到的这几种方式。下面简单介绍对象捕捉的各种设置方式，希望能帮助大家更深入了解对象捕捉，同时也能提高操作效率。

1.草图设置

最常用的设置方法是：在“草图设置”对话框中设置捕捉选项，在状态栏右击，可打开“对象捕捉”对话框，如图 4-37 所示。

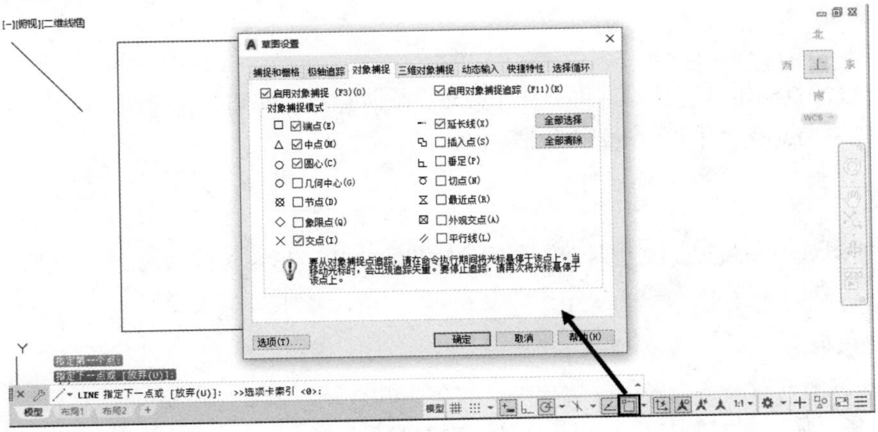

图 4-37

捕捉选项都提供一个比较形象的标记，大部分选项都比较好理解。如果对有些选项不太清楚，可以看本节后面的说明。

CAD 高版本在状态栏的“对象捕捉”按钮后面增加了一个下拉箭头，通过下拉菜单直接设置捕捉选项，设置更方便，如图 4-38 所示。

图 4-38

上述两种方式设置的是永久捕捉设置选项，也就是这些捕捉选项在当前图纸的绘制过程中一直有效，我们可以设置最常用的几个选项，如端点、中点、交点、圆心等。而一些只是偶尔使用的捕捉方式，可以通过其他方式临时调用。

所谓临时捕捉选项，就是设置后用一下，然后这个选项就失效了。下面就介绍临时对象捕捉选项的调用方法。

2.对象捕捉工具栏

很多人习惯使用 CAD 的经典界面，也就是菜单工具栏的界面。当我们使用经典界面时，可以打开对象捕捉工具栏，在绘图过程中如果临时要使用哪种捕捉方式，可以在工具栏中单击对应的图标按钮，如图 4-39 所示。

图 4-39

同时可以注意到工具栏比对话框多两个选项，临时追踪点和捕捉自选项，而且可以设置“不捕捉”，临时取消对话框中设置的所有捕捉选项。

注　意

临时捕捉选项必须在定位点时才起作用，如果未调用任何绘图或编辑命令，没有出现定位点的提示，在对象捕捉工具栏上单击按钮是不起作用的，会提示未知命令。

3.右键菜单

按 Shift 键的同时右击，弹出快捷菜单，如图 4-40 所示。

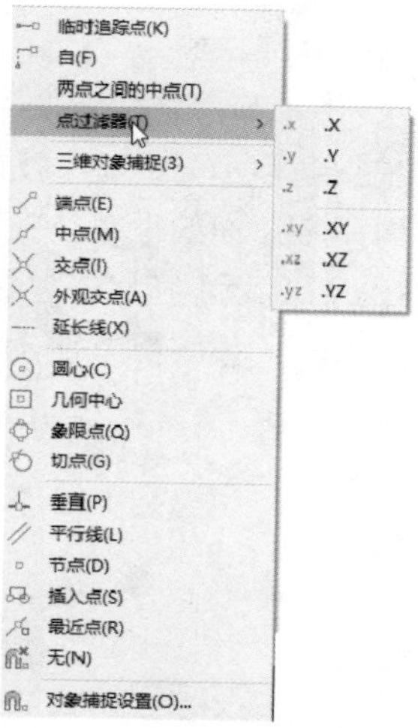

图 4-40

我们可以看到，相对工具栏，右键菜单又增加了三个选项，“两点之间的中点”“点过滤器”及“三维对象捕捉”。当两点之间没有连线时，利用“两点之间的中点”可以捕捉它们之间的中点。“点过滤器”则可以设置捕捉时只获取某个点的某个坐标值，例如只获取一个点的 X 坐标，然后再获取另一个点的 Y 坐标。三维对象捕捉中除了常规的捕捉选项外，还有面中心以及最靠近面的选项。

4.输入缩写

在命令提示要定位一个点坐标时，可以通过输入对象捕捉选项或参数及缩写来临时调用某个捕捉选项，其参数及缩写如下：

端点（Endpoint）：缩写为“END”，用来捕捉对象（如圆弧或直线等）的端点。

中点（Midpoint）：缩写为“MID”，用来捕捉对象的中间点（等分点）。

交点（Intersection）：缩写为“INT”，用来捕捉两个对象的交点。

外观交点（ApparentIntersect）：缩写为“APP”，用来捕捉两个对象延长或投影后的交点。即两个对象没有直接相交时，系统可自动计算其延长后的交点，或者空间异面直线在投影方向上的交点。

延伸（Extension）：缩写为“EXT”，用来捕捉某个对象及其延长路径上的一点。在这种捕捉方式下，将光标移到某条直线或圆弧上时，将沿直线或圆弧路径方向上显示一条虚线，用户可在此虚线上选择一点。

圆心（Center）：缩写为“CEN”，用于捕捉圆或圆弧的圆心。

象限点（Quadrant）：缩写为“QUA”，用于捕捉圆或圆弧上的象限点。象限点是圆上在 0°、90°、180° 和 270° 方向上的点。

切点（Tangent）：缩写为“TAN”，用于捕捉对象之间相切的点。

垂足（Perpendicular）：缩写为“PER”，用于捕捉某指定点到另一个对象的垂点。

平行（Parallel）：缩写为“PAR”，用于捕捉与指定直线平行方向上的一点。创建直线并确定第一个端点后，可在此捕捉方式下将光标移到一条已有的直线对象上，该对象上将显示平行捕捉标记，然后移动光标到指定位置，屏幕上将显示一条与原直线相平行的虚线，用户可在此虚线上选择一点。

节点（Node）：缩写为“NOD”，用于捕捉点对象，或坐标、文字等特殊对象的节点。

插入点（Insert）：缩写为“INS”，捕捉到块、形、文字、属性或属性定义等对象的插入点。

最近点（Nearest）：缩写为“NEA”，用于捕捉对象上距指定点最近的一点。

无（None）：缩写为“NON”，不使用对象捕捉。

捕捉自（From）：缩写为“FRO”，可与其他捕捉方式配合使用，用于指定捕捉的基点。

临时追踪点（Temporarytrackpoint）：缩写为“TT”，可通过指定的基点进行极轴追踪。

两点的中点：缩写为“MTP”“M2P”，可以捕捉两个点的中点。

追踪（Tracking）：缩写为“TK”，可以捕捉一个基点，然后设置偏移的方向和距离，捕捉距离某一点特定距离的某个点。

5.命令自动设置捕捉选项。

CAD 中有一些命令为了方便操作，会自动设置捕捉选项，例如用“相切-相切-半径”或“相切-相切-相切”方式画圆时，即使没有打开相切的捕捉选项，也可以捕捉到切点，如图 4-41 所示。

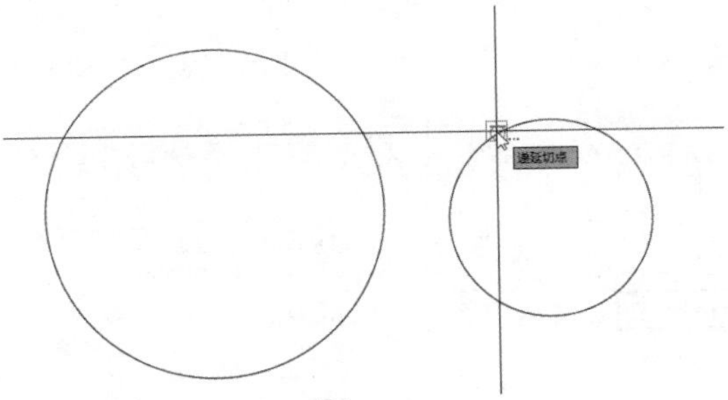

图 4-41

小结

再次强调，绘图时不建议将所有捕捉方式全部打开，这样的设置在实际绘图过程中，尤其图面比较复杂、图纸比较大时效率并不高。

掌握了捕捉的各种设置方式后，结合自己的需要，设置打开几种常用的捕捉选项，其他捕捉选项根据需要临时调用。

4.11 对象捕捉的灵敏度由什么控制？

当设置了某些捕捉选项并打开了对象捕捉后，在绘图或编辑图形时，当提示定位点或距离参数时，光标在靠近图形对象的边界或顶点时，在满足条件的特征点处就会出现捕捉标记，此时单击就可以将坐标定位到捕捉标记出现的位置。

捕捉的灵敏度是由什么控制的呢？或者说十字光标距离图形多远就能被捕捉到？

在第 3 章讲过，捕捉的灵敏度由捕捉靶框的大小决定，也就是只要图形上任意一条边或一个点在捕捉靶框内，就可以被捕捉到。

在 CAD 早期版本中，捕捉靶框是直接显示的，可以清楚看到捕捉靶框的大小和效果。在 CAD

高版本中，捕捉靶框默认是不显示的，但它的作用不变。如果捕捉靶框显示出来，应该是这样的，如图 4-42 所示。

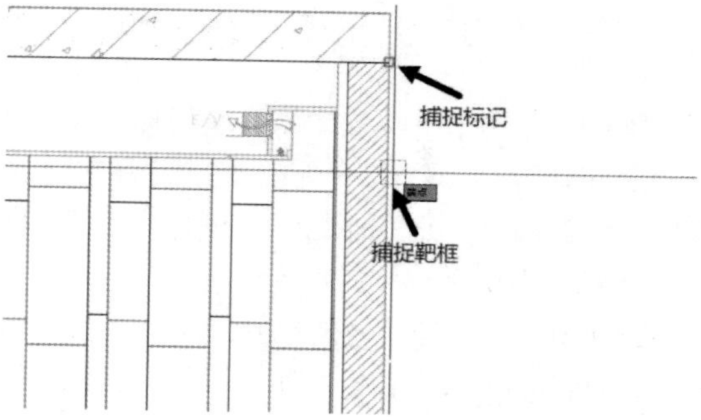

图 4-42

当选择对象时，十字光标中间的方框是选择拾取框，但在定位点时十字光标中间的方框就变成捕捉靶框。在低版本中注意观察，可以看到方框大小的变化。在高版本 CAD 中，靶框自动不显示，因此定位点时就看不到捕捉靶框。

虽然靶框不显示，但靶框还是起作用的，它的大小仍然会影响捕捉的灵敏度。捕捉靶框的大小和是否显示可以在选项对话框中设置，设置方法如下：

输入 OP 命令，回车，在“选项”对话框中单击“绘图”选项卡，即可设置捕捉相关的选项，如图 4-43 所示。

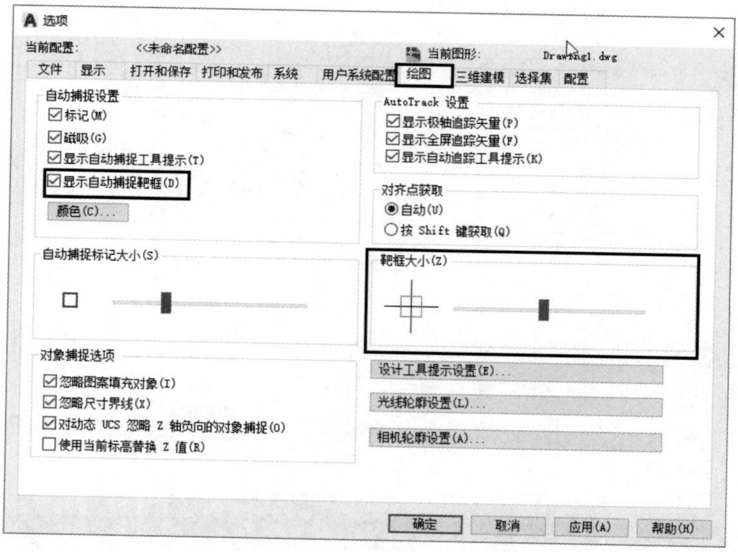

图 4-43

在对话框中利用滑块调整可以很直观地看到靶框大小，捕捉靶框大小也可以通过系统变量：APERTURE 来控制，默认大小是 10 个像素。默认大小只是一个对于大多数人能接受的设置，但对于你不一定是最佳设置。如果想找一个最适合你的配置，可以先打开捕捉靶框的显示，尝试将捕捉靶框设置成不同的大小，在图纸中捕捉图形感受一下，选中一个合适的大小后将捕捉靶框显示再关掉。

4.12 当图形密集不容易捕捉到自己需要的点时怎么办?

对象捕捉在绘图中使用非常频繁，通常我们会打开端点、中点、交点等几个常用的捕捉选项，有的设计师为了省事会把所有捕捉选项都打开。当图形比较密集时，光标移动到某一位置时，捕捉靶框内可能会有多条线，并且同时捕捉到多个点。AutoCAD 一次只能显示一个捕捉标记，但这个点并不一定是我们要的点，需要移动光标来找需要的捕捉点，有时还需要放大图形。

实际没有那么麻烦，当图形局部较为复杂时，可以利用 Tab 键在满足条件的点之间切换。

下面通过一个切换直线端点、中点的简单例子来看 Tab 键的应用。

Step 01 打开对象捕捉，并设置端点、中点选项。

Step 02 输入 L 命令画直线，将光标移动到图中的某一条直线上，然后按 Tab 键看捕捉点的变化，如图 4-44 所示。

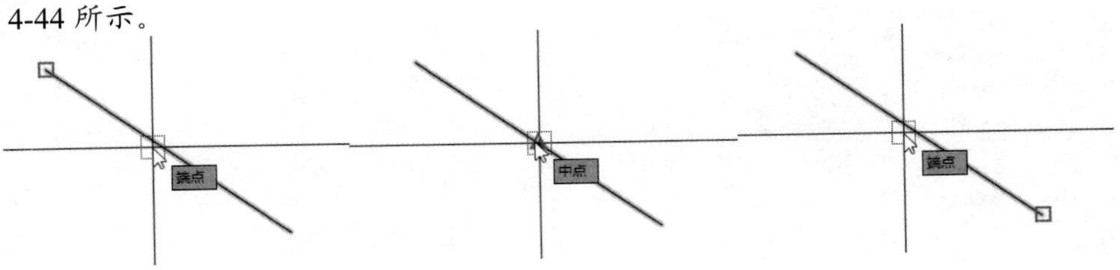

图 4-44

我们可以看到光标位置不变，通过按 Tab 键就可以捕捉到直线上所有满足条件的特征点。当然，单纯一条直线端点、中点的捕捉利用移动光标就很容易解决，完全不用去按 Tab 键。

再来看一个相对复杂一些的例子，三条相交直线形成了一个小三角，当光标移动到小三角附近时，我们可能捕捉到某一个交点，也可能捕捉到某条线的中点，这时 Tab 键就非常有用了，如图 4-45 所示。

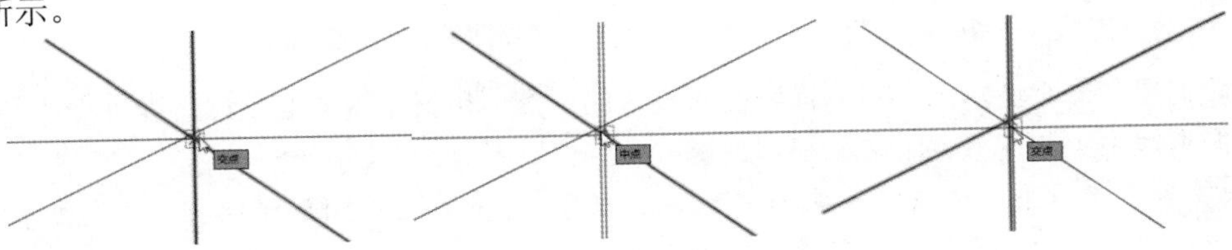

图 4-45

光标停留在图中所示位置，按 Tab 键可以捕捉到三条线的交点、中点、端点等，切换过程中不仅会出现捕捉标记，相关的图形会高亮显示，让我们清楚地知道是哪条线的中点或是哪两条线的交点。

还有一些情况下，由于捕捉选项之间有优先级设置，只有用 Tab 键才能切换到我们需要的捕捉选项。

建议大家打开几种常用的捕捉选项，如端点、中点、交点、圆心，要临时使用其他选项时，可通过输入命令、工具栏或 Shift+右键菜单调用，这样整体操作效率反而会更高，当然也不要忘记还有 Tab 建可以用。

4.13 定位时如何合并不同点的 X、Y 轴坐标值？捕捉菜单中的点过滤器怎么用？

在 CAD 中按 Shift+鼠标右键打开捕捉的快捷菜单时，会看到有一系列选项，称为点过滤器，下面有 X、Y、Z、XY、XZ、YZ 等选项，如图 4-46 所示。

所谓点过滤器，就是在捕捉的过程中只从捕捉的点取一个或两个坐标，然后在捕捉其他点得到其他坐标。下面通过一个练习来讲解点过滤器的用法，练习图如图 4-47 所示。我们也可以先简单画一个矩形来完成下面的练习。

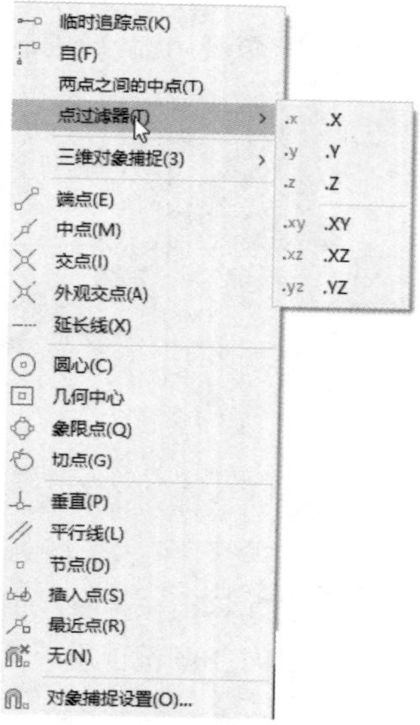

图 4-46

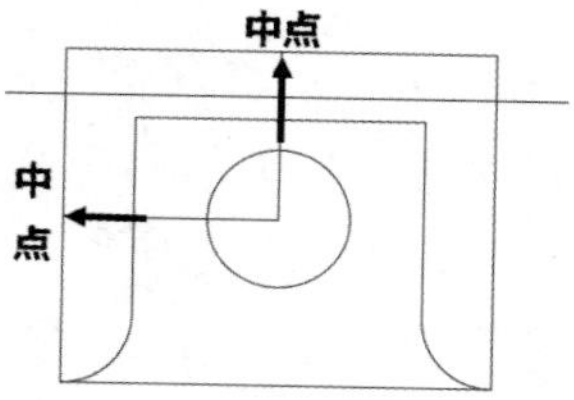

图 4-47

我们要画一个圆，圆心对齐横竖两条直线的中点，也就是说要取顶部直线中点的 X 坐标，取侧面直线中点的 Y 坐标，Z 轴可以忽略。

Step 01 在底部状态栏右击“对象捕捉”按钮，确认中点捕捉选项已经被打开。高版本可以直接单击“捕捉”按钮后面的下拉菜单进行查看。

Step 02 输入 C，回车，执行“画圆”命令，圆的默认方式是圆心半径的方式。

Step 03 此时按 Shift+右键打开捕捉快捷菜单，然后选择点过滤器>.X。这样操作太麻烦了，可以直接在命令行输入.x，回车。

命令行会出现一个字的提示：于，就是让我们到图中拾取 X 坐标。

Step 04 将光标移动到顶部直线的中点附近，当出现中点捕捉标记时单击，如图 4-48 所示。

获取 X 坐标后，命令行会提示（需 YZ）。

Step 05 将光标移动到侧面直线的中点附近，出现中点捕捉标记时单击，如图 4-49 所示。

获取 YZ 坐标后，圆心点已经完成定位，圆已经出现，提示输入圆的半径。

Step 06 输入合适的半径值，如 15，完成圆的绘制，如图 4-50 所示。

因为通常绘制的是平面图，当获取某一点的 X 坐标后，软件会自动使用另两个坐标的组合点过滤器。

如果在出现类似“于（需要 YZ）：”提示时，可以输入.y 先定位 Y 轴坐标再定位 Z 坐标，但是好像无法利用这种方式分别获取三个点的 X、Y、Z 坐标，不知道是不是因为只能在 UCS 的

XY 平面上绘图，CAD 就是这样设计的。

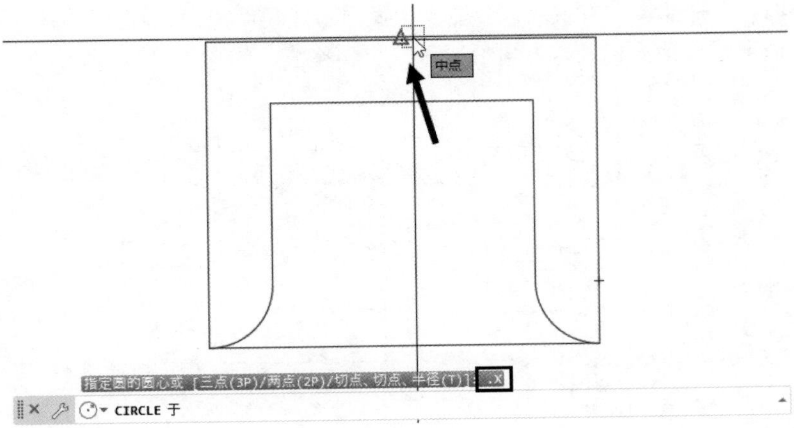

图 4-48

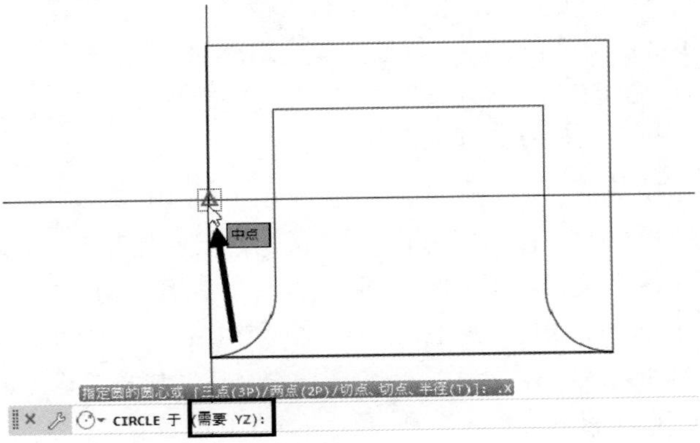

图 4-49

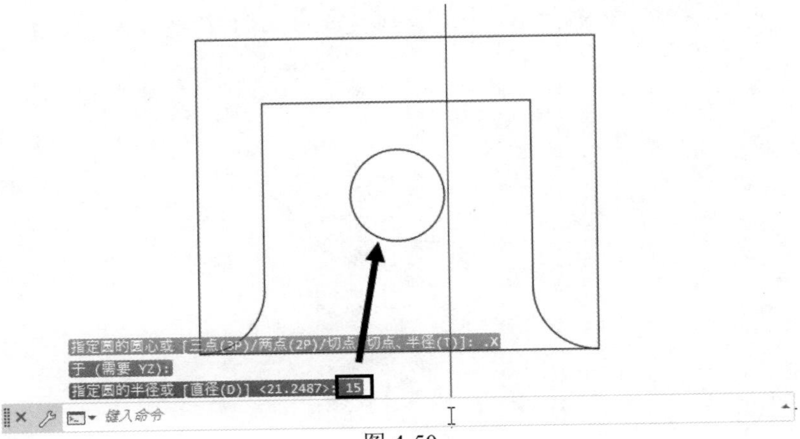

图 4-50

在 CAD 中组合两个点的 XY 坐标的方法不止一种，你可以想想还有没有其他方法。

4.14 捕捉自（FROM）怎么用?

当打开捕捉工具栏或按 Shift+鼠标右键打开捕捉的快捷菜单时，会发现一个捕捉选项“自”。

1.捕捉自（FROM）的简介

在定位点时，选择捕捉自方式后，会提示让我们选择基点和指定偏移。偏移可以直接输入相对坐标，也可以通过拖动光标确定方向后输入一个偏移值，如图 4-51 所示。

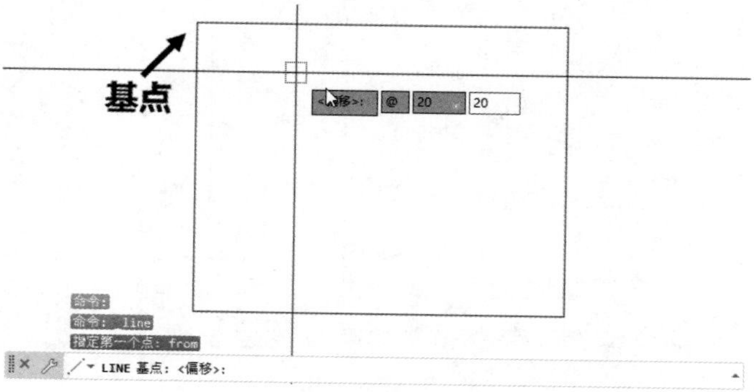

图 4-51

捕捉自在哪些情况下可以使用，通常情况下有两种：

（1）在绘图时直接将点定位到距某个特征点一定距离的位置；

（2）利用拉伸（STRETCH）功能将图形拉伸到一定的尺寸。

下面通过两个实例来看一下 FROM 的两种应用。

2.直接用捕捉自来定位点

在绘图过程中，有时需要捕捉距特征点一定距离的点，例如开关、插座会插入距离门边 300 的位置。比较简单的做法是先捕捉并插入墙角，然后在沿墙移动一定的距离，但利用捕捉自（FROM）就可以直接定位。下面练习中将在一张建筑图中插入开关，如果没有这样的例图，可以简单地画一条长 1 000 的直线后，然后画一个圆并定义成图块后完成下面的练习，或者直接画好直线后，直接利用 FROM 将圆定位在距离直线端点 300 的位置。

操作步骤如下：

Step 01 输入 I 命令，打开插入对话框，找到要插入的图块，如图 4-52 所示。

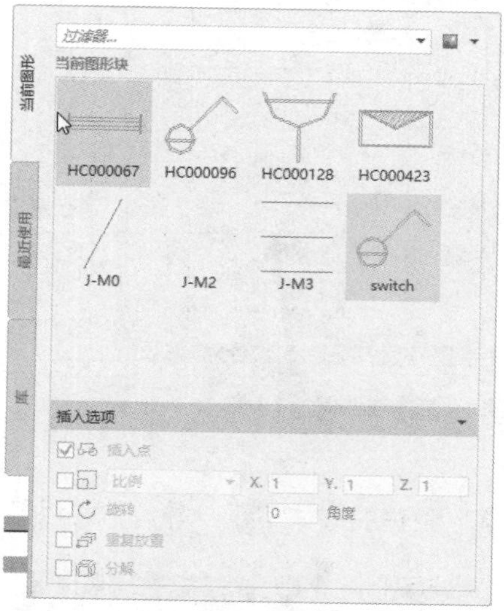

图 4-52

AutoCAD 早期版本的“插入”对话框不太一样，是一个独立的标准对话框，而 2020 及 2021 版本，与工具选项板进行了合并，优势就是能显示所有图块的预览图，但缺点是不如旧版本的“插入”对话框那么快了。

Step 02 单击“确定”按钮关闭“插入”对话框，此时会提示我们定位图块的插入点，在出现定位点时就可以用捕捉自。

按 Shift+右键打开捕捉快捷菜单并选择“自”命令，或者直接输入 FROM 命令，如图 4-53 所示。

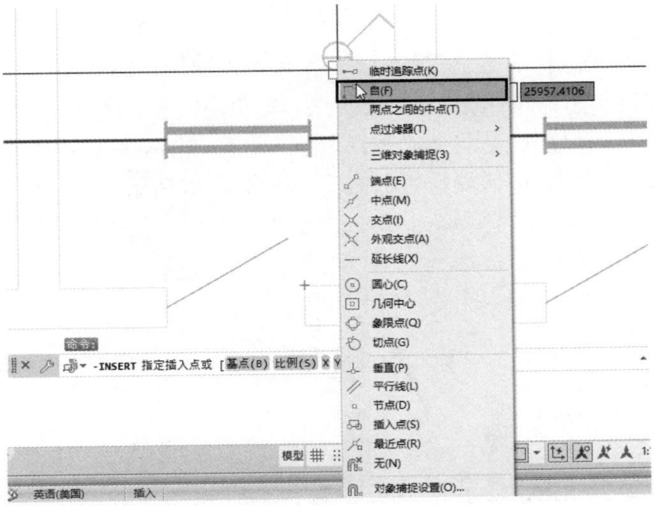

图 4-53

Step 03 回车后，命令行会提示让确定基点，可以捕捉门边的墙角点作为基点，如图 4-54 所示。

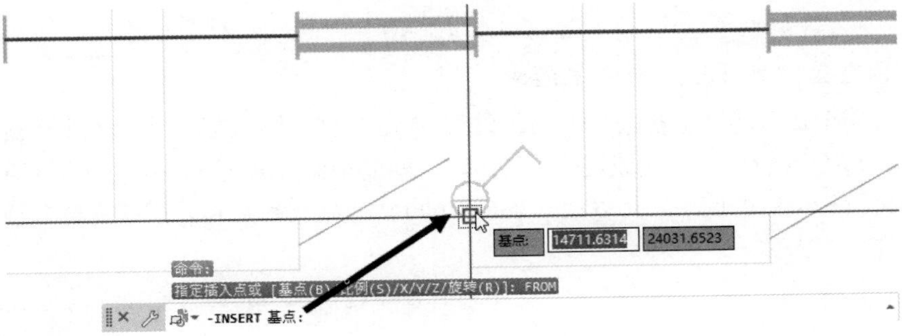

图 4-54

Step 04 沿墙体方向移动光标，如果没有打开极轴，可以按 F8 键打开正交，以保证光标拖动方向是水平的。也可以捕捉墙体的另一个端点来确定方向，这样即使墙体是倾斜的也能保证与墙体平行，然后输入 300，如图 4-55 所示。

Step 05 回车，就完成了开关的定位。我们可以测量图块插入点到墙体端点的距离，验证操作结果。

上面的操作中是拖动光标确定方向后输入距离，也可以输入一个相对坐标，例如要在墙角布置一根立管时，可以利用 FROM 捕捉，以墙角为基点，然后输入立管圆心距离墙角的相对坐标，例如（@200,200）。

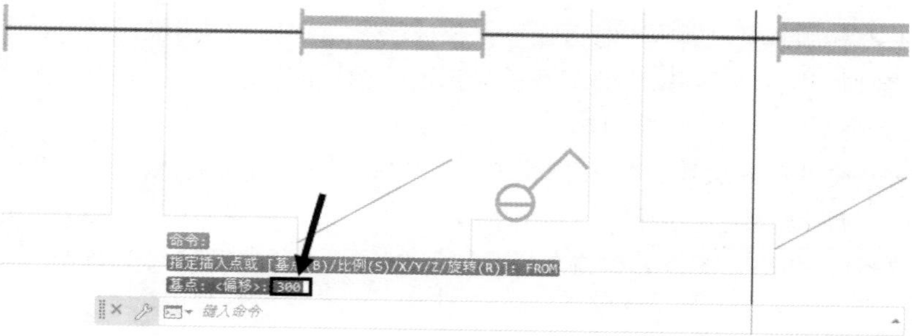

图 4-55

类似上面例子中开关这样的定位在浩辰 CAD 中更加简单，浩辰 CAD 增加了一个距端点捕捉选项，可以直接捕捉距离直线、圆弧、曲线端点一定距离的点，设置一个距离后可以多次使用，无须重复输入，距离只可以随时在状态栏进行调整。这样在捕捉时就不用输入 FROM 命令，无须选基点，而且提示我们距离值，操作更加简单，如图 4-56 所示。

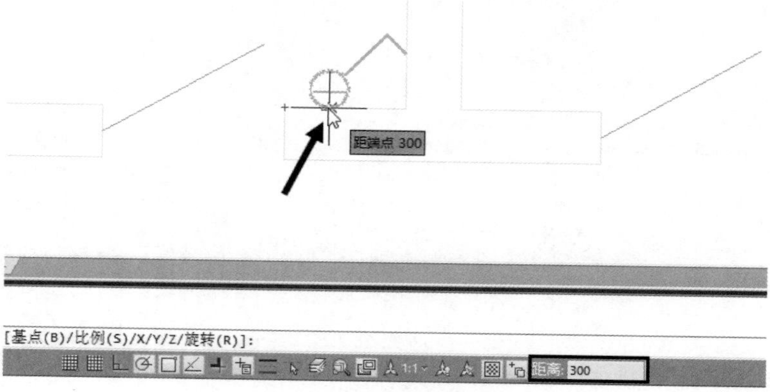

图 4-56

3.捕捉自在拉伸 STRETCH 中的应用

当需要将图中已有的图形拉伸定位到距离某点一定距离时，我们无须知道图形相对某点现在的距离，利用 FROM 可以一次完成定位。仍然用上面的例图，这次将门移动到距离左侧墙角 300 的位置，如果没有类似的例图，可以画一条长 3 000 的直线，然后在上面任意位置画一个矩形表示门即可。操作步骤如下。

Step 01 输入 S，回车，执行“拉伸”命令，从右往左框选门及门框的所有顶点，如图 4-57 所示。

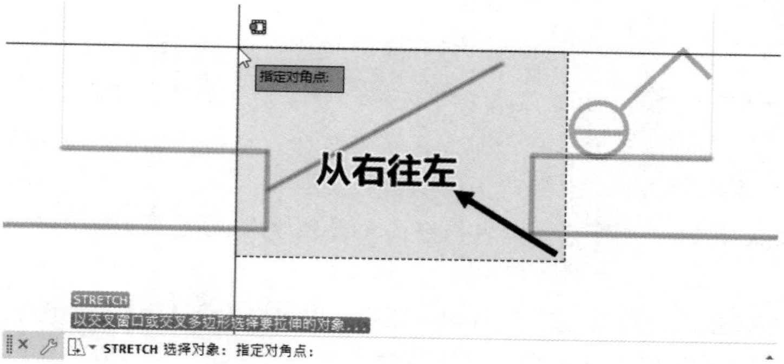

图 4-57

Step 02 回车，确认选择，命令行会提示我们指定拉伸的基点，因为要让门的左侧端点距离墙角300，所以捕捉门框的左上角点作为基点，如图 4-58 所示。

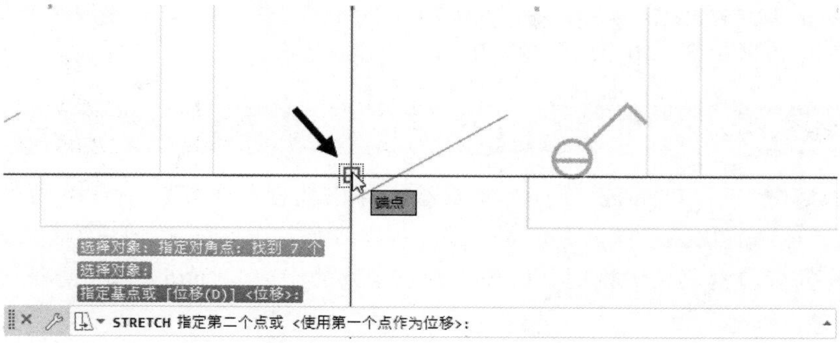

图 4-58

确定基点后移动光标，可以看到门和门框会跟随光标移动，而且命令行会提示指定第二个点，如图 4-59 所示。

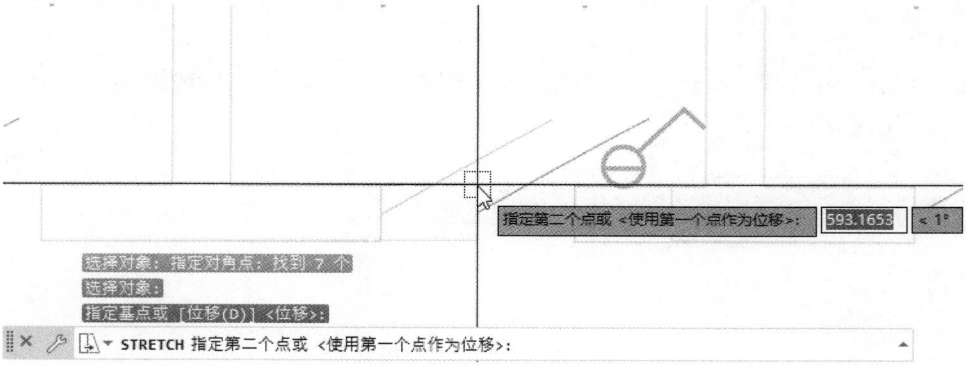

图 4-59

Step 03 此时输入 FROM 命令，回车，捕捉墙角点作为基点，水平方向拖动光标，输入 300，回车，就将门整体移动到距离墙角 300 的位置，如图 4-60 所示。

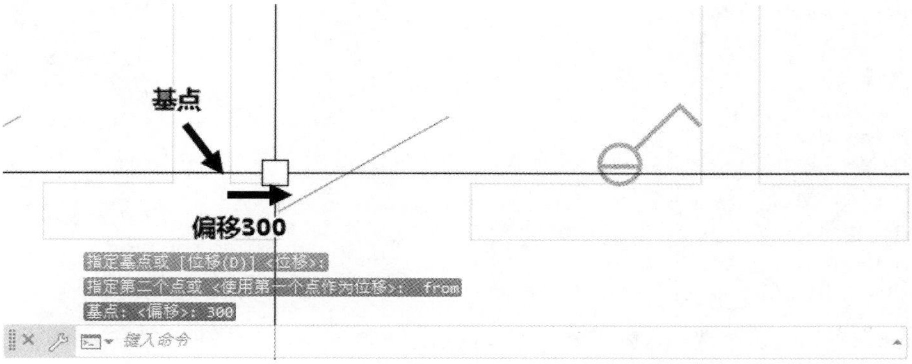

图 4-60

如果在框选时将开关一起选中，开关也会一起移动过来，并保持与门边距离 300。

小结

如果不会使用 FROM 命令，想想进行类似的定位会怎样操作，第一个实例中可能会直接插入到端点然后移动。第二个实例中，如果不知道图中门洞距离墙角的距离，需要先测量这个距离，然后还需要计算拉伸的距离是多少，操作更复杂。

如果在绘图的过程中经常为某类定位而烦恼，不妨查一查看 CAD 有没有类似的工具，因为 CAD 已经发展了很多年了，用户经常需要用的功能都应该有。

4.15 两点没有连线，想捕捉两点间的中点怎么办？

遇到这种情况，可以在两点间连一条直线，再去捕捉这条线的中点，还可以更简单。AutoCAD 除了对话框和工具栏中提供的一些捕捉选项外，还提供了一些隐藏的捕捉选项，这些选项可以在捕捉右键菜单中调用，比如“两点之间的中点”（mtp）就可以很轻松地解决这个问题。

对象捕捉选项中的中点，缩写是 mid，通常用于捕捉某条线段或弧的中点，而 mtp 可以捕捉两个选择点之间的中点，这两点之间不需要有连线。通过下面这个简单的例子来看一下。

Step 01 画一个矩形。

Step 02 执行“画圆”命令，输入 mtp 或 m2p，或者按 Shift+右键快捷键，在捕捉菜单中选择“两点之间的中点”命令，如图 4-61 所示。

Step 03 根据提示捕捉矩形的对角点，将圆心定位到矩形的中心，如图 4-62 所示。

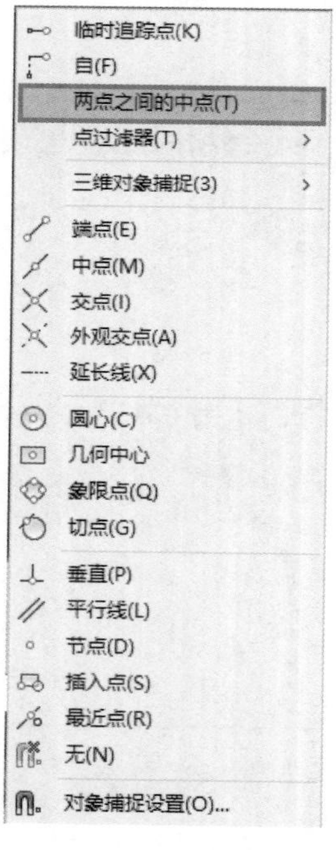

图 4-61

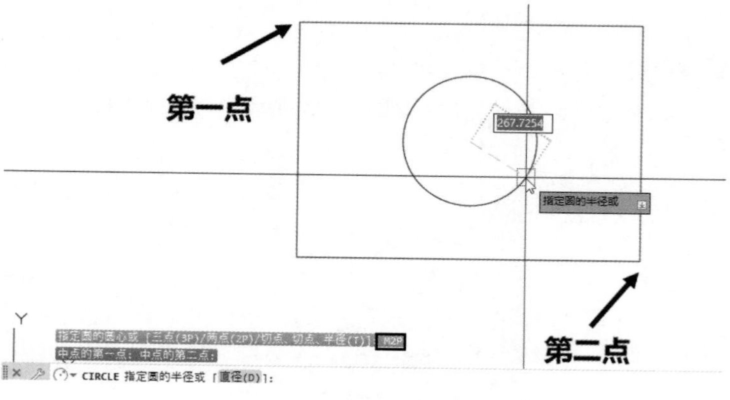

图 4-62

假如我们不知道这个选项，就需要先用线将对角线画出来，然后捕捉中点，捕捉完可能还需要删除对角线，而现在只需 mtp 三个字母，选两个点，要简单多了吧！

4.16 想定位到离捕捉点一定距离处怎么办？追踪捕捉方式如何使用？

CAD 提供的捕捉方式有十余种，但有些方式从对话框、快捷菜单中都找不到，比如追踪（TRACK）。这种方式在一些特殊定位的状况下非常有用，例如，绘制给排水图纸时要在墙角处布置一根立管，也就是距离墙角一定位置画一个圆，如图 4-63 所示。

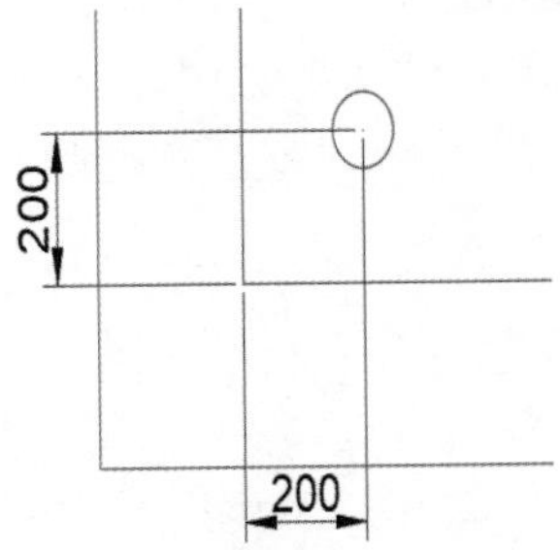

图 4-63

在上面的例图中，肯定要用墙角点进行定位，有两种选择，一是将圆画在墙角处，执行“移动”命令，设置墙角点为基点，然后输入相对坐标（@200,200），将圆移动到指定位置，也可以用前面章节中介绍过的捕捉自（FROM）来定位。如果用 TRACK 捕捉，与 FROM 类似，直接在画圆时就可以完成定位，下面看一下操作。

Step 01 输入 C（CIRCLE）命令或在工具面板中单击画圆的按钮，软件会提示我们指定圆心或选择其他方式。

Step 02 输入 TRACK 命令或简写 TK，回车，软件会提示指定第一追踪点，追踪点就是定位的原始基点。

Step 03 将光标移动到墙角处，出现端点捕捉标记时单击，将追踪点定位到墙角处。

Step 04 软件会提示下一点，按 F8 键打开正交，横向移动光标，输入 200，回车，如图 4-64 所示。

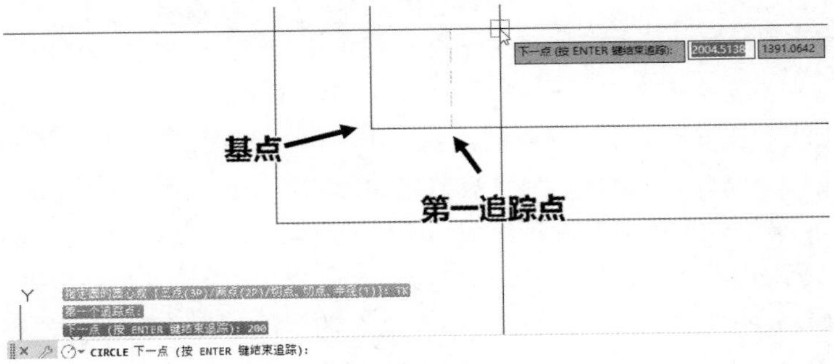

图 4-64

此时跟踪点已经到了距离墙角横向距离 200 的位置，移动光标，可以看到出现一条竖线。

Step 05 向上移动光标，输入 200，将跟踪点向上移动 200，如图 4-65 所示。

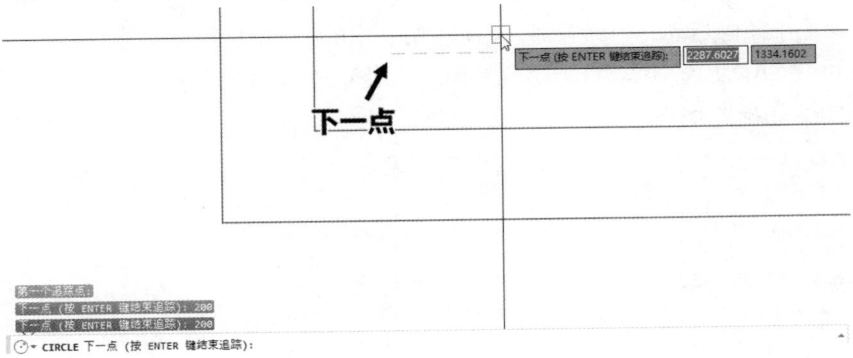

图 4-65

命令仍继续提示下一点，左右上下拖动光标，可以看到从跟踪点会有一条横线或竖线连接到光标上，表示可以继续指定方向和距离，继续定位跟踪点。但目前的位置已经满足我们的要求。

Step 06 按回车或空格键，完成跟踪的操作，拖动光标，可以看到圆心已经准确地定位到正确的位置，如图 4-66 所示。

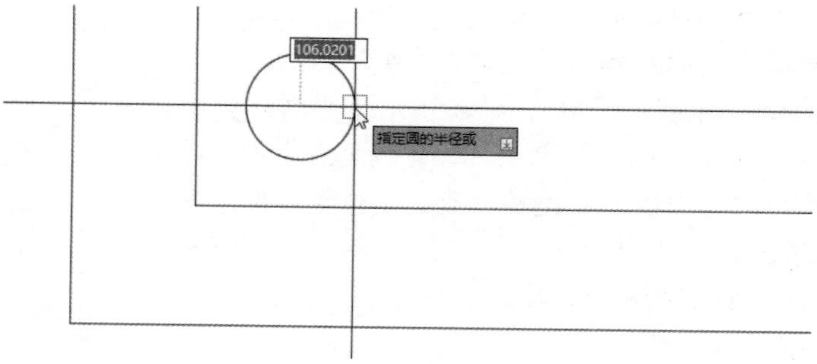

图 4-66

Step 07 输入圆的半径，例如 50，就完成了圆的绘制。

小结

在掌握 CAD 界面上常见的绘图和编辑命令的同时，我们有必要多了解一些 CAD 内部隐藏的命令和参数，在一些特殊状况下，有些小技巧可以使操作效率更高。

4.17 有些点直接捕捉无法定位怎么办?

在使用绘图过程中常常需要定位一些无法直接给出坐标的点。例如，与任意方向直线相切的圆的圆心，以及直线上任意等分点，任意两点间的中点等。定位是否方便和精确会直接影响设计绘图的效率和速度，下面介绍 CAD 几何计算器在绘图定位中的运用。

CAD 几何计算器是一个十分有用的工具，但大多数人并不了解它和普通的计算器有什么不同，因此实际工作应用得并不多。CAD 几何计算器首先可以完成加减乘除以及三角函数的运算，设计师在使用 CAD 绘图过程中，可以在不中断命令的情况下用几何计算器进行算术运算，将运算的结果直接作为命令的参数使用，更重要的是 CAD 几何计算器可以作几何运算，可以作坐标点和坐标点之间的加减运算，可以使用 CAD 的对象捕捉模式捕捉屏幕上的坐标点参与运算，还可以自动计算几何坐标点。此外，CAD 几何计算器还具有计算矢量和法线的功能。

在命令行中输入 CAL 命令可启动 AutoCAD 几何计算器。CAL 命令也是一个透明命令，可以在其他的命令下随时启动几何计算器，还可以在 LISP 程序中使用 CAL 命令。

下面是利用 CAD 几何计算器在 CAD 绘图中几个快速定位的实例。

1.在两实体间确定中点

利用 CAD 的 mtp 捕捉选项也可以实现，详见 5.15 节。这里作为例子看看计算器的应用方式。

操作步骤如下：

Step 01 执行画线或其他绘图命令。出现定位点的提示。

Step 02 在命令行输入：'cal。

在执行命令过程中，输入一个单引号，可以调用计算器。在执行命令时利用这种方式调用其他命令，这种调用方式称为透明命令。

Step 03 提示输入表达式时输入：(cen+end)/2。

输入表达式，这里计算器把对象捕捉的 cen（圆心）和 end（端点）模式当作点坐标的两个计算值。

Step 04 根据提示选择用于捕捉圆心的圆和捕捉端点的直线。

直线有两个端点，捕捉时光标靠近需要取值的那一端。

Step 05 计算出的点坐标就会自动被输入命令，回车继续下面的操作。

其他的捕捉模式如 int、ins、tan 等均可在几何计算表达式中使用。如果用表达式(cur＋cur)/2 代替表达式(cen+end)/2，则可以在计算机要求输入点时，再设定对象捕捉方式来捕捉所需的点。

2.确定一条直线上的任意等分点或距直线端点定长的点

使用几何计算器提供的 plt 和 pld 函数可以完成这个操作。假设屏幕上有一端点为 A 和 B 的直线，要在直线上获得分直线段 AB 为 1 比 2 的点。仍以画直线为例，操作过程如下：

Step 01 执行画线的命令。

Step 02 提示确定第一点时在命令行输入：'cal。

Step 03 表达式输入：plt(end,end,1/3)。

取两个端点间靠近第一端点，在 1/3 的位置。

Step 04 根据提示分别选择两个端点作为公式的计算值。

Step 05 回车后得到 AB 之间距离 A 点 1/3 位置的点。

如果要得到直线上距端点 A 为 5 的点，使用函数 pld(end,end,5)代替上面操作过程中的 plt(end,end,1/3)即可。

3.使用相对坐标来确定点

在绘图中经常要确定相对一个位置横纵向都有些偏移的目标点，之前我们介绍了用捕捉自（FROM）和跟踪（TK）捕捉都可以完成这样的定位，而用计算器可以直接输入相对坐标，快速定位。

假设要在距离一个矩形的交点一定距离的位置画一个圆，这个圆可以是建筑设计中靠墙角的立管，也可以是机械设计中的孔，如图 4-67 所示。

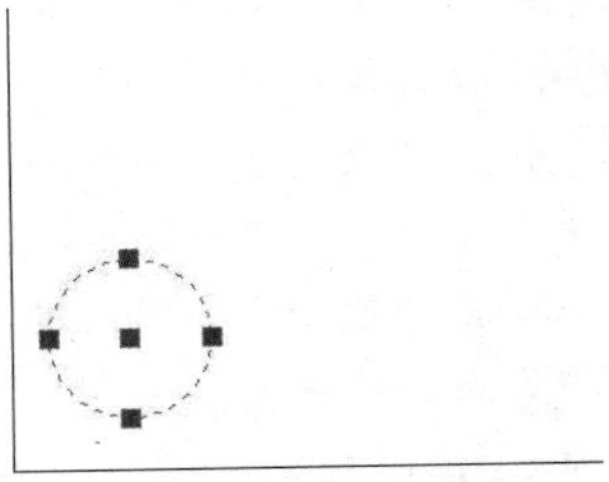

图 4-67

具体操作步骤如下：

Step 01 首先画好一个矩形，然后执行画圆的命令。

Step 02 在提示定位圆心点时输入：'cal。

Step 03 输入表达式：end+[2,3]。

作点和点的相加运算，在端点上加一个相对坐标偏移。

Step 04 根据提示拾取矩形靠近角点的位置，就自动获取了距离角点(2,3)的点。

这样的点可以用捕捉自（FROM）或跟踪 TRACK（TK）的捕捉方式来获取，在 CAD 中一种结果可以用多种方式来实现。

4.作和一斜线相切的圆以及过圆上一点作圆的切线

利用 CAD 正交模式可容易地画出和垂直线或水平线相切的圆。画一个和斜线相切的圆则需要准确地确定圆心，如图 4-68 所示。

操作步骤如下：

Step 01 执行画圆的命令。

Step 02 在提示确定圆心点时，输入：'cal。

Step 03 在表达式中输入：cur+3*nee。

cur 表示用光标在屏幕上拾取一个点，nee 函数用来计算两端点矢量的法线，也可以简单地理解为方向，3 是圆的半径。

Step 04 根据提示在直线上捕捉一个点作为圆和直线的切点。

Step 05 分别捕捉直线的一个端点和另一个端点。

Step 06 这样就获得了我们所需的圆心点，回车。

Step 07 输入 3 作为圆的半径，就将一个与斜线相切、半径是 3 的圆画好了，如图 4-69 所示。

捕捉两个端点时，如果改变一下顺序可以在直线的另一侧画圆。

5.过圆和一直线的交点作圆的切线

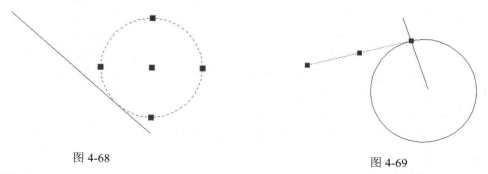

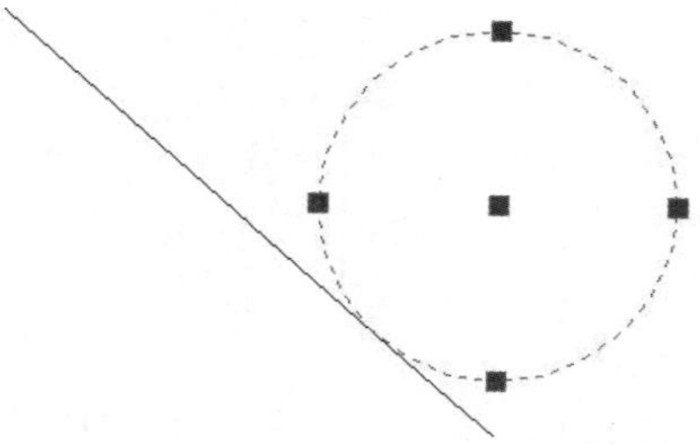

图 4-68

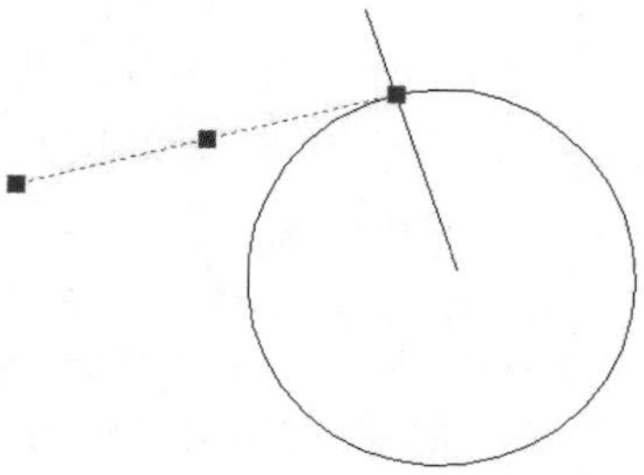

图 4-69

操作步骤如下：

Step 01 执行画线的命令，提示确定直线的起点。

Step 02 捕捉圆和直线的交点，如果没有选择交点捕捉选项可以输入 int 捕捉交点。

Step 03 出现指定下一点提示时输入：'cal。

Step 04 输入表达式：int+3*nor(cen,int)。

nor 是计算两个点的法线方向，也就是与两点连线垂直的方向。

Step 05 根据提示捕捉交点。

光标需要移动到交点位置单击。

Step 06 选择圆捕捉圆心。

Step 07 再次移动到交点处捕捉交点，就已经完成长度为 3 的切线绘制。

6.过一条斜线上的已知点作斜线的垂线

斜线是不能用 CAD 的正交模式直接画其垂线的，而利用递延垂足可以绘制任意方向直线的垂线，但需要直线外有一个点来确定垂线的位置。而利用几何计算器可直接画出和斜线垂直并且为确定长度的直线。

其操作步骤如下：

Step 01 执行“画线”命令。

Step 02 先捕捉直线的某一点，例如中点作为垂线的起点。

Step 03 提示指定第二点时输入：'cal。

Step 04 输入表达式：mid+5*nee。

Step 05 是垂线的长度。

Step 06 根据提示捕捉直线的中点。

Step 07 根据提示分别捕捉直线的两个端点获取垂直方向（nee）。

同样，改变光标捕捉直线端点的顺序，也可在直线的另一侧画垂线。

Step 08 直接回车确定垂线端点的位置。

通过上面的几个例子可以看出，在很多情况下需要绘制辅助线，现在利用计算器的公式，可以快速准确地完成需要的线的绘制。

4.18 什么是递延垂足和递延切点？

当打开垂足捕捉，光标移动到图形上有时会出现“递延垂足”的提示。递延是什么概念呢？什么情况下会出现这个提示？它和普通的垂足捕捉又有什么不同呢？

通常情况下，画线时会先确定第一点，然后捕捉垂足，而递延垂足的使用则有些相反，先确定与哪条线垂直，然后拖动确认第二点。直接用普通的垂足捕捉方式更简单直接，第二种方式使用的场景是：我们只知道这条线要与某条线垂直，要等到画图时再看放哪儿合适。

通过上面的描述应该知道什么操作时会出现递延垂足的提示，但通常情况下我们都会打开端点、中点、交点等几个常用的捕捉选项，有些人甚至会将所有选项都打开，当光标直接停留到线上时，会优先捕捉到端点、中点或最近点，“递延垂足”的提示并不容易出现，而且大多数人也不会为了捕捉递延垂足而将其他常用的选项关掉。

下面通过一个简单的实例看一下递延垂足的操作：

Step 01 先画一条直线作为基准线，然后单击“直线”按钮或输入快捷键 L 再次绘制直线。

Step 02 在提示线的起始点时在对象捕捉工具栏单击“垂足”按钮或输入 per。

Step 03 将光标停留在图中已有的直线上，就会出现递延垂足的提示，如图 4-70 所示。

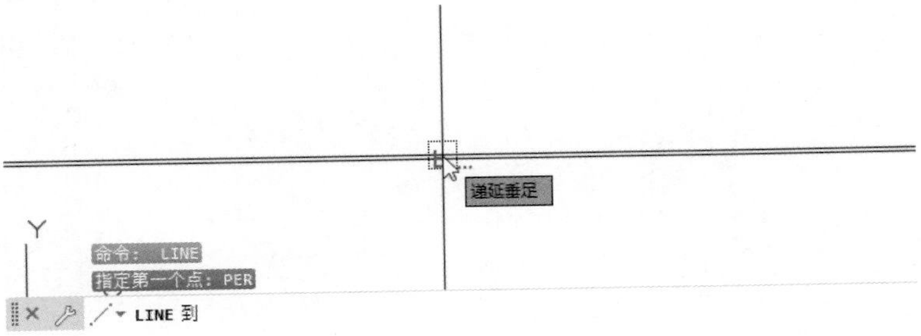

图 4-70

从图 4-70 中可以看出不仅提示变了，捕捉标记也和普通的垂足标记有些不同。

Step 04 在直线上任意点单击确认递延垂足的捕捉，将光标移离捕捉的直线，移动光标，可以看到一条与选定直线垂直的直线在随光标移动，如图 4-71 所示。

Step 05 单击，确定终点，就完成了直线的绘制。

除了有递延垂足外，还有递延切点，使用方法基本类似，在切点捕捉时先选圆或弧，然后拖动确定线的端点，拖动时线会绕着圆或弧转，如图 4-72 和图 4-73 所示。

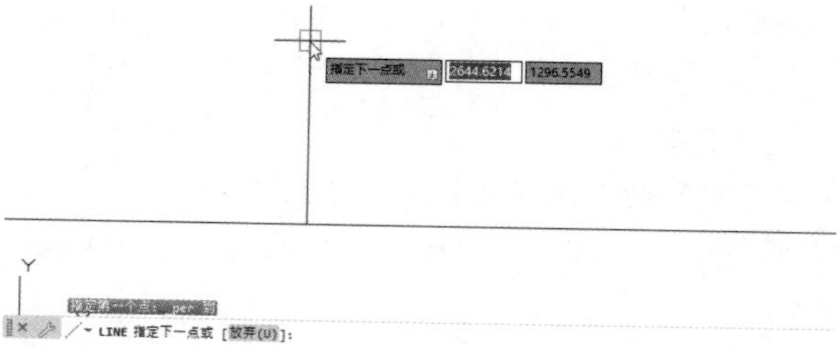

图 4-71

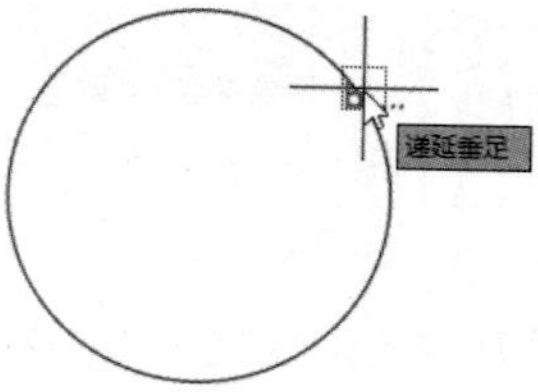

图 4-72

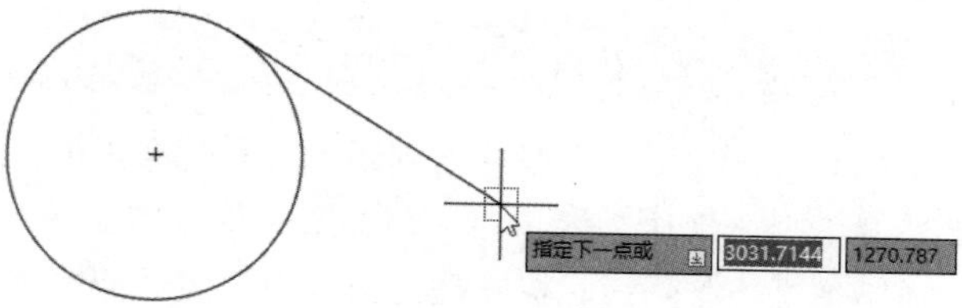

图 4-73

在“相切-相切-半径”或“相切-相切-相切”画圆时也会显示捕捉到的是递延切点。

递延垂足和递延切点在画图时用得比较少，原因有以下几点：

一是习惯比较难改变；

二是画图时大多数情况下线的起点是确定的；

三是当将垂足与其他选项同时作为固定捕捉选项时，先确定起点后，垂足可以优先，前提是光标位置接近于垂点位置，但递延垂足则不会优先，通常不会出现提示。

第 5 章 选择的方法和技巧

要编辑图形，首先要选择图形，如果能将要编辑的图形快速、准确地选择出来，将对于提高绘图效率非常有帮助，因此 CAD 为了满足各种需求，提供了各种各样的选择方法和技巧，本章将帮助大家了解并掌握选择的方法和技巧。

5.1 选择对象的方法有哪些?

在 CAD 中要编辑图形，首先要选择图形，如何最快、最准确地选择图形，对绘图效率的提升也会有很大帮助。

为了让大家对选择技巧有更全面的了解，这里将选择方式简单介绍一下。

1.鼠标单击（点选）

用鼠标直接点取图形的任意一条边界，选中后的图形会虚线亮显。

在 CAD 高版本中加入了选择预览功能，就是当光标移动到图形边界上时，被选中的图形就会亮显，这样就可以知道选择的对象是否正确，如图 5-1 所示。

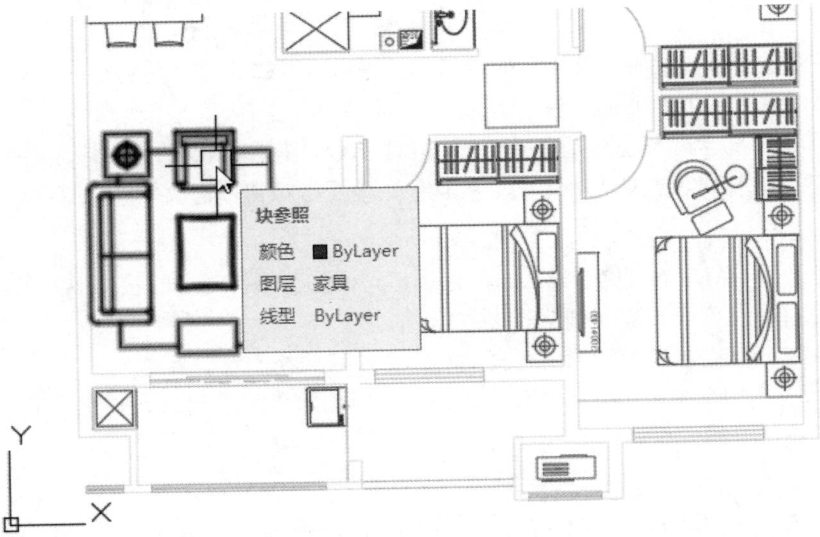

图 5-1

2.框选

框选就是通过按住鼠标左键拖动一个方框来选择对象，框选方式分为两种：窗口（BOX）和窗交（Crossing）。在 CAD 中从左往右框选是窗口模式，图形完全在框选范围内才会被选中，如

图 5-2 所示；从右往左框选是窗交模式，图形有任意一部分在窗口范围内就会被选中，如图 5-3 所示。

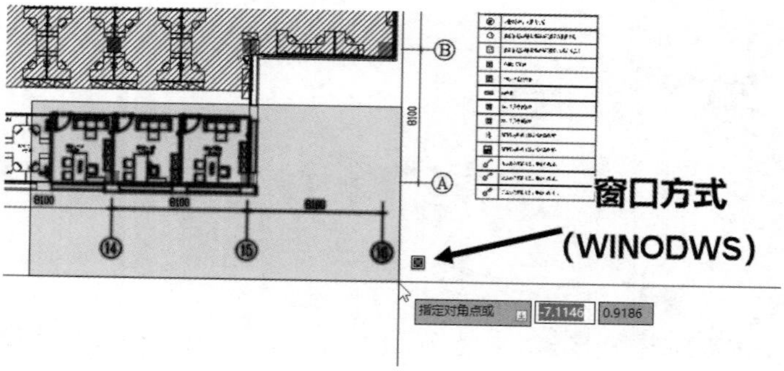

图 5-2

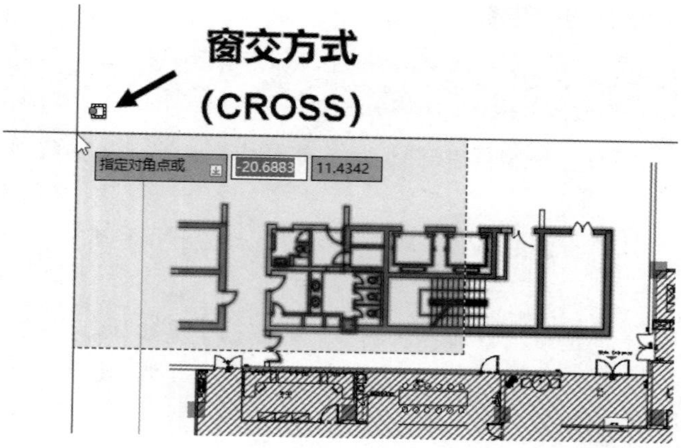

图 5-3

CAD 中对这两种模式有非常明显的提示，首先窗口框选的边界是实线，交叉框选的边界是虚线，在 CAD 高版本中加上了颜色区别，窗口选框为蓝色，交叉选框为绿色。

这种提示对于初学者来说还是有必要的，但对于熟练使用 CAD 的用户比较多余，可以在“选项”对话框的“选择集”选项卡中单击“视觉效果设置”按钮取消“指示选择区域”。

3.累加选择

默认状态下，CAD 是累加选择状态，也就是只要是在选择对象的状态下，可以不断点选和框选，所有选择对象都会被添加到选择集中。

如果累加选择状态被关闭，以前选择的对象会被新选择的对象替换。

控制累加选择的变量是 PICKADD，变量为 1 时，可以累加选择，设置为 0 时，无法累加选择。

4.全选

选择图中所有图形和对象，和其他软件一样，按 Ctrl+A 快捷键就可以全选，也可以在出现选择对象提示时输入 ALL 命令后回车。

全选时不仅显示的对象被选中，关闭图层上的图形也同样被选中。

5.其他选择选项

除了单选、框选和全选外，CAD 还提供了很多选择选项，例如前次、上一个、删除、添加、组、圆形区域、多边形区域等。要想了解 CAD 到底提供了哪些选项，非常简单，只需在命令提示“选择对象:”时输入一个?号，然后回车，软件就会将提供的各种选项列出来。

大家通常采用点选和框选方式，不会去输入选项。其中有几个选项还是有必要了解一下。

（1）P（前一个）

选项为 P（Previous），也就是当提示选择对象时直接输入 P，就可以再次选中上一次选中的对象。

这个选项还是比较有用的，比如，你东选几个西选几个把需要编辑的对象选择出来，结果一不小心误操作将选择的对象取消了；再如，你移动了一些对象后，选择集被取消了，一会儿你又想再移动或旋转相同的对象，这些情况你都无须再选择一次，当提示选择对象时，输入一个 P，就把上次的选择集给取回来了。

（2）L（上一个）

选项为 L（Last），选择最新创建的图形。

（3）R（删除）

选项是 R，当选择集比较复杂时，我们可能在框选对象后又要从中去除一些对象，可以在提示选择对象的状态下输入 R，然后再点选或框选对象，将这些对象从选择集中删除。

要从选择集中删除对象，还有一种方法，按住 Shift 键，然后点选或框选已经被选择对象，这些对象就可以从选择集中被删除，这种方法更简单。

（4）G 组

如果之前用 Group 命令对对象进行了编组，可以在选择对象时输入 G 选项，然后输入自己定义的组名，快速将定义的组选择出来。

对象成组后，点取组中任何一个对象，对象将都会被选中。如果在“选项”对话框的“选择集”选项卡中取消了“对象编组”选项，即使编了组，点选组中对象也不会选择整个组。

6.快速选择（QSELECT）

快速选择可以通过设置一些条件，快速从图中将所有满足条件的图形都选择出来。

快速选择的命令是 QSELECT，也可以单击特性面板右上角的快速选择按钮直接调用该命令。输入命令后，弹出一个对话框，如图 5-4 所示。

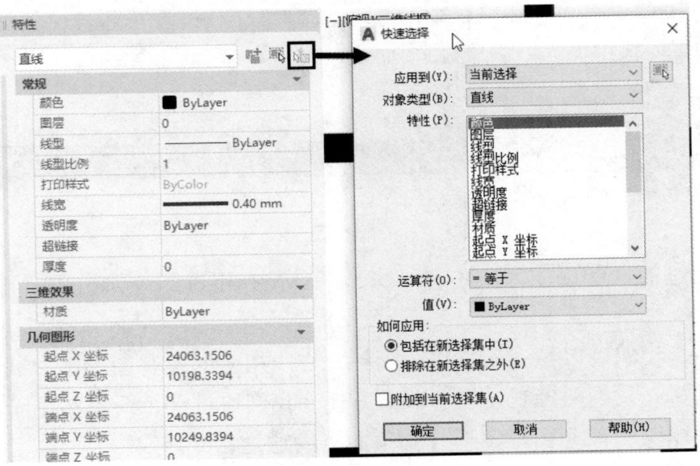

图 5-4

7.对象选择过滤器（FILTER）

输入 Filter 命令后，就可以调用选择过滤器，这原来是 AutoCAD 扩展工具中的功能，但现在基本上成了一个基本功能，很多人并没有用过。

选择过滤器与快速选择有些类似，不同的是，可以设置多个条件，可以从图中对象获取条件，然后再删除多余的条件，设置好过滤器后保存，下次选择时还可以再用。

8.选择类似对象

当选择了一个对象后，右键菜单中会提供类似对象和全部不选的选项。选择类似对象可用于选取同类型的对象和同名的图块，例如，要选择图中所有圆，首先只选择一个圆，然后在右键菜单中选择“选择类似对象”命令，就可以将所有圆都选中。

9.其他选择工具

CAD 中针对一些命令有一些特殊的选择技巧，例如用修剪和延伸时，直接回车就是选择所有对象作为修剪或延伸边界（AutoCAD 2021 修剪和延伸命令的快速模式默认将所有对象作为修剪边界，无须选择，标准模式与低版本 CAD 的操作相同），在拉伸（S）时需要从右往左框选图形的局部，框选整个对象就等同于移动。

浩辰 CAD 的扩展工具中提供了一些按一个或两个特性作为过滤条件的选择工具，例如按颜色选、按块名选、按对象类型选、按图层选、按实体-图层选，这些过滤工具都可以直接拾取一个参照对象，快速将同类的对象选择出来。对于处理条件图，同时要删除大量同一图层或同一块名的多个对象来说非常方便。

5.2 AutoCAD 中隐藏起来的选择选项有哪些？

5.1 节介绍选择的一些常用方法和参数，其中介绍的框选、全选、前一个（P）、上一个（L）、删除（R）、组（G）都是在选择 SELECT 命令的参数，在选择命令中还隐藏着很多选项，在一些特定状况下，利用这些隐藏的选项非常方便，我们不妨来看看有哪些选项。

在 CAD 中输入 SELECT 或者点任意一个修改命令，如移动、旋转，总之让命令行提示“选择对象:”，此时输入?号，回车，选择的默认选项就显示出来了，如图 5-5 所示。

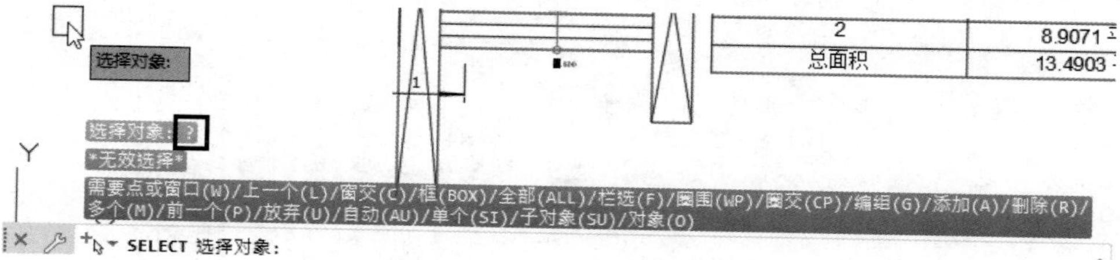

图 5-5

除了前面介绍过的一些选项外，还有一些是平时没有用过的，如栏选、圈围、圈交等选项，栏选的用法如下。

所谓栏选，就是我们可以拉一条线作为围栏，与线相交的所有图形都会被选中，当图形比较密集，我们需要选择一系列图形时，栏选非常方便。我们通过一个简单的例子看一下，假设需要地面铺设的方砖中删除一部分图形，形成一条曲折的通道。

Step 01 输入 E，回车，执行“删除”命令，软件会提示选择对象。

Step 02 输入 F，回车后，沿需要删除的图形画一条路径线，如图 5-6 所示。

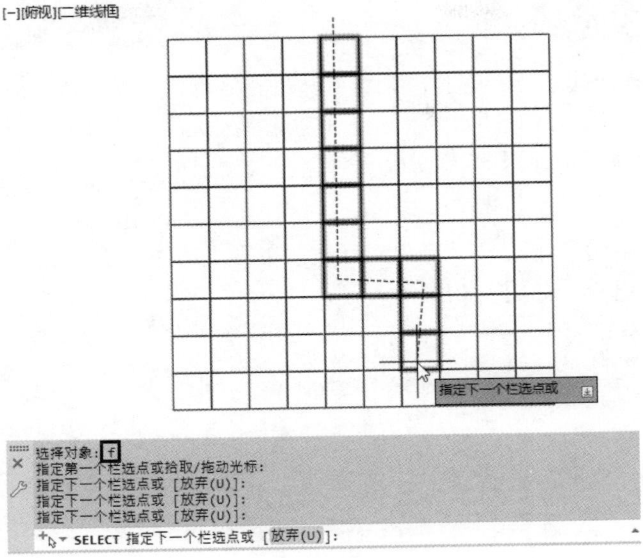

图 5-6

Step 03 绘制完路径线，按两次空格键，即可将选定的图形删除了，如图 5-7 所示。

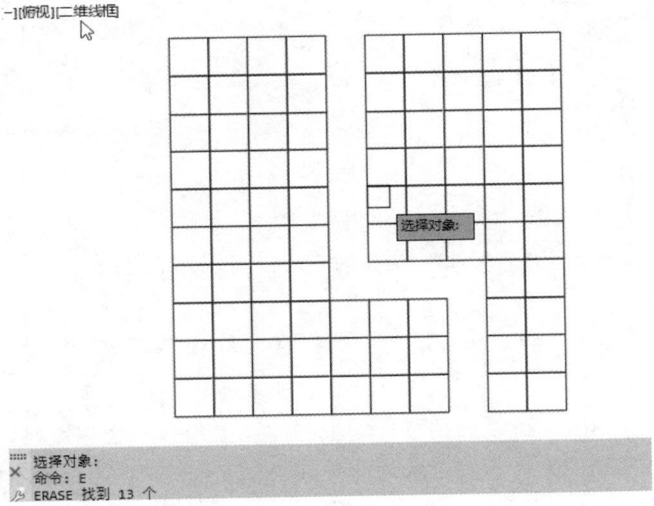

图 5-7

我们可以尝试用常规方法来完成上面的选择，肯定不如栏选方便。除了栏选外，圈围（WP）和圈交（CP）可以设置多边形的选区，在一些特殊情况下也比常规选择方法有明显的优势，例如要选中倾斜房间内部的所有图形，用框选就很麻烦，用相交多边形（CP）就简单多了；如果要选择一个圆形区域内或外的对象，就用得上与圆形区域相关的几个选项。

平时选择使用太频繁了，习惯有点根深蒂固，而框选、点选不用输入任何选项，所以画图时基本还是以框选、点选为主，但遇到一些特殊情况时不要忘了这些隐藏起来的选择选项，如果不记得也没有关系，只要记得输入?号查看一下这些选项即可。

5.3 选择对象时之前选择的对象被取消，为什么不能累加选择？

CAD 在默认状态下可以连续选择多个对象，也就是可以累加选择。但有时候，累加选择会失效，只能选中最后一次所选择的对象。这是累加选择被关闭了，只需打开累加选择即可，CAD 提供了多种方法来解决这个问题，下面简单介绍一下。

1.设置选项

输入 OP 命令，回车，打开“选项”对话框，单击“选择集”选项卡，取消勾选“用 Shift 键添加到选择集”复选框，如图 5-8 所示。

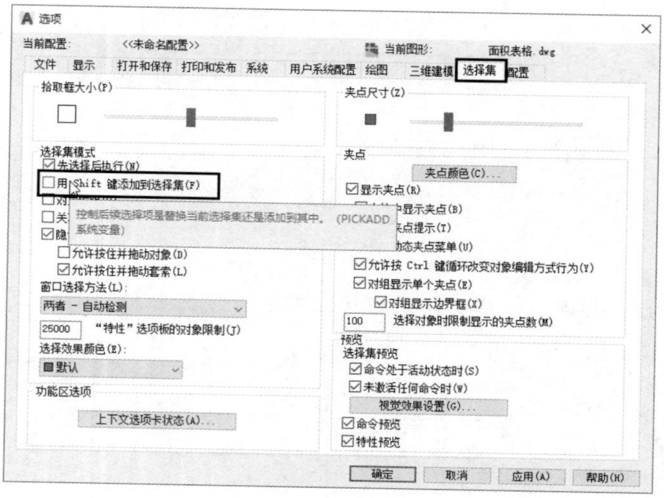

图 5-8

2.设置变量

控制累加选择的变量是 PICKADD，变量为 1 时，可以累加选择，设置为 0 时，无法累加选择。设置方法如下：

在命令行中输入 PICKADD 命令，回车，然后输入 1，回车即可。

3.特性面板

在“特性”面板（Ctrl+1 可以开关特性面板）的左上角有一个按钮可以开关累选择，显示为“+”号，表示 PICKADD 打开，显示为箭头或“1”（CAD 不同版本图标略有不同），表示 PICKADD 关闭。如图 5-9 所示为打开累加选择，图 5-10 所示为关闭累加选择。

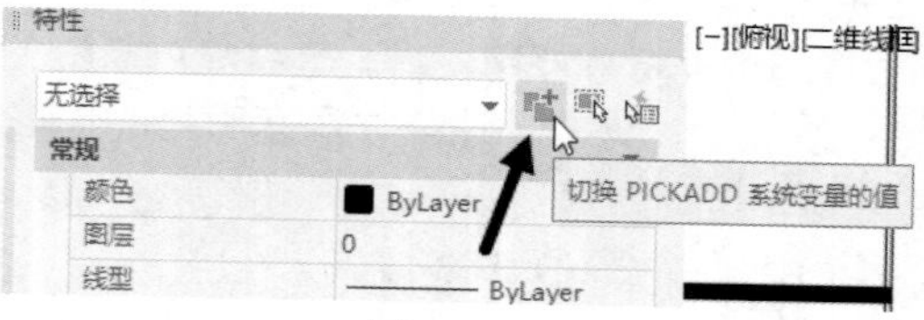

图 5-9

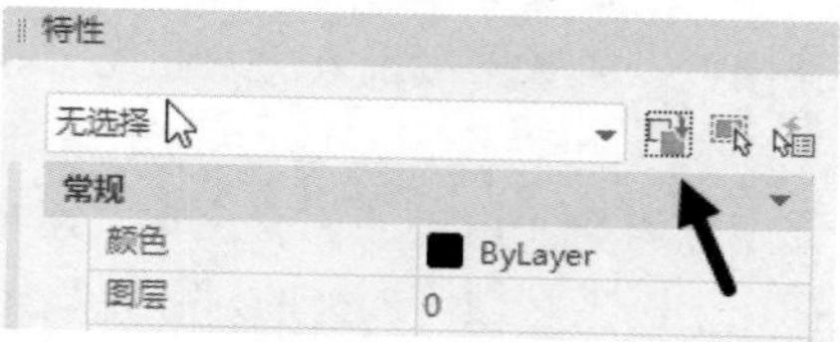

图 5-10

5.4 如何快速选择相同或类似的图形？

在绘图过程中有时需要选择相同或类似的对象进行相同操作或进行数量统计，CAD 提供了多种选择相同或类似图形和图块的方法。选用那种方法取决于这些图形的共同属性是什么，有的方法很简单，但不一定能一次选出你需要的图形，有些方法可以设置各种过滤条件，但操作起来相对复杂一些。

下面简单介绍 CAD 提供的几种方法，大家可以根据实际情况决定用哪一种方法。

1.选择类似对象（SELECTSIMILIAR）

例如，要选择图 5-11 中所有圆，可以先选择一个圆，然后在右键菜单中选择“选择类似对象”命令，即可将同一图层上所有的圆都选中。

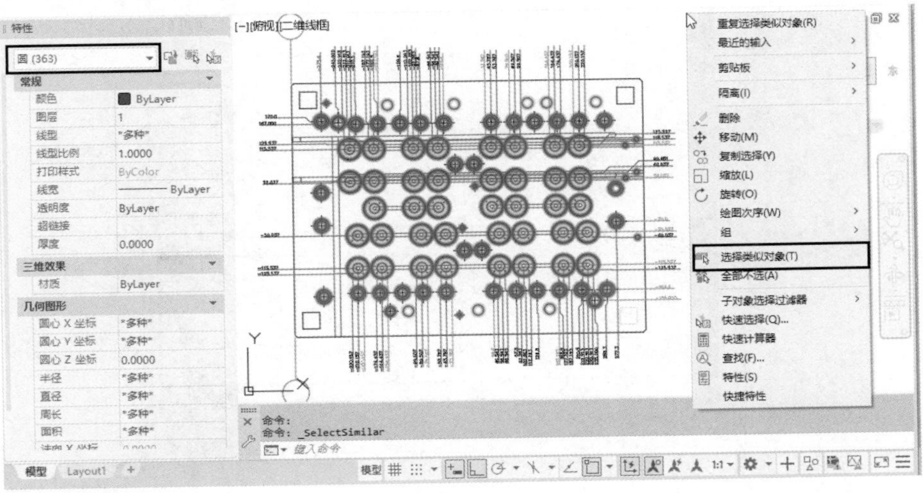

图 5-11

当我们需要统计某种图块的数量或者全部删除某种图块时，用这个功能也很方便，会自动将同一图层上同名的图块过滤出来。

我们不仅可以只选择一个圆或图块作为样例的图形，还可以同时选中两个或多个图形作为样例图形，将与它们类似的图形一次选出来。

2.快速选择（QSELECT）

执行该命令打开对话框后，可以设置应用范围、对象类型、用于过滤的参数和参数值以及应用方式。例如，设置将半径等于 24 的圆都选择出来，如图 5-12 所示。

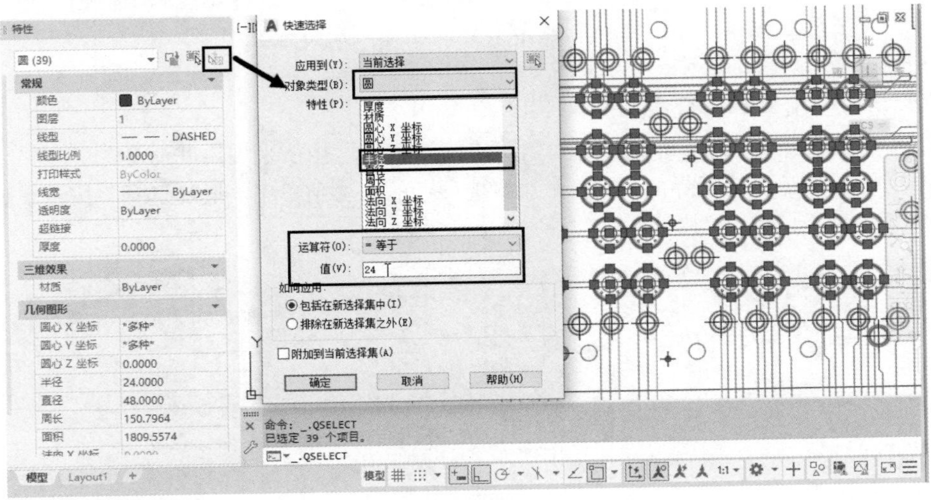

图 5-12

快速选择还可以根据情况多次使用，可以在选择集中进一步利用条件进行过滤，也可以添加或排除一些满足设定条件的对象，快速选择后面再单独讲解，这里就不再详细介绍了。

3.对象选择过滤器（FILTER）

对象选择过滤器原来是 CAD 扩展工具中的功能，但现在成了 CAD 的一个基本功能，命令是 FILTER，快捷键 FI。对象选择过滤器与快速选择有些类似，不同的是，对象选择过滤器一次可以设置多个条件，而且可以单击“添加选定对象”按钮拾取图中对象来获取条件，然后将多余的条件选中后删除；设置好过滤器后保存，下次选择时还可以再用，如图 5-13 所示。

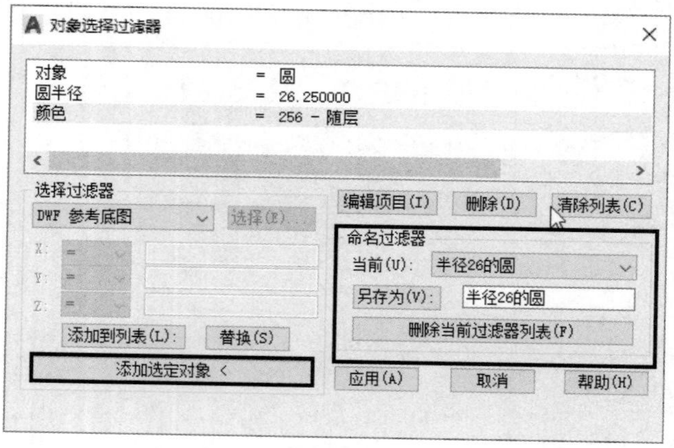

图 5-13

命令选择过滤器的设置更丰富和灵活，例如上面的条件中有“图层=-SP”，图块选择的结果与选择相似对象一样，如果将图层条件删除，选择结果就跟快速选择一样。

选择过滤器选项比较多，就不一一介绍了，后面章节会重点介绍过滤器中运算符的设置方法。

CAD 低版本可能没有选择类似对象的功能，如果没有就只能用快速选择和选择过滤器。

5.5　快速选择（QSELECT）怎么用？

当要在大量图形中选出一些类似的图形时，就可以使用快速选择功能。快速选择（QSELECT）通过设置一些条件，快速从图中将所有满足条件的图形都选择出来。

快速选择命令有几种方式可以调用：

- 输入命令：QSELECT 后，回车。
- 单击“特性”面板（Ctrl+1）右上角的“快速选择”按钮来调用此命令。
- 如果使用的是功能区界面，在“常用”选项卡的右上角单击“快速选择”按钮来调用此命令，如图 5-14 所示。

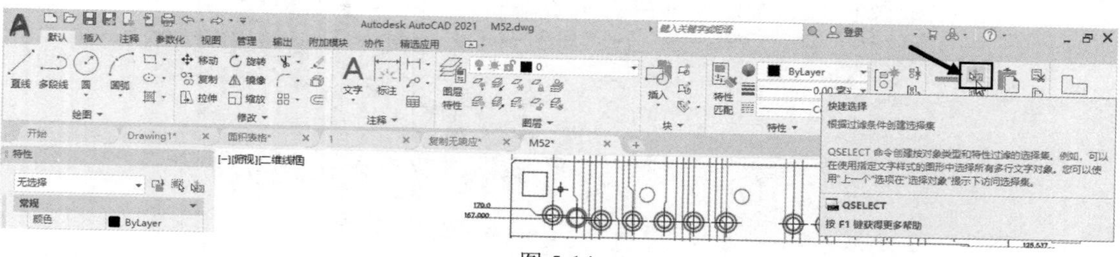

图 5-14

执行“快速选择”命令后，弹出“快速选择”对话框，如图 5-15 所示。

该对话框主要分为三部分：顶部是快速选择的应用范围，是从所有图形中筛选（整体图形），还是从当前已选择的图形对象中筛选（当前选择）；中间是过滤条件，包括作为过滤条件的对象类型、特性、运算符和值；最下面的“如何应用”就是确定选择出来的对象要怎么办，是建立新的选择集，还是排除到新选择集之外，或是附加到当前的选择集中。

举个简单的例子，假设要选择图中所有半径是 24 的圆，在“快速选择”对话框中“应用到”采用默认设置“整个图形”，在“对象类型”中选择“圆”选项，在“特性”中选择“半径”选项，在“运算符”中选择“=等于”选项，在值中输入 24，单击“确定”按钮将这些圆选择出来，如图 5-16 所示。

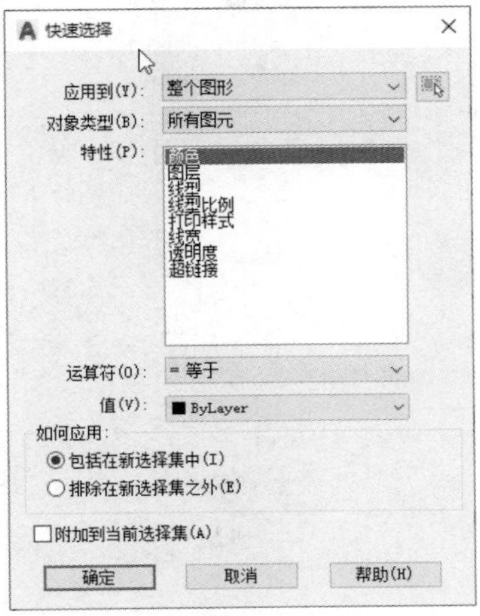

图 5-15

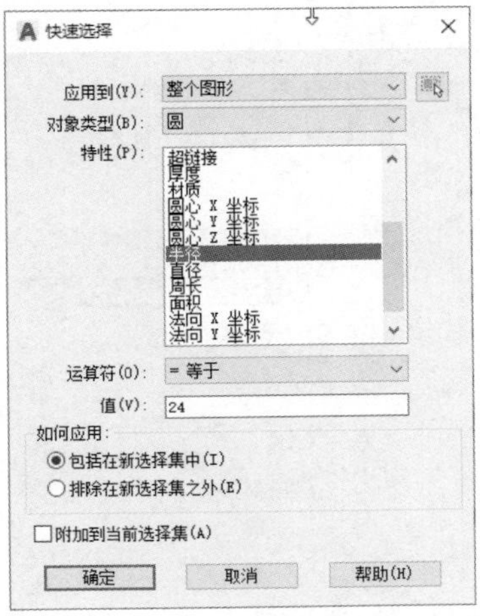

图 5-16

快速选择只能设置一个条件，因此操作还是比较简单，但有时一个条件无法完成筛选，需要先筛选一次，然后将“应用到”设置为“当前选择”，然后再设置条件，进行再次筛选。

快速选择可以将满足条件的对象选出来，如果勾选“排除在新选择集之外”复选框，还可以反选其他图形。

5.6　选择过滤器（Filter）运算符怎么用?

选择过滤器 FILTER 在 CAD 早期版本中是扩展工具的一个功能，到了高版本变成标配的功能，在 AutoCAD 的菜单或工具面板中找不到选择过滤器的命令。

1.选择过滤器的基本操作

在命令行中输入 FILTER，或者输入别名 FI 后，按回车或空格键，打开“对象选择过滤器”对话框，如图 5-17 所示。

在该对话框中首先要设置过滤条件，设置条件的方法有两种，一种是在“选择过滤器”下拉列表中选择一个条件，然后设置条件的值。比如在列表中选择“图层”后，在下面的输入框中输入图层名；另一种是单击“选择”按钮，在弹出的对话框中会列出当前图中的所有图层，在列表中选择一个图层，如图 5-18 所示。

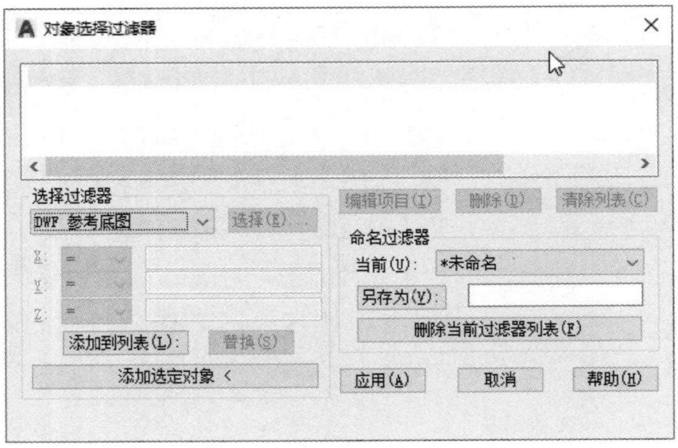

图 5-17

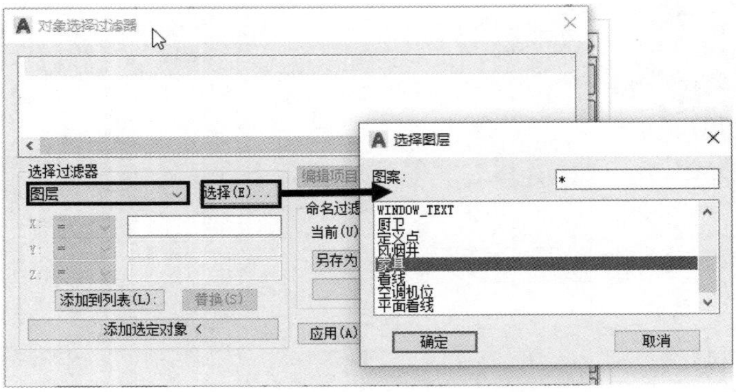

图 5-18

设置好过滤器后单击“添加到列表”按钮，过滤条件就会添加到上面的列表中。

“选择过滤器”下拉列表框中列出了各种过滤条件，列表很长，找到需要的过滤器并设置需要的值不太方便，因此这里还提供了另一种添加方式“添加选定对象”，通过选择一个样例对象，将此对象所有属性都添加到列表中，然后从列表中将多余的条件删除。

比如，单击“添加选定对象”按钮后拾取某个图层上的一个圆，圆的相关特性就会添加到上面的方框中，如图 5-19 所示。

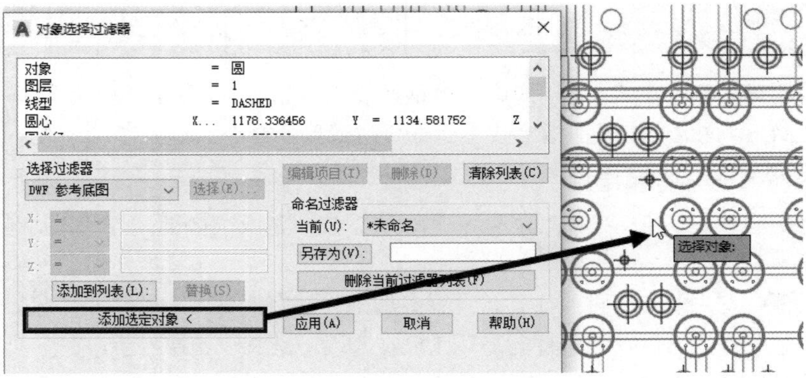

图 5-19

在列表中选择不需要的条件，单击“删除”按钮将相关条件删除。选中条件后，单击“编辑项目”按钮，在左下角编辑过滤条件，编辑后单击“替换”按钮将上面的项目替换成新的值，如图 5-20 所示。

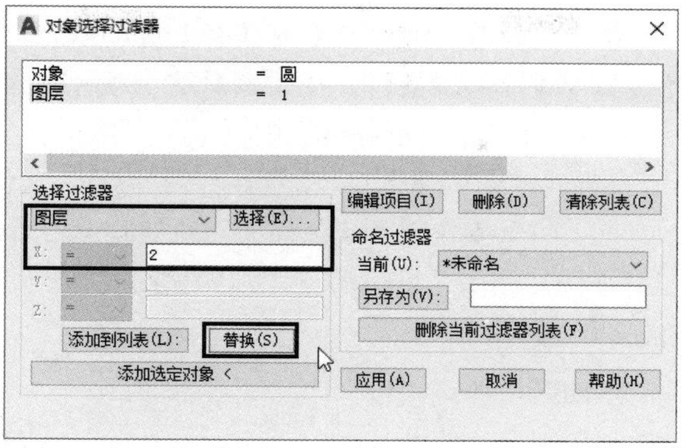

图 5-20

设置好过滤条件后，单击“应用”按钮，在图中框选，框选范围内满足过滤条件的对象会被选中。

如果这个过滤器以后还用得上，可以给过滤器起一个名字，单击“另存为”按钮将过滤器保存，如图 5-21 所示。

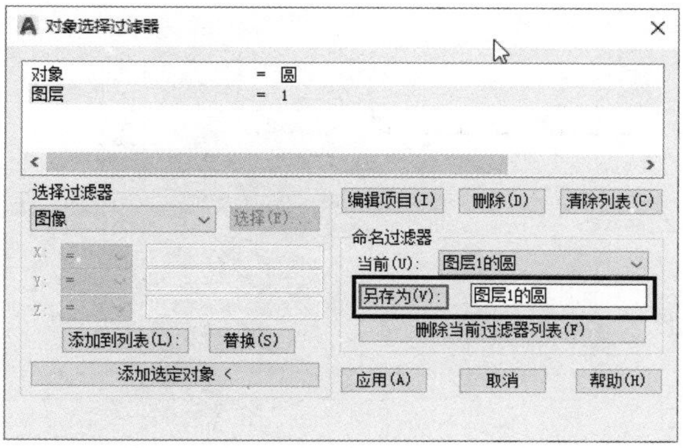

图 5-21

2.选择过滤器运算符简介

在“选择过滤器”下拉列表底部有几个非常特别的过滤条件，如图 5-22 所示。

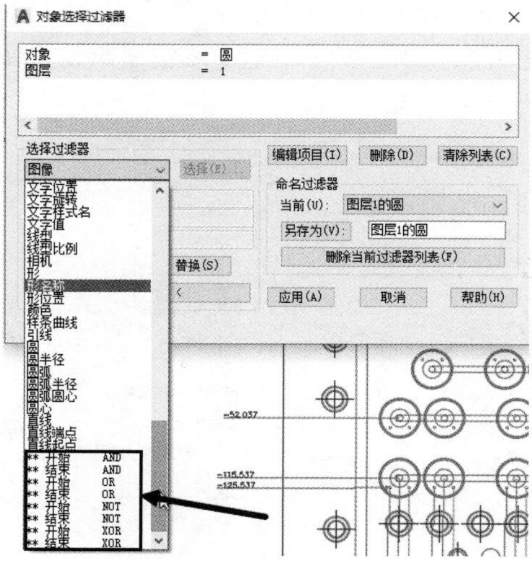

图 5-22

这几个是编程中基本的逻辑运算符，NOT（非）、OR（或）、AND（与）XOR（异或）。

- NOT（非）就是不能满足某个过滤条件，如果满足这个条件就会被排除在选择集外；
- OR（或）就是满足其中一个条件就可以被选中；
- AND 就是要满足所有条件才会被选中，添加到列表中的条件默认就是 AND（与），但如果在 OR 运算条件中有某两个条件或多个条件又需要同时满足时，可以添加 AND 运算符；
- XOR（亦或）就是只能满足两个条件中的一个，如果同时都满足就会被排除在外。

3.运算符应用的样例

下面介绍运算符两种简单的应用场景。

（1）过滤选择在图层 1 和图层 2 上的圆

在这个例子中可以设置两个条件，一个是图层=1，一个是图层=2，如果直接设置这两个条件，就要同时满足这两个条件，任何对象都只能在其中一个图层。也就是说，这样设置的话，任何图形也无法选中。因此必须设置 OR（或）运算。在两个条件的前面添加“开始 OR”，在条件后面添加“结束 OR”，如图 5-23 所示。

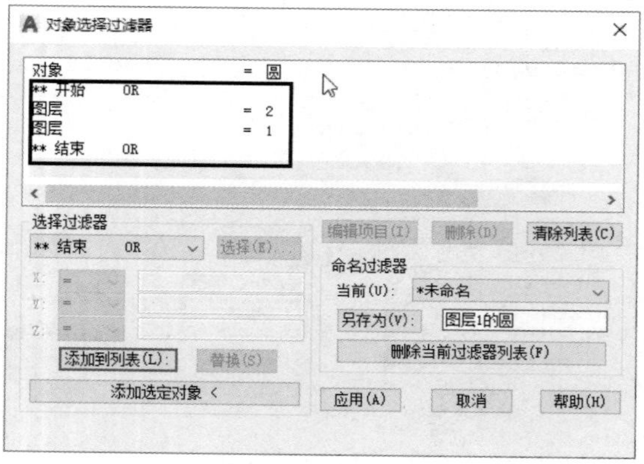

图 5-23

设置好后单击“应用”按钮，在图中框选就可以将图层 1 和图层 2 上的所有圆都选择出来，假如想将图层 1 和图层 2 中的文字或某类对象选出来，修改一下对象类型的条件即可。

（2）选择图层 1 上内容不为“CD”的所有文字

要从文字中将内容为 CD 的文字排除在外，这里就需要用到非计算，可以在文字=CD 条件加上 NOT 运算符，如图 5-24 所示。

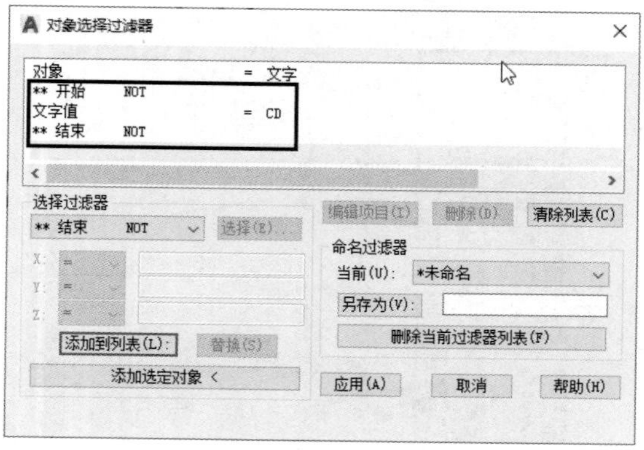

图 5-24

单击“应用”按钮，在图中框选，观察选择的结果，如图 5-25 所示。

我们可以看到图层 2 上的文字除 CD 外都被选中了。

大家也可以想想还有什么其他应用场景，能使用上这几种运算符。

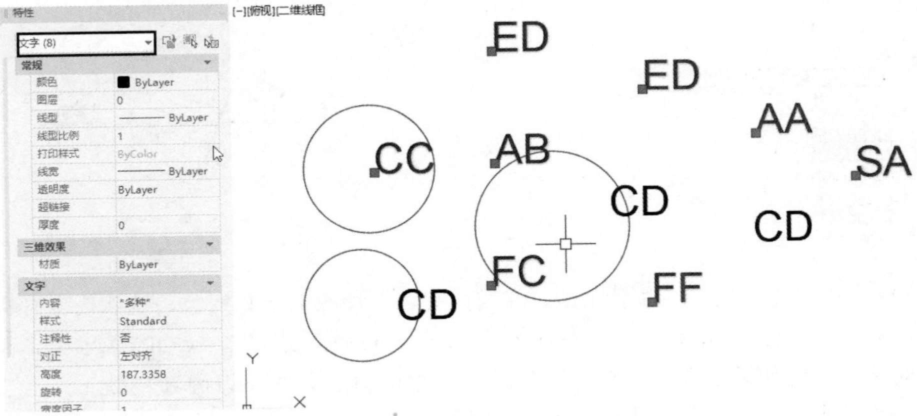

图 5-25

5.7　在 AutoCAD 中怎样反选?

CAD 并没有直接提供反选的功能，但有一些方法可以实现反选，下面简单介绍一下。

1.快速选择（QSELECT）

如果要在全选图形的基础上直接剔除一类的对象，可以直接运行快速选择（QSELECT），在“快速选择”对话框中设置好过滤提交后，选中“排除在新选择集之外”单选按钮即可。假如需要在选定的一些对象中剔除部分对象，可以先框选图形，然后再进行快速选择。来看一个简单的实例，在图形中选择除了圆以外的其他对象，如图 5-26 所示。

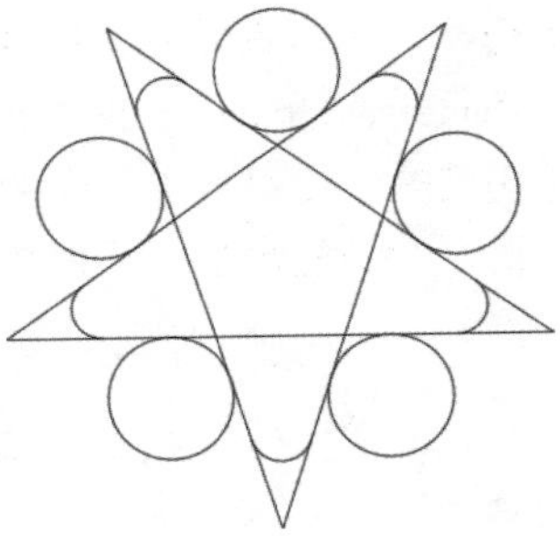

图 5-26

Step 01 在命令面板或特性面板中单击“快速选择”按钮或直接输入 QSELECT 命令，执行“快速选择”命令。

Step 02 在“快速选择”对话框中将“对象类型”设置为“圆”，将“运算符”设置为“全部选择”，选中“排除在新选择集之外”单选按钮，如图 5-27 所示。

如果文件中还有其他图形，在执行快速选择前，可以框选图形，然后在“快速选择”对话框的顶部“应用到”右边的“整个图形”会切换为“当前选择”。

Step 03 单击“确定”按钮，就选中除圆以外的其他对象，如图 5-28 所示。

2.从选择集中减去对象

假设需要从选择集中剔除的对象不是同类对象，无法用快速选择一次过滤出来，或者需要剔除的对象不多时，比如图 5-28 中只想剔除上面的三个圆，可以先框选所有对象，然后依次点选将三个圆从选择集中减去。

减去对象的方法有两种：一种是按住 Shift 键后点选和框选要剔除的对象；另一种，已经选择了全部对象后，如果命令行当前提示的是选择对象，输入 R 后回车，就可以点选和框选要剔除的对象。

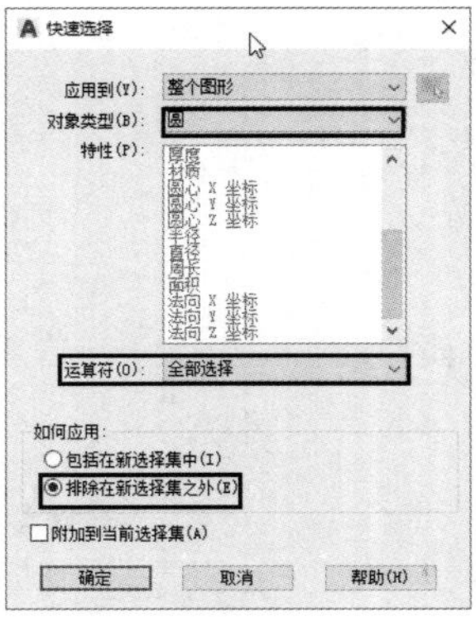

图 5-27

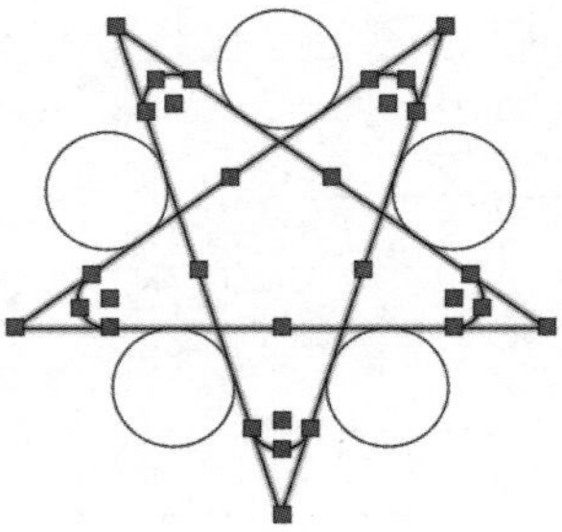

图 5-28

在 CAD 中可以先选对象再执行命令，也可以先执行命令后选择对象。当我们没有执行任何命令就框选后，只能用 Shift 键。假设先执行了移动（MOVE）或复制（COPY）命令，命令行会提示选择对象，此时如果框选了一些对象后，可以用 Shift 键，也可以用 R 参数。

有些图纸会出现一些看不到或离主图形很远的图形，如果想把这些图形选出来删除，可以先按 Ctrl+A 快捷键全选，然后按住 Shift 键，框选可见或要保留的图形，就可以将多余的图形反选。

3.隐藏和隔离对象

要从选择集中剔除一些对象，并且在后续操作中会多次重复这样的操作，可以先将要剔除的对象隐藏，然后就方便我们框选了。

假设上面的图形中我们要剔除上面的两个圆，可以先点选两个圆，然后右击，在弹出的快捷菜单中选择“隐藏对象”命令，如图 5-29 所示。

两个圆被隐藏后，后面想选择其他对象直接框选即可，如图 5-30 所示。

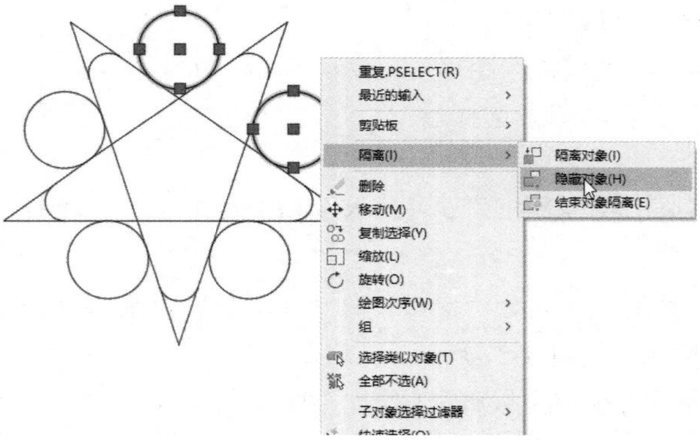

图 5-29

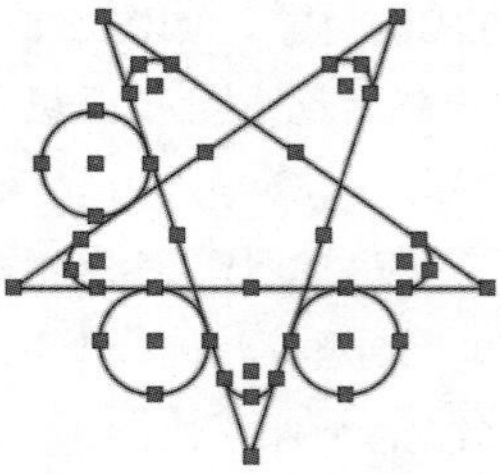

图 5-30

如果只是偶尔选择一次，就没有必要用隐藏了，免得忘了结束对象隔离。不过影响也不大，隐藏状态是不保存的，下次打开图纸被隐藏的对象就会显示出来。

第 6 章 图层

图层是 CAD 中非常重要的管理工具，可以利用图层来锁定不让编辑的图形、关闭图形的显示，还可以设置对象的特性，同时图层也称为图形对象的基本特性，合理设置和使用图层，会对图形的编辑、打印有很大帮助。本章将介绍图层相关的一些重要概念和常见问题。

6.1 图层有什么作用?

用过 CAD 的人都应该知道图层，但很多人对图层的概念和相关功能并不是特别清楚。图层作为一个管理工具，设置的目的就是有效地管理复杂的图形数据。

通过设置图层的特性可以控制图形的颜色、线型、线宽，以及是否显示、是否可修改和是否被打印等，可将类型相似的对象分配在同一个图层上，例如把文字、标注放在独立的图层上，可以方便对文字和标注进行整体的设置和修改。

在 CAD 中使用“图层特性管理器”可以创建图层、删除图层、设置当前层及设置图层的状态、名称、打开/关闭、冻结/解冻、锁定/解锁、线型、颜色、线宽和打印样式等各种特性，还可以对图层进行更多的设置与管理，如图层的切换、重命名等，并且可以创建特性过滤器和组过滤器，如图 6-1 所示。

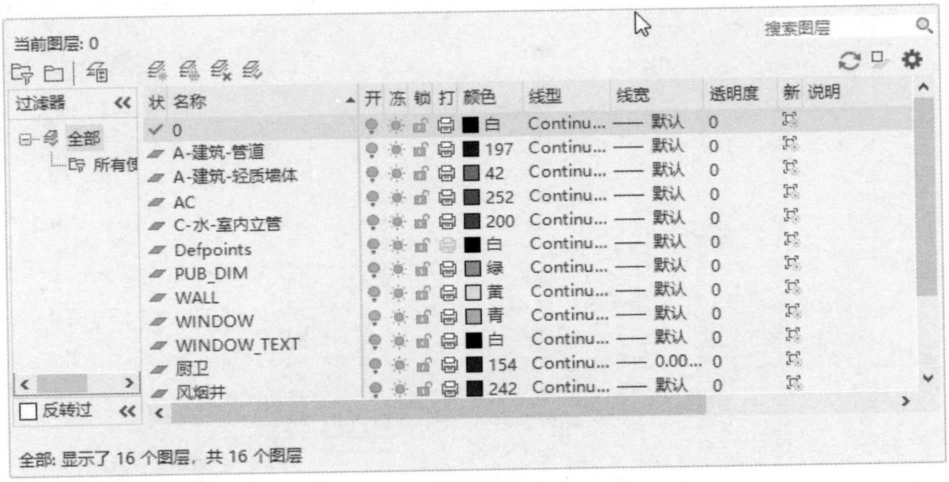

图 6-1

低版本 CAD 的图层管理器是对话框形式的，设置完必须关闭，高版本 CAD 的图层管理器变成了面板的模式，在绘图的过程中可以一直打开图层管理器。

在 CAD 中图层应该如何设置?

通常将同类的图形对象放到同一图层上，至于图形对象的分类并没有严格的要求，这取决于设计单位或个人的需要。

对于很多初学者来很迷茫，到底应该怎么分呢？

不同的行业图层设置已经形成一定的规则，而这些规则早期是由一些行业内流行的专业软件厂商根据国家标准制定的，慢慢也被大多数设计单位所接受。由于这些专业软件会定制好样板文件，并且在绘图时会自动将图形放到对应的图层上，因此大多数设计人员并不需要自己去手动设置图层。初学者也可以借鉴一下这些专业软件，假设你要画机械零件图，不妨装一个浩辰机械软件，假设你画建筑图，不妨装一个浩辰建筑或天正建筑。

机械软件图层设置通常都比较简单，主要是根据图形显示和打印的需要来区分图层的，一般为 7～10 个图层，例如分为实线层、细线层、中心线层、虚线层、剖面线层、文字层、标注层等。而建筑类软件则要复杂多了，通常是按照建筑构件的类型来分的图层，例如墙、门、窗、柱、楼梯、阳台等，有些构件还会细分。因此建筑软件中一般会有几十个甚至上百个图层，在这些图层通常都由建筑软件来管理，如果自己手动建这么多图层，很麻烦！

6.2 什么是当前层？如何设置当前层？

所谓当前层，就是当前激活的图层，绘制的图形将放置在当前图层上。也就是说，在绘图前必须合理设置当前层，才能保证绘制的图形在正确的图层上。

CAD 默认会有一个 0 层，此图层无法删除。新建图纸的默认当前层也是 0 层，如果新建图层或者不设置当前层，所有图形都会画在 0 层上。图形简单倒无所谓，如果图形特别复杂，全部绘制到 0 层上对于后续的编辑和打印会带来很多麻烦。

设置当前层的操作很简单，通常采用的方法有以下两种。

1.在图层下拉列表中选择一个图层

如果知道图层名，可以在“图层”下拉列表中选择一个图层，如图 6-2 所示。

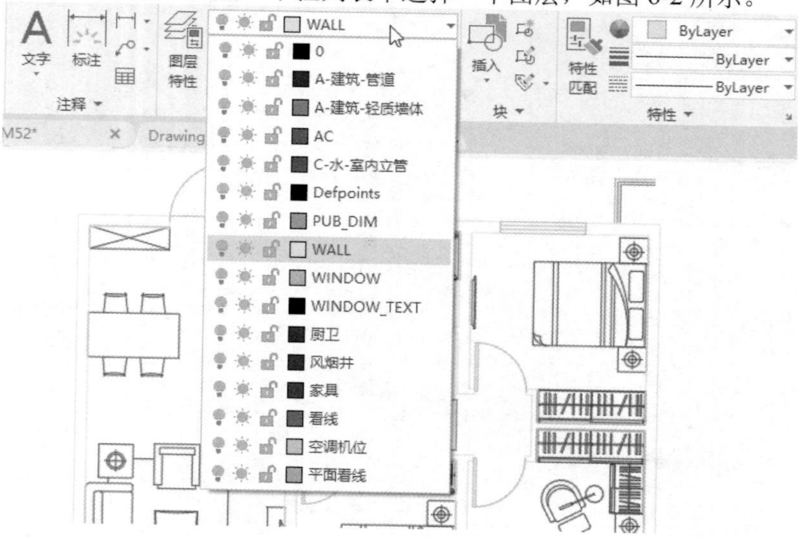

图 6-2

2.通过选择图中的对象来设置当前层

如果不知道图层名，或者图层特别多，但要将新画图形放到跟某个图形的同一图层上，单击“将对象的图层设置为当前”按钮或输入 LAYMCUR 命令，然后在图中选取某一个图形即可，如图 6-3 所示。

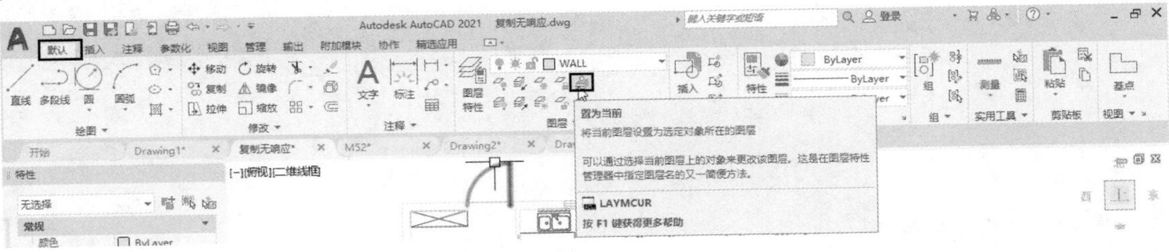

图 6-3

如果知道图层名称，可以用 CLAYER 命令来设置当前图层。在 CAD 高版本中，例如 AutoCAD 2021 命令的自动完成功能进一步增强，可以直接在命令行输入图层名，就会提示图层：XXXX，如图 6-4 所示。

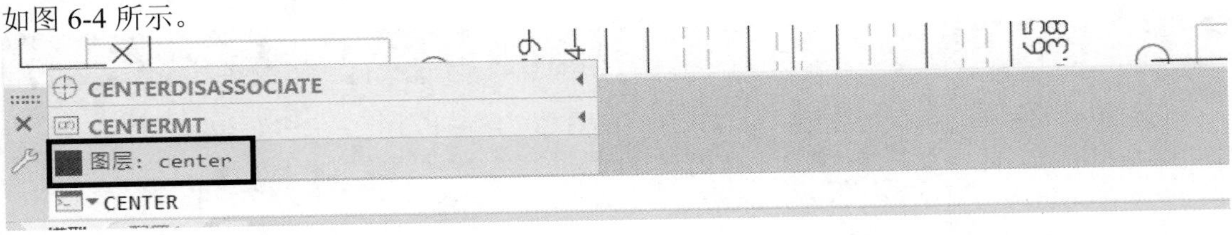

图 6-4

如果没有同名的命令，此选项默认会被选中，直接回车，就会自动执行 CLAYER 命令，将此图层设置为当前层，如图 6-5 所示。

图 6-5

低版本不支持这种操作，很多使用高版本的人还不知道有这种操作，如果知道图层名这种操作还是很方便的。

如果使用了机械或建筑的专业软件，在使用这些专业软件的功能时会自动切换当前层。但如果没有这些专业软件或者只是用 CAD 基础功能绘图时，请注意设置好当前层。

如果将图形绘制到错误的图层上，可能会给后续的绘图、编辑、打印带来麻烦，有人将图形都画在 defpoints 图层（一个设置为不打印的图层）上，结果图形能看到却打印不出来，自己却还不知道怎么回事。

6.3 如何将图形移动到其他图层上?

如果在绘图时由于没有正确设置当前层，将图形绘制到错误的图层上，又或者需要将某些图形移动到另一个图层上，应该怎样操作呢？

1.图层列表

具体操作步骤如下：

Step 01 选择要移动的图形。

Step 02 在“图层”下拉列表中选择相应的图层名。

2.图层匹配

如果想将图形移动到另一个图形所在的图层，可使用图层匹配功能，如图 6-6 所示。

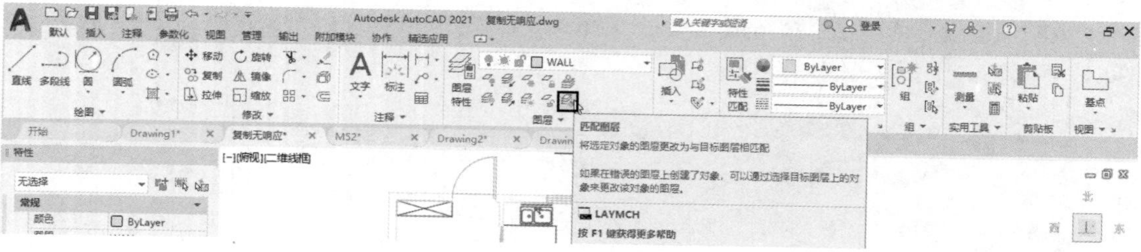

图 6-6

图层匹配的操作如下：

Step 01 执行图层匹配（LAYMCH）命令，回车。

Step 02 选择要移动的图形，回车。

Step 03 根据提示选择目标图层上的某个图形。

6.4 图层的开关、锁定和冻结有什么作用？

利用图层的开关、锁定和冻结，可以方便我们看图、绘图和出图。大多数初学者对于它们的作用不是很清楚，不少使用了 CAD 多年的设计师对开关和冻结的区别也不太清楚，通过一个简单的实验就可以很容易了解几种状态的作用。

我们可以利用手头有多个图层的图纸来完成下面的练习，也可以创建一个简单的图纸来完成练习，比如创建三个图层，分别将颜色设置为红、绿、蓝，然后画三个圆分别放到这三个图层上，如图 6-7 所示。

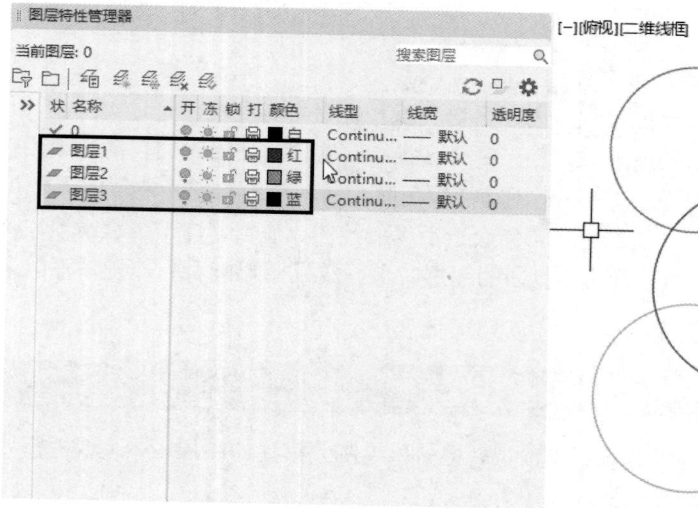

图 6-7

1.通过实例观察开关、锁定和冻结的区别

在图层管理器和“图层”下拉列表中图层名后面跟着三列图标，分别是开关、锁定、冻结。

Step 01 在图层管理器中单击图层 1 后面的开关按钮，将其关闭，单击图层 2 后面的冻结按钮，在单击图层 3 后面的锁定按钮，将三个图层分别关闭、冻结和锁定，如图 6-8 所示。

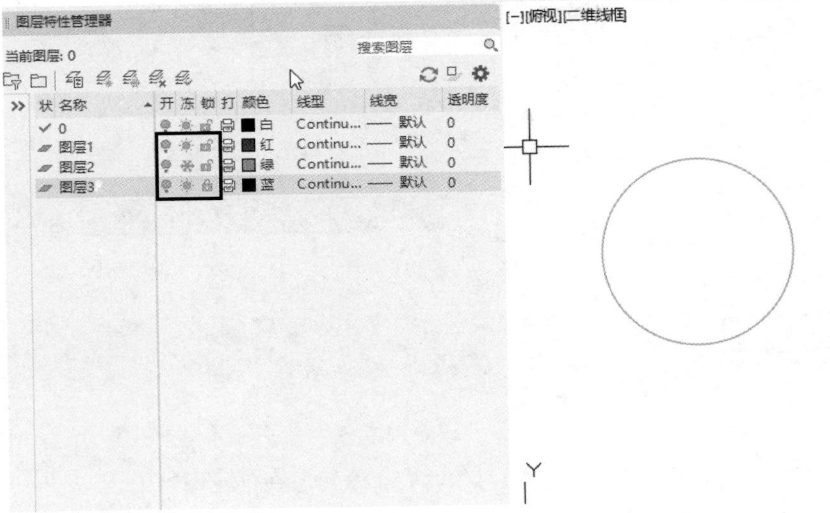

图 6-8

我们可以看到关闭和冻结图层上的圆都消失了，锁定图层上的图层颜色变淡了，这是从表面上看到的现象，但关闭和冻结到底有什么区别呢？

Step 02 先框选三个圆，发现只有被锁定的圆被选中。按 Ctrl+A 快捷键，选择图纸中所有对象，发现关闭图层上的圆也被选中了，如图 6-9 所示。

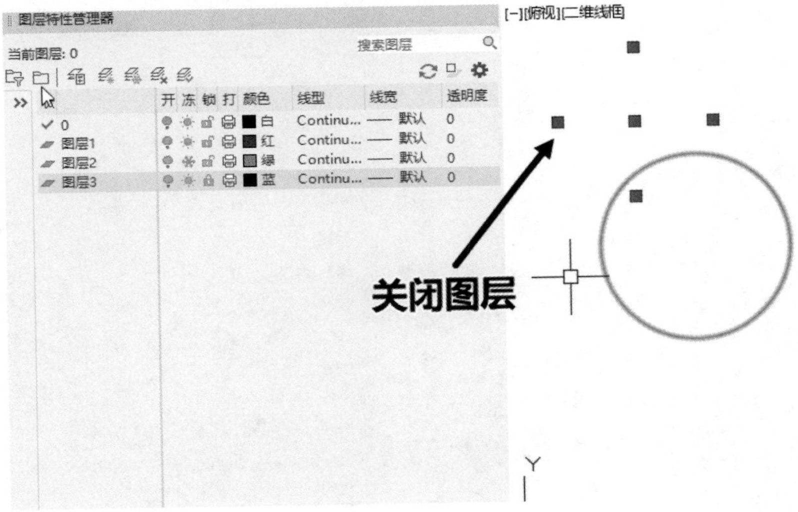

图 6-9

从这个测试可以看到关闭图层和冻结图层的区别，关闭图层的图形还可以被选中，只是临时被隐藏了，但冻结图层上的图形无法被选中。

用比较专业的说法，就是冻结图层上的图形的显示数据根本没有生成，而关闭图层上的显示数据生成了，只是暂时隐藏了。也就是说，图层冻结后占用的内存会减少，而关闭起不到这种作用。但如果只是暂时将某些图层上的图形不显示，开关图层因为不涉及显示数据的重生成，操作会更快。冻结除了不生成显示数据以外，还有其他用途，后面再单独讲解。

Step 03 输入 M 命令，回车，尝试移动对象，如图 6-10 所示。

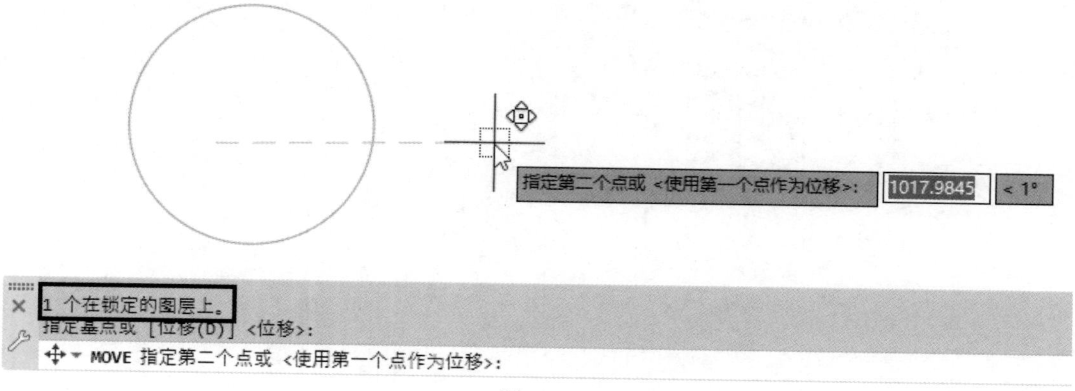

图 6-10

我们可以看到命令行提示选定了 2 个对象，有 1 个对象在锁定图层上。

Step 04 确定一个基点和目标点，将选中的图形移动一定距离，然后按 Ctrl+A 快捷键，再次选中所有图形，如图 6-11 所示。

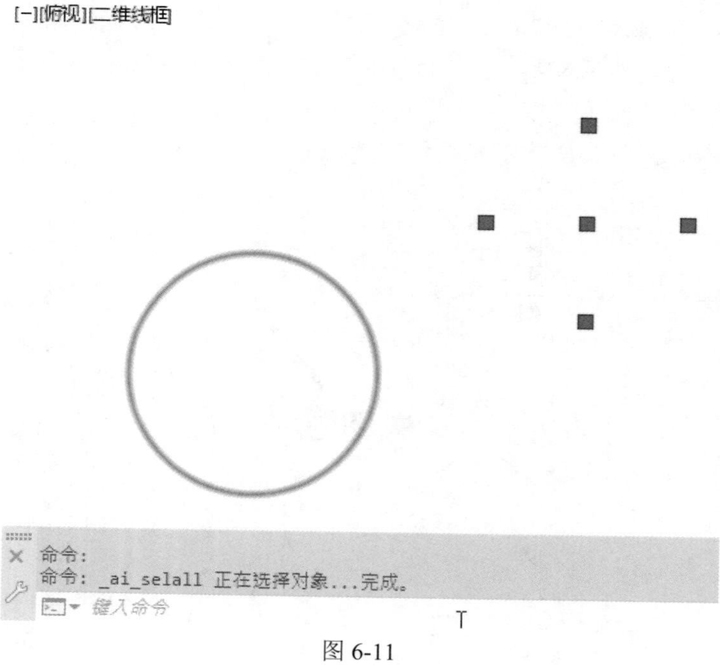

图 6-11

通过上面的操作可以看到：锁定图层上图形被选中，但无法被编辑（移动）；关闭图层上的图形虽然框选不到，但全选可以选中，而且可能会被移动。所以不要在关闭图层后全选并对整图进行移动、旋转、缩放、删除等操作。注意：看不到的东西并不表示不能编辑。

2.冻结、新视口冻结、视口冻结是什么意思？

至于冻结，在布局空间还有更复杂的使用方法。

在图层管理器中分别单击图层后面的按钮，将图层 1 打开，图层 2 解冻，图层 3 解锁。然后单击布局标签，进入布局空间。

布局空间中默认只有一个视口，输入 VPORTS 命令，创建一个新的视口，如图 6-12 所示。

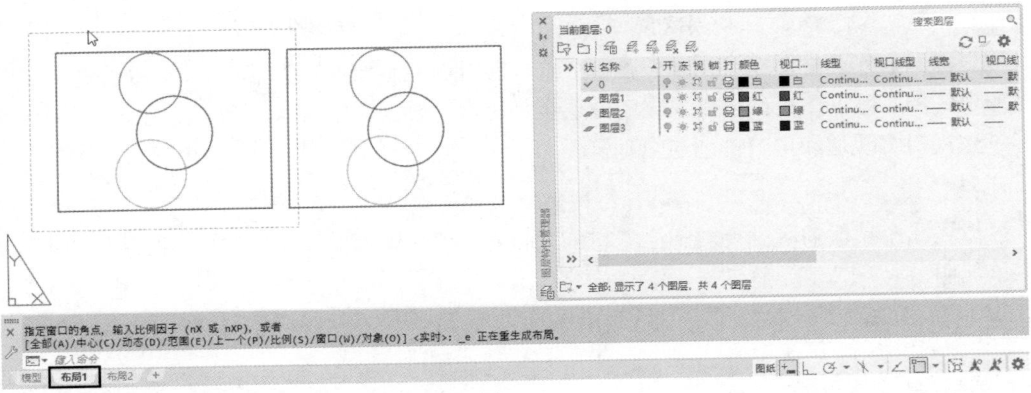

图 6-12

在原有的视口中间双击，进入视口，将图层管理器宽度拉宽一点。直到后面显示新视口冻结和视口冻结两列为止，如图 6-13 所示。

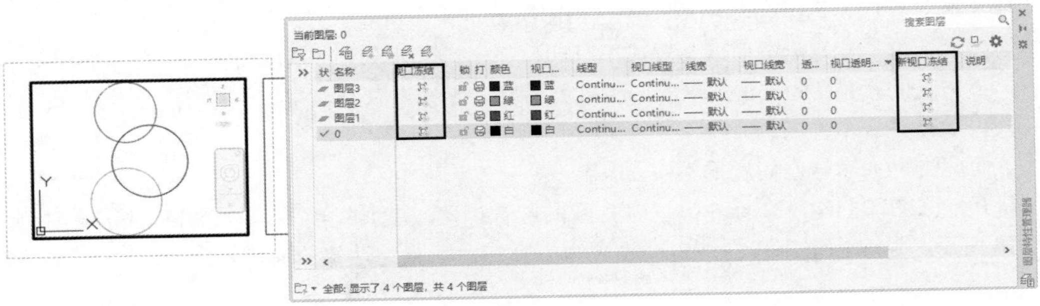

图 6-13

旧版视口冻结及替代参数都在后面，高版本排列方式进行了调整，视口冻结直接排列在视口的后面。

所谓新视口冻结，就是这个图层在后面新建的视口中被冻结。我们来设置视口冻结看看。

单击图层 1 后面的视口冻结按钮，将图层 1 在我们进入的视口内冻结，如图 6-14 所示。

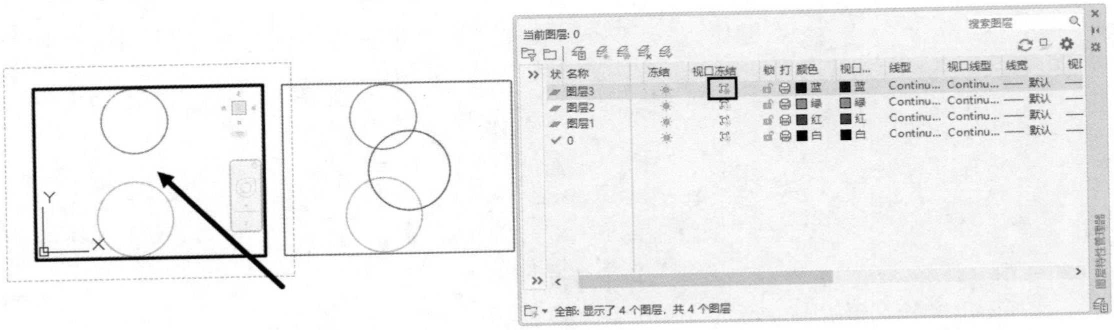

图 6-14

关闭图层管理器或将图层管理器拖动到一边，可以看到在一个视口中，红色的圆消失了，但另一个视口中红色的圆还在。如果想再试试，可以双击进入视口 2，尝试在当前视口冻结图层 2 或图层 3。当进入视口后，图层管理器有三个冻结功能，一个是前面的冻结，将在所有视口中被冻结，新视口冻结是在后面新建的视口中冻结，视口冻结就是在当前进入的视口中冻结。

视口冻结在实际绘图中应用很广泛，比如，将水暖电都绘制在建筑底图上，然后进入布局后，要打印电气图，可以在视口中将水暖的图层全部冻结，要打印给排水的图，就新建一个布局和视口，进入视口将暖通和电气的图层全部冻结。

小结

虽然这几个功能的区别要对初学者讲清楚很难，但通过上面简单的实验，我相信大多数初学者应该能明白。

CAD 虽然功能多、参数多，但只要花点时间研究，很多问题都很容易解决。

6.5 图纸中为什么会多出 Defpoints 图层?

为什么要单独讲 Defpoints 图层呢？

因为这个图层比较特殊，和 0 层一样，是由 CAD 自动生成的一个图层，而且还有比较特别的特性，很多设计人员因为将图形画在这个图层上产生了麻烦。

很多人知道 CAD 图层可以设置成不打印，但不少人不知道 CAD 会自动创建一些不打印的图层，最常见的就是 Defpoints 图层，而且大多数人不知道这个图层怎么出来的，有什么用，为什么会自动设置成不打印。

下面就告诉大家这些问题的答案。

新开一张图，创建一个标注，这时打开图层管理器，就会发现多了一个 Defpoints 图层，如图 6-15 所示。这个图层不仅会被自动设置为不打印，而且无法修改成可打印。

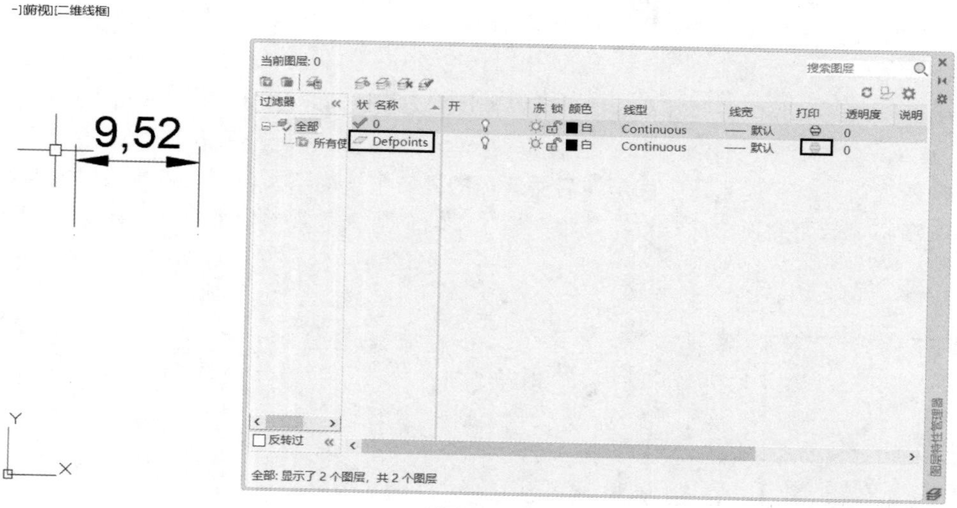

图 6-15

这个图层有什么用呢？

所谓 Defpoints，就是定义标注的点，比如，创建线性标注时在图中拾取的起始点和终止点，在图形中有一个点的标记，选中标注后它们会是标注的夹点，可以拖动改变标注的尺寸，如图 6-16 所示。

标注中只有这两个点在 Defpoints 图层上，就是为了保证在打印时这两个点不会被打印出来，如图 6-17 所示。

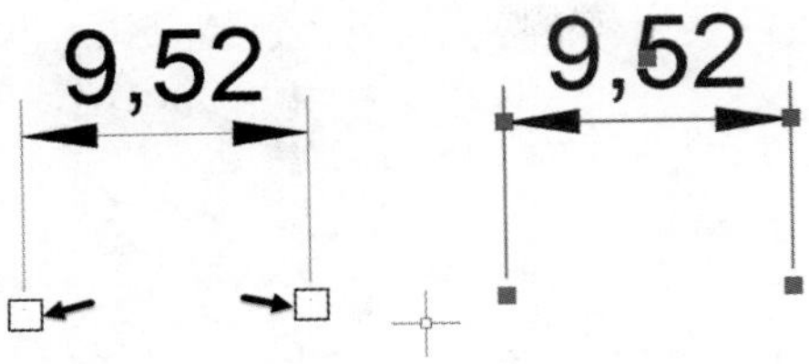

图 6-16

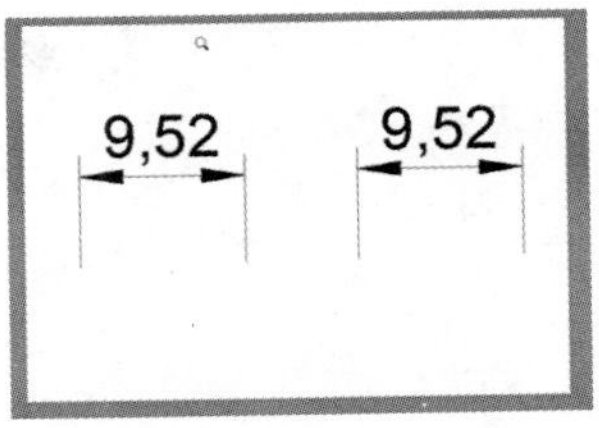

图 6-17

由此看出，CAD 图层设置成不打印还是有用的，CAD 中有时为了操作方便，会生成一些在打印图纸上不需要出现的图形，例如标注的定义点，还有视口的边框。在布局中显示视口的边框，可以方便我们选择并设置视口参数，但如果视口边框不跟图框边界或其他边界重合，有时候我们不希望打印出来，很多人就会直接将视口放到 Defpoints 图层上。

如果发现图形在 Defpoints 或其他不打印图层，需要将这些图形选中，然后在图层列表中选择一个可正常打印的图层，将图形移到其他图层上。

6.6 图层过滤器有什么作用?

一些简单的机械图纸只有几个图层，在图层管理器中操作这些图层非常简单，但有些图纸，如建筑图纸却有上百个图层，要在这些图纸中找到要操作的图层就比较费劲了。如果要频繁操作图纸状态，可以设置图层过滤器，通过设置一些过滤条件，从而在图层管理器中只显示满足条件的图层，缩短查找和修改图层设置的时间。

1.所有使用的图层

在图层特性管理器中已默认添加了一个过滤器：所有使用的图层，可以显示所有图层上有图形对象的图层，也可以勾选“反转过滤器”复选框，显示所有没有对象的图层。如果插入了外部参照，还可以自动增加外部参照和非外部参照图层的过滤器，如图 6-18 所示。

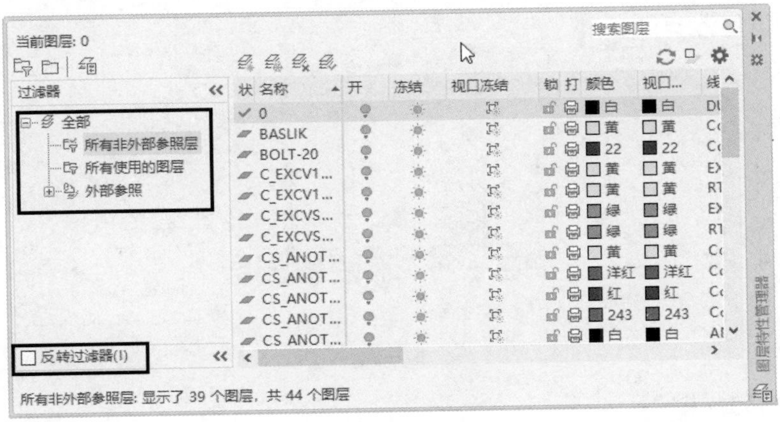

图 6-18

从图 6-18 中可以看出，图纸中共有 44 个图层，其中有 39 图层是非外部参照图层，有 5 个图层是外部参照的图层。

CAD 高版本，默认不显示图层是否使用的状态，也就是 SHOWLAYERUSAGE 变量设置为 0，在这种情况下，“所有使用的图层”这个过滤器就不起作用了，即使一些图层是空的，也仍会显示到图层列表中。这个参数也可以在“图层设置”对话框中进行设置，如图 6-19 所示。

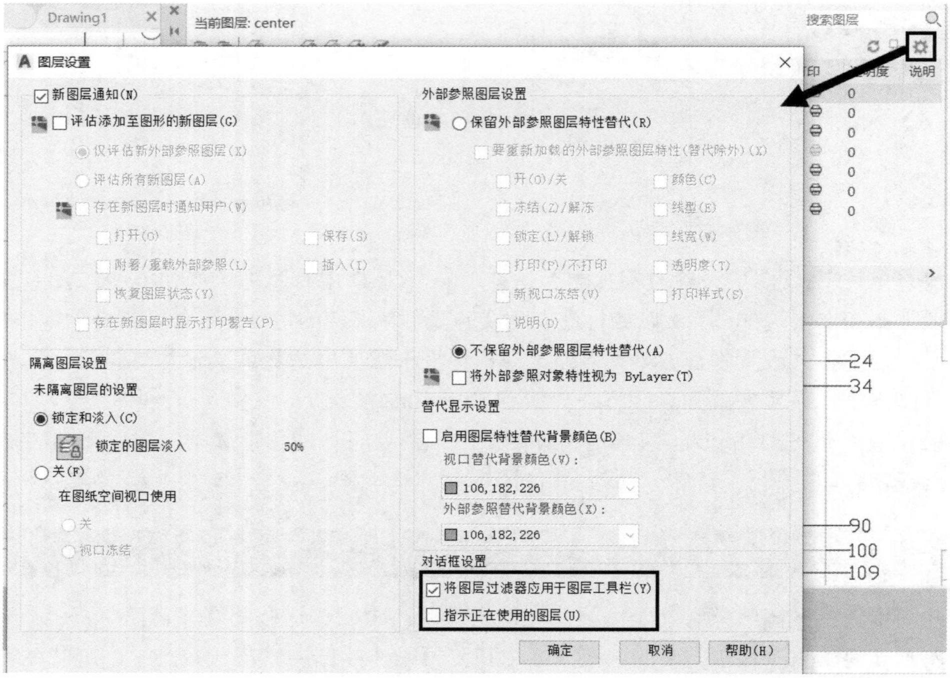

图 6-19

如果需要此过滤器起作用，需要将 SHOWLAYERUSAGE 设置为 1，或在“图层设置”对话框中勾选“指示正在使用的图层”复选框，将显示图层是否使用的状态打开，如图 6-20 所示。

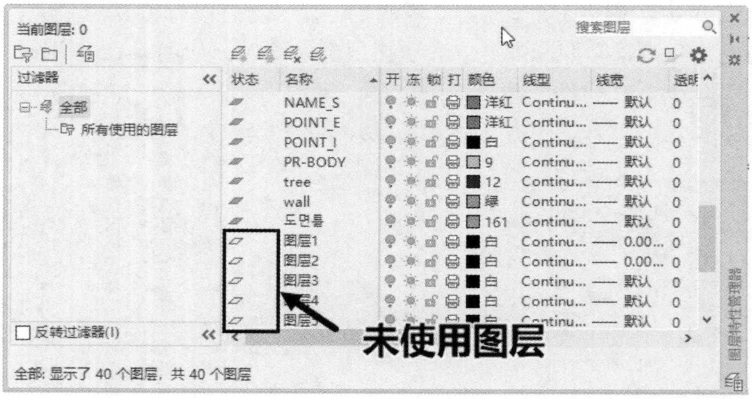

图 6-20

2.图层特性过滤器

在“图层过滤器特性”对话框中单击“新建特性过滤器”按钮，根据自己需要来设置过滤条件，如图层是否使用、图层名称以及图层的开关、冻结、颜色、线型等各种状态。一次可以添加一行或多行过滤条件，每一行也可以设置多个特性。

如果要设置多个过滤器，最好给每个过滤器取一个比较容易分辨的名称，例如，在一张建筑图纸中可以将与墙体相关的图层过滤出来，过滤器名称被命名为“墙体”，如图 6-21 所示。

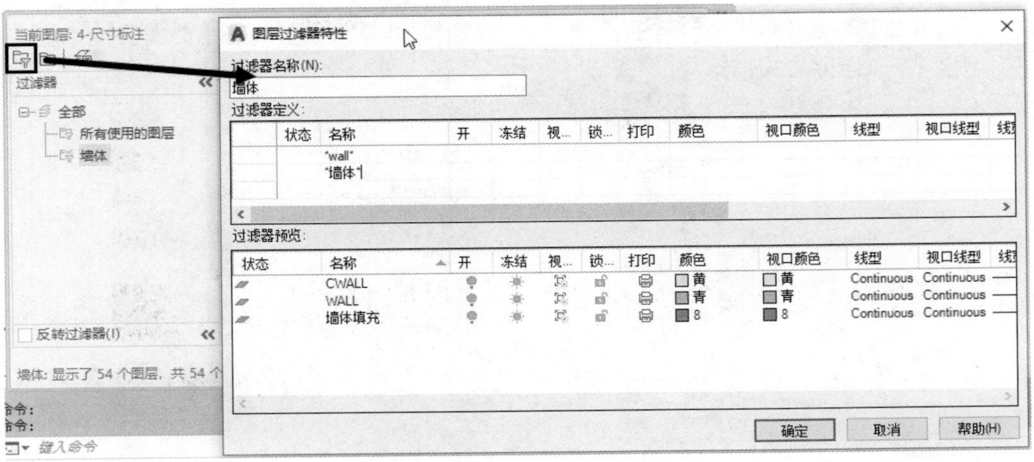

图 6-21

在上面的过滤器中，设置了两个过滤条件，都是用名称来过滤的，分别是*墙体*和*WALL*，就是将图层名字中带墙体和 WALL 的图层都过滤出来。

在设置这个过滤器的过程中，只用了名称一个条件，在实际应用中，在设置名称作为过滤条件时，还可以添加其他条件，例如图层是否开关，是否有图形、是什么颜色等。

3.什么是组过滤器？

所谓“组过滤器”，就是不用设置过滤条件，而是通过直接添加图层来定义的过滤器。我们可以将一些需要同时关闭、冻结或锁定的图层设置成一个组。设置好组后，在图层管理器中右击组名，在弹出的快捷菜单中选择开关、冻结或锁定这一组图层。组过滤器的定义方法如下：

Step 01 在图层特性管理器中单击“组过滤器”按钮，创建一个组过滤器，此时给过滤器起一个名字。

如果这时没起名字也没关系，随时可以右击此过滤器，选择“重命名”命令来改名字。

Step 02 在组过滤器中添加图层，CAD 提供了两种添加图层的方法：

（1）右击组过滤器，在弹出的快捷菜单中选择“选择图层”→“添加”命令，然后在图形窗口中拾取图形，将这些图形所在的图层添加到组过滤器中，如图 6-22 所示。

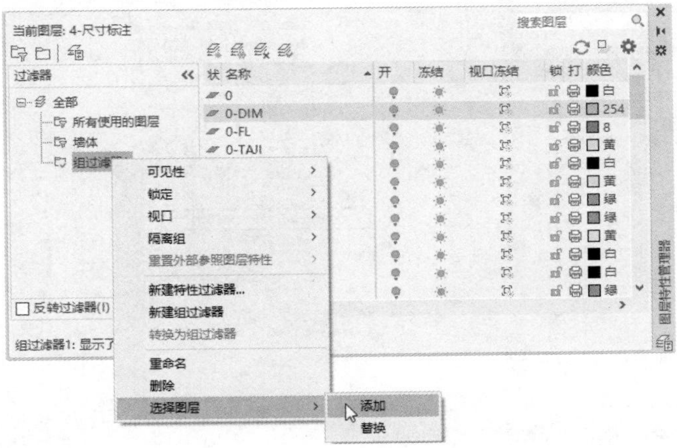

图 6-22

（2）在过滤器列表中切换到“全部”或其他过滤器，然后将右侧列表中的图层拖动到“组过滤器”名字上，如图 6-23 所示。

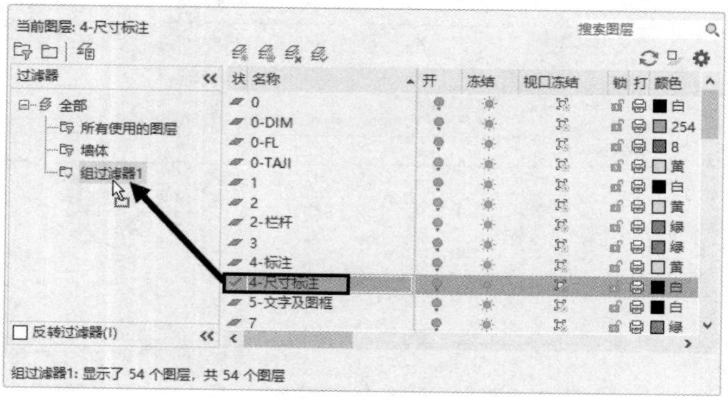

图 6-23

除了可以在组过滤器中添加图层外，还可以“替换”图层，当然也可以从组过滤器中删除图层。组过滤器的右键菜单和图层列表的右键菜单选项很多，此处就不再详细介绍了。

小结

如果你的图层非常多又需要频繁开关时，不妨试试图层特性过滤器和组过滤器，设置好过滤器可以反复使用，磨刀不误砍柴工。

但高版本默认状态下，图层过滤器也会应用于工具栏和面板中显示的图层列表。在图层管理器的“图层设置”对话框中可以设置图层过滤器是否应用到图层列表中，如图 6-24 所示。

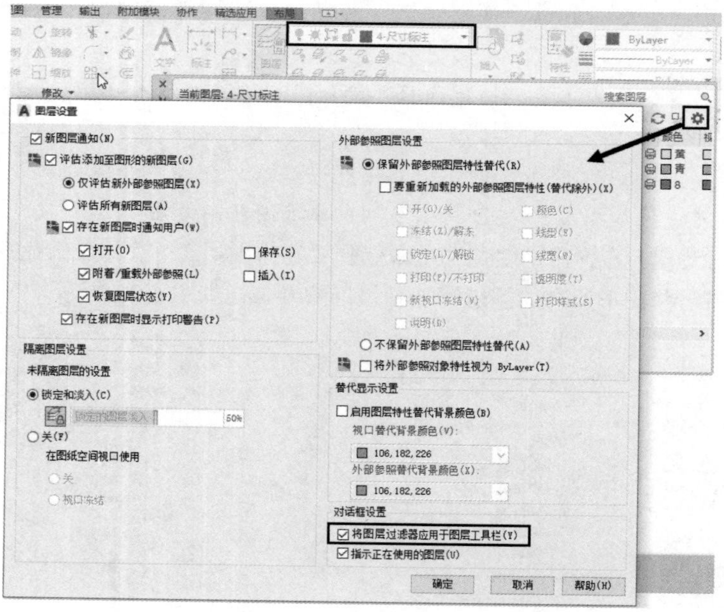

图 6-24

注　意

高版本和低版本中默认状态下，“所有使用的图层”过滤器的状态不同。

6.7　图层状态管理器有什么作用?

如果在操作图纸时要经常开关、冻结或锁定相同的图层，可以将设置好的图层状态利用“图层状态管理器”保存，这样下次就不必重复设置，直接切换图层状态即可。设置好的图层状态不仅可以在当前图纸中使用，还可以保存后在图层设置相同的其他图纸中使用。

1.设置图层状态

设置图层状态的方法有以下两种：

一种是在图层管理器的图层列表中右击，在弹出的快捷菜单中选择“保存图层状态”命令，给图层状态起一个名字，如果有必要的话加上说明，然后单击“确定”按钮即可。

另一种是在图层特性管理器中单击“图层状态管理器”按钮或按 Alt+S 快捷键，弹出如图 6-25 所示的对话框。

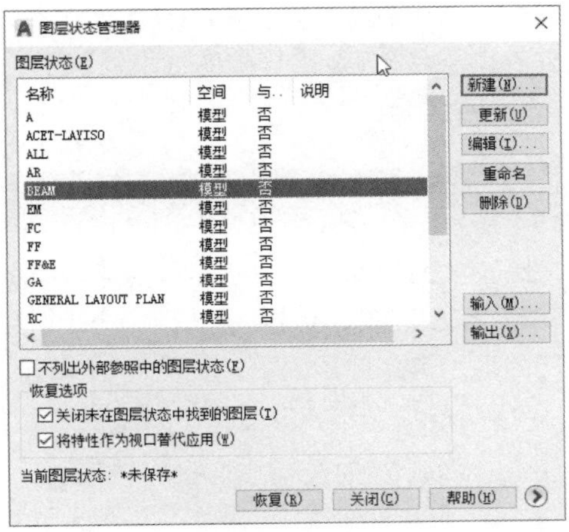

图 6-25

单击“新建”按钮即可新建一个图层状态，单击“编辑”按钮可以打开图层列表并设置各图层的状态。

2.恢复图层状态

将几种常用的图层状态设置好后，利用图层状态管理器可以切换图层状态，切换方法非常简单，单击“图层状态管理器”按钮、按 Alt+S 快捷键或在图层列表的右键菜单中选择“恢复图层状态”命令，打开图层状态管理器，然后在列表中选择一种图层状态后单击“恢复”按钮。

3.输入和输出图层状态

不同行业或单位图纸都是类似的，也就是图层相同，所做的操作也类似，在一张图纸中设置好的图层状态可以适用于其他图纸，为了避免重复进行设置，CAD 提供了输出和输入图层状态的功能。在“图层状态管理器”对话框中选择一个图层状态，然后单击“输出”按钮，即可将此图层状态保存为*.las 文件，单击“输入”按钮即可输入*.las、*.dwg、*.dwg、*.dwt 这些文件中保存的图层状态。

4.上一图层

上一个图层其实是要恢复上一个图层状态，可以取消近期对图层状态进行的调整，可能这个命令用的人不多，在 CAD 高版本，这个命令没有直接放到常用面板中，而是隐藏了图层面板的滑出式，如图 6-26 所示。

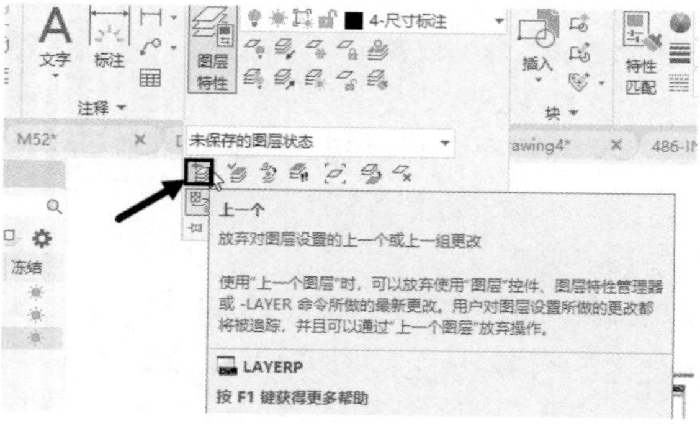

图 6-26

合理设置和使用图层状态可以减少重复性操作，提高工作效率，但如果过度使用就不好了，有些工具软件会频繁设置和保存图层状态，最终导致图纸中保存了大量图层状态，图纸变大很多，而且给图纸后续编辑操作带来不少麻烦。

6.8 什么是图层隔离？如何使用？

当图形比较复杂，图层又比较多的情况下，为了简化图形，提高操作效率，我们会关闭一些无关的图层。如果利用图层管理器或者在图层列表中一个一个地关闭，非常麻烦，因此 CAD 提供了一种更快捷、直观的图层处理工具：图层隔离，如图 6-27 所示。

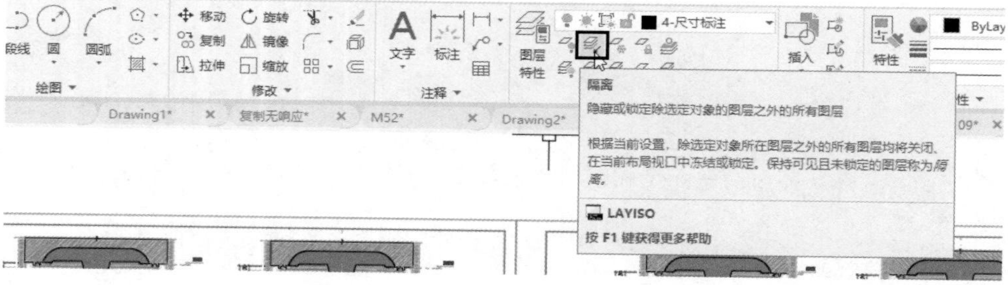

图 6-27

相对于图层管理器和图层列表操作，图层隔离的优势就是快速、直接，直接在图中选择自己要显示和编辑的图形对象，即可将其他图层关闭或锁定。

在 CAD 的早期版本中，图层隔离就是将其他图层关闭，但在后期版本中，图层隔离功能考虑到不同的需要，功能进行了改进，增加了设置（S）选项，可以选择关闭或锁定其他图层。如果选择关闭，还可以设置是“关”还是“视口冻结”，选项设置如下：

命令: layiso

当前设置: 锁定图层, Fade=50

选择要隔离的图层上的对象或 [设置(S)]: s

输入未隔离图层的设置 [关闭(O)/锁定和淡入(L)] <锁定和淡入(L)>: o

在图纸空间视口使用 [视口冻结(V)/关(O)] <关(O)>:

图层隔离的操作如下，通过菜单、工具按钮或输入命令来调用 LAYISO 命令，如果不改变设置，直接在图中点选或框选需要隔离的图形，其他图层上的图形就会按照设置关闭或锁定。

可以通过取消隔离（LAYUNISO）将图层隔离功能关闭或锁定的图层恢复成隔离前的状态，如图 6-28 所示。

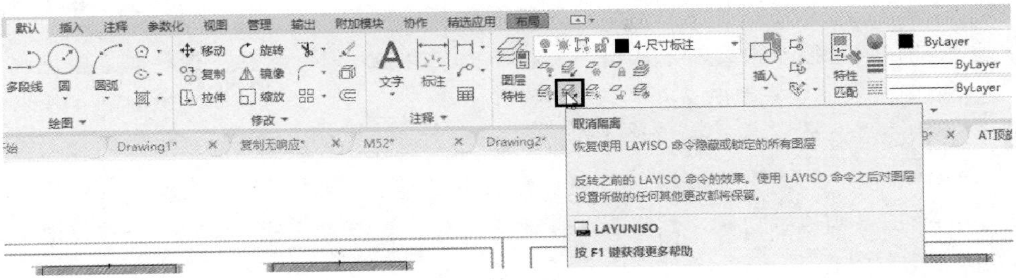

图 6-28

6.9　图层转换的作用是什么？图层转换器如何使用？

当从别人或其他单位接收了一张图纸，如果图纸的图层设置不符合你或者你们单位的要求，不用对图层一一进行修改，可以用图层转换器将这些图纸的图层映射转换为符合标准的图层。

如果图纸中包含与标准图形同名的图层，可以直接进行映射。对于不同名的图层，可以选择图层名进行映射，并且可以将图形中多个图层映射为一个图层。映射关系设置好后，可以再保存成标准文件（*.DWS）或 DWG 文件，以后拿到同样的图纸时，不需要再重复设置映射关系，只需加载之前保存的映射文件即可。

输入 LAYTRANS 命令，或者在菜单中选择“工具”→“CAD 标准”→“图层管理”选项，也可以在命令面板中调用图层转换器，不同软件界面设置不太一样。图 6-29 所示为 AutoCAD 2021 界面中图层管理器中的位置。

图 6-29

“图层转换器”对话框如图 6-30 所示。

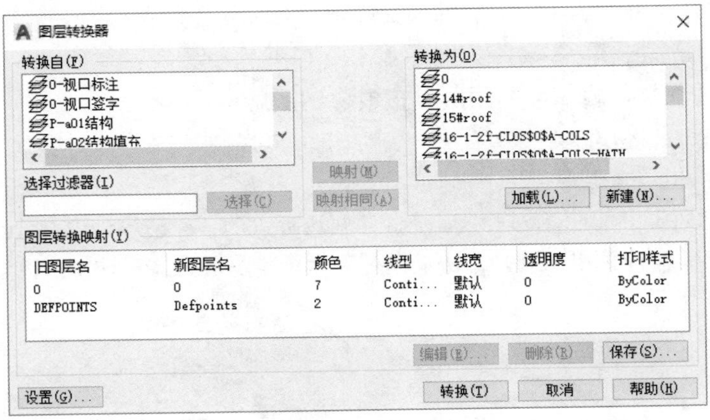

图 6-30

图层转换器的基本操作如下：

Step 01 左侧列表中显示是当前图中的图层，单击“加载”按钮，加载作为转换标准的文件，可以是 dws/dwg/dwt，加载后右侧就会显示作为标准的图层列表。

Step 02 如果确认同名图层内容基本相同，直接单击“映射相同”按钮，这样同名图层就完成了映射，进入“图层转换映射”列表。

Step 03 在左侧选择要转换的图层，可以单选，也可以按住 Ctrl 或 Shift 键多选，还可以在“选择过滤器”中输入一个“文字+通配符”，例如输入 wall*，单击后面的“选择”按钮将所有图层名中带 wall 的图层都选择出来，然后在右侧选择图层，单击“映射”按钮，将当前图中一个或多个图层转换为标准图层。

Step 04 将需要映射的图层都设置完后，如果左侧还有图层，而且这些图层前面的标记是白色的，表示这些图层是空的，而且是无用的。在左侧图层列表中右击，在弹出的快捷菜单中选择“清理图层”命令，将这些无用的图层清理掉。

Step 05 设置好图层转换映射关系后，单击“保存”按钮，将这个设置保存为 dwg 或 dws 文件，以便下次使用。

Step 06 单击“设置”按钮，看看是否需要按照自己的需要设置，例如是否非要将对象属性转换为随层，是否转换块中对象等。

Step 07 一切设置好后，单击“转换”按钮，即可将当前图纸的图层及设置都按要求转换成标准的图层设置。

下次在转换相同的图纸就简单了，打开刚保存的映射文件，单击“转换”按钮即可。

6.10 提示存在未协调图层是怎么回事？应该如何解决？

有网友问我：CAD 显示图形存在未协调的新图层是什么意思？如图 6-31 所示。

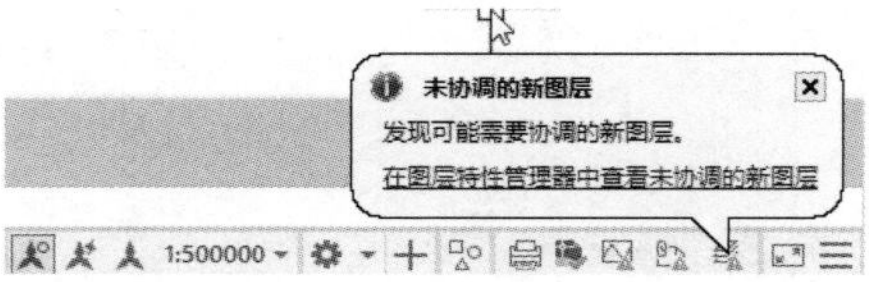

图 6-31

所谓未协调图层，是指在上次执行打印或者保存之类的命令后新增的图层，大部分情况下增加新的外部参照时会把所有外部参照中的图层标记为未协调图层。AutoCAD 之所以要进行这样的提示，是想让大家去检查新插入的外部参照中是否需要所有图层，是否需要关闭或冻结不需要的图层。

上面的对话框只是一个提示，对软件使用影响不大，要想不弹出类似的提示框，有以下两种解决方法。

1.检查不协调图层，将需要的图层设置成协调图层

打开图层管理器，图层管理器中有一个未协调图层过滤器，单击此过滤器，右侧就会显示所有未协调图层，如图 6-32 所示。

在右侧的图层列表中，看看这些图层是否需要进行关闭、冻结等处理，处理好后，全选所有图层右击，在弹出的快捷菜单中选择“协调图层”命令，图层就会从这个过滤器中消失，就不会再提示有未协调图层了。

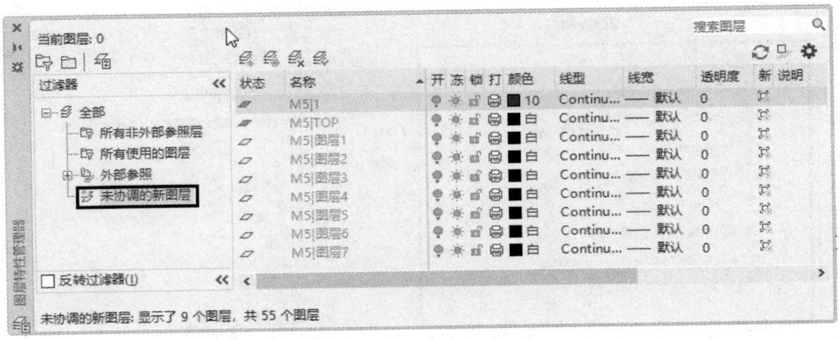

图 6-32

2.关闭对未协调图层的检查和提示，不理会是否有未协调图层

在 AutoCAD 中是否检查未协调图层或何时弹出未协调图层的提示是由变量控制的，下面简单介绍一下相关的变量。

（1）LAYEREVAL

设置新建图层或插入外部参照后是否检查图层。此变量有以下 3 个值：

- 0 不检查。
- 1 检查图中添加的新外部参照的图层。
- 2 检查图中新建或新外部参照的图层。

如果不想让 CAD 检查新图层，可以在命令行中输入 LAYERVAL，回车，输入 0，回车即可。如果英文不错的话，这个变量也不难记，就是 LAYER+EVALUATE 图层评估的简写。

（2）LAYERNOTIFY

LAYERNOTIFY 变量用于设置在检测到未协调图层后何时提示。此变量值由一系列二进制的值组成，这些值还可以进行累加。

- 0　关闭提示。
- 2　打印时提示。
- 4　打开图纸时提示。
- 8　加载、重载、附加外部参照时提示。
- 16 保存时提示。
- 32 插入块时提示。

这些值可以累加，例如可以设置为 6，表示打印和开图时都提示。当然也可以设置为 0，一直都不提示。

（3）LAYEREVALCTL

LAYEREVALCTL 变量是用来控制检测或提示的总开关，如果将这个变量设置为 0，无论 LAYERVAL 和 LAYERNOTIFY 的设置是什么，都会被强制关闭。只有此变量设置为 1 时，那两个变量才会起作用。

用变量来设置这些选项比较麻烦，最简单的还是在“图层设置”对话框中直接设置选项，如图 6-33 所示。

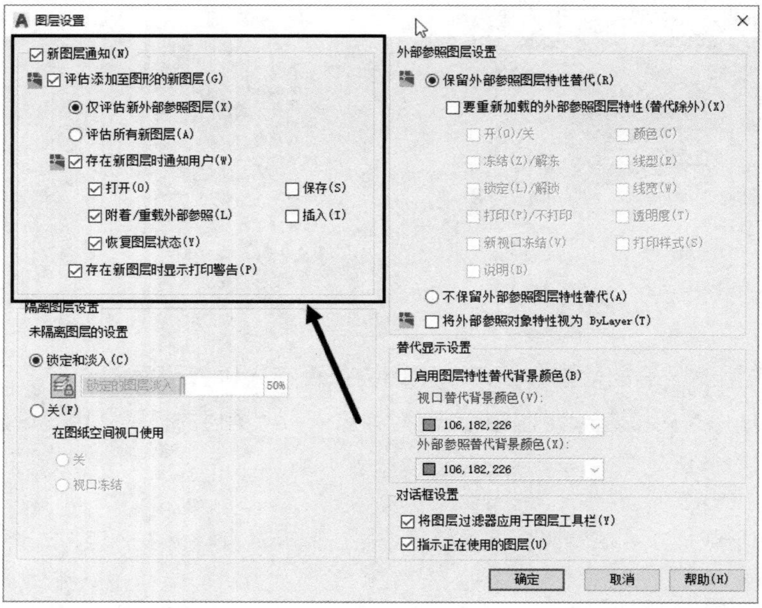
图层设置
新图层通知(N)
评估添加至图形的新图层(G)
仅评估新外部参照图层(X)
评估所有新图层(A)
存在新图层时通知用户(W)
打开(O)
保存(S)
附着/重载外部参照(L)
插入(I)
恢复图层状态(Y)
存在新图层时显示打印警告(P)
隔离图层设置
未隔离图层的设置
锁定和淡入(C)
锁定的图层淡入
50%
关(F)
在图纸空间视口使用
关
视口冻结
外部参照图层设置
保留外部参照图层特性替代(R)
要重新加载的外部参照图层特性(替代除外)(X)
开(O)/关
颜色(C)
冻结(Z)/解冻
线型(E)
锁定(L)/解锁
线宽(W)
打印(P)/不打印
透明度(T)
新视口冻结(V)
打印样式(S)
说明(D)
不保留外部参照图层特性替代(A)
将外部参照对象特性视为 ByLayer(T)
替代显示设置
启用图层特性替代背景颜色(B)
视口替代背景颜色(V):
106, 182, 226
外部参照替代背景颜色(X):
106, 182, 226
对话框设置
将图层过滤器应用于图层工具栏(Y)
指示正在使用的图层(U)
确定
取消
帮助(H)

图 6-33

第 7 章 对象属性

为了更方便管理图形、控制图形的显示和打印效果，CAD 给图形对象设置了图层、颜色、线型、线宽等基本属性。本章将介绍这些对象属性正确的设置方法和一些常见问题的解决办法。

7.1 Bylayer、Byblock 是什么意思？

CAD 中对象有几个基本属性（颜色，线型，线宽等），这几个属性可以控制图形的显示效果和打印效果，合理设置好对象属性，不仅可以使图面看上去更美观、清晰，更重要的是可以获得正确的打印效果。在设置对象的颜色、线型、线宽的属性时，可以看到列表中都有 Byblock、Bylayer 这两个选项，初学者不知道是什么意思，即使是对 CAD 有一定了解的人也不一定完全清楚它们的作用。

Byblock：随块，意思是“图形对象的属性使用它所在图块的属性”。

通常只有将要做成图块的图形才设置这个属性。当图形对象设置为 Byblock 并被定义成图块后，调整图块的属性时内部设置成 Byblock 的属性将跟随图块设置变化。如果图形对象属性设置成 Byblock，但没有被定义成图块，此对象将使用默认的属性，颜色是白色、线宽为默认线宽、线型为实线。

Bylayer：随层，意思是“对象属性使用它所在图层的属性”。

对象的默认属性是随层（Bylayer）。我们通常会将同类的很多图形放到一个图层上，用图层来控制图形对象的属性更加方便。常规做法是：根据绘图和打印的需要设置好图层，并将这些图层的颜色、线型、线宽、是否打印等都设置好，绘图时将图形放在合适的图层上即可。

如果图形比较简单，没有分图层，或者同一图层上希望在显示或打印效果上有所区分，每个对象可以单独设置颜色、线型和线宽。

随层比较简单，就是图形无论是独立的还是在块内，都跟图形所在图层是一致的。

独立的对象所在图层可以一目了然，块内对象所在的图层跟图块定义时图形所在图层和块参照插入的图层都有关系，这个稍微复杂一点。

如果绘制的图形对象在 0 层，定义成图块后，图块插入到哪个层，块内图形对象就在哪个层；如果图形对象不在 0 层，定义成图块后，图块无论插入到哪个层，块内的图形对象仍然在它原来的那个层。

要将这种关系弄清楚也很简单，先建两个新图层，图层 1 设置成红色，图层 2 设置成绿色，然后分别在 0 层和图层 1 上画一个圆，属性直接用默认的 Bylayer。将两个圆选中，输入 B 回车，创建为一个图块。分别将三个图层设置为当前层后插入此图块，可以看到，原来图层 1 上的圆始终是红色，0 层上的圆则会使用当前图层的颜色，如图 7-1 所示。

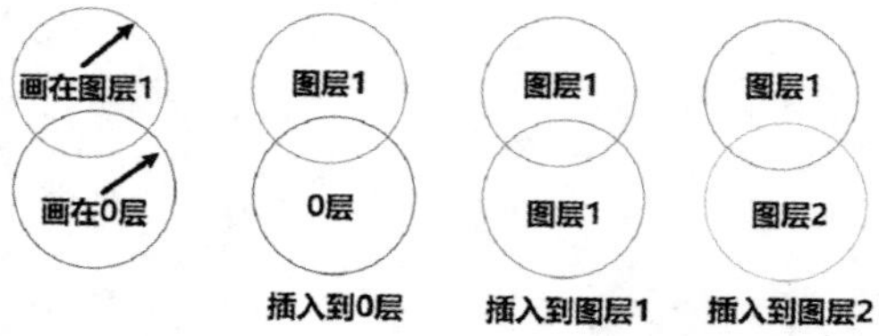

图 7-1

如果块内图形的属性设置成 Byblock，而图块的属性设置成 Bylayer，块内图形属性都会随块插入的图层变化，也可以直接修改图块的属性来控制块内图形的属性。如果块内图形属性都设置的是 Bylayer 或其他固定属性，调整图块的属性对块内图形不会有任何影响。

如果看完上面的文字还不清楚，建议自己试验一下，方法很简单：设置几个不同颜色的图层，绘制一些图形，将几个图形设置成 Byblock、Bylayer 或固定颜色，将其中一些图形定义成块，然后将图形和图块复制或插入到不同颜色的图层，观察颜色的变化，这样就很容易弄清楚 Byblock、Bylayer 可能会给对象属性带来的影响，就知道什么时候应该选择什么样的设置了。

7.2 在 AutoCAD 中颜色有哪些作用?

假如要打印彩色图纸，将线条或填充设置成彩色有意义，但大多数情况下 CAD 图纸都是单色打印，图形颜色对于最终输出的结果并没有意义，为什么大多数图纸仍然是花花绿绿的，设置了很多颜色呢？

因为 CAD 中颜色并不光是为了让图纸看上去好看一点，其实颜色作为一个管理工具，在 CAD 中有很多用途。

在 CAD 中颜色主要有以下几种作用。

（1）按照图形打印的颜色要求来设置颜色。

（2）对图形进行分类。将图纸中不同的元素通过图层、颜色进行分类，可以更加清晰地观察图纸内容，可以提高绘图效率。例如轴线设置成红色、标注设置成绿色，墙线设置成白色、图框设置成青色等，哪些图形是目前需要关注的内容一目了然。

（3）利用颜色来控制打印输出的颜色、线宽及其他效果。CAD 软件提供了与颜色相关的打印样式表（CTB），通过 255 种索引色来设置和控制打印输出的效果，这也是目前 CAD 中最普遍采用的一种方式。需要注意的是，真彩色不受 CTB 打印样式表控制，会按原色输出。后面在介绍打印时将重点讲解颜色与打印的关系。

（4）使图面更美观。虽然这不是大多数人关注的重点，但还是有不少人在图纸中大量使用渐变色填充，目的就是让图纸显得更漂亮。

7.3 线型有什么作用？线型如何加载？

在 CAD 图纸中，有时会通过线型来区分线的作用，比如用虚线、点划线表示一些辅助性的线，在一些专业性图纸中，还会通过在线上加入一些文字表示线缆或管道，在地形图中还会用不同的线型来表示不同的材质或地形，例如河岸、陡坎等，如图 7-2 所示。

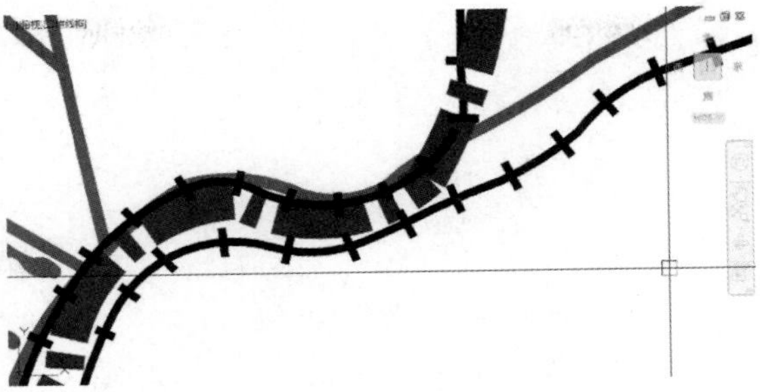

图 7-2

1. 了解线型定义

虚线、点划线由一些重复的单元构成，为了更容易表现这些线型，CAD 定义了一种文件：线型文件（*.lin）。有了线型文件，就不需要重复绘制或阵列这些线型单元，只需绘制正常的直线、圆、弧等图形，然后从线型文件中加载并选择合适的线型即可。

线型文件是一个纯文本文件，用记事本就可以打开，如图 7-3 所示。

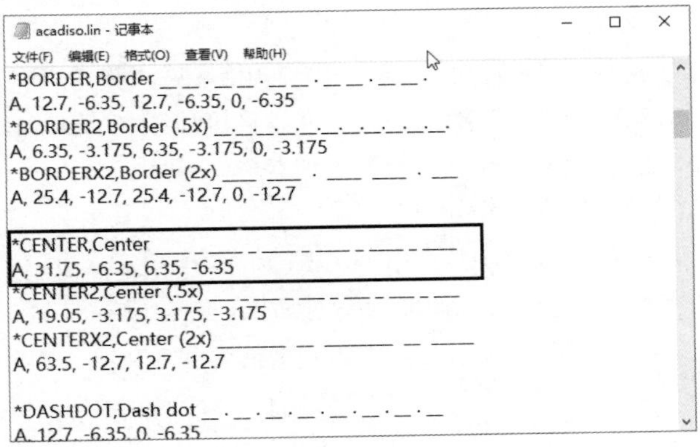

acadiso.lin - 记事本

文件(F) 编辑(E) 格式(O) 查看(V) 帮助(H)

*BORDER,Border __ __ . __ __ . __ __ . __ __ . __ __ .
A, 12.7, -6.35, 12.7, -6.35, 0, -6.35
*BORDER2,Border (.5x) __.__.__.__.__.__.__.__.__.__.__.
A, 6.35, -3.175, 6.35, -3.175, 0, -3.175
*BORDERX2,Border (2x) ____ ____ . ____ ____ . __
A, 25.4, -12.7, 25.4, -12.7, 0, -12.7

*CENTER,Center ____ _ ____ _ ____ _ ____ _ ____ _ ____
A, 31.75, -6.35, 6.35, -6.35
*CENTER2,Center (.5x) ___ _ ___ _ ___ _ ___ _ ___ _ ___
A, 19.05, -3.175, 3.175, -3.175
*CENTERX2,Center (2x) ________ __ ________ __ _____
A, 63.5, -12.7, 12.7, -12.7

*DASHDOT,Dash dot __ . __ . __ . __ . __ . __ . __ . __
A, 12.7, -6.35, 0, -6.35

图 7-3

在线型文件里定义了线型每个单元的形状，每种线型定义并不复杂，正数表示实线的长度，负数表示空格的宽度，0 表示点，复杂线型中会加入由形文件或文字样式定义的字符或符号形，文字或符号的尺寸、角度可以用参数控制。

下面是几种线型的定义：

*CENTER,Center ____ _ ____ _ ____ _ ____ _ ____ _ ___A,1.25,-0.25,0.25,-0.25

*GAS_LINE,Gas line ----GAS----GAS----GAS----GAS----GAS----GAS----GAS---

A,0.5,-0.2,["GAS",STANDARD,S=0.1,U=0.0,X=-0.1,Y=-0.05],-0.25

*HOT_WATER_SUPPLY,Hot water supply ---- HW ---- HW ---- HW ---- HW ---- HWA,12.7,-5.08,["HW",STANDARD,S=2.54,U=0.0,X=-2.54,Y=-1.27],-5.08*SCARPLINE1,Scarp line(up)_|__|__|__|__|__|__|__|__|__|__|__|__|__|__|__|__|__|A,2,[8,AAA.SHX,Y=1],0.00000000001

用这些线型绘制出来的效果如图 7-4 所示。

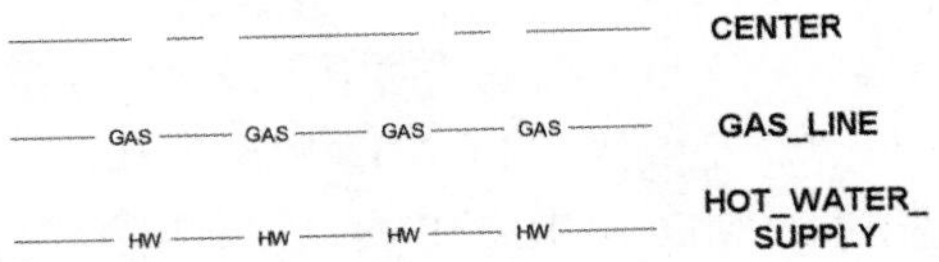

图 7-4

CENTER 是普通的线型，它的线型定义是由简单的数字构成的，正数表示实线长度，负数表示空格长度，0 表示点。

图 7-5

GAS_LINE 和 HOT_WATER_SUPPLY 的区别就是中间加入了文字，文字的定义包括字符、文字样式、缩放比例、X/Y 轴向的偏移等参数。

除了可以在线型上写字母外，还可以插入形文件*.shx 中的符号，例如：

*ZIGZAG,Zig zag /\
A,0.00254,-5.08,[ZIG,ltypeshp.shx,x=-5.08,s=5.08],-10.16,[ZIG,ltypeshp.shx,r=180,x=5.08,s=5.08],-5.08

线型的效果如图 7-5 所示。

对于大多数设计人员来说，找到合适的线型文件，加载使用即可。了解线型的定义有利于我们理解遇到的一些问题，例如为什么虚线显示为实线？为什么线型中会显示问号？线型中的符号为什么显示不出来。

2.线型如何加载？

虽然 CAD 提供的线型文件里包含几十种常用线型，但新建文件时默认只有实线（Continuous），如果要用其他线型，需要先加载，可以直接加载 CAD 软件自带的线型文件中的线型，也可以浏览并加载其他线型文件（*.lin）中所包含的线型。

线型的加载方法很简单，基本操作如下：

在菜单中选择“格式”→“线型”选项（或在命令行中输入“Linetype”或在“线型”下拉列表中选择“其他”选项），打开“线型管理器”对话框，如图 7-6 所示。

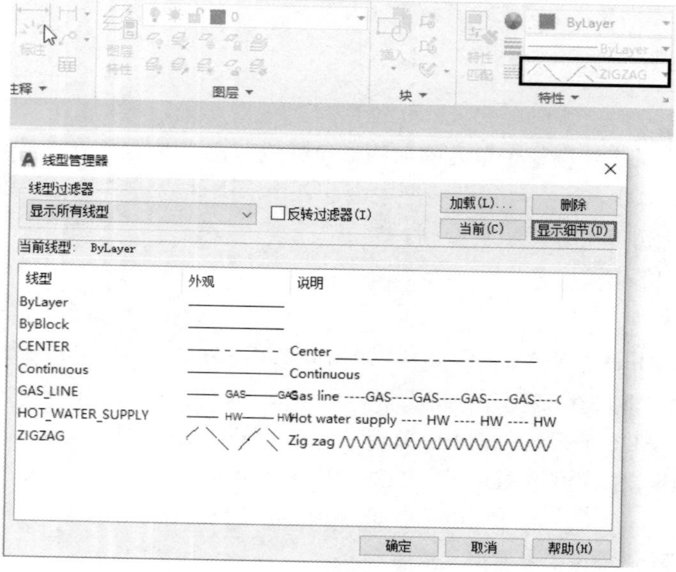

图 7-6

单击“加载”按钮，会列出 CAD 自带线型文件中所包含的线型，如图 7-7 所示。

如果选择的是公制模板，也就是测量单位 MEASUREMENT 设置为 1 时，会默认加载 acadiso.lin；如果是英制测量单位（MEASUREMENT 设置为 0），会默认加载英制的线型文件 acad.lin。

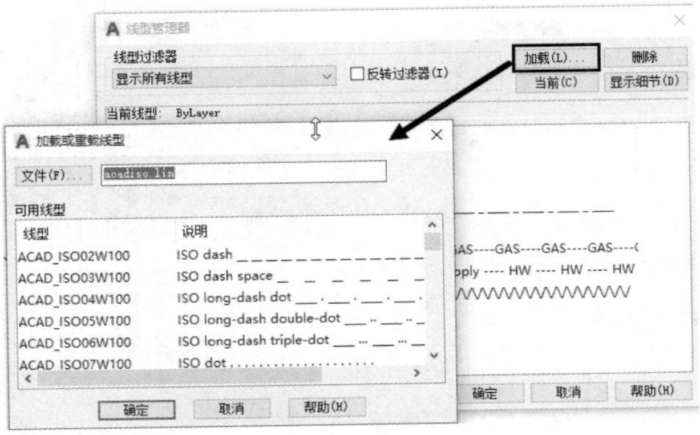

图 7-7

如果需要加载其他线型中的线型，可单击“文件”按钮，浏览并打开其他线型文件即可。

在“线型”列表中选择需要加载的线型，按住 Ctrl 键或 Shift 键可以一次选择多种线型，选择好线型后，单击“确定”按钮就可以将线型加载到线型列表中。

加载好线型后，可以先画线，然后在“线型”列表中选择需要的线型，也可以事先设置好线型，再绘制图形。

如果对图层进行了合理的规划，相同图层的图形使用相同的线型，在图层管理器中给图层设置线型，然后将所有图层的线型设置成 BYLAYER 即可。在图层管理器中可以选择已加载好的线型，也可以加载其他线型，如图 7-8 所示。

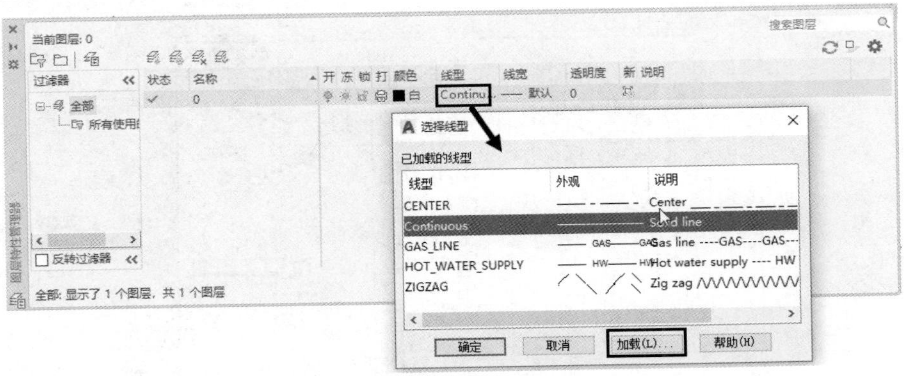

图 7-8

7.4 线宽的作用是什么？画图时是否必须设置线宽？

线宽是 CAD 图形的一个基本属性，可以通过图层来进行设置，也可以直接选择图形单独设置线宽，线宽的主要作用就是控制打印，也就是控制图形在打印时线条的宽度。

线宽是图形对象的一个基本属性，但不是一个几何属性，也就是说线宽设置并不能改变图形的外观和形状。

标准的线宽有 0.05、0.09、0.13、0.15、0.18、0.20、0.25、0.30、0.35、0.40、0.50、0.53、0.60、0.70、0.80、0.90、1.00、1.06、1.20、1.40、1.58、2.00、2.11。线宽是有单位的，默认单位是毫米（mm）。单位也可以设置成英寸（in），如果设置成英寸，就是 0.039、0.042、0.047 等一系列数值。

CAD 图纸也可以设置成各种不同单位，一个单位可以表示 1 毫米，也可以表示 1 米、1 英寸；而且有时还会按照一定比例绘制图纸，打印时也会根据图形和纸张大小选择不同的打印比例，如 1∶1、1∶100、1∶200。无论图形的单位和比例如何设置，“线宽”的单位始终不变，要么是毫米，要么是英寸。如果打印时线宽设置成 0.3 毫米，打印出来线条的宽度都是 0.3mm。

1.画图时是否必须设置线宽？

一些简单的机械图纸，只分几个简单的图层，就会利用图层来区分粗细线，在复杂的建筑或地形图中一般很少设置线宽，而是将不同图层设置成不同颜色，在打印输出时直接利用打印样式表（CTB）文件按颜色来设置输出线宽，如图 7-9 所示。

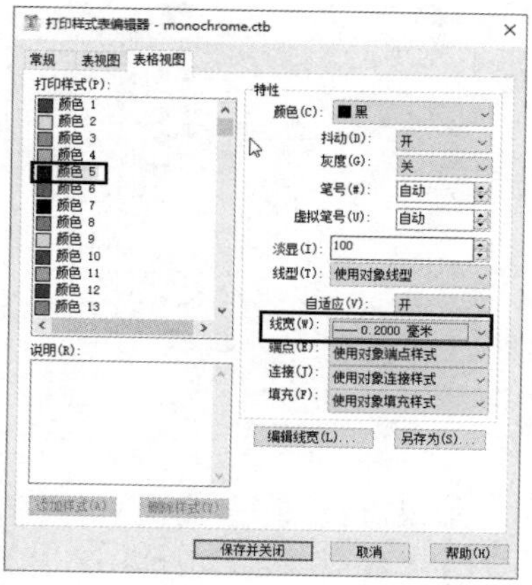

图 7-9

因此，在画图时是否设置线宽取决于你计划用什么方式来控制打印，并不是必须设置。关于打印样式表和打印线宽的控制会在打印相关章节中详细介绍。

2.如何在视图中显示线宽？

在设置线宽后如果想直接显示线宽很简单，只需单击状态栏的线宽按钮即可，显示后效果如图 7-10 所示。

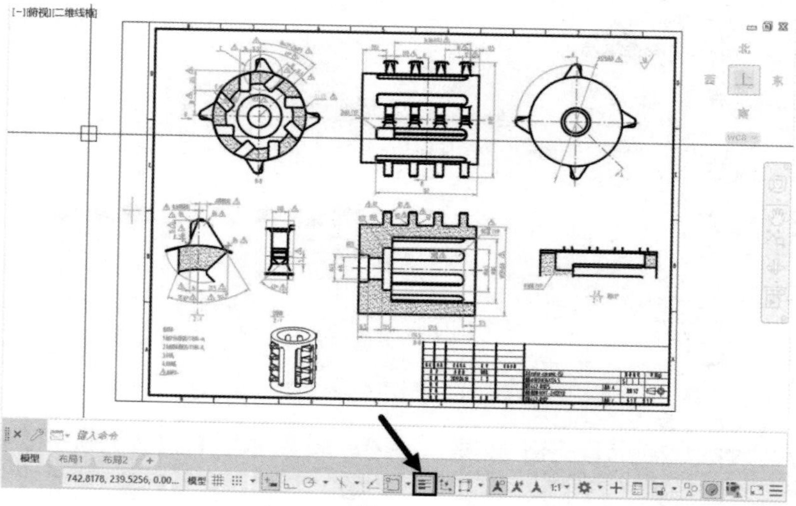

图 7-10

不同版本的显示线宽图标不完全相同，位置也不完全一样，比如 AutoCAD 2021 的线宽按钮没有显示，还需要单击状态栏最右侧的自定义按钮，在列表中勾选才能显示出来，如图 7-11 所示。

图 7-11

3.在窗口中显示的线宽是否与最终打印的线宽一致？

设置线宽时可以看到线宽是有单位的，如果用公制，单位是 mm，比如 0.5mm，但打开线宽显示后，视图中显示的线宽与设置的线宽有明显的差别，比如图 7-9 中的粗实线显示的宽度远比设置的线宽大。

可以适当缩放视图，然后观察缩放后线宽的变化，如图 7-12 所示。

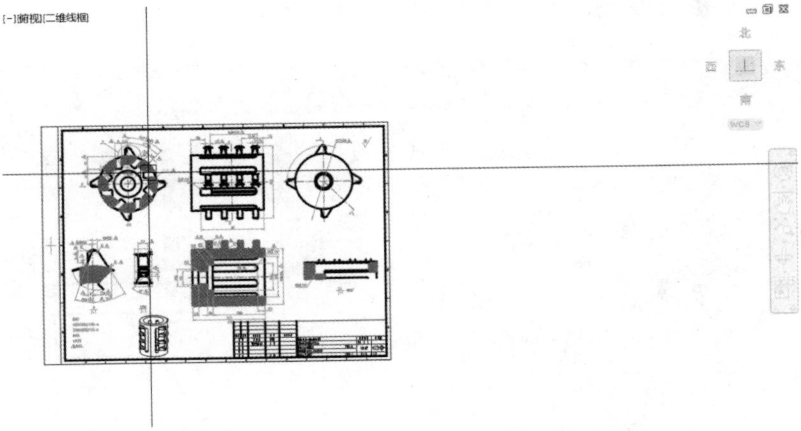

图 7-12

当视图缩小后，显示的宽度并没有变化，但显然与打印的效果相差很远。

因此得出结论：视图中的线宽显示只是示意性质的，只是让我们看一下哪些被设置成粗线，哪些被设置成细线。

显示线宽会对性能有影响，因此 CAD 默认状态下不显示线宽。只有需要检查线宽设置时，才打开线宽显示。

在“页面设置管理器”中勾选“显示打印样式”复选框，图形将显示类似打印预览的效果，图形的颜色与最终打印效果一致，线宽也与最终效果比较接近，但 CAD 不同版本效果不一样，也不保证与最终效果完全一致，如图 7-13 所示。

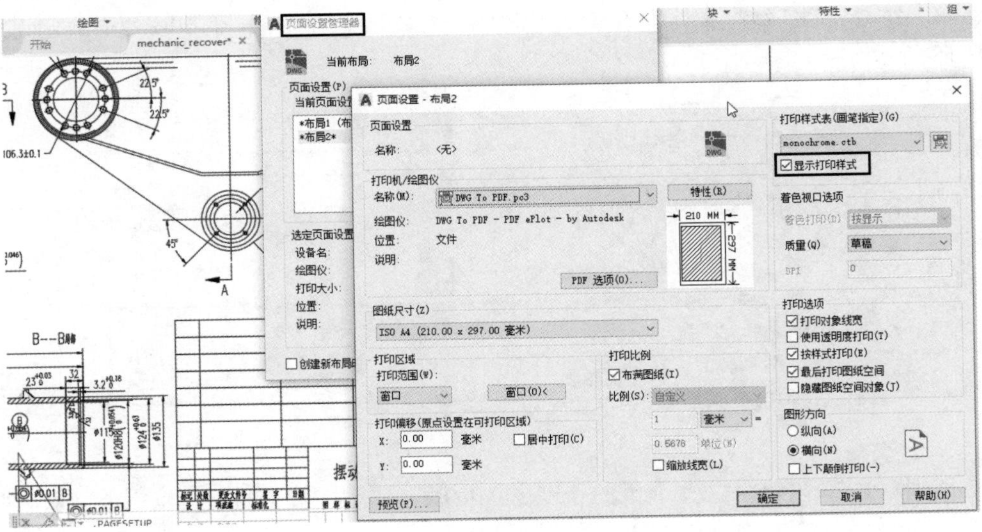

图 7-13

在打印预览时显示的线宽比较精确，如果对线宽设置不放心，可以在打印预览时局部放大看一下。

4.对象线宽和多段线的宽度有什么不同？

上面介绍了对象线宽只是在打印时起作用，而且与打印比例无关。而多段线的线宽是一个几何属性，与绘图比例、打印比例是有关系的。例如，要将多段线打印成 0.3mm，绘图比例是 1：1，打印比例是 1：100，那么在绘制多段线时宽度就要设置成 0.3×100=30。

7.5 为什么虚线会显示为实线？线型比例应如何设置？

在网上经常有人问这个问题：明明我将线型设置成虚线，为什么看上去还是实线呢？如图 7-14 所示。

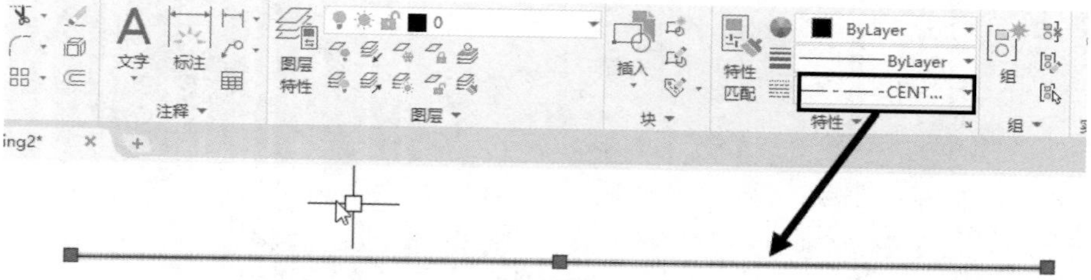

图 7-14

这种情况其实很普遍，原因和解决方法也不难。

1.虚线显示为实线的原因

前面已经介绍过线型的定义，对线型的定义有了一定了解后，对于虚线为什么会显示为实线就好理解了。虚线显示为实线有两种可能：

（1）线太短，长度小于一个线型单元。

（2）线太长，当线正常显示时，线型单元在视图中太小，导致空格的尺寸小于一个像素，直接被忽略。

比如，使用公制的线型文件中的 CENTER 线型，如果线的长度小于 50，就会显示为实线，如图 7-15 所示。

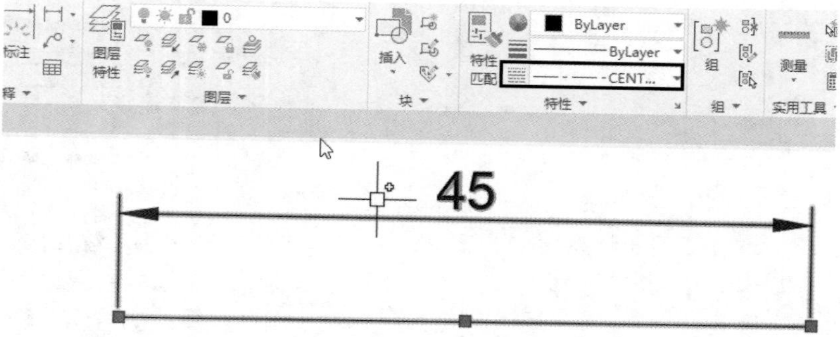

图 7-15

使用同样的 CENTER 线型，直线的长度是 9 000 甚至更大，如果直线可以完全显示在视图中时，同样会显示为实线，如图 7-16 所示。

这种状况下，将图形局部放大，可以看到确实是虚线，如图 7-17 所示。

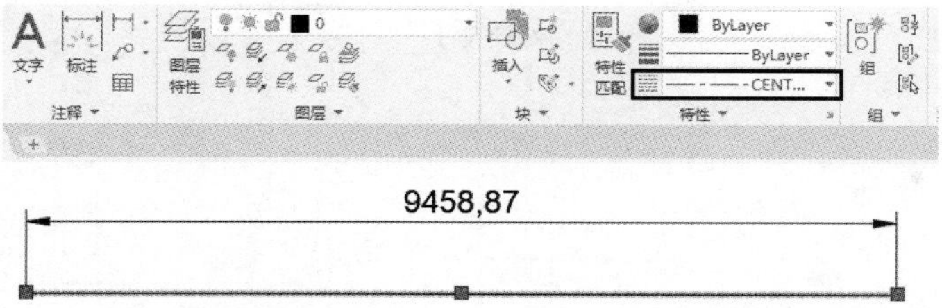

图 7-16

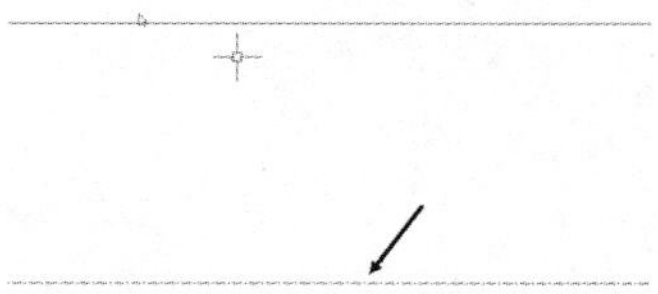

图 7-17

2.虚线显示为实线的解决方法

图形实际长度不能改变，线型的定义也不能随意修改，要想让图形正常显示为虚线，应该怎么办呢？

方法很简单，就是修改线型比例，就是在图中将线型的单元长度放大或缩小一定的倍数。可以修改整张图使用的线型全局比例，也可以单独修改某个图形的线型比例，这个取决于实际的需求。

（1）修改全局比例

所谓全局比例，就是应用到图中所有对象的比例，设置方法有以下两种：

一种是直接输入 LTSCALE 命令并回车后输入线型比例。

另一种是在线型管理器中显示细节，然后直接输入全局比例，如图 7-18 所示。

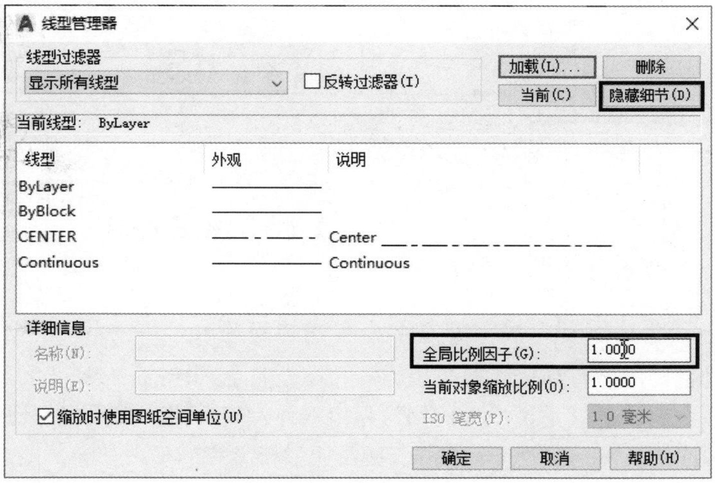

图 7-18

（2）知道要修改线型比例，但到底修改成多大才合适呢？

这个并没有明确的规则。如果是公制的图纸，使用的是软件自带的公制线型，原则上可以参照打印比例来设置全局比例，例如要按 1∶100 打印，可以先将线型全局比例设置为 100，然后根据实际效果去调整。

如果对打印图纸上线型单元长度有明确的要求，也可以精确地计算出比例，比如 CENTER 线型的单元长度是 50.8，如果打印出来要求每个单元是 25.4，打印比例是 1∶100，那么线型比例就要设置为 25.4/50.8×100=50。假如要在长度 45 的线上显示出 CENTER 线型，必须将线型比例设置为小于 1 的值，比如 0.1，这样一个线型单元长度就变成 5.08，如图 7-19 所示。

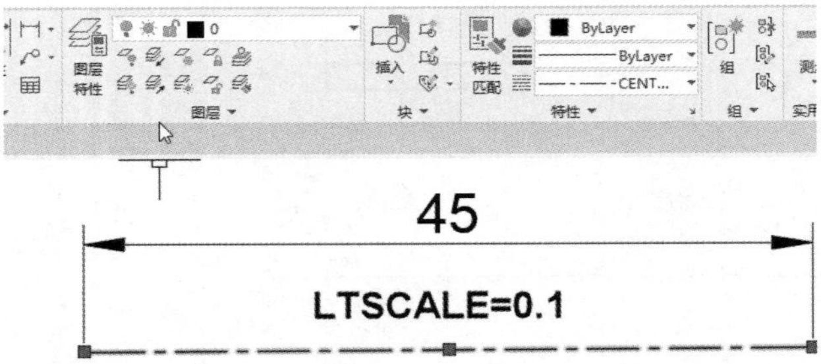

图 7-19

（3）修改对象的线型比例

因为线型定义的单元长度并不完全统一，不是所有线型都可以使用相同的比例，因此需要单独修改图形的线型比例。图形对象的最终线型比例等于全局比例乘上对象自身的线型比例，比如全局比例设置为 100，对象自己的线型比例设置为 2，那么对象的线型单元长度就会被放大 200 倍。

修改对象线型比例的方法有两种，一种是绘制图形前在线型管理器中设置，当前对象缩放比例。

另一种是在图形创建后，在特性面板（Ctrl+1）中修改，如图 7-20 所示。

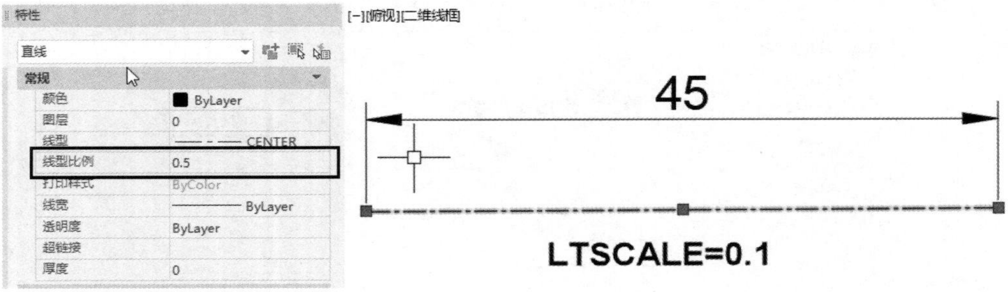

图 7-20

3.模型空间显示为虚线到布局空间显示为实线的问题

模型空间中线型比例与布局空间的线型比例并不是完全一样的，布局空间默认是按图纸空间的尺寸来计算线型比例，也就是说线型比例与视口的比例有关系，如果视口比例是 1∶100，就相当于布局空间中线的长度是模型空间的 1/100，比如模型空间长 3 000，图纸空间的长度就是 30，长度 3 000 时虚线可以正常显示，30 时就可能显示为实线。

当一个布局中有不同比例的视口时，CAD 这么处理可以保证不同视口中的虚线比例看上去是一致的。CAD 布局中按图纸空间还是模型空间尺寸计算线型比例是由变量 PSLTSCALE 决定的（PS 表示图纸空间，LTSCALE 表示线型比例，这样可以更容易记住这个变量）。此变量默认值为 1，将这个变量设置为 0 就会按照模型空间尺寸计算线型比例。

输入 PSLTSCALE 命令，回车，输入 0，回车。

这个变量在“线型管理器”对话框中就可以设置，勾选“缩放时使用图纸空间单位”复选框即可，如图 7-21 所示。

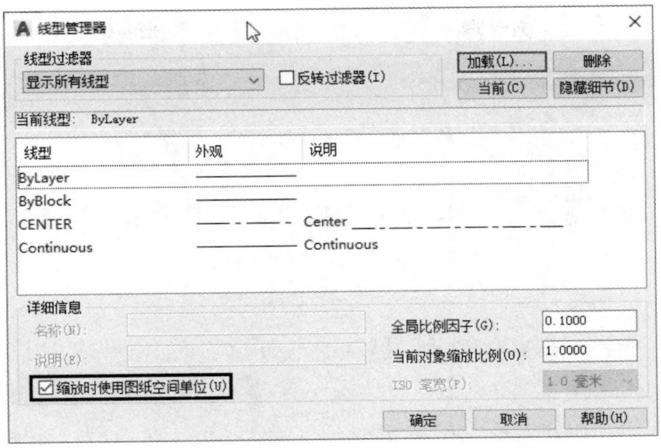

图 7-21

小结

遇到问题时，如果能弄清楚原因，就更容易知道如何解决。

线型单元长度是固定的，不可能适用于不同长度的线和不同高度的打印比例，因此需要合理设置线型比例。

在绘制公制图纸时，不要使用英制的线型。默认加载的线型文件是由测量单位（变量MEASUREMENT）决定的。

如果感兴趣，可以认真看看线型文件中的各种线型定义，尤其是后面的带符号和文字的复杂线型。

7.6 线型显示不正常是什么原因？

有时打开别人发来的图纸，会发现线型显示不正常，例如线型中间原有的文字、符号消失了，变成了实线或虚线。

1.分析问题的原因

遇到这种情况，大多数人会觉得问题是缺少线型文件，如果找到这个线型文件（*.lin）就解决问题了，但结果是找到了线型文件加载后仍然没有解决问题。

那么问题到底出在哪儿呢？

要想知道问题的原因并找到解决办法，必须对 CAD 中线型的定义和使用方法有比较深入的了解。另外，线型一旦被加载进来，线型定义就与图纸文件一起被保存，不再与线型文件有关系。

因此，线型显示不正常并不是因为缺少线型文件引起的，而是由于线型中使用了文字和符号，我们没有在线型中使用形文件（*.shx）或现有的形文件中缺少线型使用的符号。

我们可以做一个简单的测试来确认这个问题。

Step 01 画一条直线，加载 ZIGZAG 线型，将直线的线型设置为 ZIGZAG，调整成合适的线型比例，如图 7-22 所示。

从前面章节的介绍中知道，ZIGZAG 线型中使用了 ltypeshp.shx 中的一个符号，我们想办法让 CAD 软件找不到符号，看看是什么现象。

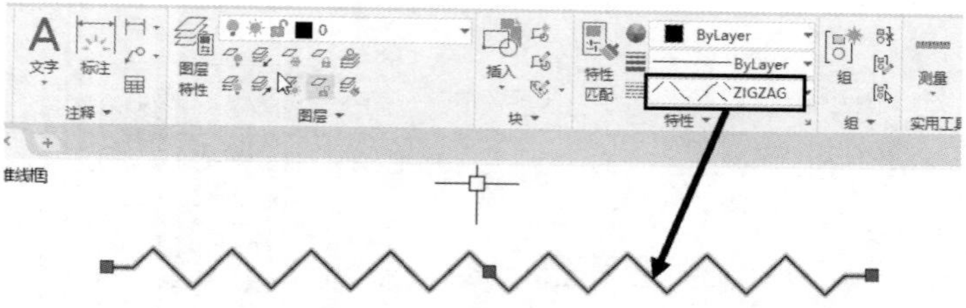

图 7-22

Step 02 保存上述文件并退出 CAD。找到 CAD 安装目录下的 FONTS 目录，如果有 ltypeshp.shx 文件，改一下文件名。CAD 为了防止线型、公差、默认替换字体用的形文件被意外删除，在%AppData%中 CAD 的 SUPPORT 目录下单独保留了 ltypeshp.shx，所以还需要到那个目录下进行改名，如图 7-23 所示。

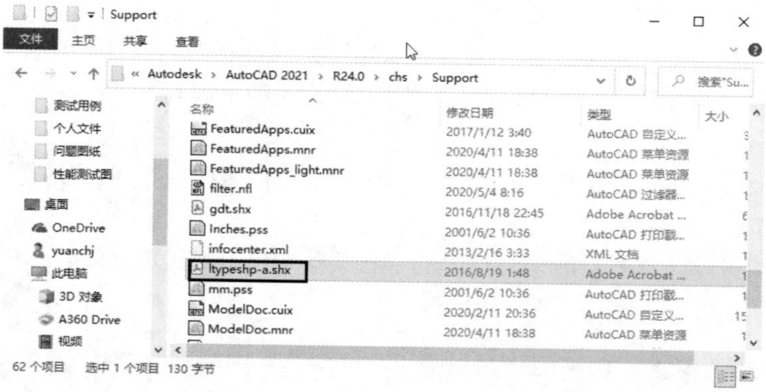

图 7-23

总之将 CAD 的支持文件搜索路径下所有 ltypeshp.shx 文件都改一下名字。

Step 03 重新启动 CAD，并打开刚才保存的图纸，看看线型显示的效果，如图 7-24 所示。

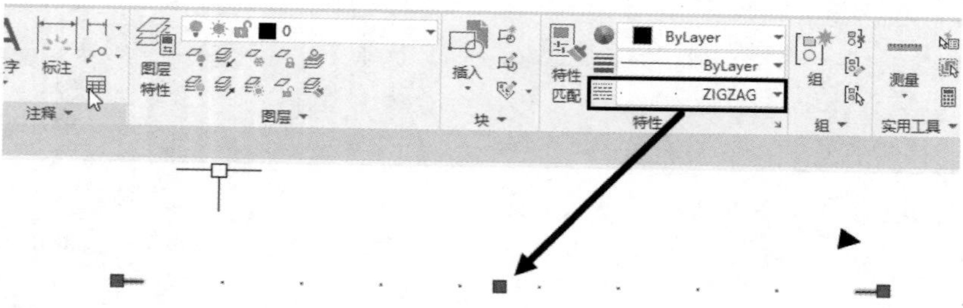

图 7-24

可以看到不仅图形的线型显示不正常了，线型列表中线型的示意图都变空白了。

通过上面的测试可以确认：线型显示不正常跟线型定义无关，而是跟字体或形文件（*.shx）有关。

线型定义中有时会直接使用形文件（*.shx），有时还会使用文字样式，例如：

*GAS_LINE,Gas line ----GAS----GAS----GAS----GAS----GAS----GAS--

A,.5,-.2,["GAS",STANDARD,S=.1,R=0.0,X=-0.1,Y=-.05],-.25

这里的 STANDARD 就是文字样式，需要在“文字样式”对话框中看 STANDARD 文字样式使用什么字体。

2.解决办法

虽然确认线型显示不正常或线型中显示问号是由于缺少形文件或字体引起的，但必须看到线型定义，我们才能知道缺哪个字体和形文件。

如果是同事或合作伙伴发过来的图纸，可以向对方要线型（*.lin）文件，用记事本打开看看到底用了什么文字样式或形文件。如果对方知道线型使用的 SHX 文件，能发给你就更好了。把形文件直接复制到 CAD 的 FONTS 目录下，重新启动 CAD，再打开图纸就可以正常显示。

如果我们既无法得到原始的线型文件又不知道用了什么形文件或字体怎么办呢？

图中保存了线型的定义，但需要工具将它提取出来，可以到网上搜索 linout.vlx，或者到笔者的微信公众号（CAD 小苗）里下载这个插件。这个插件可以将图中的线型输出为*.lin 文件，只能说更方便我们去找缺少的形文件，最终解决问题还是要找到这些形文件（*.shx）。

小结

线型显示不正常，大家首先想到的是缺少线型文件，但实际却是缺少形文件或字体缺符号。

我们必须对 CAD 软件内部的数据有深入的了解，在遇到问题时才能从表面现象快速分析出问题的本质，并找到解决的方法。

7.7 如何定制自己的线型?

简单的虚线和点划线很容易定义，只需参考 CAD 自带的线型文件，定义一个名称，然后模仿格式用记事本写下后保存成*.lin 文件即可。复杂的线型，如果只是添加文字也不难，只要定义文字、字体名或文字样式名；如果在线型中要加入符号形，需要对符号形文件（如 ltshape.shx、aaa.shx）中的符号有一定的了解。下面简单介绍一下线型的定义。

1.线型定义格式

线型定义由标题行和模式行两部分组成。

（1）标题行：由线型名称和线型描述组成，标题行以“*”为开始标记，线型名称和描述由逗号分开，其格式为：

*线型名称[,线型描述]

（2）模式行：由对齐码和线型规格说明组成，中间由逗号分开，其格式为：

对齐码，线型规格说明……

例如，在默认线型文件中对 BORDER（边界线）的定义如图 7-25 所示。

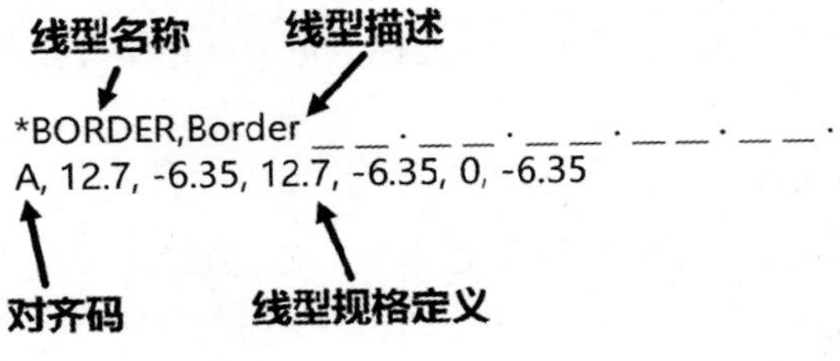

图 7-25

其中，对齐码“A”表示该线型采用两端对齐方式。

2.简单线型的定义

简单线型由短划线、点和空格组合而成。在简单线型的规格说明中，正数表示其值为长度的短划线，负数表示其绝对值为长度的空格，0 表示点。例如，在 BORDER 的规格说明“A，.5，-.25，.5，-.25，0，-.25”中，.5 表示 0.5 个单位长的短划线，-.25 表示 0.25 个单位长的空格，0 表示一个点。

3.复杂线型的定义

复杂线型是在简单线型中嵌入符号、字符串或形等其他元素而成的。

（1）在线型规格说明中嵌入文字的格式为：["string",style,R=n1,A=n2,S=n3,X=n5,Y=n6]

其中：

“string”：嵌入的文字，须用双引号括起来。

style：嵌入文字所用的文字样式名。

R：嵌入文字相对于画线方向的倾斜角度。

A：嵌入文字相对于 WCS 坐标系中 X 轴正向的倾斜角度。

S：嵌入文字的比例因子。

X：嵌入文字在画线方向上的偏移量。

Y：嵌入文字在画线方向的垂向上的偏移量。

例如，对“GAS_LINE”线型的定义如下：

*GAS_LINE,Gas line ----GAS----GAS----GAS----GAS----GAS----GAS—

A,.5,-.2,["GAS",STANDARD,S=.1,R=0.0,X=-0.1,Y=-.05],-.25

（2）在线型规格说明中嵌入符号形的格式为：

[shape,shapefile,R=n1,A=n2,S=n3,X=n5,Y=n6]

其中：

shape：嵌入形的名字或编号。

shape file：嵌入形所在的形文件，该文件应在 CAD 的字体路径中，常用的符号形有 LTYPESHP.SHX 和 AAA.SHX.

R、A、S、X、Y 的意义同上。

例如，对“FENCELINE2”线型的定义如下：

*FENCELINE2,Fenceline square ----[]-----[]----[]-----[]----[]---

A,.25,-.1,[BOX,ltypeshp.shx,x=-.1,s=.1],-.1,1

要定义这种线型文件，必须对符号形文件中包括的符号有一定了解，至于怎样看符号形中的符号，在后面介绍字体时会单独介绍。

在定义线型时可以参考 CAD 自带的线型文件，也可以在原有线型的基础上对名称、数据和字符进行修改。

4.定义线型的具体操作

如果对线型定义很了解，直接编写线型定义并不难，但对于大多数搞设计的人来说没有那么多时间去研究。

还有另外一种选择，利用工具直接从图形生成线型。AutoCAD 和浩辰 CAD 的扩展工具中提供了一种制作线型的工具，先画一个线型单元，然后直接将画好的线型单元转换为线型定义，这种方式既简单又直观，如图 7-26 所示。

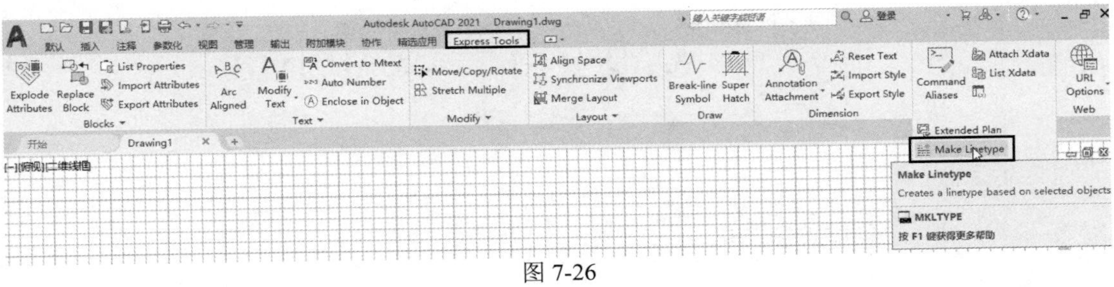

图 7-26

下面介绍制作线型的方法。

如果是简单的线、点、空格定义的线型，完全可以自己写一下，两行就搞定。但如果是带文字和符号的线型，文字的比例、偏移、旋转等参数有一定难度，可以选择制作线型工具。（如果你用的是 AutoCAD，请确认你安装了扩展工具 Express Tool。）

Step 01 在用工具前，先将需要定义的线型用图形直线、文字画出来，画好后最好复制一个单元，注意：如果一个单元有多条线段，必须保证它们都在同一条水平线上。如图 7-27 所示。

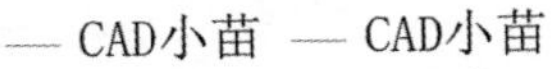

图 7-27

如果线型中有文字，必须合理设置文字样式。以后使用此线型时，同名文字样式的字体将影响线型显示的结果。

Step 02 在菜单和工具栏找到并执行制作线型命令，或直接输入 MKLTYPE 命令，回车，弹出一个保存线型文件的对话框，如图 7-28 所示。

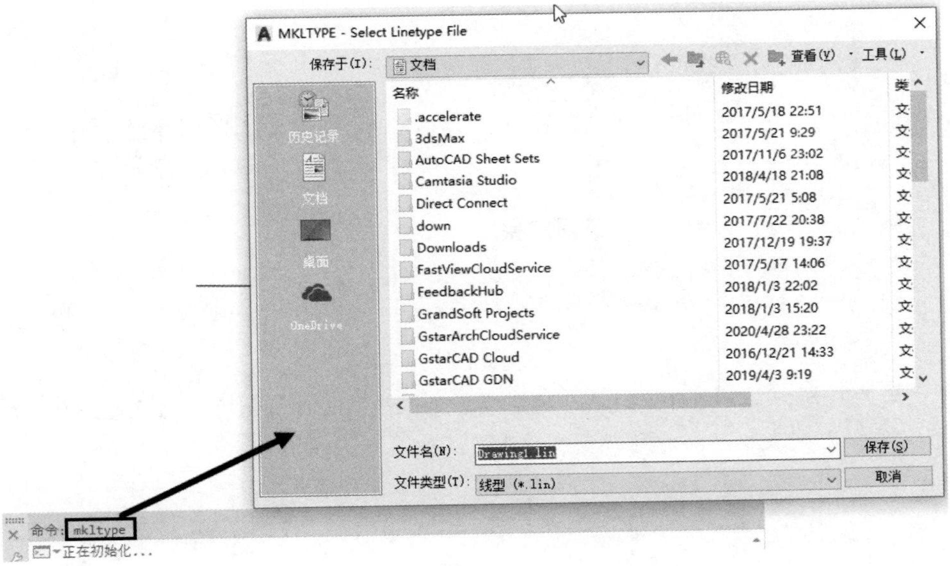

图 7-28

Step 03 给线型文件取一个名字后，单击"保存"按钮，命令行会提示输入线型名称，输入名称后回车，会提示输入线型描述，线型描述就是对于线型的文字描述加上线型的示例，在调用线型时知道线型大致是什么效果，如图 7-29 所示。

Step 04 输入完描述后回车，命令行会提示拾取线型单元的起点和端点，根据提示在图中捕捉线型单元的起点和端点，如图 7-30 所示。

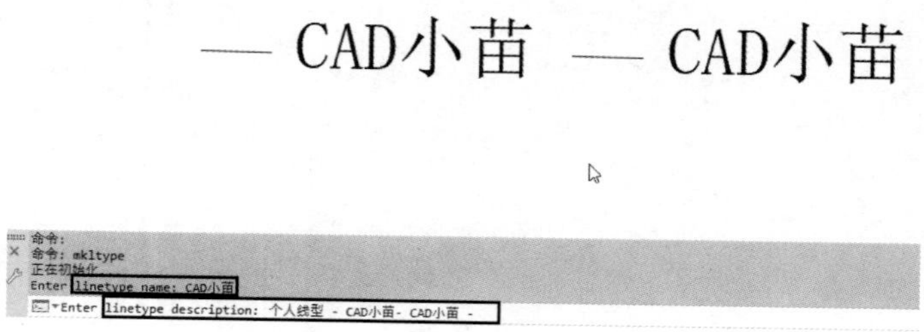

图 7-29

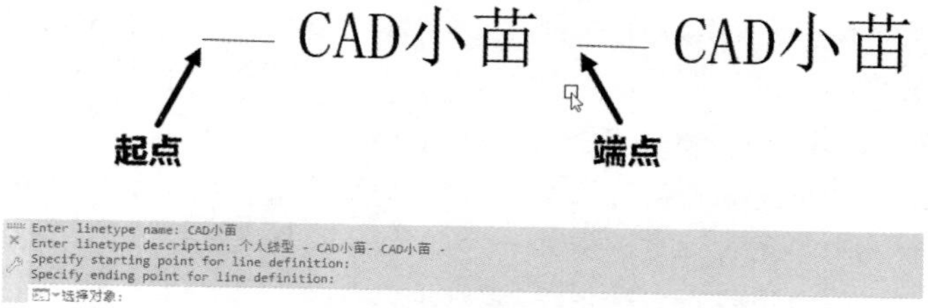

图 7-30

因为这里要捕捉起点和端点，如果线型单元最后一段是空格，就必须事先绘制好下一单元的开始部分，这也是我们刚开始让复制一份，绘制两个单元的原因。

Step 05 当命令行提示选择对象时，框选组成线型单元的线和文字，如图 7-31 所示。

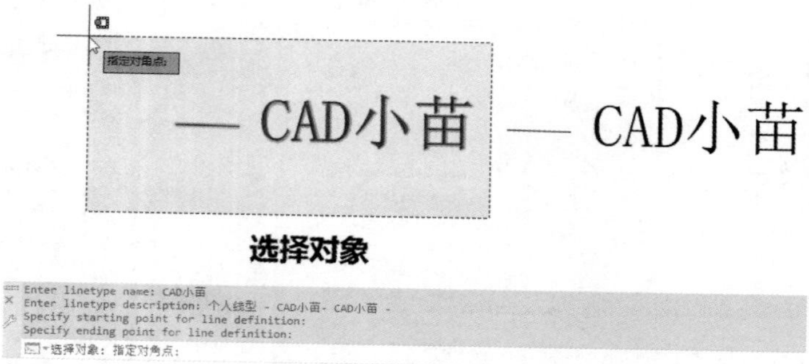

图 7-31

Step 06 选定图形后回车，即可完成线型的定制，不仅线型文件被保存，而且已经自动加载到图纸中，在“线型”列表中可以看到新定制的线型，如图 7-32 所示。

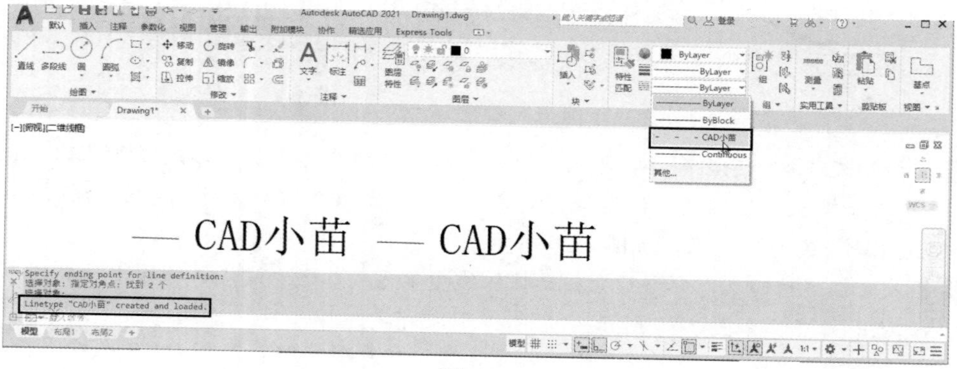

图 7-32

Step 07 在"线型"列表中选择新建的线型，绘制几条直线或多段线，效果如图 7-33 所示。

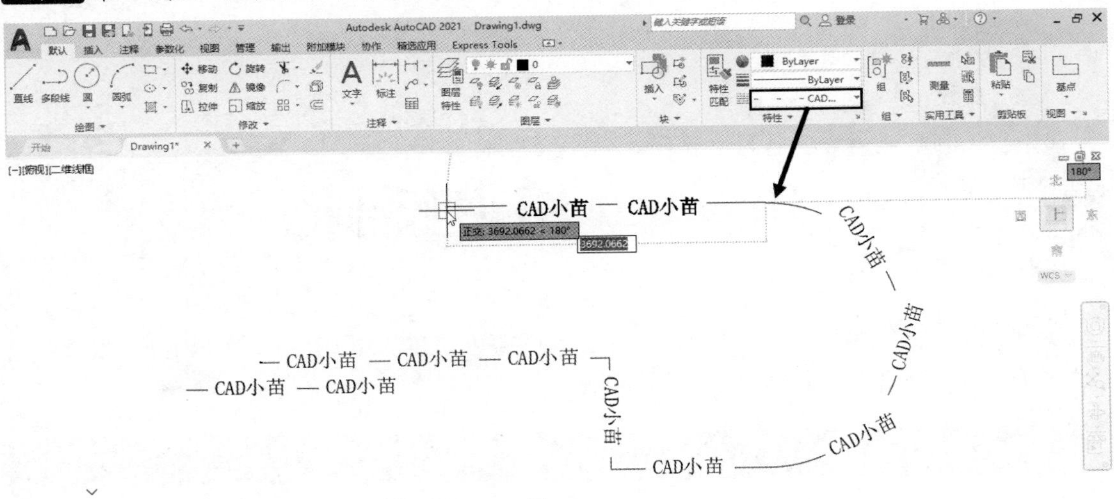

图 7-33

这种方法显然比写线型定义简单多了，但需要注意的是，如果线型中有文字，需要注意文字样式的设置，使用此线型时必须设置相同的文字样式和字体。如果在其他机器上打开图纸，必须保证有线型使用的字体，否则文字和符号就有可能无法显示或显示为问号。

第 8 章 图形绘制

为了满足不同绘图需求，CAD 提供了几十种二维和三维的绘图工具，本章主要介绍在使用绘图和查询命令时的一些通用技巧和常见问题。

8.1 画线时是否可以先确定角度，然后再设置长度?

在绘制图形过程，如果只知道一条线的角度，而长度不确定，在画图时是否可以先锁定角度呢？

当然是可以的。可以利用极轴、UCS 或者捕捉角度（SNAPANG）来确定角度，但假设这个角度只用一次，而且不是 15、30、60 等这样有规律的角度，比如是 47、51 等这样的角度，显然使用上面那些方法都比较麻烦。我们可以用一种更为简单，但被大多数人所忽略的方法：角度替代。

我们知道，通过输入极坐标@长度<角度可以确定线的角度和长度，首先只输入角度，这就是角度替代，然后再输入或拖动确定直线的长度。

角度替代的方法很简单，在命令行提示指定点时输入：<角度。下面以绘制直线为例来简单说明角度替代的使用方法。

Step 01 输入 L 或 line 命令，回车。

Step 02 先确定直线的起点，软件会提示指定下一点。

Step 03 输入：<35 后回车，输入和提示如下：

指定下一点或[放弃(U)]: <35

角度替代: 35

从提示可以看出，这种角度输入方式被称为“角度替代”，拖动光标，可以看到光标会沿着 35° 方向移动，此时可以直接输入直线的长度，也可以用光标在图中单击来确定长度，如图 8-1 所示。

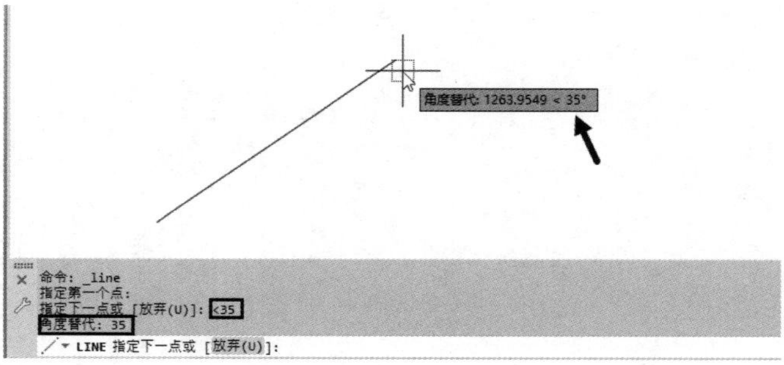

图 8-1

需要注意的是，虽然角度替代优先于正交和极轴捕捉，但优先级却低于对象捕捉和坐标输入，也就是说，在设置角度替代以后，如果这时捕捉了某一个点，那么这个角度替代就不起作用了。

浩辰 CAD 在直线和多段线绘制时增加了角度选项，尤其是直线在输入角度时可以设置参照图中任意直线或上一段直线的角度，绘制带角度的图形更加方便。

8.2 多段线的绘制技巧有哪些?

多段线是 CAD 绘图中非常常用的一种对象，之前认为这种基础图形没有什么可讲的，但发现初学者对直线和多段线的区别并不是特别清楚，就算资深的设计师也不一定对多段线完全了解，于是决定还是简单介绍多段线的一些绘制技巧。

1.直线和多段线区别

初学者容易有这样的疑问，直线（LINE）命令可以连续绘制多条直线段，多段线也可以连续绘制多条直线段，两者到底有什么区别呢？

从绘制方式上来说，两者看上去没什么区别，但其实两者有很大的区别。最明显、也最容易看出来的区别就是“直线”命令无论绘制多少段，每段都是独立的对象，而多段线无论绘制多少段，都是一个整体。在画完直线和多段线后分别选择就可以看出来了，如图 8-2 所示。

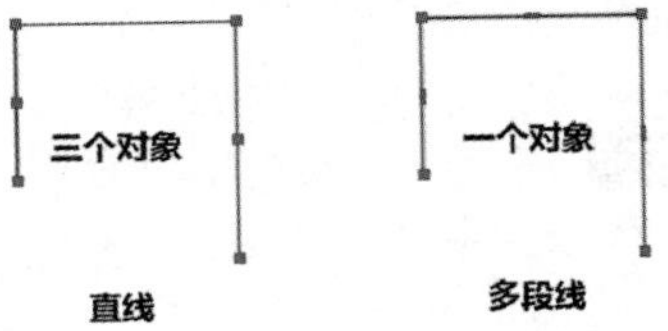

图 8-2

我们观察工具面板或工具栏中多段线的图标，就可以看出来多段线不仅由直线段组成，还包含弧线段，如果你用的是 CAD 高版本，可以将光标停留在多段线图标上，看看命令的简介，如图 8-3 所示。

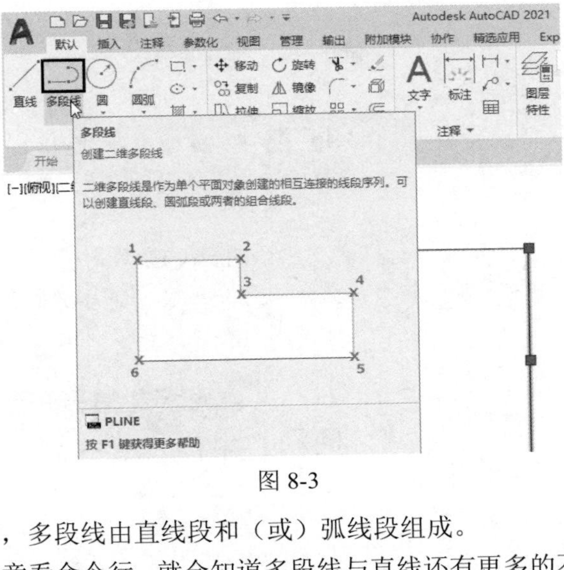

图 8-3

说明文字告诉我们，多段线由直线段和（或）弧线段组成。

在绘制多段线时注意看命令行，就会知道多段线与直线还有更多的不同。下面通过一个简单的实例来了解多段线的各项参数。

Step 01 在“工具”面板中单击“多段线”按钮，或者输入 PL（多段线 PLINE 命令的快捷键）后回车，首先会提示指定起点，可以输入 0,0 或回车将起点定位到坐标原点，或在图中任意位置单击来确定起点。确定多段线的起点后，把注意力放在命令行，看看多段线的参数，如图 8-4 所示。

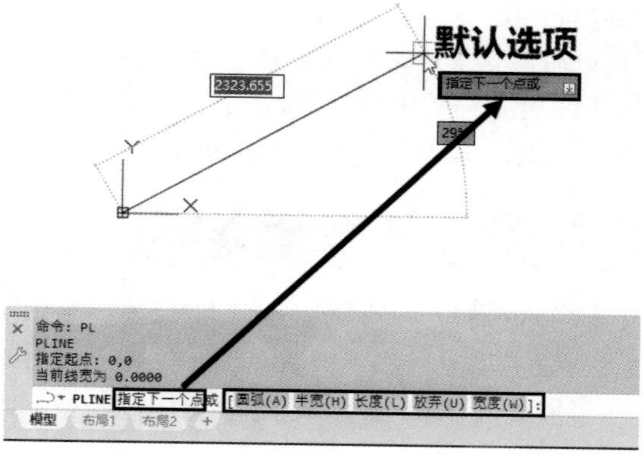

图 8-4

默认的选项是：指定下一个点，也就是通过指定一个点来绘制一条直线段。同时从命令行可以看到多段线还有 [圆弧(A)/半宽(H)/长度(L)/放弃(U)/宽度(W)]等多个参数，其中括号里的字母叫作参数的关键字，输入这个字母后，回车就可以调用相关选项。

Step 02 将光标拖动到水平方向，当出现虚线的极轴时或者动态输入的角度显示为 0 时，输入 10，绘制一条长度为 10 的直线段，如图 8-5 所示。

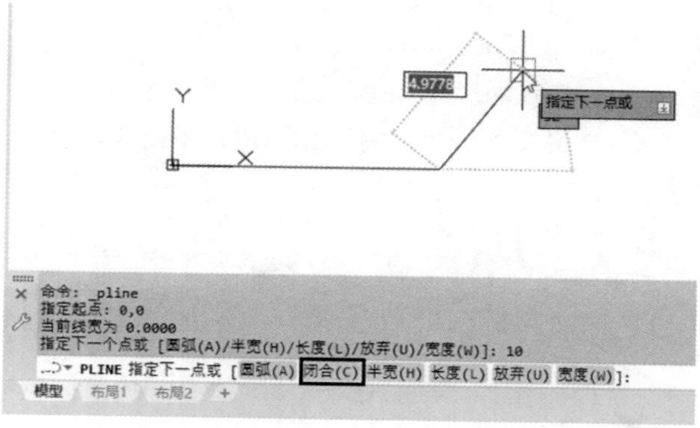

图 8-5

当绘制了一条线段后，注意命令行又多了一个闭合(C)参数。

Step 03 输入 A，回车，将下一段切换成弧线，我们先观察一下参数的变化，如图 8-6 所示。

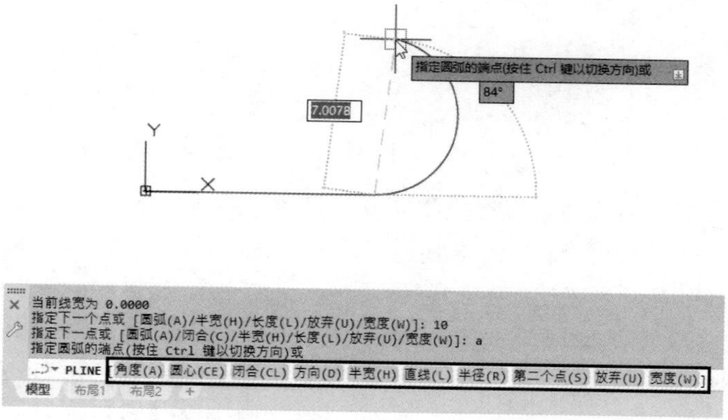

图 8-6

参数除了保留宽度(W)、半宽(H)、放弃(U)这几个参数外，一下子增加了一系列参数，首先是一些用于绘制弧线段的参数：角度(A)、圆心(CE)、方向(D)、半径(R)、第二个点(S)；直线(L)用于切换回直线段；因为圆心和闭合参数都是 C 开头，因此闭合参数的关键字也变成了两个字母(CL)。

采用哪一种方式绘制弧线段，取决于图中给出的条件。大家要想用好这些参数，最好每个参数都试一下，了解了每个参数的特性后，在实际绘图时能判断用哪个参数合适。这里提示一下半径可以输入正数和负数，大家可以对比一下输入正数和负数的效果。

Step 04 向上拖动光标，当光标为竖直方向时输入 10，创建一个半圆，然后拖动光标，还可以继续绘制弧线段，如图 8-7 所示。

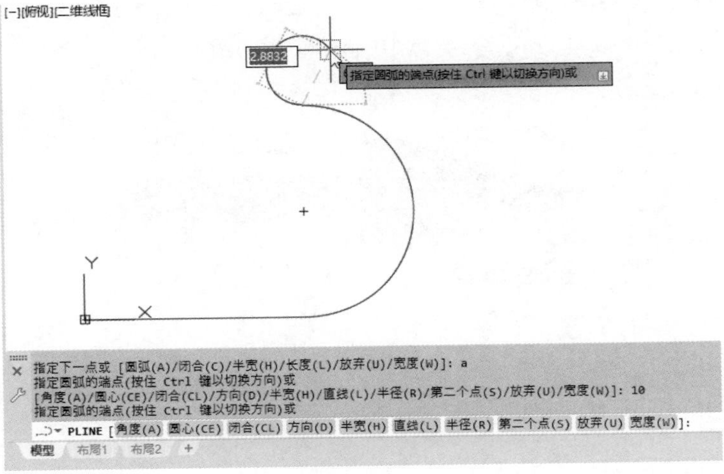

图 8-7

在这种状态下参数没有什么变化，圆弧的各项参数就不再介绍了。

Step 05 输入 L，回车，切换回直线状态。输入 W，回车，命令行会提示输入起点的宽度，输入 2 回车，软件会继续提示输入端点宽度，直接回车就可以采用刚才输入的起点宽度：2，如图 8-8 所示。

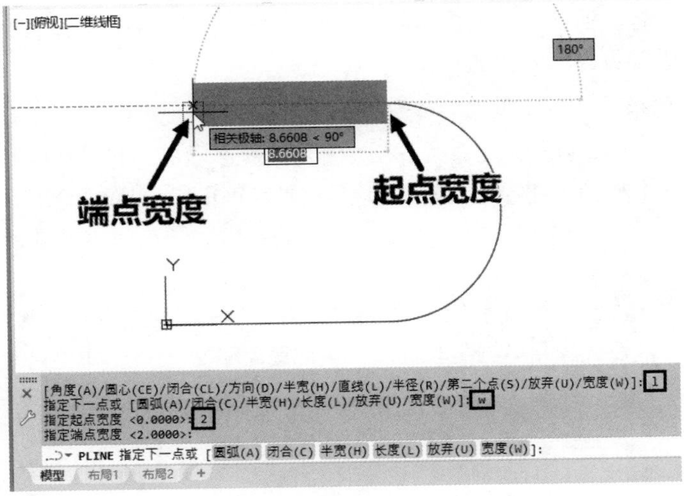

图 8-8

宽度是多段线特有的参数，直线、圆、圆弧、样条线、椭圆等这些对象都没有宽度参数。在很多专业软件中，用带宽度的多段线来表示线缆和管线。但这个宽度跟打印线宽是有区别的。打印线宽不是图形的几何尺寸，无论打印比例是多少，设置为 0.3 毫米，打印出来就是 0.3 毫米，而如果对多段线打印宽度有要求，必须根据打印比例来设置多段线宽度，比如要按 1∶100 打印，要求打印宽度为 0.3 毫米，多段线的线宽就需要设置为 100×0.3=30。

Step 06 横向拖动光标，输入 10，确定直线段的长度。

多段线除了有一个宽度(W)参数外，还有一个半宽(H)参数，两者的作用一样，用哪一个参数取决于我们的已知条件。

Step 07 输入 H，回车，同样会提示起点半宽因为之前输入的宽度是 2，这里半宽的默认值显示为 1。输入 3，回车，提示输入端点半宽时输入 0，回车，这样就可以得到一个箭头，水平拖动光标，输入 10，绘制一个宽度为 6，长度为 10 的箭头，如图 8-9 所示。

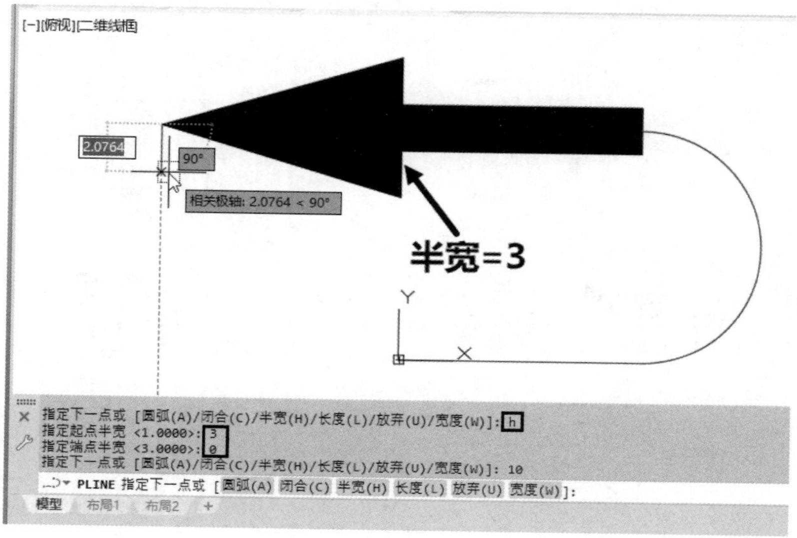

图 8-9

Step 08 回车或按空格键，结束多段线的绘制。

通过上面的练习简单了解了多段线的各项参数以及基本绘制方法，直线段的参数比较简单，弧线段的各种参数还需要自己去尝试。

2.几种特殊多段线

在 CAD 中除了 PLINE 以外，还有几种图形其实也是多段线，只是形状相对比较特殊，绘制时的参数和方式也各不相同，如矩形（REC）、多边形（POL）、圆环（DO），如图 8-10 所示。

注：低版本修订云线（REVCLOUD）也是多段线，但到了高版本修订云线成了一种独立的对象。

矩形、多边形的创建方法比较简单，就不再详细介绍了。不过也需要注意命令行的各项参数，比如矩形在绘制时可以设置圆角、倒角和标高等。标高就是 Z 坐标，如果只绘制平面图，请不要设置。

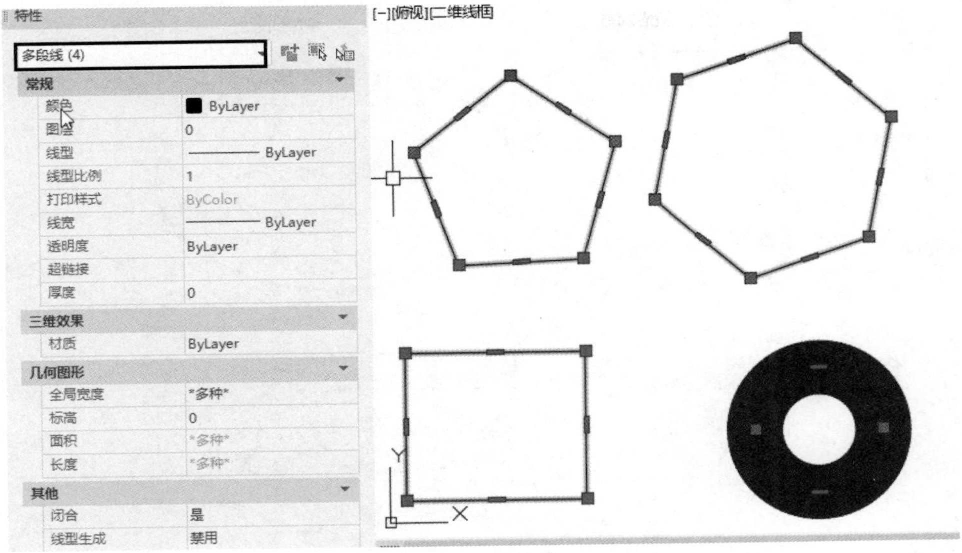

图 8-10

3.绘制圆形多段线

如果想绘制一个圆，又想设置线的宽度，可以用圆环（DONUT）命令，也可以直接用多段线绘制，绘制方法很简单。

输入 PL，回车，在图中单击确定起点，输入 A，回车，设置成圆弧段，向上拖动到竖直方向，输入 10，回车，输入 CL，回车，让多段线闭合，就得到一个圆形的多段线，如图 8-11 所示。

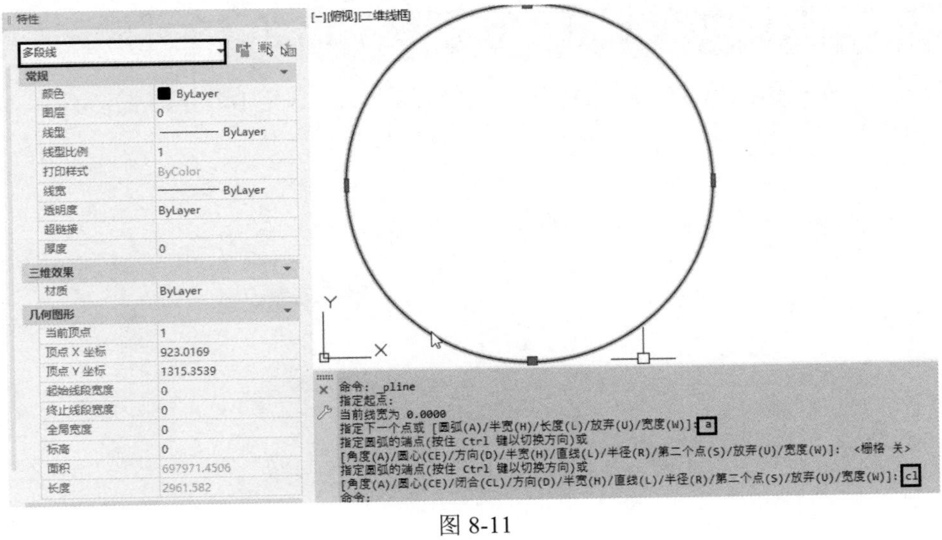

图 8-11

4.绘制椭圆形多段线

椭圆无法用“多段线”命令绘制，要用“椭圆”命令来绘制，但绘制前需要设置一个变量：PELLIPSE。

Step 01 输入 PELLIPSE 命令，回车，输入 1，回车，就是将椭圆设置为多段线。

Step 02 单击椭圆图标或输入 EL 命令后回车，在图中拖动确定长轴和短轴完成椭圆的绘制，如图 8-12 所示。

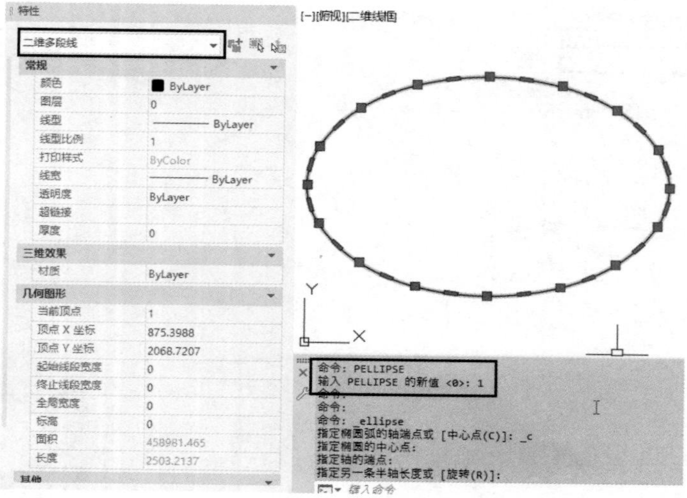

图 8-12

将椭圆设置成多段线后，也可以在特性面板中设置宽度。

小结

上面简单介绍了多段线的参数和绘制技巧，多段线作为 CAD 中常用的一种图形，参数非常丰富，变化也非常多，CAD 还提供了越来越丰富的编辑工具，比如夹点编辑、多段线编辑（PE），CAD 高版本又提供了夹点快捷编辑菜单，可以转换直线和弧线段，快速添加和删除顶点，这些将在第 9 章介绍。

8.3 矩形命令画出来的不是矩形是怎么回事?

网友问了一个问题：CAD 矩形工具拉出来是这样，怎么弄成矩形？并附上了截图，如图 8-13 所示。

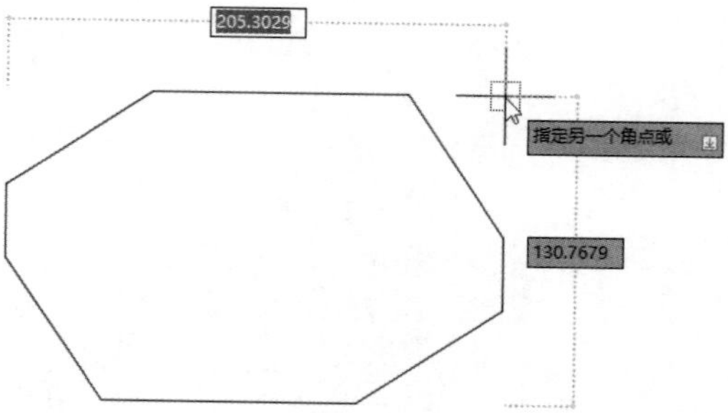

图 8-13

笔者刚看到截图时也是一愣，再仔细看了一眼后才明白，他只是在自己没有意识到的情况下修改了矩形的参数。

前面在介绍多段线时说过矩形也是多段线的一种，但有一些特殊参数，如倒角、圆角等，下面详细介绍矩形的参数。

1.重现并解决问题

先来看看他的矩形到底为什么会变成这样。

Step 01 在工具栏中单击"矩形"按钮，或者输入 REC 命令后回车，执行"矩形"命令，注意看命令行中显示的矩形参数。

Step 02 输入 C，回车，注意看命令行提示，此时让我们输入第一个倒角距离，输入 30，回车，命令行提示让我们输入第二个倒角距离，输入 60，回车，如图 8-14 所示。

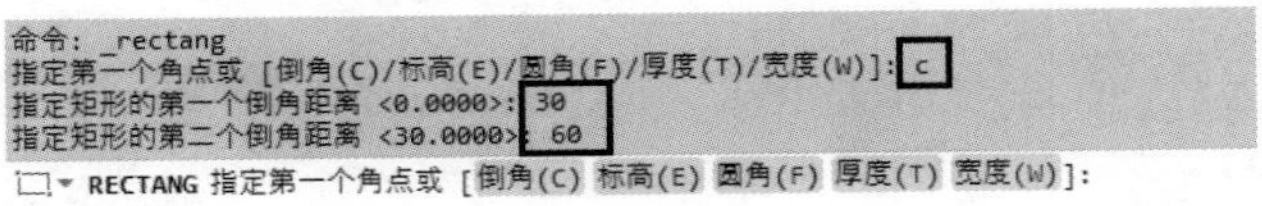

图 8-14

矩形倒角的参数与倒角 CHAMFER（CHA）命令的距离参数一样，第一个距离和第二个距离是矩形顶点分别沿两条边缩进的距离，画出矩形就知道怎么回事了。

Step 03 设置完倒角后，在图面上单击确定矩形的第一个角点，拖动光标，当矩形长宽大于 100 后就可以看到矩形变成跟图 8-13 所示截图一样的形状，如图 8-15 所示。

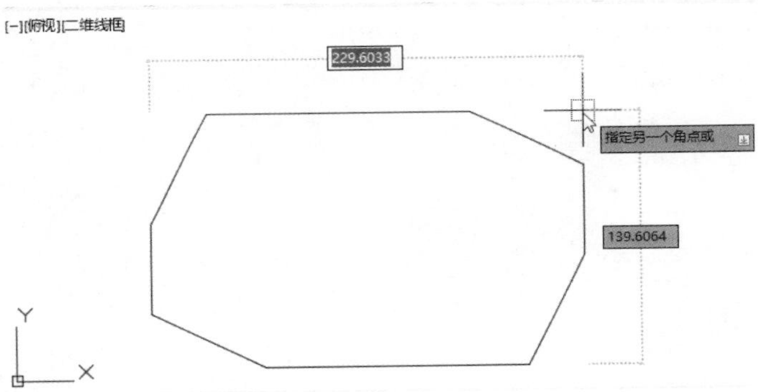

图 8-15

Step 04 输入另一个对角点的坐标为(@150,110)。如果打开动态输入，在图形窗口中输入，可以直接输入(150,110)，如果在命令行输入则需要添加@符号。绘制完成后，直接回车重复执行"矩形"命令，我们注意看命令行提示，软件会告诉我们矩形默认有倒角参数，如图 8-16 所示。

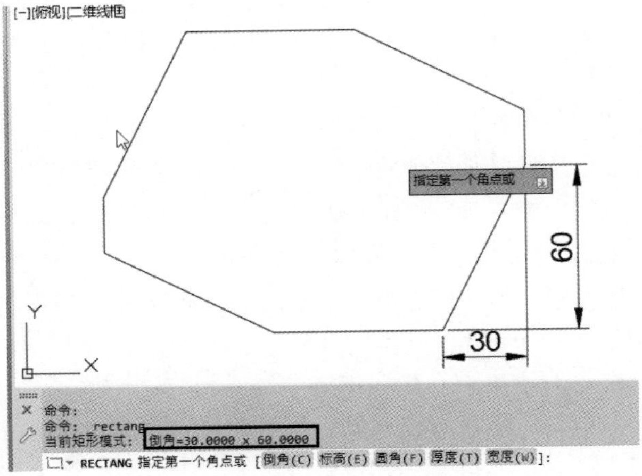

图 8-16

对于初学者来说，学习 CAD 时要注意看命令行提示，通过命令行不仅可以看到命令有哪些参数，还可以看到命令当前的默认参数，如果发现某个命令执行的结果不一样了，可以看看默认参数是否被改变了。

要解决上面的问题很简单，就是重新设置倒角 C 参数，将第一个和第二个距离都设置成 0 即可。

2.矩形的参数

在绘制矩形时，可以采用默认设置，直接指定矩形的第一点，也可以设置倒角（C）、圆角（F）、标高（E）、厚度（T）、宽度（W），如图 8-17 所示。

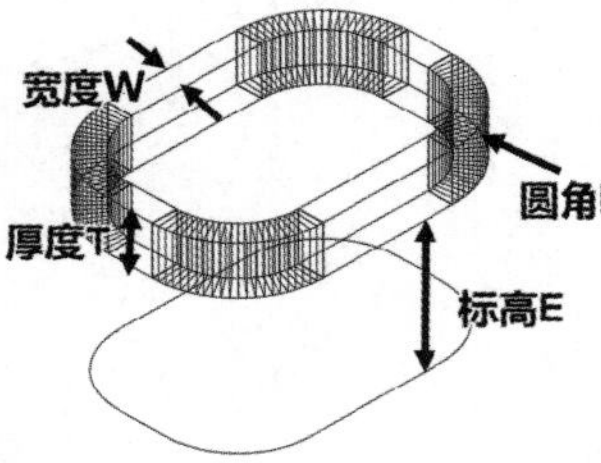

图 8-17

图 8-17 中下面的矩形只设置了圆角参数，而上面的矩形同时设置了圆角、标高、厚度、宽度参数，看上去像一个三维模型，而且是悬在空中的。

一般情况下我们会使用圆角和宽度参数，标高和厚度只在有特殊需要时才设置。

3.矩形的绘制方式

当指定了矩形的第一点后，可以看到命令行的参数发生了变化，如图 8-18 所示。

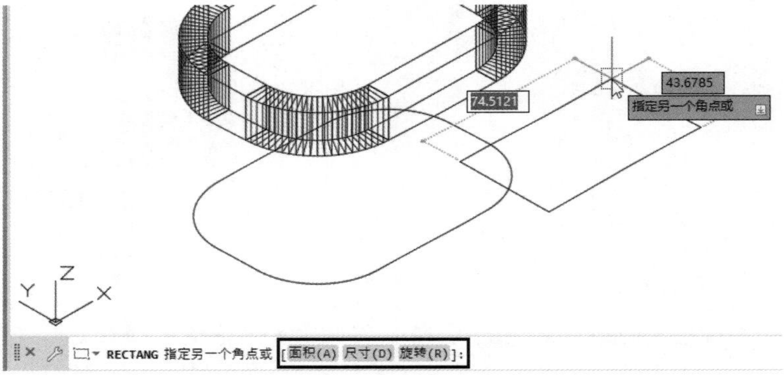

图 8-18

默认选项是指定另一个角点，也就是可以直接输入对角点的坐标或在图面上拾取对角点，通过对角点的坐标来确定矩形的大小。面积 A 和尺寸 D 是提供了另外两种输入矩形尺寸的方式。

当已知条件是面积和长宽中的某一个参数时，使用输入面积参数 A 回车后，先输入矩形面积值后回车，然后根据已知条件是长度或宽度输入相应的参数 L 或 W。

当知道矩形的长和宽时，输入尺寸 D 参数，然后根据提示输入长度和宽度，当设置完长和宽尺寸后，矩形绘制并没有结束，仍会继续提示让我们指定另一个角点。绕第一个角点移动光标，可以看到矩形有四种摆放方式，需要再单击一次才完成矩形绘制，如图 8-19 所示。

当需要绘制倾斜矩形时，输入 R 参数后，回车，就可以输入矩形的旋转角度。需要注意的是，输入矩形旋转角度，不要再用输入相对坐标的方式来确定矩形尺寸，如果要绘制特定尺寸的矩形就需要用面积 A 或尺寸 D 参数；此外，旋转角度跟倒角一样，也会记录，设置旋转角度后，此角度将会作为下次绘制时的默认角度。如果要恢复原始设置，需要重新将旋转角度设置为 0。

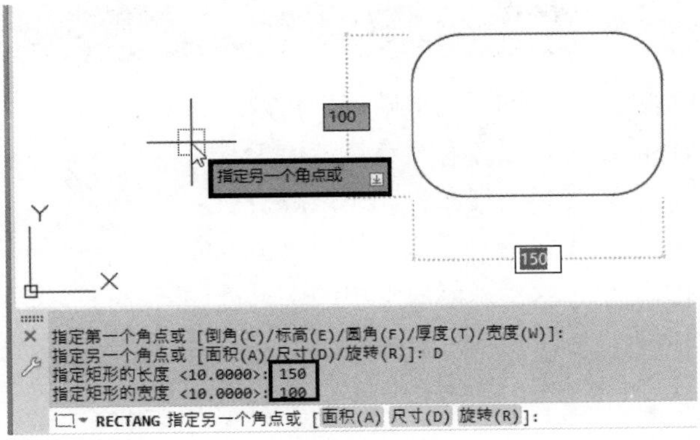

图 8-19

4.如何绘制正方形

正方形是一种长宽相等的特殊矩形，在 CAD 中怎样绘制正方形呢？矩形命令没有提供绘制正方形的参数。可以在输入另一角点时，输入@边长，边长，也可以使用尺寸 D 参数，长、宽参数都输入边长。

用多边形（POL）命令可以很简单地创建出正方形。执行“多边形”命令后，默认边数是 4，回车确认后，多边形默认是指定中心点，这里必须输入边界 E 参数，这样就可以在图中通过指定底边的两个端点来绘制正方形，如图 8-20 所示。

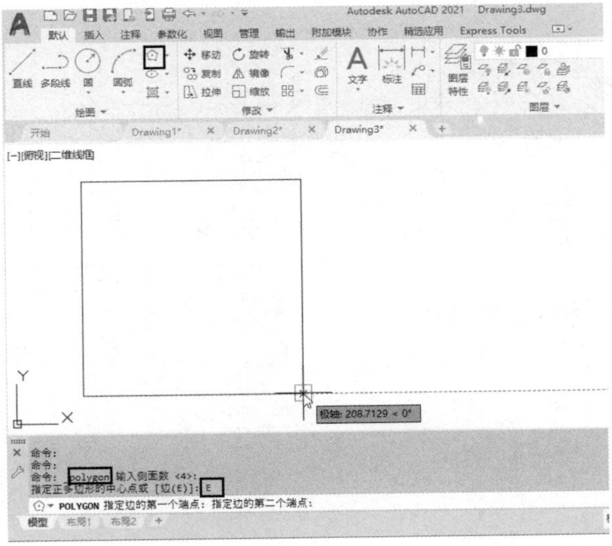

图 8-20

小结

矩形作为一种特殊的多段线，绘制操作很简单，但参数不少，充分了解每个参数可能给矩形带来的变化，可以更得心应手地使用它。

虽然创建矩形时有尺寸参数，但创建完成后，它就变成一条普通的多段线，可以在“特性”面板（Ctrl+1）中修改它的厚度、宽度、标高等多段线的通用参数，但无法再修改圆角、倒角、长宽尺寸等参数。

8.4 怎样设置和编辑多线（MLINE）？

多线常用于绘制墙体、道路等图形。但随着天正建筑、浩辰建筑等一些专业软件的出现，墙体和道路有专用工具，绘制和编辑都非常简单，多线功能用得人也就越来越少了。多线用得少的另一个原因就是多线用着不太方便，有很多限制，例如只能绘制直线段，早期版本只能用专用的工具进行编辑，到高版本才能用修剪、延伸等工具编辑。

多线（Mline）是 Multiple line 的简写，也就是多条线，可同时绘制多条平行的直线。

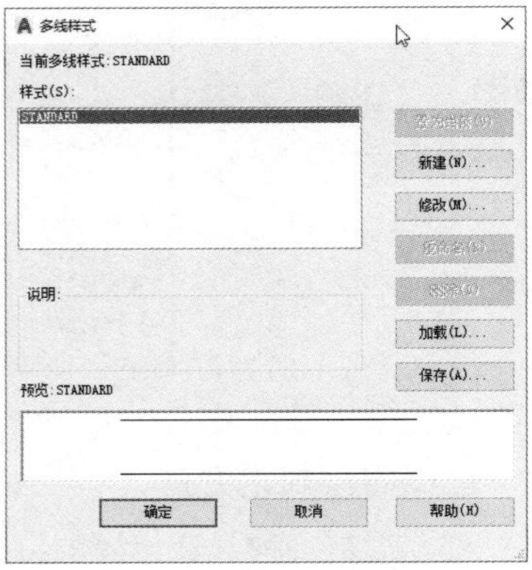

图 8-21

1.多线样式设置

多线可以设置平行线的条数，每条线的线型、宽度，以及线型之间的间距，因此在绘制多线前通常根据自己的需要设置多线样式，具体设置方法如下：

在菜单栏中选择“格式”→“多线样式”选项，或直接输入 MLSTYLE 命令后回车，弹出如图 8-21 所示的“多线样式”对话框。

该对话框中左上角显示了当前多线样式的名称：STANDARD，下面是多线样式列表和说明，最下面是多线的预览效果，在右侧可以设置当前多线样式，新建、修改、重命名、删除、加载和保存多线样式。

我们先修改默认的 STANDARD 样式。

单击“修改”按钮，弹出“修改多线样式：STANDARD”对话框，如图 8-22 所示。

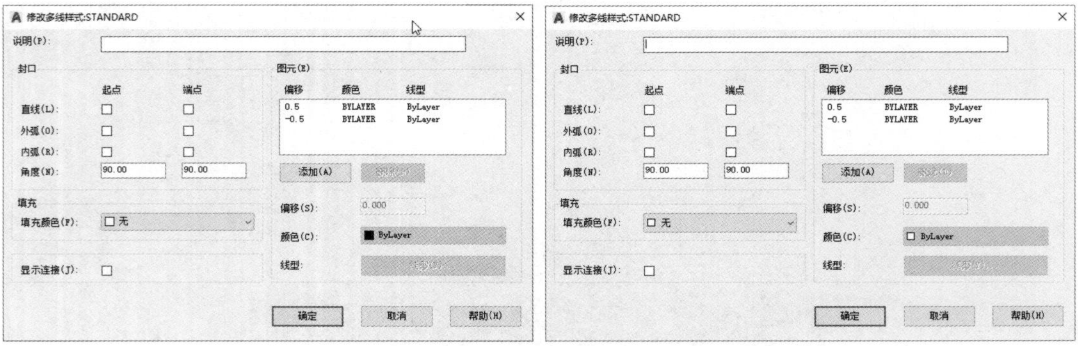

图

图 8-22

该对话框顶部可以添加对多线样式的说明。右侧可以添加线和编辑线距离中心位置的距离、颜色、线型，默认样式在偏离中心 0.5 的两侧各有一条线。左侧可设置封口形状，是否填充颜色，以及在多线转折的位置是否显示连接线。设置后单击“确定”按钮，在“多线样式”对话框中可以看到预览效果，如果效果不对，可以返回继续修改。多线参数中比较难理解的就是外弧和内弧，只有设置四条线才能看出内弧效果，如图 8-23 所示。

图 8-23

2.多线的绘制

设置好多线样式后就可以开始绘制多线。如果有多种多线样式，需要在绘制前设置好当前多线样式，也就是要使用的样式。

多线的命令是 MLINE，输入 ML 即可，回车后弹出下面提示：

当前设置：对正=上，比例=20.00，样式=STANDARD

指定起点或 [对正(J)/比例(S)/样式(ST)]:

首先提示了多线的对正形式、比例以及当前样式的名称，如果某项不满足需要，即可输入 J/S/ST 参数后进行修改。

如果参数正确，即可在图面上指定各个点来绘制多线，如图 8-24 所示。

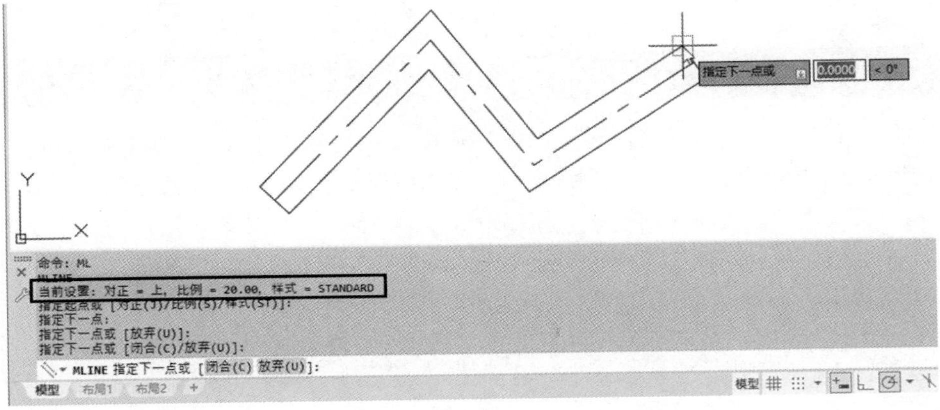

图 8-24

3.多线的编辑

由于多线比较特殊，早期版本无法用常规的二维修改命令进行修改，只能用多线编辑（MLEDIT）命令来编辑，AutoCAD 高版本中可以对多线使用延伸、修剪、拉伸等命令进行编辑。

绘制好多线后，双击多线弹出“多线编辑工具”对话框，也可以输入 MLEDIT 命令，回车，打开“多线编辑工具”对话框，如图 8-25 所示。

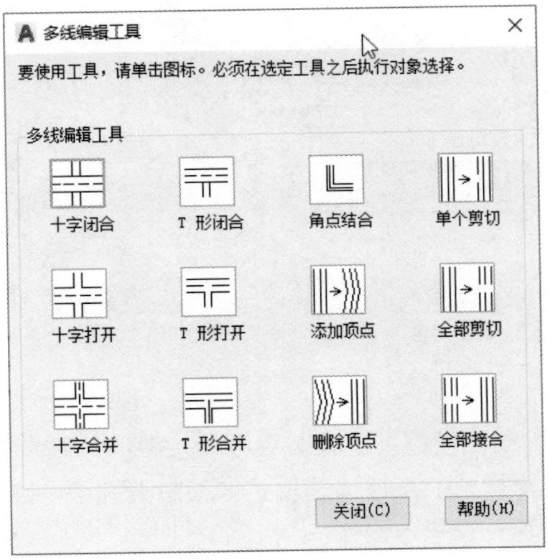

图 8-25

该对话框中列出了 12 种编辑工具，可以根据需要选择一种工具来编辑多线，假设有两条十字交叉的多线，可以选择三种十字或三种 T 形编辑方式进行编辑。假如选择 T 形打开的方式，先选哪条线，点在什么位置很重要，首先要选择被修剪的多线要保留的那一段，如图 8-26 所示。

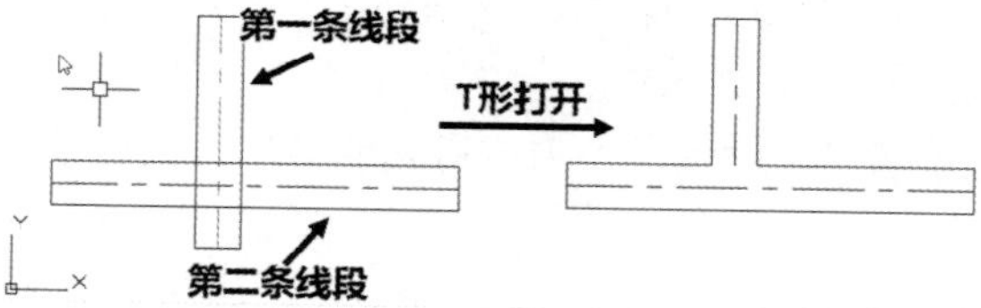

图 8-26

8.5 如何等分一条直线或曲线？如何沿曲线排列图形？

在 CAD 中有时想利用直线或曲线的等分点画图，有时想沿直线或曲线等距或等分排列图形，例如沿灯槽铺设一排射灯，或沿路边种上一排树。CAD 高版本提供了沿线阵列的功能，但其实在 CAD 很早的版本中就提供了定数等分和定距等分的功能。按照常理大家认为这个功能应该归到“修改”命令中，但 CAD 的这两个功能作为“点”对象的两个子功能，也就是在等分的同时通常会生成点对象，菜单和命令面板位置如图 8-27 和图 8-28 所示。

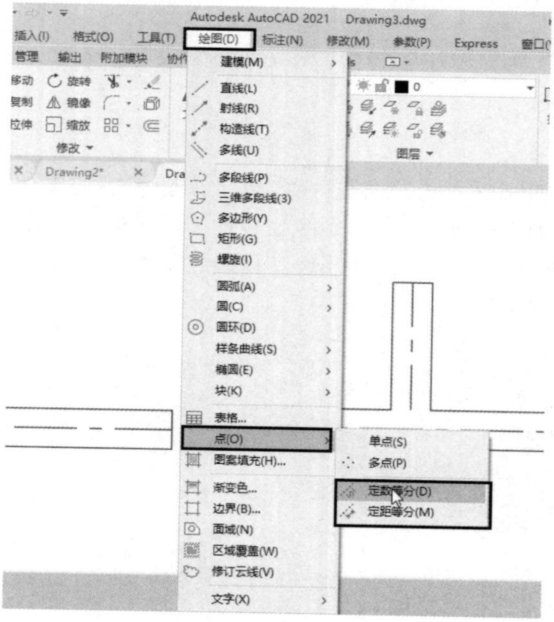

图 8-27

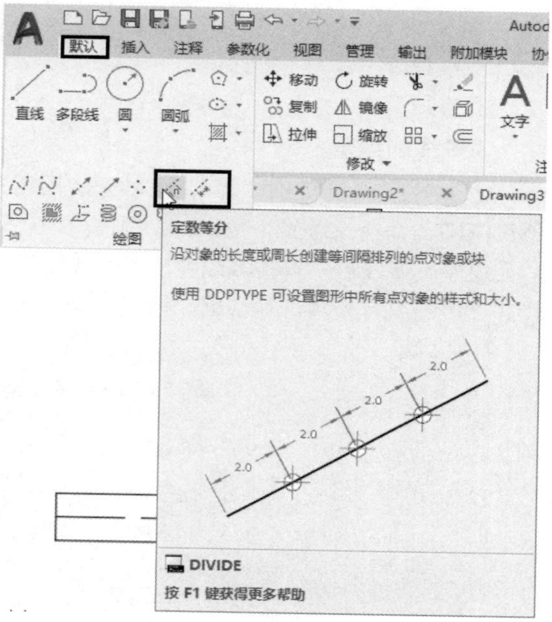

图 8-28

1.利用等分点绘图

在 CAD 中利用等分点绘图比较麻烦，定数等分和定距等分是点对象的子功能，因此会生成点对象，要捕捉点对象，需要打开节点捕捉选项，如果想看到这些点对象，还需要设置点样式，下面通过一个简单的例子来看一下基本操作。

Step 01 绘制一条直线或者曲线用于作为被等分的图形。

Step 02 在菜单中选择定数等分或者直接输入 DIV（DIVIDE 的简写）命令后回车，命令行提示选择被等分的对象，单击刚刚绘制的图形，如图 8-29 所示。

命令行提示输入线段数目或［块(B)］，是告诉我们可以直接输入等分的段数，或者在等分时插入图块。

Step 03 直接输入要等分的数量，比如 7 后，回车。

定数等分就完成了，但从图上看不到任何效果，如图 8-30 所示。

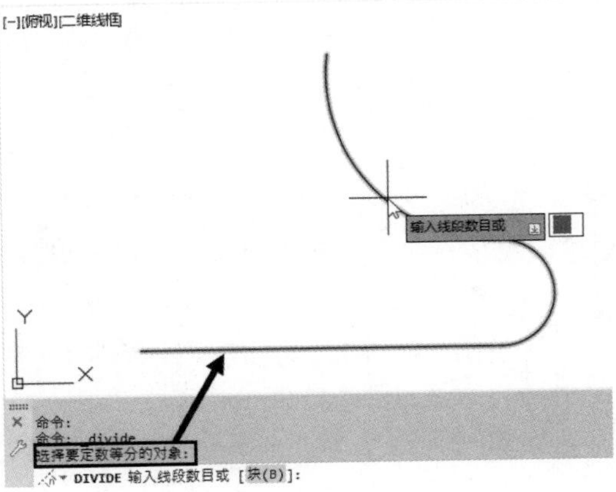

图 8-29

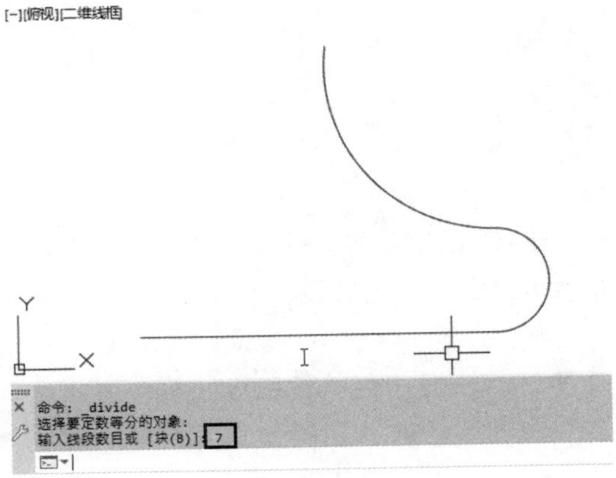

图 8-30

其实线上已经生成多个点对象，这些点对象将直线分成 7 份，此时可以打开节点捕捉，就可以捕捉这些点对象来画图，为了更清楚地看到等分的效果，可以换一种点样式。

2.设置点样式

在格式菜单中选择点样式或者直接输入 PTYPE（低版本输入 DDPTYPE）命令，打开“点样式”对话框，如图 8-31 所示。选择十字叉的点样式，即可看到等分点生成效果，如图 8-32 所示。

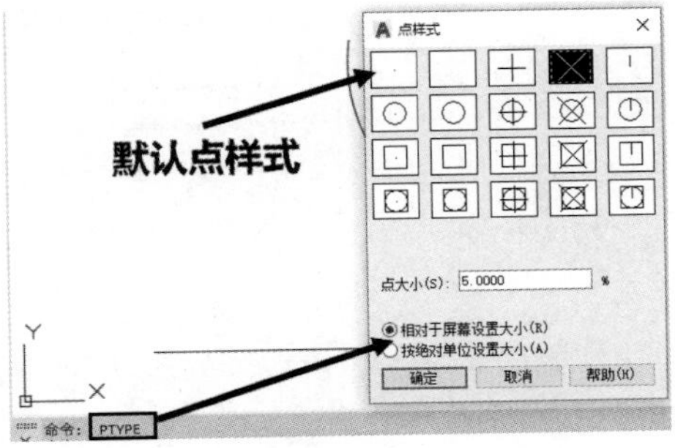

图 8-31

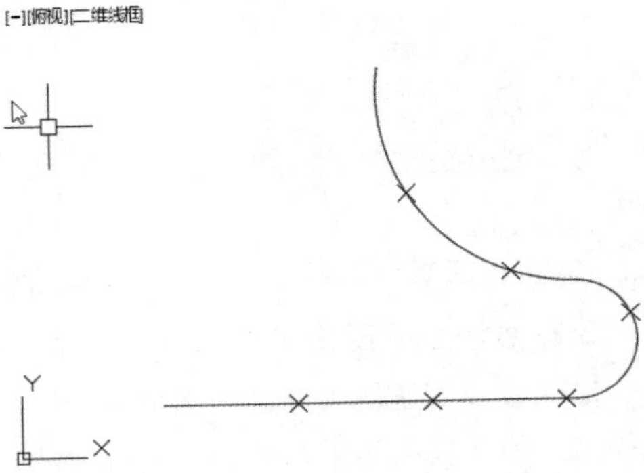

图 8-32

设置完点样式后，终于看到定数等分命令生成的 6 个等分点。采用默认样式时虽然看不到它们，但是可以捕捉到。

右击底部状态栏的对象捕捉按钮，打开节点捕捉选项，输入 L，执行“画线”命令，可以捕捉等分点来画图，如图 8-33 所示。

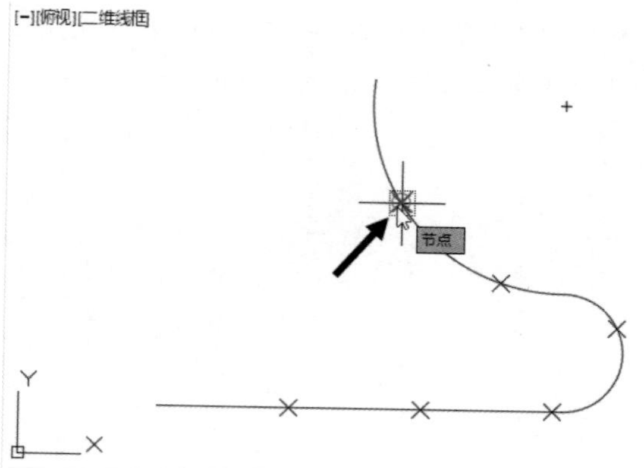

图 8-33

CAD 的定数等分功能操作比较麻烦，不仅要生成很多点对象，还需要打开节点捕捉，如果想看见这些点还需要设置点样式。

如果觉得麻烦，可以试试浩辰 CAD，浩辰 CAD 增加了一个等分点的捕捉选项，只需打开等分点捕捉，可以随意设置等分数，然后在图中捕捉直线或曲线的等分点，当光标停留在直线或曲线上时，在等分点处会显示十字标记，光标移动到某个等分点处，会提示是第几个等分点，如等分点 4/7。不过与定数等分不同的是，在捕捉多段线时，是分段进行等分的，如图 8-34 所示。

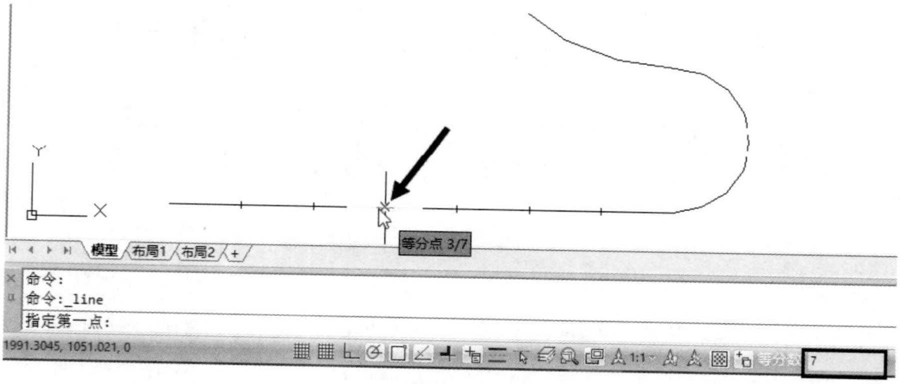

图 8-34

CAD 定距等分的操作与定数等分类似，只是将数量变成距离。

3.在曲线上等距排列图形

沿曲线或直线排列图形的需求应该比较多，因此 CAD 高版本增加了沿线阵列的功能，操作很简单。但在低版本中只有用定数等分或定距等分，我们不妨来看一下。

Step 01 仍使用上面例子的直线或曲线进行等分，绘制一个小圆，选中圆，输入 B，回车，图块名定为 CIR，基点定在圆心位置，如图 8-35 所示。

Step 02 在“绘图”菜单中选择“定距等分”或直接输入 ME（MEASURE 的简写）命令后回车，选择要等分的直线或曲线。

此时命令行会提示指定选段长度还是用图块来等分。

Step 03 输入 B，回车，在提示输入块名时，输入刚创建图块的名称：CIR，如图 8-36 所示。

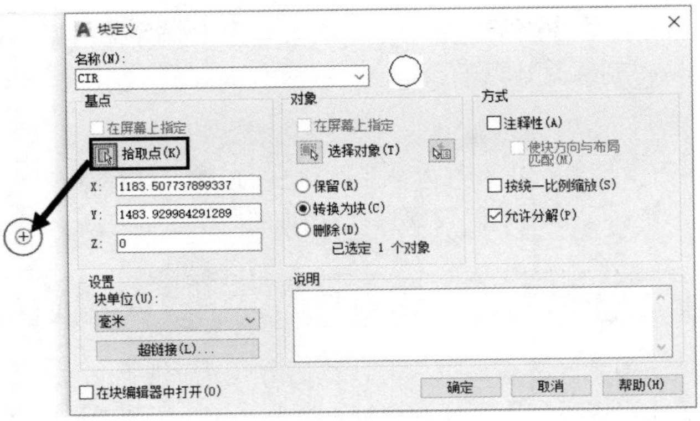

图 8-35

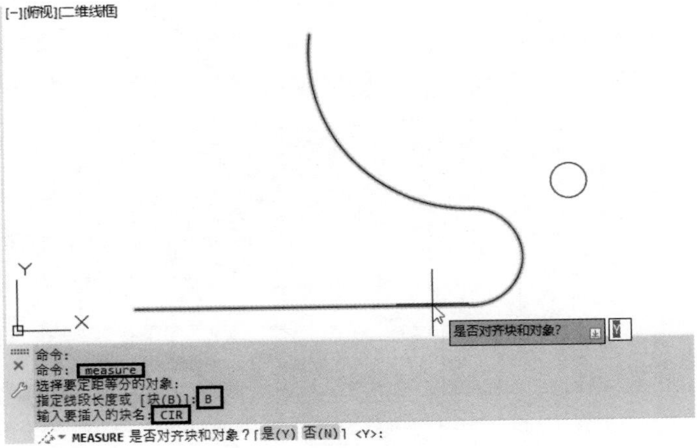

图 8-36

命令行会提示图块在摆放时是否需要跟等分的曲线对齐，如果图块是有方向性的图形，可以输入 Y 让图块与曲线对齐，或者输入 N 让图块一直保持原始方向。

Step 04 由于现在的图块是一个圆，没有方向性，直接回车用默认选项即可。在软件提示输入距离时输入 40，就可以得到结果，如图 8-37 所示。

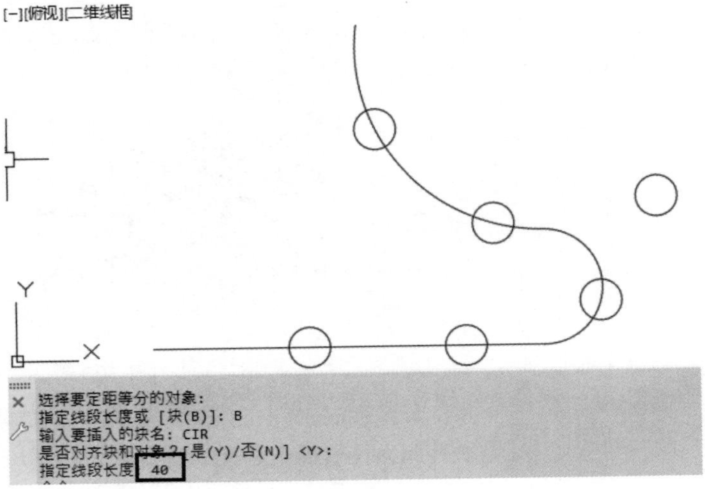

图 8-37

在练习之前需要知道要等分线的长度，根据线长合理设置等分距离，假如线长只有 30，等分数设置为 40，就无法得到练习效果了。

小结

虽说 CAD 高版本有一些替代定数等分或定距等分的方法，但我们还是需要掌握定数等分和定距等分这两个命令，并且要知道如何设置点样式和使用节点捕捉。

8.6 如何利用 Excel 输入坐标在 AutoCAD 中画图?

有时需要画出一条由多个坐标点连接成的曲线，一个一个地输入坐标，不仅非常麻烦，而且容易出错。如果利用 Excel 应用程序来保存数据，并与 CAD 巧妙地结合起来，就能很容易地画好曲线。

1.利用 Excel 输入坐标画线

Step 01 启动 Excel，打开提取的坐标表格，或者在新表中分两列输入 X,Y 坐标，如图 8-38 所示。

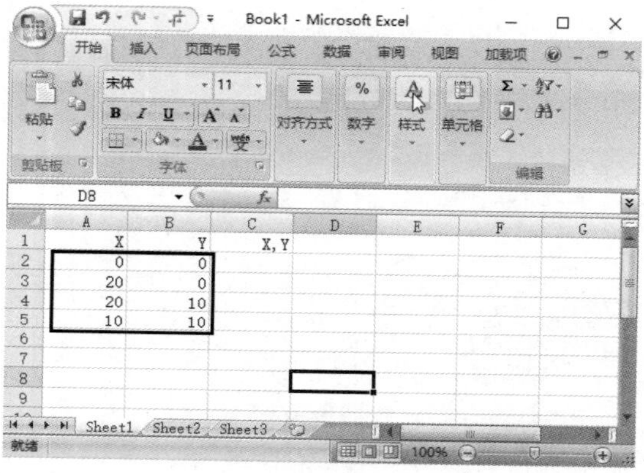

图 8-38

当然也可以将坐标输入按 x,y 格式输入到一行里，但用属性提取 EATTEXT 等或其他工具获取的坐标值通常是将 XY 坐标分开为两列的，这样书写主要是介绍如何将分开的 XY 坐标合并成 x,y 的形式。

Step 02 单击 X,Y 列的第一个空单元格，也就是图 8-38 中的单元格 C2，在顶部公式栏中输入公式=A2&","&B2，即可将 XY 坐标合并成 CAD 可识别的坐标值，如图 8-39 所示。

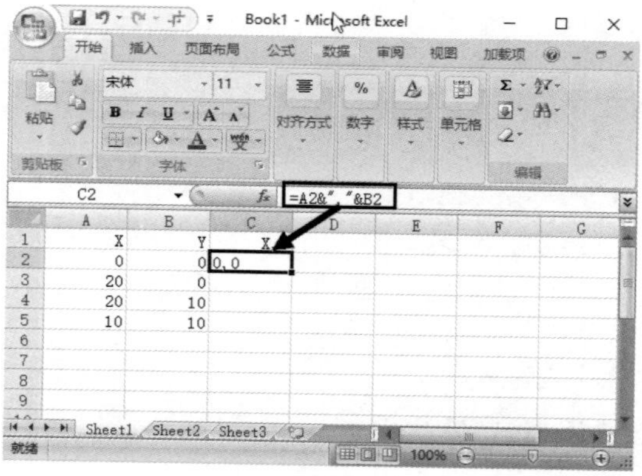

图 8-39

公式前面的 A、B 这样的列编号根据自己表格中数据的具体列编号进行修改，其他行只需复制公式即可。

Step 03 向下拖动 C2 单元格的右小角到最下面一行，如图 8-40 所示。

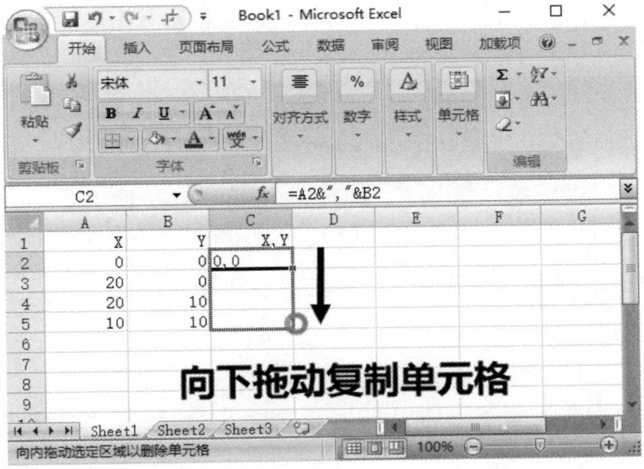

图 8-40

复制完单元格后，检查一下复制的结果，如图 8-41 所示。

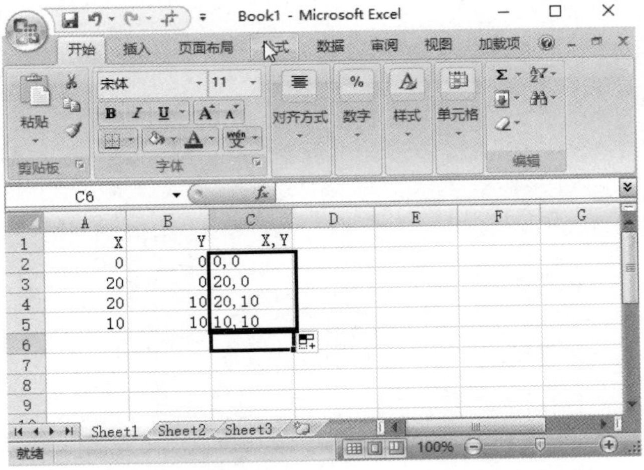

图 8-41

Step 04 Excel 中的工作完成后，启动 CAD，在 CAD 中输入 L，回车，执行“直线”命令，命令行提示：输入第一点。

Step 05 切换回 Excel，选择 C 列的 X,Y 坐标的所有单元格，按 Ctrl+C 快捷键，复制，切换到 CAD 中，在命令行中按 Ctrl+V 快捷键，将复制的坐标值粘贴到命令行，即可绘制出我们需要的线，如图 8-47 所示。

上面只是为了练习功能，输入几个简单的坐标并绘制简单的直线。在实际工作中，在 Excel 表格中有上百个点的坐标，而且在执行多段线（PL）或样条曲线（SPL）后，粘贴坐标来绘制复杂的曲线。

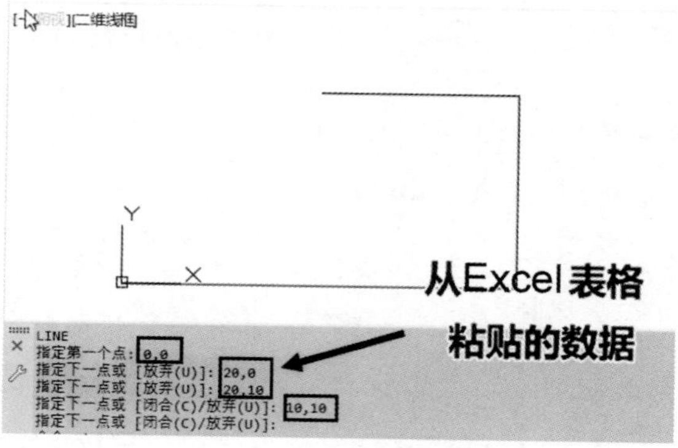

图 8-42

2.利用 Excel 表格中坐标复制图形

是否能用 Excel 表格中坐标来批量绘制点、批量画圆，插入图块？

点、圆、图块这些图形一次只能绘制或插入一个，没法连续输入坐标，但可以变通一下，先绘制一个，然后复制，复制在默认状态下就是多重复制，此时粘贴 Excel 坐标就没有问题了。

假设要在所有坐标点处画一个半径相等的圆，操作步骤如下。

Step 01 在任意位置画一个圆，如图 8-43 所示。

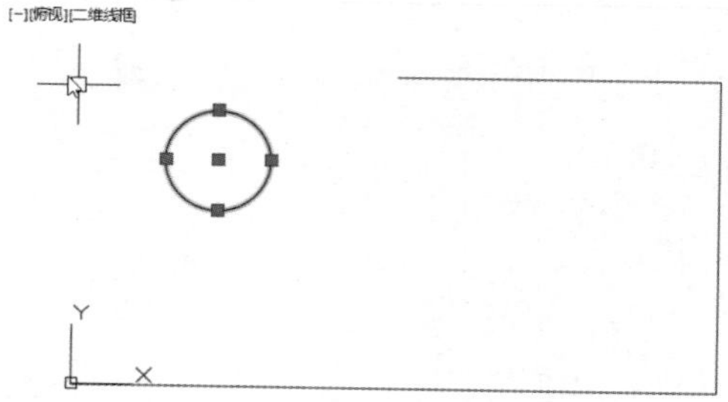

图 8-43

也可以在列表中第一个坐标的位置画圆，后面少复制一个即可。

Step 02 输入 CO（COPY）命令，回车，执行“复制”命令，选择圆后回车，提示指定基点时捕捉圆的圆心点，如图 8-44 所示。

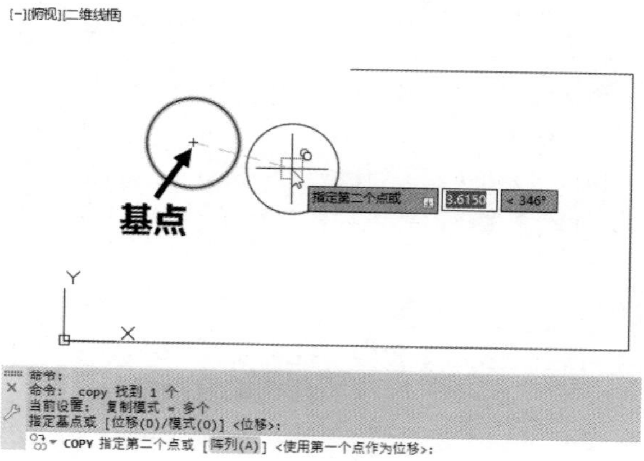

图 8-44

Step 03 确定基点后，软件会提示指定位移点。此时切换到 Excel 中复制坐标数据，然后切换回 CAD 中将数据粘贴到命令行，即可将圆复制到需要的位置，如图 8-45 所示。

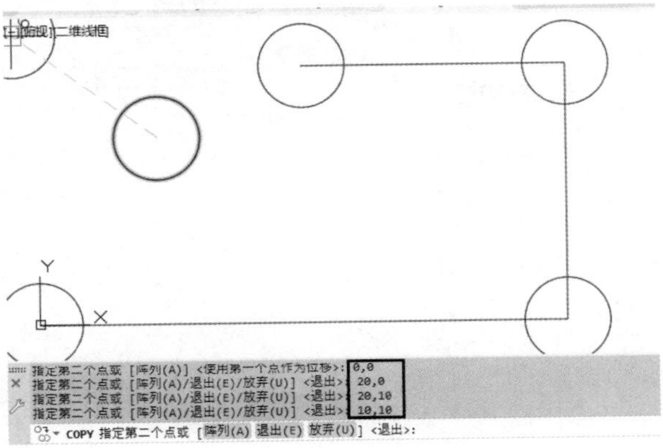

图 8-45

小结

当我们学到一个操作技巧时，可以想想还可以扩展出哪些应用。

虽然支持在命令行粘贴多列数据，比如图 8-45 中粘贴 A、B 两列，数据的粘贴顺序是 A2、B2、A3、B3……，这样不太好控制，所以通常只粘贴一列，将坐标值放到一列，这样比较好控制。

8.7　面域(REGION)有什么用？为什么有时生成面域不成功？

在 CAD 中有一种对象叫作面域（REGION），它无法直接绘制，必须通过选择图中的图形生成，和填充有些类似。对象的中文名称：面域告诉我们它是一个面，而不是像直线、圆这样的线。在默认的二维线框模式下，它与普通的线看上去没什么区别，但进入着色模式（输入 SHADE 命令）后就可以看出它们的区别，如图 8-46 所示。

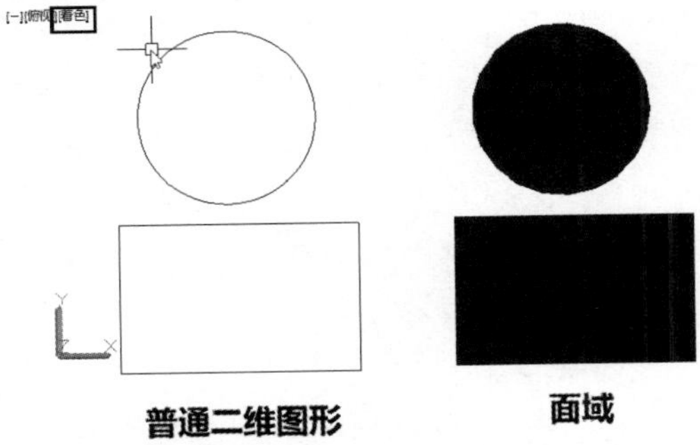

图 8-46

面域最常规的作用就是三维建模，比如，将它作为截面进行拉伸（EXTRUDE）、扫掠（SWEEP）、放样（LOFT）等。用封闭的多段线也可以作为上述命令的截面，但多段线无法做出嵌套的截面，而面域可以利用布尔运算进行差并交集计算，例如需要做一个中空的图形，就只能用面域来做了。先用直线或 PL 线画好内外轮廓，一起框选生成面域，然后用布尔运算将里面的面域减掉，如图 8-47 所示。

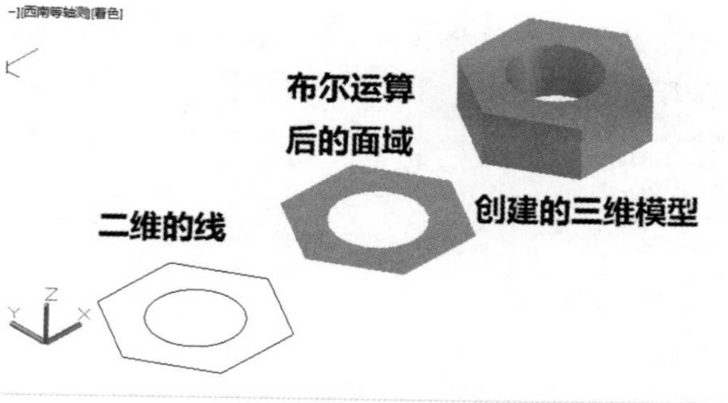

图 8-47

除了三维建模外，还有不少人利用面域功能来统计面积。

面域作为一个面，需要先绘制一个封闭的边界，边界由直线、圆弧、多段线等图形组成，原则就是封闭且不交叉。可以一次选择多个封闭线条生成多个面域，例如图 8-47 中可以同时选中六边形和圆生成面域，但生成是两个独立的面域，必须经过布尔运算才能得到中空的面域图形。

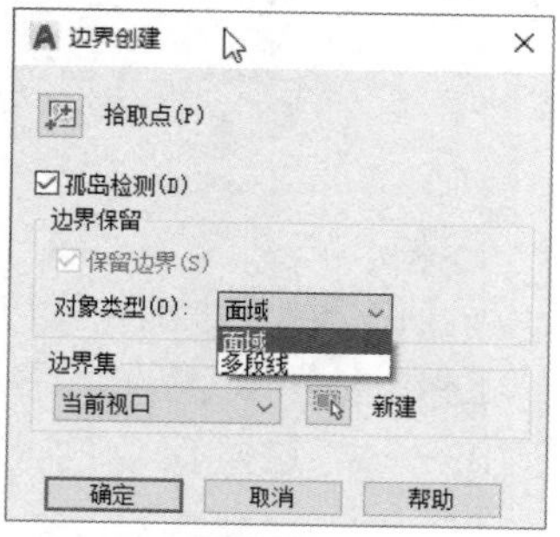

图 8-48

有时绘制图形后却无法生成面域，其实原因很简单：就是出现了交叉或不封闭的现象，只是可能缺口或交叉很小，不明显而已。

如果出现类似情况，解决办法有两种：一种是放大图形的各个交点处，看看是否存在缺口或细小的交叉，通过修剪、延伸或倒圆角等功能将有问题的交点处理好。但有时缺口或交叉很小，需要放大很多倍才能看出来，交点又较多，检查起来也比较麻烦，可以想一些其他办法，比如用 PE 命令连接所有线。如果有的地方连接不起来，说明这个交点有问题，但多段线不能处理自交叉，比如出现类似“8”这样的自交叉图形。另一种是利用边界 BO（BOUNDARY）命令，将生成对象类型设置成面域即可，通过“拾取点”或“新建边界集”的方式来选择区域，比如图 8-47 中的图形，只需在多边形和圆之间拾取点，就可以自动生成两个面域。使用“边界”命令的好处是会忽略封闭区域外的交叉或自相交部分，同时还可以忽略细小的缺口。“边界创建”对话框如图 8-48 所示。

如果在绘图时严格按照尺寸绘制，并始终使用捕捉等辅助工具定位，通常不会出现上述问题，一旦出现无法生成面域时，不妨试试我所说的方法，但并不能保证一种方法能解决所有问题。所以我一再建议大家养成良好的绘图习惯，避免出现问题时耗费过多的时间去定位和解决问题。

8.8 如何画三维模型的等轴测图?

在绘制三视图的过程中，有时会在图纸的下方绘制一个立体图形，这样能很直观地表现出图形的形状和结构，而在 CAD 中除了创建三维模型外，还可以用等轴测投影的二维图形来表现立体的视觉效果。下面简单介绍绘制等轴测图的基本设置和绘图的一些注意事项。

1.绘制等轴测图形的基本设置

要直接绘制二维等轴测图，需要充分利用栅格的栅格捕捉。首先将栅格的捕捉类型设置为等轴测捕捉，如果绘制图形尺寸都是比较整的数，可以打开栅格捕捉。

等轴测捕捉的设置方法如下：

在栅格或栅格捕捉按钮上右击，选择“设置”选项，在弹出的“草图设置”对话框的“捕捉类型”中选中“等轴测捕捉”单选按钮即可，如图 8-49 所示。

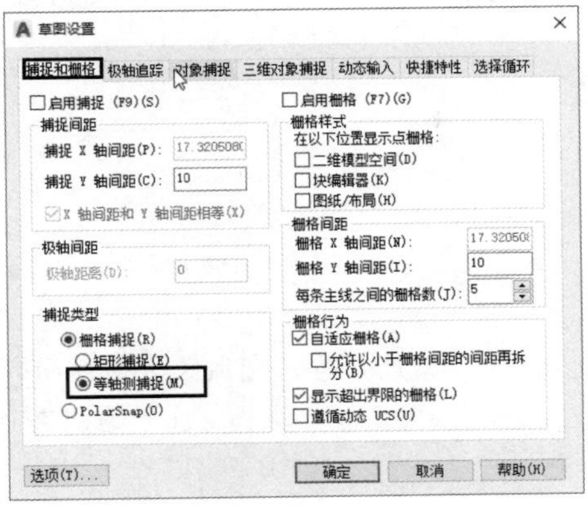

图 8-49

2.视图的切换

在绘制二维轴测图的过程中，需要绘制三维模型的不同侧面，在不同的视图间进行切换。系统提供了“俯视”“左视”“右视”三个视图，按 F5 键可在视图间快速切换，如图 8-50 所示。注意，在不同视图中坐标的变化，因为坐标显示的是当前视图中的正交形态。

注　意

二维轴测图中，不同视图的正交模式在 30°、90°、150° 三个角度中相互转换。

3.绘图注意事项

在绘制二维轴测图时偏移和镜像命令虽然可以使用，但有时不一定能达到需要的效果，因此需要用复制（CO）命令来达到偏移或者镜像的效果。以偏移命令为例，看一下偏移和复制效果对比，如图 8-51 所示。

图 8-50

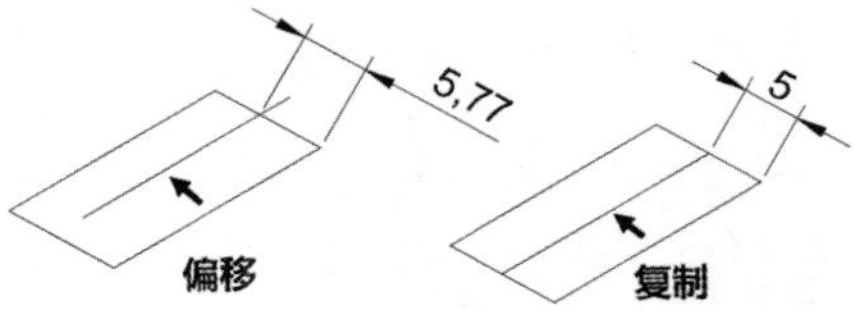

图 8-51

同样是将底边向上偏移 5，而复制后的效果才是我们想要的。

4.实例：长方体的绘制

在二维轴测图中，不能用“矩形”命令绘制长方形，而是直接使用直线(L)命令绘制长方形。下面通过一个实例来了解如何绘制一个长方体。例如，绘制一个长 20、宽 10、高 30 的长方体。

具体操作如下：

Step 01 按 F5 键切换到俯视，按 F8 键打开正交模式，激活“直线”命令，先确定直线第一点，然后斜向下拖动光标，软件会提示角度和长度，在提示长度为 10 时单击，也可以直接输入 10 来绘制长方体的宽，如图 8-52 所示。

Step 02 然后向斜上方拖动，绘制长方体的 20 长，如图 8-53 所示。

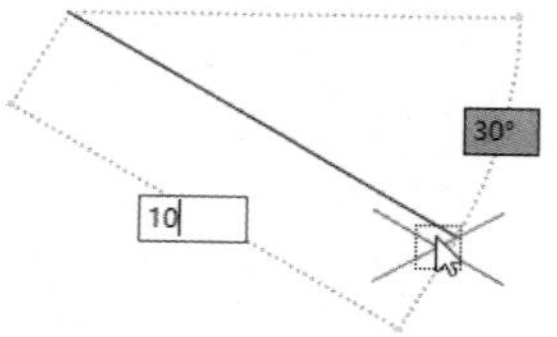

图 8-52

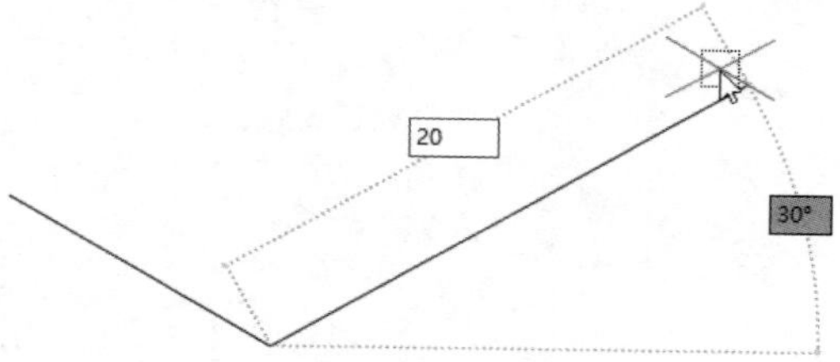

图 8-53

Step 03 继续绘制右侧的宽后输入 C，封闭矩形，完成长方体顶面的绘制，如图 8-54 所示。

Step 04 按 F5 键切换到右视，执行复制（CO）命令，选中绘制好的长方形，指定基点，将图形向下复制 30 个单位，如图 8-55 所示。

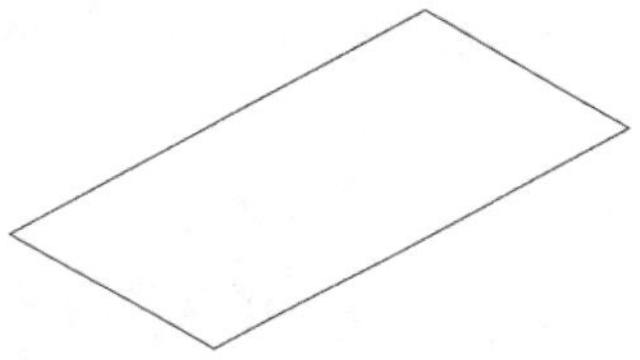

图 8-54

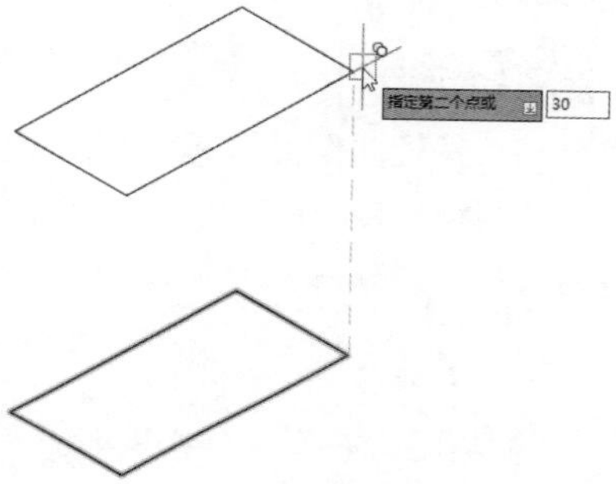

图 8-55

Step 05 执行直线(L)命令，将长方形的四个角点依次连接，长方体就绘制完成了，如图 8-56 所示。

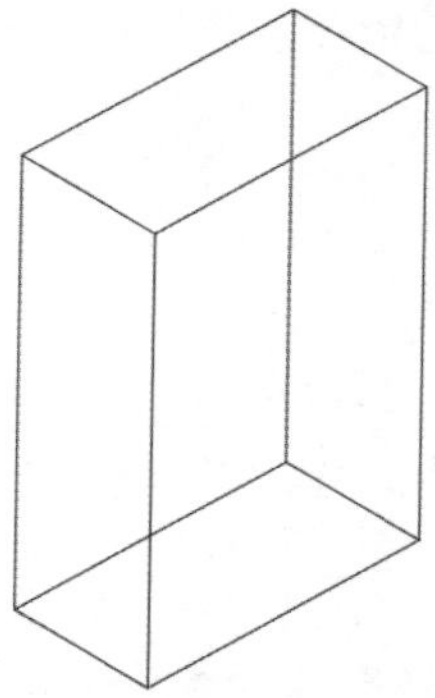

图 8-56

5.实例：圆柱体的绘制

轴测图中的圆并不是规则的椭圆，但椭圆命令专门为绘制等轴测图设置了选项：等轴测圆(I)，利用这个选项就可以轻松地绘制在各正交平面上的圆。下面绘制一个半径为 50、高为 100 的圆柱体。操作步骤如下：

Step 01 按 F5 键切换到俯视。

Step 02 执行椭圆（EL）命令，输入 I，回车，绘制等轴测圆。在图中指定圆心，输入半径 50，如图 8-57 所示。

Step 03 按 F5 键切换到右视，向下距离 100 个单位复制一个圆。用直线捕捉连接的象限点，如图 8-58 所示。

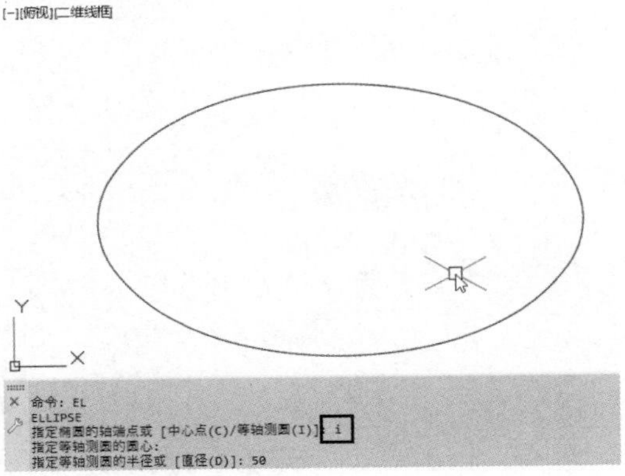

图 8-57

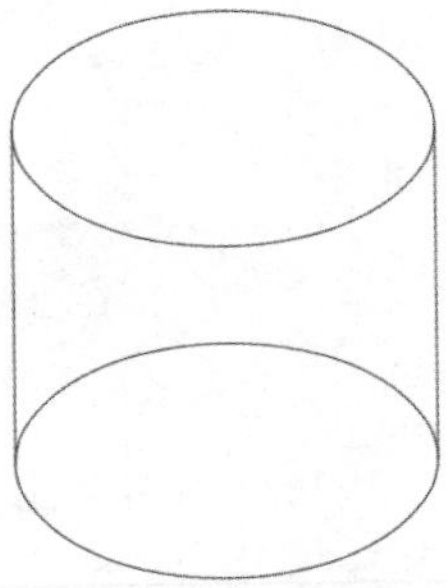

图 8-58

小结

如果模型比较复杂，尤其是当模型中有不同角度的弧面、曲面，圆柱体、球体等相交时，想用二维功能绘制出准确的轴测图比创建三维模型更困难。CAD 提供了多种直接将三维模型转换为二维投影图的方法，例如在模型空间可以用 FLATTEN、FLATSHOT，在布局空间可以用 SOLPROF、SOLVIEW+SOLDRAW。

8.9 如何计算图形的面积?

在绘图的过程中经常需要查询和计算图形的面积，计算面积的方法和相关命令如下。

1.查询面积（AREA）命令

CAD 提供了查询面积的命令：AREA，快捷键是 AA。先来看查询面积有哪些选项，执行“查询面积”命令后，命令行提示如下：

指定第一个角点或[对象(O)/增加面积(A)/减少面积(S)]<</span>对象(O)>:

从提示可以看出来，面积查询有两种方式：一种是在图中指定边界；另一种是选择一个封闭的对象。此外，面积还可以进行累加或相减。选择哪种形式取决于要查询面积区域的边界是由什么样的图形构成的。

如果边界是封闭的图形，例如圆、封闭多段线、面域，就可以直接选择对象来查询面积。命令行提示最后是<>里是“对象(O)”，表示对象(O)是默认选项，直接回车或按空格键就可以执行，无须在输入字母 O。出现上述提示后直接回车，就会提示选择对象，选择一个封闭图形，就可以得到面积和周长，如图 8-59 所示。

但如果边界不是封闭图形，而是交叉线或分开的直线、圆弧或多段线组成，有两种选择。一种是在查询面积时通过指定角点来绘制出封闭边界，从而得到面积；另一种是先想办法利用其他命令将区域边界转换成封闭的图形。

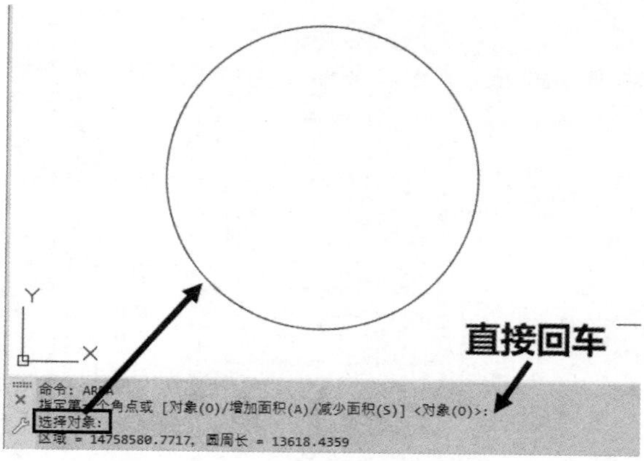

图 8-59

如果是一些简单的交叉图形，可以直接在查询面积时指定交点。操作方法也很简单：先确认打开了对象捕捉并勾选交点，输入 AA 回车后，就可以依次拾取区域的几个角点，如图 8-60 所示。

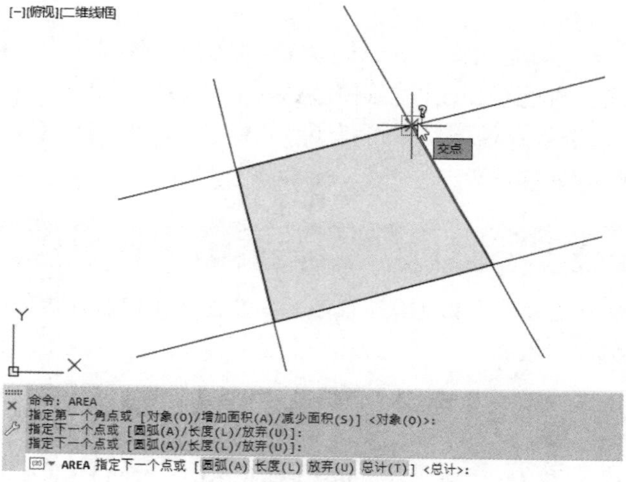

图 8-60

图 8-60 中区域边界是四条直边，指定四个点后回车就可以得到面积。注意看命令行提示，指定区域边界的命令与多段线的命令基本一样，也可以定义直线和弧线段，只是去掉了多段线的宽度设置，另外，当定义了三个点时就会出一个总计（T）的参数，可以得到面积，并不用输入 T 参数，直接按空格键或回车就可以得到结果。

虽然定义边界提供了与多段线一样的绘制选项，但不是所有图形用这种方式都能绘制出来，例如图 8-60 中哪怕只将一条直线换成弧线，这个边界就很难用面积命令画出来，如图 8-61 所示。

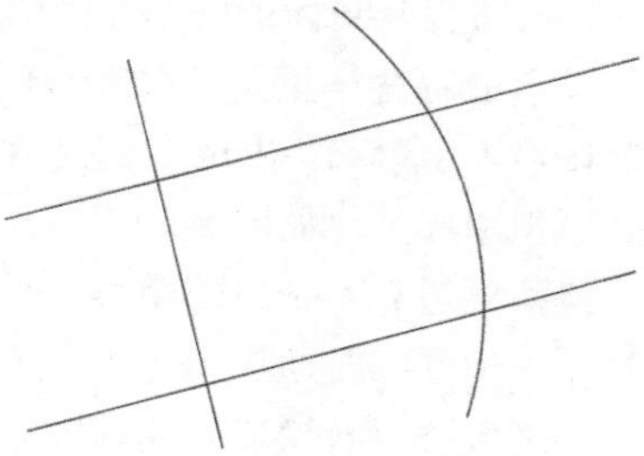

图 8-61

类似上面的这种中间空白的封闭区域，可以用边界（Boundary）（BO）命令先生成多段线或面域，然后在特性面板或用 LI（列表查询 LIST）命令就可以知道面积了，不需要用面积查询命令。

2.查询图形的特性

有些图形的基本特性中就会显示面积和周长，例如圆、弧、多段线、样条曲线和填充等。如果是圆、封闭且不自相交的多段线或填充，面积就不用 AREA 命令来查询了，选中这些图形后，直接在“特性”面板（Ctrl+1）或用列表查询 LI 命令就可以知道这些图形的面积，如图 8-62 所示。

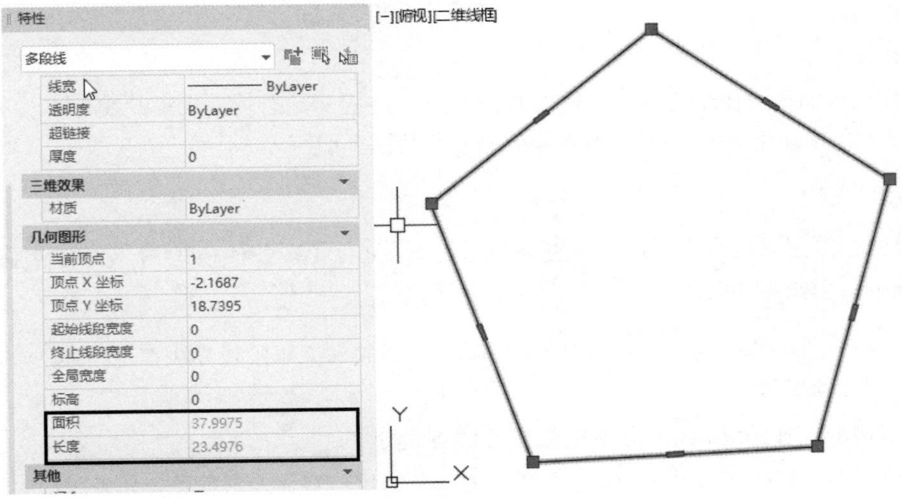

图 8-62

在特性面板中，填充统计面积的功能更加强大，不仅可以计算中间含孤岛的区域的面积，一个填充还可以包括多个独立的区域。除此以外，当选择多个填充对象时，还可以自动得到累加的面积，如图 8-63 所示。

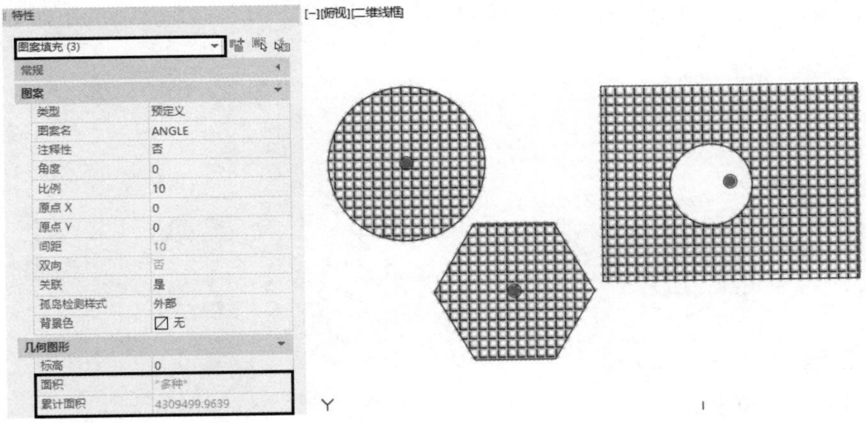

图 8-63

正因为多段线和填充可以快速得到面积，当利用“查询面积”命令拾取点很困难时，很多人会选择将图形合并成多段线或面域，或者绘制一个填充来计算面积，而很少用 AREA 命令。

3.将边界合并成多段线

如果边界是连续封闭的直线段、圆弧或多段线，直接选中这些图形，利用编辑多段线（PEDIT）命令可以将它们合并成一条封闭的多段线，高版本可以直接用连接（JOIN）命令将它转换成一整条封闭的多段线，如图 8-64 所示。

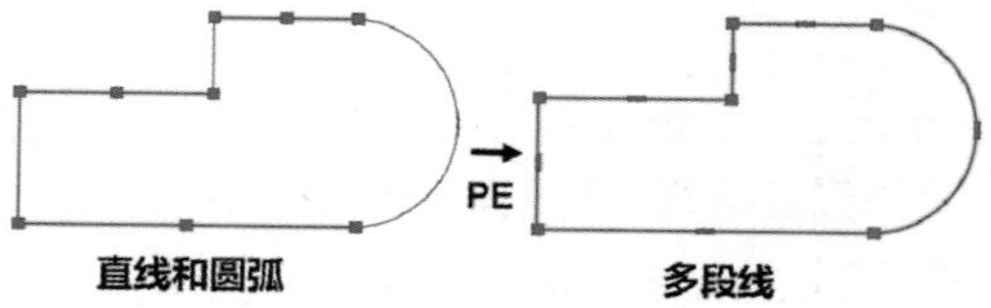

图 8-64

操作步骤如下：

将组成边界的所有图形都选中，输入 PE，回车，在提示是否转换成多段线时输入 Y，回车，然后输入 J（合并），回车，模糊距离可以忽略，直接回车即可。

注　意

上面的截图为了说明左侧是分开的图形，没有将图形全部选中，在实际操作中要将左侧图形全部选中后再执行 PE 命令。

要想将构成边界的线合并成完整封闭的多段线，必须保证每段边界线首尾相连，如果有细小的间隙可设置模糊距离。

4.利用边界（Boundary）命令生成多段线或面域

如果要查询面积的区域是上面例子中的空白区域，用边界命令很简单。如果区域中还有其他图形，一般也可以处理，但如果区域内图形太多，影响处理结果的话，就需要将图形复制到一边，将中间多余的图形删掉，类似这种情况就不再介绍。下面以图 8-61 中的三条直线和一条弧线交叉的例子来介绍边界命令的用法。

输入 BO 命令，回车，执行“边界”命令，弹出如图 8-65 所示的对话框。

先使用默认的选项，单击“拾取点”按钮，在区域内用鼠标单击，然后回车即可生成边界，如图 8-66 所示。

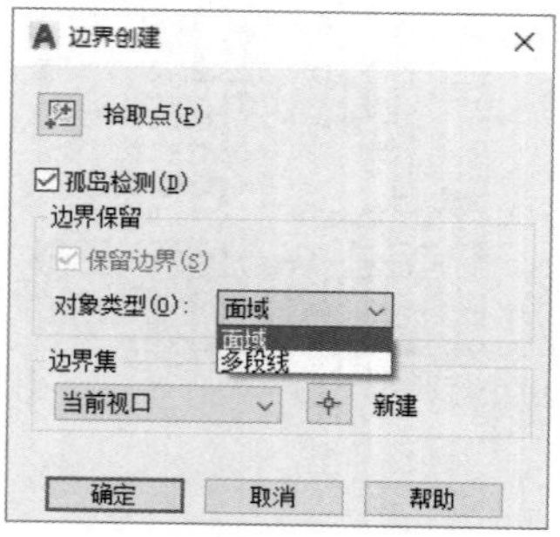

图 8-65

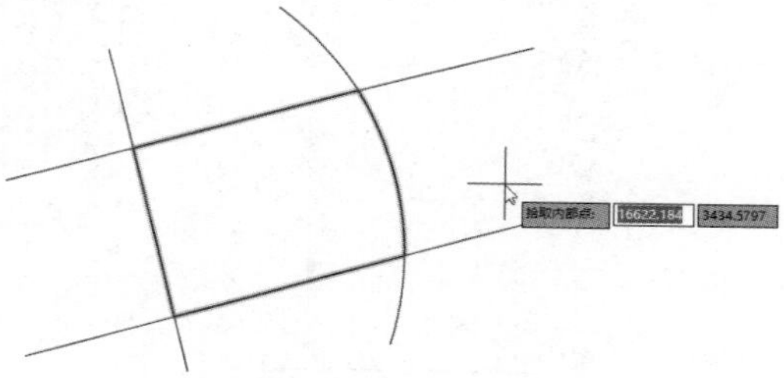

图 8-66

通过这样的操作快速得到了与封闭区域边界重合的多段线或面域，选中生成的多段线或面域，在特性面板中即可看到区域的面积。

边界功能的选项并不多，这里简单介绍以下几个重要参数。

对象类型：在对象类型中设置生成多段线或面域，这个可以根据个人的需要，如果只是要计算面积，两个都可以。

孤岛检测：如果区域完全空白，可以不理会“孤岛检测”选项，如果所选区域内还有其他嵌套的封闭区域，该选项就会起作用，选与不选结果有很大不同。例如，在上面的区域中间还有一个圆，勾选“孤岛检测”复选框，将生成两个边界线，如图 8-67 所示。

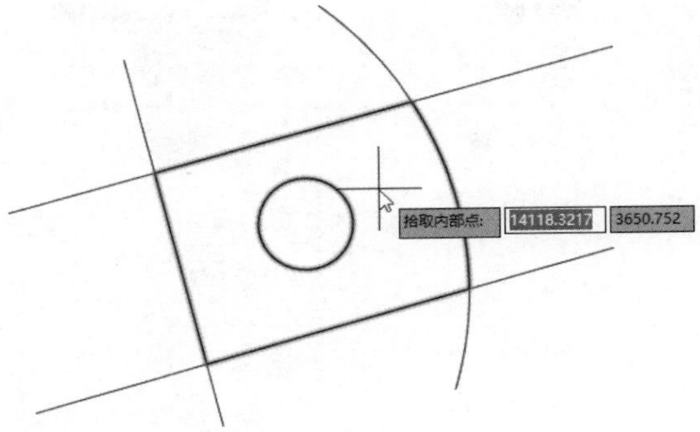

图 8-67

如果不勾选“孤岛检测”复选框，将忽略中间的圆，只生成一条边界线，如图 8-68 所示。

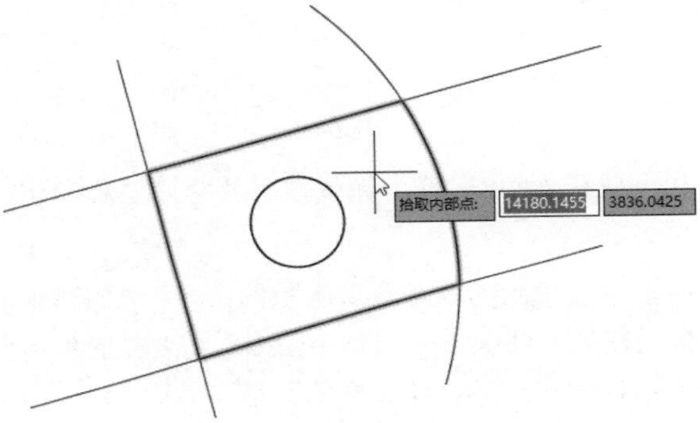

图 8-68

边界集：如果图形很复杂，边界内外有很多其他图形，边界集的设置也很重要。默认设置为：当前视口，也就是当前视图内的所有图形都会参与边界计算，CAD 会沿拾取的点向外搜索所有图形，参与计算的图形量大，计算慢。这时单击“新建”按钮，将组成边界的图形选出来，多选一些对象问题不大，这样就只有选择的图形参与边界的计算，肯定比用默认选项计算量小很多，可以提高效率和准确性。

当内部有孤岛时，用边界无法一次性得到去除孤岛后的面积，如果生成两条多段线，还需要用 AREA 命令中的相减功能，如果生成两个面域，也需要用布尔运算将中间孤岛减掉，这种情况就不如用填充方便。

5.创建填充来计算面积

填充界面比边界命令复杂一些，就不再详细介绍操作了。无论是有孤岛的区域，还是由多个区域组合，填充都可以直接查询面积。

但填充也有不好的地方，就是操作相对复杂，如果区域面积比较大，采用默认的填充图案和比例会产生大量的数据，速度比较慢。如果选择 SOLID 实体填充，边界形状复杂时数据量也不小。

6.查询总面积的工具和插件

浩辰 CAD 的查询命令中增加了总面积的选项，这个功能不仅可以一次性拾取多个封闭图形，还可以直接在封闭区域中点取。也就是说，在复杂的封闭区域内也无须再生成多余的多段线、面域或填充，操作效率更高，如图 8-69 所示。

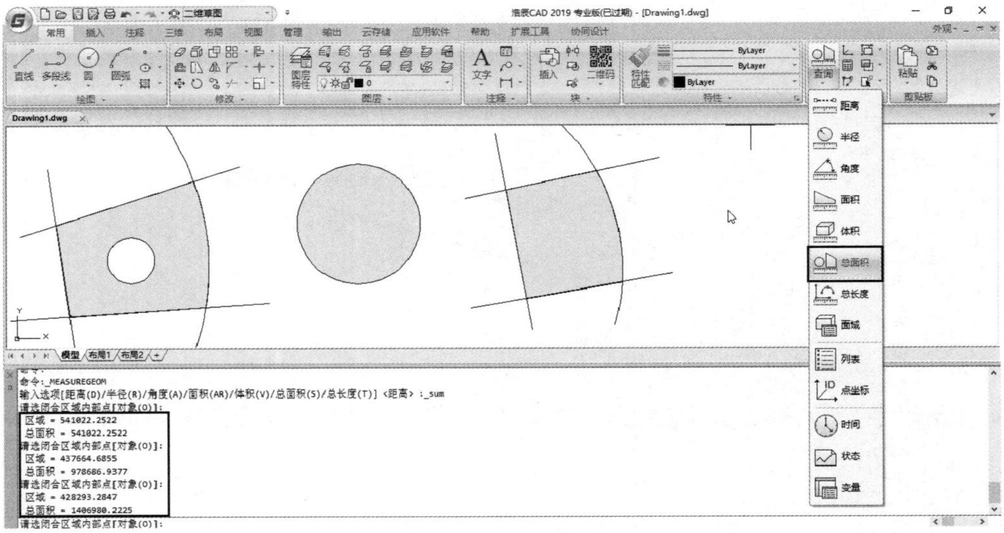

图 8-69

也可以到网上搜索和下载在 AutoCAD 上加载使用类似计算总面积的插件。

小结

初学者在计算面积时，可能想到的就是查询面积的命令：AREA，其实 CAD 提供了多种方法帮助我们计算面积。至于在什么情况下采用哪个命令，需要结合实际情况去尝试，通过实际的操作比较，慢慢就会知道哪种方式最适合什么样的图形。

8.10 如何测量多个连续线段长度?

实际上 CAD 高版本已经考虑了这种需求，在查询距离的命令中加了选项，利用 DIST(DI)命令可以完成多个连续距离的测量，具体操作如下：

Step 01 输入 DI 命令，首先根据提示捕捉确定第一点。

确定完第一点后，注意命令行提示，可以看到 CAD 高版本增加了一个：多个(M)选项。

Step 02 输入 M，回车。

我们会看到又多了很多选项，如圆弧(A)/长度(L)/放弃(U)/总计(T)。

Step 03 如果只是测量连续的直线段，可依次捕捉连续直线的端点，选完最后一点后回车即可。

可以看到软件会自动累加距离，操作提示如下：

指定第一点:

指定第二个点或[多个点(M)]: m

指定下一个点或 [圆弧(A)/长度(L)/放弃(U)/总计(T)]<总计>:

距离=4 796

指定下一点或 [圆弧(A)/闭合(C)/长度(L)/放弃(U)/总计(T)]<总计>:

距离=11 395

指定下一点或 [圆弧(A)/闭合(C)/长度(L)/放弃(U)/总计(T)]<总计>:

距离=13 413

指定下一点或 [圆弧(A)/闭合(C)/长度(L)/放弃(U)/总计(T)]<总计>:

距离=13 413

假设不想将这些线段转换成多段线，或者这些连续距离并不是由首尾相连的线段构成的（也就是无法直接转换成 PL 线），可以用上面介绍的方法。

CAD 高版本的距离查询(DI)命令在输入 M 选项后，可以看到选项与多段线（PL）类似，如[圆弧(A)/闭合(C)/长度(L)/放弃(U)/总计 (T)]，就是去掉了宽度选项，增加了一个总长选项，使用方法也与 PL 线的参数类似。也就是说，CAD 软件采用的方法与我们以前用的方法类似，就是绘制一条 PL 线，然后返回多段线的长度。

下面简单介绍这些参数：

- A 圆弧：可以测量圆弧的长度，输入 A 后弹出的绘制圆弧的选项与 PL 线一样，输入 L 可以切换回直线段。
- C 闭合：测量两端距离后这个参数才会出现，测量封闭区域时使用。
- L 长度：即使图中没有可捕捉的点，可以在原有的长度基础上再增加一个长度，方向会沿着上一条线段的方向延伸。

DI 命令虽然比较灵活，但如果线段的段数比较多，用 DI 一段段地测量确实不如转换成多段线方便，因此需要根据具体情况来决定使用哪种方法。

转换多段线的方法也不止多段线编辑（PE）这一种，如果是由多个图形围成的封闭区域，可以用边界（BO）命令通过拾取点的方式生成多段线边界，方法与前一节介绍查询面积的方法类似。

8.11　如何提取 AutoCAD 图纸中图形的数据？

下面介绍两种提取数据的常用方法。

1.利用查询命令提取图形数据

假如需要提取图中某条多段线的顶点坐标或者图中多个点对象的坐标，直接用列表查询（LIST）命令将图形的数据列出来，然后从文本窗口中将需要的数据复制出来，这种方法很简单，但如果要提取的数据比较多的时候，处理起来相对比较麻烦。

下面通过一个简单的样例说明：

绘制一条有多个顶点的多段线，选择多段线，输入 LI 命令，回车，弹出 AutoCAD 文本窗口，此多段线的相关数据就全部都列举出来，如图 8-70 所示。

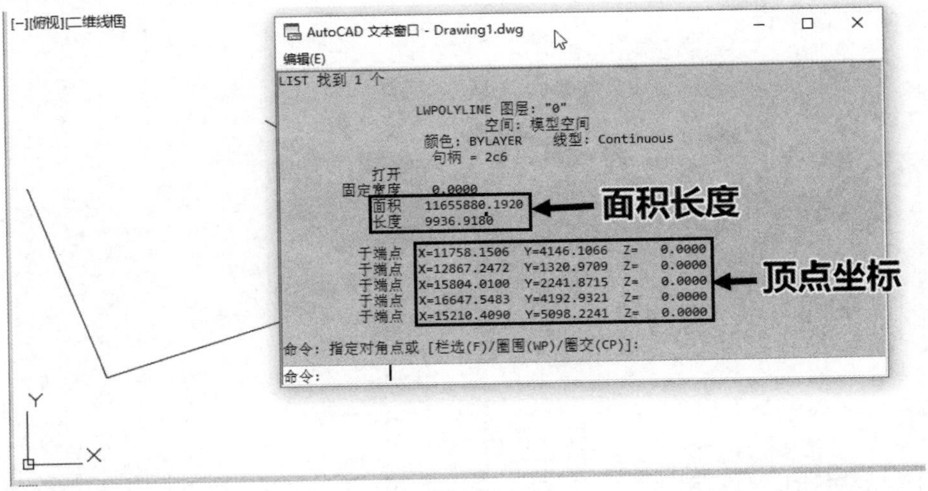

图 8-70

在 AutoCAD 文本窗口中将需要的数据复制粘贴到 Word 或 Excel，后续还需要进行一些处理，比如删除多余的文字。

如果要提取更复杂图形的数据就没那么方便了，假设要提取一个属性图块（如果图框的标题栏中）的数据，用 LI 查询显然就不行了。输入 LI 后，可能需要回车多次才能将图块的数据都显示出来，而且属性的标记和值之间都会隔好多行，要摘出来可不容易。遇到这种情况，必须采用专用的功能：属性提取。

2.CAD 的属性提取功能

CAD 早期版本的属性提取 ATTEXT 功能操作比较复杂，需要设置样例文件，会用的人并不多。后来 CAD 又提供了一个增强版的属性提取功能，功能名称是 EATTEXT。到了高版本，功能名称改成数据提取 DATAEXTRACTION，不过 EATTEXT 命令仍能用。

下面通过一个简单的实例来介绍数据提取的功能。

Step 01 准备一张图纸，图纸中有多段线或属性块都可以。数据提取功能可以用下面几种方式调用，在下拉菜单中选择“工具”→“数据提取”选项；在功能区面板的“插入”选项卡中单击“提取数据”按钮，如图 8-71 所示；在命令行中输入 EATTEXT 命令。

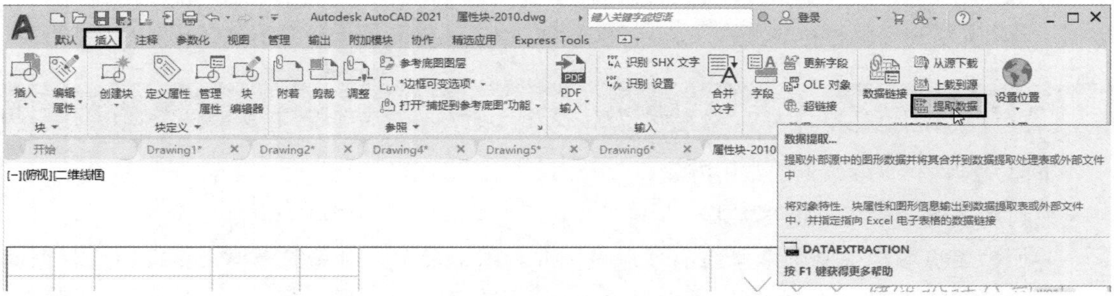

图 8-71

Step 02 执行“数据提取”命令后，弹出一个操作向导，指引我们一步步地完成操作。首先弹出的是第一页，可以创建新的数据或编辑现有数据，在创建新数据提取时可以用以前提取的数据作为样板，如图 8-72 所示。

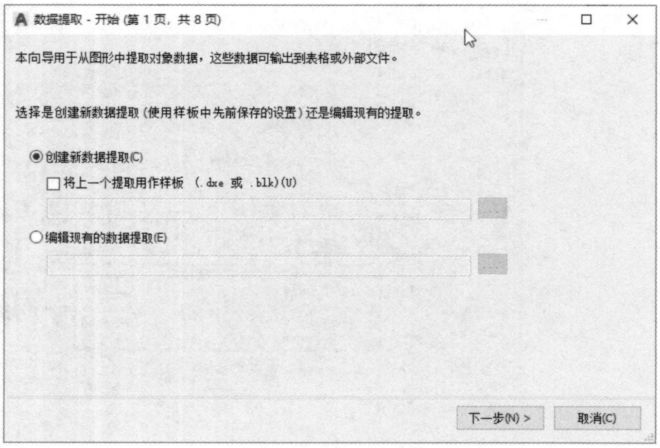

图 8-72

我们使用默认的选项：创建新数据提取，单击“下一步”按钮，弹出一个保存数据提取文件的对话框，我们给文件取一个名字，例如 TEST，选择一个合适的文件夹后，单击“保存”按钮，进入向导的第 2 页。

Step 03 可以选择从整个图形甚至整个图纸集中提取数据，也可以只提取选定图形的数据。此外选中“在当前图形中选择对象”单选按钮，然后单击后面的选择对象按钮，从图中选择要提取数据的对象，如图 8-73 所示。

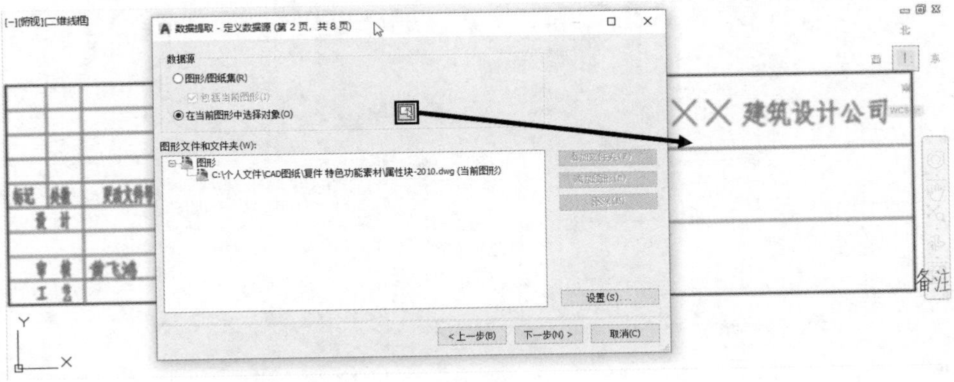

图 8-73

3.选择完图形后单击“下一步”按钮，进入第 3 页

第 3 页中列出选择图形中包含的图形类型，例如选择的图块中包含图块自身、属性文字、文字、直线。当选中的对象类型比较多时，可以在下面的显示选项中选择只显示块、非块、属性块等，如图 8-74 所示。

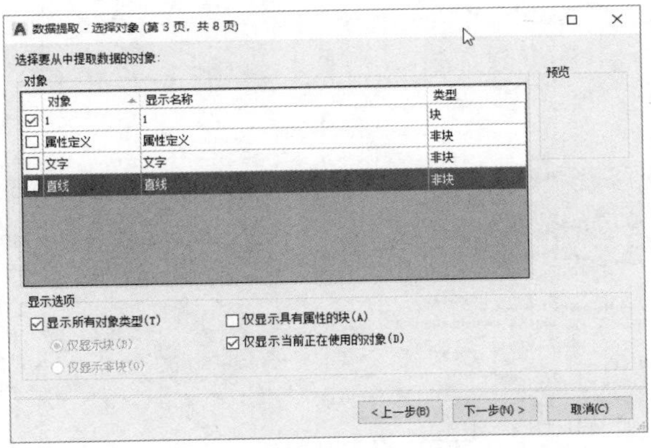

图 8-74

Step 04 因为只选择了一个图块，可以不用做任何设置，单击“下一步”按钮，进入第 4 页。

这一页与 LI 查询时一样，列出了好多的数据。为了过滤这些数据，在对话框右侧提供了类别过滤器，左侧则列出此类别的所有特性。大多数数据是我们不关心的，现在只需属性文字，在右侧列表中勾选“属性”，左侧列表中列出了图块的所有属性，有选择性地勾选要提取的那些属性，如图 8-75 所示。

Step 05 设置好后，单击“下一步”按钮，进入第 5 页。

在这一页中将提取的数据都列出来了，前两列是图形的计数和名称，就是图形的数量和类型，后面各列是各种属性和属性值。在底部，还可以设置是否要名称和数量这两列。此外还可以链接外部数据、排序和预览，如图 8-76 所示。

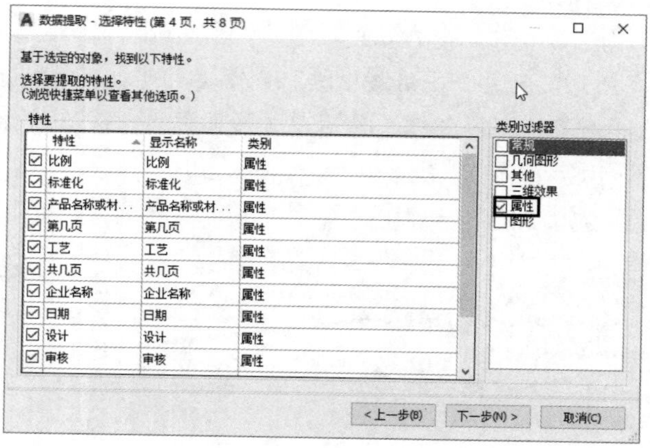

图 8-75

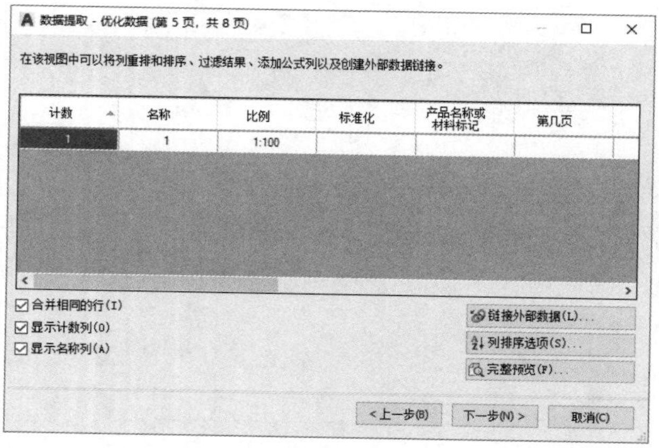

图 8-76

Step 06 确认要输出的数据没有问题后，单击“下一步”按钮，进入第 6 页。

在第 6 页中选择将提取的数据直接插入到图中，也可以选择将提取的数据输出成 xls、csv、mdb、txt 文件，如图 8-77 所示。

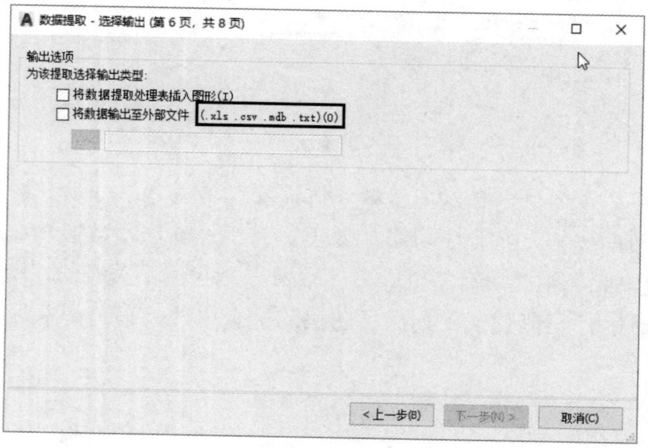

图 8-77

如果选择输出成外部文件，设置好文件名后，单击“下一步”按钮，跳到第 8 页，提取就完成了。

Step 07 选择将数据提取内容作为表格插入图中，单击“下一步”按钮，弹出第 7 页，选择表格样式，如图 8-78 所示。

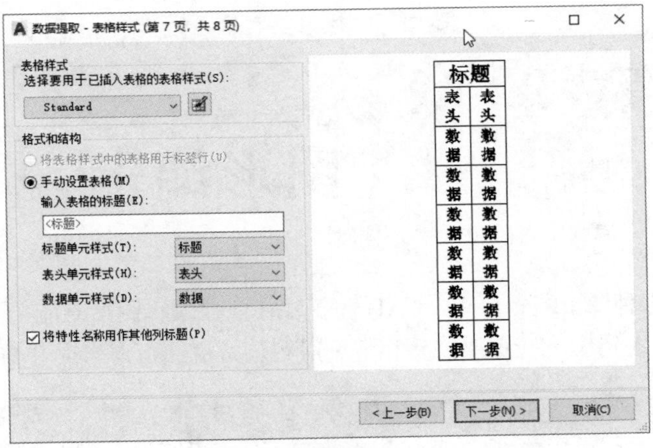

图 8-78

Step 08 单击“下一步”按钮进入第 8 页，单击“完成”按钮，提示我们在图中选择一个插入点，将提取的数据表格插入图中，如图 8-79 所示。

比例	标准化	产品名称或材料标记	第几页	工艺	共几页	企业名称	日期	设计	审核	图样代号	图样名称	重量
1:100						XXX建筑设计公司	2014年11月11日		黄飞鸿			

图 8-79

小结

有了向导的帮助，操作并不算太复杂，但 CAD 图形种类比较多，可提取的数据也非常多，要想精确地提取我们所需的数据，刚开始估计要反复试几次才能成功，但提取过几次后，以后提取类似图形的数据就简单了。

第 9 章 图形编辑

CAD 提供了数十种图形编辑命令，CAD 高手往往能在编辑图形时能选择最快、最合适的命令。本章将介绍图形编辑中一些重要技巧和常见问题，希望能帮大家提升 CAD 水平。

9.1 什么是夹点？夹点编辑怎么用？

当选中一个图形时，图形亮显的同时会显示一些蓝色的点（有的 CAD 软件夹点是绿色的），这些点就是夹点。在早期版本中这些点是方形的，在 CAD 高版本中又增加了一些其他形式的夹点，例如多段线中点处夹点是长方形的，圆弧两端的夹点是三角性的加一个方形的小框，动态块不同参数和动作的夹点形式也不一样，有方形、三角形、圆形、箭头等各种不同形状，如图 9-1 所示。

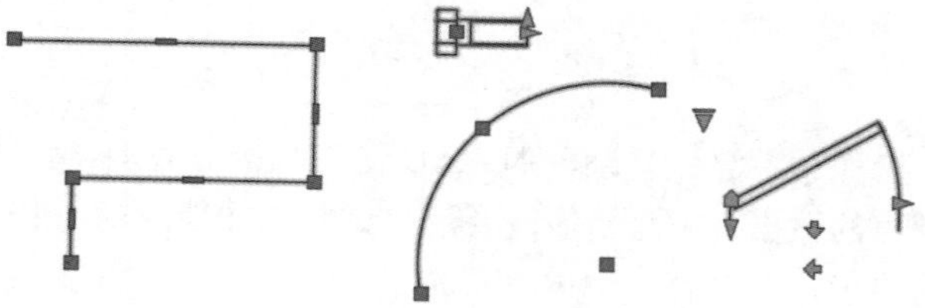

图 9-1

夹点就像图形上可操作的手柄一样，无须选择任何命令，通过夹点执行一些操作，对图形进行相应的调整。动态块的夹点的图形、参数和动作都可以在块编辑器（bedit）中进行定义，相对比较复杂。在 CAD 高版本中多段线、填充都增加了夹点以及夹点菜单，可以添加、删除夹点、还可以进行直线和圆弧段的转换。

1.常规的夹点编辑

对于普通图形夹点，首先单击选中夹点后，拖动夹点改变夹点的位置，注意看命令行提示就会发现，这种操作在 CAD 中叫作拉伸，和拉伸（Stretch）命令差不多，同时 CAD 还针对这种拉伸操作提供了如下几个选项：

** 拉伸 **

指定拉伸点或 [基点(B)/复制(C)/放弃(U)/退出(X)]:

如图 9-2 所示。

默认状态下，通过光标或坐标输入来定位夹点的新位置，也可以用光标确定方向，输入拉伸的距离。不同类型的夹点拉伸会产生不同的效果，比如，拉伸直线的端点会改变端点位置，拉伸直线中间的夹点会移动直线，拉伸圆弧的圆心夹点是移动圆弧等。

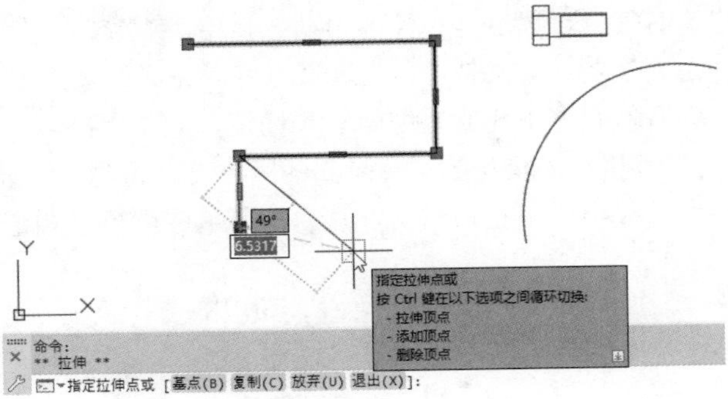

图 9-2

图 9-2 中命令行提示有指定拉伸点、基点、复制等选项，说明在拉伸夹点的同时不仅可以指定新位置，还可以指定拉伸的基点，并且在拉伸时复制生成新的图形并保留原有图形。

但夹点编辑远不止拉伸功能，按一下空格键或回车键，会发现命令行选项有了新的变化，如图 9-3 所示。

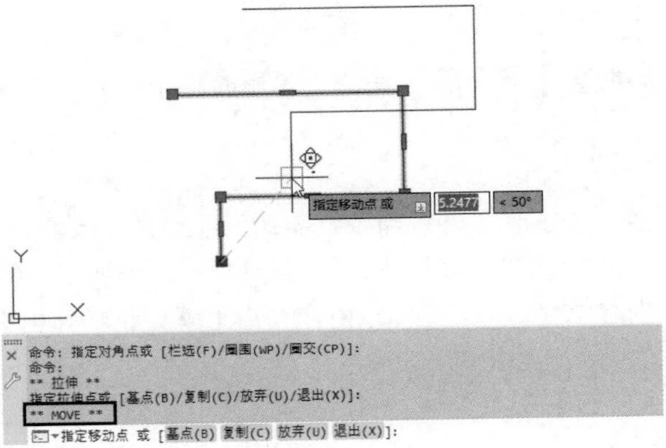

图 9-3

命令由拉伸变成移动。与移动（MOVE）命令不同的是，夹点编辑的移动无须再选择基点，操作更加简单。

连续按空格键，看看夹点编辑还支持哪些命令，如图 9-4 所示。

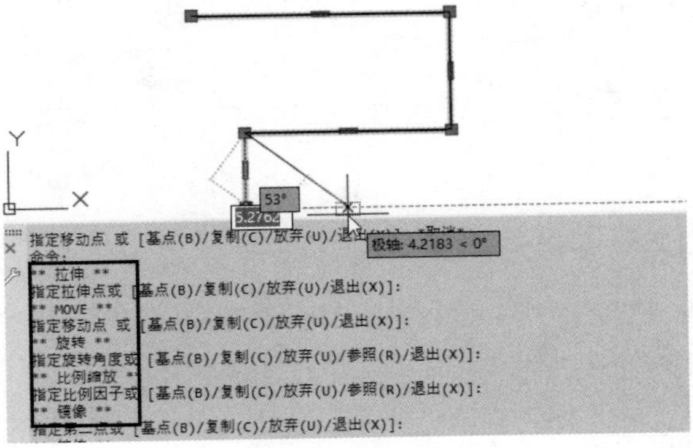

图 9-4

从命令行可以看出，对夹点可以进行拉伸、移动、旋转、缩放、镜像几种常规操作，而且每种操作都可以同时选择是否复制。也就是说，通过夹点可以完成很多常规的编辑，而且可以省去选择基点等一些操作，在有些状态下比常规编辑更加简便，效率更高。

CAD 每个版本对夹点可执行的操作不同，越高的版本支持得越多，要想知道你使用的 CAD 支持哪些夹点操作很简单，选中一个夹点右击，从右键菜单中就可以知道，如图 9-5 所示。

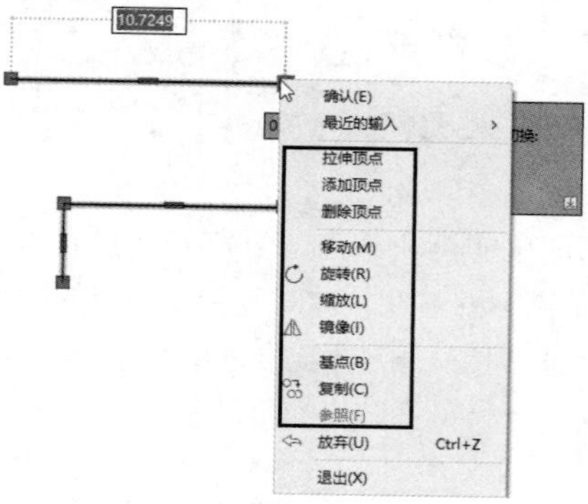

图 9-5

按住 Shift 键可以同时选中一个图形或多个图形的多个夹点，对多个图形同时进行夹点编辑。

2.动态夹点菜单

在 CAD 高版本，进一步加强了夹点编辑功能，当选择多段线的直线段中点处的夹点时，不仅可以进行拉伸、移动、旋转等常规操作，还可以进行添加顶点、转换为圆弧等操作，执行这些操作时无须右击，当选中夹点后，光标停留在夹点上就会自动弹出夹点快捷菜单，如图 9-6 所示。

这个菜单随图形不同，选择的点类型不同，会发生变化，假如我们选择圆弧段中点，转换为圆弧就会变成转换为直线。当选择线段端点时，会出现删除顶点的选项，拉伸也变成了拉伸顶点，如图 9-7 所示。

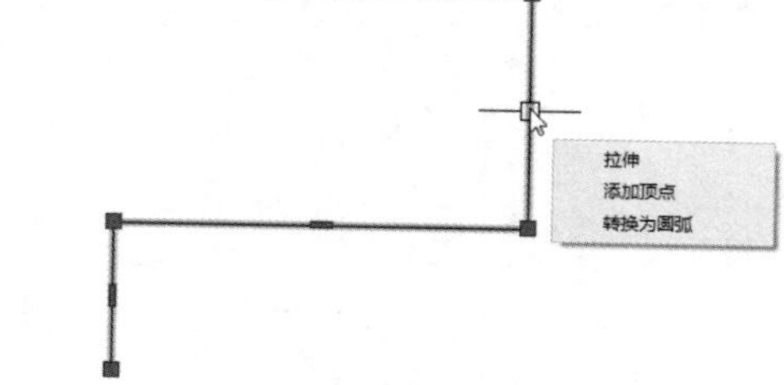

图 9-6

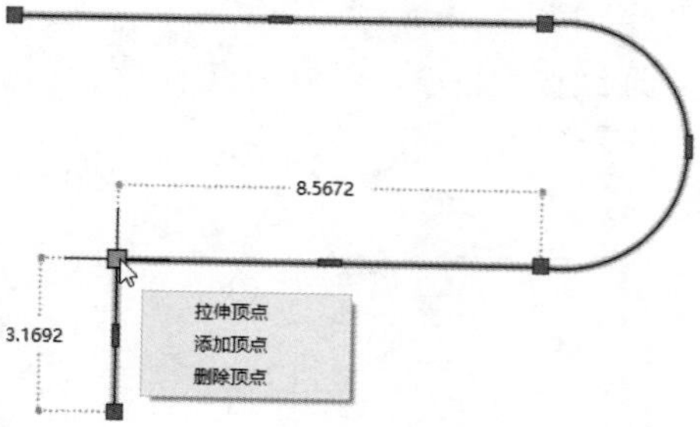

图 9-7

高版本 CAD 中直线、圆弧、样条曲线夹点都有动态夹点菜单，大家感兴趣的话可以看看。如果不想使用动态夹点菜单，可以在“选项”对话框中将它关闭。

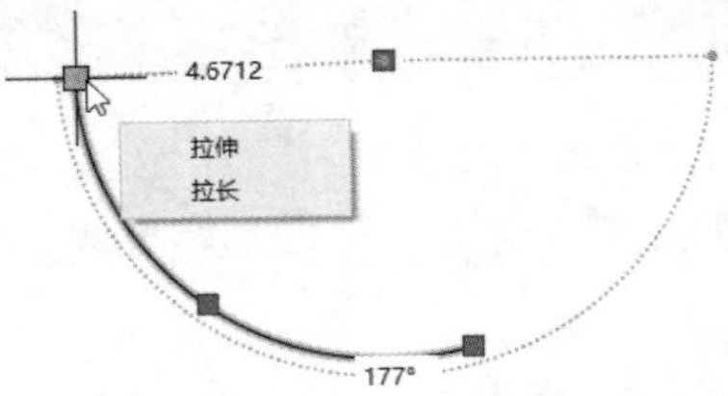

图 9-8

3.动态块的夹点

动态块的夹点就更加多样化了，不同的动作都有不同形状的夹点。此外还有可见性、查询列表的夹点，本节就不介绍定义方法，只简单地看几种夹点的形式。

可见性夹点通过下拉菜单选择图块不同的可见性状态，使图块呈现出不同的状态，如图 9-9 所示。

动态的拉伸、翻转、缩放等动作都有各自的夹点形状，一个建筑的平开门为了适用于不同的状况，就增加了上下翻转、左右翻转、尺寸拉伸、角度查询以及设置开启角度的可见性的多个夹点，如图 9-10 所示。

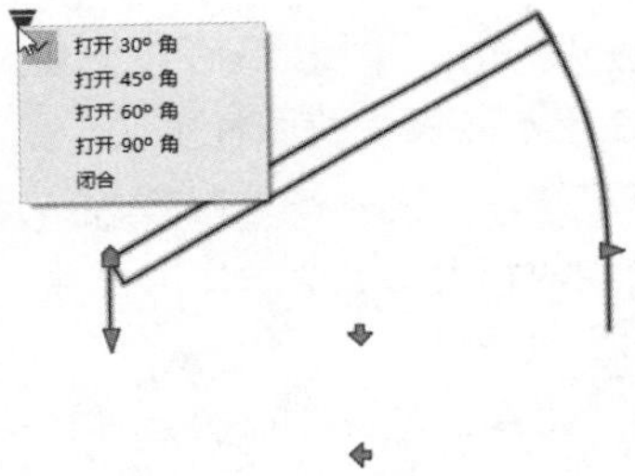

图 9-9

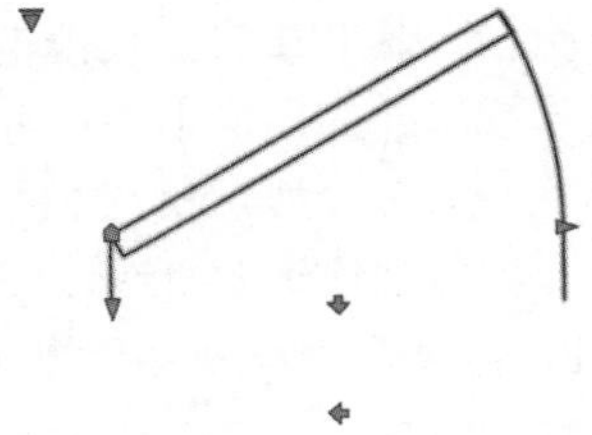

图 9-10

双击普通图块或动态块即可进入块编辑器，设置和查看动态的参数、动作、夹点设置的效果，如图 9-11 所示。

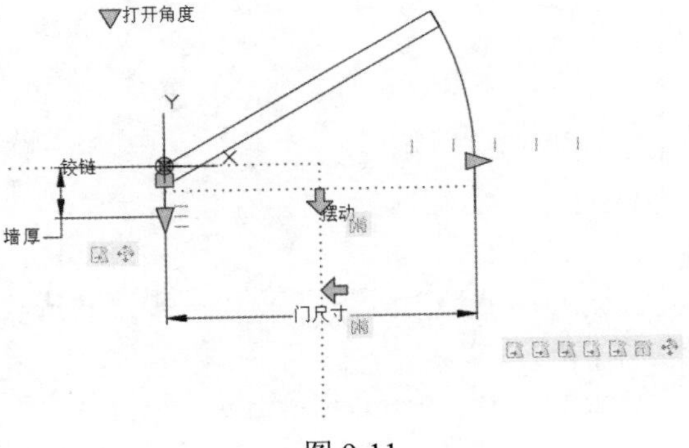

图 9-11

小结

CAD 之所以不断增强夹点编辑功能，就是希望可以减少命令输入，更多的操作通过鼠标来完成，从而提高操作效率。虽然如此，很多状态下夹点编辑仍不能替代常规的绘图和编辑命令。

9.2 如何编辑多段线？

CAD 中很早就有多段线编辑的命令，功能也在不断增强。多段线编辑命令不仅可以编辑多段线，还有很重要的作用就是将直线、圆弧等其他图形转换成多段线并进行连接。

1.多段线编辑命令

多段线编辑在菜单和工具面板中的位置不太好找，如图 9-12 所示。

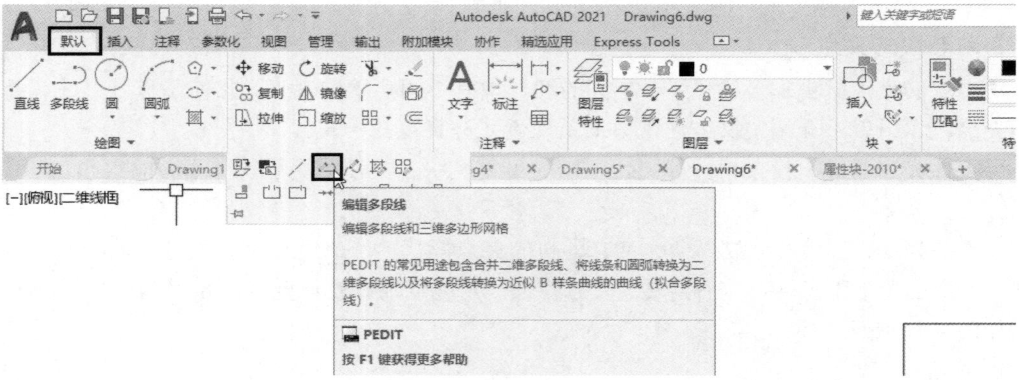

图 9-12

多段线编辑命令是 PEDIT，快捷键是 PE，显然输入 PE 比在面板中找图标更快一点。

不选择图形或选择的图形中不止有一条多段线时执行 PE 命令，提示：选择多段线或【多段(M)】，如果选择一条多段线后执行 PE 命令，则会弹出多段线的相关参数。

下面先看看如何把连续的直线段或（和）圆弧转换为多段线。

Step 01 输入 PE 命令，回车，当出现上述提示时，输入 M，回车，框选要转换成多段线的直线和圆弧，选择完后回车，软件会提示是否转换成多段线，如图 9-13 所示。

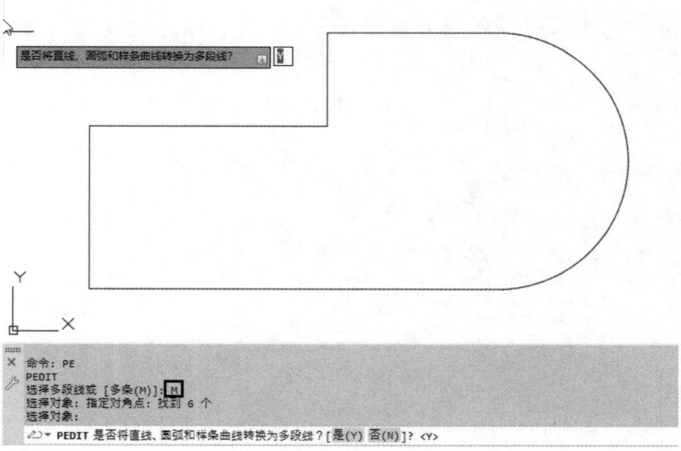

图 9-13

Step 02 输入 Y 命令，回车，将这些线转换成多段线后，此时才会弹出编辑多段线的参数。

Step 03 输入 J 命令，回车，软件会提示输入模糊距离，默认值为 0，直接回车，将连续的直线段和弧线段连接成一个整体，如图 9-14 所示。

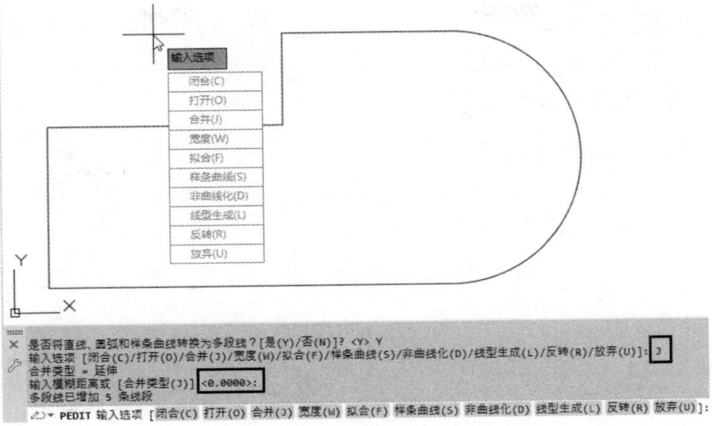

图 9-14

当需要连接的直线段和弧线段并不首尾相连，之间有一定的间隙时可以合理设置模糊距离，并可以设置连接的形式，将线段延伸或者添加新线段在间隙处添加新线段。

多段线有很多参数，这里简单介绍一下。

- 闭合(C)：可以让不闭合的多段线闭合（有时多段线虽然看上去是封闭的，但并未闭合）。
- 打开(O)：可以让闭合的多段线打开，第一个顶点和最后一个顶点之间的线段会被删除。
- 宽度(W)：参数用于设置多段线的宽度，这个就不用 PE 了，在特性面板（Ctrl+1）就可以完成。
- 反转(R)：可以切换多段线的方向，当需要用多段线建模或进行其他操作时，方向还是有意义的。
- 样条曲线(S)：可以将多段线转换成样条曲线。
- 拟合(F)：可以将多段线转换成拟合曲线，转换成拟合曲线后，还可以在特性面板中设置成二次、三次曲线，如图 9-15 所示。

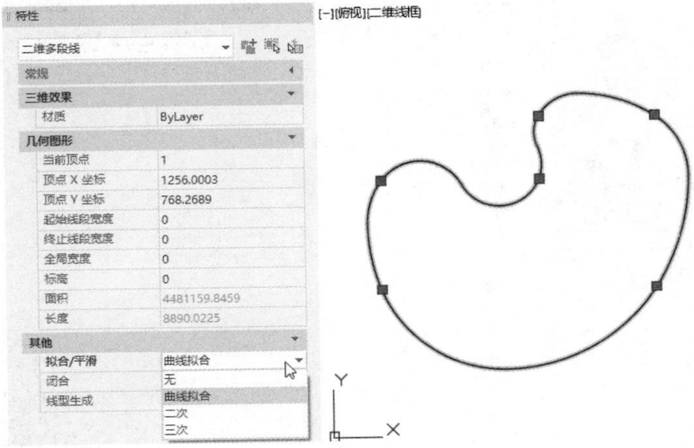

图 9-15

- 非曲线化(D)：可以将所有曲线和圆弧转换为直线段。
- 线型生成(L)：可以让虚线将多段线作为一个整体生成，而不是分段生成虚线效果，之前介绍过，这个参数也可以在特性面板中直接设置。
- 编辑顶点(E)：下面有一系列选项，可以通过上一个、下一个来切换顶点，然后添加顶点、删除顶点、打断、拉直等一系列选项。由于编辑顶点时需要挨个切换顶点，操作非常不方便，但需要使用的用户还很多，因此 CAD 高版本直接在夹点编辑时就提供了添加、删除顶点，直线和圆弧转换的选项。

2.生成和转换多段线的其他命令

除了 PE 命令外，还有一些其他命令和生成多段线，下面简单介绍一下。

（1）边界（BO）命令

边界命令可以搜索封闭区域的内边界，搜索到内边界后选择生成面域或多段线，如图 9-16 和图 9-17 所示。

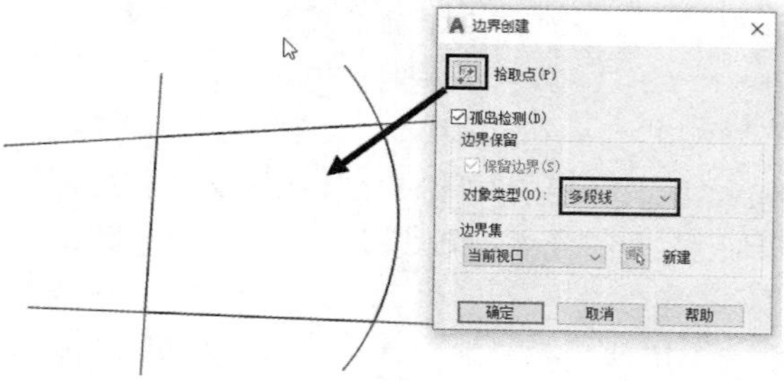

图 9-16

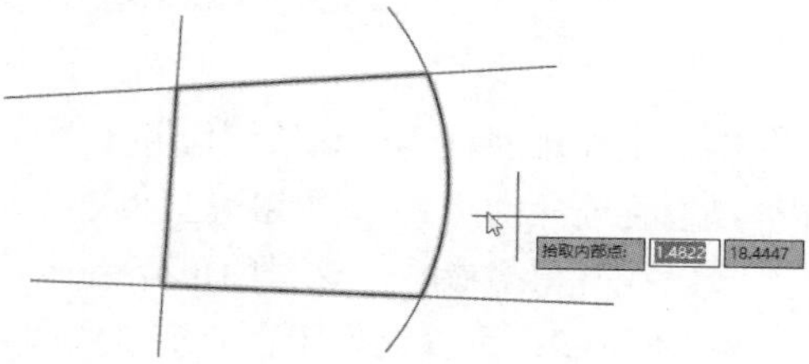

图 9-17

（2）填充生成边界

填充的关联边界被删除，可以重新生成多段线边界。在低版本 CAD 中需要双击填充，在“填充编辑”对话框中单击“生成边界”按钮，到后期版本，可以右击填充，在右键菜单中选择生成边界，如图 9-18 所示。

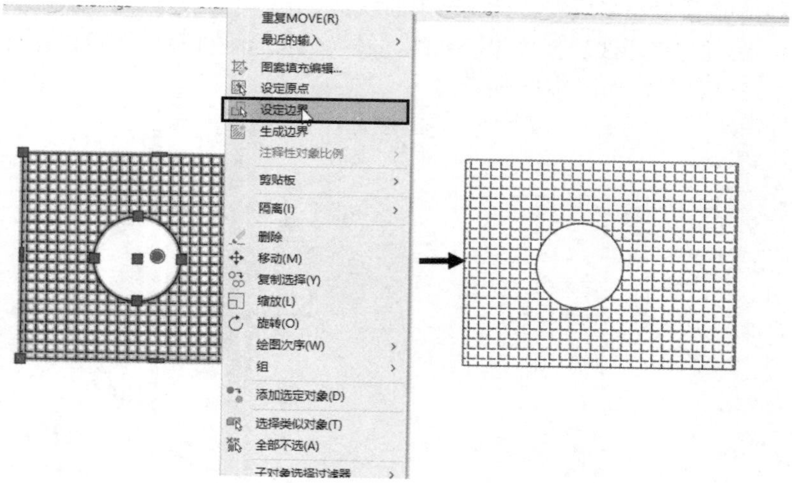

图 9-18

（3）样条曲线转换为多段线（SPLINEDIT）

样条曲线编辑命令与 PE 命令类似，是专门针对样条曲线的编辑命令，如果从其他软件转换来的图形中都有大量样条曲线，可以用这个命令转换为多段线，如图 9-19 所示。

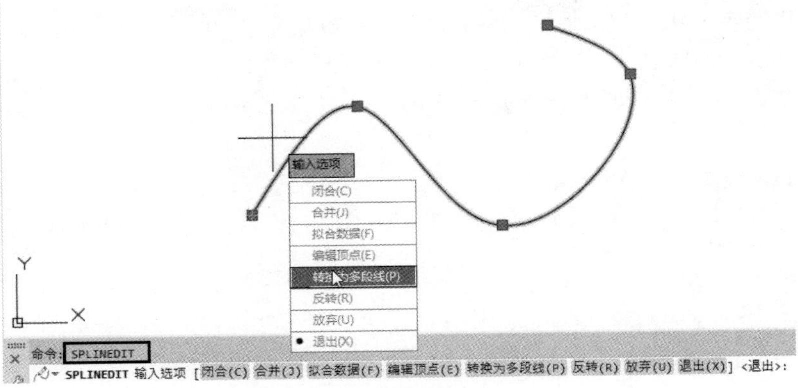

图 9-19

如果 CAD 版本过低，样条曲线编辑可能不支持转换为多段线。

小结

直线和圆弧可以转换和合并成多段线，多段线炸开（X）就可以分解成直线和圆弧。

上面介绍了与多段线相关的编辑和转换命令，由于命令和参数比较多，只是做了简单的讲解，具体参数的作用还需要大家自己去研究。

9.3　如何旋转图形让它与一条斜线平行？

假设图中有一条斜线，倾斜角度并不清楚，如果想旋转一水平图形与此斜线平行该怎么办？如图 9-20 所示。先测量斜线的角度，然后旋转水平图形，但斜线的角度如果并不是整数，这种旋转就会有一定的误差。

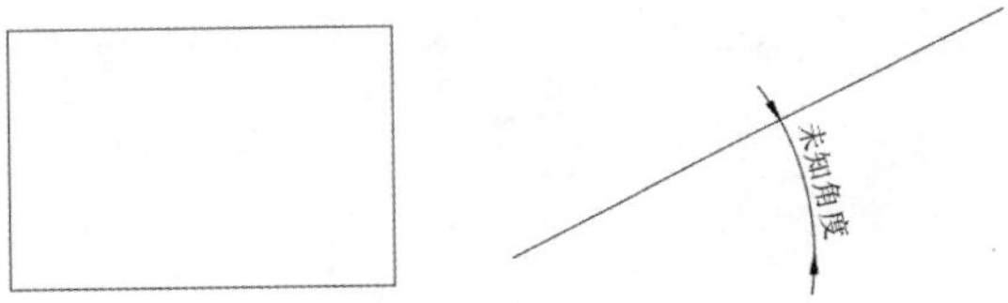

图 9-20

遇到这种情况，充分利用旋转命令的参照（R）参数，可以精确地进行旋转。具体的操作步骤如下。

Step 01 选中要旋转的图形，输入 RO 命令，回车。

Step 02 软件提示选择旋转的基点，拾取倾斜直线左下方的断点作为旋转的基点，此时拖动鼠标，矩形会绕基点旋转，如图 9-21 所示。

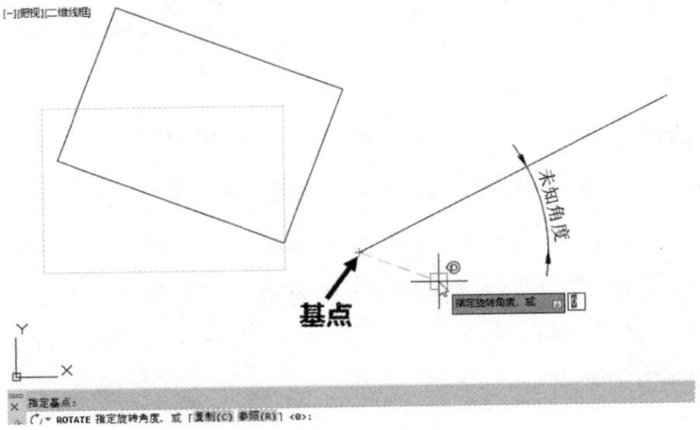

图 9-21

Step 03 输入 R 回车，软件会提示输入参照角，默认角度为 0，也就是水平方向，因为矩形是水平的，直接回车，软件会提示输入新角度。

Step 04 拾取直线右上角的顶点来确定新角度，这样就完成了参照角度的旋转，如图 9-22 所示。

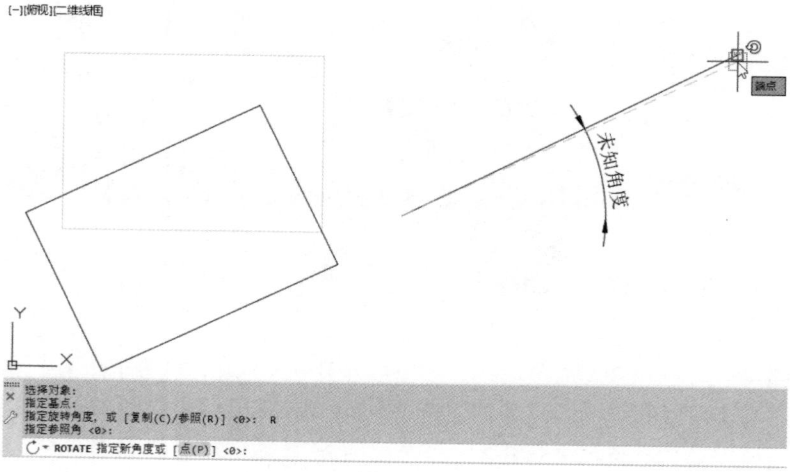

图 9-22

为了验证矩形是否平行，可以用角度标注来标注矩形底边和直线的角度，可以看到命令行提示这两条线是平行的，如图 9-23 所示。

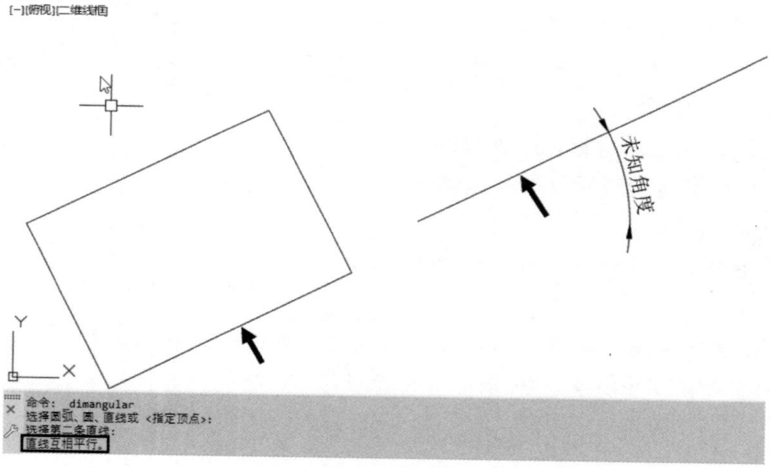

图 9-23

上面只是介绍了旋转的参照参数的一种应用，被旋转的图形是水平的，因此在输入参照角度时可直接回车用默认的 0 度。如果矩形也是倾斜的，此时参照角度就需要输入矩形的倾斜角度，如果矩形的倾斜角度也未知，在设置参照角时需要捕捉矩形的两个点来确定。但在设置参照旋转新角度时第一点会用旋转基点，因此基点还必须选择直线的端点，如图 9-24 所示。

假设像图 9-24 一样，矩形和直线不在一起，但以矩形某个角点为基点进行旋转，可以将倾斜的直线复制一条到矩形的角点处。

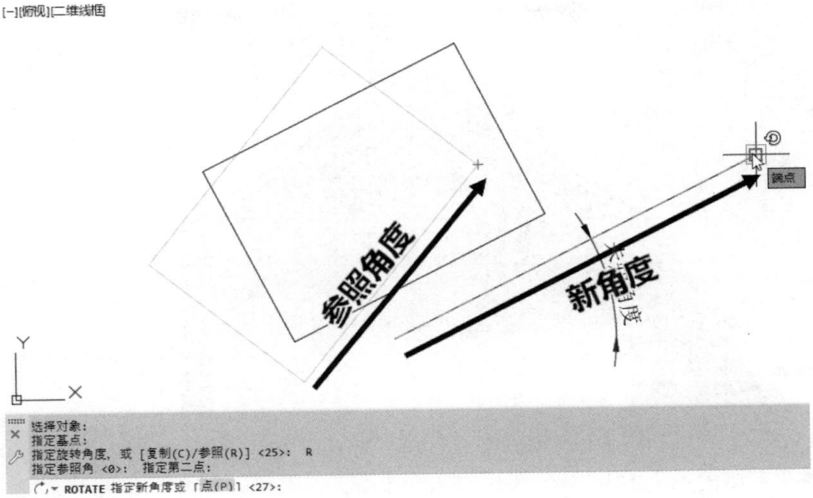

图 9-24

9.4 如何将图形前置和后置?

如果图中都是线性图形且最终要单色打印，通常不用理会图形的顺序。但如果图中有实体填充且与其他图形有重叠，就需要设置图形的顺序，有时候插入一些设备或构件时，为了图面更整洁，会在图块中添加区域覆盖 WIPEOUT，然后利用区域覆盖遮挡后面的图形，让图面看得更整洁一些。

在 Photoshop 中可以设置图层的顺序，在 CAD 中无法设置图层的顺序，但可以设置图形的顺序，这里主要给初学者介绍图形顺序的设置。

1.CAD 图形的默认顺序

在 CAD 中，先创建的图形在下面，后创建的图形在上面，因为平时画的都是线性图案，这一点看得并不明显，可以通过一个简单的测试来看一下。

例图中有一个实体填充，现在图形顺序是正常的，没有遮挡其他对象，如图 9-25 所示。

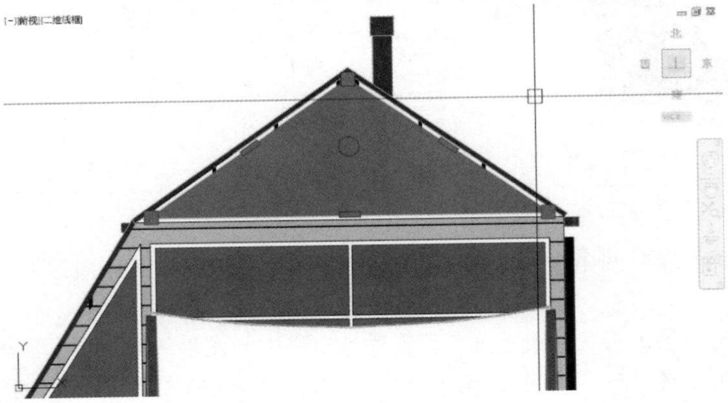

图 9-25

选中填充，输入 CO 命令，回车，执行“复制”命令，将填充往一侧复制一份，如图 9-26 所示。

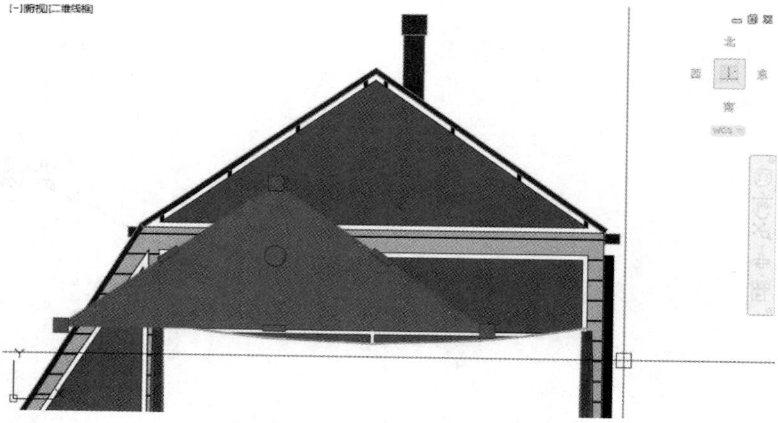

图 9-26

可以看到新复制的填充会覆盖在其他的图形上面，如果想要让图形按照我们希望的顺序来叠加，按照顺序来创建图形。当出现互相遮挡的情况，可以手动调整图形顺序。

2.手动调整图形顺序

调整图形顺序的命令是绘图次序（DRAWORDER），命令不难记，draw 绘图，order 顺序。从工具面板和右键菜单中调用更加方便。

选择一个图形后右击，就可以找到绘图次序的命令，如图 9-27 所示。

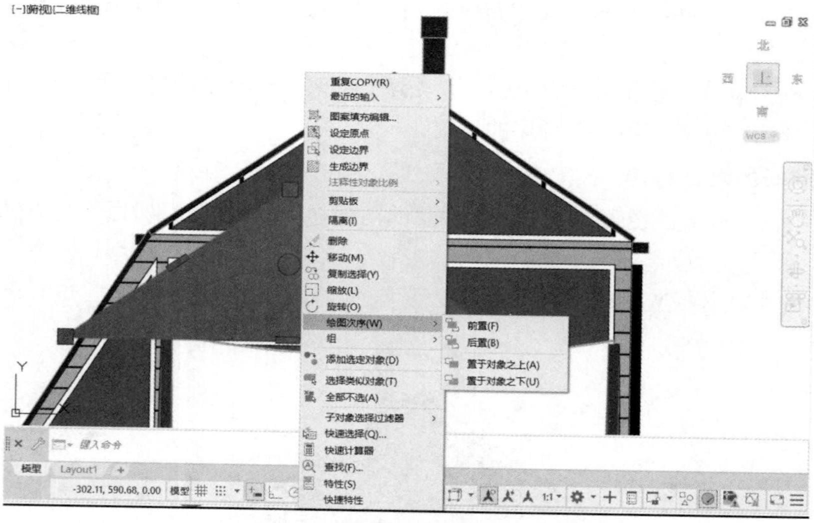

图 9-27

可以看到绘图次序有四个参数：前置、后置、置于对象之下、置于对象之上，这几个参数也很好理解。

前置就是将选中的图形放到最前面；后置就是将选中的图形放到最后面。而置于对象之下和对象之上，就是可以选择一个参考图形，让选中的图形在此图形的下面或上面。

这个不难，大家可以建几个 SOLID 填充，分别设置成不同颜色，部分叠加到一起，然后试一下就都清楚了。

有时画完图后才发现有一些文字、标注被填充所遮挡，如果全图检查，既费力又难免有遗漏。针对这种状况，CAD 后续版本增加了针对这种状况的处理功能，因此就有了文字前置、标注前置、引线前置、所有注释前置和填充后置的相关命令，可以一次性处理可能存在的遮挡问题。

在菜单或工具栏中可以找到这些命令，如图 9-28 所示。

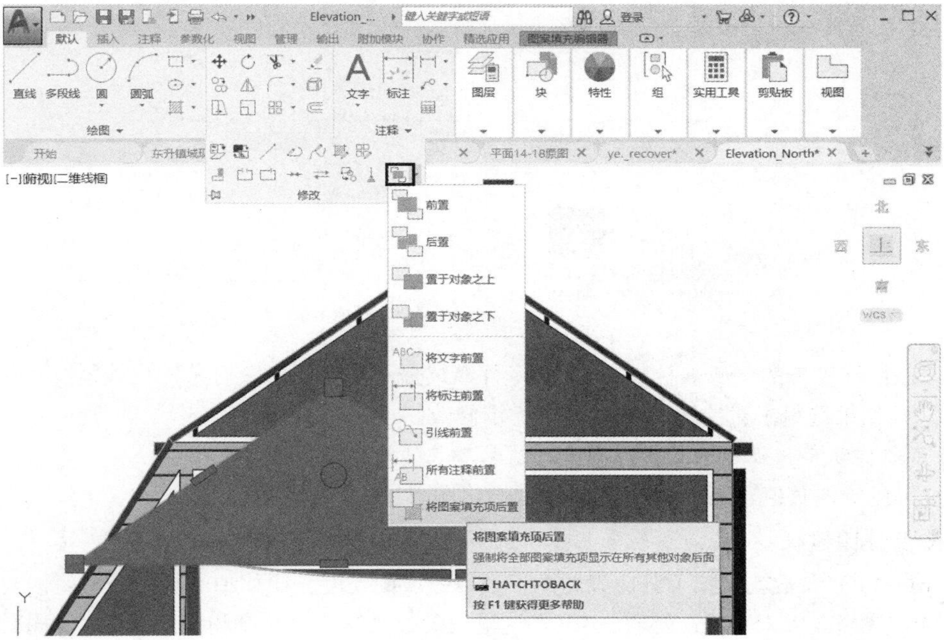

图 9-28

文字、标注、引线、注释前置是一个命令：TEXTTOFRONT，就是 text to front，填充后置命令是 HATCHTOBACK，就是 hatch to back，虽然有点长，都不难记。

9.5　拉长怎么用？怎样绘制指定弧长的圆弧？

怎样绘制指定弧长的圆弧？CAD 虽然提供了很多种绘制圆弧的方式，但都是组合圆弧上的点、圆心和角度这些条件，利用绘制圆弧的命令确实无法直接绘制指定弧长的圆弧，但可以先利用给定点、半径等条件先绘制出大致长度的圆弧，然后用拉长（LENGTHEN）命令来修改圆弧，使它的弧长满足条件。

拉长命令功能还是挺丰富的，可以设置增减的长度、百分比，可以设置总长，还可以动态进行拉长。下面通过一个简单的实例介绍拉长命令的各种应用。

首先绘制一张简单的例图，例如绘制一条长 100 的直线，绘制一条圆弧和一条多段线。绘制完后在“特性”面板（Ctrl+1）中看看这些图形的长度，方便进行后面的操作，如图 9-29 所示。

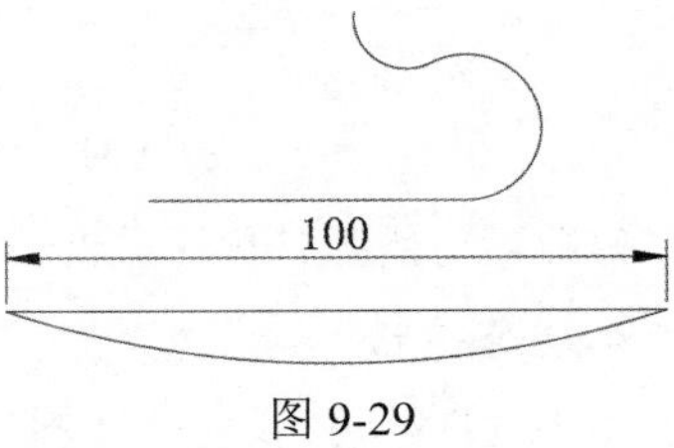

图 9-29

1.增量拉长

Step 01 输入 LEN 命令，回车（或者在菜单和工具面板中执行“拉长”命令），命令行会显示拉长的相关参数。

Step 02 输入 DE 命令，回车，输入 30 作为增量，回车，在提示选择对象时，在直线要拉长的一侧单击，如图 9-30 所示。

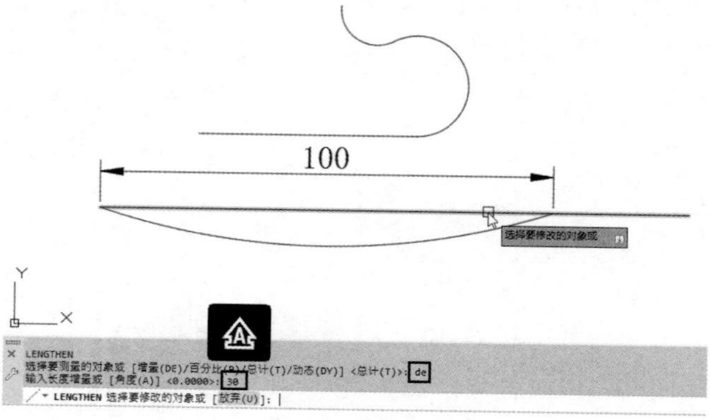

图 9-30

直线在鼠标单击的一侧被拉长 30，命令行继续提示选择要修改对象，也就是继续将其他图形拉长 30，如果选错了对象还可以输入 U 撤销修改。

Step 03 可以尝试单击弧线的一侧，回车可结束拉长的操作，如图 9-31 所示。

增量可以输入负值，例如输入-30，就可以将图形缩短。

2.按百分比拉长

百分数（P）参数就是按百分比设置图形被修改或的长度，比如 100 长的图形要修改成 80，就输入 80，要修改成 150 长，就输入 150，这里设置的是修改后长度和当前长度的百分比，不是增量。操作类似，这里就不详细介绍了。

3.设置总长，将圆弧拉长到指定长度

如果想让一条圆弧变成指定长度，可以用拉长的全部（T）也就是总长参数。

输入 LEN 命令，回车，输入 T，回车，输入 100，回车，然后单击例图中圆弧的一侧，如图 9-32 所示。

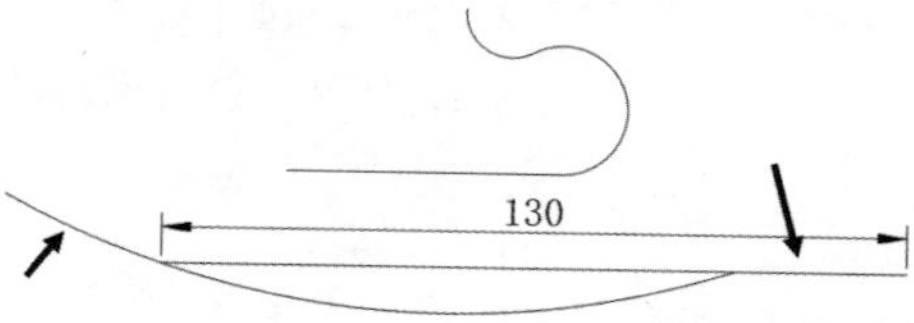

图 9-31

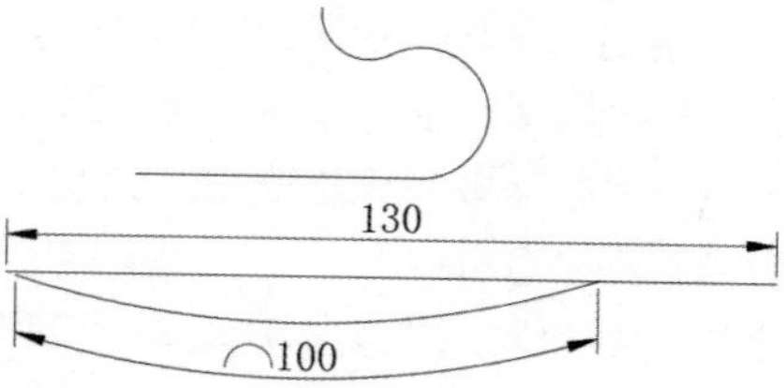

图 9-32

修改后可用弧长标注验证一下，被拉长的圆弧是否满足条件。

4.动态拉长

动态（DY）拉长就是在图中用光标来确定图形一侧端点的位置，这种操作感觉用得应该不多，大家如果感兴趣的话可以试试。

小结

因为在绘制直线段时通常会输入坐标和长度，即使长度绘制不合适，也会使用修剪和延伸命令来编辑图形，因此拉长命令用得并不多。但绘制特定长度圆弧这种需求，目前看好像只有拉长命令实现起来容易一些。

拉长命令用来编辑直线、圆弧、多段线，但无法编辑样条曲线。

9.6　如何把一个图形缩放为想要的尺寸？

网上流传了很多 CAD 练习图纸，有一些图纸只给出一个尺寸，如图 9-33 所示。

很多初学者看到这样的图不知如何下手，总是想如何才能确定中间小圆的半径。如果对缩放（SCALE）命令的用法和参数足够了解，这种图形画起来非常简单，先从内部的圆开始画，半径随意，只需画好一个类似的图形，然后用 SCALE 命令将图形整体缩放到标注的尺寸即可。

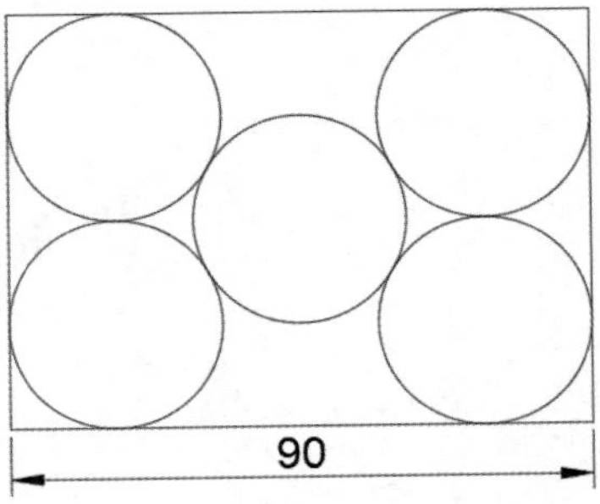

图 9-33

下面通过一个实例介绍使用缩放的参照参数的具体应用。

以图 9-33 所示的图形为例，这张图纸只给出了矩形宽度是 90，圆的半径未知。如果想从矩形着手算出圆的半径，难度非常大。我们要反其道而行之，圆的半径相等，位置关系也比较明确，可以先绘制一个任意半径的圆，把几个圆复制出来并摆好，然后再绘制外边的矩形，最后图形整体缩放到指定尺寸即可。操作步骤如下。

Step 01 输入 C 命令，回车，调用画圆命令，在图中单击确定圆的圆心，输入 20，回车，画一个半径 20 的圆。

Step 02 输入 CO 命令，回车，选择圆，捕捉圆心作为基点，按 F8 键打开正交，向上拖动光标，输入 40，回车，只在上方复制一个圆。

Step 03 输入 C 命令，回车，输入 TTR，回车，用相切-相切-半径的方式绘制中间的圆，在两个圆上捕捉切点后，输入半径 20，如图 9-34 所示。

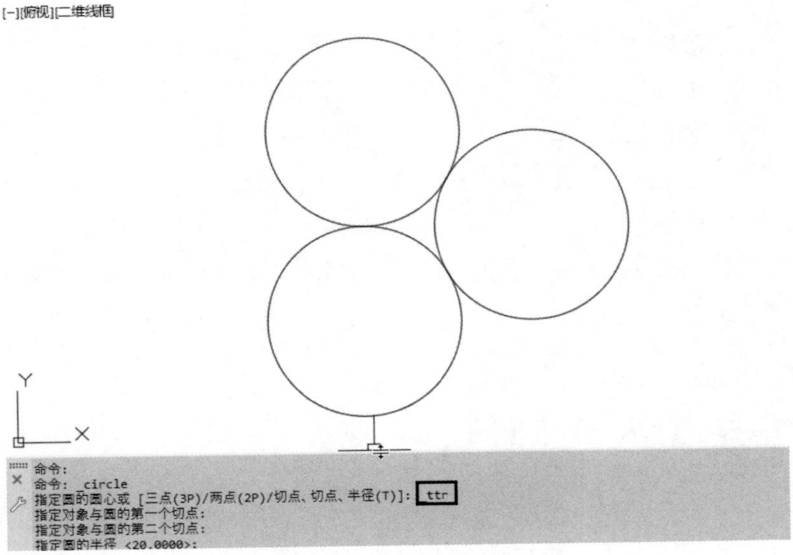

图 9-34

Step 04 输入 MI 命令，回车，执行“镜像”命令，框选竖向排列的两个圆，回车，捕捉中间圆的圆心，沿正交方向或极轴方向向下拖动光标，镜像生成右侧的两个圆，如图 9-35 所示。

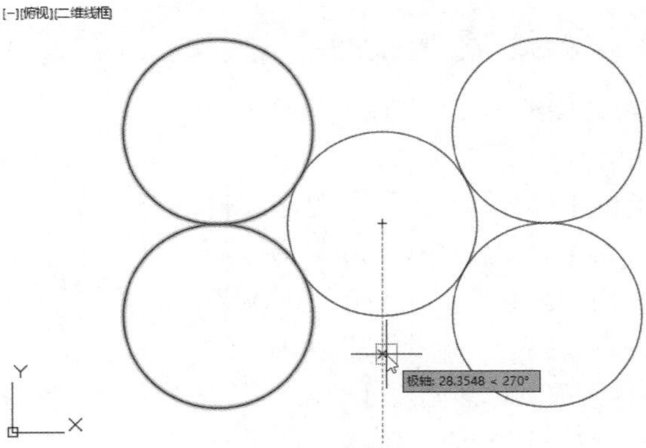

图 9-35

Step 05 单击确定镜像方向后，提示是否删除源对象，默认选项是 N，回车，保留源对象。

这样圆就画好了，剩下的就是绘制外围的矩形。

Step 06 打开象限点捕捉，输入 L 命令，回车，用“直线”命令连接圆的象限点，重复执行“直线”命令，将外围的线绘制好，如图 9-36 所示。

Step 07 输入 F 命令，回车，如果命令行提示的默认圆角半径不为 0，输入 R 回车，输入 0，回车，然后单击相邻的两条切线，将它们连接起来，回车，重复执行“圆角”命令，将四条直线都连接到一起，如图 9-37 所示。

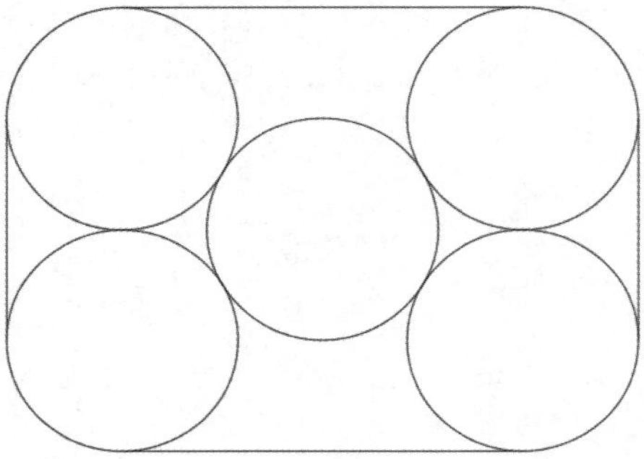

图 9-36

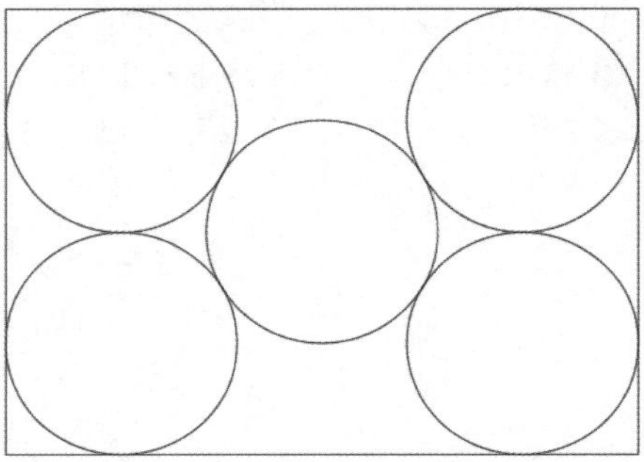

图 9-37

与最终图形相似的图形已经绘制好了，最后是本节要讲解的最重要一步，下面将使用缩放的参照功能。

Step 08 输入 SC 命令，回车，执行“缩放”命令，框选所有图形后回车，基点捕捉矩形的右下角点，输入 R 回车，然后捕捉矩形的底边作为参照长度，如图 9-38 所示。

Step 09 提示确认新长度时输入 90，回车，整个图形就绘制完了，可以标注或测量一下底边长度，确认是否正确，如图 9-39 所示。

小结

如果不知道缩放（SC）命令参照参数的用法，这张图就会难倒我们。遇到这类图纸时，首先要看已知条件，这张图虽然只有一个尺寸 90，其实更重要的已知条件是圆之间的位置关系，我们要确定从哪个已知条件入手更容易，有时需要逆向思维。

这种图形多是用来考试和练习绘图的，在实际设计中这类的情况并不多，我们在做这样的练习时，可以尽量多地使用不同命令、不同的方法。

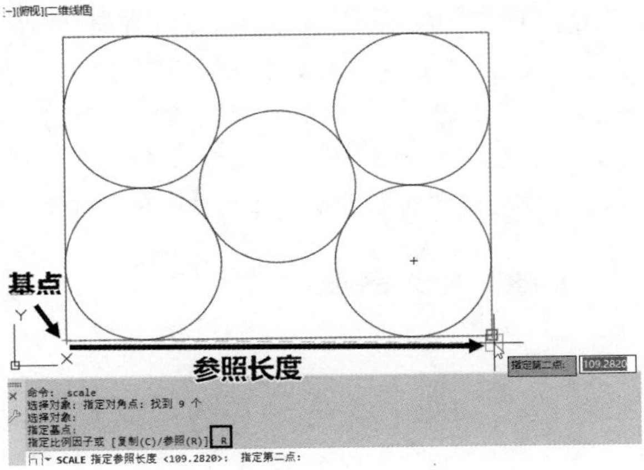

图 9-38

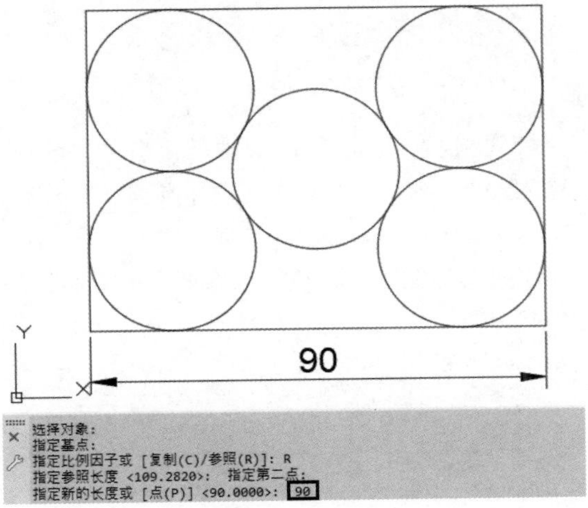

图 9-39

9.7　修剪（TRIM）和延伸（EXTEND）的使用技巧有哪些？

修剪命令是编辑命令中使用频率非常高的一个命令，延伸命令和修剪命令的效果相反，两个命令在使用过程中通过按 Shift 键相互转换。修剪和延伸通过缩短或拉长图形、删除图形多余部分，使图形与其他图形的边相接。因为有这两个命令，在绘制图形时可以不用特别精确控制长度，甚至可以用构造线、射线来代替直线，然后通过修剪和延伸对图形进行修整。

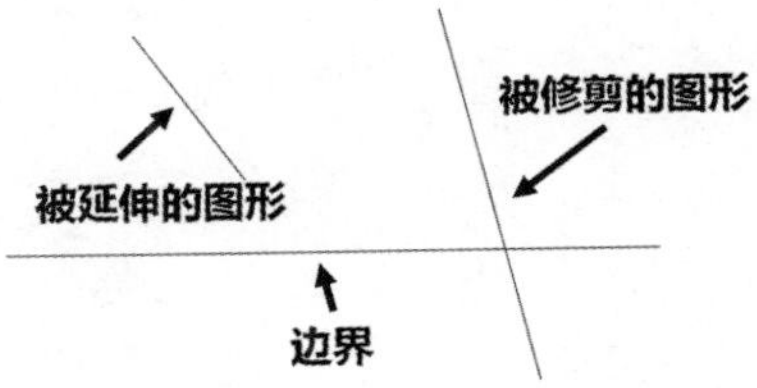

图 9-40

1.修剪和延伸的基本操作

修剪和延伸的基本技巧首先是选择，首先要选择修剪、延伸边界，或称为切割对象，也就是选择作为修剪和延伸的基准的对象，然后选择要被修剪或延伸的对象，掌握这两者的选择技巧就基本掌握了修剪和延伸的操作。

根据需要绘制粗略的图形，如图 9-40 所示。

CAD 不同版本修剪的操作不完全相同，在 AutoCAD 2020 及之前的版本，执行“修剪”命令后，会提示选择剪切边并可通过回车选择所有图形作为剪切边，大家都习惯了在执行“修剪”命令后直接回车将所有图形作为剪切边；到了 AutoCAD 2021 版，在执行“修剪”命令后，默认将所有图形作为剪切边，如果要选择剪切边，反而需要输入 T 选项。

Step 01 输入 TR 命令，回车，执行“修剪”命令，注意看命令行提示，如图 9-41 所示。

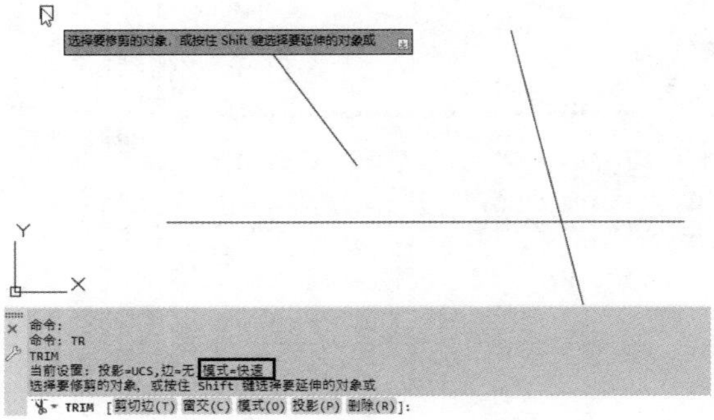

图 9-41

命令行提示中有一个“模式=快速”，这是低版本所没有的。这种快速模式，就是默认将所有图形都作为修剪边界，输入 O 回车，将模式切换成标准模式，标准模式也就是低版本使用的模式。

如果使用标准模式或者使用的是低版本，执行“修剪”命令后首先会提示选择剪切边，而全部选择是默认选项，如图 9-42 所示。

图 9-42

在这种提示下，可以选择一个或多个图形作为修剪边，直接回车将选择所有图形作为修剪边界。

如果用的是低版本，拾取水平线后回车。

Step 02 在命令行提示选择要修剪的对象时，单击要修剪图形的下面一段，如图 9-43 所示。

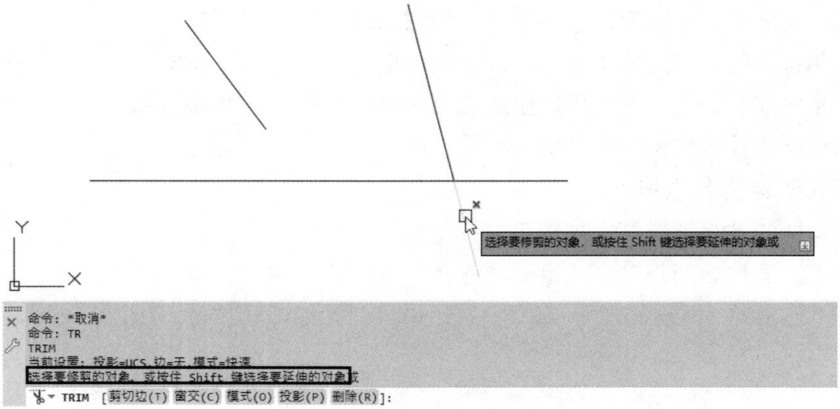

图 9-43

在 CAD 高版本中可以预览修剪后的效果，当图形比较密集，这种预览可以帮助我们判断是否选择了正确的修剪位置。

注意命令行提示，在提示选择要修剪对象的同时，会提示“或按住 Shift 键选择要延伸的对象”，意思就是在拾取图形时如果按住 Shift 键，就不是修剪而是延伸这个图形。其实 CAD 中修剪和延伸是一个命令，按住 Shift 键就可以相互进行切换。

Step 03 按住 Shift 键，单击要延伸的线，如图 9-44 所示。

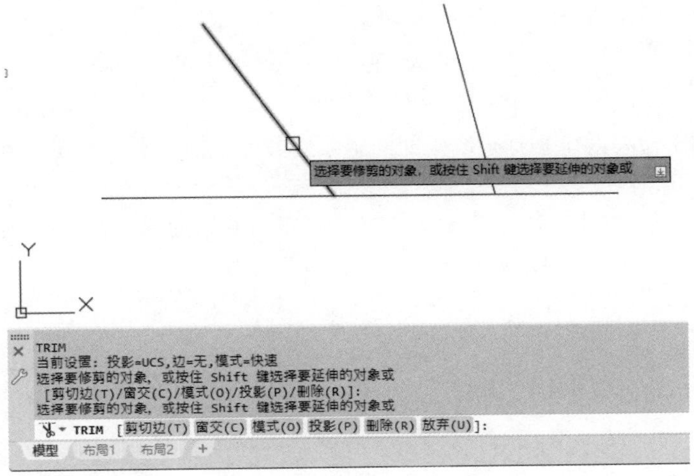

图 9-44

大多数人都不太注意看命令行提示，因此不少人用了多年 CAD 都不知道修剪时按 Shift 键就可以变成延伸。

2.修剪的选择技巧

在修剪或延伸时，当需要选择多个修剪边界或修剪多段时，还可以使用框选和栏选，提示选择对象时只要不按回车就可以持续地累加选择图形。虽然很多人习惯于将所有对象作为修剪边界，AutoCAD 2021 也默认了这种方式，但并不是所有情况下这种方式都是最方便的。

下面通过几个案例来简单介绍，在什么方式下用哪种选择方式更合适。首先看例图 9-45。

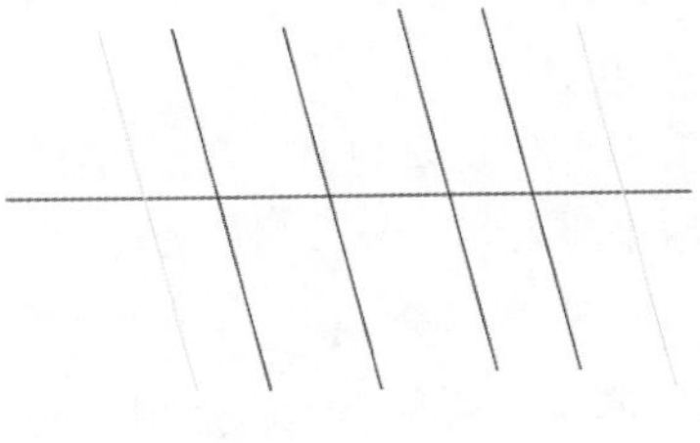

图 9-45

我们要将两侧两条斜线中间的横线修剪掉。假如将所有图形作为修剪边界，每单击一次横线只能修剪两条斜线中间的一段，也就是要单击 5 次才能得到我们需要的结果。但如果在提示修剪边时只分别单击选中两侧的斜线，修剪时只需在横线中间单击一次，就可以完成修剪。

也就是说，为了省去选择修剪边界时的两次单击，就会在选择被修剪图形时多四次单击。

被修剪对象的常用选择方式点选、框选，也可以支持其他一些通过输入参数后使用的选择方式，如 R 从选择集中删除图形，P 上次选择集，F 栏选等。

其中，F 栏选有时在选择被修剪对象时非常方便，在 CAD 低版本中选择被修剪对象时专门列出了这个选项：栏选（F），高版本虽然看不到这个选项，但仍然可以使用。我们用例图 9-45

看一下栏选在修剪中的应用，如图 9-46 所示。

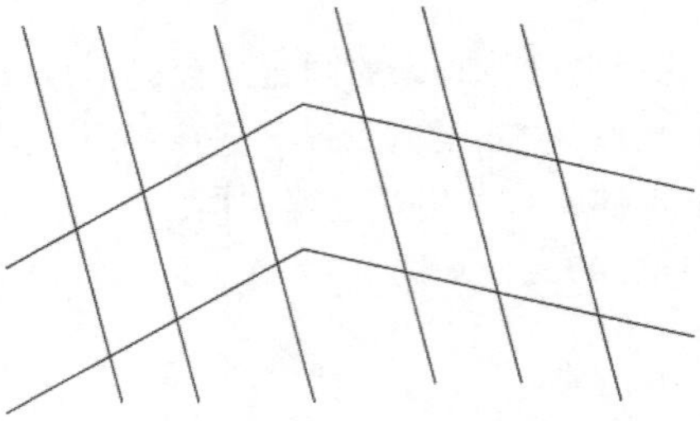

图 9-46

在上面的例图中想将两条平行折线中间的斜线修剪掉，框选不太方便，点选则需要点六次，我们来试一下栏选。

Step 01 输入 TR 命令，回车，输入 F 命令，回车，采用栏选的方式，在两条平行的折线中间拉一条线穿过所有斜线，如图 9-47 所示。

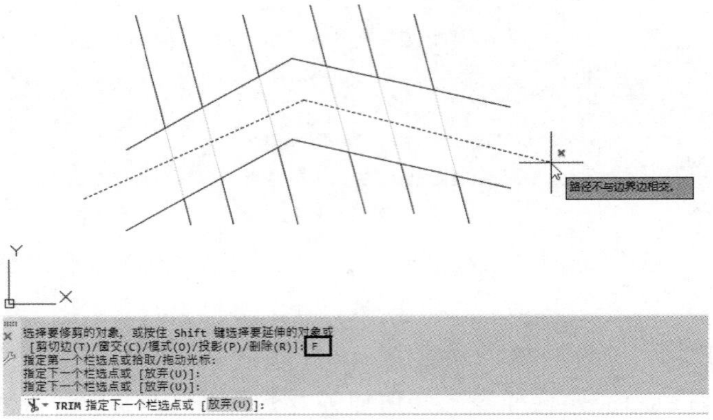

图 9-47

Step 02 参照图 9-46 拉出这条线后，回车，所有斜线就被修剪好了，如图 9-48 所示。

在参数中有一个选择选项：窗交(C)，这个选项基本没有用，因为从 CAD 很早版本开始就可以框选，不需要输入 C 再回车了。

要用好修剪和延伸，用合适的方式选择边界和被修剪对象很重要。

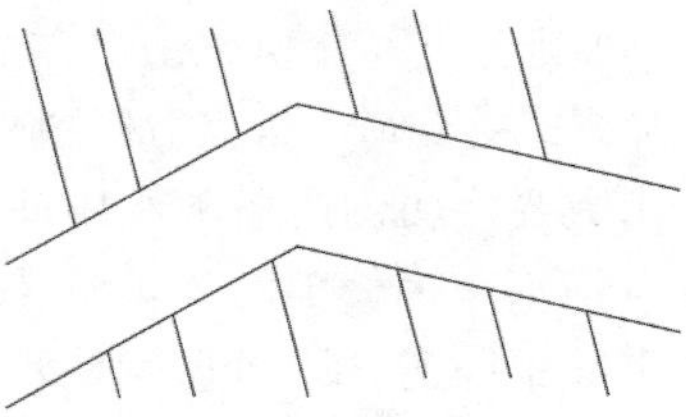

图 9-48

3.其他参数介绍

在前面已经介绍了选择相关的参数，另外还有投影(P)，边(E)、删除(R)和放弃(U)选项，下面简单介绍这几个选项。

投影(P)：如果绘制的图形都在 XY 平面上，这个选项基本没用，也就是说大多数情况下没有用。但当我们绘制的图形不在同一平面上，如果要修剪，会提示图形不共面，无法修剪。可以有两种处理方式：一种是处理图形，把图形移动到同一平面上；另一种就是选择一种投影方式，例如按当前视图，或当前的 UCS 用户坐标系。

边(E)，输入 E 回车后，有两个选项，延伸(E)和不延伸(N)。这个边是指修剪边界，所谓延伸就是当修剪边界和被修剪的图形不相交时，可以用修剪编辑的延长线来修剪。

删除(R)，当修剪完图形后可能会有些多余的图形，直接输入 R 后，将多余图形删除，而不必退出修剪命令，删除图形后回车返回修剪命令，继续修剪其他图形。

放弃(U)，就是撤销刚刚进行的修剪操作。

4.为什么修剪（TRIM）不能完全修剪，有时会留下一部分？

问题 1：线段不能剪切到头……非常郁闷。剪切多线时经常会留下一点点的小线段。

问题 2：为什么用修剪命令全选中后，想把多余的圆弧去掉，结果圆弧修剪不干净。

这两个问题看上去挺令人费解，其实就是将边(E)从默认的“不延伸”设置成“延伸”。

9.8　圆角（FILLET）、倒角（CHAMFER）的使用技巧有哪些？

圆角命令是 FILLET，圆角功能可使用与对象相切且指定半径的圆弧来连接两个对象。可以创建两种圆角，内角点称为内圆角，外角点称为外圆角。可以圆角的对象有圆弧、圆、椭圆、椭圆弧、直线、多段线、构造线、三维对象等。

倒角（CHAMFER）命令在线连接处生成斜角，通过设置距离和角度来设置斜角的尺寸，其他操作和技巧与圆角基本相同。

1.倒圆角的基本操作

可以用任意类似的图形来进行下面的练习，但必须事先知道图形的尺寸，以便设置合理的圆角半径。

Step 01 绘制一个尺寸为 200×150 的矩形。

Step 02 输入 F，按空格键或回车（后面都简写为回车），执行“圆角”命令，输入 R，回车，输入 50 作为圆角半径。

Step 03 回车，在提示选择第一个和第二个对象时分别单击矩形的两条相邻的边，就可以创建出圆角来，如图 9-49 所示。

Step 04 回车，重复命令，选择矩形的另外两条相邻边，创建一个新的圆角，如图 9-50 所示。

设置圆角半径后，下次将默认使用此半径，无须重复设置，因此可以连续创建相同半径的圆角，直到设置其他圆角半径为止。最后设置的圆角半径会跟图纸一起保存，也就是说下次打开这张图纸，还可以继续使用之前设置的圆角半径。

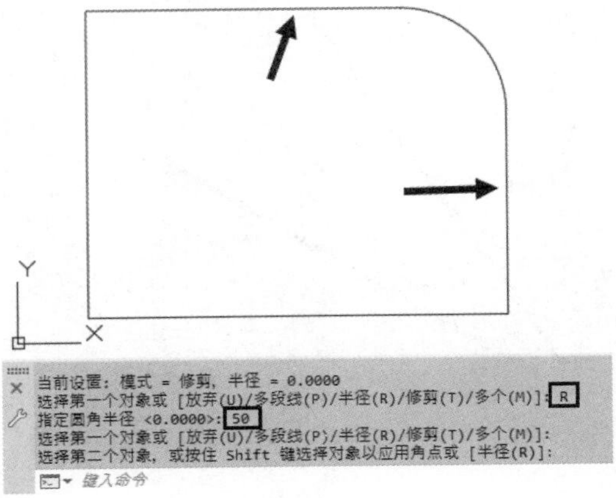

图 9-49

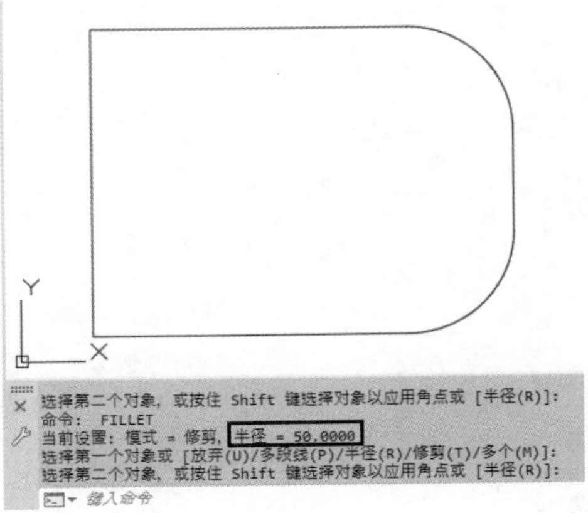

图 9-50

2.修改和删除圆角

创建完一个圆角后，如果需要修改圆角半径或删除圆角，只需重新将半径设置为其他数值或0，然后再选择圆角的两条边，就可以完成圆角的修改和删除。

输入 F，回车，输入 R，回车，输入 20，回车，选择已经生成圆角的两条边，将半径 50 的圆角改成半径 20，如图 9-51 所示。

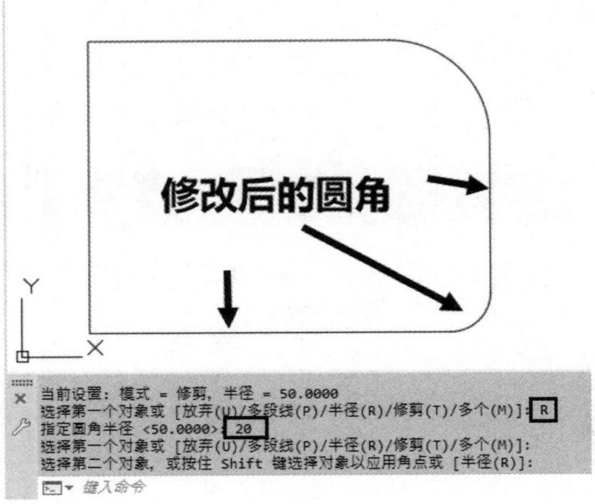

图 9-51

3.在多段线上一次性创建多个圆角

假如在一条连续的多段线上的所有角点都要创建相同半径的圆角，没有必要一次次地单击选择相邻的线段，可以利用圆角的多段线选项。

为了更好地观察多段线倒圆角的效果，可以绘制一条复杂一些的多段线，线段有长有短，如图 9-52 所示。

输入 F，回车，输入 R，回车，输入 50，回车，输入 P，回车，命令行提示选择多段线，单击绘制好的多段线，将一次性生成所有圆角，如图 9-53 所示。

线段长度小于圆角半径时无法生成圆角，命令行提示生成的圆角数量和未生成圆角的数量。

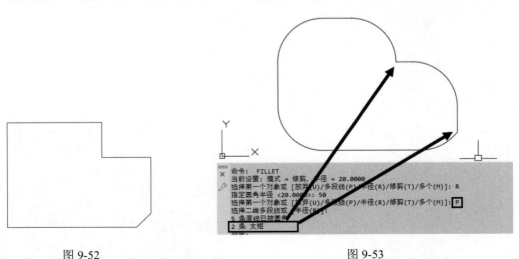

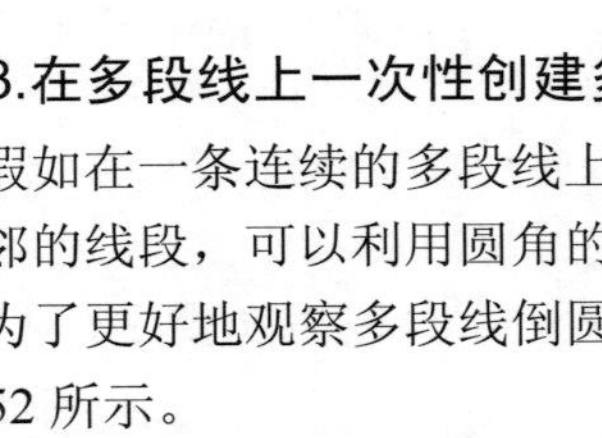

图 9-52

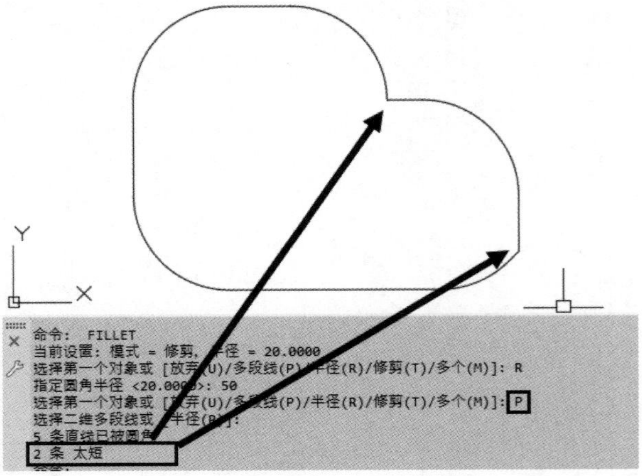

图 9-53

4.利用圆角修剪和延伸图形

当两条线交叉或未相交，希望将两条线连接到一起并修剪掉多余部分时，可以用“圆角”命令。

绘制如图 9-54 所示的几条直线。

图 9-54

输入 F，回车，输入 R，回车，如果半径不是 0，输入 0，回车，分别单击两条直线要保留的部分，回车，重复“圆角”命令，对另外两对直线倒圆角，结果如图 9-55 所示。

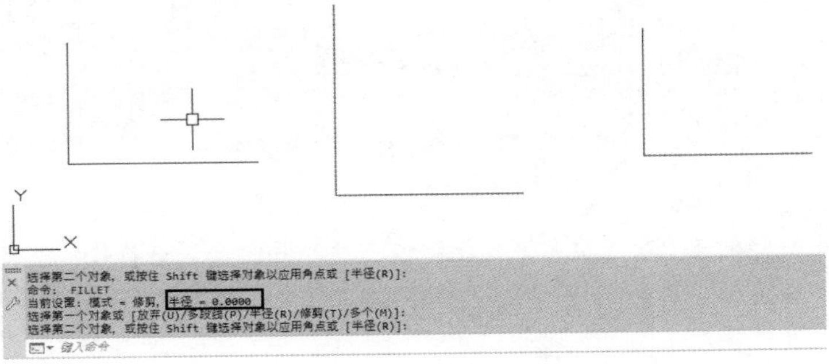

图 9-55

可以试一下用修剪和延伸来完成同样的操作，有时需要先延伸再修剪。假如两条线都没有出头，在延伸时还需要打开边(E)的延伸选项，操作会复杂很多。

5.三维实体倒圆角

圆角命令不仅可以对二维线形进行倒角，也可以对三维实体进行倒角。当选择三维实体上需要倒角的边时，会提示输入圆角半径，输入半径后选择一条或多条边同时倒圆角，如图 9-56 所示。

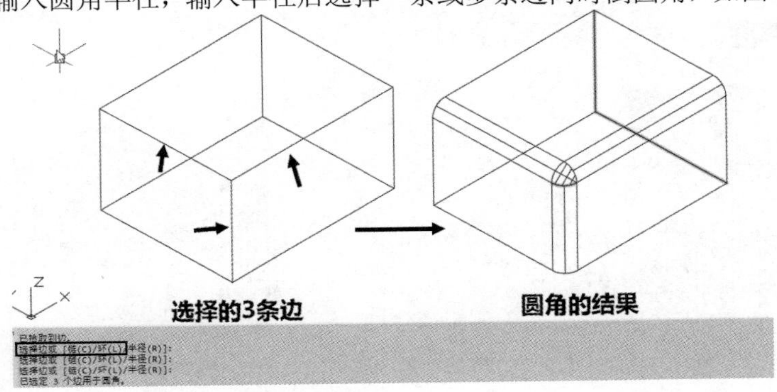

图 9-56

在对三维模型圆角时，可以选择单条边，也可以选择边界链或边界环，自己可以试一下不同选项的效果。

6.对平行线倒圆角

我们不仅可以对相交的线进行倒圆角，平行线也可以倒圆角，而且无须设置倒角半径，软件就会自动用半圆将平行线连接起来，如图 9-57 所示。

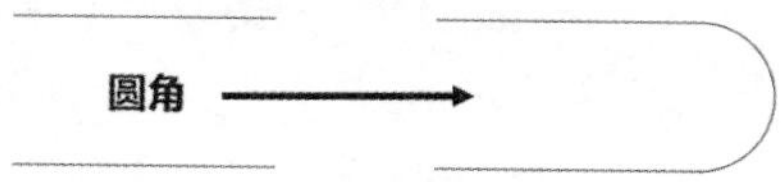

图 9-57

需要注意的是，这种方式只支持平行的直线，如果选择的是两条平行的多段线，或者一条多段线和直线，都无法生成圆角，如图 9-58 所示。

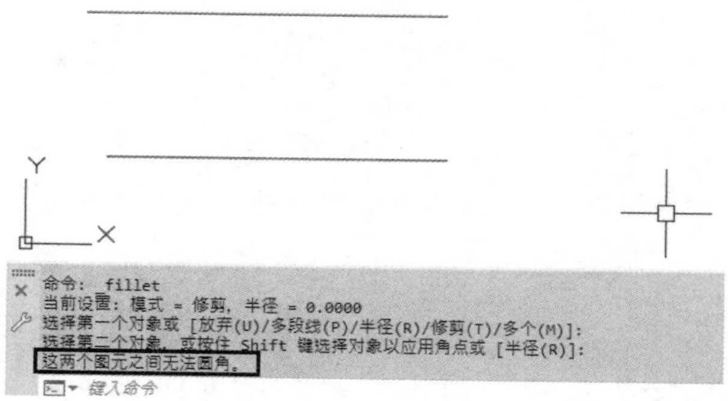

图 9-58

7.修剪

圆角有一个修剪参数 T，默认状态下，在生成圆角的同时会对选择的编辑进行修剪或延伸的操作，但如果有特殊需要，可以设置不修剪，生成圆角但保留原始图形，如图 9-59 所示。

8.反向圆角

在浩辰 CAD 圆角还增加了一个反向 I 参数，用来创建一些建筑或室内设计中经常会用到的反向圆角，如图 9-60 所示。

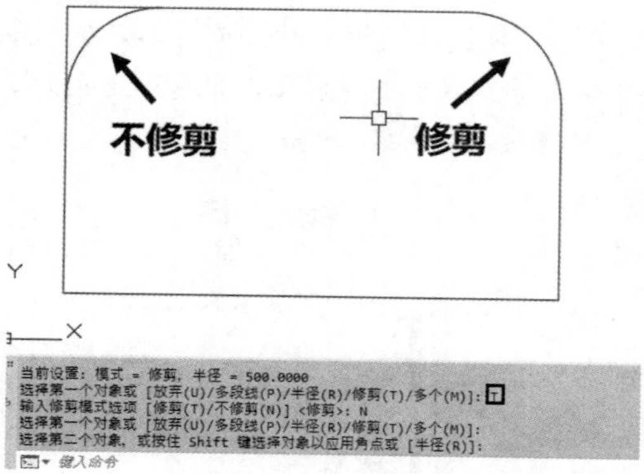

图 9-59

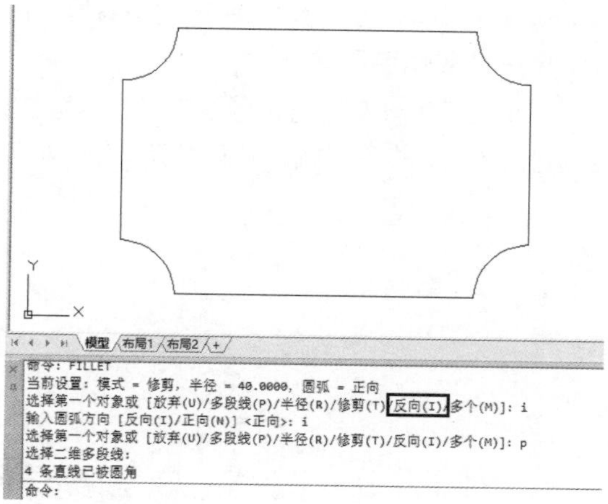

图 9-60

小结

上面简单介绍了圆角的各种操作技巧和应用场景，圆角命令不仅可以应用到二维图形，也可以应用到三维图形，不仅可以完成自己的本职工作：倒圆角，还可以用于修剪和延伸图形。

倒角（CHAMFER）命令类似，只是将半径的设置变成距离和角度的设置，倒角可以设置两个距离，或一个距离加一个角度，操作相对复杂一点。当然倒角命令应用场景也有一些差别，比如倒角没有办法用在平行线上。

深入了解一个命令的各个参数选项和可能的应用场景，对于提高绘图效率非常有帮助。

9.9　如何对齐图形？对齐（ALIGN）命令怎么用？

让两个图形对齐的方法不止一种，比如可以利用旋转的参照参数，也可以用对齐命令，很多情况下利用对齐命令更方便。

“对齐”命令在菜单里隐藏得比较深，在“修改”菜单中三维操作的下一级菜单中。在 RIBBON 界面的工具面板中，也隐藏在修改命令的下拉面板中，如图 9-61 所示。

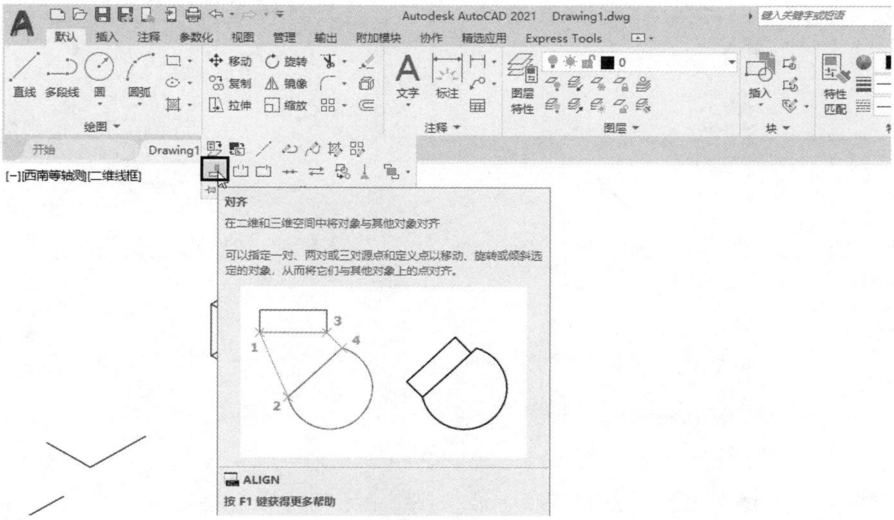

图 9-61

从菜单或命令面板都不如直接输入快捷键方便。对齐的命令是 ALIGN，快捷键是 AL。

CAD 对齐命令并不是简单的左对齐、右对齐，而是通过在图形上指定一对、两对或三对源点和定义点以移动、旋转或缩放选定的对象，从而将它们与其他对象上的点对齐。

对齐命令通过将指定的点的对应关系来移动、旋转或缩放图形，原点和目标点可以选择一个、两个或三个，选择不同的点数会有不同的对齐效果。

1.对齐的基本操作

Step 01 输入 AL 命令后回车。

Step 02 根据提示选择一个或多个要对齐的对象后回车（也可以在执行“对齐”命令前先选择对象）。

Step 03 根据提示输入或在图面上指定源和目标点，指定点的数量会决定对齐的结果，而且选项会不相同。

2.只选择一对原点和目标点，等同于移动

当只选择一对源点和目标点时，选定对象将在二维或三维空间从源点移动到目标点，如图 9-62 所示。

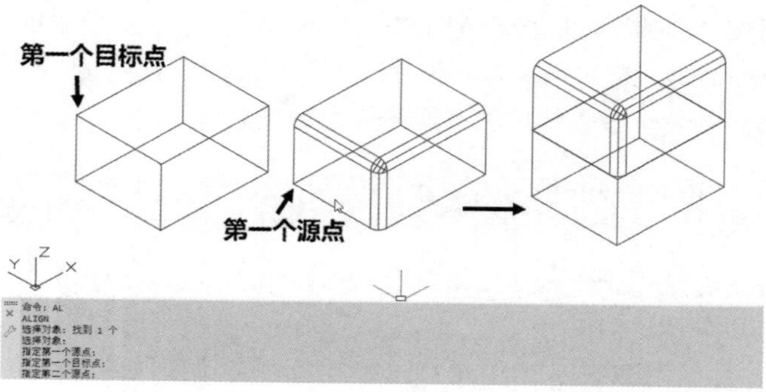

图 9-62

3.选择两对源点和目标点，图形被移动、旋转，还可选择是否缩放

对齐并缩放的效果如图 9-63 所示。

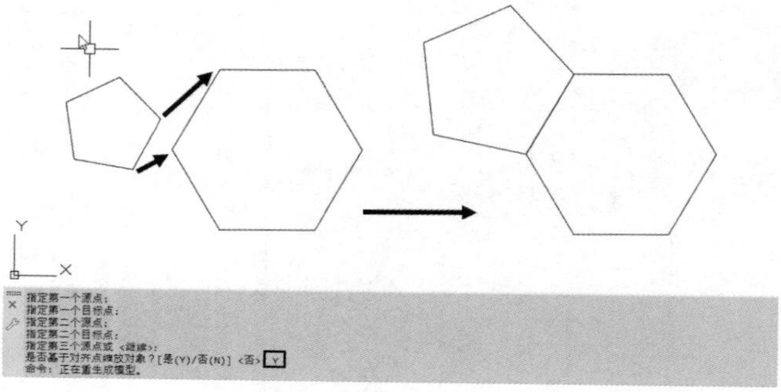

图 9-63

第一对源点和目标点定义对齐的基点。第二对点定义旋转的角度。

在输入了第二对点后回车确认，命令行提示是否要缩放对象。

如果输入 Y 并回车，将以第一目标点和第二目标点之间的距离作为缩放对象的参考长度，如图 9-64 所示。

如果提示缩放时输入 N 回车，图形只会移动并旋转，如图 9-64 所示。

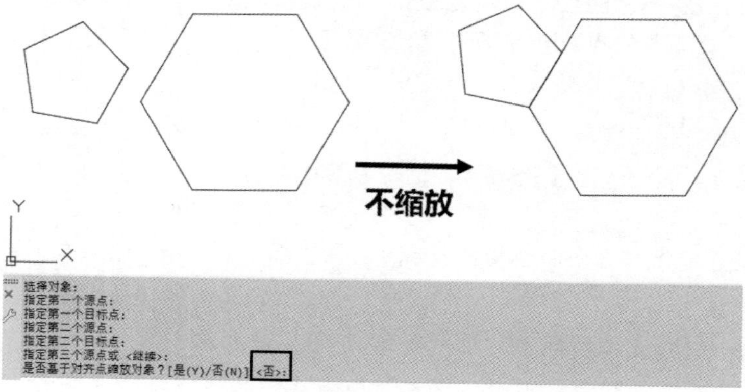

图 9-64

只有使用两对点对齐对象时才能使用缩放。

注意：如果使用两个源点和目标点在非垂直的工作平面上执行三维对齐操作，将产生不可预

料的结果。

4.选择三对源点和目标点时，选定对象可在三维空间移动和旋转，使之与其他对象对齐

选定对象从源点（1）移到目标点（2）。

旋转选定对象（1 和 3），使之与目标对象（2 和 4）对齐。

然后再次旋转选定对象（3 和 5），使之与目标对象（4 和 6）对齐，如图 9-65 所示。

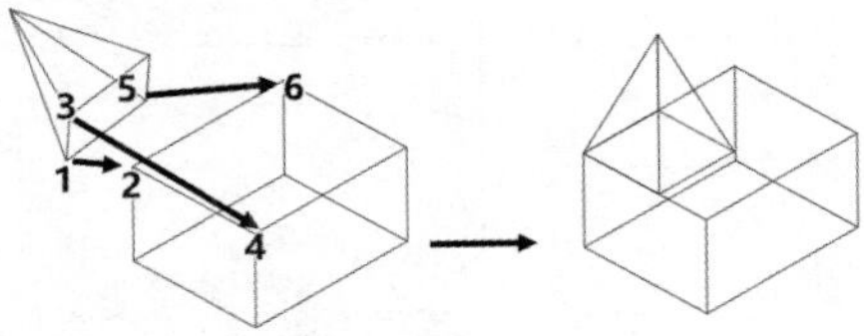

图 9-65

5.横向或纵向对齐

有时需要将图中多行文字或多个图例横纵向对齐，对齐（AL）命令没有办法满足这种需要。有人试过将这些图形都选中后，在特性面板中把 X 或 Y 轴坐标改成相同的数值，这个方法有时可行，有时则可能不行。浩辰 CAD 提供了一个对齐工具 ALIGNTOOL，可以很方便地完成类似需求，如图 9-66 所示。

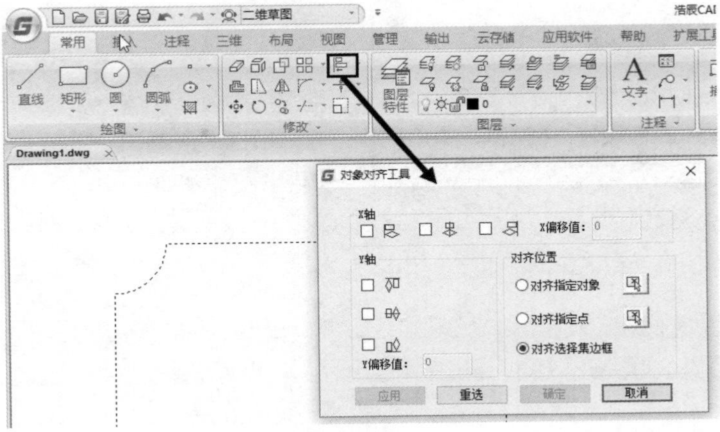

图 9-66

小结

CAD 很多命令隐藏得比较深，但并不表示它用得少，如果经常有类似的定位需求，使用对齐命令显然比用其他命令组合方便得多。但如果只是想旋转图形的方向，不需要图形移动位置，建议选择旋转的参照选项。

9.10　如何将部分图形暂时隐藏?

CAD 提供了图层的开关、锁定、冻结等基本功能，根据需要控制图层的显示和编辑状态。此外还提供了图层隔离等工具，可以一次性将选定对象以外的图层全部关闭，方便对选定图层上的图形进行编辑。

AutoCAD 增加了对象隔离和隐藏的功能，可以只隐藏被选定对象，或者隐藏选定对象外的其他所有对象。

只需选定操作对象及范围后右击，在弹出的快捷菜单中选择隔离的相关命令，就可以将部分图形暂时隐藏，如图 9-67 所示。

在 CAD 状态栏增加了隐藏和隔离按钮，单击此按钮可以快速隔离和取消对象隔离，操作也很方便，如图 9-68 所示。

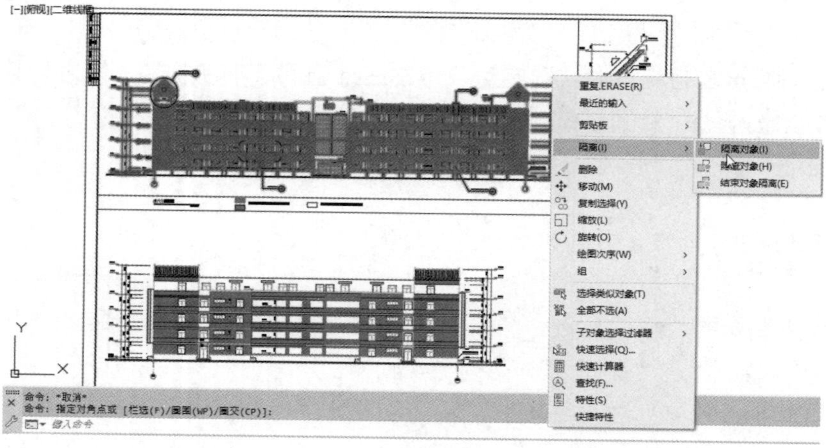

图 9-67

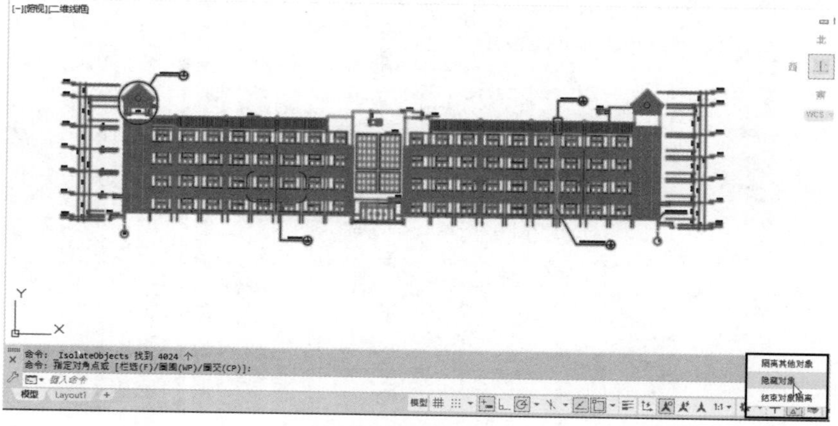

图 9-68

隔离就是将其他图形隐藏，只显示选中的对象；隐藏的效果正好相反，其他对象显示，而选定对象被隐藏，如图 9-69 所示。

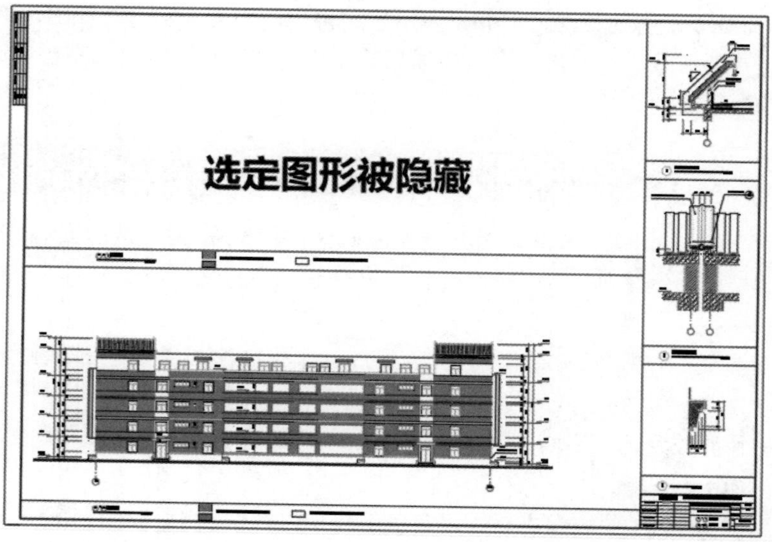

图 9-69

图 9-69 中的情况还不能充分体现对象隔离或隐藏的益处，如果很多图形交织在一起，有些图形不需要进行编辑，但对编辑有干扰时，可以先将影响选择对象隐藏，或将要参与操作的对象隔离。

此功能可以让用户直接隔离、隐藏选定对象，不用考虑对象所处图层，在有些情况下比操作图层更方便、更快捷。

9.11　如何把样条曲线转换成多段线？多段线如何转换成样条曲线？

有时需要其他软件转换生成的或 CAD 中绘制的样条曲线转换成多段线，方便进行后续的编辑或输出到其他软件或设备。

在 CAD 低版本中，没有提供转化工具，于是大家就想了很多的办法，比如存成低版本的 DXF，用 WMFOUT 输出 WMF 文件后再用 WMFIN 命令输入进来，或者使用扩展工具命令，如变平（FLATTEN）。一些国产 CAD 软件在扩展工具中专门提供了样条曲线转换多段线的工具，例如浩辰 CAD 提供了 SP2PL/SPLTPL 命令。

如果使用的是 CAD 高版本，无论是 AutoCAD 或是浩辰 CAD，这已经不再是一个问题了，因为这些 CAD 的样条线编辑（SPLINEDIT）命令中就提供了转换多段线的选项，再也不用去找其他工具了。

转换操作的步骤非常简单，基本操作如下：

Step 01 先选择样条曲线后执行 SPLINEDIT 命令，或者先执行 SPLINEDIT 命令后选择样条曲线。

Step 02 输入 P 参数，回车。

Step 03 输入转换的精度，回车，即可完成转换。

转换精度默认为 10，值越大，转换成的多段线段数越多，多段线就越接近样条曲线，如图 9-70 所示。

AutoCAD 高版本提供了一个变量：PLINECONVERTMODE（多段线转换模式 PLINE CONVERT MODE），可以控制样条曲线转换的多段线类型。

在命令行中输入 PLINECONVERTMODE 命令，回车，输入 1，回车。

我们再用样条编辑来转换一条样条线，转换后效果与转换成直线段差不多，精度相同的情况下转换的线段数也是一样的，但放大看一下细节就明显不一样了，如图 9-71 所示。

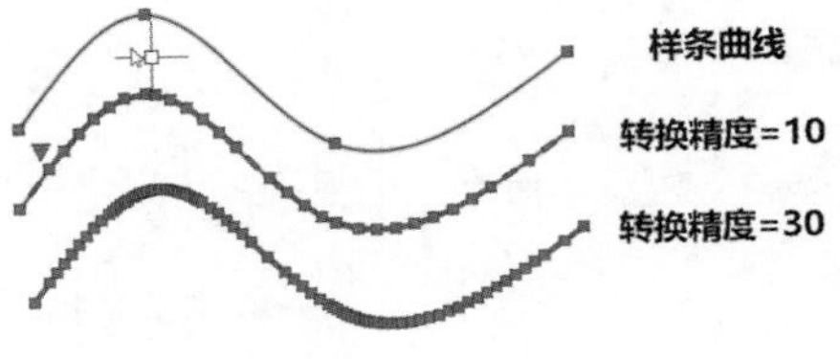

图 9-70

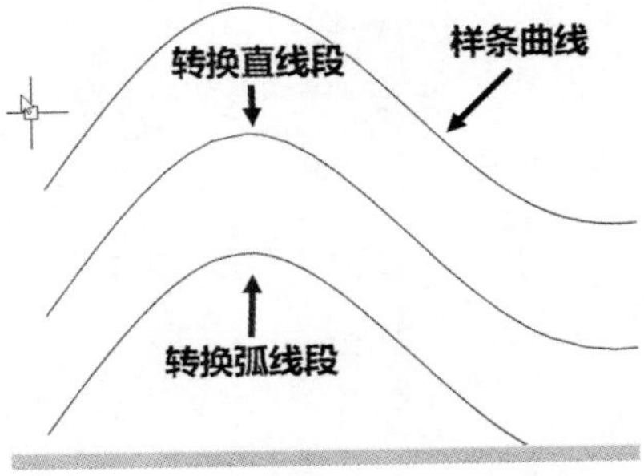

图 9-71

至于是转换成直线段还是弧线段就要看自己的需要，直线段更简洁，数据量更小，弧线段数据量多，但更圆滑，不过 WIPEOUT 等命令不支持。

如果需要把多段线转换成样条曲线，可以用 PEDIT（多段线编辑）命令，转换后的图形虽然在特性面板里仍显示为“二维多段线”，但这样的二维多段线可以用 SPLINEDIT 命令编辑，特性面板就显示样条曲线。

第 10 章 文字应用

文字注释是图纸中非常重要的内容，CAD 中不仅可以使用操作系统中的字体，CAD 内部还有专用的字体文件。而且由于汉字比较特殊，中文字体的设置和使用更加复杂，加上国内字体使用没有统一的规范，当年大量的 CAD 二次开发商制作了很多种字体，然后加上很多人修改字体名，导致字体数量不断增长，网上很随便就可以找到有 2 000 种字体的字库。字体多、使用不规范，这就导致了打开外来图纸时经常因为没有字体而使文字显示问号甚至不显示，使用 CAD 没遇到过字体问题几乎不可能。本章将介绍 CAD 字体的分类和使用方法，同时介绍如何解决遇到的字体和文字显示的相关问题。

10.1 AutoCAD 的字体怎么安装？

首先要对 CAD 字体有一定了解。CAD 使用的字体分为两类：一类是 CAD 内部专用字体（*.shx），另一类是 Windows 系统的字体（*.ttf*.ttc）。

在使用 CAD 时不要盲目地去安装字体，比如，从网上下载了 2000 多个 CAD 字体，就想一下子将所有字体都装进去。

我们必须要知道，这些字体虽然不会给 CAD 运行带来太大负担，但如果要在 2000 种字体的列表中找到要使用的字体，一定会很麻烦。而且这些字体如果按大小排序，你会发现很多字体大小完全相同，很显然就是一个字体被改成了多个名字。

CAD 中的字体够用就好，如果遇到缺少的再安装，而且建议将字体目录中从来不用的多余字体删除。

CAD 字体其实不能叫安装，直接复制到指定的目录下即可。

1.安装 CAD 的*.shx 字体

虽然 CAD 提供了一个专门的字体文件夹，通常在 CAD 安装目录下有一个 FONTS 文件夹，*.shx 文件都放到这个文件夹下，如图 10-1 所示。

找到需要的*.shx 字体文件后，直接复制到这个文件夹。然后启动 CAD，即可在“文字样式”对话框中使用这种字体。

CAD 不仅可以识别 Fonts 文件夹下的字体文件，如果字体文件与图纸在同一目录下，或者在 CAD 的支持文件搜索路径下，字体也会被搜索到。

也就是说，不一定非要把字体放到 CAD 的 Fonts 文件夹下。CAD 的 Fonts 文件夹目录太深，往里面复制字体还挺麻烦，如果安装了新版本的 CAD，还需要将字体重新复制一遍。可以建一个自用的字体文件夹，将平时用到的字体放到这个文件夹下，安装 CAD 后，在支持文件搜索路径下将字体路径添加进去即可。

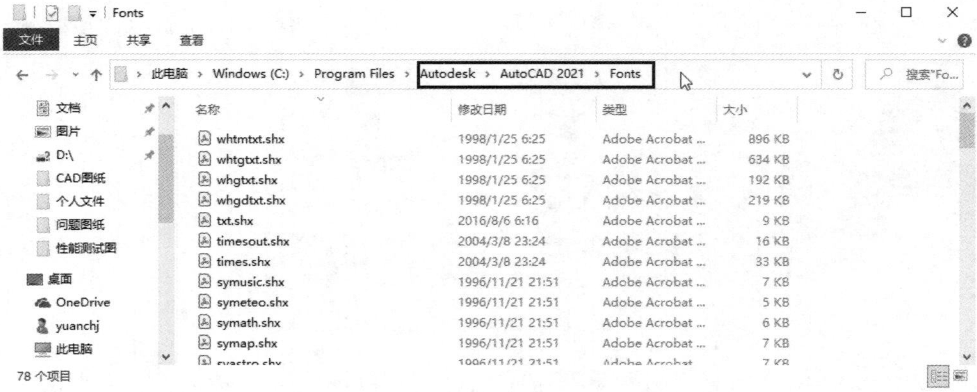

图 10-1

添加方法非常简单，输入 OP 命令，打开“选项”对话框，单击“文件”选项卡，找到支持文件搜索路径，单击“添加”按钮，将自己的字体路径添加进来即可，如图 10-2 所示。

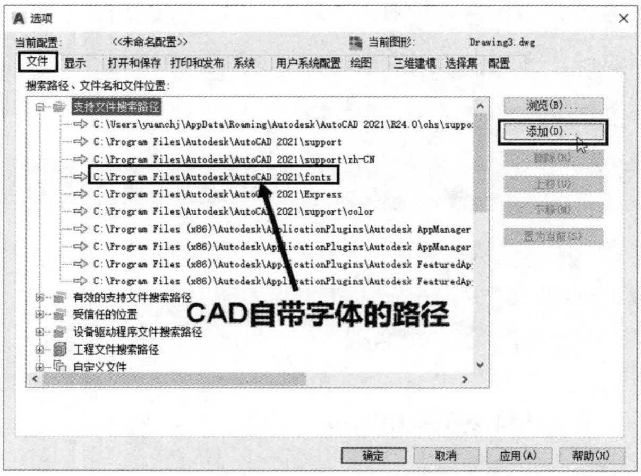

图 10-2

如果 CAD 已经打开，添加字体后需要重新启动 CAD 才能被搜索到。

启动 CAD 后输入 ST 命令，打开“文字样式”对话框，在两个字体列表中检查字体是否添加成功了，左侧列表必须选择一种*.shx 字体后并勾选“使用大字体”复选框后，右侧才能显示大字体列表，如图 10-3 所示。

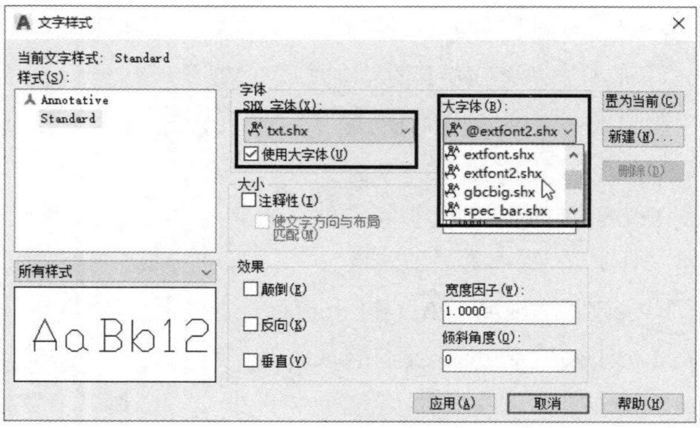

图 10-3

2.安装 Windows 字体

Windows 系统自带的字体已经够多了，打开"文字样式"对话框，在左侧列表中选择字体时，列表中前面带 TT 符号的就是 Windows 的 TRUETYPE 字体，如图 10-4 所示。

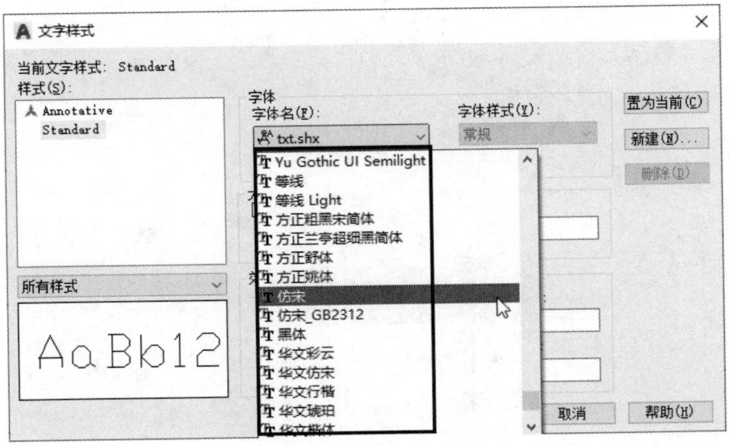

图 10-4

系统字体的数量很多，有时会给我们选择 CAD 字体带来很多麻烦，因此经常需要输入字体名的前一个或两个字母来定位。

如果遇到图纸中有些文字因为缺 Windows 字体不能正常显示时，也需要将正确的字体复制到 Windows 的 Fonts 文件夹下，如图 10-5 所示。

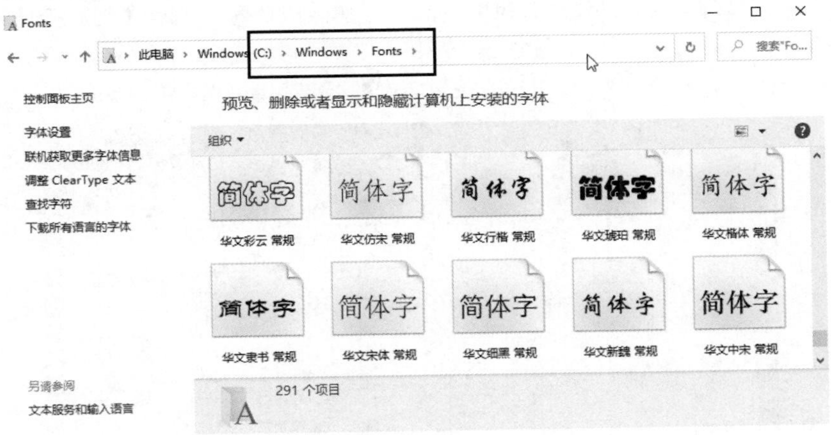

图 10-5

浩辰 CAD 等兼容 AutoCAD 的同类 CAD 软件中字体的使用和安装也是如此。

10.2　什么是形文件？什么是大字体？

10.1 节讲过 CAD 中可以使用操作系统的字体，也可以使用 CAD 的专用字体文件（*.shx），这个文件被称为形文件。在 CAD 字体（Fonts）文件夹中有很多*.shx 文件，有的只有几 KB，有的却大于 2MB，这些形文件有什么区别？

在设置文字样式时，会看到有一个"使用大字体"选项，什么是大字体？什么时候需要使用大字体呢？形文件到底是怎么分类的？

1.形文件（*.shx）的分类

*.shx 文件在 CAD 中叫作形文件，它分为两种：字体文件和符号形文件；字体文件又分为两种，叫作常规字体（或叫作小字体）和大字体。

（1）常规字体

里面只包含一些单字节（在输入法中称为半角）的数字、字母和符号，在文字样式的左侧列表中列出的*.shx 字体都是常规字体文件。如果要使用 CAD 字体，首先必须选择一种常规字体，如图 10-6 所示。

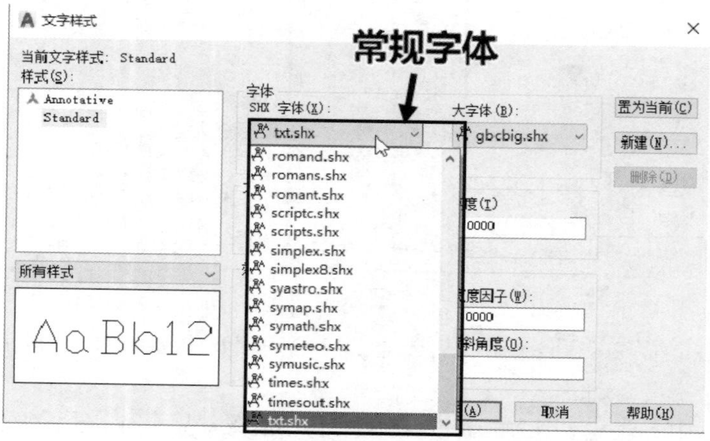

图 10-6

最常用的常规字体有 simplex.shx 和 txt.shx，当然国内还有一些包含钢筋符号的常规字体，如 tssdeng.shx。

用字体查看工具查看常规字体（Unifont）文件的效果如图 10-7 所示。

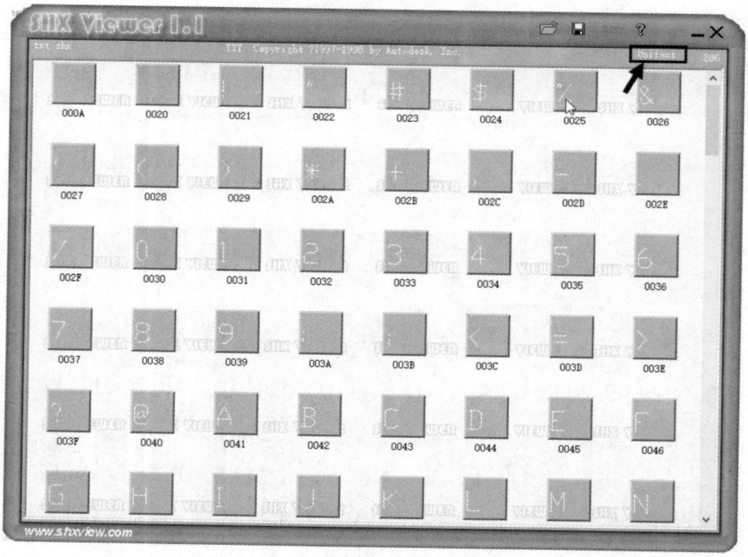

图 10-7

常规字体文件也包含一些专用的符号，如用于形位公差的 GDT.SHX 或 AMDGT.SHX，如图 10-8、图 10-9 所示。

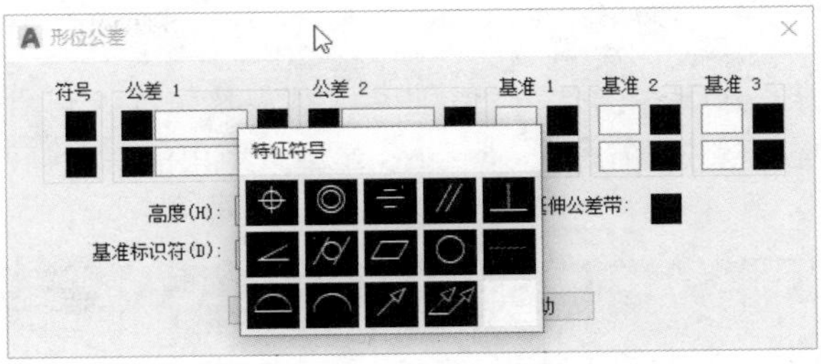

图 10-8

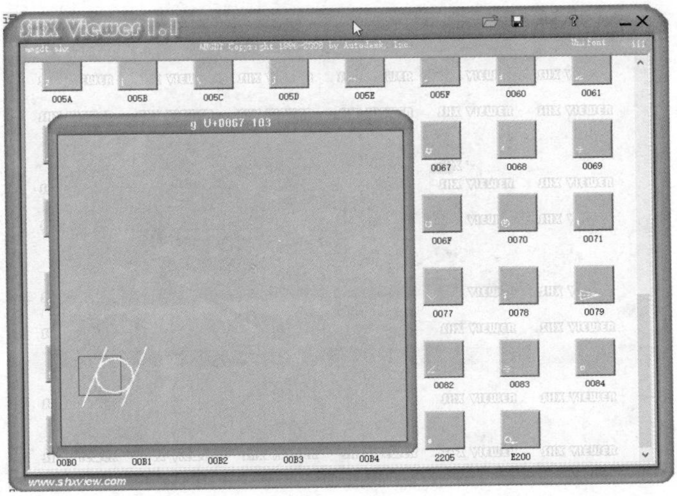

图 10-9

这类文件由于字符比较少，文件通常比较小，很少能超过 200KB。

（2）大字体

大字体（Bigfont）是针对中文、韩文、日文等双字节（全角）文字定制的字体文件。在“文字样式”对话框中必须勾选“使用大字体”复选框，才能在右侧列表中选择大字体文件。由于中文、日文的字符比较多，而且每个字符的定义都比较复杂，这类文件通常比较大，从几百 KB 到几 MB 不等。

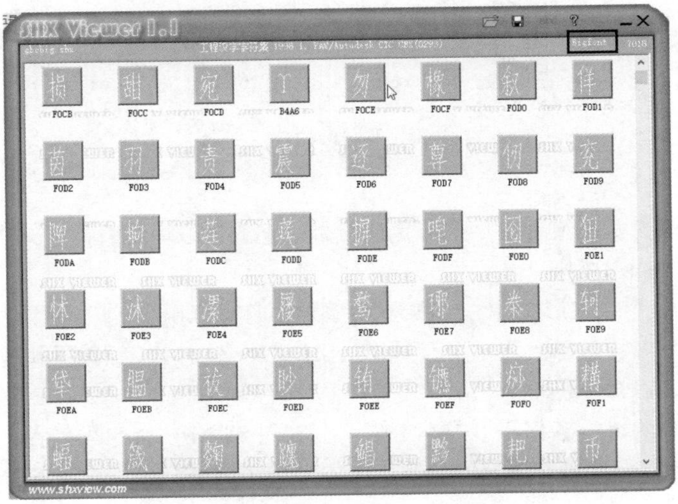

图 10-10

（3）符号形

符号形（Shapes）文件中保存的是线型中使用的或直接可插入到图形中的一些符号，这些文件无法在文字样式中应用。例如，ltypeshp.shx 就是线型用的形文件，aaa.shx 也是符号形，如图 10-11 所示。

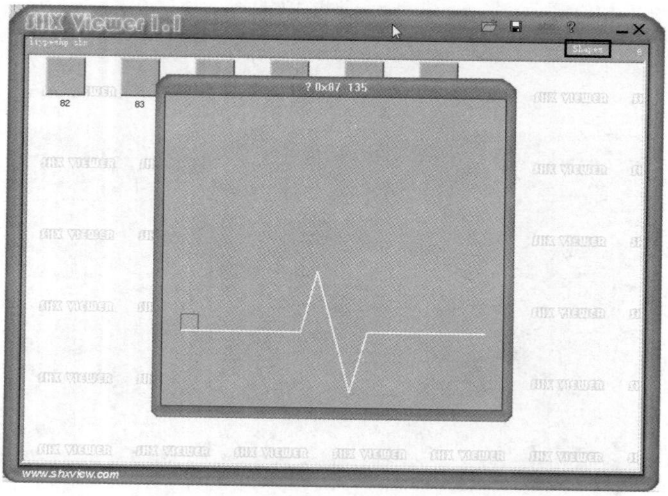

图 10-11

不同 CAD 版本附带的字体文件不完全一样，有些版本如 AutoCAD 将一些特殊的字体文件放到 AppData 的支持目录中，如图 10-12 所示。

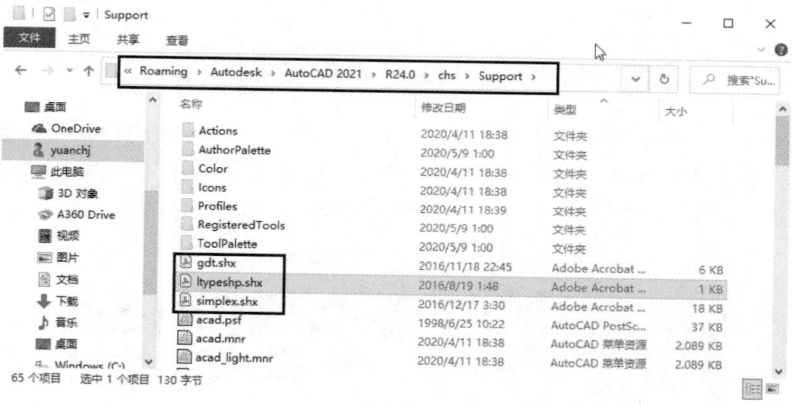

图 10-12

2.符号形的使用方法

符号形，顾名思义是指文件中一些特定的符号，它的一般用法有两种。

（1）直接符号形插入图中

首先要用 load 命令载入形文件（*.shx），将字体中符号读出来，然后用 shape 命令插入符号，插入时指定相应符号名称，即可将一个符号形（SHAPE）实体插入当前图中，如图 10-13 所示。（常见的符号形如 LTYPESHP.shx）。

如果对符号形中的符号名称和形式不了解，在输入 SHAPE 命令回车后，根据提示输入*号，回车，CAD 会将所有符号形的编号列出来。但如果想知道每个名称对应的符号是什么样的，可以依次插入图中看一下。

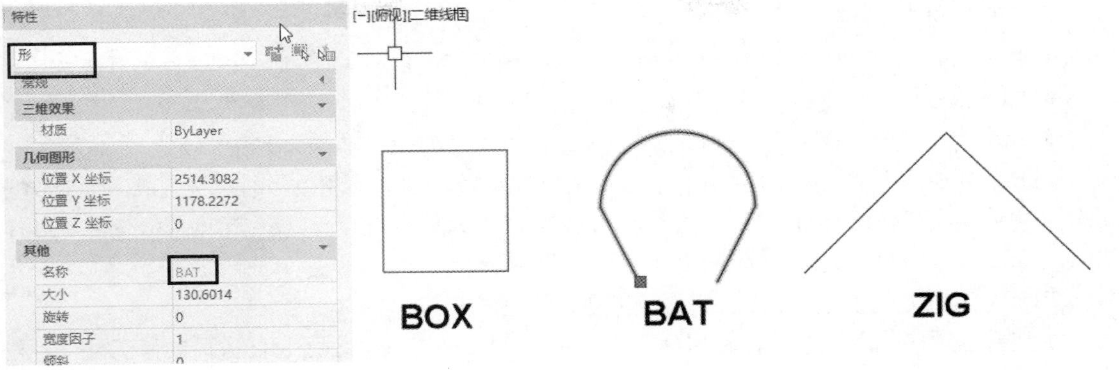

图 10-13

（2）用于定义线型

很多复杂的线型都是利用符号形定义的，线型定义时将符号形（常见的如 ltypeshp.shx）文件中的某个符号嵌入到线型编码中，即可得到一些特殊的线型，线型中也可以使用字形文件中的文字，如图 10-14 所示。

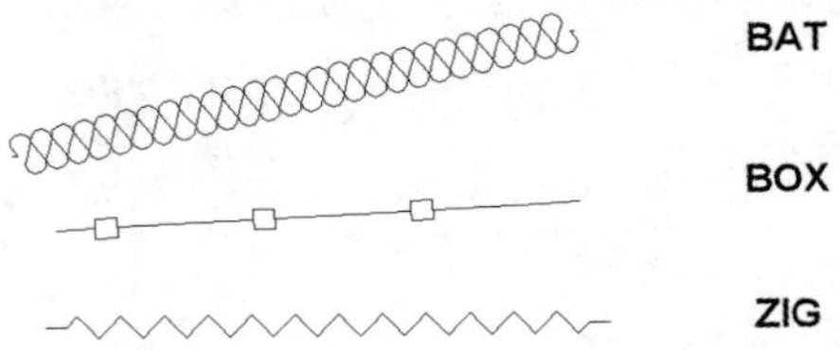

图 10-14

但缺少形文件时只能用同类进行替换，如果打开图时缺少图中使用的符号形，而替换字体选择的不是形文件时会出现下面错误提示：

hztxt2.shx 是大字体文件，不是形文件。

Eref.shx 是常规字体文件，不是形文件。

这就是告诉我们现在缺的是符号形，而我们选择的替换字体是常规字体和大字体。

10.3　AutoCAD 的 SHX 字体与操作系统的 TTF 字体各有什么特点？

SHX 字体是 CAD 专用字体，TTF 字体设计是 Windows 系统或其他软件使用的字体，这两种字体在 CAD 都可以使用。它们分别有什么特点呢？在什么情况下应该用什么字体呢？

下面简单介绍这两种字体的特点。

1.SHX 字体的特点

- AutoCAD 和一些兼容 CAD 专用的字体。
- 采用矢量方式定义的字体，字体由线条构成，不填充。
- 可以自己按照定义规则编写 SHP 文件（SHX 的源文件，纯文本文件），然后在 AutoCAD 中编译（compile）成 SHX 文件。

SHX 字体的优点是：具有较高的编辑、显示、打印速度。单线条仿宋字字体清秀，适合国标制图。

SHX 字体的缺点是：由于 CAD 专用字体属于可自定义字体类型，所以不同公司提供的 SHX 字体文件名与款式可能各不相同，同样的文件可能是不同的字体，也可能字体的基本大小比例也不同，从而导致汉字与数字字母大小不一致，或汉字与数字字母分开写时，文字易因替换字体而错位。

2.TTF 字体的特点

- 是 Windows 系统支持的真字体（TrueType），由三次曲线定义，放大时边界光滑清晰。
- 字体得到广泛的支持，且具有统一规范的定义。
- 因汉字、英文、数字和一些符号均定义在同一个文件中，字体大小统一规范。

TTF 字体的缺点是：由于在 CAD 中显示 TTF 字体时由边界线和内部的填充组成，显示数据比较多。如果大量使用 TTF 文字，会导致内存占用明显增加，显示和操作速度都会变慢，对打印也有影响，打印数据大，打印慢。

TTF 字体的优点是：文字看上去比较美观、规整。

大多数图纸中使用不太好看的 SHX 字体而不使用 TTF 字体，除了性能方面的原因外，还与行业或单位的规定有一定关系。选用哪种字体通常不是根据个人喜好决定的，如果有规定就必须按照规定使用字体，即使没有规定限制，与其他人进行图纸交流时，还要考虑到他们有没有你使用的字体，文字在他们的 CAD 中能不能正常显示。

10.4　打开图纸后为什么文字显示为问号甚至不显示？怎样解决？

现在设计单位的交流越来越多，有单位内部的，也有单位之前的交流，收到一张图纸打开后经常会发现有些字显示为？号，有的文字甚至不显示，如图 10-15 所示。

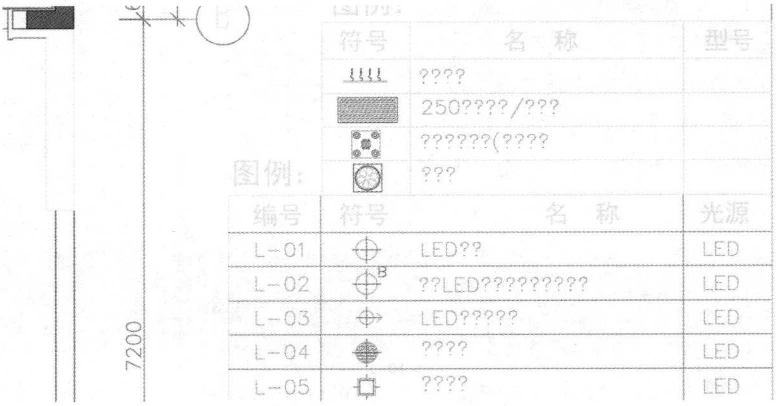

图 10-15

原因如下：

或者缺少图中使用的字体，或者虽然有同名的字体但版本不同，字体文件中缺少一些字符。

字体显示问号的这种问题在中国比较突出，主要原因是国内字体比较多，用得也很乱，网上随便就可以搜到 2 000 种 CAD 字体库的下载。同名的字体有多个不同版本，有时找到同名的字体但因为版本不对替换后仍有问号存在。有些单位和个人还喜欢修改字体名字，于是一个字体就又有了很多不同的名字，最终导致网上根本找不到同名的字体。

1.缺少字体的解决办法

如果 CAD 搜索路径或图纸路径下没有找到图纸使用的字体，在打开图纸时 CAD 软件会弹出提示对话框，低版本 CAD 会提示我们设置替换字体，如果缺的字体多会弹出多次。因此高版本会先弹出一个对话框，让我们选择是忽略缺少的字体继续，还是为每个 SHX 文件指定替换文件，还可勾选“始终执行我的当前选择”复选框让软件记住我们的选择，以后不再弹出此对话框，如图 10-16 所示。

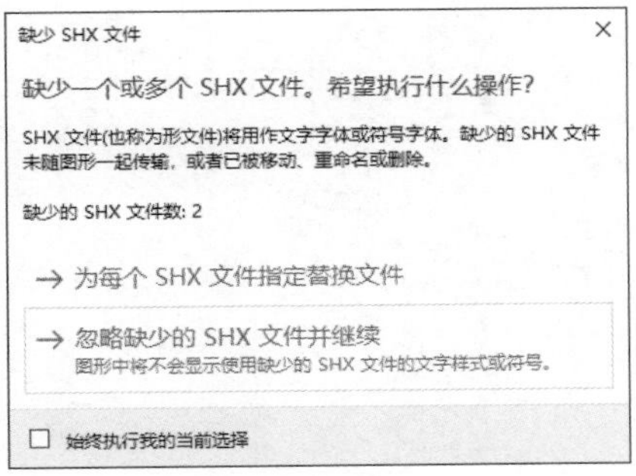

图 10-16

如果对图中缺少的字体比较了解，而且有合适的替换字体，可以为每个 SHX 文件指定替换字体，如果不知道，选择忽略缺少的 SHX 字体并继续。如果图中文字使用的字体找不到，有可能文字不显示。

忽略缺少字体打开文件后，命令行会提示没找到的字体，如果字体种类比较多，按 F2 键打开文本窗口查看。如果这张图纸是同事或合作伙伴提供的，你就向他们要这些缺少的字体，然后复制到你的 CAD 的 Fonts 目录下，重新启动 CAD，再打开图纸就彻底解决问题了。

如果不明确图纸的来源，只有自己去网上搜索并下载这些字体。

遇到缺字体的最佳解决方法如下：找到同样的字体并添加到 CAD 的 Fonts 文件夹下（如果缺的是 Windows 的 TTF 字体，就要复制到 Windows 的 Fonts 文件夹下）。

但如果对文字的字体要求并不严格，可以替换成其他字体。处理方法如下：

输入 ST 命令，回车，打开“文字样式”对话框，在对话框中找到缺少字体的文字样式，如图 10-17 所示。

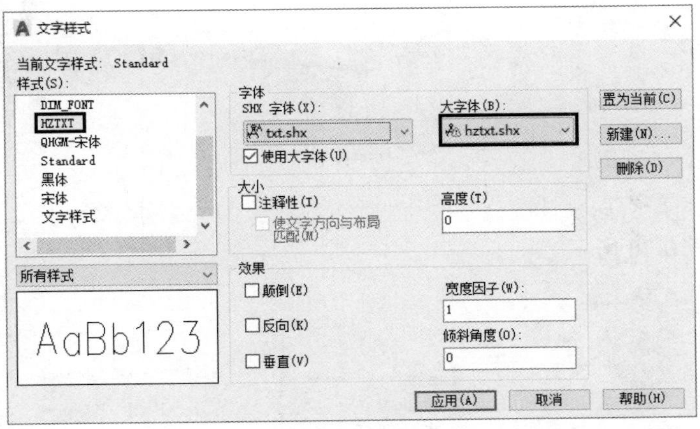

图 10-17

图 10-17 中缺少的是一种大字体，打开下拉列表，在列表中选择一种可用的字体，例如 GBCBIG.SHX。

如果对大字体不了解，只是为了正常显示中文，取消勾选“使用大字体”复选框，然后在左侧的字体下拉列表中选择一种操作系统的字体，如宋体，如图 10-18 所示。

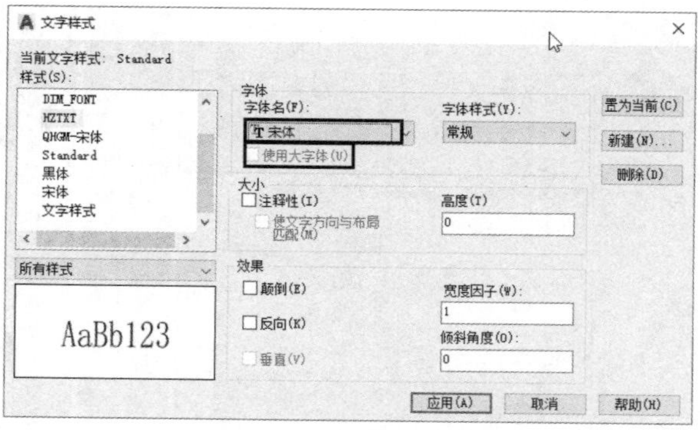

图 10-18

将缺少的字体替换成已有字体后，单击“应用”按钮，关闭“文字样式”对话框，观察图中文字显示的效果，如果符合你的需要，保存文件，以后再打开此文件就不会提示缺少字体了。

2.为什么多行文字显示正常，单行文字显示成问号？

有时图纸打开后汉字能正常显示，但炸开 X 成单行文字后，就变成问号，也就是使用相同的文字样式多行文字显示正常，但单行文字显示成问号，如图 10-19 所示。

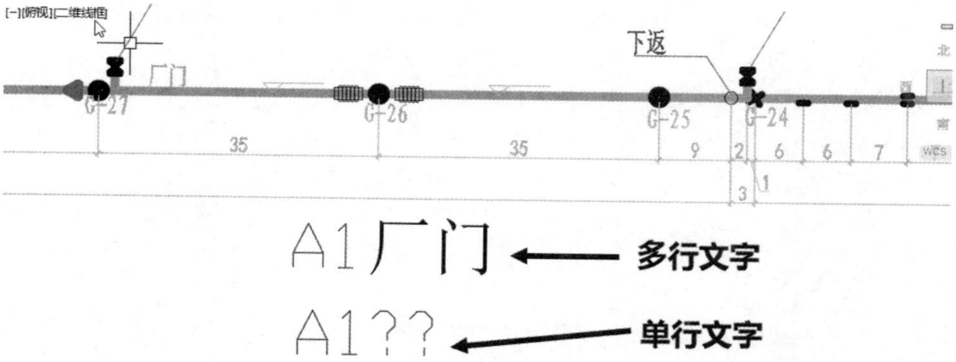

图 10-19

这个文字样式可能有两种情况，一种是用于显示中文的大字体没有找到，另一种是根本没有设置大字体，如图 10-20 所示。

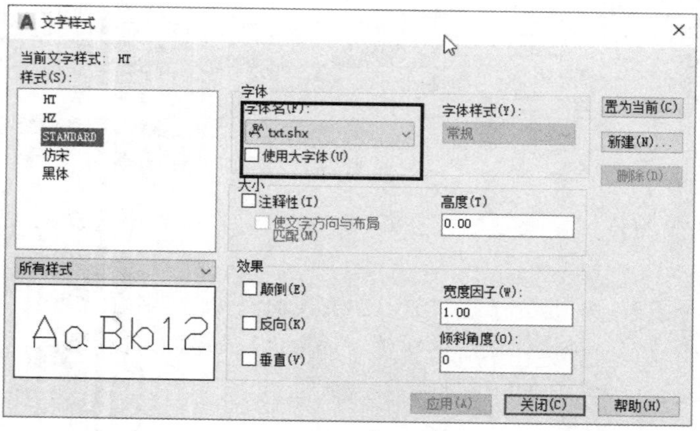

图 10-20

如果使用 CAD 自带的 SHX 字体，想显示中文必须设置好相应的大字体文件。中文版 CAD 的多行文字在文字样式不支持中文时会自动替代显示成宋体，也就是说多行文字显示的并不一定是文字样式设置的效果。

勾选“使用大字体”复选框，在右侧的“大字体”下拉列表中选择一种大字体文件，如 gbcbig.shx 或 hztxt.shx，只有设置正确的文字样式，多行文字和单行文字的显示效果才能统一，如图 10-21 所示。

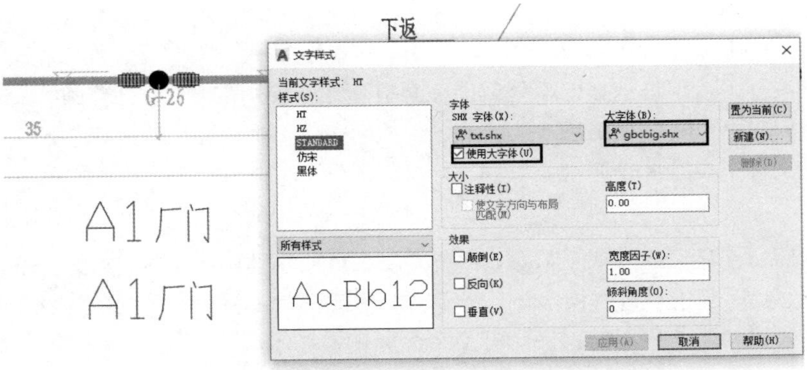

图 10-21

如果在多行文字编辑中专门设置了字体，就算修改了文字样式，多行文字可能还是会显示宋体效果。

3.为什么个别字符显示为问号？

有时并未缺少字体，或者找到了与缺失文件同名的字体后，大部分文字显示正常，只有个别字符显示成问号，如图 10-22 所示。

天花灯具　3(?)　100　0.13　尺寸?注?
空?机　4(湖?)　100　0.13
空??口　5(深?)　100　0.10
消防烟感　6(品?)　100　0.20　装修面做法、剖切?
消防?淋　7(白)　100　0.10　文字
消防广播　8(灰)　70　0.05　?体填充、普通填充
剖面.?点.??　9(灰)　100　0.40　原始???
?气-?气　251(灰)　50　0.05　?案填充(半透明)
?气-插座　252(灰)　100　0.05　?案填充、?助?
?气-插座-天花安装　253(灰)　100　0.10　?框
?气-弱?　255(白)　100　0.40　原始???、自定?粗?
?气-弱?-天花安装　其他　100　0.10　其他未分?
?气-??

图 10-22

遇到这种情况就难办了，因为有同名字体，但与原图使用的字体文件的版本不相同，通常不能显示的都是一些比较特殊的符号，如直径符号、钢筋符号等，不是随意替换字体就能解决的，这种状态下最好是能找到原图使用的字体文件。如果找不到，只能一个个字体去试了。

4.设置字体映射文件

如果只是要看图纸，不需要打印，也就是说只需文字能正常显示，而且这一批图纸中缺少的字体都是相同的，可以设置 CAD 的字体映射文件，在打开图纸时 CAD 会将某些字体自动映射成你设置的字体。

CAD 的映射文件是*.fmp，AutoCAD 的映射文件叫 acad.fmp，浩辰 CAD 的映射文件叫 gcad.fmp。

这个文件是一个纯文本文件，用记事本打开进行编辑。遇到一种添加一种，例如将所有汉字都映射为 hztxt.shx，如下所示：

hztxto.shx;hztxt.shx

hzdx.shx;hztxt.shx

hztxt1.shx;hztxt.shx

ht64s.shx;hztxt.shx

用这种方法并不能保证选择的字体就能完全替代原来使用的字体，打开图纸后仍有可能一些文字会显示为问号。因此只有在某一批图纸缺少相同字体，而且确认替换成某种字体显示正常后才在字体映射文件中设置字体替换。

小结

打开图纸后文字显示问号或不显示，肯定是缺字体或字体中缺符号，最好的解决办法是找到图纸使用的原字体，至于设置替换字体，修改文字样式都是不得已而为之的方法，因为这种方法不能保证字体效果相同，也不能保证所有文字都能正常显示。

10.5　如何设置文字样式?

在 Word 和 Photoshop 等其他软件中有字体的概念，但没有文字样式的概念，那 CAD 中的文字样式和字体到底有什么区别，两者之间又是什么关系呢？另外，文字样式中有字体、字体样式、大字体，它们之间又是什么关系呢？

虽然在多行文字编辑器中可以直接给文字设置字体，但从规范操作以及后续编辑的角度考虑，不建议在多行文字编辑器中设置文字的字体。

1.文字样式设置的基本操作步骤

CAD 模板中会提供一两种文字样式，但这些文字样式通常不能满足需要。此外，如果都使用样板文件自带的文字样式，定义还不相同，在插入外部参照或复制粘贴图纸时就会出现文字变化的情况。

在画图之前，必须要规划好图中需要使用几种字体，然后将文字样式设置好。

输入 ST 后回车，即可打开“文字样式”对话框，如图 10-23 所示。

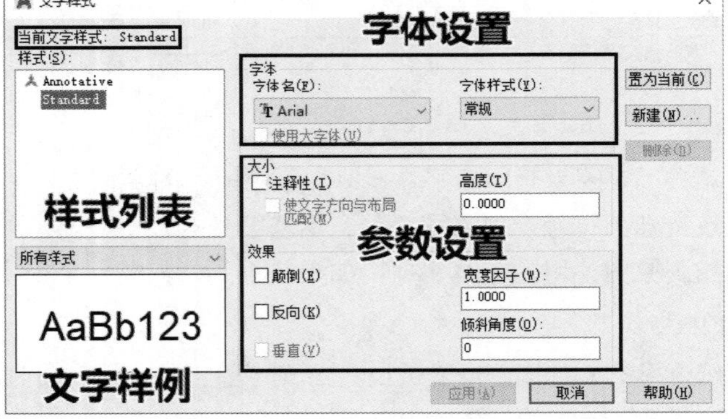

图 10-23

在“文字样式”对话框的左侧是文字样式列表以及文字效果的示例，右侧则是字体及相关效果的设置。

在 CAD 低版本中通常只有一个默认的文字样式：Standard，到 CAD 高版本支持注释性以后，增加了一种注释性的文字样式：Annotative。

当前文字样式，就是现在书写文字会使用的文字样式，通常默认的是 Standard。低版本的中文版 CAD 中 Standard 只设置了小字体，到高版本中文版 CAD 使用的操作系统的 Arial 字体。也就是说，即使对字体没有要求，文字样式 Standard 也并不一定能满足我们的需要，所以建议在画图时要创建自己的文字样式。

2.建立使用操作系统字体的文字样式

单击“新建”按钮，在弹出的对话框中输入文字样式的名字，名字最好与要使用的字体同名或者文字的用途相关，比如标注字体等。这样，在使用文字样式可以更容易分辨应该使用哪种文字样式，如图 10-24 所示。

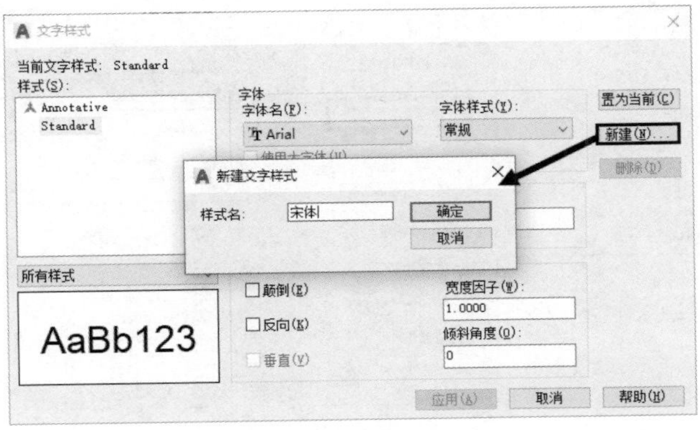

图 10-24

操作系统的字体使用起来比较简单，只需选择一种字体，选择完字体后，其他设置与 Word 等其他软件类似。

在“字体”下拉列表中选择“宋体”选项，其他参数可以暂时不管，关闭对话框，这种文字样式就定义好了。

3.建立使用 CAD 字体的文字样式

如果图纸不大，对字体也没有严格要求，可以使用操作系统的字体，设置起来比较简单。但如果图纸比较大，文字比较多，建议使用 SHX 字体，SHX 字体是单线字体，占用的系统资源比较少。

在“文字样式”对话框的“字体名”下拉列表中，同时列出了操作系统和 CAD 的常规字体，由于操作系统的字体太多，CAD 的 SHX 字体都被淹没其中。

Step 01 单击“新建”按钮创建一个新的文字样式，如出现是否保存文字样式设置提示时选“是”，给新的文字样式取名为 CAD 或其他名字。单击“字体名”下拉列表，为了快速找到需要的字体，输入字体名的前两个字母，如 TX，可以快速找到 txt.shx，如图 10-25 所示。

在选择字体时，左侧就可以看到字体的示例。

如果要正常显示中文，文字样式必须设置一种大字体。

Step 02 勾选“使用大字体”复选框，在右侧的“大字体”列表中选择 gbcbig.shx 或 chineseset.shx，如图 10-26 所示。

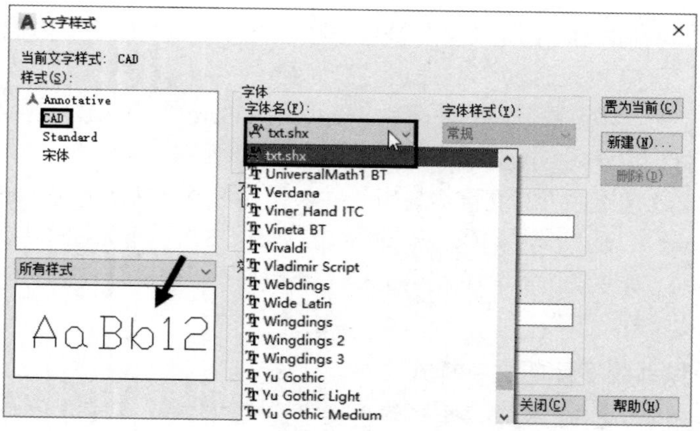

图 10-25

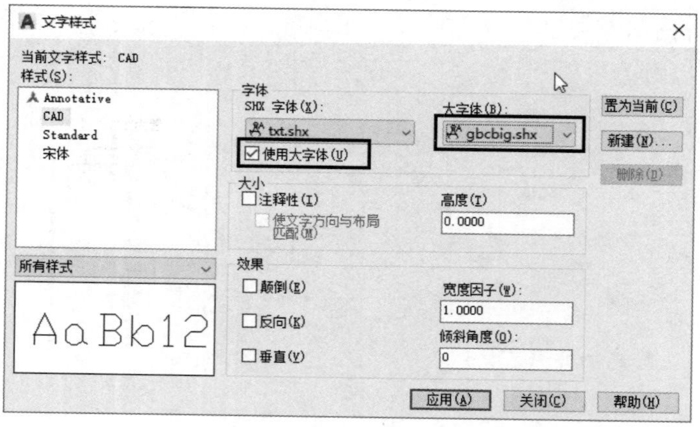

图 10-26

Step 03 单击“应用”按钮完成当前文字样式的设置，或者单击“关闭”按钮，完成文字样式设置并关闭对话框。

Step 04 输入 DT，写两行文字，然后将文字样式分别设置为宋体和 CAD，观察文字样式设置的效果，如图 10-27 所示。

图 10-27

“文字样式”对话框中除了“注释性”不太好理解以外，其他参数都比较好理解，设置后在左下角的预览图可以看出效果，这里就不再介绍了。

其中要特别注意的是字高的设置，如果在文字样式中设置了字高，在书写单行文字就无法再设置和修改字高。如果图纸中对字高有明确要求，而且同一文字样式不需要用于不同高度的文字时可设置固定的字高，否则可保留字高为 0。

文字样式设置虽然简单，但网上流传的字体却有几千种，建议大家使用常用的几种字体，小字体就用 txt.shx，simplex.shx，tssdeng.shx 等，大字体就用 gbcbig.shx, hztxt.shx, tssdchn.shx 等，如果没有单位规定或特殊需要，不要随意使用其他字体。

10.6 AutoCAD 中如何输入文字？

CAD 中文字输入有多种方式，根据情况不同，可以采用不同的方式。

常用的文字输入方法有多行文字、单行文字，此外还有一些特殊的文字对象，例如属性文字、标注文字、动态文字等。

在输入文字前必须设置好文字样式，否则文字有可能不是预想的效果或显示问号。

1.单行文字的创建和修改

虽然叫单行文字，但一次可以输入多行，而且输入过程中还可以重新定位文字的位置，只是无论写多少行，每一行文字都是独立的对象。

单行文字的命令是 TEXT，快捷键是 DT，也可以在菜单或工具面板中单击图标执行“单行文字”命令。

输入 DT 命令，回车，根据命令行提示确定文字的起点、高度、旋转角度，然后输入文字，输入文字时按回车换行，也可以单击重新确定文字位置，如图 10-28 所示。

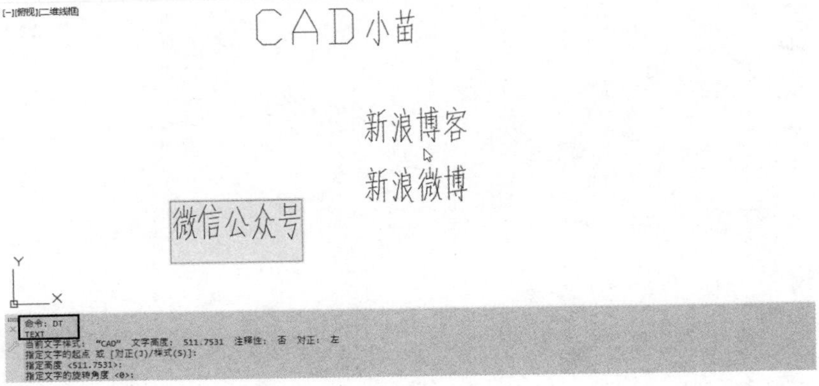

图 10-28

连续按两次回车键，可结束单行文字的输入。

双击文字即可激活文字编辑命令：TEXTEDIT（低版本的命令是 DDEDIT），再编辑其他单行文字时单击即可，如图 10-29 所示。

如果文字很简单、只有一行，尽量使用单行文字，单行文字格式更简单、编辑更加方便。

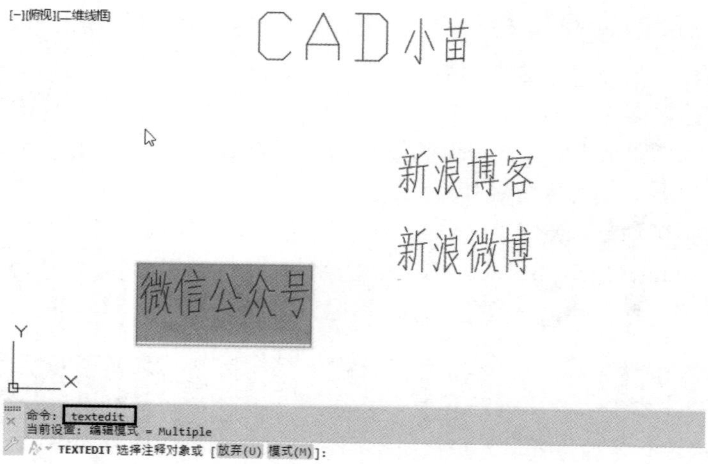

图 10-29

2.多行文字的创建和编辑

多行文字就是一个文字对象中可以输入多行甚至多段，而且还可以分栏或添加制表位。当需要多行文字作为一个整体进行编辑和排版时，建议使用多行文字。

多行文字的命令是 MTEXT，快捷键是 T，也可以在菜单和工具栏中调用“多行文字”命令。

输入 T 命令，在图中定义文字的范围后，即可以输入文字。输入文字时可以根据宽度自动换行，也可以手动回车换行。在多行文字中选定部分字符，设置不同的字体、高度、颜色或其他特性，还可以插入各种符号，添加各种效果，如图 10-30 所示。

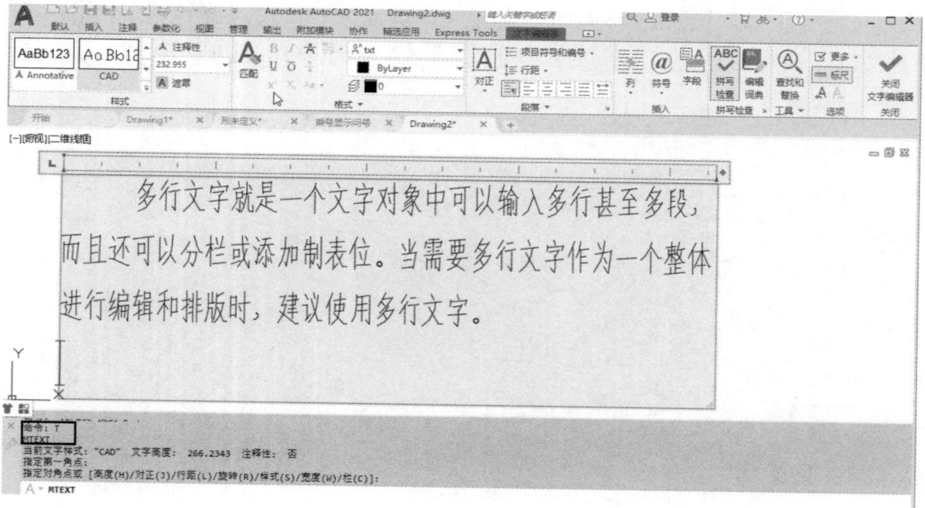

图 10-30

在低版本创建和编辑多行文字时会弹出一个工具栏，高版本 CAD 变成命令面板，但提供的基本工具差不多。

在多行文字编辑工具栏或面板中单击“关闭编辑器”或“确定”按钮，或者在文本输入框的外部单击即可完成多行文字的输入。

双击多行文字会自动启动多行文字编辑器（MTEDIT），界面与创建文字时完全一样。

3.属性文字的创建和编辑

有人直接用属性文字作为普通文字使用，最后发现他们是被网上一些文章误导了。

必须要提醒大家这种用法是不对的！

一旦这么使用，会给后面的编辑带来麻烦！如果将属性文字当作普通文字使用时，显示的是属性文字的标签，这个标签是无法用 FIND 功能查找替换的。

无论在菜单或命令面板中都可以看到“定义属性”是图块下面的一个功能，如图 10-31 所示。

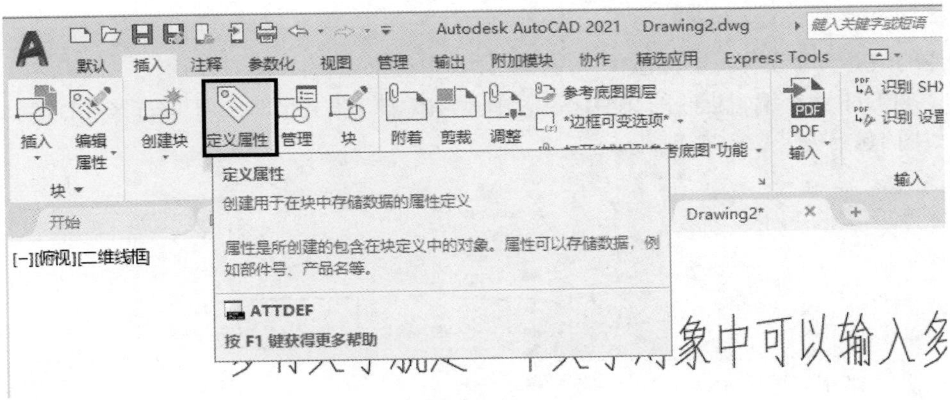

图 10-31

属性文字做到图块内部后显示的是属性的值，双击图块就可以直接编辑属性的值，如图 10-32 所示。

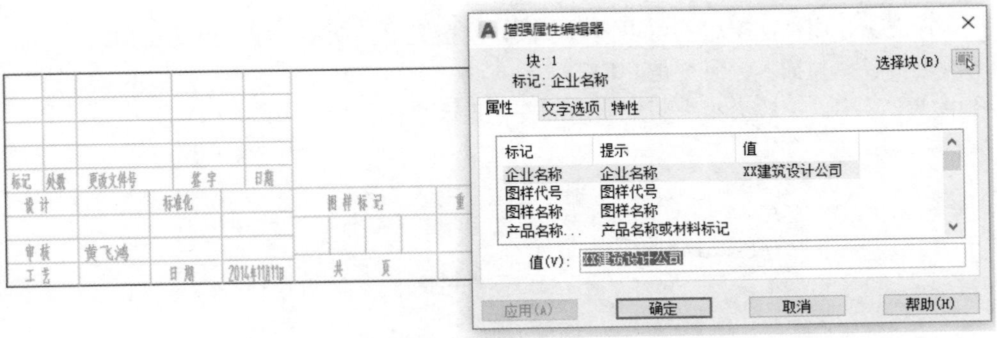

图 10-32

定义属性的命令是 ATTDEF，快捷键是 ATT，属性文字最重要的是标签和值，值可以为空，提示是告诉我们属性的作用，大多数情况提示与标签相同，具体创建方法在第 13 章中详细介绍。

定义完属性显示的属性标签后，双击属性文字，打开“编辑属性定义”对话框，如图 10-33 所示。

独立的属性文字虽然双击也可以编辑，但千万不要这么用！

将属性文字和图形一起做成图块，会显示属性的值，这才是属性文字显示的正确效果，如图 10-34 所示。

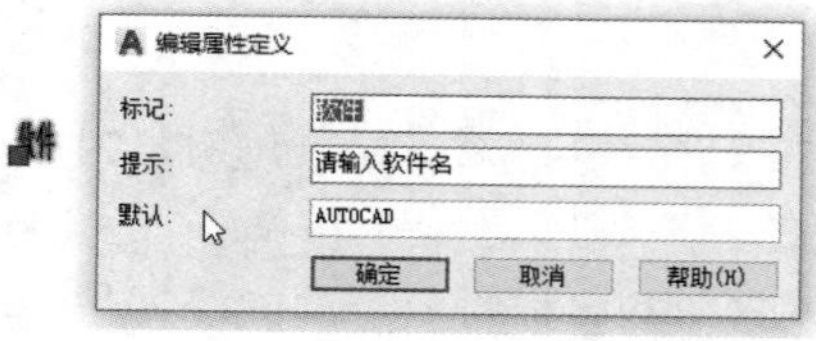

图 10-33

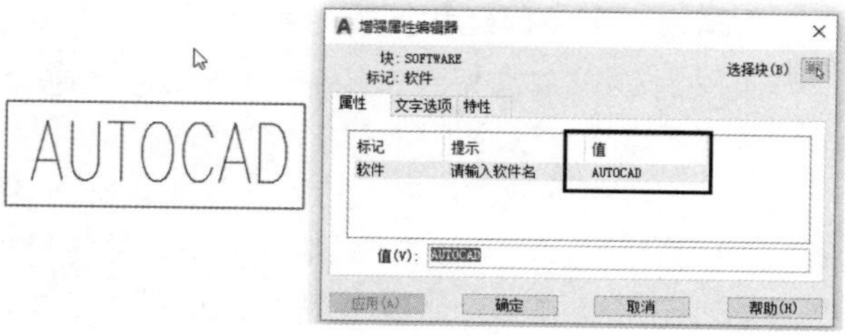

图 10-34

4.标注文字的设置和编辑

标注的主体文字是标注的测量值，在标注样式中可以设置公差、前后缀等，在标注完后也可以用 TEXTEDIT 命令编辑标注的文字，高版本直接双击标注文字即可调用 TEXTEDIT 命令进行编辑，如图 10-35 所示。

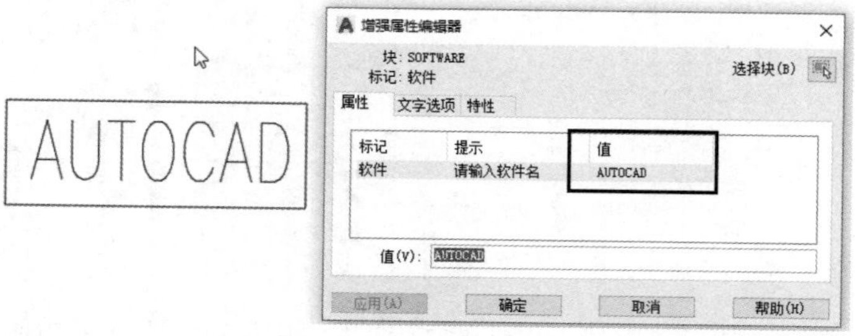

图 10-35

5.动态文字

在多行文字、属性文字中都可以插入字段，字段是一些动态文字，例如日期、图形面积等。

字段也可以单独插入，命令是 FIELD，输入此命令后，弹出“字段”对话框，选择一个字段插入图中或文字中，字段会根据图纸状态的变化自动变化，如图 10-36 所示。

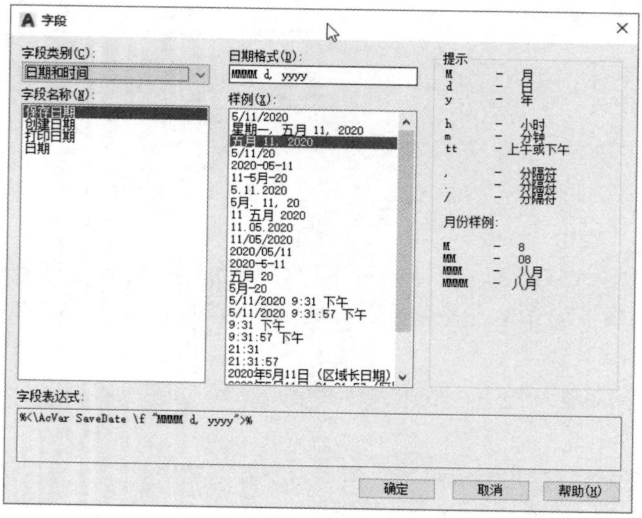

图 10-36

比如，插入一个保存日期的字段，刚插入时会显示文件上次保存的日期，如果再次使用文件，这个字段更新成当前的日期，如图 10-37 所示。

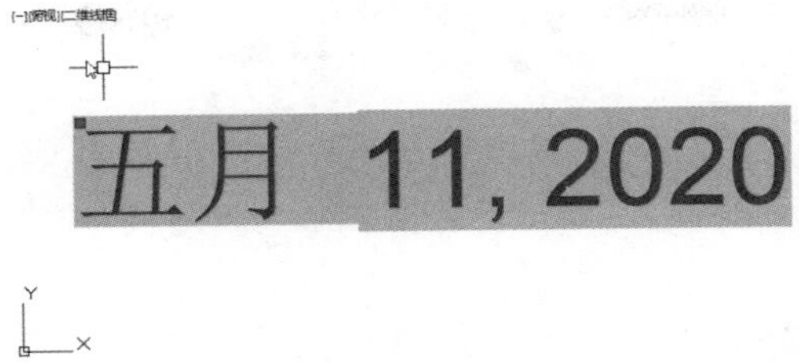

图 10-37

如果安装了扩展工具，还有一种动态文字 RTEXT，这个文字中可以通过 DIESEL 语句定义类似于字段的动态文字。

RTEXT 功能还有另外一个重要功能，就是可以输入文本*.txt 文件，生成的文字与 TXT 原文件是关联的。如果在不同的图纸中有相同的文字说明，而且希望能统一修改的，可以在这些图纸中引用相同的 TXT 文件。当需要修改时，修改 TXT 文件，所有图纸中链接的 RTEXT 就会统一修改了。

如果输入 RTEXT 命令，CAD 提示未知命令，可以忽略这段。

6.弧形文字的输入和编辑

如果 CAD 安装了扩展工具，还可以输入弧形文字，命令是 ARCTEXT。

创建后可以用 ARCTEXT 命令再编辑，如图 10-38 所示。

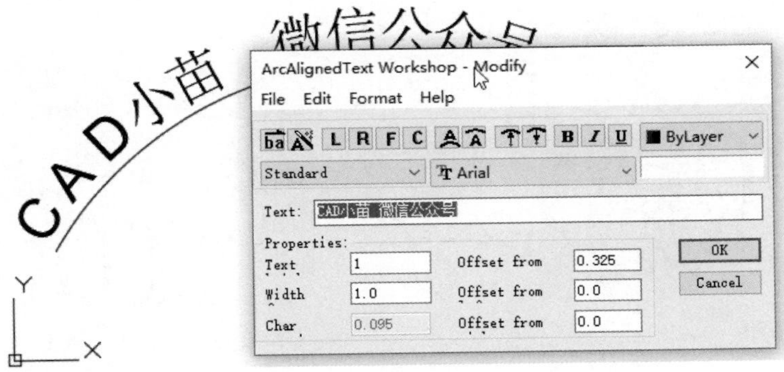

图 10-38

上面介绍了 CAD 中几种常用和不常用的文字对象的用法，其中 RTEXT 和 ARCTEXT 是低版本扩展工具中的功能，但在 AutoCAD 2021 中没有安装扩展工具也可以调用。

10.7　如何输入平方、立方？如何输入上下标和分数？堆叠功能怎么用？

在 CAD 中有时需要输入上下标的文字，例如平方、立方等，有时还需要分数，这些效果可以在多行文字中利用堆叠功能来实现。

1.堆叠功能

低版本的多行文字编辑顶部有一个工具栏；到了更高的版本，工具栏被放到顶部的命令面板，如图 10-39 所示。

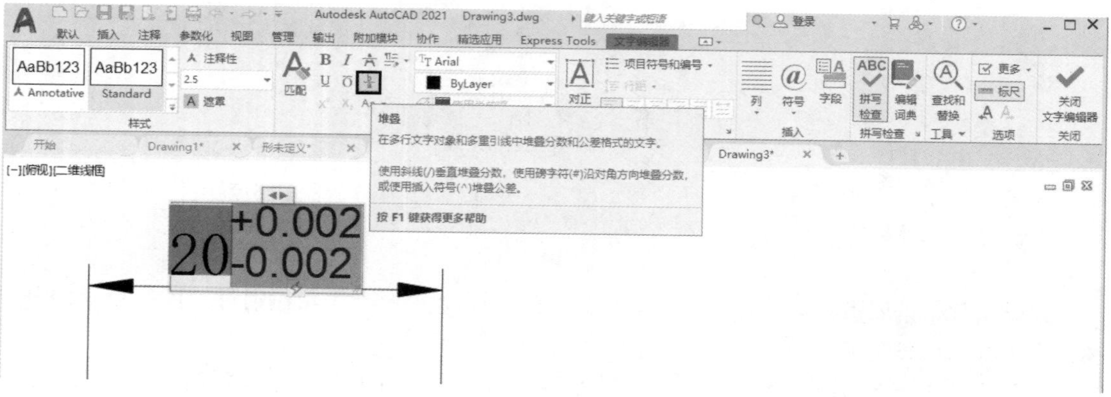

图 10-39

工具栏或面板中 b/a 的按钮就是堆叠按钮，但正常状态下这个按钮是灰色的，也就是不能用，必须输入必要的堆叠符号，将堆叠符号和文字都选中后才能使用。

堆叠符号有三种：分别是“^”“/”和“#”，在文字前后加上一个堆叠符号，将此符号和文字一起选中，然后单击“堆叠”按钮，就可以写出上下标和分数的效果。

例如，输入 2^，选中这两个字符后，单击“堆叠”按钮，即可得到平方的效果，如图 10-40、图 10-41 所示。

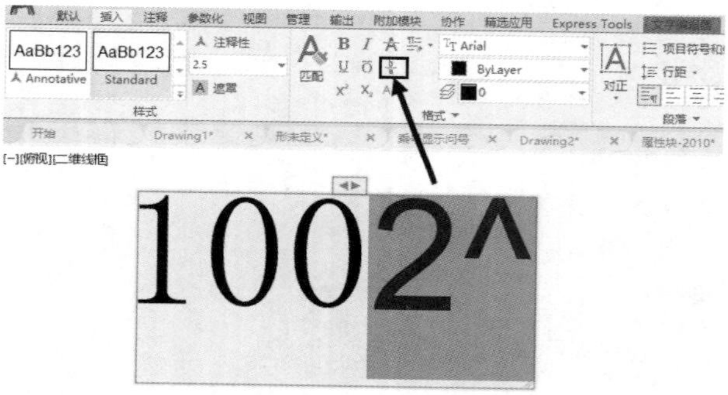

图 10-40

图 10-41

如果输入“^2”，选中这两个字符后，单击“堆叠”按钮，即可得到下标的效果，如图 10-42、图 10-43 所示。

图 10-42

图 10-43

如果输入+0.01^-0.01，然后都选中，单击“堆叠”按钮，即可得到公差的效果，如图 10-44、图 10-45 所示。

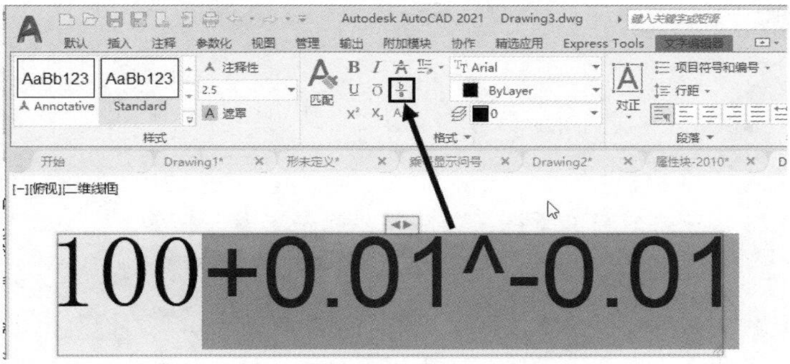

图 10-44

图 10-45

另外两个堆叠符号类似，在两个堆叠符号前后写上数字后，单击“堆叠”按钮，效果如图 10-46、图 10-47 所示。

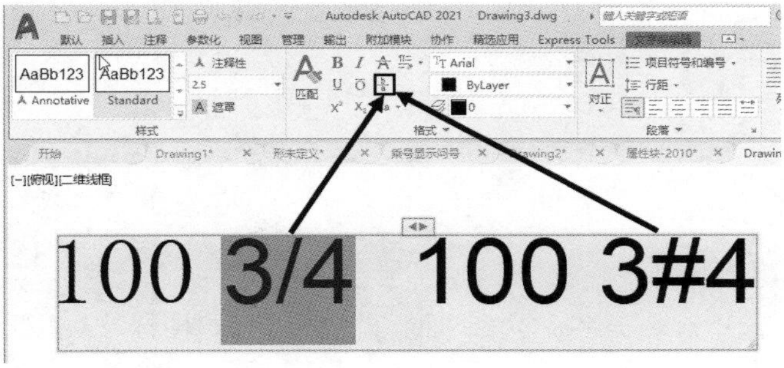

图 10-46

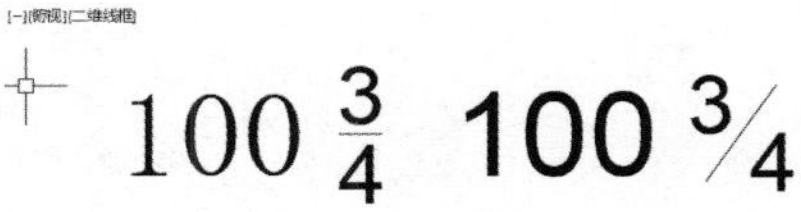

图 10-47

2.不用堆叠输入平法和立方

如果输入公差，堆叠文字显示是最好的选择，但如果只是单纯的平方、立方，用堆叠输入比较麻烦。平方和立方还有更简单的输入方法，在多行文字编辑器中右击，在右键菜单的“符号”列表中可以找到平方、立方等很多符号，直接从列表中选取即可，如图 10-48 所示。

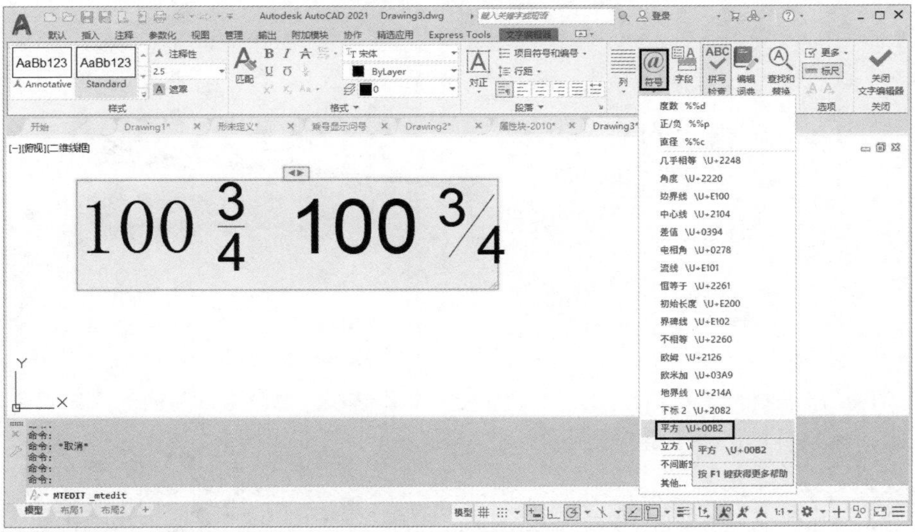

图 10-48

如果你能记得编码，直接输入\u+00B2 和\u+00B3 也可以。在一些输入法中直接输入

"pingfang"，也能找到平方符号，如图 10-49 所示。

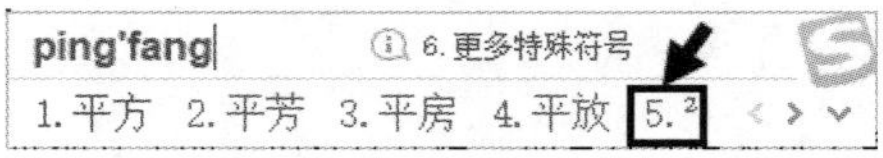

图 10-49

不管用哪种方式输入，必须使用支持这种符号的字体，才能正常显示平方或立方。

3.设置堆叠特性和自动堆叠

堆叠文字的大小有默认值，如果默认值不满足要求，可以选中堆叠文字后右击，右键菜单中会出现非堆叠和堆叠特性选项，非堆叠就是将堆叠文字恢复成不堆叠状态，单击"堆叠"按钮也可以达到这个效果。

在右键菜单中选择"堆叠特性"命令，打开"堆叠特性"对话框，如图 10-50 所示。

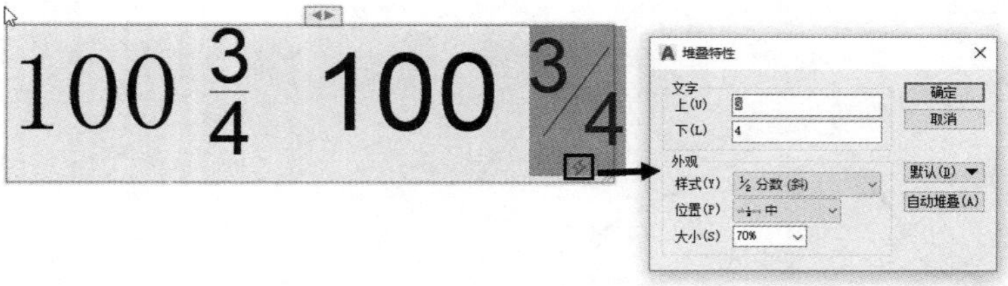

图 10-50

在 AutoCAD 2021 及一些高版本中，选中堆叠文字后，在下面会显示一个闪电图标，单击此图标，就会显示堆叠相关设置项。

在"堆叠特性"对话框中可以设置文字的内容、堆叠的样式、位置和大小，大家可以调整各项参数看一下效果。

单击"自动堆叠"按钮，打开"自动堆叠特性"对话框，有些版本在多行文字编辑器的右键菜单中就可以直接调整自动堆叠的设置，如图 10-51 所示。

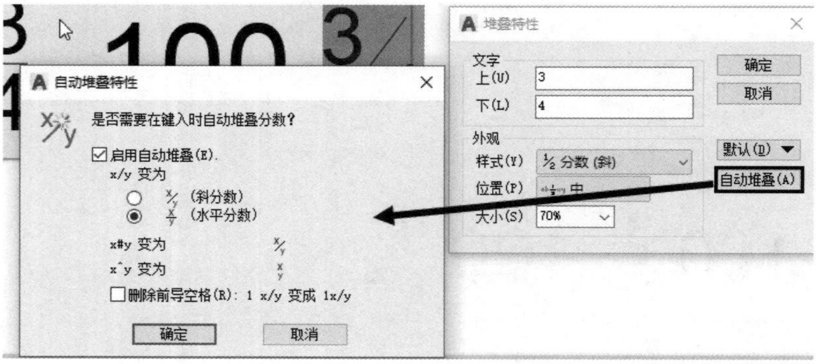

图 10-51

打开"自动堆叠特性"对话框后，比如输入 3^4 后输入一个空格，前面的 3^4 就会自动变成堆叠的效果，无须再单击"堆叠"按钮。

10.8　AutoCAD 中如何输入特殊符号（如直径、钢筋符号等）？

在 CAD 中经常需要输入一些特殊的符号，例如直径符号、正负号、钢筋符号等，有些是输入法支持的，有些则是输入法不支持的，如图 10-52 所示。

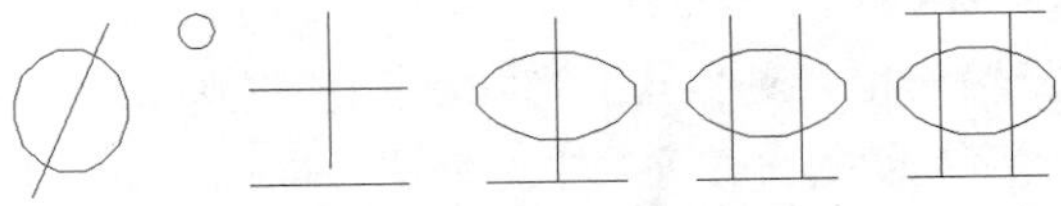

图 10-52

1.单行文字中输入特殊符号和钢筋符号

如果用单行文字输入特殊符号，CAD 提供了一些输入特殊符号的特殊方法，就是用两个百分号后面输入字母或几个数字的组合，要想输入这些字符，必须记住这些字符的输入方法，如%%D 是度数，%%P 是正负号，%%C 是直径符号，如图 10-53 所示。

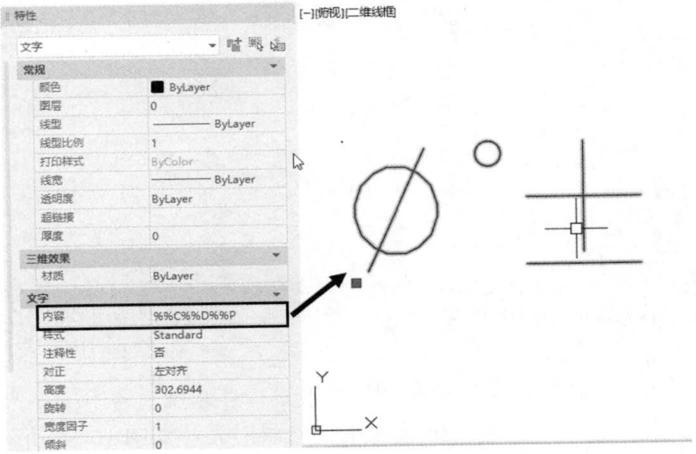

图 10-53

在结构软件使用的钢筋符号或其他符号则可以用%%加数字的形式来输入，例如%%131、%%132 等，这种定义在不同的字体文件中对应的符号并不完全相同，在大家常用的 tssdeng.shx 和 tssdchn.shx 中，对应效果如图 10-54 所示。

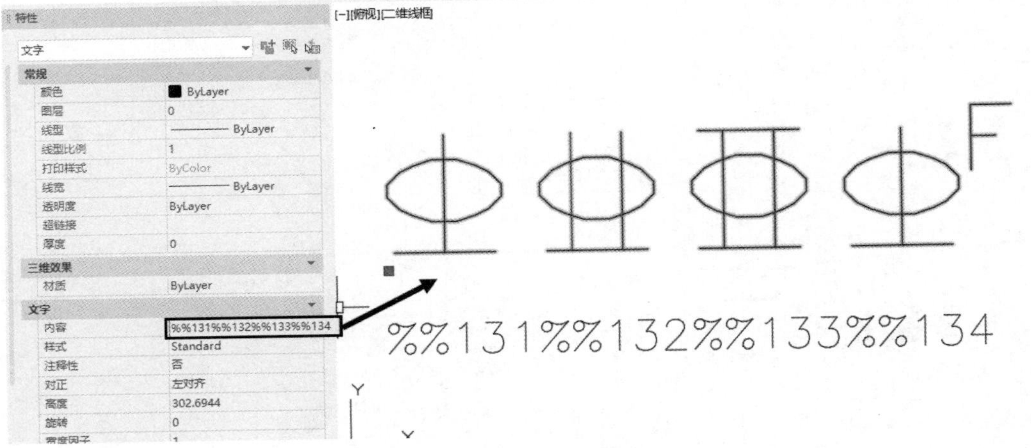

图 10-54

在单行文字中也可以利用编码输入其他特殊字符，例如\U+2248 表示约等于符号，\U+2220 表示角度符号。如果输入法中能输入这些符号，而使用的字体中也支持这些字符，也可以利用输入法直接输入。

2.在多行文字中输入特殊符号

在多行文字中仍然支持输入%%C、%%D、%%P 这些特殊符号，以及其他一些常用符号的编码，也可以直接在多行文字提供的符号列表中选择这些符号，如图 10-55 所示。

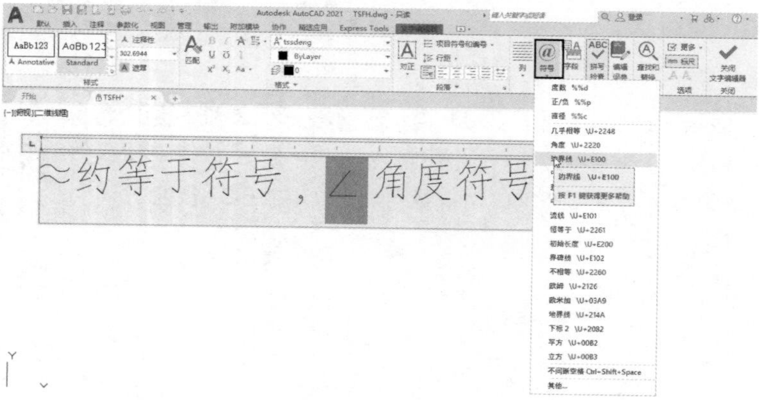

图 10-55

注　意

%%131、%%132 等类似于钢筋符号的特殊符号在多行文字中不能识别，只能在单行文字中使用。

除了这些常用符号外，还可以从字体中选择和粘贴操作系统字体中保存的其他任何符号。在符号列表中选择“其他”选项，弹出 Windows 的字符映射表，如图 10-56 所示。

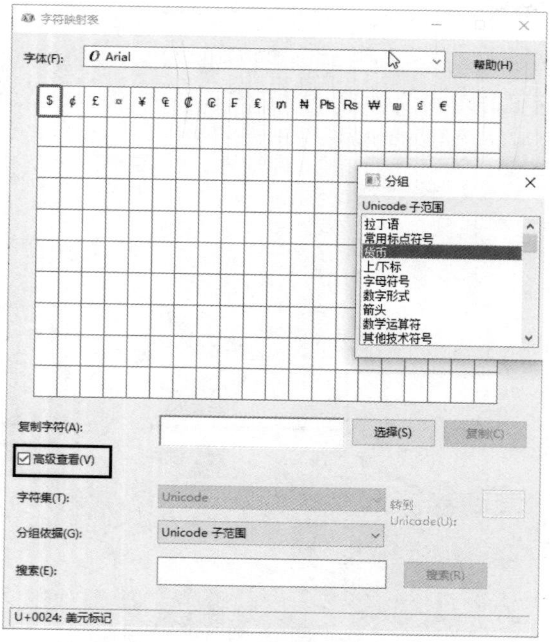

图 10-56

在“字符映射表”窗口中，可以设置字体；打开“高级查看”选项，设置分组依据，在分组中更容易找到我们需要的字符。找到需要的字符后，双击字符，字符并不会直接插入 CAD 的多行文字编辑器中，需要单击“复制”按钮，然后切换回多行文字编辑器，按 Ctrl+V 快捷键或在右键菜单中选择“粘贴”命令，才能将这些符号插入到多行文字中，如图 10-57 所示。

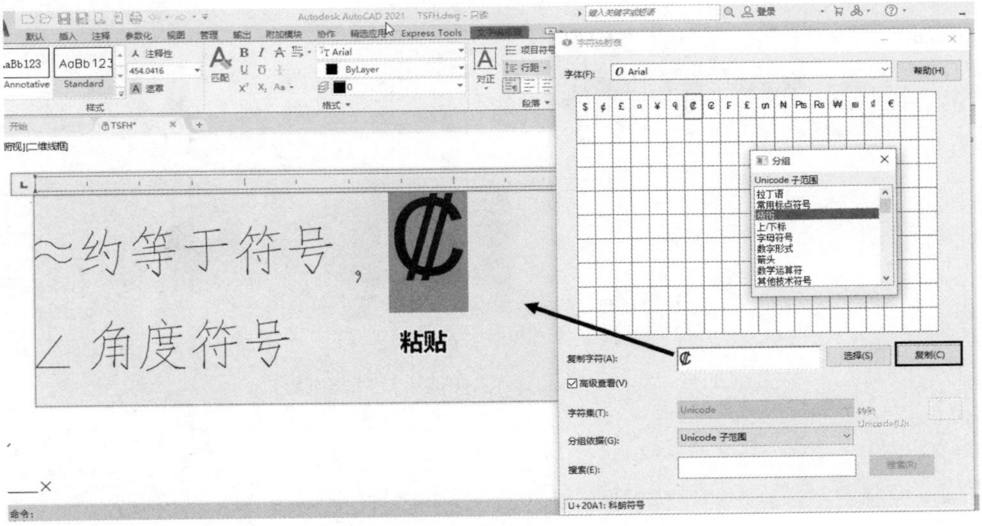

图 10-57

小结

在 CAD 中可以利用输入法、编码和 CAD 内特有的输入方法来输入这些特殊符号，但在输入这些特殊符号之前必须正确设置文字样式，选择正确的字体。否则，这些符号输入后也有可能显示为问号或方框。

10.9　为什么有些文字换了文字样式后字体仍不变?

修改文字的操作非常简单，但问题是有时修改了文字样式，文字的字体并没有变，多行文字为什么容易出现这样的问题呢？主要有两个原因：

一是文字样式不支持中文，在多行文字中输入中文时会自动替换成宋体；

二是在多行文字编辑器中选择文字后单独设置了字体。

总之，就是多行文字的字体与文字样式不一致，如图 10-58 所示。

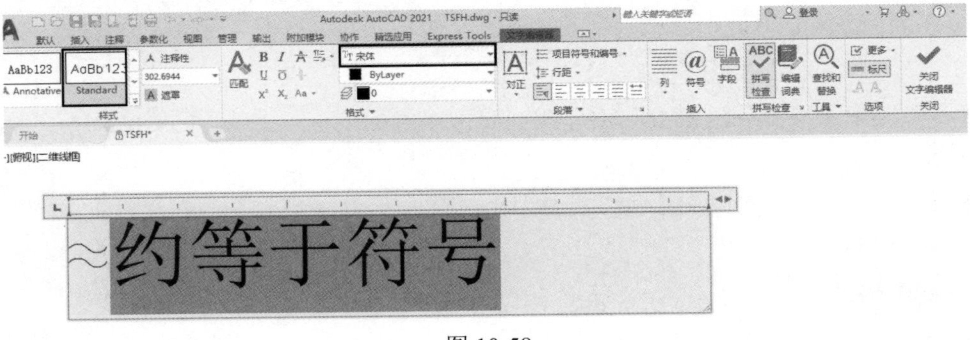

图 10-58

上面的多行文字的文字样式是 STANDARD，从文字样式的样例看设置的是单线的 SHX 字体，因为没有设置大字体，CAD 自动将字体替换成“宋体”，保证中文能正常显示。

如果使用这样方式在多行文字写了中文后，即使换一种支持中文的文字样式后，比如换成一种设置成黑体的文字样式，会发现文字仍然显示之前的宋体。

我们可以用 LI（列表查询）查看一下文字参数，如图 10-59 所示。

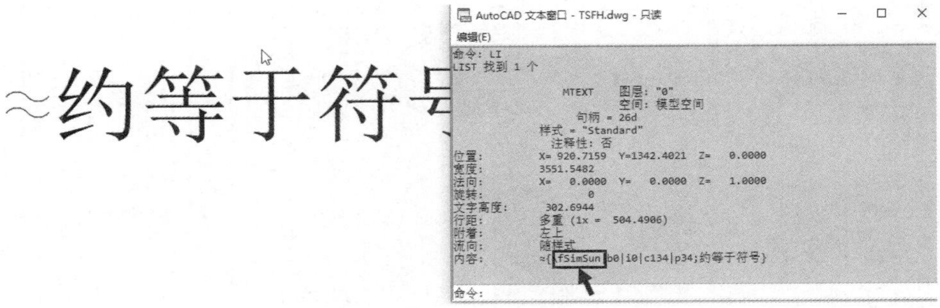

图 10-59

可以看到后面的中文前面有一堆编码：\fSimSun|b0|i0|c134|p34；而 fSimSun 就是将字体设置为 simsun.ttf，也就是宋体。

遇到这样的文字想通过修改文字样式或格式刷来改变它的字体已经不可能了，因为文字样式和格式刷不控制文字内容中的字体设置。

如果出现这种情况，想让它使用文字样式设置的字体怎么办？有以下两种方法。

1．炸开，将多行文字变成单行文字

低版本 CAD 可以使用这种方法，因为多行文字在炸开成单行文字时会丢弃这些单独设置的字体。但到了 CAD 高版本炸开多行文字时却采用了不一样的处理方式，当内部设置字体时，会自动选用一种合适的文字样式或创建一个新文字样式以保证多行文字显示的效果与单行文字相同，如图 10-60 所示。

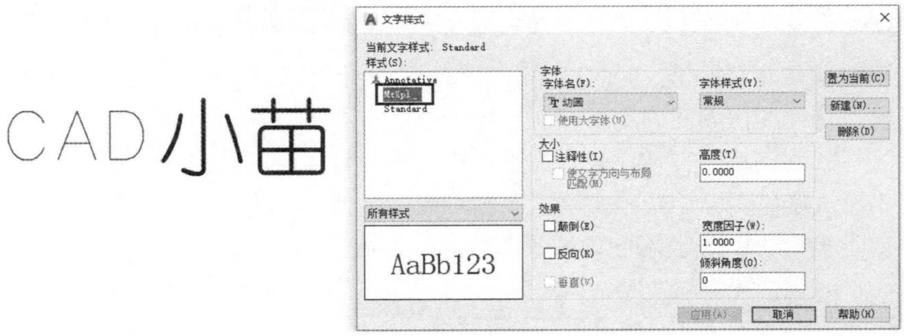

图 10-60

从文字样式名可以看出是多行文字炸开时生成，文字样式名称为 MtXpl_就是 MTEXT EXPLODE（多行文字炸开）的简写。

看来这种方式只适合低版本，高版本还没法用。即使是低版本，如果还想保留多行文字，这种方法也行不通。

2．删除格式

双击多行文字进入多行文字编辑器，选中文字后右击，在弹出的快捷菜单中选择“删除格式”命令即可，如图 10-61 所示。

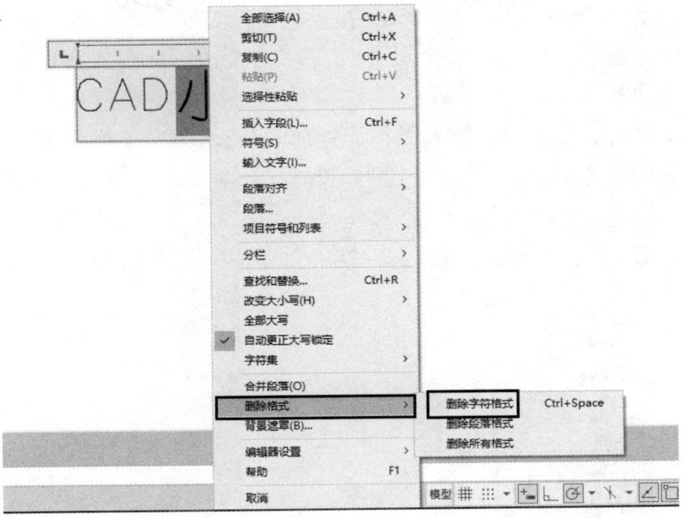

图 10-61

这种方式适用处理少量多行文字对象，好处是仍保留为多行文字。

虽然出现了上述问题后处理起来挺麻烦，但要避免上述出现的问题其实很简单，就是在画图的时候要养成良好的习惯：

- 尽量用文字样式控制文字的显示效果；
- 如果要写中文，提前设置好支持中文的文字样式并设置为当前文字样式；
- 如果没有特殊需要，不要在多行文字编辑器中单独设置字体和宽度因子等参数。

10.10　如何查找和替换文字？为什么有些文字查找不到？

当要批量修改图中文字时，可以使用查找和替换功能。CAD 中也有类似的功能：FIND，查找和替换都用它。

CAD 的查找和替换功能使用起来很简单，输入 FIIND 命令后回车，或在菜单中选择“编辑”→“查找”选项，弹出“查找和替换”对话框，如图 10-62 所示。

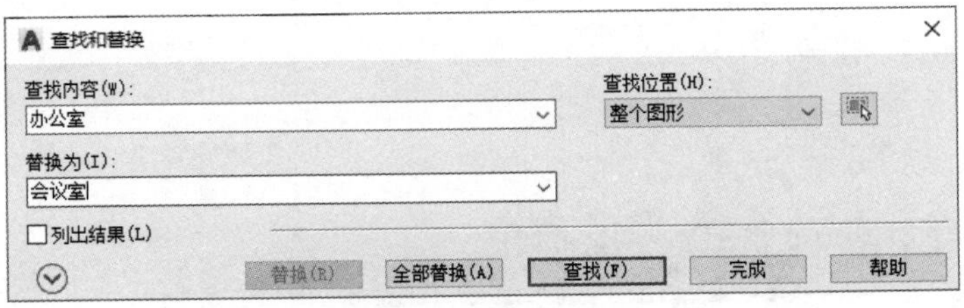

图 10-62

对话框中有三个“选择”按钮，单击“查找内容”和“替换为”后面的“选择”按钮，在图中拾取文字，不仅可以拾取独立的文字，还可以拾取图块中的文字。在“查找位置”后面的下拉列表中可以设置搜索的范围为“整个图形”、“当前空间/布局”或“选定对象”，单击后面的“选择”按钮后，可以框选查找文字的范围。

有时候明明看到图中有这些文字，却查找不到，这是为什么呢？

原因可能有以下几种：

（1）单击“查找位置”后面的“选择”按钮后，框选文字所在范围，文字是图块的一部分，从左往右框选，且只框选了图块的一部分，图块并没有被选中，块内文字也就不在查找范围之内，导致文字并没有被查找到。

（2）查找文字设置的文字不符合搜索条件，例如输入了通配符，但设置的却是不使用通配符，设置了区分大小写，但输入时没有区分大小写，设置了不搜索块内文字，但要查找的文字就是图块的一部分，等等。

搜索条件在哪儿设置呢？单击“查找和替换”对话框中左下角的按钮，将下面的选项打开，如图 10-63 所示。

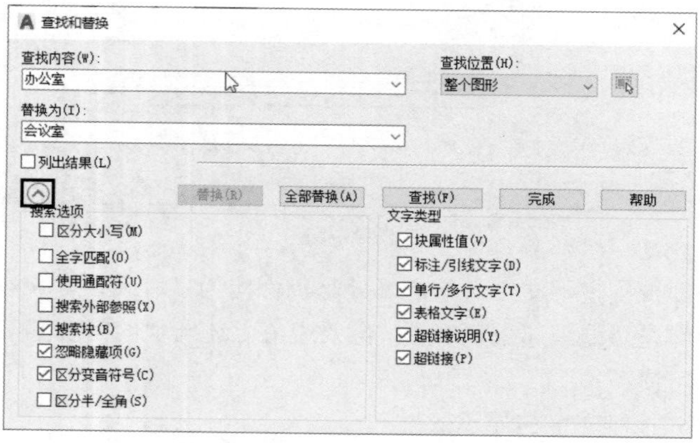

图 10-63

这些选项就不一一介绍了，一般情况下不去管这些选项，如果发现显示的文字查找不到时，可以展开检查一下选项，然后根据需要设置选项。

（3）文字是自定义对象，由于没有解释器而显示为代理对象，这种情况也无法查找到。如果想查找到，安装上相应的插件或软件后试试。如果此对象无须返回原始软件修改，可以将代理对象炸开。

估计不少人之前不知道“查找和替换”对话框还隐藏了这么多选项，“查找和替换”对话框还有其他变化，勾选“列出结果”复选框，就会将搜索到的结果列出来，如图 10-64 所示。

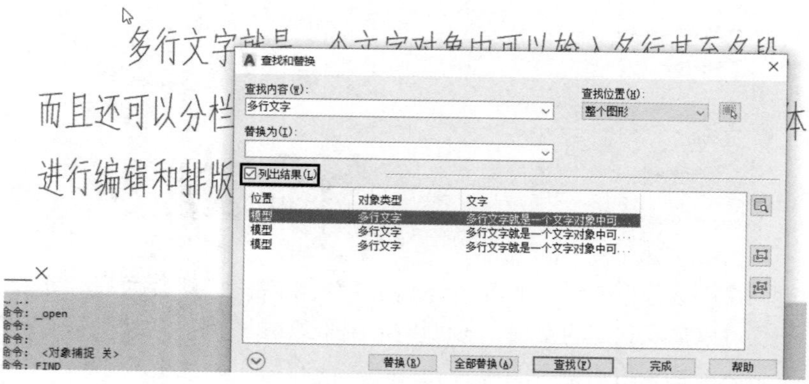

图 10-64

如果不想简单地替换文字，而是想查找定位文字，然后手动编辑文字，利用列出的查找结果，单击列表右侧的三个按钮，“缩放到亮显的结果”“选定亮显的对象”“创建选择集（所有对象）”可以定位或选择查找的文字对象。

光标停留在这些按钮上时会提示每个按钮的作用，简单地讲：第一个按钮将列表中选中的对象显示到当前视图中心，第二个按钮在图中选中列表中亮显（选中）的对象，第三个按钮会在图纸中将查找结果列表中所有对象选中。

CAD 的“查找和替换”对话框还隐藏了很多的选项和功能，希望能对一些初学者有帮助。而且查找时还可以使用通配符，可以设置查找字符的条件，更精确地查找我们需要的文字，这里就不再细讲了，如果想了解可以去 CAD 小苗的微信公众号看相关文章。

10.11 如何将整图的文字放大或缩小？缩放文字(SCALETEXT)命令怎么用？

在 CAD 绘图中，图形通常按照 1∶1 绘制，但打印时或设置布局时会根据图面和纸张的大小设置打印比例或视口比例，比如设置成 1∶100 或 1∶50。无论设置什么样的比例输出，输出图纸上文字的大小是一致的，因此就需要根据输出比例设置标注样式及文字高度。如果图纸是按 1∶100 的输出比例来设置文字高度，比如 300，要改成按 1∶50 的比例的打印，文字高度就应该统一改成 150，怎么才能快速将所有文字都一次性地修改成 150 呢？

修改方法当然有很多种，例如用快速选择将文字都选出来，在特性面板中调整文字高度；设置好一个文字高度后，用特性匹配（格式刷）来刷其他文字等。CAD 针对这种情况专门设置了一个命令：文字缩放（SCALETEXT）。

SCALETEXT 命令在菜单里都可以找到，如果使用经典界面，在下拉菜单里选择“修改”→“对象”→“文字”→“缩放”选项（浩辰 CAD 的下拉菜单：“文字”→“缩放”）。如果用 RIBBON 界面，可以在“注释”选项卡的“文字”面板或下拉面板中找到“文字缩放”按钮，当然如果记住了命令：SCALETEXT，就不用到处去找这个命令了。

文字缩放命令相比其他修改方式有以下两个好处：

一是可以自动过滤文字，运行此命令后，只需框选需要修改的图纸范围，就会自动将所有文字对象（包括属性文字）过滤出来（块内普通文字除外）；

二是在缩放时可以设置文字的对齐方式，默认使用“现有”的对齐方式，而且文字高度可以按字高、比例以及匹配对象多种方式设定。

缩放文字的选项如下：

选择对象：

输入缩放的基点选项[现有(E)/左对齐(L)/居中(C)/中间(M)/右对齐(R)/左上(TL)/中上(TC)/右上(TR)/左中(ML)/正中(MC)/右中(MR)/左下(BL)/中下(BC)/右下(BR)] <左下>:

指定新模型高度或 [图纸高度(P)/匹配对象(M)/比例因子(S)]<3.0000>:

在指定比例因子时，与 SCALE（缩放）命令一样有参照选项。

缩放文字的前后效果如图 10-65、图 10-66 所示。

缩放文字不仅可以缩放单行文字、多行文字，还可以缩放图块中的属性文字。如果你没用过这个命令，不妨先试试，将来可能在修改图纸局部或全图文字时也许会用得上。

为了解决同一张图纸多比例出图，或一张图纸内有多比例图形的问题，CAD 高版本提供了一种新的特性：注释性，对于文字、标注、图块、填充、视口、空间都可以设置注释性比例，一个文字可以设置多种比例，比如 1∶10、1∶50、1∶100 等，当空间比例或视口比例改变时，文字的预设比例中如果有此比例，将自动按此比例显示。

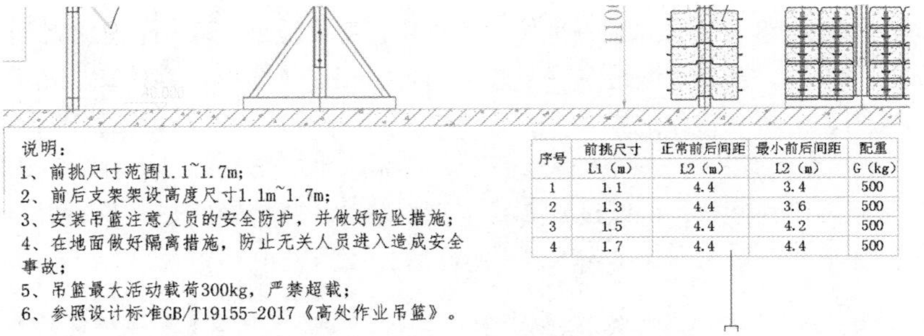
说明：
1、前挑尺寸范围1.1~1.7m；
2、前后支架架设高度尺寸1.1m~1.7m；
3、安装吊篮注意人员的安全防护，并做好防坠措施；
4、在地面做好隔离措施，防止无关人员进入造成安全事故；
5、吊篮最大活动载荷300kg，严禁超载；
6、参照设计标准GB/T19155-2017《高处作业吊篮》。
序号 前挑尺寸 L1（m） 正常前后间距 L2（m） 最小前后间距 L2（m） 配重 G（kg）
1 1.1 4.4 3.4 500
2 1.3 4.4 3.6 500
3 1.5 4.4 4.2 500
4 1.7 4.4 4.4 500

图 10-65

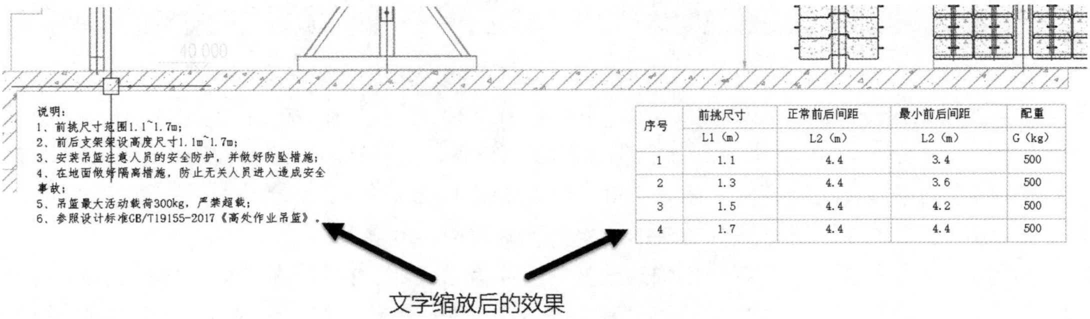
40.000
说明：
1、前挑尺寸范围1.1~1.7m；
2、前后支架架设高度尺寸1.1m~1.7m；
3、安装吊篮注意人员的安全防护，并做好防坠措施；
4、在地面做好隔离措施，防止无关人员进入造成安全事故；
5、吊篮最大活动载荷300kg，严禁超载；
6、参照设计标准GB/T19155-2017《高处作业吊篮》。
序号 前挑尺寸 L1（m） 正常前后间距 L2（m） 最小前后间距 L2（m） 配重 G（kg）
1 1.1 4.4 3.4 500
2 1.3 4.4 3.6 500
3 1.5 4.4 4.2 500
4 1.7 4.4 4.4 500
文字缩放后的效果

图 10-66

10.12 为什么格式刷无法匹配文字的字体和颜色？到底哪些特性可以匹配？

格式刷在很多软件里都有，如 Excel、Word 等，在 CAD 中也有，叫作特性匹配，但很多人仍习惯叫作格式刷。CAD 中对象的类型比较多样，每种对象的特性各不相同，因此并不是所有特性都能进行匹配。很多人不理解的是：同样是文字，为什么字体和颜色却不能匹配呢？要想了解这个问题，首先要了解特性匹配能匹配哪些特性，同时要了解文字有哪些特性。

1.特性匹配的基本概念和相关操作

特性匹配，就是将选定对象的特性应用到其他对象。

输入 MATCHPROP（快捷键 MA）命令或单击工具栏上的“特性匹配”按钮，提示让选择源对象和目标对象，在选择目标对象时有一个设置(S)选项，如图 10-67 所示。

命令: '_matchprop
选择源对象:
当前活动设置: 颜色 图层 线型 线型比例 线宽 透明度 厚度 打印样式 标注 文字 图案填充 多段线 视口 表格材质 多重引线中心对象
MATCHPROP 选择目标对象或 [设置(S)]:

图 10-67

（1）目标对象

指定要将源对象的特性复制到其上的对象。可以继续选择目标对象或按 Enter 键应用特性并结束该命令。

（2）设置(S)

输入 S，打开“特性设置”对话框，在该对话框中可以选择要将哪些对象特性复制到目标对象，如图 10-68 所示。

2.为什么有时文字的字体和颜色无法匹配

进行特性匹配时，只能匹配目标对象和源对象之间的公共特性，例如源对象是文字，目标对象是填充，就只能匹配图层、颜色、线型、线宽这些通用的对象属性。而文字和文字之间显然可以匹配得更多，如文字样式、字体高度等。

多行文字对象可以设置总体的颜色和文字样式，也可以每行甚至每个文字设置单独的字体、颜色、高度等，而这些在多行文字编辑器内部设置的特征，是无法匹配的。

可以肯定的是，出现这种问题的应该是多行文字。如果是单行文字匹配时出了问题，那就需要从源对象上找了，可以选中源对象查看。

怎样能快速知道文字属性是否被修改了呢？

为了更清楚地看到内部文字的特性是否被修改，输入 LI 命令，选择有问题的多行文字，在文本窗口中观察这些文字的特性，如图 10-69 所示。

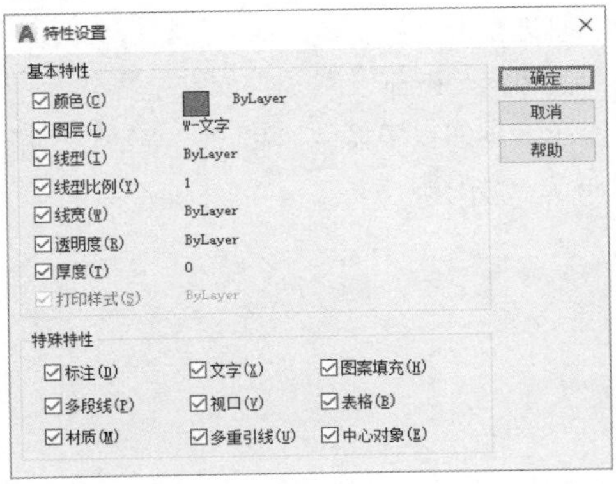

图 10-68

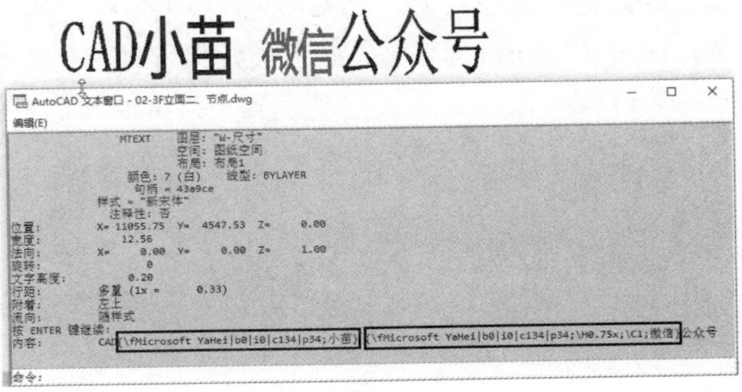

图 10-69

通过查询，可以看到对象类型是 MTEXT 多行文字、文字样式是新宋体、字高是 0.2，还可以将文字内容完整地显示出来，上面文字的内容是：

CAD{\fMicrosoft YaHei|b0|i0|c134|p34;小苗} {\fMicrosoft YaHei|b0|i0|c134|p34;\H0.75x;\C1;微信}公众号

可以看到在文字内容中添加了一些大括号，这些大括号中的内容被修改了特性的文字，如果多行文字整体被修改了格式，这个大括号就会从头括到尾。可以看到这个文字用到了几种格式符，\C 表示设置了颜色，\C1 表示颜色修改成 1 号色（红色），\f 表示修改了字体，后面跟的是字体的名字及一些相关的设置，\H 表示修改了文字高度，0.75x 表示是整体字高 0.2 的 0.75 倍。

从文字内容就知道文字没有正常匹配的原因了，单独设置了颜色的，颜色就无法匹配，单独设置了字体的，字体就无法匹配，高度也是一样。所以，多行文字要想用格式刷时能正常匹配特性，最好不要在多行文字编辑器中修改这些字体和颜色，要改高度时必须在输入文字之前修改或全选所有字符进行修改。

3.解决文字无法匹配的办法

现在文字已经变成这样了，也不能重新去写吧，有什么办法可以解决无法匹配的问题呢？

方法就是删除字符格式。

这种方式不改变多行文字的结构，但多行文字只能一个个地修改，如果出问题文字不多建议使用这种方式。

双击多行文字，进入多行文字编辑器，按 Ctrl+A 快捷键，选中所有字符，在文字上右击，在弹出的快捷菜单中选择“删除格式”→“删除字符格式”命令。

删除格式中有三个选项，可以选择只删除字母或段落格式，也可以全部删除。

删除字符格式后，原来对字体、颜色、字高的修改都被删除了，多行文字才会恢复它应用的样子。再次用格式刷匹配，字体、颜色和字高就与源对象完全一致了。如果其中有中文，必须先保证文字样式设置了支持中文的字体再来处理，否则中文还是会替代为宋体。

如果不需要将文字保留为多行文字，可以将它们都炸开后再特性匹配，这样可以批量处理多个文字。不过多行文字中字符单独设置过字体、颜色后，炸开成单行文字时会分开成多个单行文字，如果还想编辑文字内容的话会不太方便。

在笔者的微信公众号分享了一个批量删除多行文字格式的工具，如果需要的话可以去下载。

小结

图形在进行特性匹配（格式刷）时，可以匹配的是两者的公共属性，对于多行文字，如果内部单独修改过文字的字体、颜色、字高等特性，这些特性在特性匹配时会被保留，而不能进行修改。

因此建议大家最好遵循 CAD 的规则，在使用多行文字时，要提前设置好当前文字样式及字体，在写文字前设置字高，颜色最好也选择多行文字直接在工具面板中修改。总之，如果想用格式刷来匹配特性，就不要在多行文字编辑器内单独修改属性。

第 11 章 尺寸标注

尺寸标注也是图纸的重要组成部分，有了正确的尺寸标注，图纸才有意义。CAD 的尺寸标注由文字、线条等多个图形组成，参数非常多，在使用过程中也会遇到不少问题。本章将介绍标注的一些重要参数并讲解常见问题的解决方法。

11.1 为什么标注后看不到尺寸值?

很多初学者在标注了一个图形的长度后，却发现看不到标注的尺寸值，不正常标注的效果如图 11-1 所示。

图 11-1

正常的标注可以看到标注文字、箭头，而不正常的标注只能看到尺寸线和边界线，都看不出是一个标注，为什么会这样呢？遇到这个问题应该怎样解决？

1.为什么标注文字不显示？

这个标注虽然看上去不正常，但实际上没有任何问题，只是针对当前图形来说标注的设置不太合理。如图 11-1 中箭头位置其实能看到文字，只是文字非常小，如果图纸再缩小一点，就看不到文字。其实放大图形，就能看到标注的尺寸值，如图 11-2 所示。

图 11-2

放大后可以看到这个标注跟其他标注没什么区别，有标注的尺寸值和箭头，只是字高和箭头相对当前图形都太小，看上去跟没有一样。放到看到标注的文字时，其他图形都跑到当前视图外边。

初学者对标注样式的设置并不了解，一般使用的是 CAD 软件提供的标注样式 ISO-25 或 STANDARD，假设绘制的图形长度比较小，标注看上去还比较正常，假设尺寸大一些，就会出现这样的现象。

分别画长度为 10、100、1 000 的线，然后用同样的方式标注，双击鼠标中键，全图显示直线和标注，效果如图 11-3～图 11-5 所示。

图 11-3

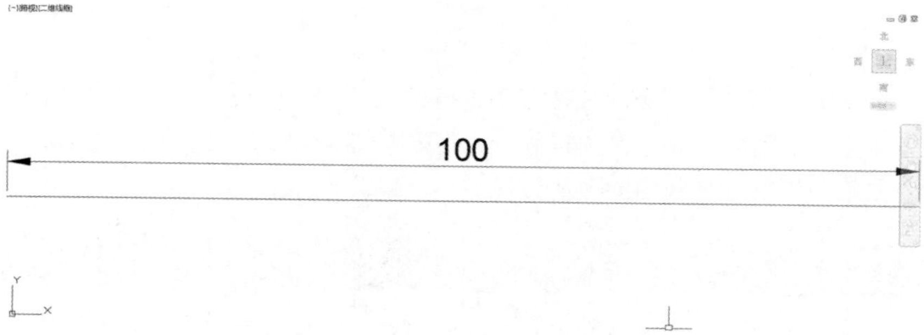

图 11-4

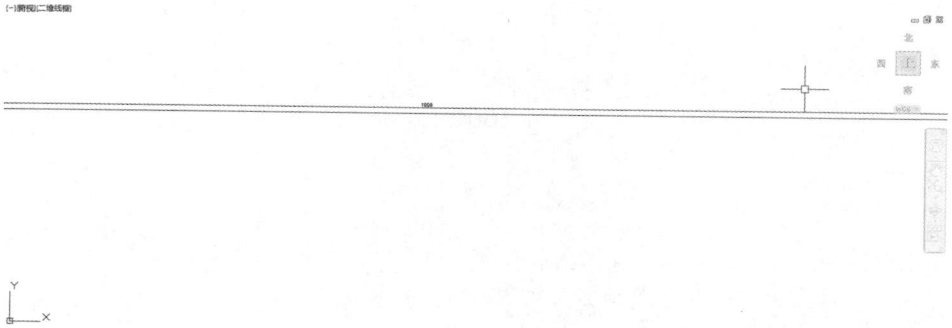

图 11-5

上面几张图中，标注的箭头和文字大小相同，但当直线变长时，视图被不断缩小，完全显示 1 000 长度的直线的视图要比完全显示长度 10 的视图缩小了将近 100 倍，如果尺寸更大，要想显示整个图形，缩小的倍数会更多，标注的文字就会缩小到看不到。

2.如何解决这个问题

CAD 中标注的字高、箭头大小、尺寸线长度由标注样式决定。在开始标注前，应对图纸的整体尺寸和打印的比例有一定的了解。比如，标注字高打印要求是 2.5mm 或 3mm，图纸将要以 100 打印，在标注时，将这些尺寸放大 100 倍，这样才能看起来比较正常。

在介绍解决办法前，首先来了解 CAD 提供的默认的标注样式。

Step 01 输入 D 命令，回车，打开“标注样式”对话框，可以看到默认有 2～3 种标注样式，这个取决于样板文件，通常都包含 STANDARD 和 ISO-25。

Step 02 选择标注样式，单击“修改”按钮，可以修改标注的参数。

STANDARD 是针对英制图纸使用的，箭头大小和文字高度的设置都是 0.18，当图形尺寸在 10 以内时，标注尺寸绘制完看上去比较正常，如图 11-6 所示。

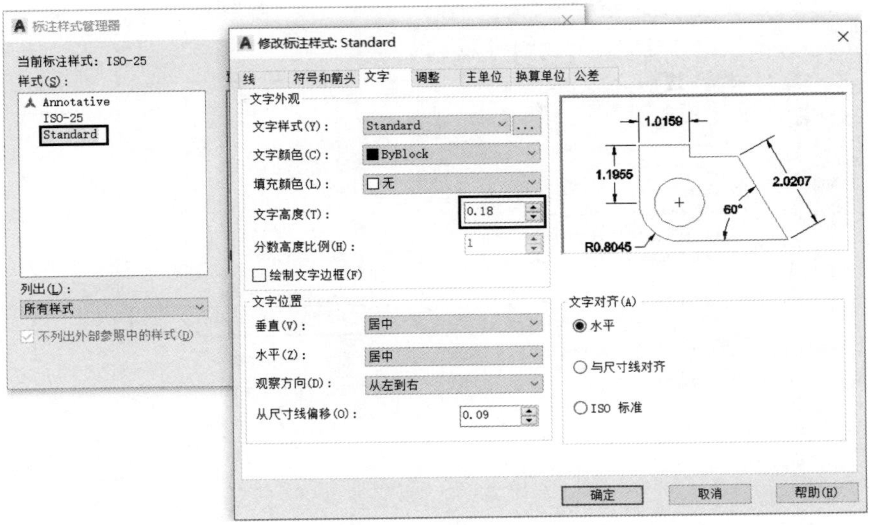

图 11-6

ISO-25 是针对公制设置的，25 表示箭头大小和文字高度都是 2.5，当图形尺寸在 100 以内时，标注尺寸看上去比较正常，如图 11-7 所示。

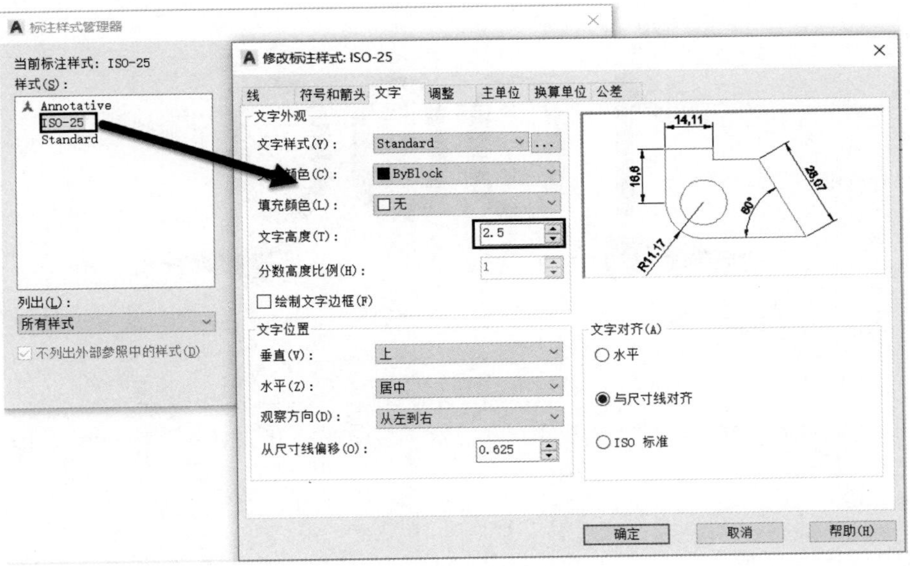

图 11-7

在绘图时可以这两种默认的标注样式作为基础，按照行业或单位对标注打印尺寸的要求对标注样式进行适当的调整。比如绘制公制图纸，打印文字高度要求是 3，就可以选中 ISO-25，以它为基础新建一个新的标注样式，如 ISO-30，然后对局部参数进行调整。标注的参数非常多，通常需要调整文字高度、箭头大小、尺寸线的长度。

调整好尺寸后保存成一个基准样式，然后再以此标注样式为基础，根据打印比例设置新的标注样式，将标注样式的特征比例设置为打印比例即可，如图 11-8 所示。

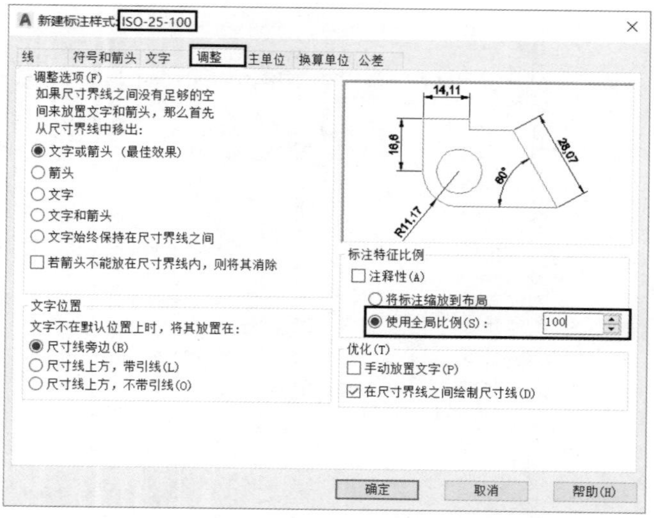

图 11-8

如果只是临时需要调整比例，可以利用变量 DIMSCALE，设置标注的临时特征比例，例如选择输入 DIMSCALE 命令后，回车，输入 100，回车。标注 1 000 长度直线并全图显示后的效果就完全不一样了，如图 11-9 所示。

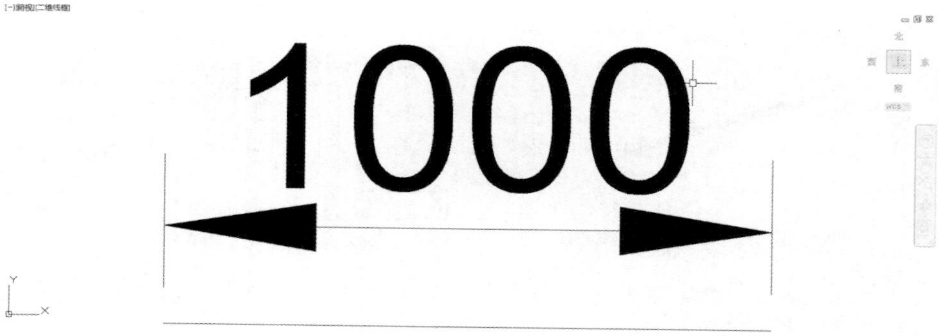

图 11-9

特征比例设置成 100 后，标注长度 1 000 的效果与图 11-3 中默认设置标注长度 10 的效果差不多。

小结

从这个问题大家应该认识到画一张图前必须要有规划，这张图有多大，要用多大的图框，打印比例应该是多少，打印出来的字高、标注、线宽应该是多少，知道这些比例后，才能确定应该怎样设置线宽、文字样式、标注样式、图层等，才能在绘图过程中不出现类似的意外！

11.2 什么是标注特征比例？应如何设置？

行业或单位对标注的箭头、文字、尺寸线这些外观尺寸都是有要求的，比如要求文字高度为 2.5mm 或 3mm 等。在 CAD 中虽然可以 1∶1 绘图，但很难以 1∶1 打印，尤其是工程建筑或地形图，打印比例是 1∶100、1∶200 甚至更大。为了保证打印出来能满足要求，必须对标注的外观尺寸进行相应倍数的放大。但我们没有必要在标注样式中一项项地去调整各种元素的尺寸，只需设置一个比例即可，这个比例就是标注特征比例。本节详细介绍标注特征比例的设置方法。

1.在标注样式中设置标注特征比例

在标注样式中设置标注特征比例是比较常规的方法，可以按行业或单位要求创建一个标准的标注样式，保存到模板（样板）文件（*.dwt）中，当绘制不同比例的图纸时，只需利用原有样式创建一个新样式，然后设置标注特征比例即可。

在 CAD 的公制样板文件 acadiso.dwt 中保存了几种标注样式，下面以 ISO-25 标注样式为基础创建几种不同特征比例的标注样式并看一下实际效果。

Step 01 输入 D 命令，回车，打开“标注样式管理器”对话框。

Step 02 在左侧的样式列表中选中 ISO-25，单击“新建”按钮，以此样式为基础，建立一个 ISO-25(2)的标注样式。

Step 03 在“新建标注样式”对话框中单击“继续”按钮，进入新建标注样式：ISO-25 (2)对话框，单击“调整”选项卡，在“标注特征比例”选项组的“使用全局比例”中输入 2，如图 11-10 所示。

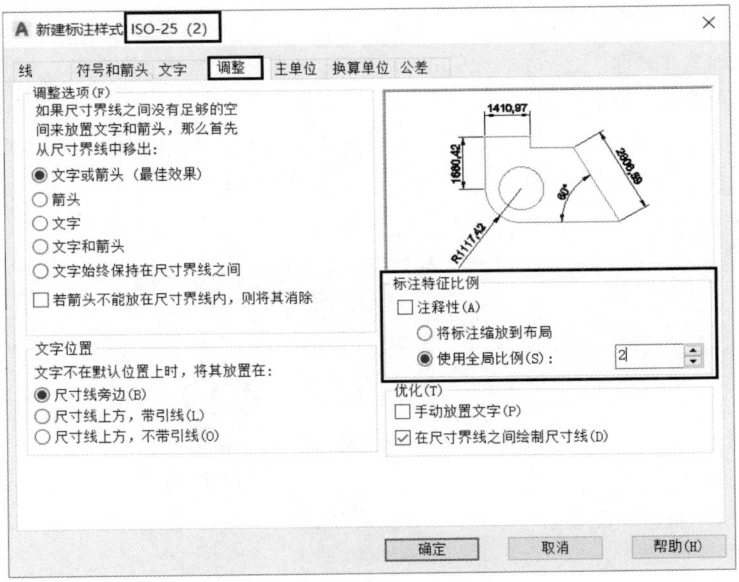

图 11-10

单击“确定”按钮，完成新建标注样式的定义。

重复上面的操作步骤，再新建一个标注特征比例为 5 的标注样式 ISO-25 (5)后，关闭“标注样式管理器”对话框。

在图中绘制几个简单的图形，分别用三种标注样式标注尺寸，观察这几个标注样式的区别，如图 11-11 所示。

通过这样的比较，即可清楚标注特征比例的作用。

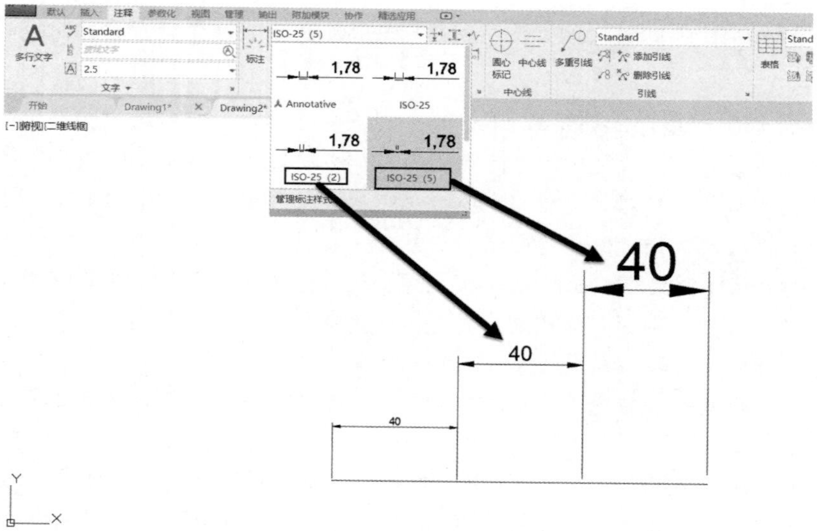

图 11-11

2.利用变量修改标注特征比例

如果只需绘制几个不同标注特征比例的标注，可以通过设置变量来临时改变标注样式的标注特征比例，这个变量是 DIMSCALE。

继续上面的练习，将标注样式 ISO-25 (2)设置为当前标注样式，输入 DIMSCALE 命令，回车，输入 10，回车。再次对中间的尺寸进行标注，如图 11-12 所示。

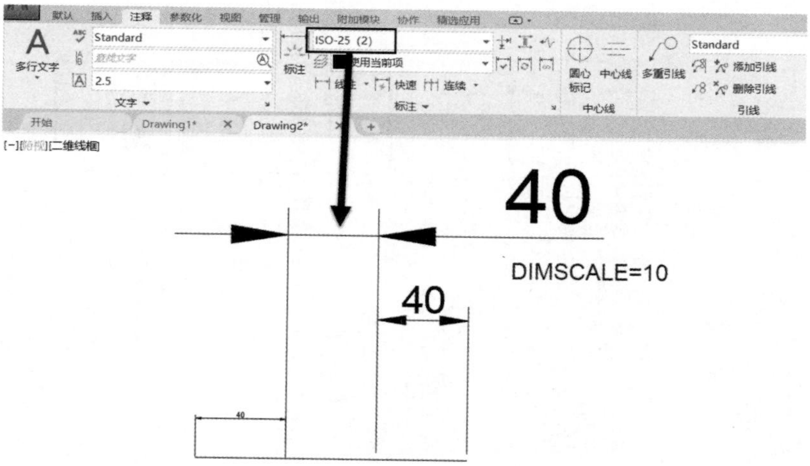

图 11-12

这个标注虽然使用的是样式 ISO-25 (2)，但使用了不同的标注特征比例，如果进入标注样式管理器中调整标注样式的特征比例，此标注不会跟随变化。

选中新创建的标注，输入 LI 命令，回车，查看标注的参数，可以看到此标注被单独修改了哪些参数，如图 11-13 所示。

如果只需修改某个标注的特征比例，选中标注后，打开特性面板（Ctrl+1），在特性面板中输入新的标注特征比例，如图 11-14 所示。

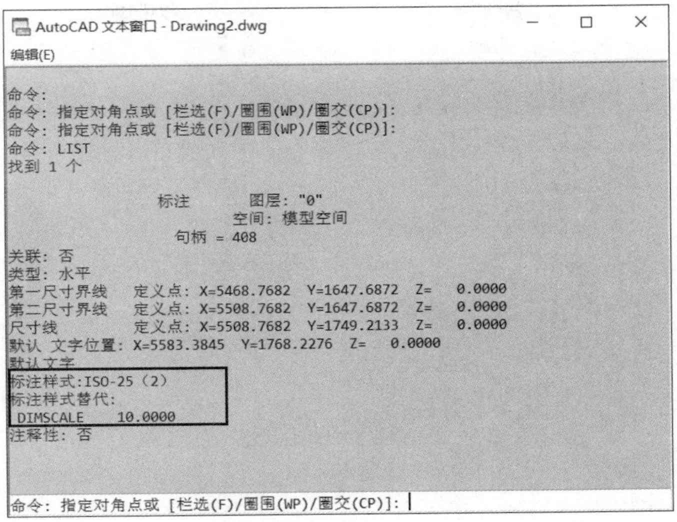

图 11-13

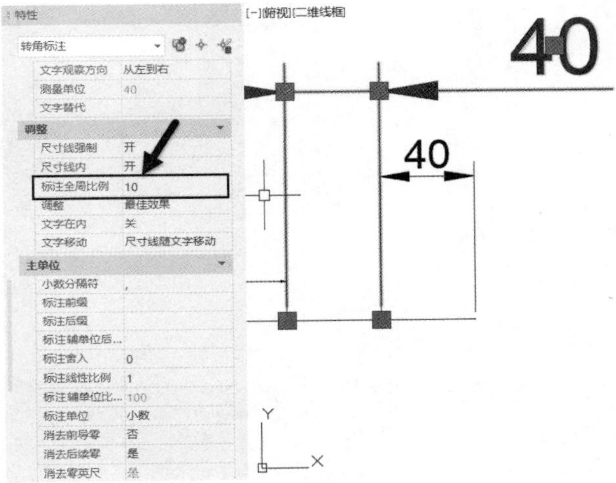

图 11-14

3.将标注缩放到布局

当利用布局空间排布和打印图纸时，假如一个标注不会同时出现在两个不同比例的视口中，可以将标注特征比例设置为“将标注缩放到布局”。

Step 01 输入 D，回车，打开“标注样式”对话框，新建一个 ISO-25（L）的标注样式，将标注特征比例设置为“将标注缩放到布局”，如图 11-15 所示。

为了更方便观察，将已创建的标注都删除。

Step 02 单击底部的布局 1 标签，切换到布局 1，将当前标注样式设置为 ISO-25（L），先在图纸空间捕捉视口中直线端点标注一个尺寸，如图 11-16 所示。

在视口中双击，进入模型空间，再次标注同一个尺寸。标注完会发现，视口比例并不是 1：1，但在图纸空间和模型空间标注的特征尺寸是完全相同的，如图 11-17 所示。

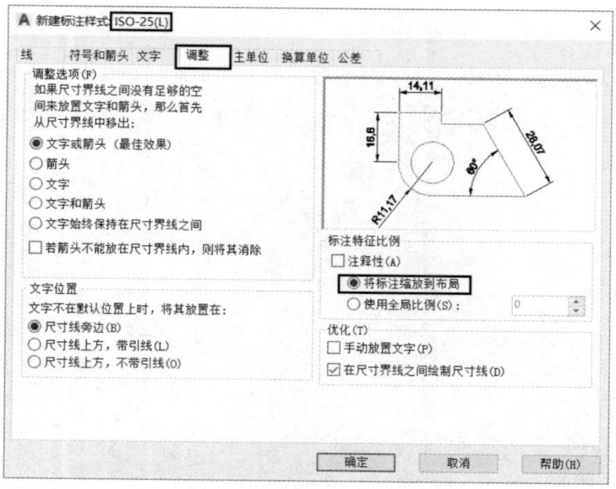

图 11-15

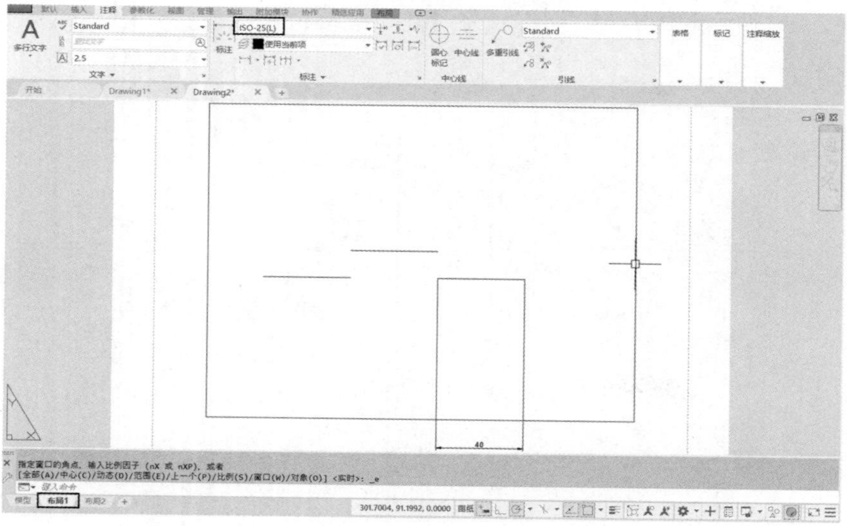

图 11-16

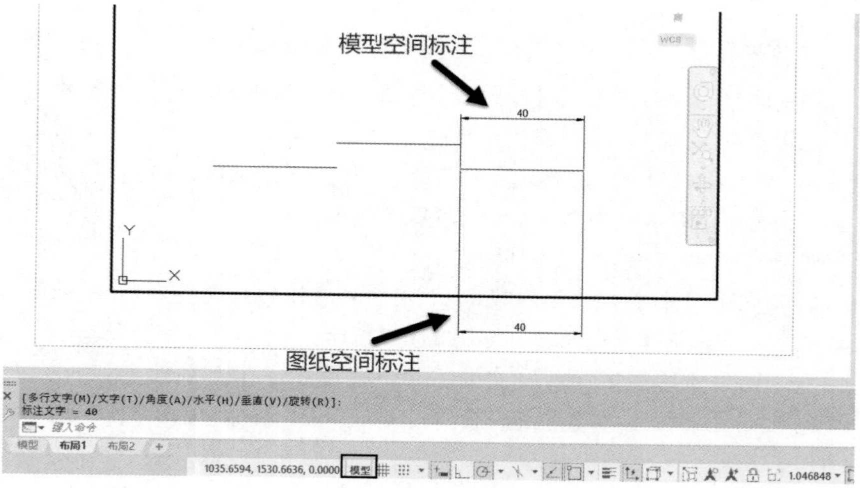

图 11-17

大家可以试着创建一个比例不同的新视口，看看标注的效果，然后在模型空间换一个标注样式标注，看有什么不同，如图 11-18 所示。

如果使用固定比例的标注样式，只要视口比例不是 1∶1，模型空间和图纸空间标注的文字和箭头尺寸就不同，不同比例视口内的标注看起来也不一样，如图 11-18 所示。

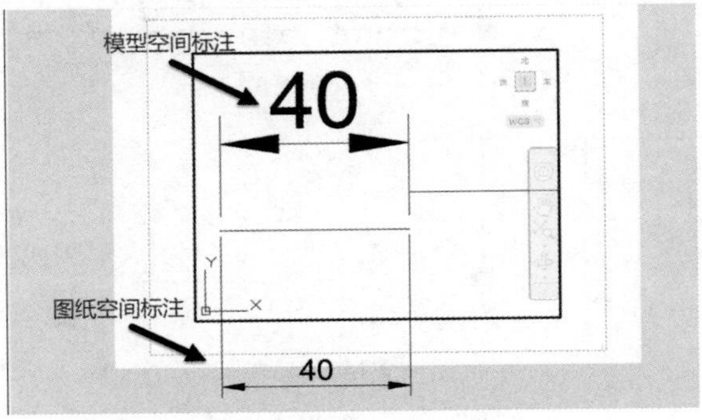

图 11-18

如果在布局空间中不同比例视口以及图纸空间标注的比例一致，就需要将标注特征比例设置为“将标注缩放到布局”。

4.注释性

注释性是 CAD 高版本才有的功能，是为了适应多比例布图，文字、标注、填充、图块等对象都可以设置注释性。设置注释性的对象会随着视口比例自动变化。

比如，默认的标注样式 ISO-25，只要将标注特征比例设置为注释性，然后添加需要显示视口的比例，模型空间绘制的标注在布局中可以在不同比例视口中显示相同的比例，这在多比例混排打印时非常方便。

注释性比较复杂，我们简单看一下。

Step 01 输入 D 命令，回车，选择 ISO-25，单击“修改”按钮，在弹出的对话框中将 ISO-25 的标注特征比例设置为使用“注释性”，如图 11-19 所示。

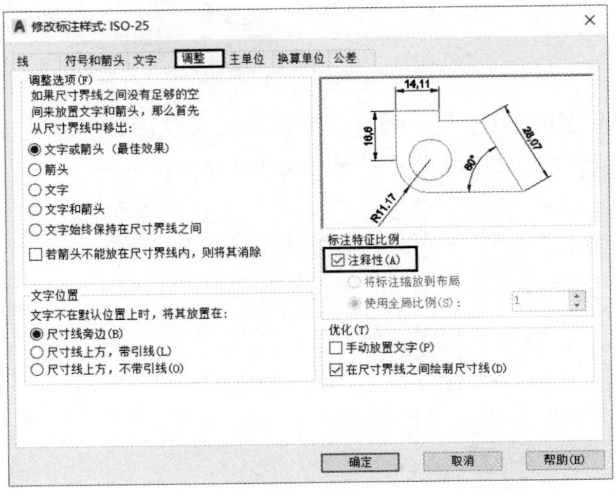

图 11-19

Step 02 将 ISO-25 设置为当前标注样式，然后创建一个注释比例为 1∶1 的标注，如图 11-20 所示。

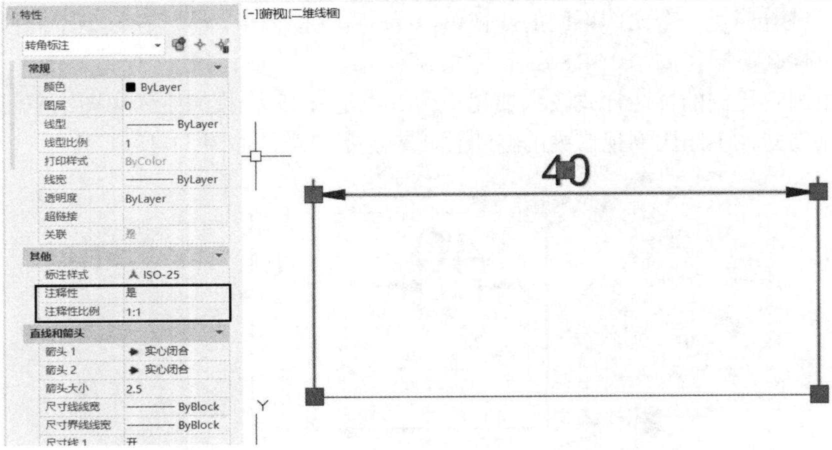

图 11-20

Step 03 打开特性面板（Ctrl+1），选中标注，单击“注释性比例栏”后面的按钮，打开“注释对象比例”对话框，在对话框中添加 1∶2、1∶4 两种比例，如图 11-21 所示。

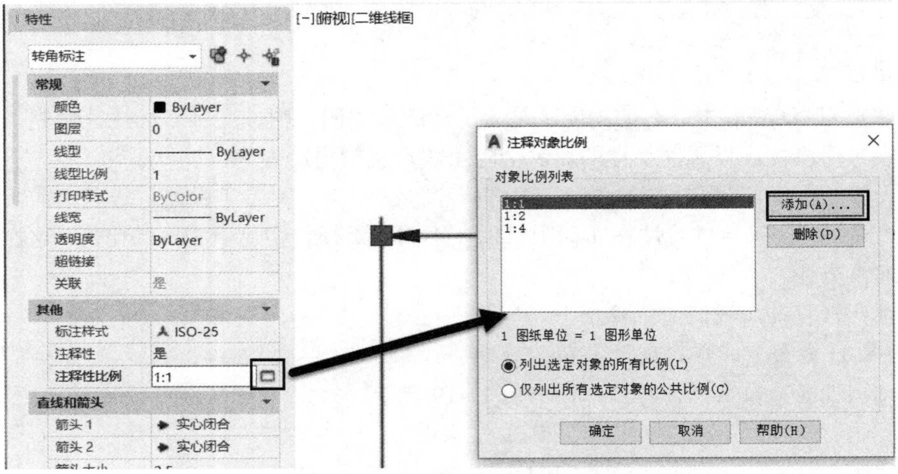

图 11-21

Step 04 切换到布局，用 VPROTS 命令创建三个视口，视口比例和注释比例分别设置为 1∶2、1∶4、1∶5，然后观察标注的显示效果，如图 11-22 所示。

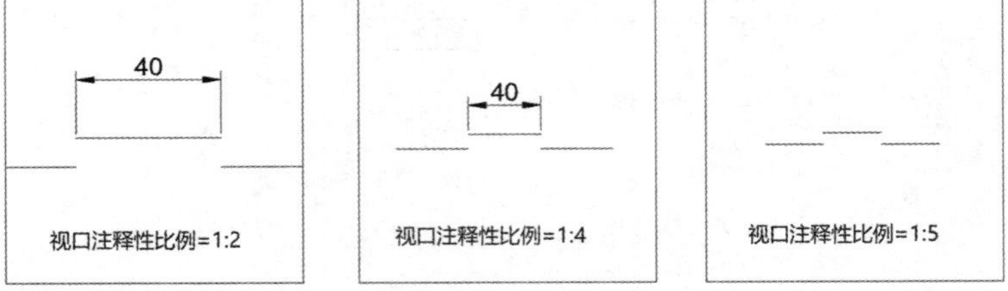

图 11-22

标注的对象比例列表中有 1∶1、1∶2、1∶4，所以当视口的注释比例为 1∶2 和 1∶4 的视口中标注是可以显示的，而且看到图形由于比例不同，图形显示的尺寸不一样，但两个视口中标

注的文字和箭头一样大。而注释比例为 1∶5 的视口中标注可以设置为不显示，也可设置为显示，可以用底部状态的按钮来控制，如图 11-23 所示。

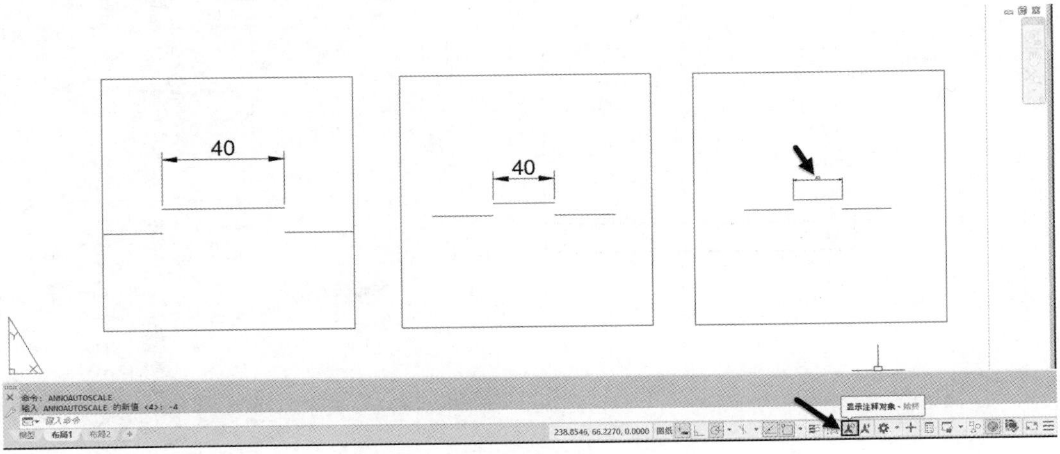

图 11-23

修改设置后，1∶5 的视口中的标注虽然显示了，但和另外两个视口显示的比例不一样，这是因为这个视口的注释性比例设置与视口比例不一致，注释性比例使用的仍然是默认值 1∶1，所以标注的特征比例并未按 1∶5 放大。

小结

绘图中各种比例问题确实是比较困扰人们的问题，不同图上的比例不同，有时同一张图上也包含多种比例，CAD 软件为了应对不同用户的不同需求，提供了多种方式设置标注特征比例，我们可以根据自己的实际情况选用合适的方式。

11.3 标注值和实际测量值不一样是怎么回事?

在编辑他人的图纸时经常会发现这个问题，比如看到图中标注 3 000，但用 DI 测量却发现只有 30 或是其他数值。

这有两种可能：

一是绘图者直接编辑了标注值。

二是修改了标注的线性比例。

如果用图中的标注样式标注其他尺寸时也是如此，那么可能是用户修改了标注样式的线性比例。

下面介绍标注线性比例，也称标注测量单位比例的设置方法。

1.在标注样式中设置测量单位比例

Step 01 绘制一个简单的矩形，尺寸随意，比如 60×40，用来作为标注的对象。

Step 02 输入 D 命令，回车，打开“标注样式管理器”，选中 ISO-25，单击“新建”按钮，新建一个标注样式，改名为 ISO-25(10)，确定后进入“新建标注样式”对话框。

Step 03 单击“主单位”选项卡，在“测量单位比例”选项组的“比例因子”框中输入 10，如图 11-24 所示。

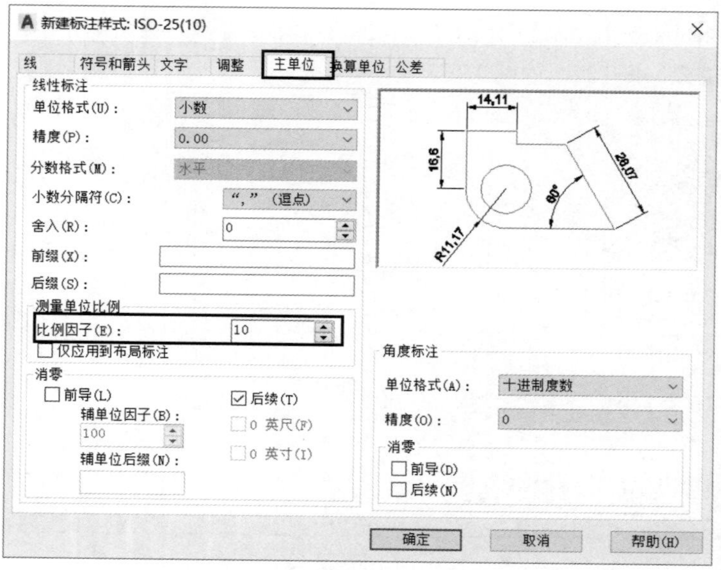

图 11-24

Step 04 单击“确定”按钮完成标注样式的设置，单击“关闭”按钮，关闭“标注样式管理器”。

Step 05 分别选择标注样式 ISO-25 和 ISO-25 (10)，标注矩形的宽度，如图 11-25 所示。

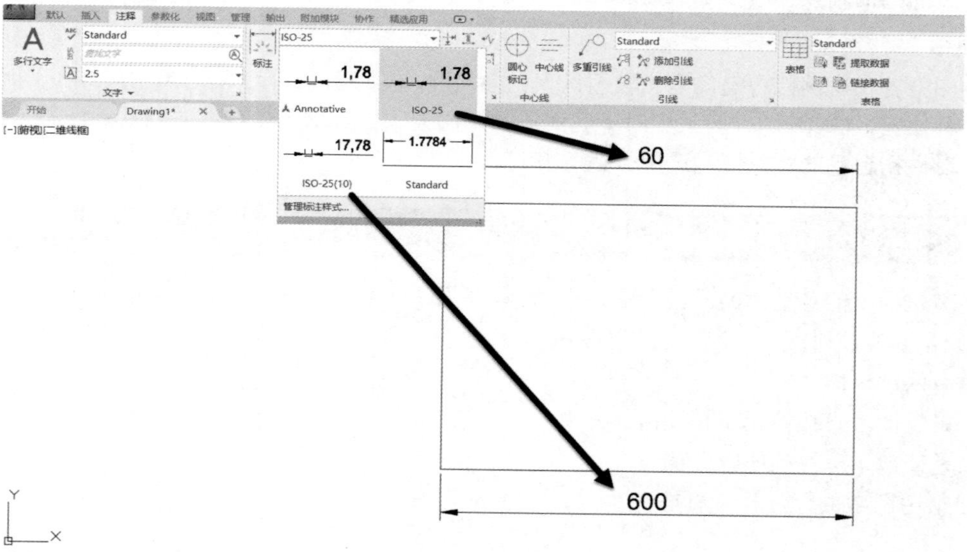

图 11-25

2.仅应用到布局标注

设置标注测量单位比例时，有一个选项：仅应用到布局标注。如果勾选该复选框，在模型空间中设置的比例将无效，只有在布局的图纸空间中标注模型空间中的图形时，此比例才起作用。

Step 01 输入 D 命令，回车，在“标注样式管理器”中选中 ISO-25(10)，单击“修改”按钮，打开“修改标注样式：ISO-25(10)”对话框，勾选“仅应用到布局标注”复选框。关闭对话框后可以看到使用两种标注样式的值变成了一样的，如图 11-26 所示。

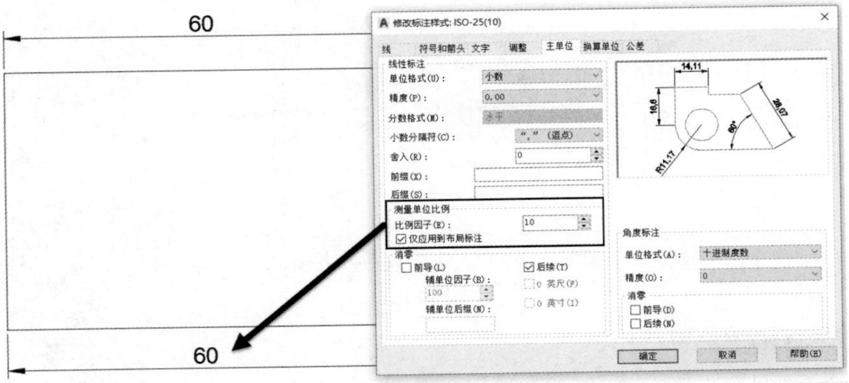

图 11-26

Step 02 单击布局 1 的标签，切换到布局空间，直接标注矩形的宽度（注意要捕捉矩形的两个端点，而不要捕捉到其他标注上的点），可以看到矩形高度的标注值变成了 400，如图 11-27 所示。

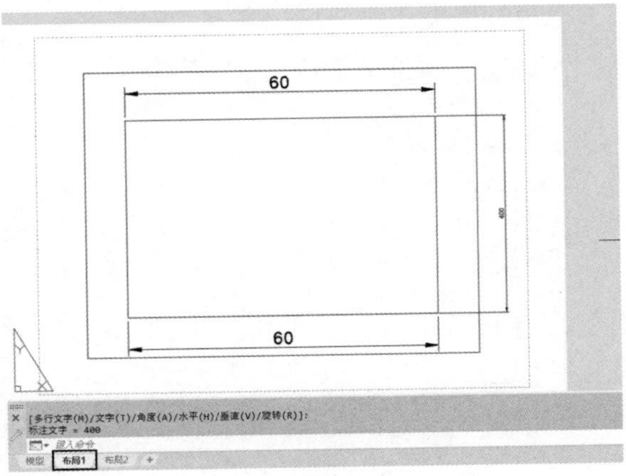

图 11-27

有不少设计人员在模型空间中是按 1∶1 绘图的，然后在布局中标注尺寸。假设视口比例是 1∶100，在布局的图纸空间标注视口内的对象时会被缩小 100 倍，如果将测量单位比例设置成 100 并仅应用到布局，这样就可以再放大 100 倍，就与模型空间中的标注值一致了。

在 CAD 很早的版本中就提供了标注关联的功能，也就是在图纸空间标注视口内（模型空间）的图形时，如果通过选择对象或捕捉点的方式定位时，标注与图形是关联的，会忽略视口比例，测量值与模型空间一样。

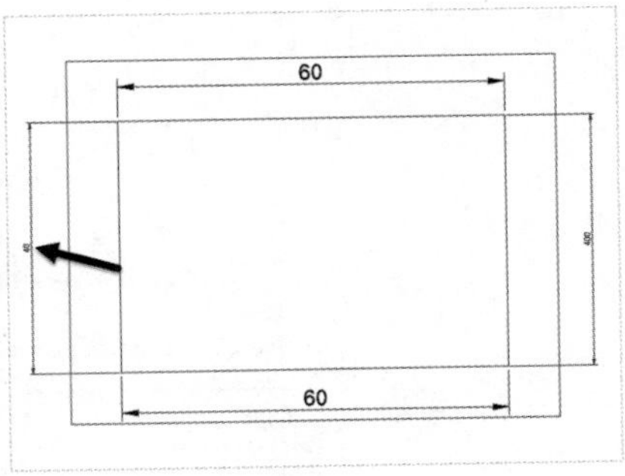

图 11-28

将标注样式换成 ISO-25，标注左侧的高度试试，如图 11-28 所示。

当图纸空间的标注与模型空间的图形关联时，无论视口比例是多少，都会根据视口比例自动计算比例，使图纸空间的标注值与模型空间保持一致，所以通常不需要勾选“仅应用到布局标注”复选框。当光标停留在此参数上时会弹出文字提示，如果打开标注关联，不建议勾选该选项，如

图 11-29 所示。

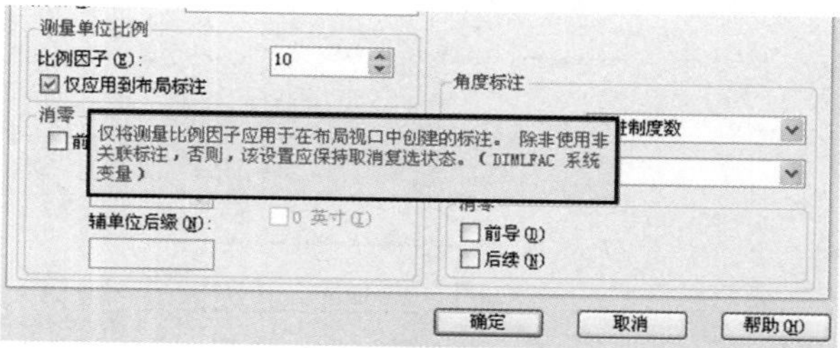

图 11-29

3.临时修改测量单位比例

建议在标注样式中设置标注的测量单位比例，但如果有个别标注需要设置比例时，也可以临时修改测量单位比例。比如，在图纸空间需要标注视口内的一个尺寸，但无法通过选择对象或捕捉点进行标注，也就是说，标注无法关联时可以临时修改测量单位比例。

临时修改测量单位比例的方法有以下两种：

（1）利用 DIMLFAC 变量进行修改

输入 DIMLFAC 命令，回车，输入要设置的比例值，如−5，回车，然后标注，如图 11-30 所示。

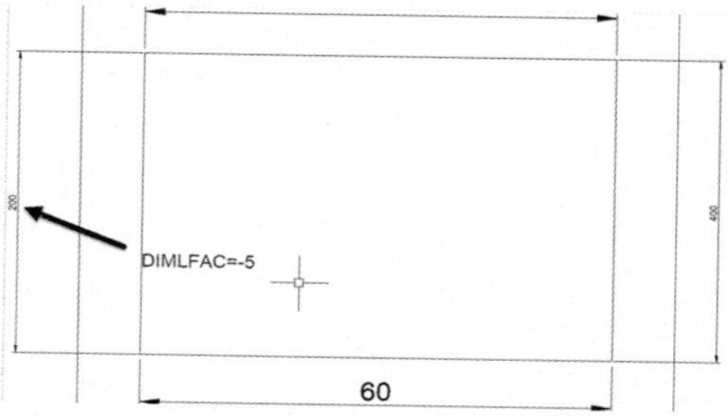

图 11-30

负值表示仅应用于布局标注，如果输入正数，表示模型空间中标注也起作用。

（2）选中标注，在“特性”面板中修改标注测量比例

选中标注后，打开“特性”面板（Ctrl+1），在“标注线性比例”文本框中，输入 8，如图 11-31 所示。

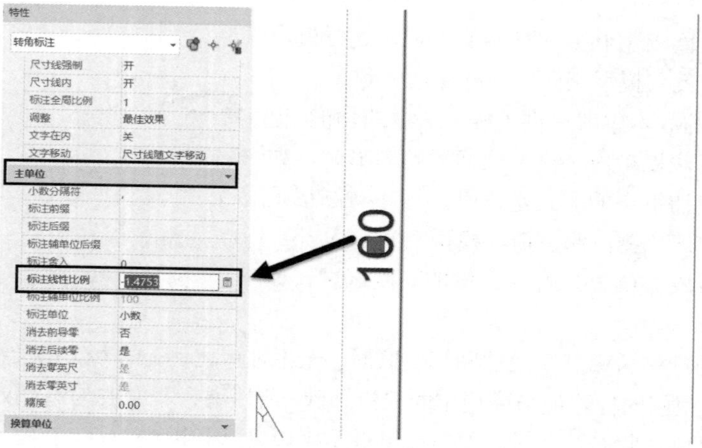

图 11-31

标注测量值变化的比例是对的，但在 AutoCAD 中最终显示的线性比例却不是输入的比例，这是不是 CAD 的一个 BUG，不知道其他版本是否也是如此。

小结

了解了标注测量比例的作用和设置方法，再遇到这样的图纸就不奇怪了。我们还可以根据自己的需要来设置标注测量单位比例，比如，在模型空间的图框中要插入一个与主图形比例不一样的大样图时，就可以调整标注测量单位比例。

11.4 如何手动修改标注的尺寸值?

在 CAD 中通常按 1∶1 比例画图，标注时精确捕捉图形的特征点，所以标注值通常是准确的，不需要手动修改标注值，即使不按 1∶1 绘图，也可以通过测量单位比例来调整标注的数值。但有一些特殊的图纸不仅不是按 1∶1 绘制的，甚至只是一个大致的示意图，此时就需要手动修改标注的尺寸值；除此以外，有时还需要手动给标注添加文字、公差等。下面就介绍手动修改标注的尺寸值的相关技巧。

1.修改测量值（文字替代）

标注的文字是多行文字，可以混合静态的文字、动态的尺寸值（距离、角度、直径等）和转换单位或公差。尺寸值默认使用的是测量值，如果按 1∶1 精确绘图不需要修改测量值，但有特殊需要时可以直接修改测量值，在 CAD 中也称文字替代。修改方法如下：

方法 1：双击标注文字，会自动执行 TEXTEDIT 命令，如图 11-32 所示。

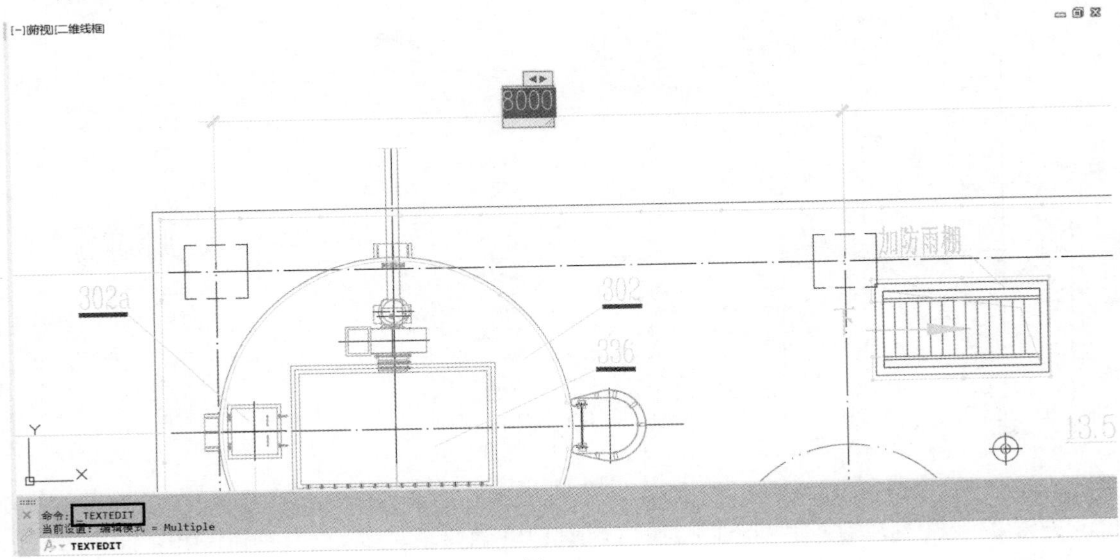

图 11-32

如果 CAD 版本较低不支持双击修改，可输入 ED（DDEDIT 的快捷键）命令，回车，软件提示选择要编辑的注释对象，单击标注的标注值，即可编辑标注的尺寸。

在 CAD 低版本中编辑标注文字时，测量值显示为<>，在高版本中会显示实际的数值，但这个数值底色为蓝色，将测量与我们输入的文字区别开，如图 11-33 所示。

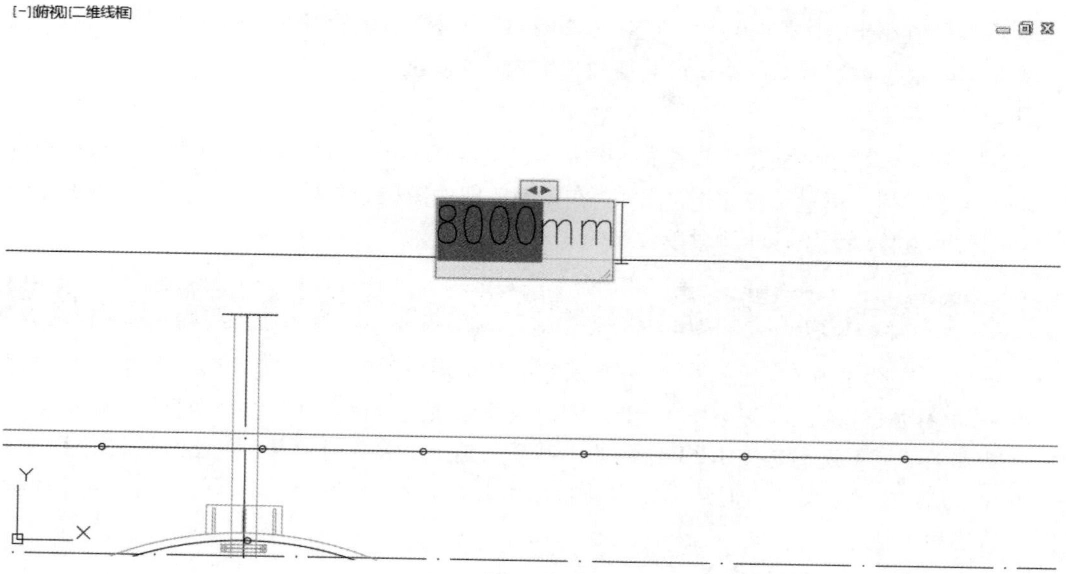

图 11-33

选中测量值，输入其他尺寸，即可将测量值替换，如图 11-34 所示。

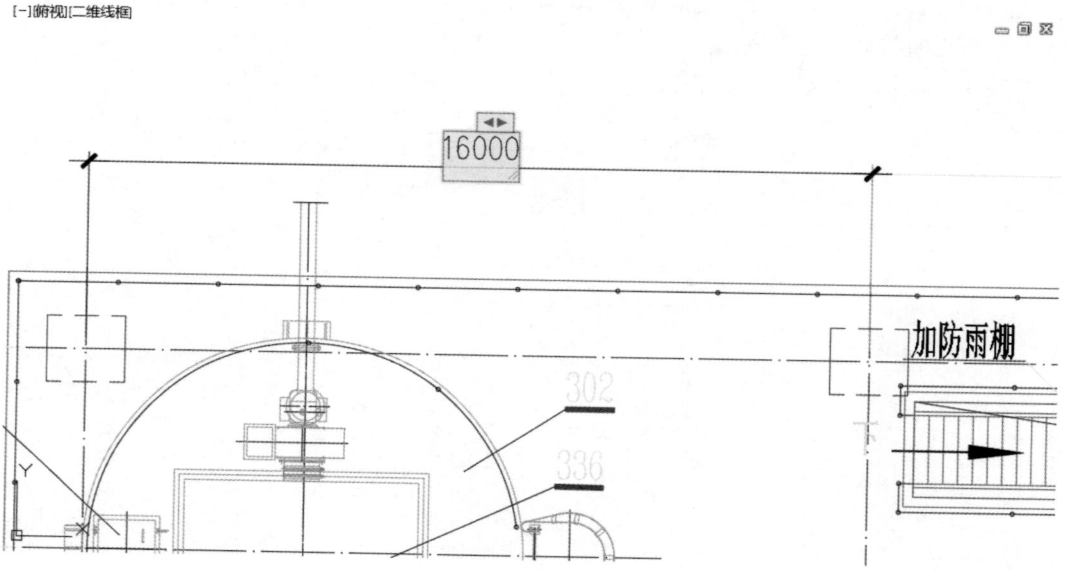

图 11-34

方法 2：选中标注后，在“特性”面板（Ctrl+1）中直接填写文字替代的值，如图 11-35 所示。

2.修改尺寸后如何恢复测量值?

有时发现图中标注的尺寸和 DI 测量的长度不一致，确认是用文字替代了测量值，比如上面将 8 000 改成了 14 000，如果想改回测量值，不要输入 8 000，而是保持动态的尺寸值。

修改方法如下：

输入 ED 命令，回车，单击文字，选中被修改的尺寸值，输入<>，即可。在低版本需要关闭文字对话框，才能显示尺寸值，在高版本，当输入完<>后，就会立即显示尺寸值，如图 11-36 所示。

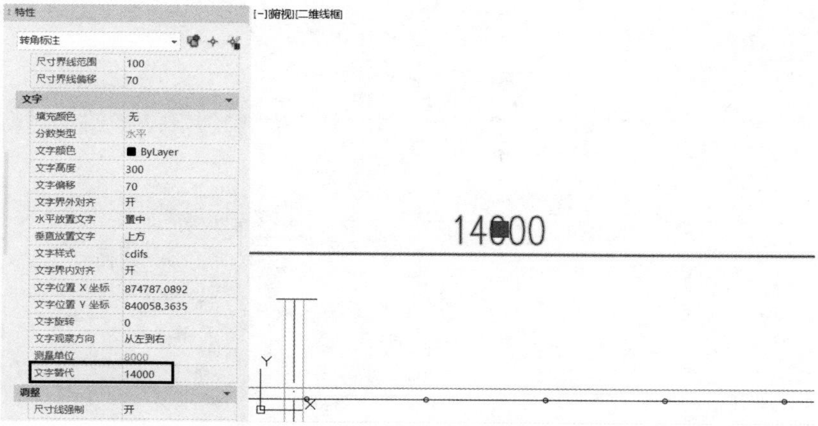

图 11-35

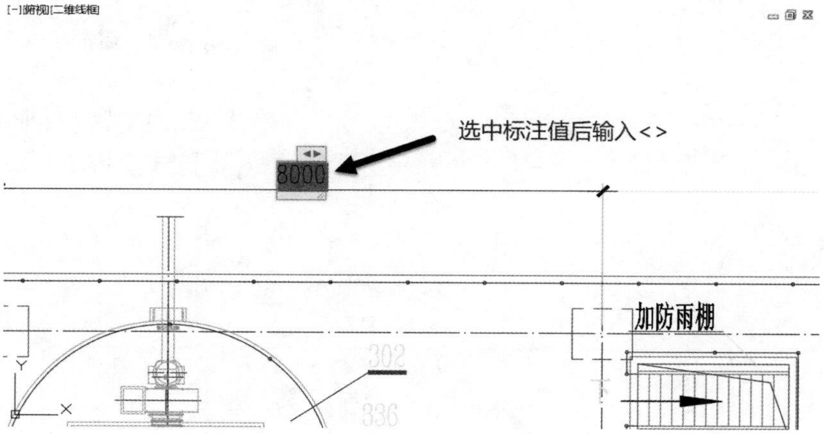

图 11-36

3.标注添加公差

编辑标注文字时可以使用多行文字编辑器的大部分功能，如回车换行、插入字段、设置上下划线等。

还可以利用多行文字堆叠来写公差。在标注的测量值后面加上+0.002^−0.002，选中这些添加的文字，单击多行文字编辑中的“堆叠”按钮就可以得到公差的效果，如图 11-37、图 11-38 所示。

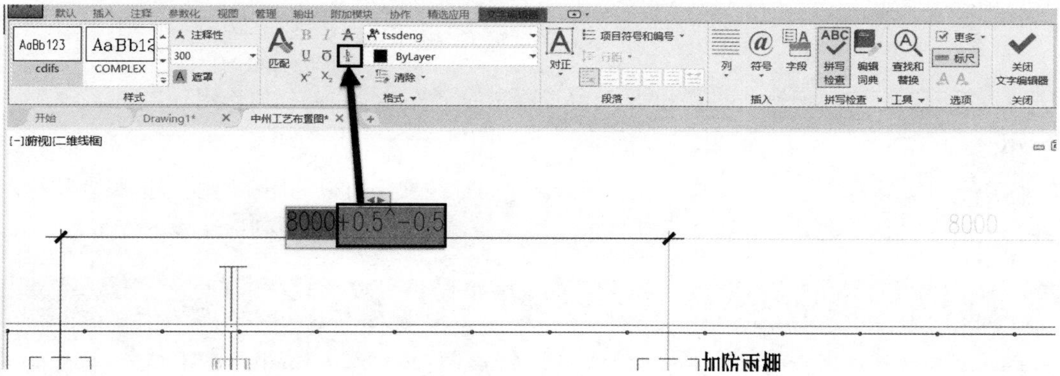

图 11-37

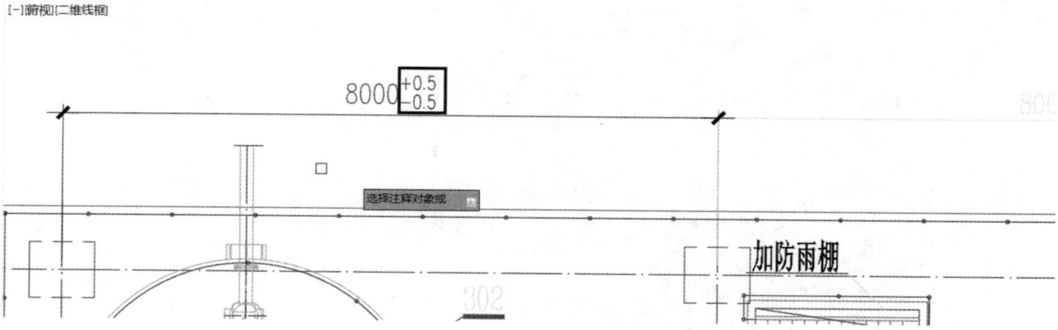

图 11-38

4.标注文字换行

标注文字有一些与普通多行文字相同的控制符，例如输入\P 表示换行。同时也有一些特殊的控制符，例如<>表示测量值，\X 表示前后的文字分别位于尺寸线的上方和下方（P 和 X 必须大写）。\P 可以使用多次，也表示可以多次换行，而<>和\X 只能使用一次，后面如果第二次输入将被忽略。

可以选中一个标注，在“特性”面板（Ctrl+1）中“文字替代”栏中输入下面的文字：“第一行：<>\P 第二行\X 下面第一行<>\P\X 下面第二行”，然后看看写出来的效果，如图 11-39 所示。

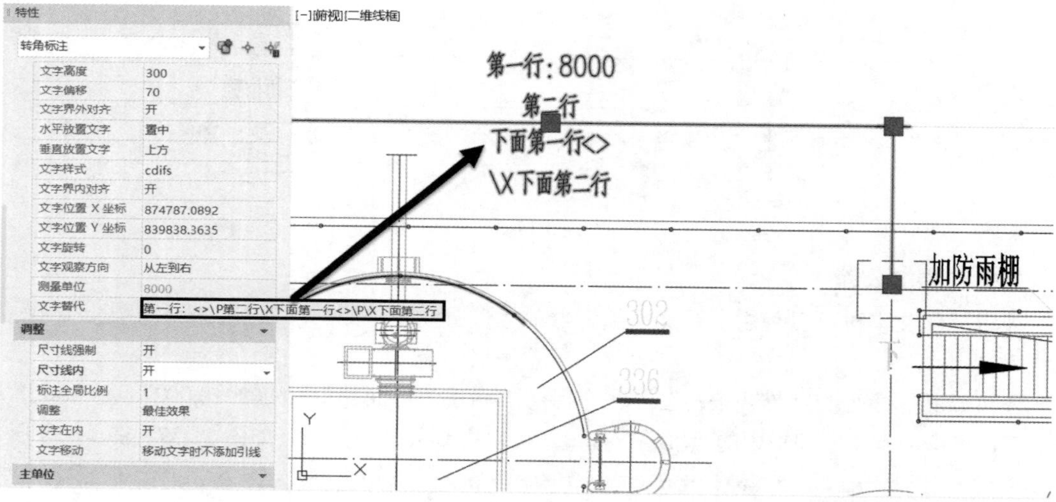

图 11-39

可以看到后面第二次输入的<>和\X 保留了原来的字符，没有起任何作用。

小结

标注是一个多行文字，但又与多行文字有区别，标注文字可以利用多行文字的很多特性，例如换行、用上下标写公差，还提供了特殊的/X 标记，可以将文字切换到标注线下方。

11.5 什么是标注关联？为什么创建出来的标注是散的？

标注关联就是标注与所标注的图形相关连，例如，捕捉一条直线的两个端点进行标注时，拖动直线的夹点改变直线的长度时，标注会自动跟随变化。这样可以提高编辑图纸的效率，修改图形后不必再重新进行标注，如图 11-40 所示。

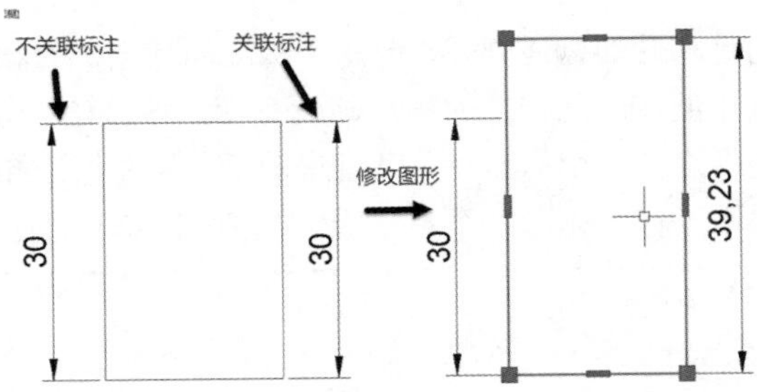

图 11-40

在布局的图纸空间标注视口中（也就是模型空间）的图形，如果通过选择对象或捕捉点进行标注，标注关联可以使图纸空间的标注值与模型空间的标注值一致，如图 11-41 所示。

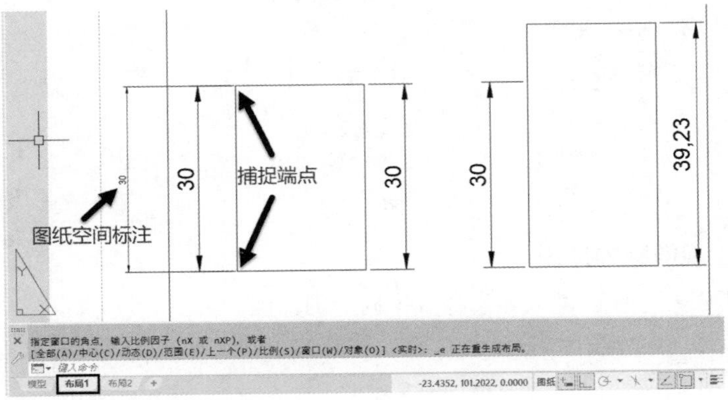

图 11-41

标注是否关联可以用变量来控制，变量是 dimassoc。在命令行输入变量名，回车，即可查看当前的设置值，并可以重新设置成新的值。

dimassoc 有 0,1,2 三个值，这三个值的作用如下：

- 设置为 0 时，新建的标注是散的。如果标注完后发现标注不是一个整体，就应该想到 dimassoc 的值可能被设置为 0 了。
- 设置为 1 时，标注是整体，但不关联。
- 设置为 2 时，标注关联。

注 意

当在布局的图纸空间中标注视口内图形时，要想关联，必须用捕捉或选择对象进行标注，否则关联关系无法建立。除此以外，如果在图纸空间中标注完后，双击视口进入模型空间调整图形，标注可以跟随更新。如果是缩放视图，相当于改变了视口的比例，图纸空间的标注是不会自动更新的，但关联关系还在。如果此时修改图形的尺寸，标注就会更新。

要想弄清楚这个变量的作用也很简单。在空图里画几个简单的图形，分别将 dimassoc 设置成 0,1,2，然后在模型空间和布局空间分别标注，在不同情况下拖动图形的夹点改变图形尺寸，观察不同条件下的效果。

11.6 为什么两个标注的标注样式相同但标注形式却不同?

有时图中两个标注用的是相同的标注样式，但两个标注的效果却有很大差别，这是为什么？有时修改了标注样式的参数，但使用此样式的标注却没有变，这又是为什么？

前两天就有一位朋友问了这样一个问题，并发过来图纸，他在标注图中尺寸时，发现标注的数值与图形中其他标注明显不一样，差着一个数量级，如图 11-42 所示。

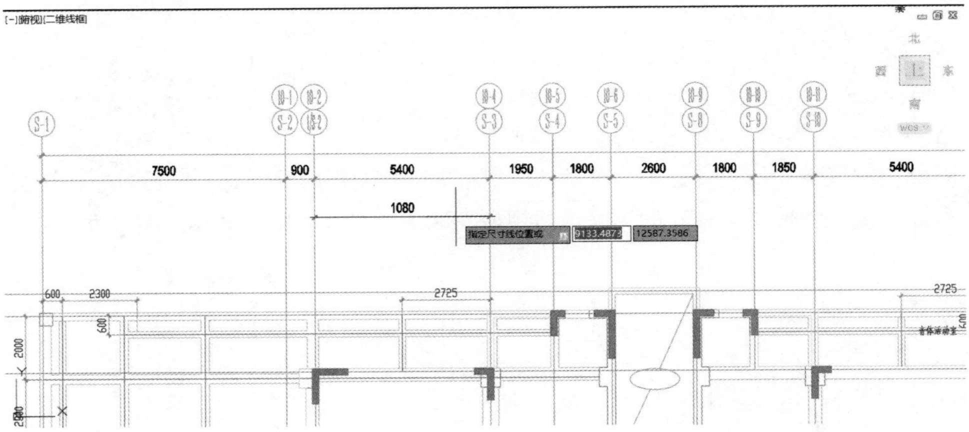

图 11-42

1.分析标注出现问题的原因

这是怎么回事呢？下面就教大家怎样找出问题的原因。

输入 LI 命令，回车，选中图中的标注，看看它的参数，如图 11-43 所示。

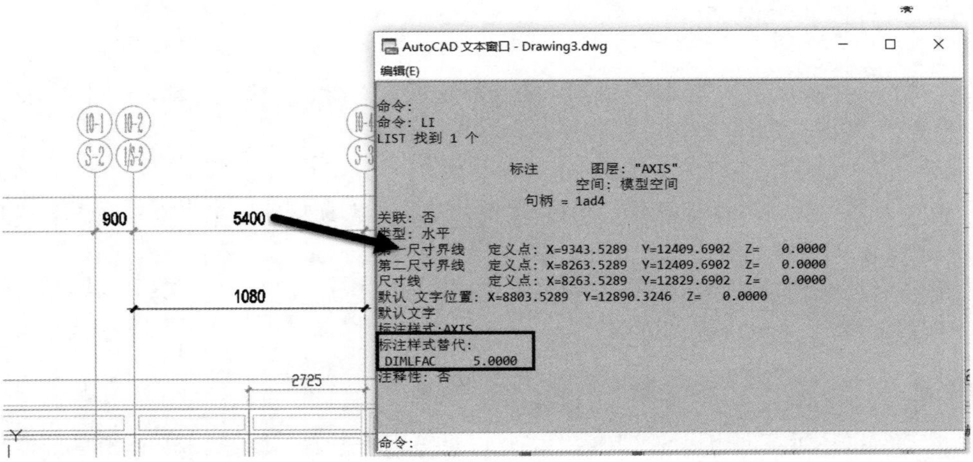

图 11-43

其实这个问题我们在 11.3 节已经讲过，因为这些标注在标注样式的基础上又单独设置了测量单位比例。这说明图纸不是 1∶1 绘图，而是 1∶5 绘图，为了标注值显示图形的实际长度，就将测量单位比例设置成 5。

当然这是一种情况，如果发现标注的数值和效果与标注样式不一致，或者用特性匹配（格式刷）无法匹配修改某些标注时，就可以用 LI 查看标注是不是单独设置了某些参数。

2.标注参数怎样能设置成与样式不同？

CAD 软件允许属于同一标注样式的标注实体具有不同的特殊参数，即同一样式的标注可以具有某些个别不同的参数。上面查询时看到被修改参数被标注样式替代，出现上述情况的原因有以下三种：

（1）在“标注样式”对话框中，选择一个标注样式，单击“置为当前”按钮，将样式设置为当前样式，然后单击“替代”按钮，弹出“替代当前样式”对话框，修改参数后，单击“确定”按钮，在弹出的“标注样式管理器”中就可以看到标注样式下面显示<样式替代>，如图 11-44 所示。

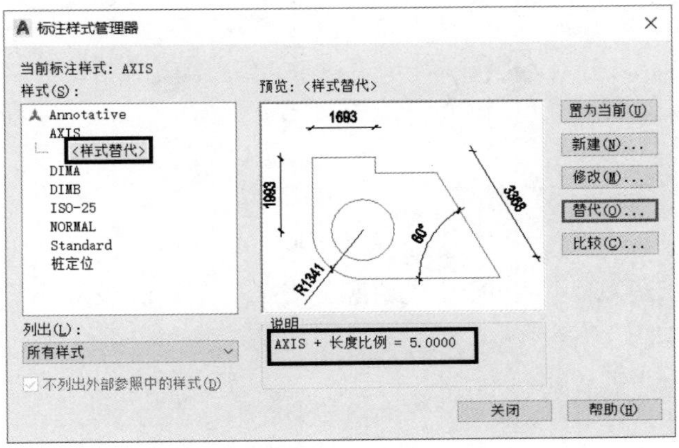

图 11-44

这等于在原标注样式的基础上创建了一个替代样式，标注样式名没有变，但参数变了，在上面对话框的说明中列出了修改的参数，比如图 11-44 中的替代样式就是在 AXIS 样式的基础上将长度比例（测量单位比例）改成了 5。

如果将替代样式设置为当前样式，用户再进行标注，就等于图中存在两种同名但设置不同的标注样式了。

（2）对于已经存在的标注实体，在“特性”面板（Ctrl+1）中对标注进行修改，则该标注实体也属于一个特殊样式。

（3）直接设置标注相关的变量，例如，通过输入 DIMSCALE 命令修改标注的特征比例，输入 DIMLFAC 命令修改测量单位比例。

如果标注没有使用替代参数，图中使用该样式的标注通常会自动更新。如果使用替代样式或修改个别参数的标注也更新，但其被修改的特殊参数仍会保留。例如，一个标注与标注样式的区别是文字高度不同，那么修改标注样式的文字高度，此标注的文字高度将不再变化，而其他参数（如箭头大小等）仍会随标注样式中参数的变化而发生改变。

如果希望前后标注一致，修改标注样式后标注会自动更新，就不要单独修改标注的参数，最好直接修改标注样式的参数。

3.如何让标注的替代参数变成与标注样式一致

如果希望被修改参数的标注恢复成与标注样式一致，而且可以随标注样式的参数调整而变化，可以用标注更新命令，如图 11-45 所示。

标注更新并不是一个独立的命令，而是标注样式命令-DIMSTYLE 的一个分支，命令前带一个中横杠-，就是执行命令行模式，不会弹出对话框，可以输入-D，回车，输入 A，回车，这就与在“命令”面板中单击“标注更新”按钮一样。

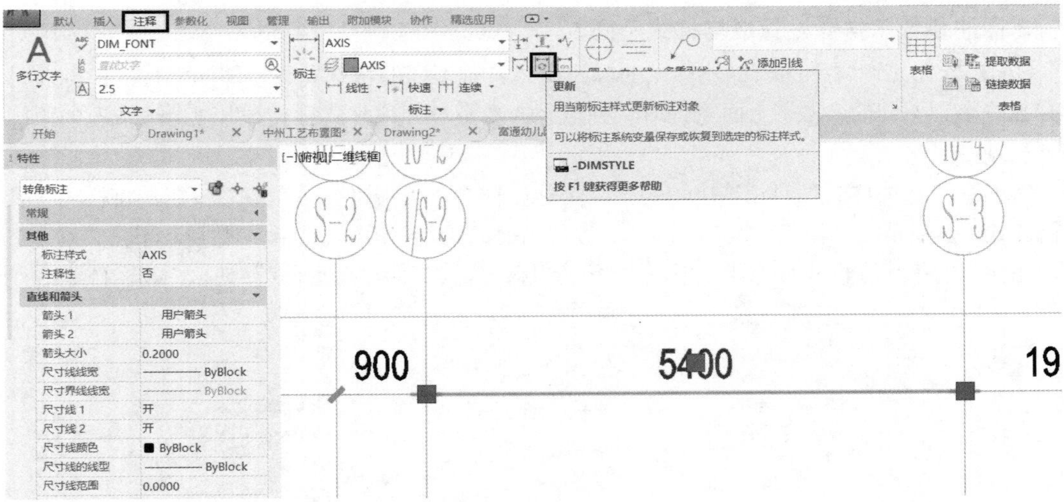

图 11-45

执行命令后提示选择对象时，可以框选要应用此样式的标注，选定标注的所有参数就会恢复成与标注样式一致，如图 11-46 所示。

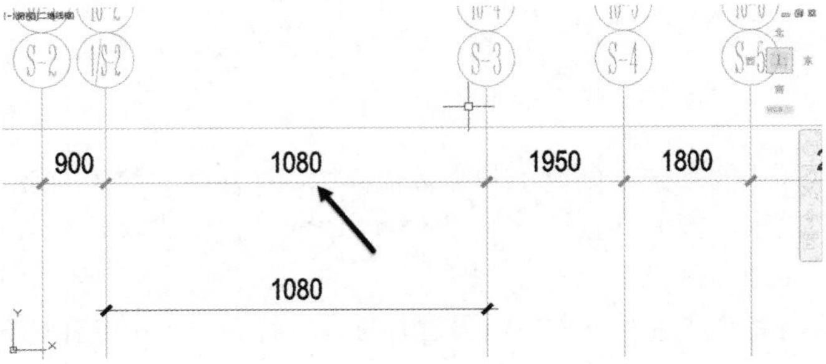

图 11-46

对于这张图来说，更新后的标注反而不满足要求。正确的处理方式应是将图形放大 5 倍后变成 1∶1 的图形，然后将标注样式的特征比例调整成匹配的比例后再来更新标注，如图 11-47 所示。

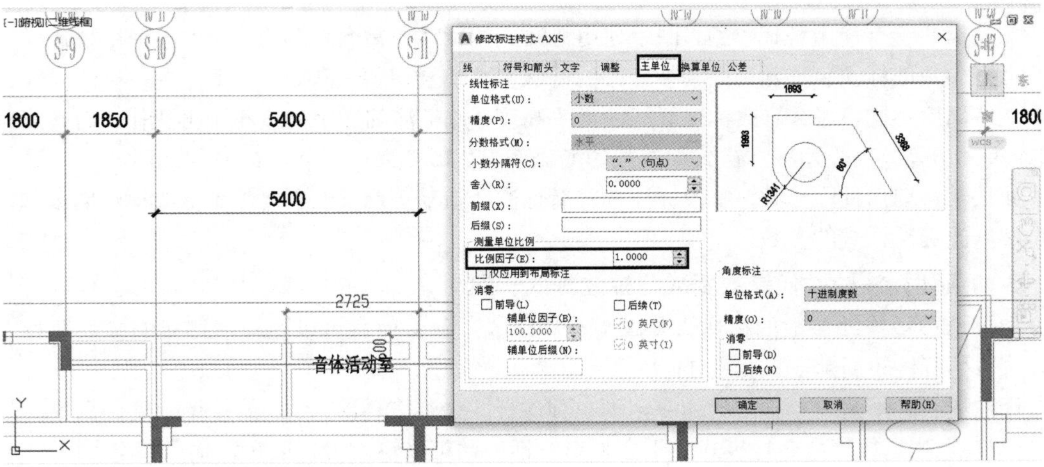

图 11-47

很显然，1∶1 绘图，图形的标注、测量和编辑都方便很多。

11.7 如何一次性标注多个尺寸？快速标注（QDIM）命令怎么用？

有时我们需要标注一系列相同类型的尺寸，如果用普通的标注功能，一个个地重复标注，即费时，又枯燥，有没有办法一次性将这些尺寸全部标注呢？

有！CAD 很早就提供了这样的命令：快速标注（QDIM），如图 11-48 所示。

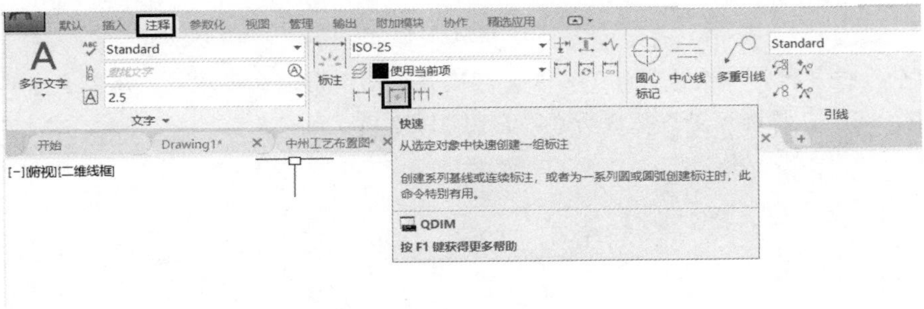

图 11-48

快速标注（QDIM）命令，用于一次对一系列相互关联的标注对象进行连续、基线、坐标、半径、直径、或并列标注，也可以用于批量编辑若干个已有的标注对象，它是 Quick Dimensioning 的缩写。执行“快速标注”命令后，只需框选要标注的对象，就可以快速生成所有标注，还可以手动添加或删除标注点，也可以为基线、坐标标注指定新基点，命令将根据新的基点动态调整基线标注方式和坐标标注的 UCS 定义点。相比其他标注命令而言，如基线标注（DIMBASELINE）、连续标注（DIMCONTINUE）等，可大幅缩减标注的操作次数，提高绘图效率。

1.快速标注的基本操作步骤

首先绘制好用于快速标注的图形，这些图形应该特征类似，可以用同一类标注形式来进行标注，如图 11-49 所示。

Step 01 输入 QDIM 命令，回车，或者从菜单、“工具”面板中执行“快速标注”命令，框选要标注的图形，选定完对象后向要标注的一侧拖动光标，如图 11-50 所示。

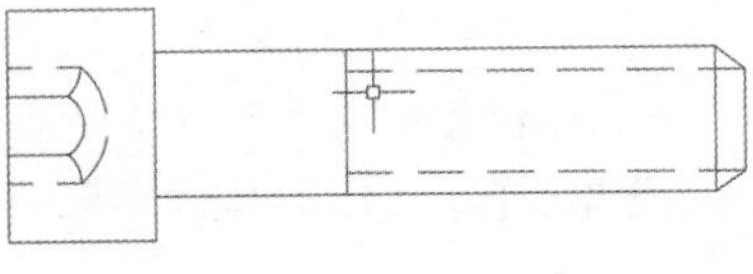

图 11-49

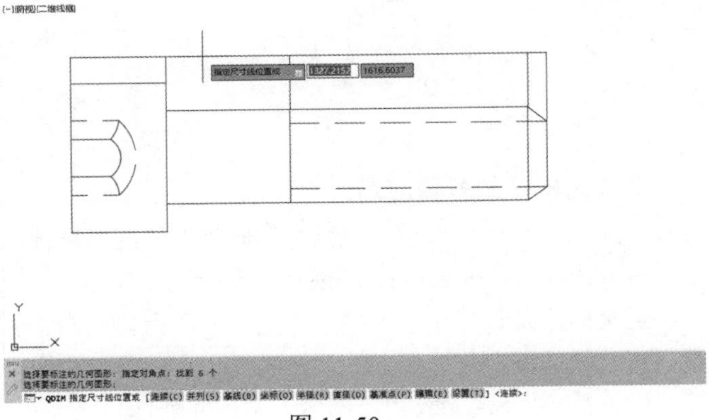

图 11-50

Step 02 将尺寸拖动到指定位置后单击，即可同时完成这些尺寸的标注，如图 11-51 所示。

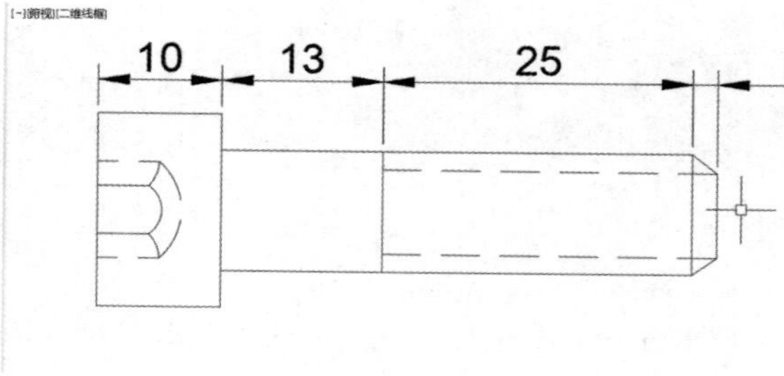

图 11-51

Step 03 回车，重复执行“快速标注”命令，框选左侧的图形，向左拖动，观察命令行显示的选项，输入 B，回车，将标注变成基线形式，如图 11-52 所示。

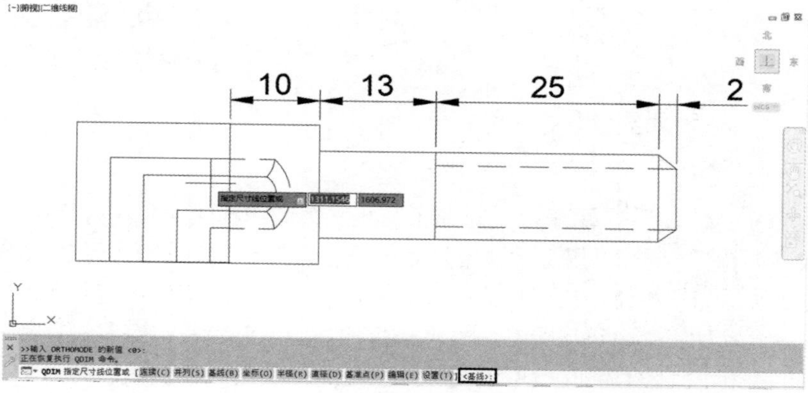

图 11-52

Step 04 单击“确定”按钮标注位置，即可得到基线标注的效果，如图 11-53 所示。

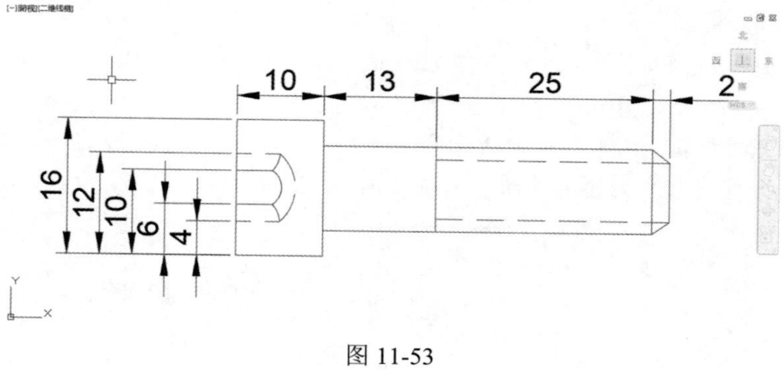

图 11-53

2.快速标注的各种应用

快速标注有很多参数，可以对不同类型的图形进行标注，下面简单介绍下这些参数。

（1）连续（Continuous）：创建一系列连续标注。

连续标注是首尾相连的多个标注。每个标注对象都将从上一个标注对象第二条尺寸界线处测量。尺寸线的方向依据指定的尺寸线位置自动确定，或者水平，或者垂直，如图 11-54 所示。

（2）并列（Staggered）：创建一系列并列标注。

并列标注是自中心向两侧发散的多个阶梯形标注。两个相邻标注的尺寸线之间的距离取决于标注样式参数 DIMDLI（基线间距）。尺寸线的方向依据指定的尺寸线位置自动确定，或者水平，或者垂直。指定的尺寸线位置将定义最内侧标注对象的尺寸线，如图 11-55 所示。

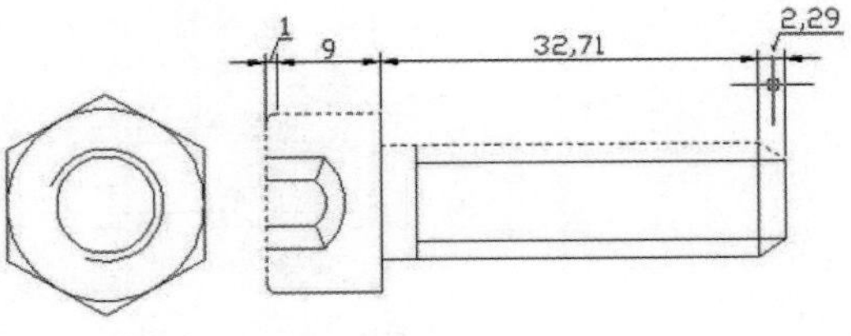

图 11-54

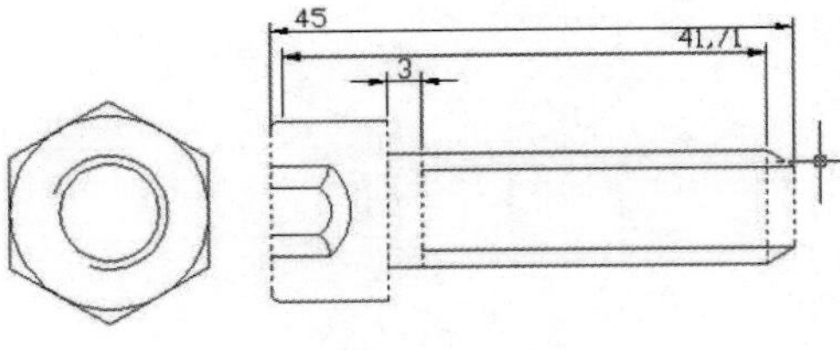

图 11-55

（3）基线（Baseline）：创建一系列基线标注。

基线标注是自同一基线处测量的多个标注。两个相邻标注的尺寸线之间的距离取决于标注样式参数 DIMDLI（基线间距）。尺寸线的方向依据指定的尺寸线位置自动确定，或者水平，或者垂直。指定的尺寸线位置将定义第一个标注对象的尺寸线。基线标注总是从靠近基准点的第一个标注对象的第一条尺寸界线处开始测量，默认的基准点位于 UCS 原点处，可以输入选项 P 指定新的基准点，如图 11-56 所示。

（4）坐标（Ordinate）：创建一系列坐标标注。

坐标标注用于测量原点到标注特征点的水平或垂直距离。这种标注可以保持特征点与基准点的精确偏移量，从而避免增大误差。程序使用当前 UCS 的绝对坐标值确定坐标值。在创建坐标标注之前，通常需要重设置 UCS 原点与基准相符。使用坐标模式将沿 X 方向或 Y 方向自动创建一系列坐标标注对象，如图 11-57 所示。

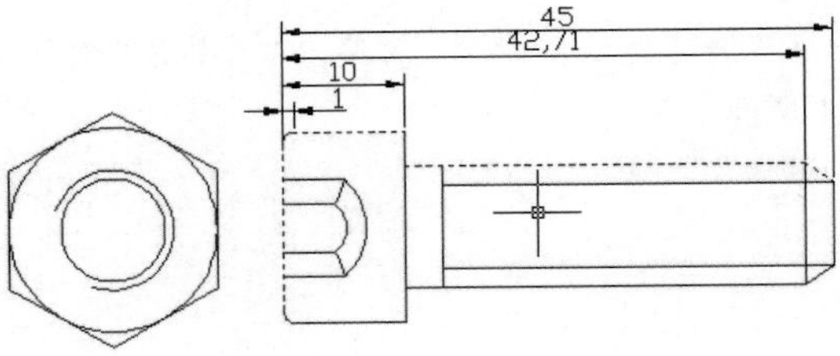

图 11-56

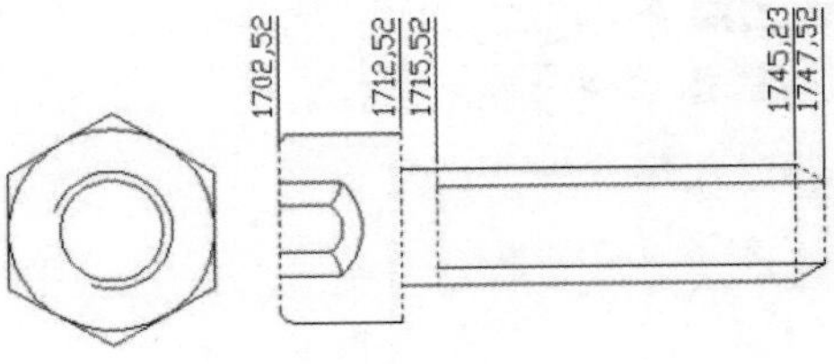

图 11-57

可以输入选项 P 指定坐标标注的基准点，默认的基准点位于 UCS 原点处。

（5）半径（Radius）：创建一系列半径标注。

半径标注使用可选的中心线或中心标记测量圆弧和圆的半径，并显示前面带有字母 R 的标注文字。根据标注样式设置，自动生成半径标注的圆心标记和直线。仅当尺寸线置于圆或圆弧之外时才会创建圆心标记。使用快速标注可以一次为多个圆弧或圆创建半径标注。所选的标注对象中如不包含圆或圆弧对象，那么该选项将不可用，其他类型的对象不参与半径标注。可以为圆指定半径标注的尺寸线位置，圆弧对象将自动在其弧线中心处创建半径标注，如图 11-58 所示。

（6）直径（Diameter）：创建一系列直径标注。

直径标注使用可选的中心线或中心标记测量圆弧和圆的直径，并显示前面带有字母 D 的标注文字。根据标注样式设置，自动生成直径标注的圆心标记和直线。仅当尺寸线置于圆或圆弧之外时才会创建圆心标记。使用快速标注可以一次为多个圆弧或圆创建直径标注。所选的标注对象中如不包含圆或圆弧对象，那么该选项将不可用，其他类型的对象不参与直径标注。可以为圆指定直径标注的尺寸线位置，圆弧对象将自动在其弧线中心处创建直径标注，如图 11-59 所示。

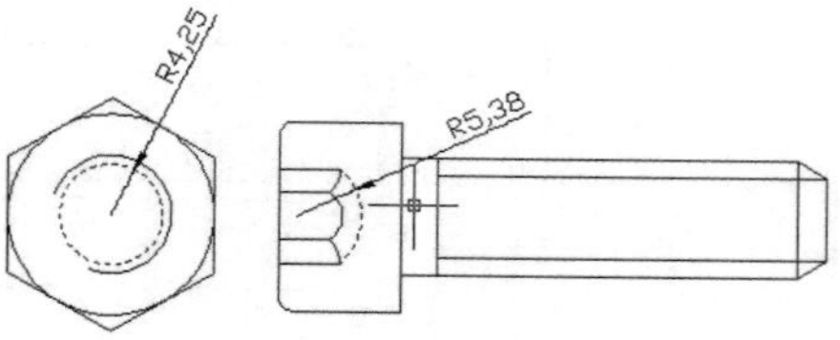

图 11-58

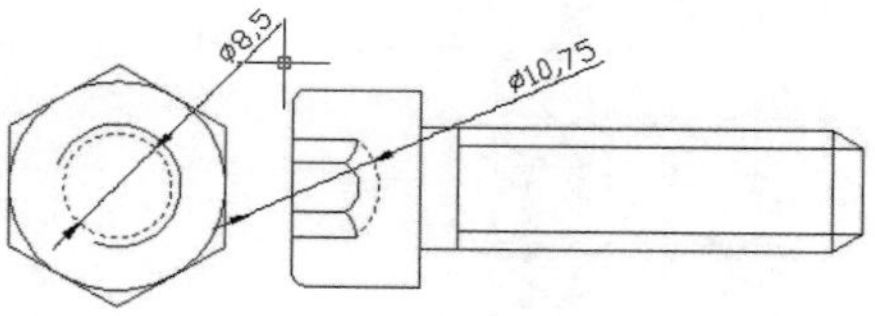

图 11-59

（7）基准点（datumPoint）：为基线和坐标标注设置新的基准点。

命令行提示“选择新的基准点:”，指定新的基准点后回车将返回到上一提示。基准点将影响快速基线标注对象或坐标标注对象的测量点。

（8）编辑（Edit）：编辑一系列标注点。将提示用户在现有标注中添加或删除标注点。

命令行提示“指定要删除的标注点或[添加(A)/退出(X)]<< /span>退出>:”，选择要删除的点或输入选项 A 切换到添加标注点模式，命令行提示“指定要添加的标注点或[删除(R)/退出(X)]<< /span>退出>:”。输入选项 X、回车或按 Esc 键将返回到上一提示，如图 11-60 所示。

3.使用快速标注命令编辑一系列标注

使用快速标注（QDIM）命令不仅可以快速创建一系列新的尺寸标注，也可以用于同时编辑多个已有的标注对象。要使用该命令编辑标注，可以将需要编辑的尺寸标注选为标注对象，然后进行快速标注，命令结束后所选的标注对象将被移动到新位置。

操作步骤如下：

Step 01 输入命令 QDIM 或在菜单中选择“标注”→“快速标注”命令，或单击“工具条”按钮。

Step 02 选择要编辑的尺寸标注并回车，如图 11-61 所示。

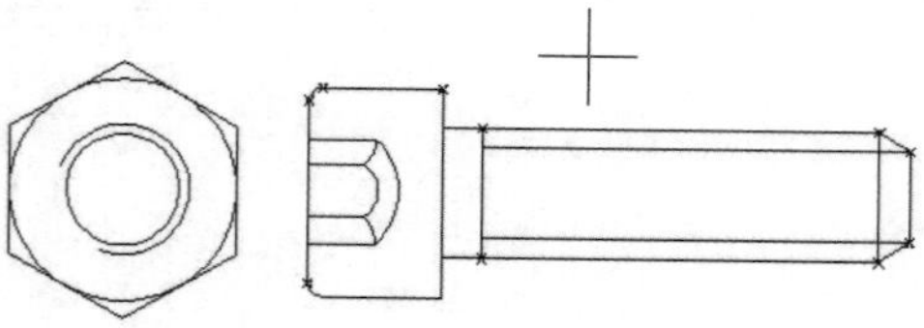
图 11-60

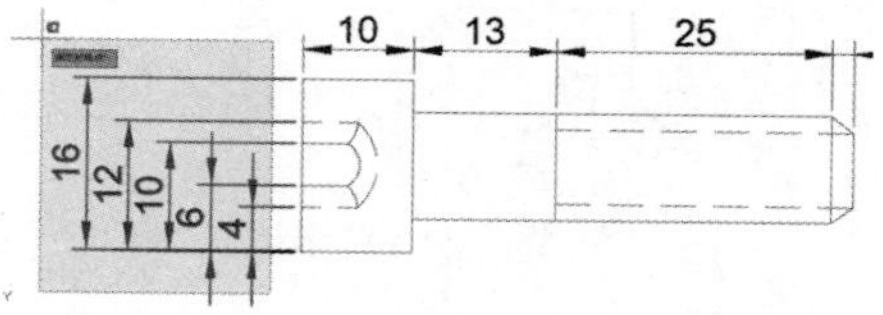

图 11-61

Step 03 指定尺寸线位置或输入选项，如 S，切换到其他标注模式。

Step 04 指定或输入尺寸线位置，如图 11-62 所示。

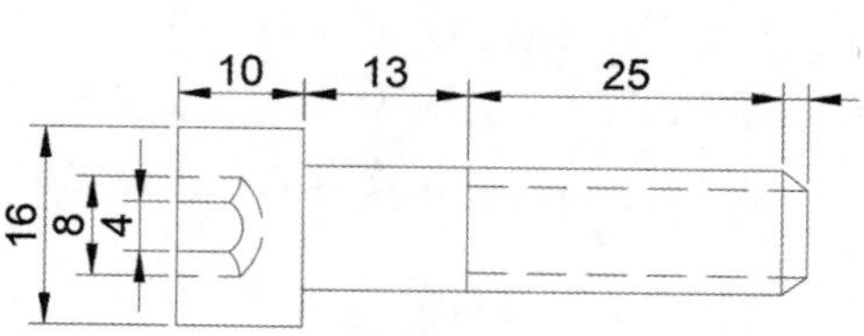

图 11-62

任何时候都可以按 Esc 键中断命令。

CAD 高版本在 QDIM 的基础上开发了一个被称为智能标注的功能 DIM，根据选择的对象自动切换标注类型，很多参数选项与快速标注类似，如图 11-63 所示。

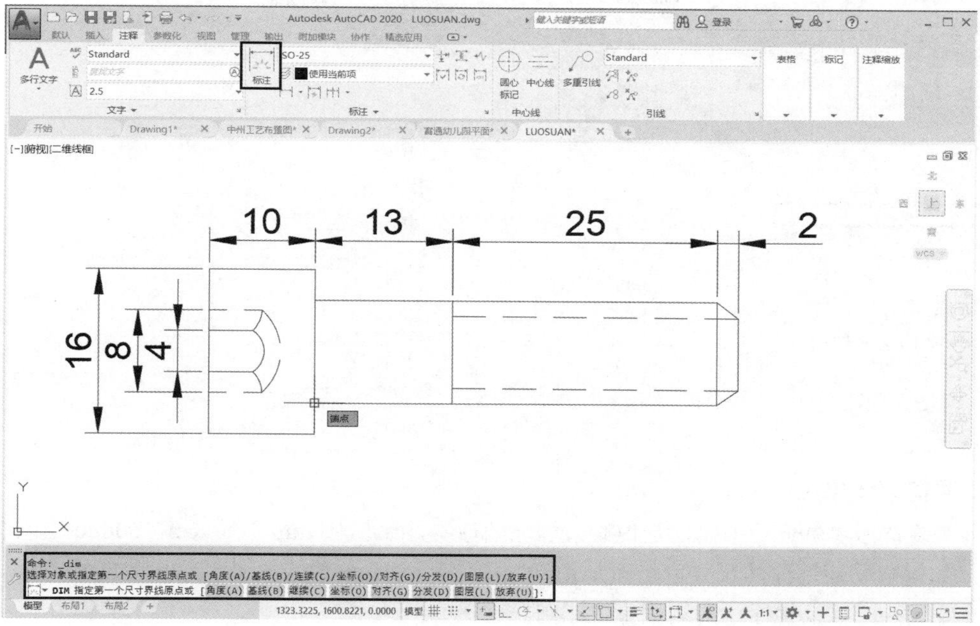

图 11-63

如果会用快速标注，智能标注自己试一下很快就能掌握，这里就不再详细介绍了。

小结

快速标注不仅可以一次性标注多个同类的标注，还可以选择并编辑已经创建好的标注，调整这些标注的形式或位置。

记住命令是 QDIM，就不用在菜单中找这个命令。

11.8　标注怎样显示单位?

初学者通常认为标注的单位应在单位（UNITS）对话框中设置，在 3.2 节中介绍过，其实在一张图纸内部无所谓单位，也就是说可以把一个单位可以当作一米，也可以当作一毫米。

国内通常绘制的是公制图纸，多数情况下默认图纸中一个单位是毫米。关于标注单位的问题可以分为两类：一类是想在标注文字中显示单位，另一类是希望改变标注的单位，例如按毫米为单位绘制的图形，但希望标注成厘米或米。

1.如何让标注显示单位?

无论在“单位”对话框中将“插入时的缩放单位”设置成厘米或米，标注出来都是不带单位的。要想让标注显示单位，需要在标注样式中设置。

Step 01 输入 D 命令，回车，打开“标注样式管理器”，选择 ISO-25 标注样式，单击“修改”按钮，打开“修改标注样式 ISO-25”对话框。

Step 02 单击“主单位”选项卡，在“后缀”文本框中输入 mm，如图 11-64 所示。

Step 03 单击“确定”和“关闭”按钮，关闭标注设置相关对话框。

Step 04 用新建的标注样式标注图形尺寸，如图 11-65 所示。

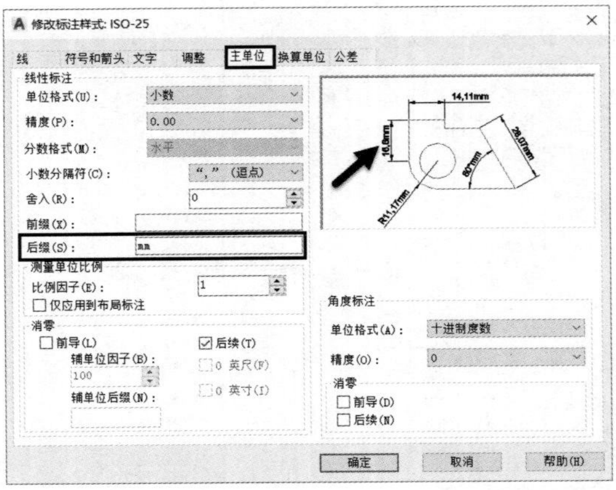

图 11-64

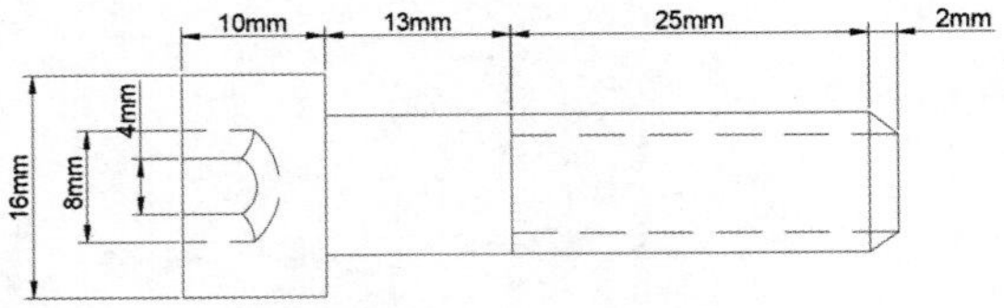

图 11-65

2.调整标注单位

所谓调整标注单位，不仅仅是说修改标注的后缀，比如从 mm 改成 cm，50mm 会直接变成 50cm。如果想要让标注的尺寸值仍然是正确的，比如 50mm 改成厘米单位后，应是 5cm，不仅要修改后缀，还要设置标注的测量单位比例。

Step 01 输入 D 命令，回车，重新修改 ISO-25 的标注样式，将后缀设置成 cm，将测量单位比例的比例因子设置成 0.1，如图 11-66 所示。

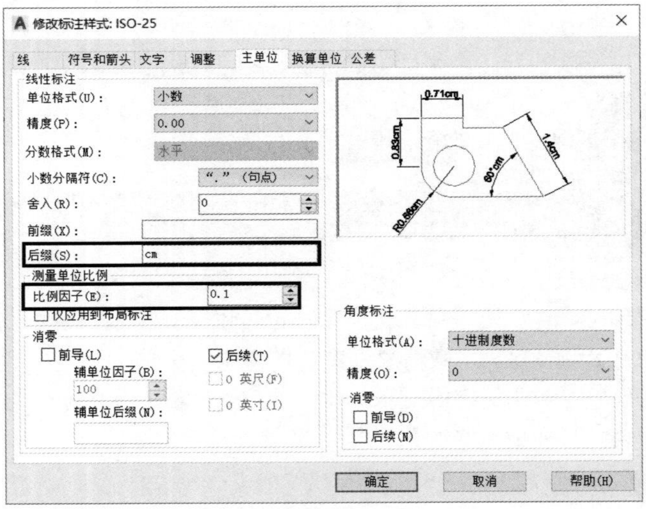

图 11-66

Step 02 单击“确定”和“关闭”按钮，关闭标注设置相关对话框。观察标注效果的变化，如图 11-67 所示。

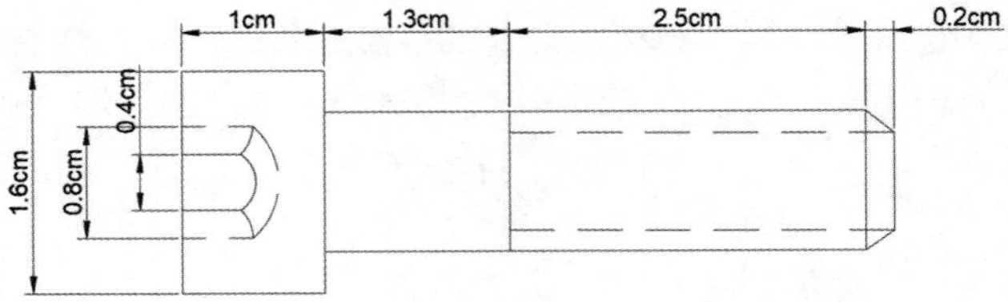

图 11-67

小结

CAD 软件与我们想象的不一样，单位设置对话框对于单张图来说没有意义，标注也与单位对话框中的设置没有关系，标注的单位后缀完全由自己定。

CAD 绘图时真正的单位设置不在软件中，应该在你的心中。当然，这也不是我们决定的，是行业标准或习惯决定的，只要画图时我们自己清楚即可。

即使绘图时默认的单位和标注的单位不一致，也可以通过修改标注测量单位比例进行调整。

11.9　如何倾斜和旋转标注及标注文字？

当标注轴测图、系统图或其他倾斜图形时，希望标注和文字能与标注的图形平行或看上去与轴测图中的图形在同一个平面上，如图 11-68 所示。

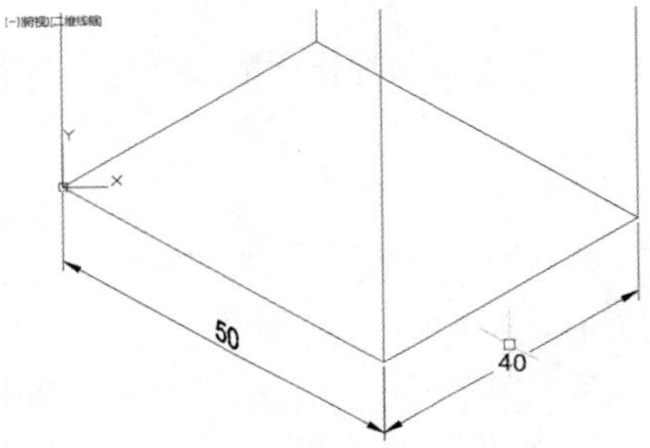

图 11-68

为了满足各种不同的需求，CAD 不但提供了对齐标注可直接与线的方向对齐，并且提供了文字和标注的倾斜命令以及标注文字的旋转命令，下面简单介绍这些设置。

1.对齐标注

绘制平面图时通常用的是线性标注，线性标注无论标注图形是否倾斜，标注线本身都是水平或竖直的，也就是说只能标注图形的 X 向或 Y 向尺寸。

要想标注斜线的长度，一般情况用对齐标注就可以满足要求。

Step 01 在菜单、工具栏或命令面板中选择对齐标注，或者直接输入 DAL，执行“对齐标注”命令，如图 11-69 所示。

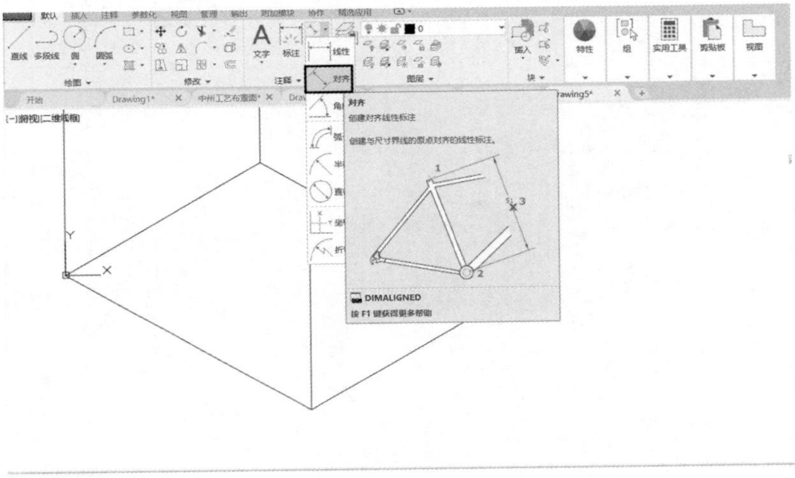

图 11-69

Step 02 捕捉线的两个端点，即可完成对齐标注，如图 11-70 所示。

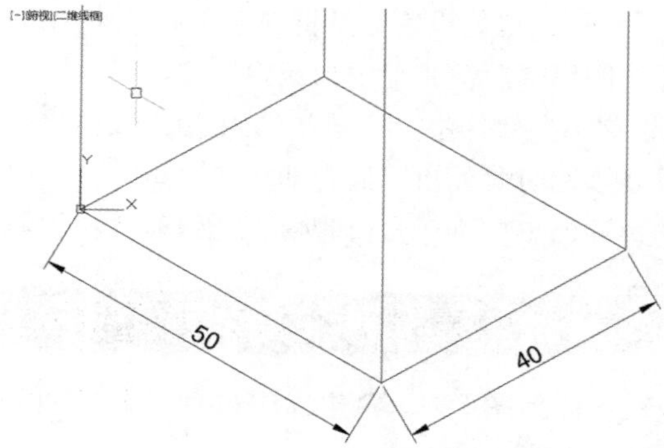

图 11-70

对齐标注的标注线和文字都已经被旋转到与标注的线平行和垂直了，如果没有特殊要求，这样的标注也完全可以满足要求。

2.设置标注的倾斜角度

如果标注三维模型的轴测图，为了更好地模拟三维效果，我们希望标注看上去在图形所在平面并与图形平行，此时就需要设置标注的倾斜角度。

在菜单、工具栏或“命令”面板中选择“标注”→“倾斜”选项，如图 11-71 所示。其实倾斜只是标注编辑 DIMEDIT 命令的一个分支 O，因此也可以输入 DIMEDIT 命令，回车，输入 O 命令，回车，设置标注的倾斜角度。

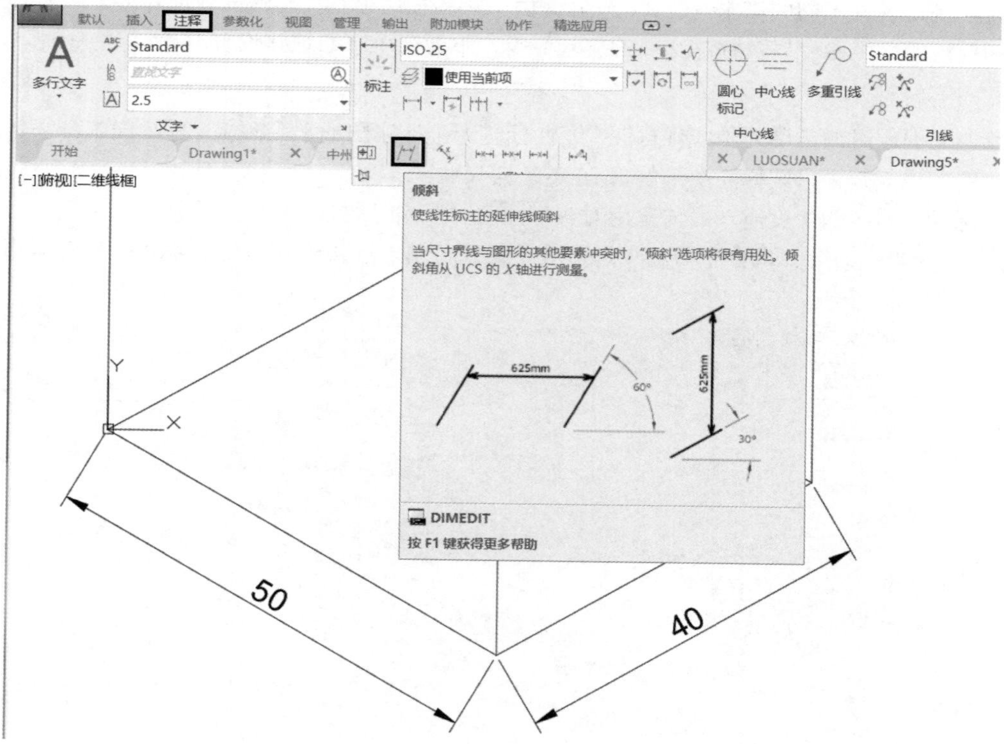

图 11-71

执行“倾斜”命令后，框选图 11-71 中的两个对齐标注，输入 90°，作为倾斜角度，如图 11-72 所示。

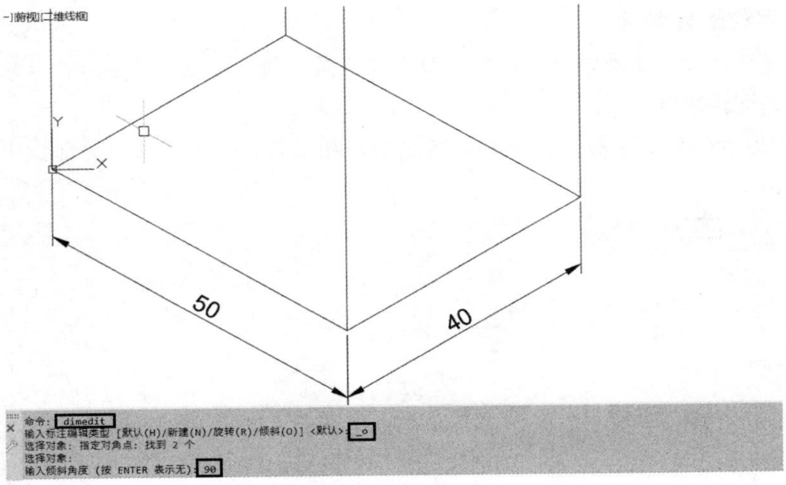

图 11-72

修改后标注的边界线变成与 X 轴呈 90° 方向，但文字没有什么变化。

3.设置文字倾斜角度

如果想让文字与标注的尺寸线有同样的倾斜效果，可以直接设置文字的倾斜角度。设置方法有两种：一种是在文字样式中设置倾斜角度，但由于图形中文字的倾斜角度有多种，就需要设置多种文字样式；另一种是直接编辑标注文字，设置文字的倾斜角度。

为了更简单地让大家看到效果，下面我们直接编辑文字。

高版本可直接双击标注文字，低版本 CAD 需输入 ED，回车后单击标注文字，打开多行文字编辑器，选中标注的测量值，在编辑器工具栏或面板中找到倾斜角度的设置，输入−30°，如图 11-73 所示。

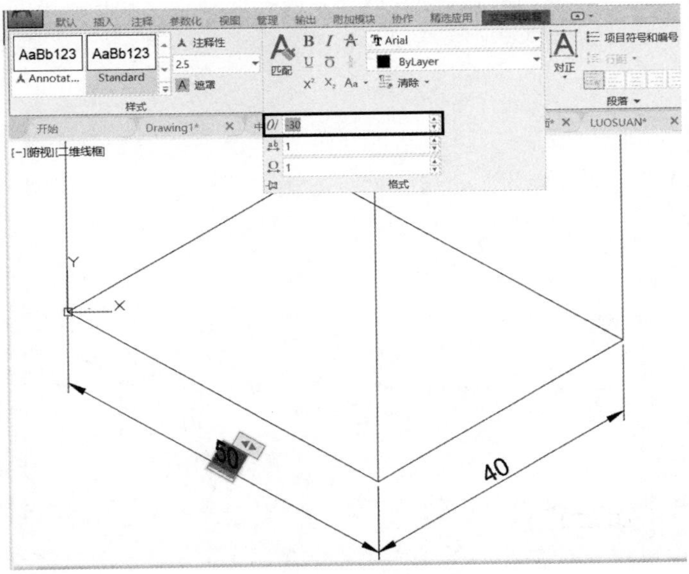

图 11-73

如果需要，用同样的方法编辑另一个标注的文字，如果图 11-73 中右侧标注文字的倾斜角度需要设置为 30°。

4.设置文字的旋转角度

在有些情况下，标注是倾斜或竖直的，但为了看图方便，希望标注文字保持水平，此时可以设置标注文字的旋转角度。

在 CAD 中也专门提供了标注文字的旋转命令，在菜单、工具栏或命令面板中都可以找到，如图 11-74 所示。

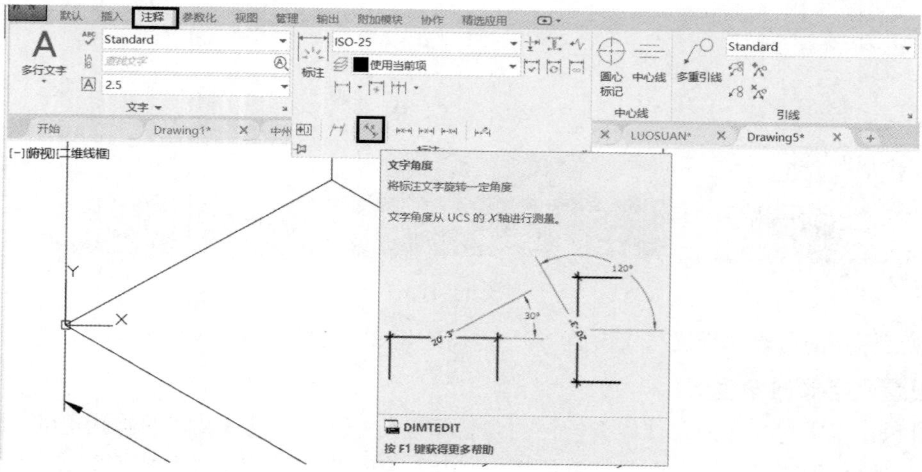

图 11-74

其实文字旋转是编辑标注文字（DIMTEDIT）命令的一个分支，因此也可以输入 DIMTEDIT 命令，回车，输入 A，回车，设置文字的旋转角度。

执行“标注文字角度”命令，单击右侧标注的文字，可以直接输入文字与 X 轴正向的角度。

但这个角度有点奇怪，不知道算不算 CAD 的 BUG，按道理应该设置 0 度，但如果输入 0 度，等于告诉 CAD 不旋转，文字的角度不会变，但如果输入 0.1，文字就基本接近水平了，如图 11-75 所示。

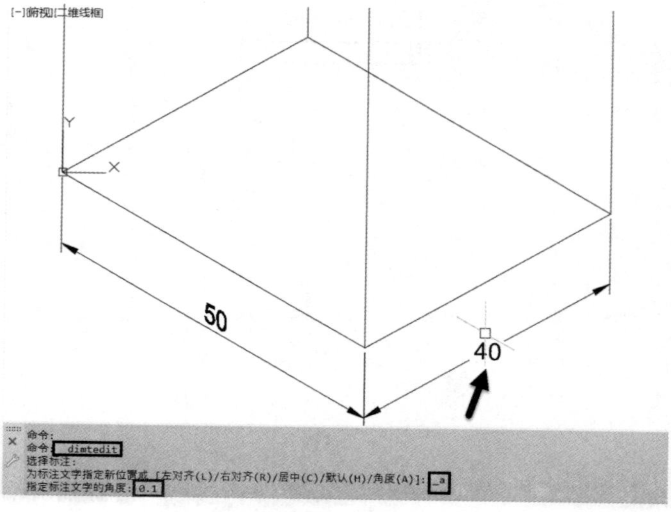

图 11-75

小结

上面简单介绍了标注及标注文字旋转和倾斜设置的方法和效果，如果想用得得心应手，还必须了解不同角度倾斜和旋转的效果，估计刚开始经常会设置错，需要撤销重新设置。

11.10　如何修改弧长标注中圆弧标记的显示方式？

当进行弧长标注时，在弧长数值前会显示一个圆弧的符号，但是有人希望将圆弧标记放到文字上面，其实 CAD 的开发者早就已经考虑到这种需求，在“修改标注样式”对话框中就可以设置，如图 11-76 所示。

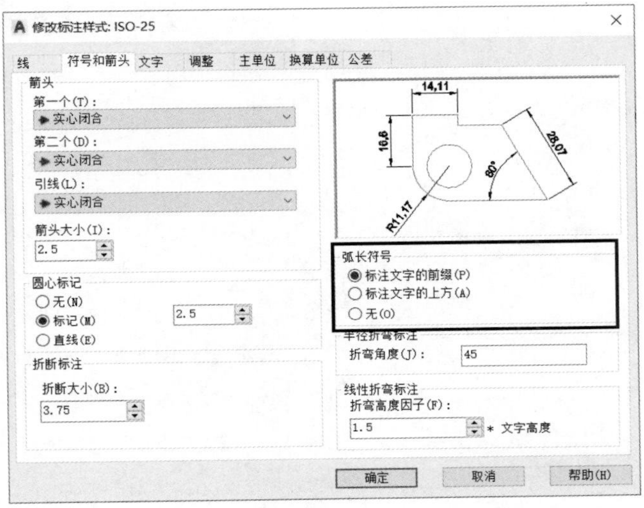

图 11-76

这个设置其实对应的是一个变量：DIMARCSYM。

DIMARCSYM 的默认值是 0，将圆弧标记显示在尺寸文字的前面（标注文字的前缀），如图 11-77 所示。

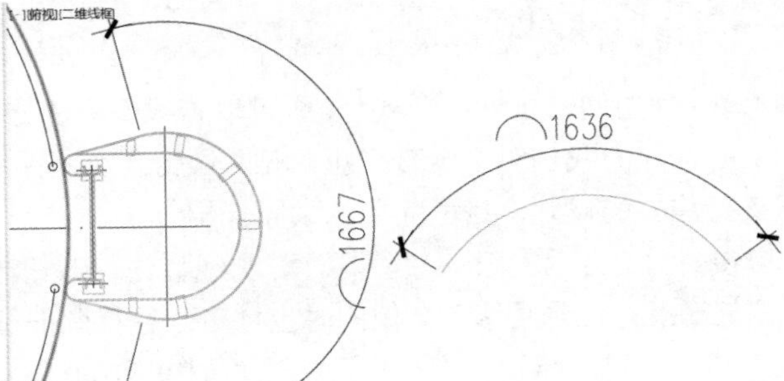

图 11-77

如果将此变量设置为 1，圆弧标记会显示在尺寸文字的上方，如图 11-78 所示。

如果将此变量设置为 2，将不显示圆弧标记，如图 11-79 所示。

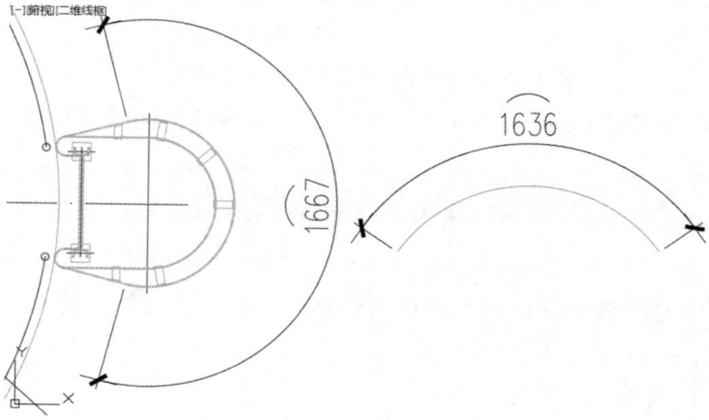

图 11-78

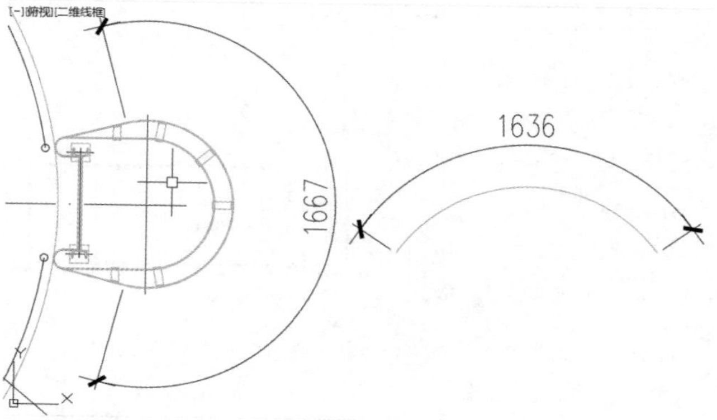

图 11-79

遇到类似问题，不妨先看看对话框或命令行中的参数，如果没有找到答案，可以再查看帮助中相关的命令和变量，通常都能找到答案。

11.11 同一标注样式的线性标注和角度标注是否可以使用不同的箭头？

有人问了这样一个问题：使用同一个标注样式，是否可以将线性标注的箭头设置成建筑斜线，而角度标注时用普通的实心箭头？我当时也没有多想，就说只能分别设置两个标注样式，后来才想起来标注样式本身就支持这样的设置，这里简单给大家介绍一下。

标注有线性标注、角度标注、半径标注、直径标注、引线标注、弧长标注、坐标标注等多种类型，标注样式可以设置这些标注的通用参数，但同时也针对一些特殊的标注类型设置一些特定的参数，例如引线标注、圆心标记、弧长标注和折弯标注，如图 11-80 所示。

从右侧的示例图可以看出，如果箭头设置成建筑斜线，线性标注和角度标注都变成斜线。

怎样才能让两种标注的箭头不同呢？

答案是：设置标注子样式！

下面介绍如何设置标注子样式。

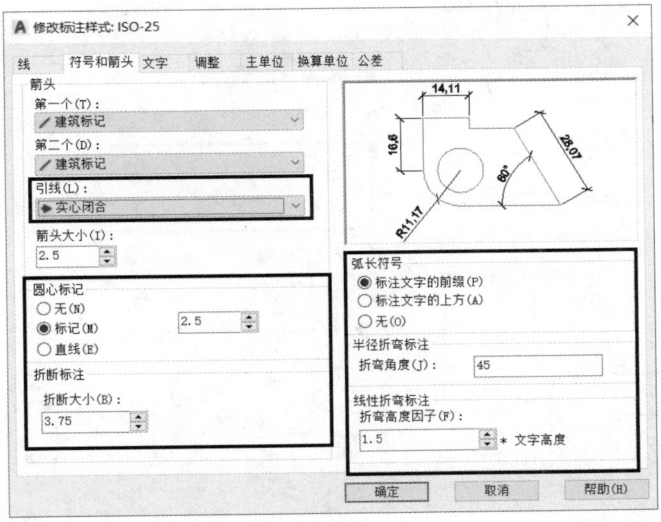

图 11-80

Step 01 输入 D 回车，打开“标注样式管理器”对话框。

Step 02 选中 ISO-25 或某种已有的标注样式，先单击“修改”按钮，在“修改标注样式”对话框中将标注箭头形式像上面的截图一样设置为建筑斜线，单击“确定”按钮后返回“标注样式管理器”对话框。

Step 03 在“标注样式管理器”对话框中选中刚修改过的标注样式，单击“新建”按钮，打开“创建新标注样式”对话框。

Step 04 打开对话框下面的“用于”下拉列表，如图 11-81 所示。

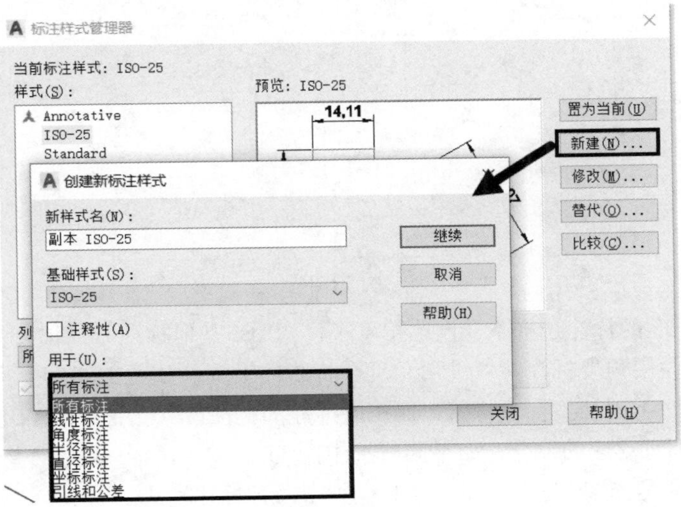

图 11-81

默认选项是“所有标注”，下面还有各种标注类型。当设置用于“所有标注”时，新样式名输入栏是激活状态，并自动在标注名前加上“副本”两个字。

Step 05 在“用于”下拉列表中选择“角度标注”选项，此时“新样式名”输入栏会变灰，也就是这个标注样式的名字仍是刚选中的标注样式名，如图 11-82 所示。

Step 06 单击“继续”按钮，关闭“创建新标注样式”对话框，进入“新建标注样式”对话框，可以看到标注样式名称显示的是：ISO-25:角度，将箭头改成实心箭头，如图 11-83 所示。

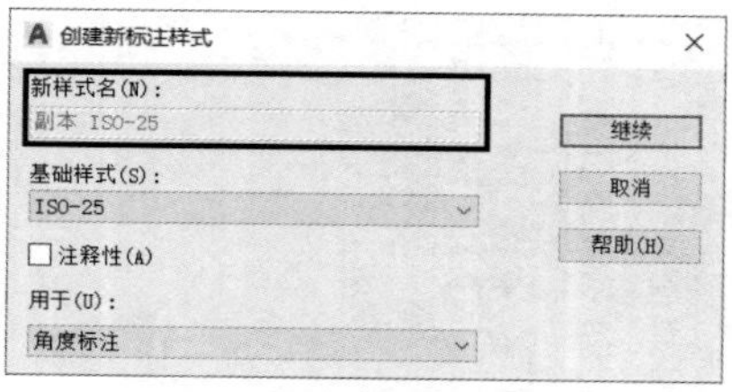

图 11-82

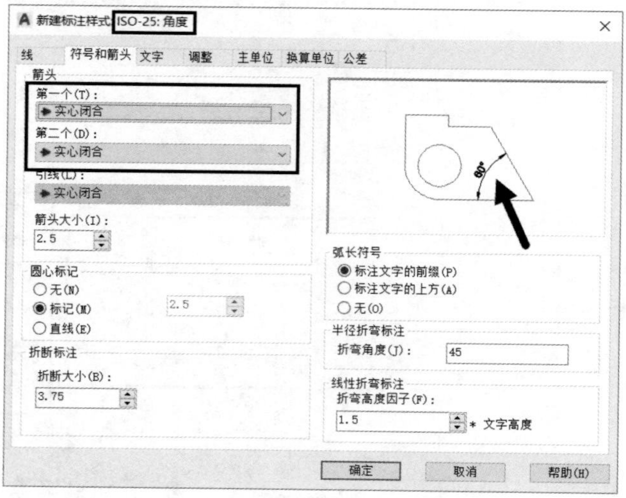

图 11-83

注意看右上角只显示了角度标注的示例，其他标注形式的预览效果都消失了。

Step 07 单击“确定”按钮，返回“标注样式管理器”对话框，可以看到在 ISO-25 下面出现了一个分支：角度，如图 11-84 所示。

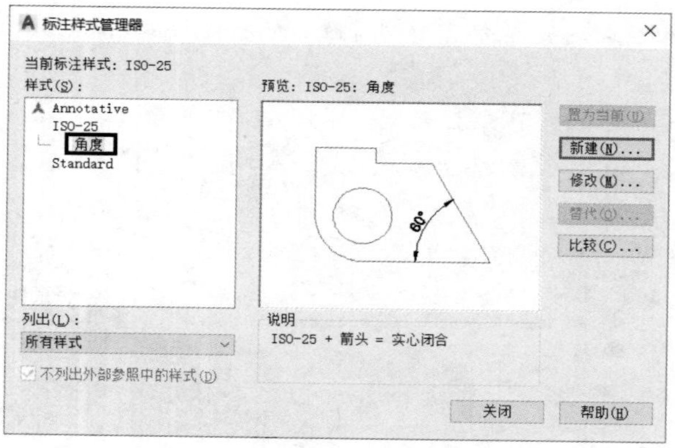

图 11-84

角度就是 ISO-25 的标注子样式。设置角度子样式后，其他标注方式仍会使用 ISO-25 样式设置的参数，但如果使用角度标注时就使用角度子样式的设置，如图 11-85 所示。

虽然标注角度时不用切换标注样式，但角度标注的标注样式名是：ISO-25$2。角度标注的编号为 2，其他样式都有对应的编号。如果同时选中图 11-84 中的两个标注，“特性”面板中标注样式里显示也是“多种”，也就是说实质上还是设置了两种标注样式。

CAD 软件只是为了满足大家的需求，不同类型的标注可以采用不同的参数，但使用相同的标注样式名，这样就不用来回切换标注样式。一般情况下，角度、半径、直径等几种标注会使用常规的实心箭头，而线性标注才会设置成建筑斜线形式。也可以反过来，将主标注样式的箭头设置为实心箭头，而新建一个线性标注的子样式。除了箭头外，如果不同标注类型对尺寸线、尺寸界限等设置有不同的要求时也可以设置子样式。

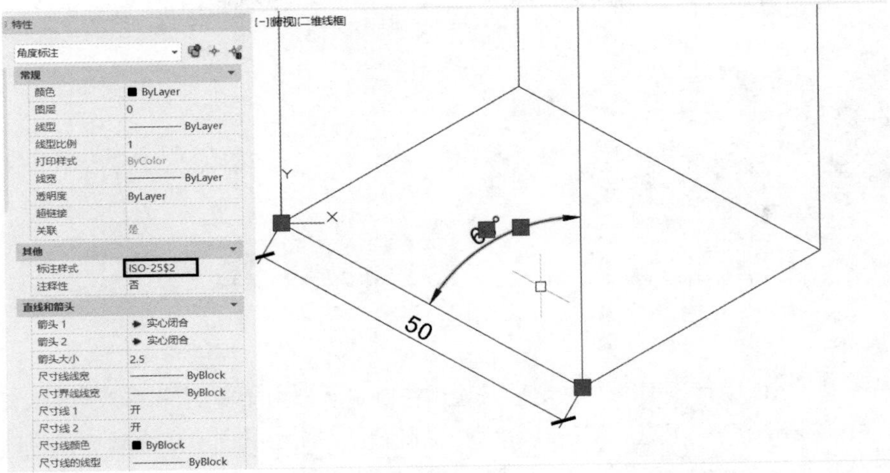
特性
角度标注
常规
颜色
ByLayer
图层
0
线型
ByLayer
线型比例
1
打印样式
ByColor
线宽
ByLayer
透明度
ByLayer
超链接
关联
是
其他
标注样式
ISO-25$2
注释性
否
直线和箭头
箭头 1
实心闭合
箭头 2
实心闭合
箭头大小
2.5
尺寸线线宽
ByBlock
尺寸界线线宽
ByBlock
尺寸线 1
开
尺寸线 2
开
尺寸线颜色
ByBlock
尺寸线的线型
ByBlock
[-][俯视][二维线框]
Y
X
50

图 11-85

第 12 章 图案填充

图案填充是 CAD 中很重要的一种图形，通过在一定区域内填充颜色、线条或图案来表现图形的类型、材质或用途等。填充区域的计算判断很复杂，大面积的图案填充会影响软件的操作性能，因此在使用填充时经常会遇到一些问题。本章针对图案填充中最常见的一些问题进行讲解，帮助大家更好地使用图案填充。

12.1　AutoCAD 中的填充比例是怎么算的？

填充图案的定义有两种，一种是按毫米定义的，另一种是按英寸定义的，在公制图纸中通常是按毫米定义的。

填充图案单元的长宽是固定的，而比例与实际的图纸大小有关系。如果想精确地设置填充的比例，就需要知道填充图案一个单元的尺寸。如果图纸对填充的尺寸有要求，用图面要求的尺寸乘以打印比例再除以填充单元的实际尺寸，就得到精确的打印比例。

1.简单介绍填充图案定义

填充图案的文件扩展名是*.pat，这是一个纯文本文件，文件中就是一些数字，这些数字表示填充图案中每条线的角度，位置。如果填充图案复杂，单元中的线比较多，填充图案的定义就会有好多行。即使我们并不自己定义填充图案，也可以打开填充图案文件看一看。

CAD 安装后填充文件在两个文件夹下，安装目录下的 UserDataCache 目录下有一份备份，如 2021 版的填充文件位置在如图 12-1 所示的位置。

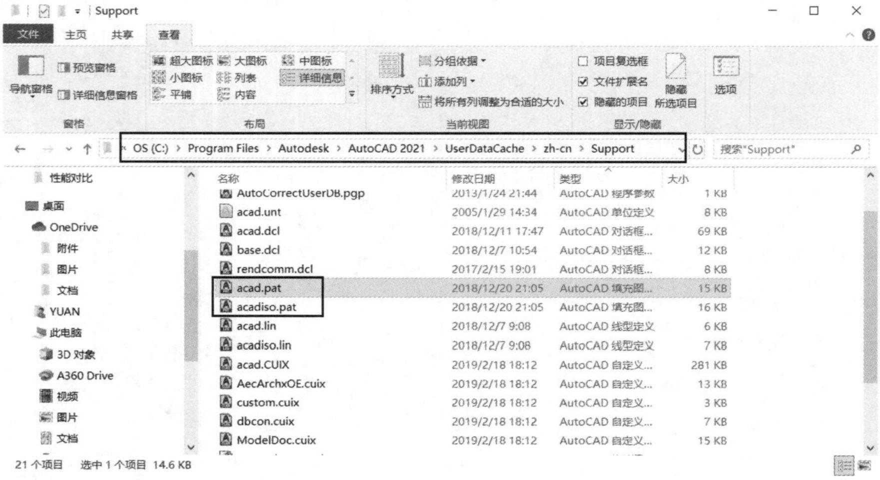

图 12-1

而真正起作用的填充文件在当前用户的应用程序文件夹，也就是%AppData%下的 CAD 的相关文件，例如 2021 版的填充文件位置在如图 12-2 所示的位置。

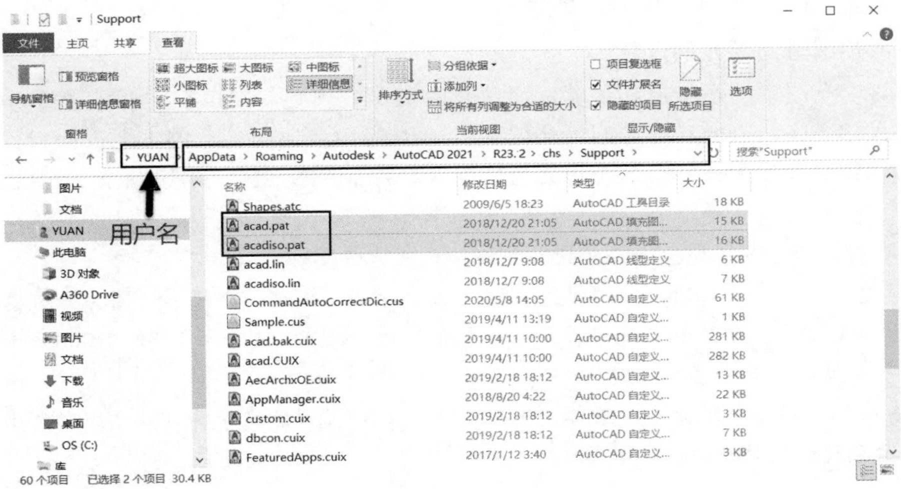

图 12-2

填充文件有两个，一个是 acad.pat，保存的是按英寸定义的填充，里面数值除了整数的角度值外，其他数值都相对比较小；另一个是 acadiso.pat，保存的是按毫米定义的填充图案，也就是在英寸的基础上乘以 25.4。

可以用记事本打开两个 PAT 对比一下，找一个名字相同的填充图案，如“*AR-PARQ1,2×12 镶木地板：12×12”的图案对比一下数据，如图 12-3 所示。

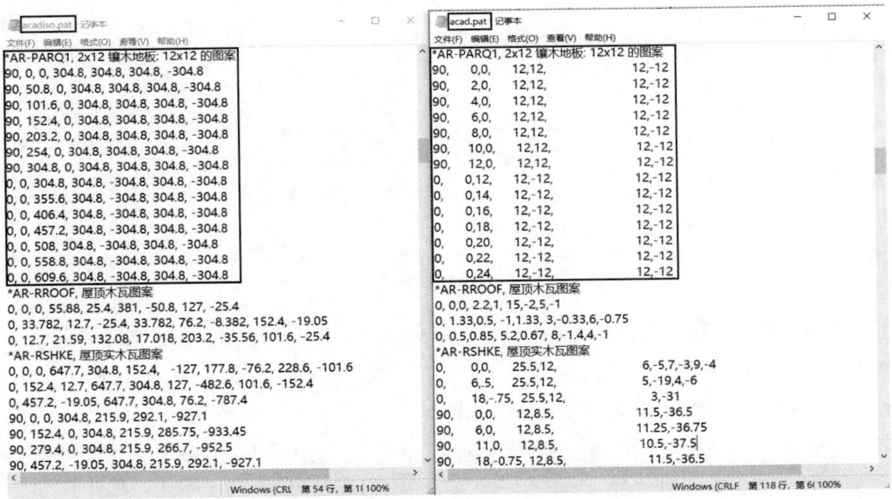

图 12-3

通过对比会发现，AutoCAD 自带的填充图案是先定义的英寸文件，因为可以看到 acad.pat 中的数值相对比较整一些，而到 acadiso.pat 里的尺寸就不一样了，一些数值小数点后有很多位。

在使用填充图案时也不能混用，如果在以毫米为单位的图中用英寸定义的填充图案，填充图案就会小 25.4 倍，反过来就会大 25.4 倍。

在前面的章节中介绍过，“填充”对话框调用哪个填充文件取决于 CAD 的一个单位变量：MEASUREMENT 的设置，不是单位 UNITS 的设置。MEASUREMENT 设置为 1，调用公制的填充文件，设置为 0，调用英制的填充文件。

2.如何知道填充单元的尺寸

如果对填充图案的定义足够了解，而填充图案又很规则，在填充文件中就能看出填充图案的单元尺寸，比如上面对比过的填充图案“*AR-PARQ1，12×12 镶木地板：12×12”的图案，从名称和定义中大概知道这个单元长度为 12 英寸的木地板，填充图案单元尺寸是 12×12 英寸。

下面看看这个图案填充出来的效果并测量填充图案的实际尺寸。

Step 01 新建一个文件，采用公制的样板文件 acadiso.dwt。绘制一个矩形，因为知道填充单元的大致尺寸是 24 英寸，也就 600 毫米多一点，矩形的对角点可以输入@1000，1000。绘制完矩形如果没有完全显示，双击鼠标中键。

Step 02 输入 H，回车，填充图案选择 AR-PARQ1，比例就用默认值为 1，在矩形内单击，将木地板图案填充到绘制的矩形内，如图 12-4 所示。

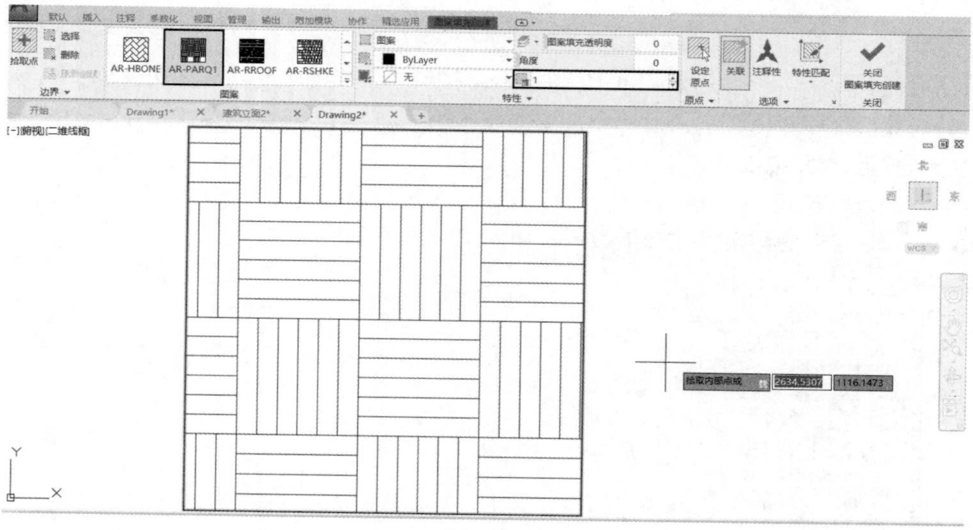

图 12-4

默认状态下，对象捕捉会忽略填充图案上的点，这是为了提高捕捉的速度，避免填充干扰其他图形的捕捉。

如果有特殊需要，可以打开捕捉填充的设置。

Step 03 输入 OP 命令，回车，打开“选项”对话框，在“绘图”选项卡中的“对象捕捉选项”选项组中，取消勾选“忽略图案填充对象”复选框，如图 12-5 所示。

Step 04 确认状态栏中的对象捕捉（F3）已打开，并打开了“端点捕捉”选项。

Step 05 输入 DI 命令，回车，拾取填充单元横向的两个端点，如图 12-6 所示。

此填充图案的单元宽度为 609.6，应该正好是 24 英寸。

这种用英制转换来的尺寸对于绘制公制图纸，想要设置一个合适的比例真的很难。

这个填充图案相对比较简单，各条线都是横平竖直的，可以将填充定义简单编辑一下，比如将里面的数值都替换成 50、100、150、300、600，如图 12-7 所示。

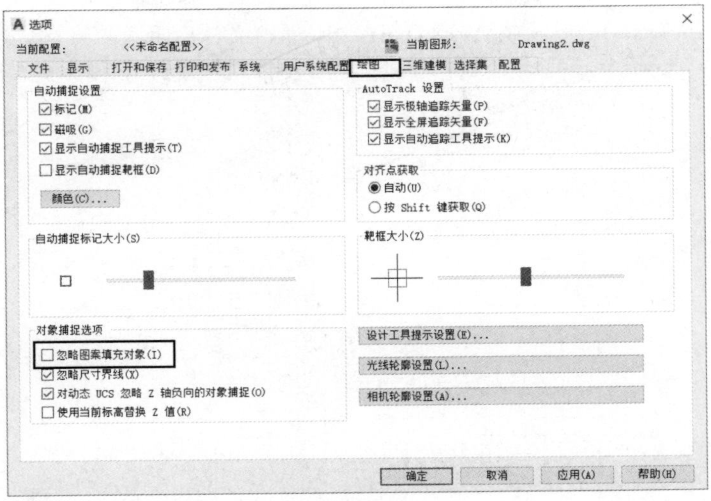

图 12-5

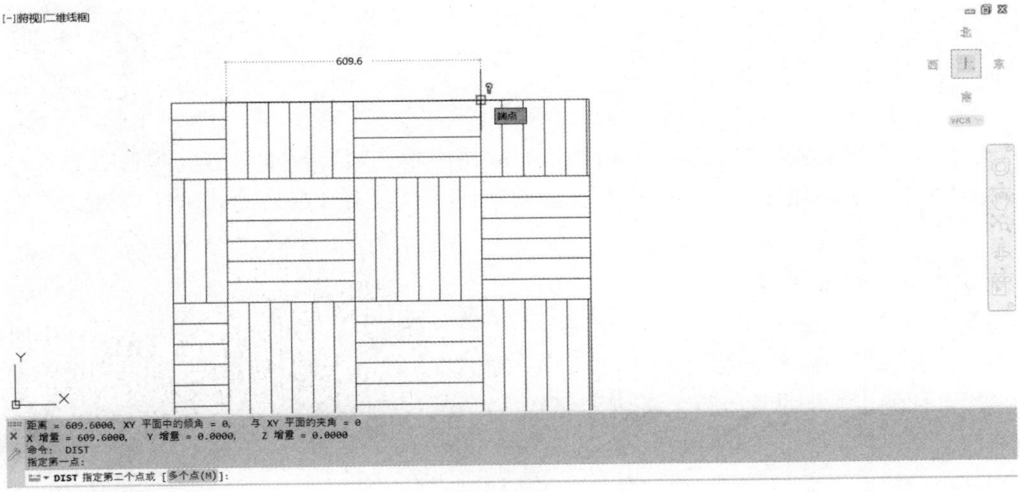

图 12-6

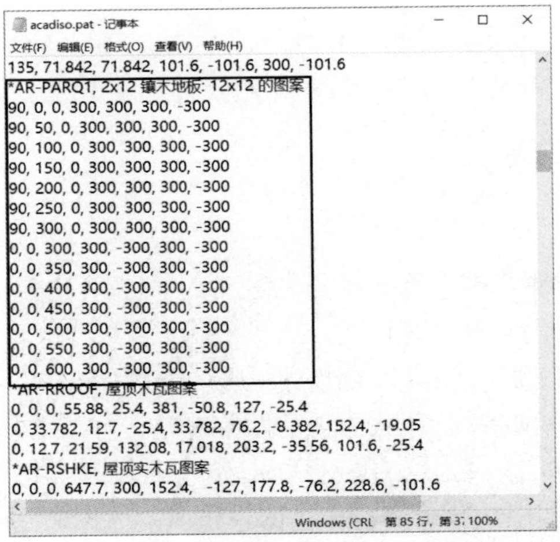

图 12-7

如果编辑的 AppData 目录下的 acadiso.pat 文件，保存文件后重新填充，修改的填充即可生效，如图 12-8 所示。

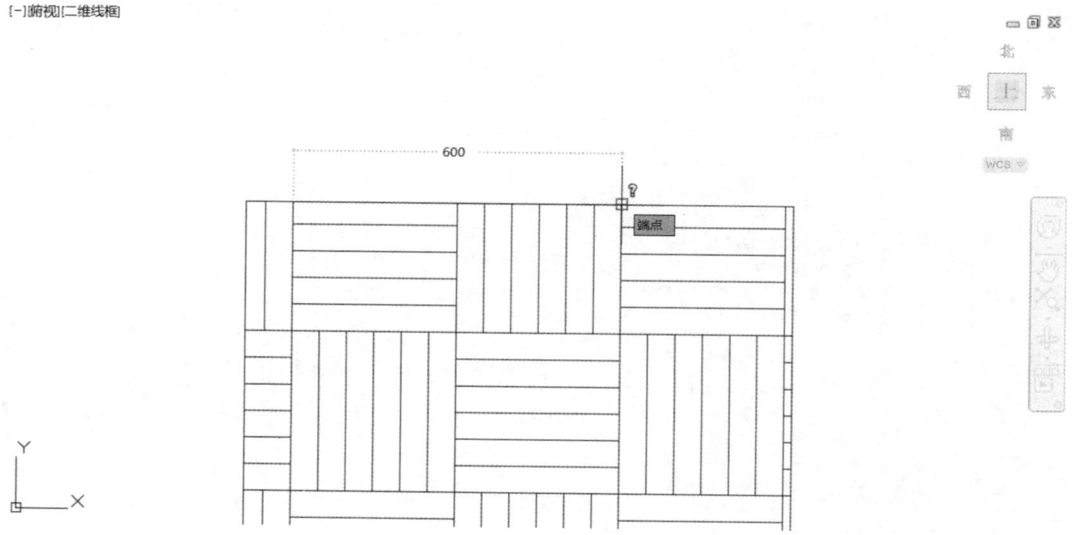

图 12-8

一些复杂的图案就没这么容易编辑了，有些图案填充后都很难看出单元到底是多大，比如 AR-SAND 沙子的填充，好在这类填充通常对比例也没有太严格的要求，只要效果差不多即可。

3.计算填充的比例

图案不一样，填充比例的计算方法也不一样，有些图案按实际的尺寸 1∶1 设置，上面的木地板图案，有些图案是示意性质的，比如沙子、鹅卵石、混凝土等。但想要在最终图纸中得到满意的效果，比例也不能设置差得太多。

类似于 AR-PARQ1 这样的图案，它是按实际尺寸 1∶1 定义的。如果 1∶1 绘图，无论用什么比例打印，如果不想改变木地板的尺寸，填充比例就可以设置为 1。如果希望木地板的尺寸放大一倍，就将填充比例设置为 2。

但对于一些示意性的填充图案，例如 ANSI 的斜线或 AR-SAND 沙子等示意性填充，直接按打印比例设置即可，打印比例是 1∶100，填充比例就设置成 100。

也就是说，填充比例的设置没有绝对的计算公式，还是需要根据填充图案的定义和我们对填充图案打印效果的要求决定。

4.填充图案-用户定义

可以用记事本编辑填充定义或添加新的填充定义，但这里说的用户定义不是指这种填充，而是填充对话框或面板中提供的一种填充形式。

用户定义可以设置成平行线，也可以设置成横竖的方格，还可以设置角度。用户定义的比例就是实际的尺寸。如果有简单的平行线或方格的图案填充，可以用它来精确控制尺寸。

绘制一个 1 000×1 000 的矩形作为填充区域，输入 H，回车，打开“图案填充和渐变色”对话框或面板，在“图案填充”类型中选择“用户定义”选项，设置成双向，角度设置为 45 度，比例或间距设置为 300，高版本命令面板如图 12-9 所示，低版本对话框的设置如图 12-10 所示。

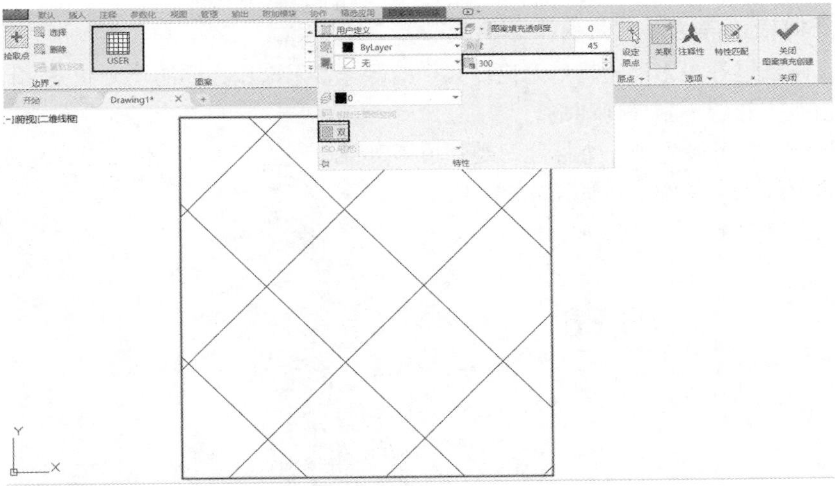

图 12-9

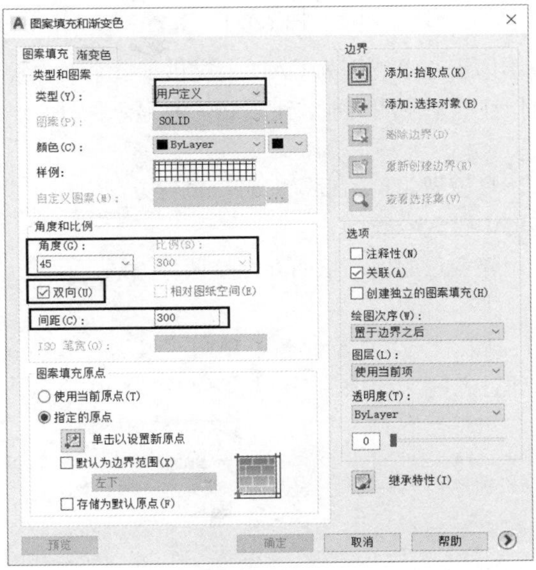

图 12-10

小结

填充图案定义的方式不同，设置填充比例的方法也不同。如果对填充图案单元的打印尺寸有明确要求，用打印尺寸乘以打印比例除以填充图案的单元尺寸计算比例的方法是广泛适用的。就算是 AR-PARQ1 也适用这个公式，只是这类 1∶1 定义的填充图案没有必要那么麻烦了。

行业和单位为了统一图纸的标准，有时会规定什么图形用什么图案，比例要求是多少，如果这样就不用费心去考虑这个问题，按照规定执行即可。

12.2　为什么不能填充？为什么填充后图案变了？

不同的情况原因可能完全不一样，所以下面将一些情况列举一下，遇到问题时可以看看到底属于哪一种情况。

1.没有任何错误提示，就是看不到填充

这种情况碰到过好很多次，就是无论什么样的区域，无论什么样的填充图案和比例，操作一切正常，但填充完却看不到任何图形。

遇到这种情况，可以先画一个标注，或者画一条带宽度的多段线，你会发现标注的箭头也会变成空心，多段线也会变空心，如图 12-11 所示。

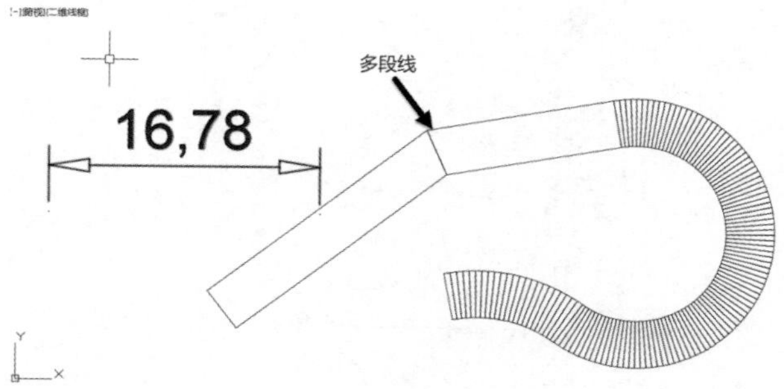

图 12-11

如果是这样，你反倒不用担心了！因为 CAD 中提供了一个变量控制填充的显示，当图中密集的填充比较多，导致操作性能下降明显时，可以将填充显示关掉，出现这种情况显然是填充显示被关掉了。

要想让填充显示出来，只需做简单的设置即可。设置方法有以下两种：

一是在“选项”对话框中设置参数。

二是直接输入命令，调整变量的值。下面介绍这两种方法。

（1）设置选项

输入 OP 命令，回车，打开“选项”对话框，单击“显示”选项卡，勾选“应用实体填充”复选框，单击“确定”按钮，关闭“选项”对话框，如图 12-12 所示。

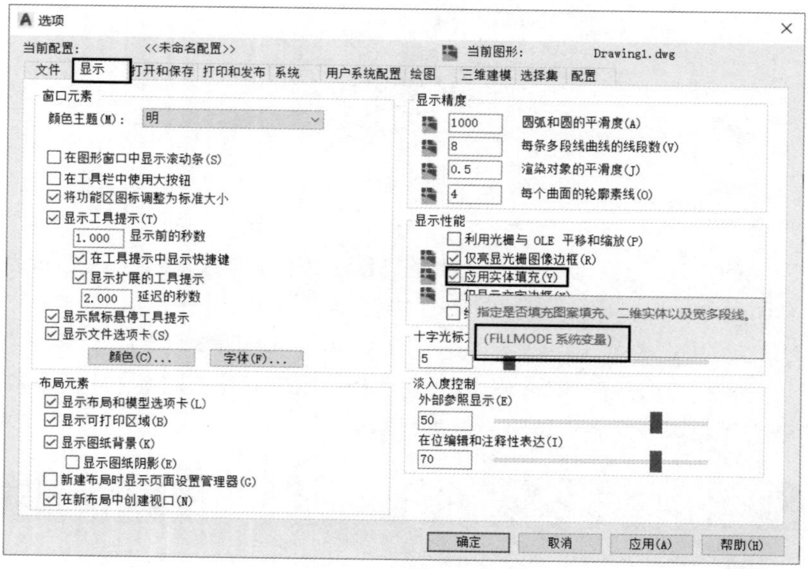

图 12-12

当光标停留在“应用实体填充”选项上时，CAD 高版本提示此选项的作用和相关的系统变量，控制填充显示的系统变量是 FILLMODE。

（2）输入命令

控制填充显示的系统变量是 FILLMODE，CAD 同时提供了一个简单的命令：FILL。

Step 01 输入 FILL 命令，回车，命令行提示输入模式为 ON 或 OFF，如图 12-13 所示。

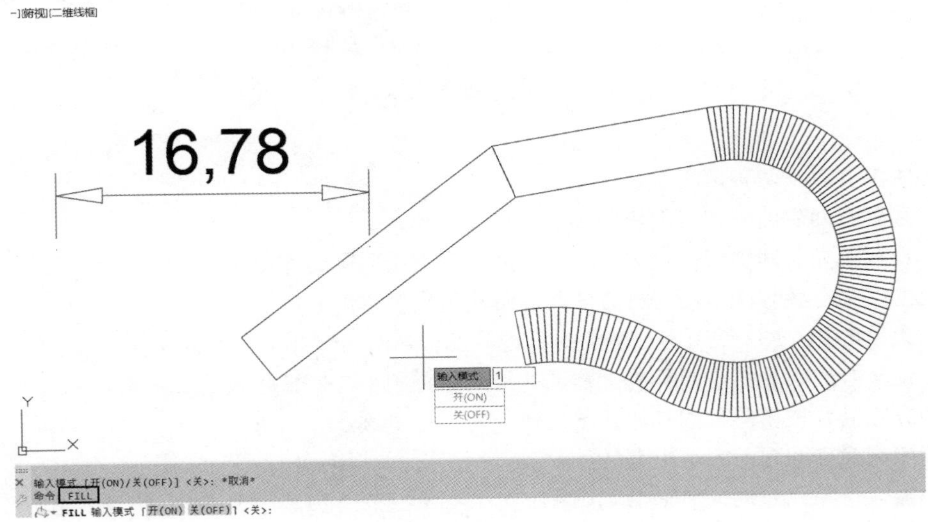

图 12-13

命令选项提示 ON 或 OFF 时，可以输入 ON 或 OFF，也可以输入 1 或 0。

Step 02 输入 1，回车，即可完成选项的设置。

在设置完选项或变量后，会发现填充箭头和多段线以及其他填充并没有显示出来，但现在再进行填充，填充可以正常显示了。要想之前绘制的填充正常显示，只需重新生成显示数据。

Step 03 输入 RE 命令，回车，标注箭头、宽多段线和填充就都显示正常了，如图 12-14 所示。

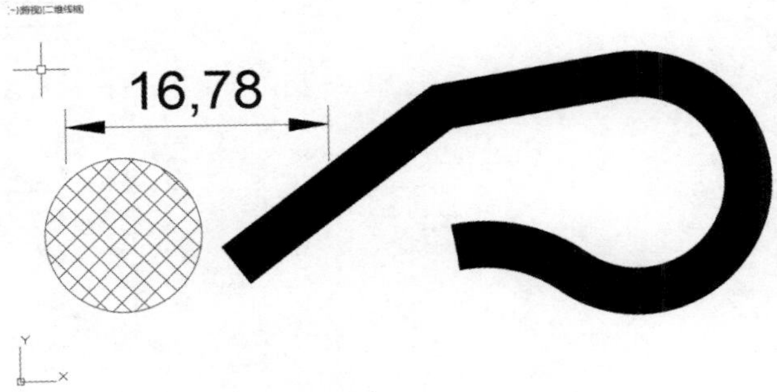

图 12-14

2.边界不封闭导致无法填充

有时填充的边界很复杂，在绘制的过程中由于没有采用捕捉或其他精确定位方式，导致边界线上有细小的缺口，不放大根本看不出来。在拾取区域创建填充时，却无法填充，这种状况会弹出非常明显的提示，在高版本 CAD 中甚至会将有间隙的地方用红点标记出来，如图 12-15 所示。

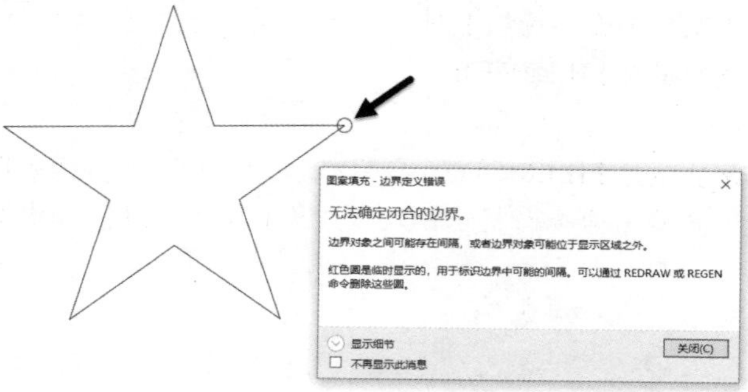

图 12-15

这种状况有以下两种解决方法：

（1）找到有间隙的位置，编辑图形将图形连接起来。

（2）设置填充的间隙值，让填充允许的间隙值大于间隙的宽度。

建议使用第一种方法，用这种方法问题解决得比较彻底。

但如果用的是 CAD 低版本，虽然提示边界没有封闭，但并不会告诉你什么位置没封闭，你要一个个连接点放大来查看断开的位置，如果间隙特别小，检查起来是很困难。

这种方法需要根据图形的具体情况具体处理，这里重点介绍第二种方法。

设置填充允许间隙的方法也有两种：

（1）直接在填充面板或对话框中设置。

（2）设置变量 HPGAPTOL 的值，两者效果相同。

高版本的填充面板中这个参数隐藏得比较深，如图 12-16 所示，低版本 CAD 中如果“图案填充和渐变色”对话框没有显示参数，可以单击填充右下角的箭头按钮，将对话框彻底展开，如图 12-17 所示。

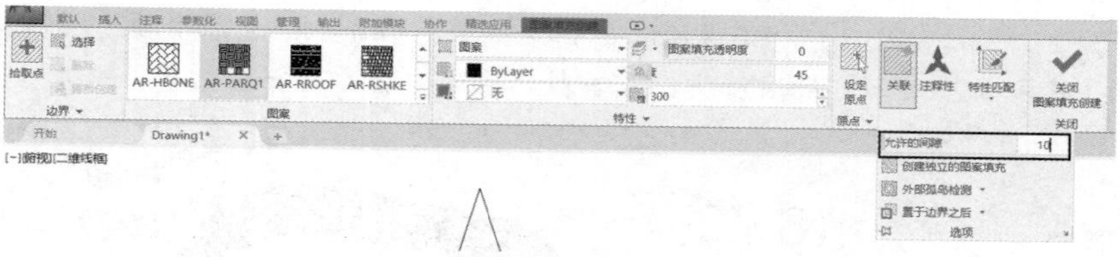

图 12-16

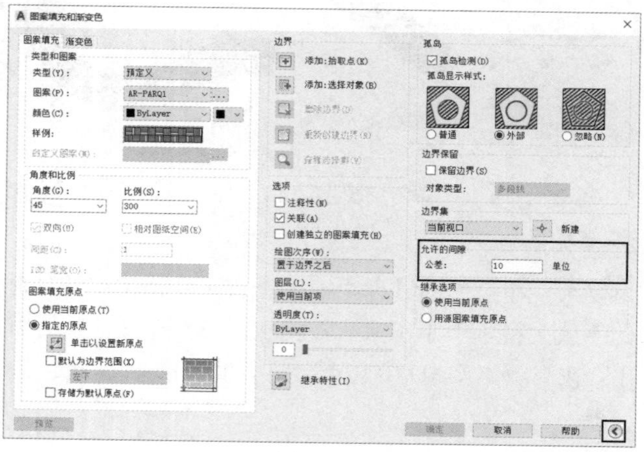

图 12-17

其实弹出上面的提示并不仅因为填充边界没有封闭，还有可能填充的边界没有在当前坐标系的 XY 工作平面上，这些可能性和解决方法在高版本 CAD 弹出的提示对话框中已经说明了，单击“显示细节”即可看到可能的原因和建议的解决办法，如图 12-18 所示。

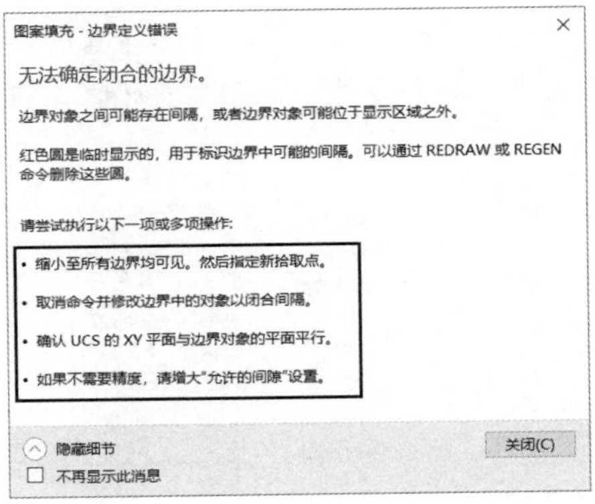

图 12-18

其中介绍了三种原因：

（1）边界没有全部显示在当前视图中。这个情况 CAD 通常可以处理，除非所选区域有些边界线在视图外很远的位置。如果确实有边界在视图外，可以先缩放使边界全部显示后再填充试试。

（2）边界不封闭，上面已经介绍了解决办法。

（3）边界与当前坐标系的 XY 平面不平行，就需要将 UCS 设置与填充边界平行，或者将填充边界调整到与 UCS 平行。

3.填充区域过小或比例设置过大

如果填充的区域非常小，填充图案的单元尺寸比较大，或者比例设置得很大，如果填充的一条线都无法绘制到填充区域内，填充就不正常。

在 CAD 低版本，例如 AutoCAD 2007 中就会提示：无法对边界进行图案填充，如图 12-19 所示。

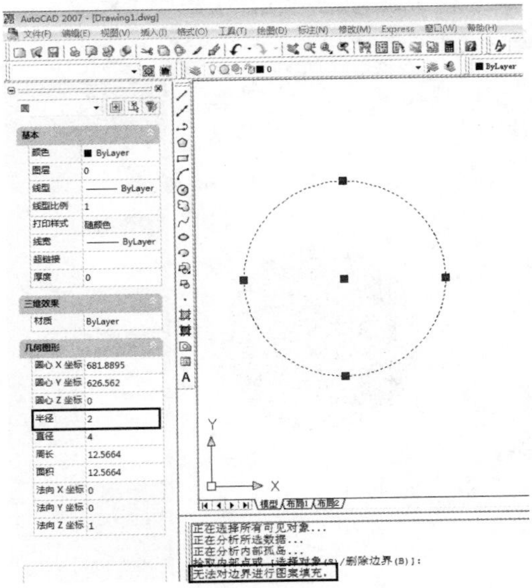

图 12-19

如果出现上述提示，请先检查图形的尺寸和填充的比例，如果图形的尺寸特别小，例如图 12-19 中圆的半径只有 2，但填充比例设置的却是 100。

解决办法：

如果图形尺寸是正确的，尺寸就是比较小，那么只有将填充比例调整得更小一些，比如使用公制模板创建的图纸中一个半径为 2 的圆要使填充图案看起来比较正常，可以将比例设置为 0.1，如图 12-20 所示。

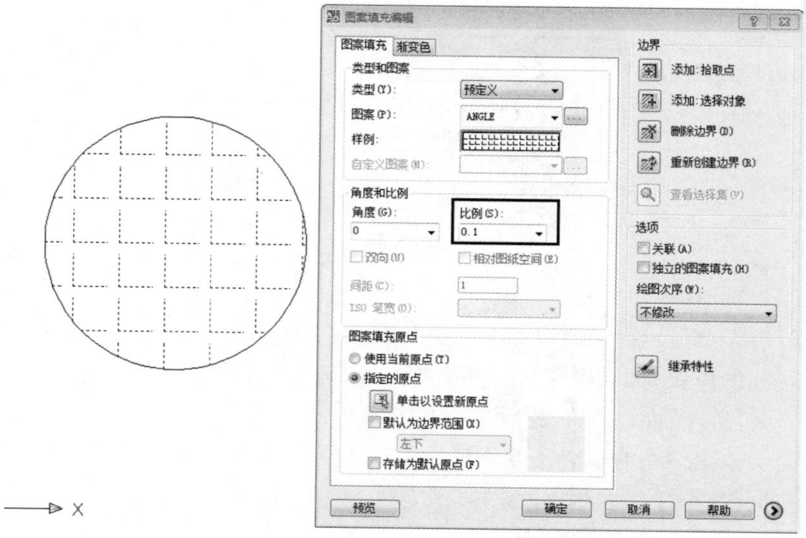

图 12-20

在 CAD 高版本，这种情况不会提示无法对边界进行图案填充，而是用 SOLID 填充显示来替代，如图 12-21 所示。如果看到填充图案并不是我们设置的图案，也应该意识我们填充图案的比例是设置得过小或过大了。

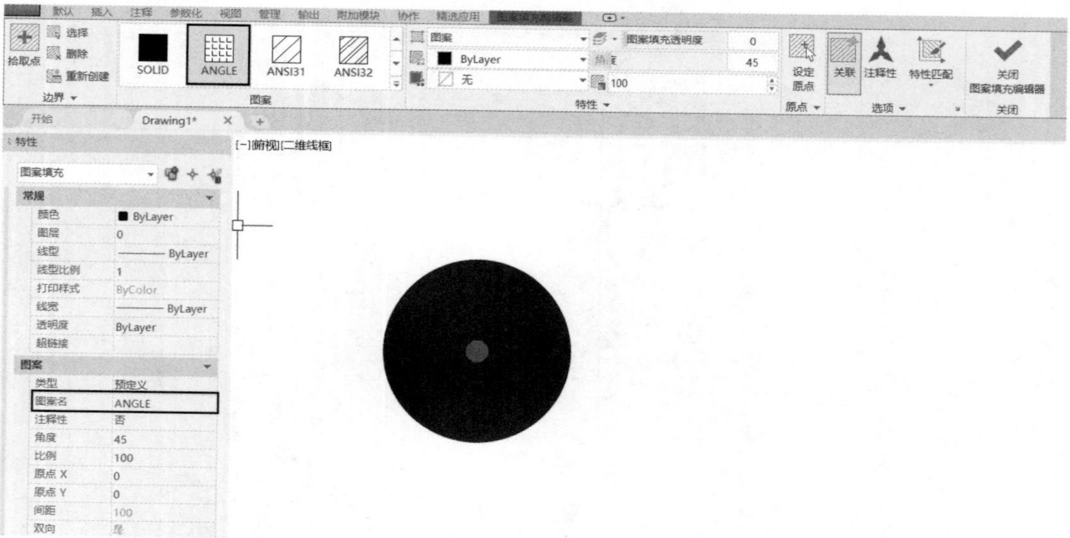

图 12-21

4.填充区域非常大、比例设置过小

如果填充区域非常大，例如一些市政规划图，图形的长度经常是几十甚至几百米，填充时如果忘记了调整比例，采用默认的比例 1，填充时也会异常。

如果在 CAD 低版本中遇到这种情况同样无法填充。命令行给出的提示是：图案填充间距太密，或短划线尺寸太小。

这个提示的意思就是如果按照当前的区域和填充图案的比例，最终产生的填充单元数过多，线的数量过多。短划线尺寸太小的意思是指填充图案内部定义有问题，线定义得太短。如果用的是 CAD 自带的填充，通常不会有这个问题。

遇到这个提示，要先想填充区域的尺寸大概有多大，比如圆形区域的半径是 50 000，可以将比例设置为 100 左右，如图 12-22 所示。

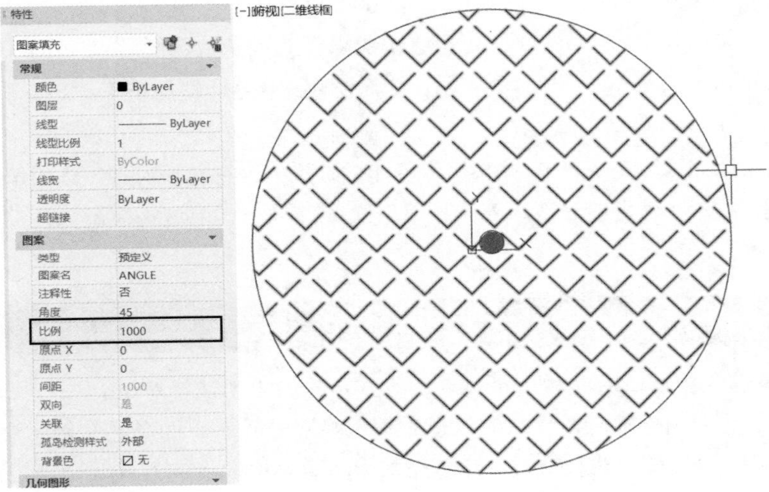

图 12-22

还有一种简单的方法，如果使用的是比较标准的图案，可以先将填充图案比例设置成与打印比例一致，如果比例不合适，再进行适当的调整。

高版本 CAD 为了在填充失败后不用重复进行填充操作，填充图案过密时，会进行相应的处理，有的版本直接显示为 SOLID 实体填充，有的版本提示密集填充图案并给出 3 种建议，如图 12-23 所示。

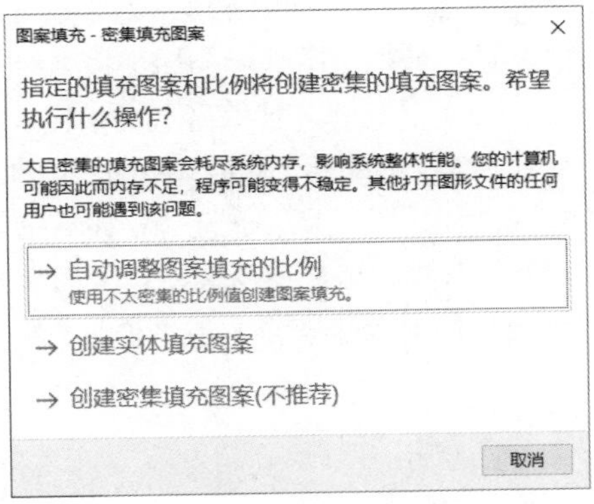

图 12-23

这三种选择的具体含义分别为：自动调整图案填充的比例；替换成实体填充；维持现有比例进行密集填充。

如何选择取决于你的需求，如果确实是比例设置不合理，就需要调整比例；如果这里应该使用实体 SOLID 填充，就直接替换成实体填充；如果比例设置正确，而且填充区域确实非常大，那就可以维持不变。

有初学者不知道用 SOLID 填充，而用密集线性填充设置极小比例模拟实体填充效果。换填充图案不会影响图纸保存时的大小，但密集的线性填充会生成大量显示数据，导致操作性能急剧下降，这也是 CAD 为什么在密集填充时建议换成 SOLID 实体填充的原因。所以使用 SOLID 填充时一定不要用线性填充来模拟。

高版本 CAD 中，当一个填充中线的数量超过一定数值时，就会强制显示为 SOLID 实体填充，这个数值由变量 HPMAXLINES 控制，默认值是 1 000 000。

如果填充因为密集而显示成 SOLID 填充，这说明填充的线条数已经超过 1 000 000，这时必须思考是将比例调整大，还是换成 SOLID 填充，而不要以为 CAD 处理错了。

小结

上面总结了无法填充或者填充不正常的几种可能性，其实还有其他可能，比如填充边界比较复杂，与其他线有重合，也有可能导致填充不正常甚至无法填充，但这种情况无法简单说明，需要具体情况具体分析。

12.3 拾取点和选择对象有什么区别？

在 CAD 中创建填充图案时有两种选择边界的方式：拾取点和选择对象。

到底什么情况下适合用拾取点，什么时候适合用选择对象呢？下面举几个例子进行比较。

在图 12-24 中简单地列举了几种情况，从填充效果来看，拾取点的方式明确地指定了要填充的区域，结果比较好掌握，而且适用于绝大多数情况；选择对象则要求相对较高，边界最好是封闭多段线，如果不是多段线，需要正好构成一个封闭区域。选择交叉不封闭的线时也可以填充，但结果会很奇怪。正因如此，大部分人都采用拾取点的方式来创建填充。

从图 12-24 中看出，有些情况下拾取点和选择对象的结果是一样的，而在有些情况下，比如需要忽略封闭多段线内的其他线时，直接点选多段线进行填充无疑是最佳的选择。

要选择使用哪种方式进行填充，除了要了解在不同情况下两种方式的填充效果外，还需要了解两种填充的计算方式。当使用拾取点方式选择填充区域时，CAD 软件会在视图范围内进行搜索和计算，最终算出一个合理的区域。当视图中显示的图形很多时，图形比较复杂，比如有很多圆、弧、样条线，而且之间有很多交叉、嵌套，计算区域会很慢。在 CAD 低版本直接提示对象太多，计算量大，是否继续。CAD 高版本进行了优化，但仍然很慢。而选择对象则不同，CAD 只需计算这些选择的对象是否构成封闭区域，是否嵌套等，计算量会小得多。因此当图形比较复杂时，如果满足选择对象进行填充的条件，尽量使用选择对象的方式；如果只能使用拾取点的方式，尽量将视图放大，让视图里显示的对象少一点，或者通过选择对象来构建“边界集”，然后再拾取点。

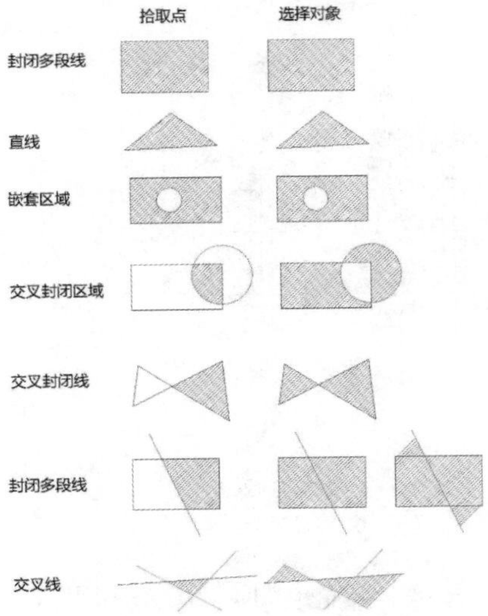

图 12-24

如图 12-25 所示， 默认的边界集是当前视口，放大视图和建立边界集的目的都是减少参与计算的图形数量，可以提高填充的速度，当图纸比较复杂时效果更明显。

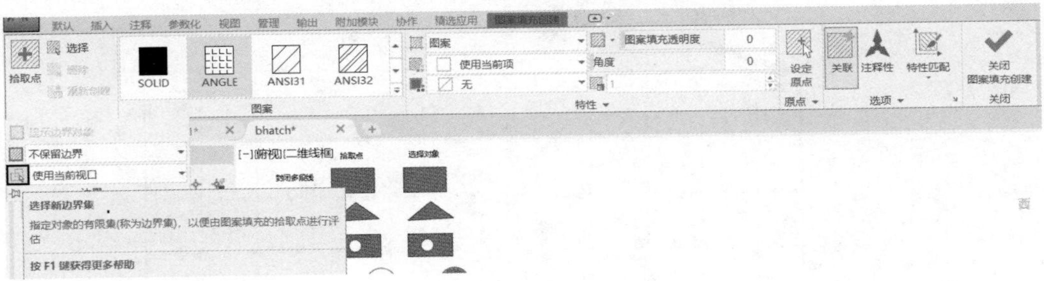

图 12-25

12.4　为什么有的填充没有面积特性?

为什么选择填充后在“特性”面板中没有面积，其实这种情况并不少见，主要有以下几种情况。

1.边界自相交

如果边界是自相交的多段线或样条曲线，无论采用拾取点或选择对象的方式来创建填充，这些填充都没有面积，如图 12-26 所示。

图 12-26 中这些封闭的多段线和样条曲线作为填充边界时，无论采用拾取点或选择对象的方式创建填充，这些填充都没有面积。

图 12-26 中这些图形的自相交现象非常明显，但很多时候选择填充边界线的自相交现象并不明显，甚至根本看不出来，需要对局部放大才能看出来。所以如果填充边界是单条封闭的多段线，出现没有面积特性时就依次放大每个顶点检查一下。

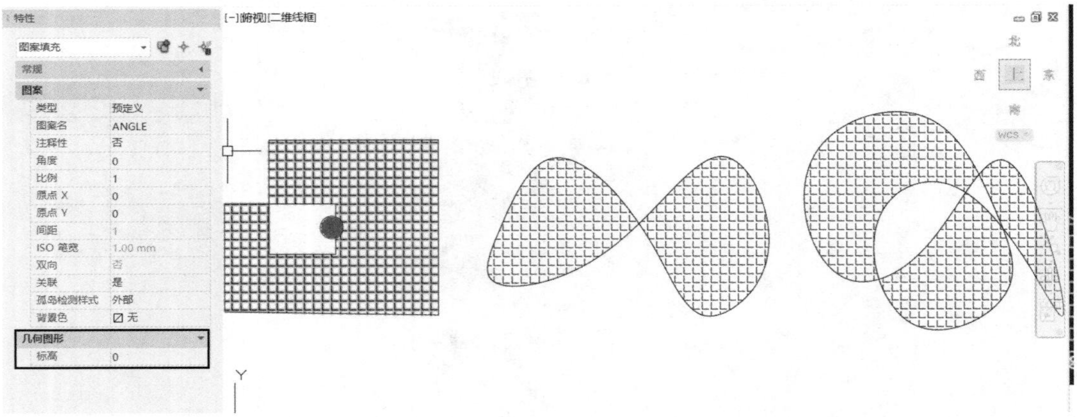

图 12-26

2.边界不封闭

之前网友发过来的图纸中，看起来很简单的矩形填充却没有面积属性，重新生成填充边界，发现不是完整的多段线，却是四条线，最后发现填充边界并没有封闭。

当填充边界有细小的间隙，但使用选择对象的方式填充时，填充就没有面积，如图 12-27 所示。

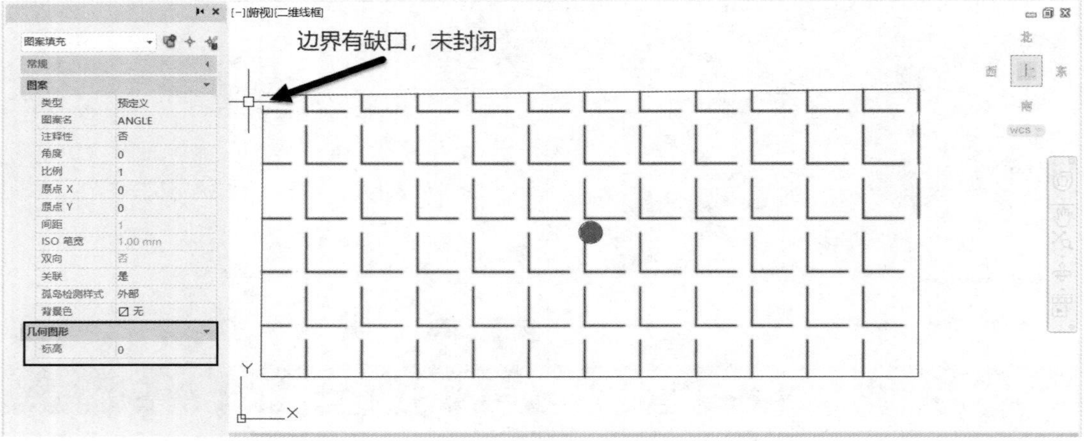

图 12-27

3.边界有重叠的线

填充边界自相交、间隙虽然有时候不明显，但对线的顶点局部放大还是能找出来，有时图形看起来很正常，但填充却没有面积，这时候就需要检查边界是否有重叠现象，如图 12-28 所示的图形。

在 CAD 高版本中，图形重叠部分还能看出来，线看起来比其他地方粗一些，低版本则完全看不出来，重叠的情况很难发现。打开“特性”面板，找到线的顶点编号，通过箭头依次查看顶点的位置，就比较容易找出重叠的位置，如图 12-29 所示。

除了依次查看顶点位置外，通过查看多段线夹点也能看出一些端倪，例如，图 12-29 中有些中点明显不在相邻两个端点的中间位置，这也说明存在重叠。

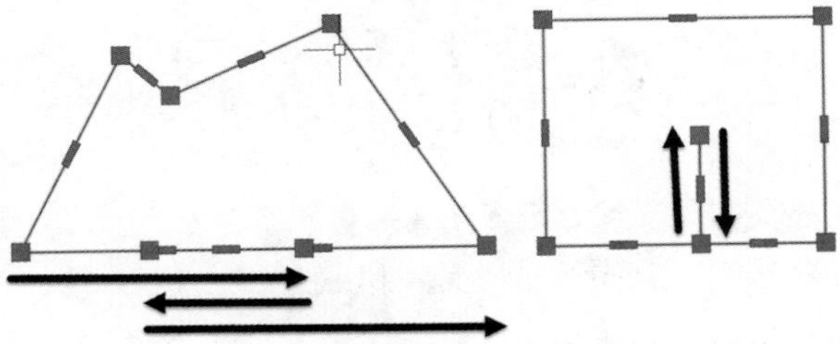

图 12-28

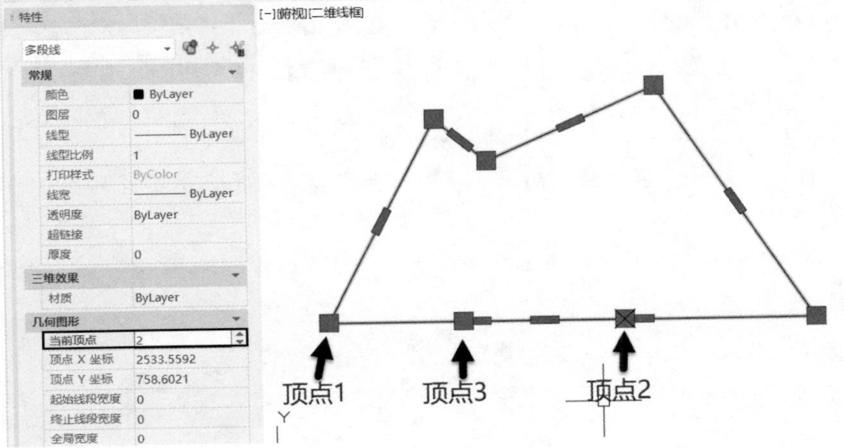

图 12-29

如果边界是这种状况，使用选择对象的方式填充，填充也没有面积。遇到这样的情况，可以手动删除多余的夹点，也可以用消除重线（OVERKILL）命令处理边界线。

4.填充区域中有多余的线

有时在填充区域内有其他线，这些线虽然不影响填充的形状，但却可能导致填充没有面积，比如画两个同心圆，中间画一条直线，如果要填充两个圆中间的区域，就没有面积特性，如图 12-30 所示。

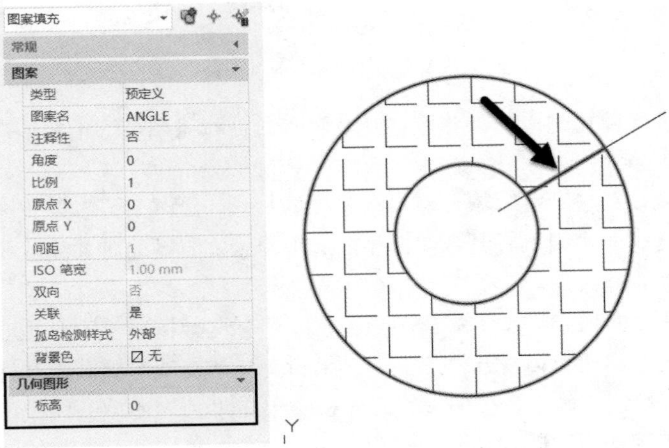

图 12-30

选中填充后，这条线也被记录到填充边界，类似于自相交的效果。

遇到这种情况，可以用选择对象的方式（只选择两个圆）来填充，当然也可以先建立边界集（将直线排除在边界集之外）再拾取点进行填充，总之不要直线参与填充的计算，这样就不会有问题了。

在绘图或填充时，尽量避免出现交叉、不封闭、重叠的情况。另外，在填充时尽量将一些干扰填充的线排除，这样就能将填充没有面积的情况减到最少。

12.5 “独立的图案填充”是什么意思?

“独立的图案填充”是什么意思?

当一次只选择一个填充区域时，是否勾选这个选项看不出效果，只有一次选择多个区域进行填充时，才能看出效果。方法如下：

Step 01 分别创建一个圆和一个矩形，复制一份放到一边。

Step 02 输入 BH 命令，保留“独立的图案填充”为不勾选状态，选择圆和矩形进行填充，如图 12-31 所示。

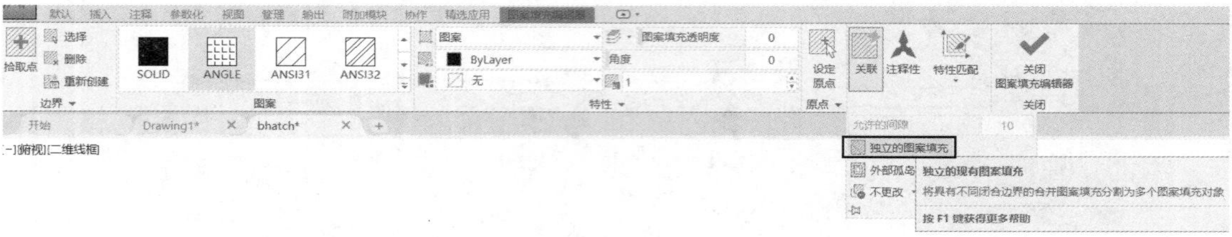

图 12-31

Step 03 输入 BH 命令，勾选“独立的图案填充”复选框，选择另一个圆和矩形进行填充。

然后分别选择两次填充的结果就能看出差别了，如图 12-32 所示。

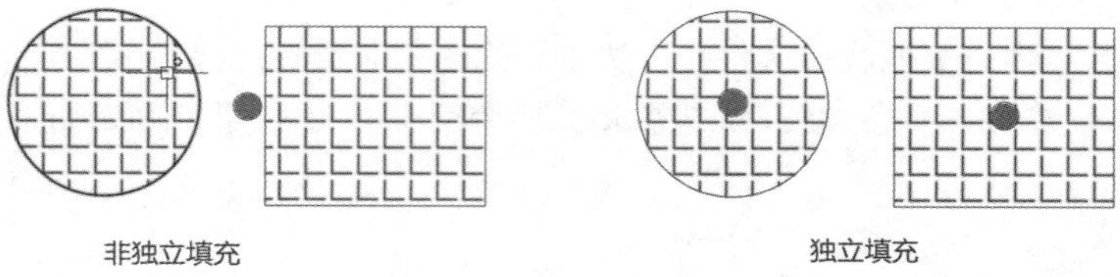

图 12-32

虽然两次填充都是同时选择了矩形和圆，但第一次创建的填充是一个整体，而第二次每个封闭区域分别创建了一个填充。

很多建筑设计人员在对柱子进行填充时会选择所有柱子一起填充，这样要修改柱子颜色和填充样式或整体删除填充都非常简单。但这样也存在一个问题，假设此时要删除某个柱子，柱子删除了，填充却没法单独删除。

当然，在图纸画到后面再删除柱子的情况极少，即使有这种情况也不必担心，可以把它们再变成独立的填充，只需双击填充，打开“图案填充编辑”对话框或面板，在对话框中勾选“独立的填充图案”复选框，单击“确定”按钮，或在面板中单击“独立的填充图案”按钮，这些填充就变成独立的，即可单独编辑或删除某一个填充。

12.6　如何自定义 AutoCAD 的填充图案？

与线型一样，CAD 中的填充图案都是以图案文件（也称为图案库）的形式保存，其类型是以“.pat”为扩展名的纯文本文件。可以在 CAD 中加载已有的图案文件，并从中选择所需的填充图案；也可以修改图案文件或创建一个新的图案文件。

1.填充图案定义格式

与线型定义类似，填充图案的定义由标题行和模式行两部分组成。

（1）标题行：由填充图案名称和填充图案描述组成，标题行以“*”为开始标记，填充图案名称和描述由逗号分开，其格式为：

*pattern-name [,description]（*填充图案名称[,填充图案描述]）

（2）模式行：由图案直线定义和填充线的控制信息组成，一个填充图案中可以定义多种类型的图案直线（CAD 对图案直线的数量没有限制），其格式为：

angle, x-origin, y-origin, delta-x,delta-y [, dash-1, dash-2, ...]

其中各项意义如下：

angle：填充线图案直线与水平方向的夹角。

x-origin，y-origin：第一条图案直线经过的坐标点。

delta-x：相邻的两条图案直线沿画线方向上的偏移值。

delta-y：相邻的两条图案直线之间的偏移值。

dash-1, dash-2,...：图案直线的规格说明。

填充定义的示意图如图 12-33 所示。

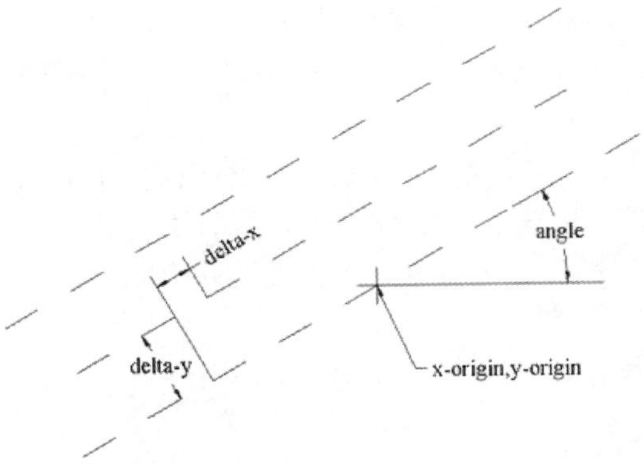

图 12-33

CAD 首先生成一条通过由 x-origin 和 y-origin 指定点的图案直线，然后根据偏移距离 delta-x 和 delta-y 产生其余的图案直线，生成具有无限平行直线的直线族，并使用所有选定的填充边界对这些图案直线进行裁剪。如果在填充图案定义中包括多种类型的图案直线，则 CAD 通过上述方式对每种图案直线依次绘制，并叠加在一起产生较复杂的图形。

例如，在 CAD 自带的填充文件中对 SQUARE 图案的定义如下：

*SQUARE,Small alignedsquares

0, 0,0, 0,.125, .125,-.125

90, 0,0, 0,.125,.125,-.125

注　意

图案定义文件的每一行最多可包含 80 个字符。空行和分号右边的文字会被忽略。

2.填充图案的创建

由于填充图案文件也是纯文本格式的，因此用户可以在 CAD 环境外使用任一文本编辑器直接打开或创建填充图案文件，并对其内容进行补充和修改。

实例 创建“USER”填充图案

Step 01 使用 Windows 附件中的“记事本”程序创建一个新的文本文件。

Step 02 在该文件中添加如下内容，如图 12-34 所示。

```
*TEST,the custom pattern byuser
0, 0, 0, 0, 1, 1, -1
0, 0, 0.5, 0, 2, 1, -1
90, 0, 0, 0, 1, 1, -1
90, 0.5, 0, 0, 2, 1, -1
```

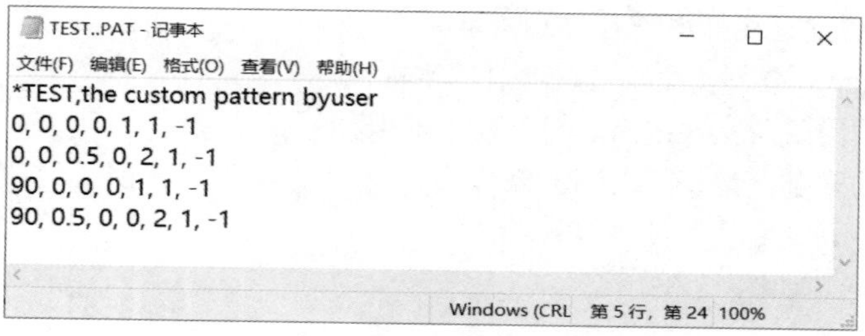

图 12-34

Step 03 将该文件保存在 CAD 的支持文件搜索路径下，最好是 AppData 中 acad.pat 所在目录，并命名为“TEST.pat”。

在低版本的一些 CAD 中，在安装目录下有一个 PATTERNS 目录，具体复制到什么目录，输入 OP 命令，打开“选项”对话框，看看 CAD 的支持路径有哪些。

Step 04 保存填充文件后，执行填充功能，在图案列表中就可以找到“TEST”填充图案，如图 12-35 所示。

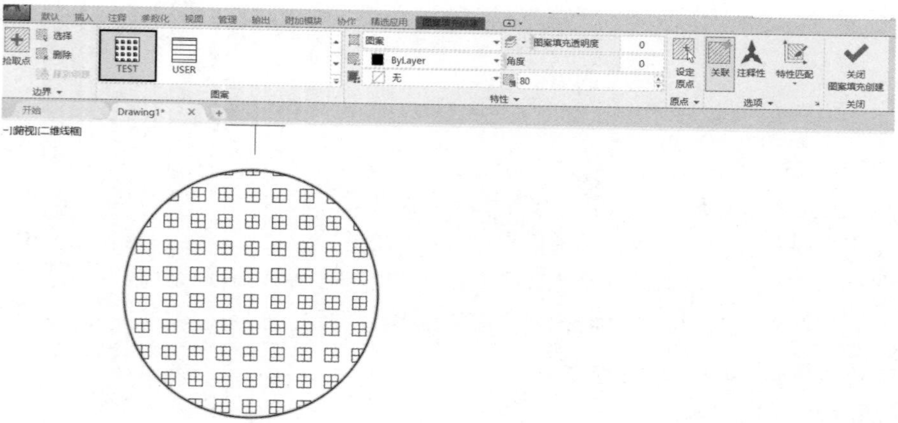

图 12-35

注 意

CAD 系统对用户所创建的填充图案文件有以下要求：

（1）一个文件中仅含有一种填充图案定义。

（2）文件名必须与填充图案名称相同。

另外，不要用 USER 这个填充图案名，在 AutoCAD 高版本中会跟自带的“用户定义（USER）”重名而无法识别。

更简单的方法是将填充图案的定义直接加到 CAD 默认的填充文件中，例如，在记事本打开 AutoCAD 的 acad.pat 或 acadiso.pat，将上面的定义粘贴到文件的最后面，如图 12-36 所示。

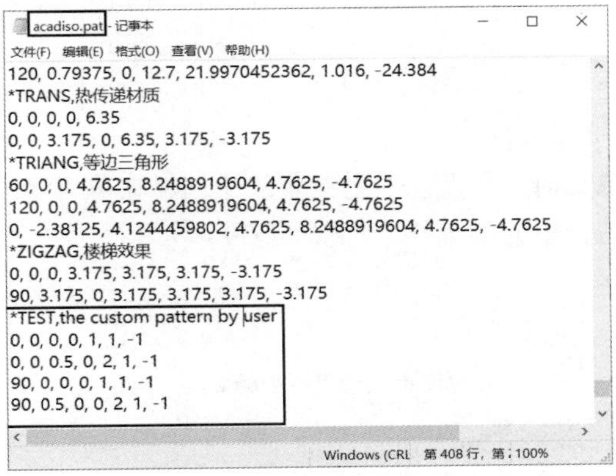
acadiso.pat - 记事本
文件(F) 编辑(E) 格式(O) 查看(V) 帮助(H)
120, 0.79375, 0, 12.7, 21.9970452362, 1.016, -24.384
*TRANS,热传递材质
0, 0, 0, 0, 6.35
0, 0, 3.175, 0, 6.35, 3.175, -3.175
*TRIANG,等边三角形
60, 0, 0, 4.7625, 8.2488919604, 4.7625, -4.7625
120, 0, 0, 4.7625, 8.2488919604, 4.7625, -4.7625
0, -2.38125, 4.1244459802, 4.7625, 8.2488919604, 4.7625, -4.7625
*ZIGZAG,楼梯效果
0, 0, 0, 3.175, 3.175, 3.175, -3.175
90, 3.175, 0, 3.175, 3.175, 3.175, -3.175
*TEST,the custom pattern by user
0, 0, 0, 0, 1, 1, -1
0, 0, 0.5, 0, 2, 1, -1
90, 0, 0, 0, 1, 1, -1
90, 0.5, 0, 0, 2, 1, -1
Windows (CRL 第 408 行，第 100%

图 12-36

如果在定义填充图案时按毫米设置的线长，就粘贴到 acadiso.pat 后面，如果按英寸设置的就粘贴到 acad.pat 后面。

12.7 找不到填充图案又不会自定义怎么办？

要自定义一个相对复杂的填充图案，对于普通设计人员来说不是件容易的事。填充中只能定义直线段，要定义一个圆，需要很多不同方向的直线段拼起来，要确定这些线段的长度、方向、位置既耗时又耗力。

AutoCAD 扩展工具提供了一种功能叫作超级填充。之所以称为超级填充，是因为与普通填充相比，超级填充可以直接利用块、图像、外部参照、已存在实体等对封闭区域进行填充，可以帮助我们解决找不到合适填充图案的燃眉之急，同时还有些是常规填充无法实现的功能，如可以用图像、区域覆盖作为填充图案。

超级填充可以利用图块、图像、区域覆盖作为填充单元，如图 12-37 和图 12-38 所示。

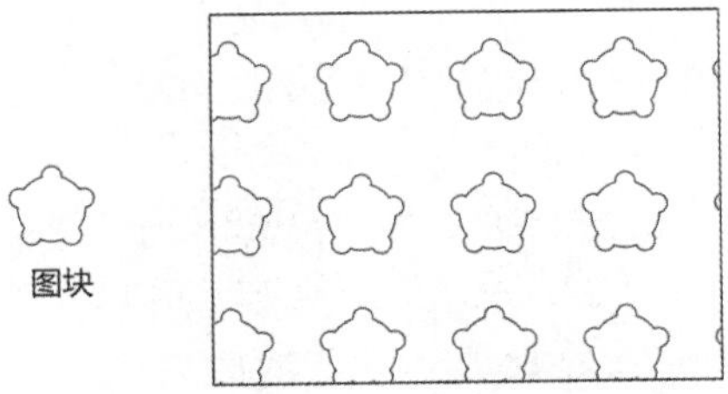

图 12-37

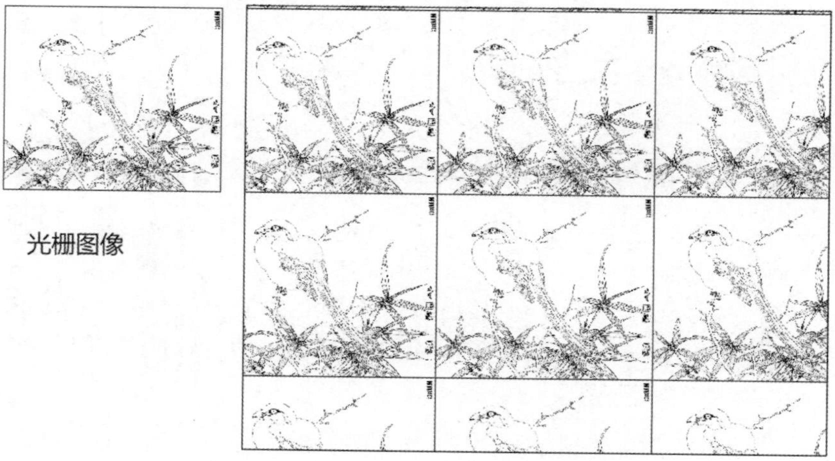

图 12-38

在使用图块作为填充单元时，会提示确定图块的比例、旋转角度，还会通过提示对角点来确定图块间的间距，也就是填充单元的大小，如图 12-39 所示。

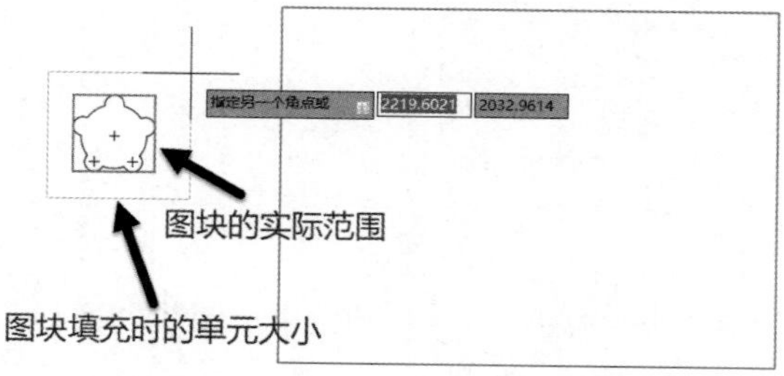

图 12-39

在确定好图块单元大小后，回车，会提示选择填充的插入点。在拾取插入点后，图块会按指定的形式排列到填充区域，并在边界处被裁剪，得到与填充类似的效果，如图 12-37 所示。

除了可以使用图像、块、外部参照以及存在的实体对区域进行填充，超级填充还可以进行区域覆盖（WIPEOUT），可以用指定的实体对图元进行覆盖，而无须修剪图元，不但可以得到类似于修剪的效果，而且当需要移动覆盖实体时，覆盖实体本身会自动覆盖其所在的区域，十分方便。不过有些版本的生成区域覆盖无法正常使用，在 2019-2021 版这个 BUG 得到了修改，功能可以正常使用。

第 13 章 图块和外部参照

设计图纸中有很多重复的元素，例如建筑图纸中的门窗，机械图纸中的标准件等，在 CAD 中用图块来定义这些元素。图块可以重复多次插入，统一进行修改。AutoCAD 2006 版以后的版本，图块还可以添加参数、动作，定义成参数化的动态块。在 CAD 图纸中不仅可以将其他图纸作为图块插入当前图中，还可以作为外部参照引入进来。本章将针对图块和外部参照的一些常见问题进行讲解，帮助大家了解图块和外部参照的创建、编辑。

13.1 创建图块时应如何设置图层、颜色等特性？

创建图块时并不只是简简单单地把图形画好，而是需要很好地规划，比如，将来对图块进行哪些操作，图块是否需要与所在图层的特性保持一致，是否需要单独修改图块内部图形的颜色等。这些最好在创建图块前都设置好，免得使用时发现不对再修改，而且有些特性即使是用块编辑器也无法修改。

如果创建图块前图形在 0 层，则在插入图块时，这些图形在当前图层，显示和属性可以用图层来控制；如果创建图块前图形不在 0 层，则无论图块插入哪一层，图形始终在原来的图层上，不会跟随图块插入的图层变化。如果图形的属性设置为 BYLAYER 随层，则属性跟随所在图层变化；如果设置为 BYBLOCK，则跟随图块的属性变化；如果设置成固定的值，则无法通过图层和图块控制这些图形的属性，只能用块编辑和参照编辑来修改。下面通过颜色属性的实例来看一下不同设置的效果。

Step 01 新建一张图纸，新建 3 个图层，图层 1 为红色，图层 2 为绿色，图层 3 为黄色，在 0 层上画 3 个圆，颜色分别设置为 BYLAYER、BYBLOCK 和蓝色，在图层 1 上画一个圆，颜色为 BYLAYER，图层 2 上画一个圆，颜色为 BYLAYER，如图 13-1 所示。

Step 02 确认当前图层是 0 层，框选所有圆，输入 B，给图块起名叫 test，拾取 5 个圆中间任意位置作为图块基点，如图 13-2 所示。

Step 03 在“图层”下拉列表中选择图层 3，或在图层管理器中双击图层 3，将黄色的图层 3 设置为当前层，如图 13-3 所示。

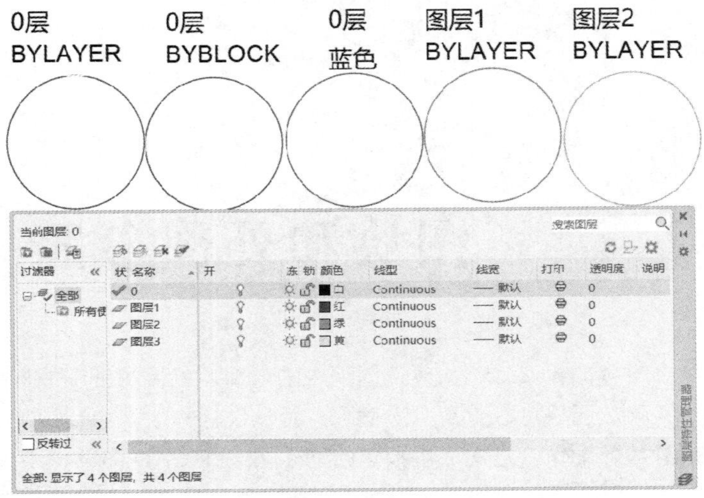

图 13-1

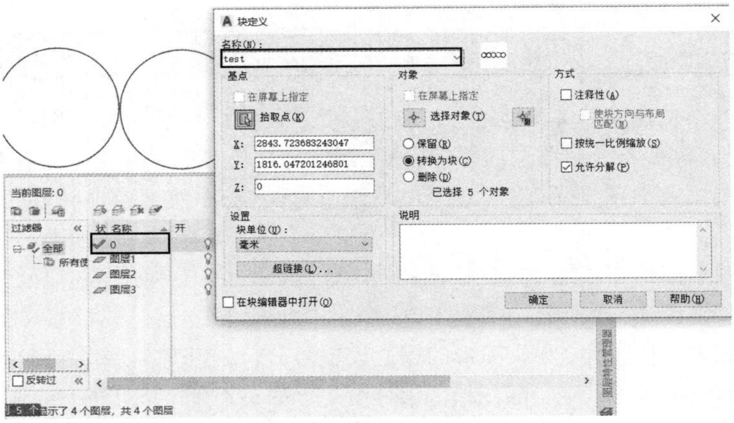

图 13-2

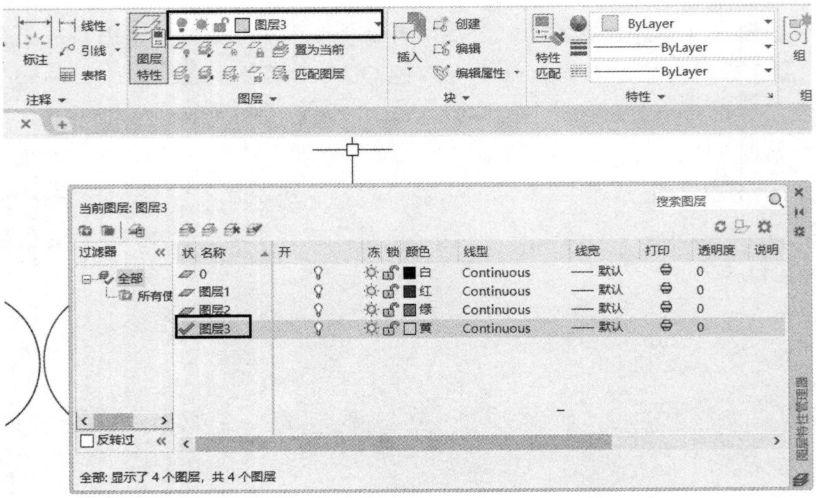

图 13-3

Step 04 输入 I 命令，在“插入”对话框中选择刚创建的 TEST 图块，单击“确定”按钮，在原图块下面插入一个新的图块，如图 13-4 所示。

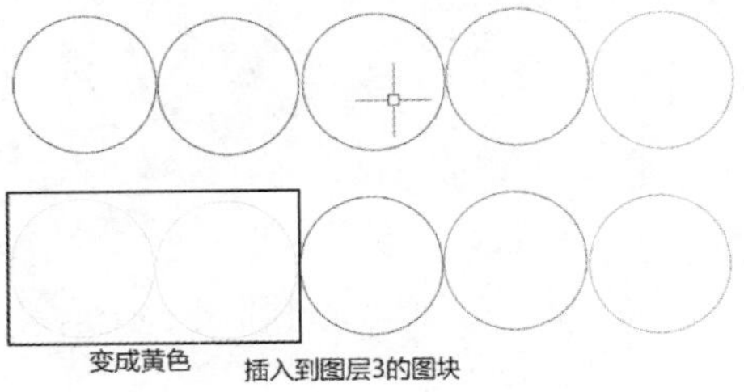

图 13-4

由图 13-4 可以看到，原来在 0 层的图形都移动到图层 3 上，颜色设置为 BYLAYER 和 BYBLOCK（因为图块的默认颜色属性是 BYLAYER）的圆的颜色变成黄色，蓝色的圆虽然颜色没有变，但也在图层 3 上，可以通过下面的操作来验证。

Step 05 在图层列表或图层管理器中单击 0 层前的灯泡形按钮，将 0 层关闭，如图 13-5 所示。

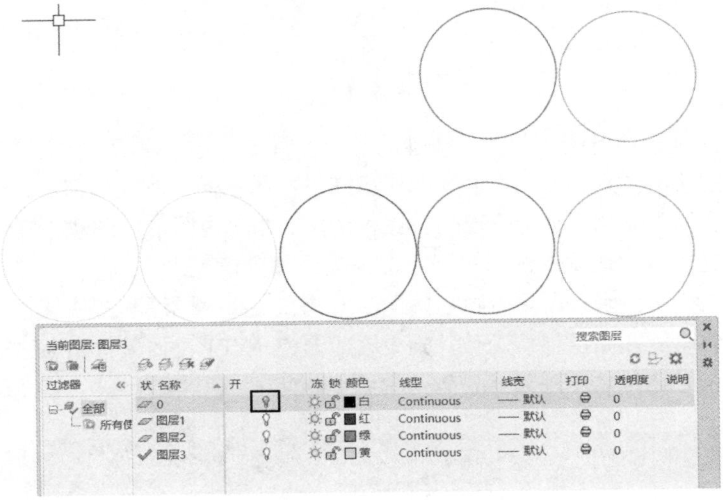

图 13-5

可以看到原来在 0 层上的图块中左侧的 3 个圆都消失了，而新插入到图层 3 的这 3 个圆仍在。通过对比验证了：创建图块时在 0 层的图形会移动到图块所插入的图层，而原来非 0 层的图形（绿色和红色的圆）无论插入到哪个图层，始终在原来的图层。

BYLAER 和 BYBLOCK 的区别如下：

将图层 3 的颜色调整成洋红色，我们看到两个黄色的圆都变成洋红色。选择插入到图层 3 上的图块，在“颜色”下拉列表中选择“青色”，也就是图块本身的颜色不再是 BYLAYER，而是设置了特定的颜色，如图 13-6 所示。

可以看到 O 层设置成 BYLAYER 的圆变成洋红色，而颜色设置成 BYBLOCK 的图形颜色变成青色，其他几个圆都没有变。

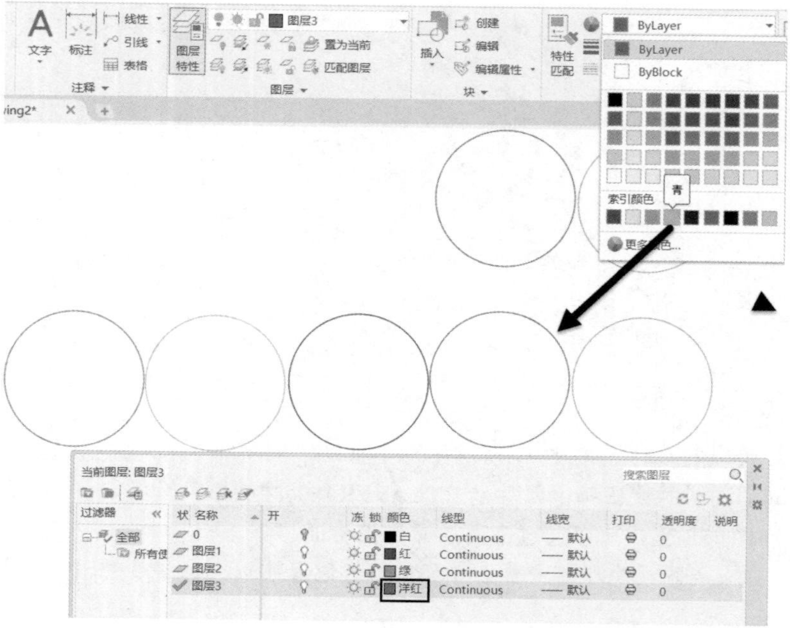

图 13-6

小结

通过上面的测试应该对图块中图形属性的继承性有了一定的了解，下面来总结一下。

图层：创建图块前图形在 0 层，创建图块后图形在图块插入时的当前层；创建图块前图层不在 0 层，无论图块插入到哪个层，图形仍在原来的层。图块内图形和图块不在一个图层可能带来的后果：关闭其他图层，图块中图形可能全部消失或部分消失。

颜色、线性、线宽：如果设置为固定属性，无论如何修改图层和图块属性，图形属性始终不变；如果希望始终与所在图层保持一致，则设置成 BYLAYER；如果希望通过修改图块属性来调整内部图形的属性，可以将图形属性设置为 BYBLOCK。

13.2　图块插入点定义错了怎么办？

初学者在定义图块时容易忘记定义基点（插入点），有时也会忘记定义插入点，只是为了操作快一点，就直接用默认的坐标原点当作图块的基点，直到插入图块时才发现图块离光标很远，根本无法定位，如图 13-7 所示。

创建图块时忘记了一个简单的操作，要改起来就麻烦了。最原始的解决办法是：将图块炸开，重新定义图块，这次记住要定义插入点。这样的操作不仅麻烦，而且还存在一个问题，之前的图块虽然被炸开，但图块定义仍保存在文件中，如果不清理（PU），则再用同一个名字定义图块。

如果使用 AutoCAD 2006 或浩辰 CAD 2012 以上版本，这个问题就很好解决了，因为它们有块编辑（BEDIT）功能，在块编辑器中提供了修改图块插入点的功能。下面介绍在 AutoCAD 2021 版的块编辑器中修改图块基点的操作。

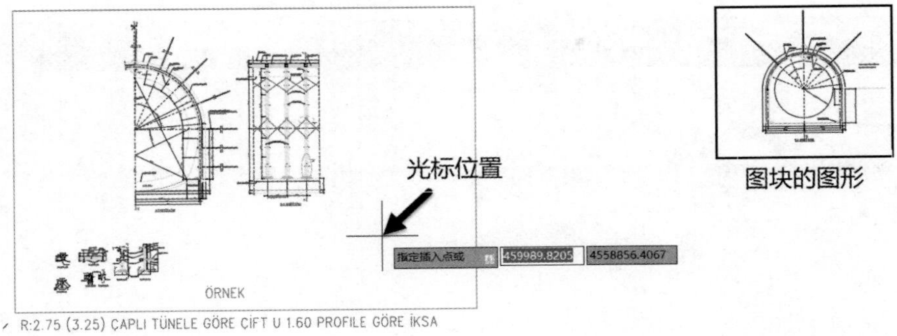

图 13-7

Step 01 为了学习操作，可以先画一个矩形和一个圆，确认圆不在原点位置，选择圆，将圆定义为图块。定义图块时，基点使用默认值，如图 13-8 所示。

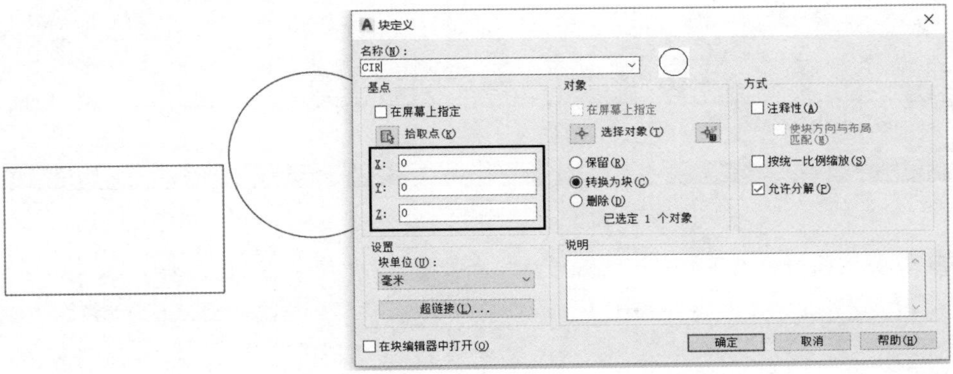

图 13-8

Step 02 输入 I 命令，选择刚定义的图块，然后将图块定位到矩形的某一个角点处，如图 13-9 所示。

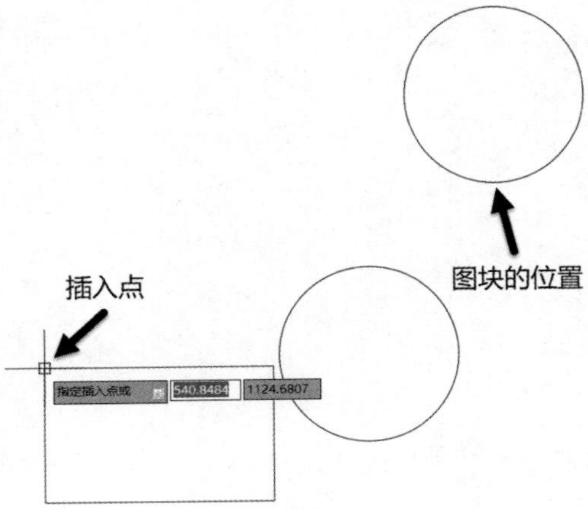

图 13-9

Step 03 双击刚插入的图块，打开块编辑器，如图 13-10 所示。

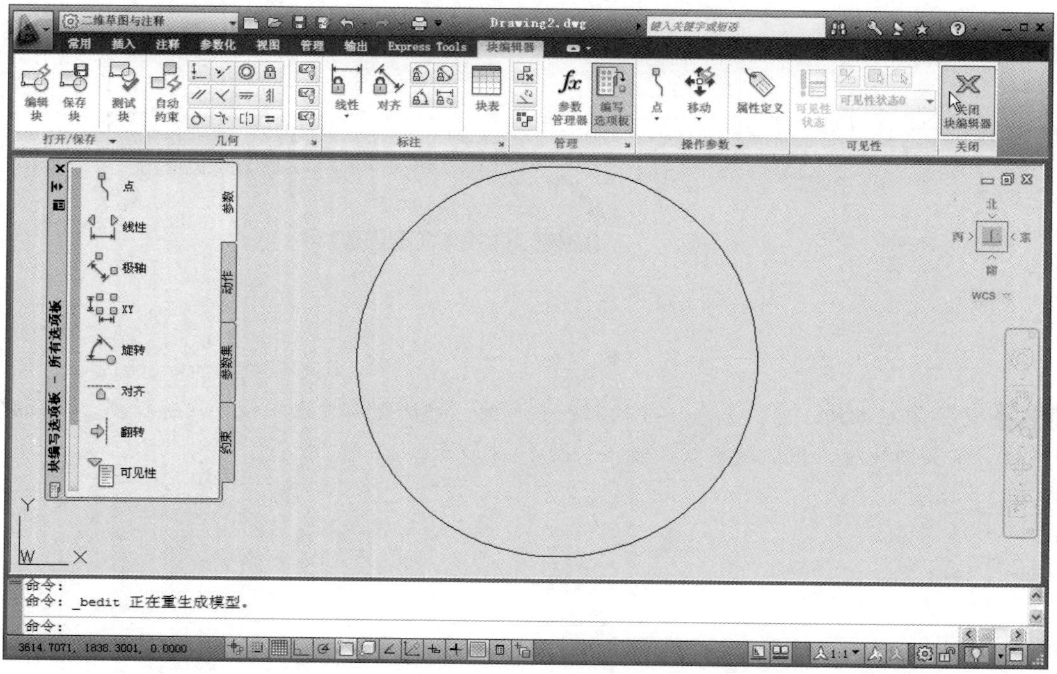

图 13-10

Step 04 在面板或参数选项板中找到基点功能，如图 13-11 所示。

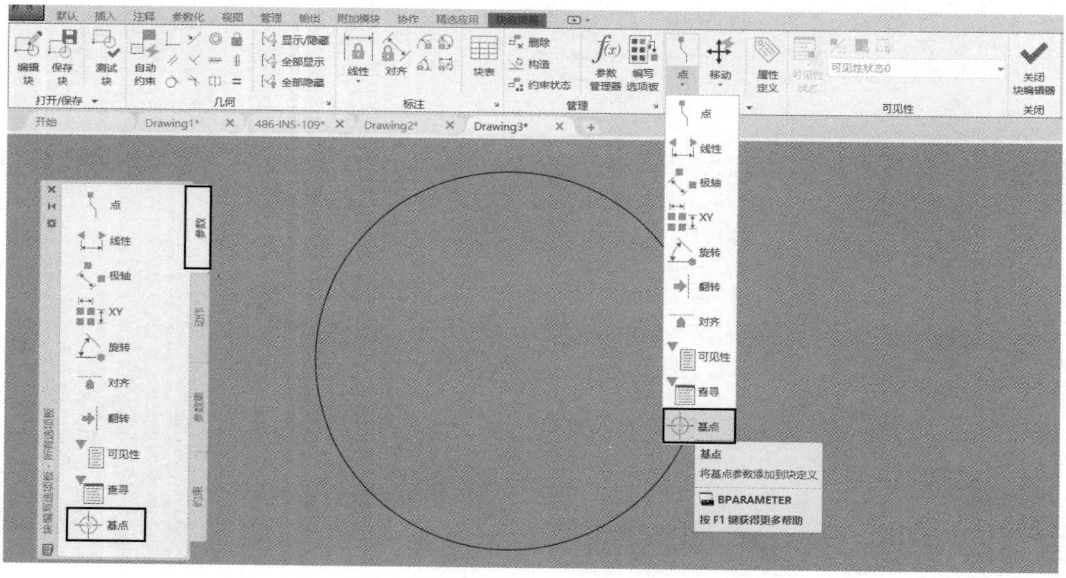

图 13-11

Step 05 单击“基点”按钮，将光标移动到圆心位置处，当出现圆心捕捉标记时单击，将基点设置到圆心位置，如图 13-12 所示。

Step 06 单击“关闭块编辑器”按钮，保存修改。可以看到修改了插入点后，圆自动移动到插入的位置，而且一开始定义的图块也移动到原点位置，如图 13-13 所示。

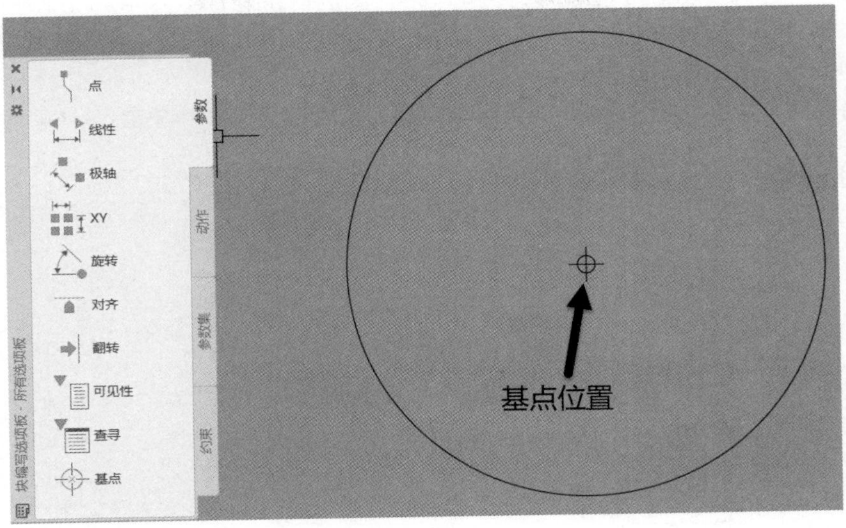

图 13-12

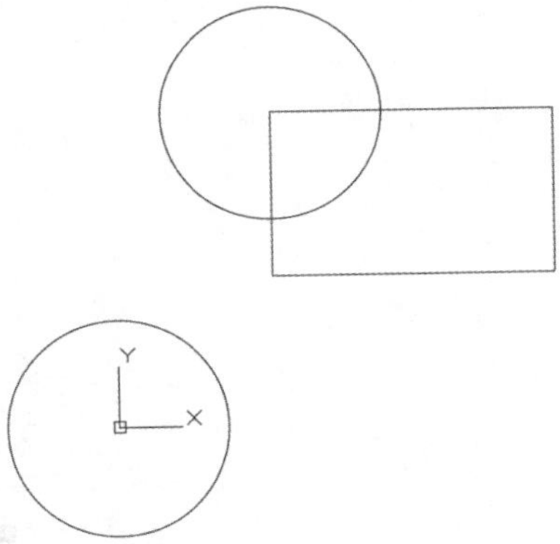

图 13-13

小结

如果忘记定义基点，在插入图块时，有时图形还在视图内能看到，可以马上意识到基点定义错了。如果基点离图形比较远，当插入图块时图形会跑到图形窗口以外，会以为图块不见了。

操作过程中的一个小失误，后面就可能要做很多工作来弥补，在绘图过程中必须记住一些关键的操作！

13.3 如何插入图块?

在制图过程中，常需要插入某些特殊符号供图形中使用，利用图块与属性功能绘图，可以有效地提高作图效率与绘图质量。定义完图块即可在图中重复插入，下面介绍图块插入的方法。

1.图块插入的基本操作

图块插入的常规方法就是用插入（I）命令，只要图中定义了图块，就可以随时随地插入此图块；除此以外，还可以插入事先定义好的块文件或任何普通的图纸文件。

AutoCAD 2020 以后的版本中图块插入使用了选项板的形式，集合了原来设计中心的功能，可以显示和插入当前图形、打开图形、其他图形中的图块。“插入”对话框速度有点慢，很多人还习惯使用旧版的“插入”对话框，在高版本中需要使用 CLASSICINSERT 命令，如果需要的画可以定义一个快捷键，如图 13-14 所示。

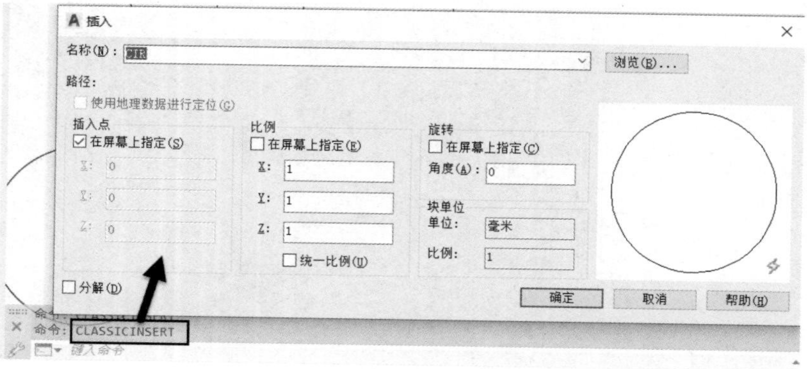

图 13-14

Step 01 打开一张有图块的图纸或事先定义一个或几个图块，输入 I 命令，回车，打开“插入”面板，如图 13-15 所示。

Step 02 在当前图形面板中选择一个要插入的图块，如图 13-16 所示。

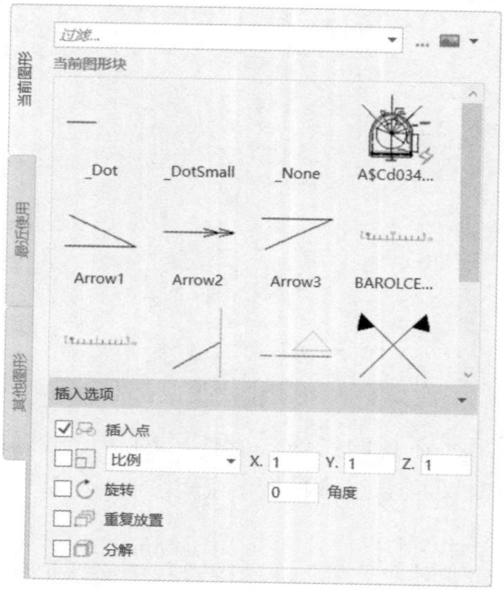

图 13-15

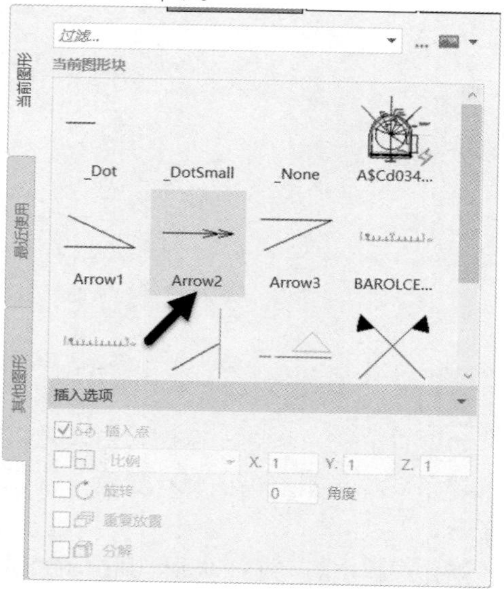

图 13-16

“插入”对话框中的参数主要是插入点、比例、旋转角度等，通常比例默认为 1，旋转角度默认为 0，插入点在屏幕上指定。假如对插入点坐标、比例或旋转角度有特殊要求，都可以进行设置。

Step 03 先都采用默认值，单击“确定”按钮，关闭“插入”对话框，在图中定位图块，如图 13-17 所示。

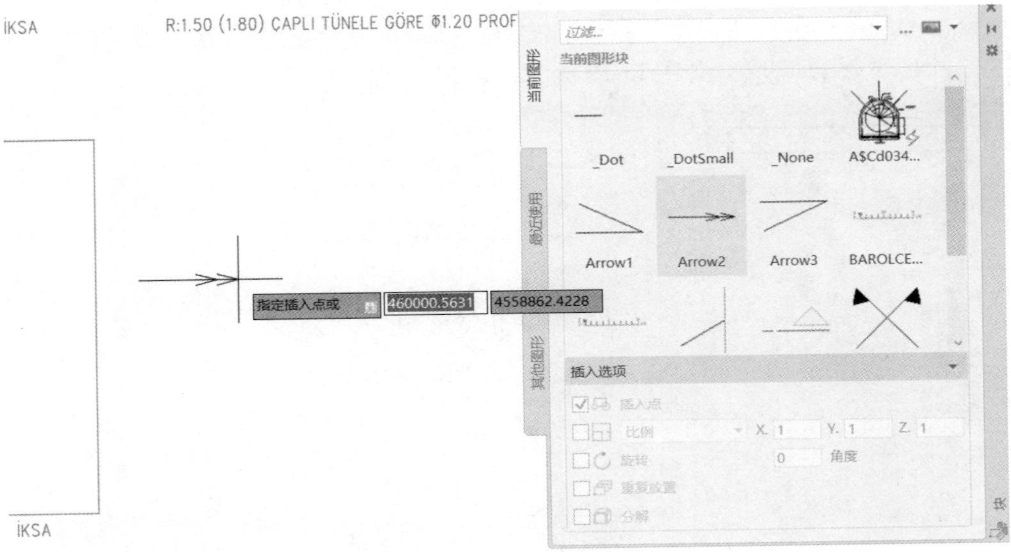

图 13-17

如果图块的基点定义合适，图块将跟随光标移动，在定位到合适位置时单击，即可完成图块的插入。

插入 I 命令还可以浏览插入其他的 DWG 文件（可以是用写块 W 命令保存的块文件，也可以是普通的图纸文件），只需在“插入”对话框中单击“浏览”按钮，找到需要插入的图纸文件，其他操作与插入普通图块完全一样，如图 13-18 所示。

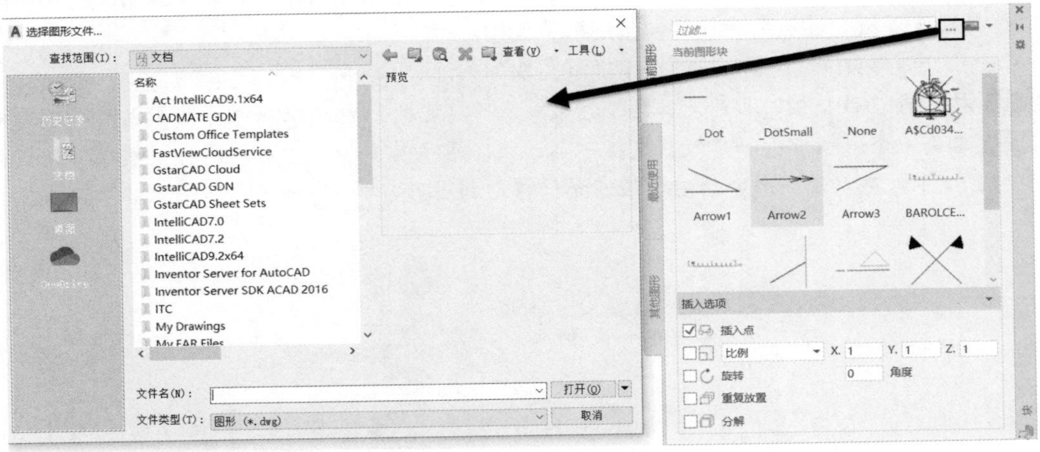

图 13-18

新版“插入”对话框中的“浏览”按钮比较隐蔽，旧版“插入”对话框中浏览是文字按钮，更明显。

2.用矩阵的方式插入块（多重插入块）

虽然大部分人没有用过多重插入块，但很多人见过，因为有不少被加的图纸就是一个多重插入块。

多重插入块是指设置行列数量、间距的一个图块的矩阵，这些图块是一个整体。

因为多重插入块的参数，包括块名都是在命令行输入的，所以在操作之前，首先要知道插入图块的名字，所以建议在创建图块时要取一个易于记忆和分辨的名字。

输入 MINSERT 命令，回车，根据提示依次输入块名、比例、角度、行列数、行列间距，即可完成一个图块矩阵的插入，如图 13-19 所示。

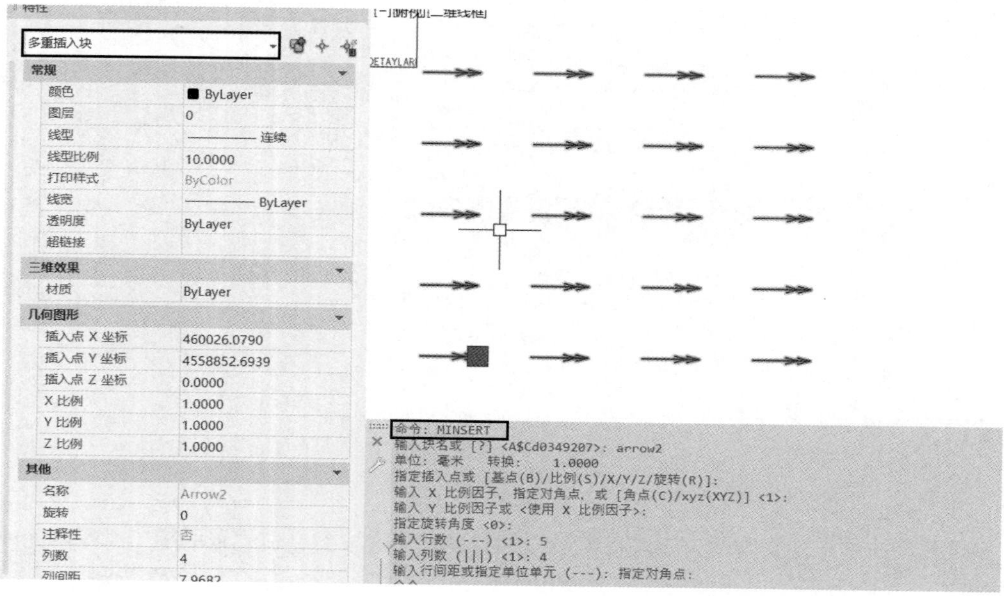

图 13-19

3.从工具选项板中插入图块

“工具”选项板相当于一个可定制的工具箱和图块库，可以将图块、命令、填充图案等添加到“工具”选项板中，然后在任意一张图纸中使用。

下面简单介绍在“工具”选项板中插入图块的方法。

Step 01 按 Ctrl+3 快捷键，打开“工具”选项板，可以看到 D 软件提供的一些工具选项板样例。

Step 02 单击一个选项卡，如建筑，选择一类图块，单击其中一个图块的图标，然后将光标移动到图形窗口中，可以看到选中的图块跟随光标移动到图形窗口中，如图 13-20 所示。

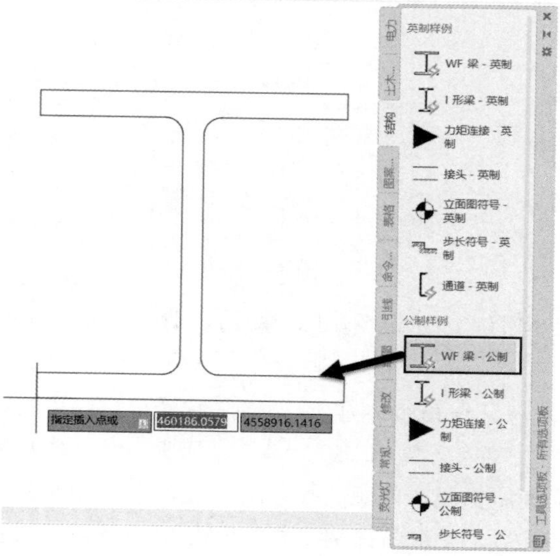

图 13-20

Step 03 移动到合适的位置后单击，即可将图块插入到指定位置。

可以将图块直接拖放到“工具”选项板中添加图块，“工具”选项板中的图块可以在任意图纸中插入，是一个很容易定制的图库。

4.利用设计中心插入其他图纸中的图块

有时需要用到其他图纸中的图块，通常采用的办法是将图纸打开，复制粘贴到当前的图纸中。其实无须打开图纸，也可以插入其他图纸中的图块，而实现这个功能的工具就是设计中心。AutoCAD 2021 版的图块插入对话框已经实现了设计中心的类似的功能。

Step 01 按 Ctrl+2 快捷键打开设计中心，单击“文件夹”选项卡，浏览找到需要插入图块的图纸文件，单击文件名前面的加号，将数据列表展开，单击“块”，在右侧显示图中所有的图块，可以设置图块的显示方式为大图标，如图 13-21 所示。

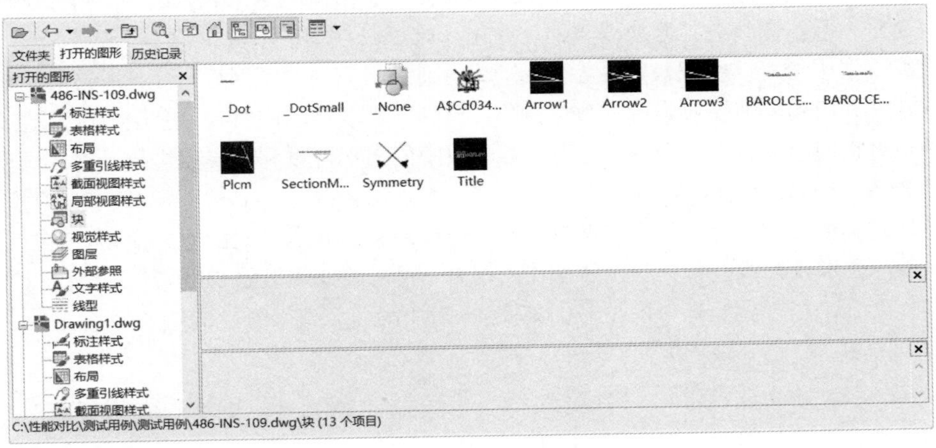

图 13-21

Step 02 选中要插入的图块，下面会显示一个大的缩略图让我们进一步确认，右击，在弹出的快捷菜单中第一个选项就是插入块，下面还有“块编辑器”和“创建工具选项板”选项，如图 13-22 所示。

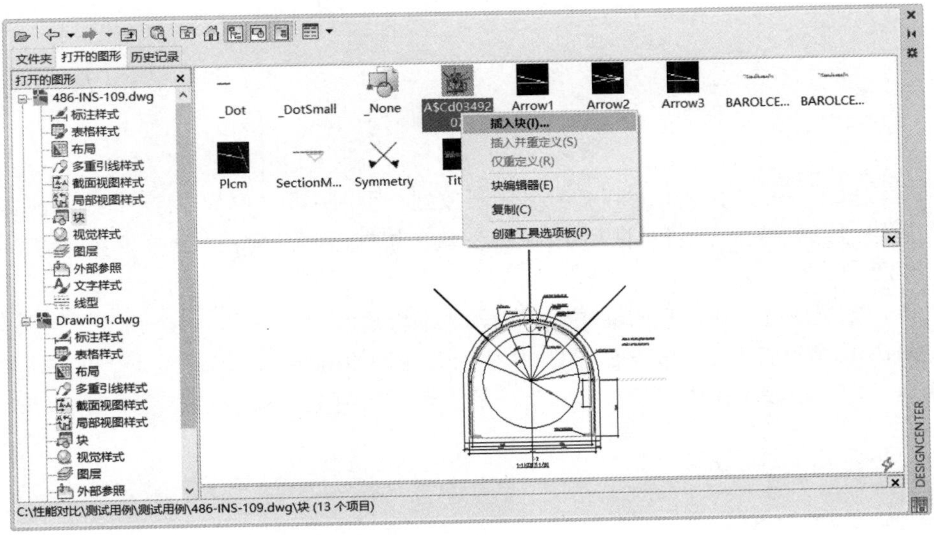

图 13-22

Step 03 选择“插入块”命令，即可将此图块插入到图中。

也可以将图块从设计中心直接拖放到图中或工具选项板中。还可以直接框选多个图块，然后在右键菜单中选择“创建工具选项板”命令，创建一个新工具选项板，将所有被选中的图块添加到工具选项板中。

小结

图块的操作虽然很多，但首先要掌握创建和插入图块的基本操作。

本节介绍了图块插入的几种方法，可以根据自己的需要选择合适的方法。

13.4 动态块是什么？动态块到底有什么用？

在 AutoCAD 2006 以前的版本中双击图块会执行参照编辑（REFEDIT）命令，2006 版增加了块编辑命令，双击图块会打开块编辑器，弹出一堆工具栏和选项板。

在块编辑器中给可以给图块定义参数、动作，通过对图块的图形进行拉伸、旋转、翻转、阵列等操作，并利用列表使图块实现参数化操作；此外，将多个图块放到一个图块中，通过设置可见性参数，将它们合成为一个图块，因为这类图块中的图形可以利用夹点进行动态的调整，因此被称为动态块（Dynamic Block）。

动态块定义的关键是合理设置参数和动作，让图块按照我们需要的方式变化。下面是一个螺钉的动态块，通过设置线型参数和拉伸动作的配合，可以改变螺钉的长度。此外还可以通过参数和查询动作配合，可以调整螺钉的型号，如图 13-23 所示。

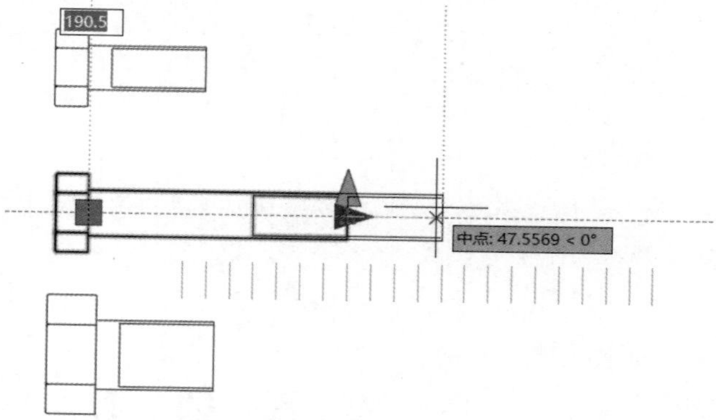

图 13-23

再来看看可见性能做什么？可以把好多图形放到一个图块里，例如，将不同生肖的不同视图放进一个图块，然后设置一个可见性列表，插入图块后根据需要在列表中选择要显示的生肖图案，如图 13-24 所示。

先把图形定义成普通块，双击图块即可进入块编辑器。

按 Ctrl+3 快捷键打开工具选项板，CAD 中自带了不少实例，可以插入几个动态块实例，双击这些图块，进入块编辑器中看看参数和动作的设置，如图 13-25 所示。

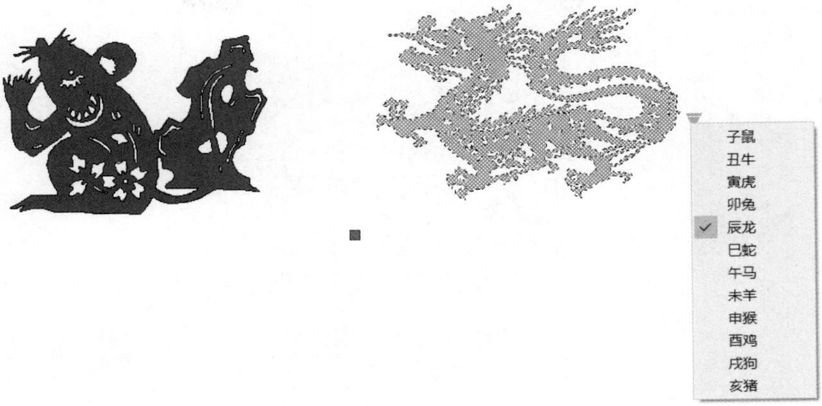

图 13-24

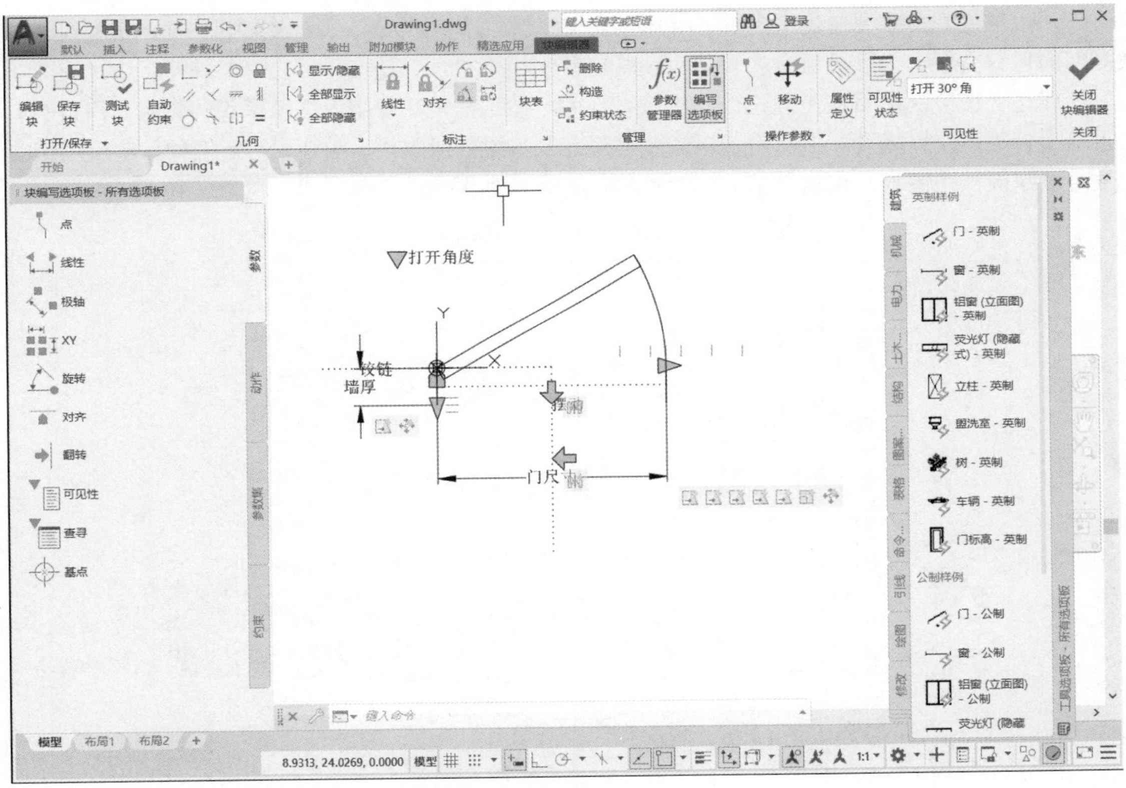

图 13-25

13.5 什么是属性块？如何创建属性块？

在双击普通图块后，进入参照编辑或块编辑，可以编辑图块内的图形，但有一些图块在双击后不会进入编辑界面，而是弹出“增强属性编辑器”对话框，如图 13-26 所示。

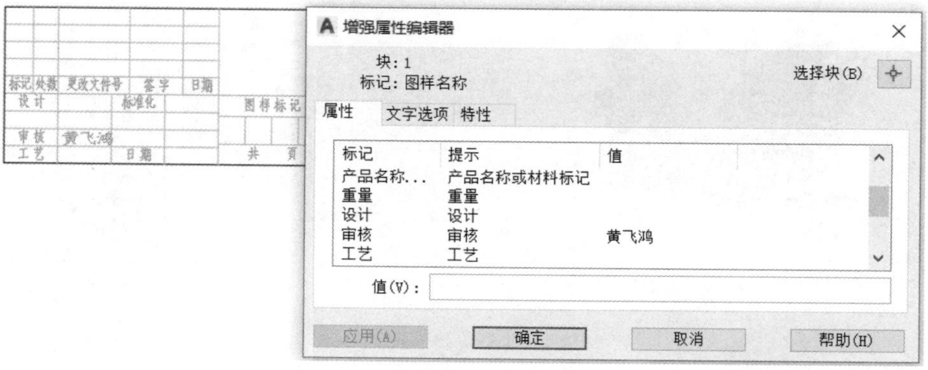

图 13-26

1.什么是属性块？

简单地说，属性块就是在图块上附加一些文字属性（Attribute），这些文字不同于嵌入到图块内部的普通文字，无须分解图块，即可编辑这些文字。

属性块被广泛应用在工程设计和机械设计中，在工程设计中用属性块来设计轴号、门窗、水暖电设备等，在机械设计中应用于粗糙度符号定制、图框标题栏、明细表等。例如，建筑图中的轴号就是同一个图块，但属性值分别是 1、2、6 等，如图 13-27 所示。

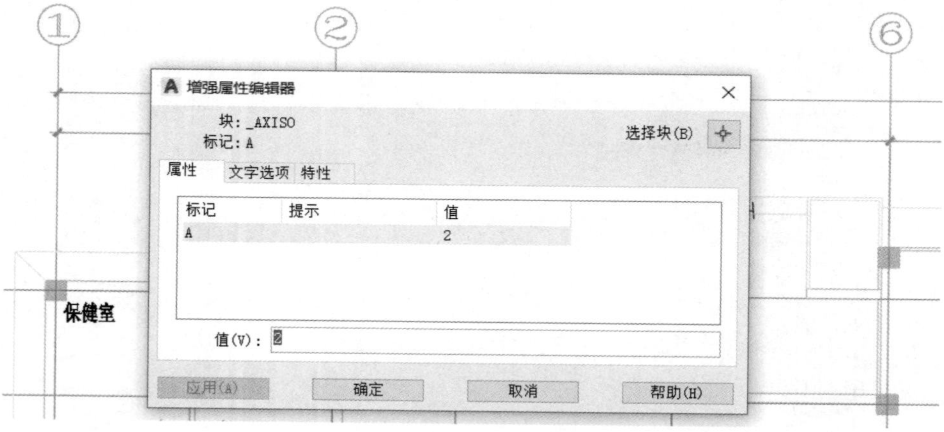

图 13-27

利用属性块将类似的图形定义成一个图块，通过改变属性来调整图块的显示。

当图块中的文字属性需要经常修改时，即可在图块中添加属性文字，并定义成属性块。

2.如何定义属性块？

属性块的定义非常简单，就是画好图形，定义好属性文字，然后一起选中定义成图块。下面以轴号的属性块例子来讲解定义的方法。

Step 01 绘制好图形，轴号的图形就是一个圆，绘制一个半径为 5 的圆。

Step 02 在菜单中选择“绘图”→“块”→“定义属性”选项，或者在“命令”面板中单击“插入”→“定义属性”按钮，或者直接输入 ATTDEF 命令，调用定义属性命令，打开“属性定义”对话框，如图 13-28 所示。

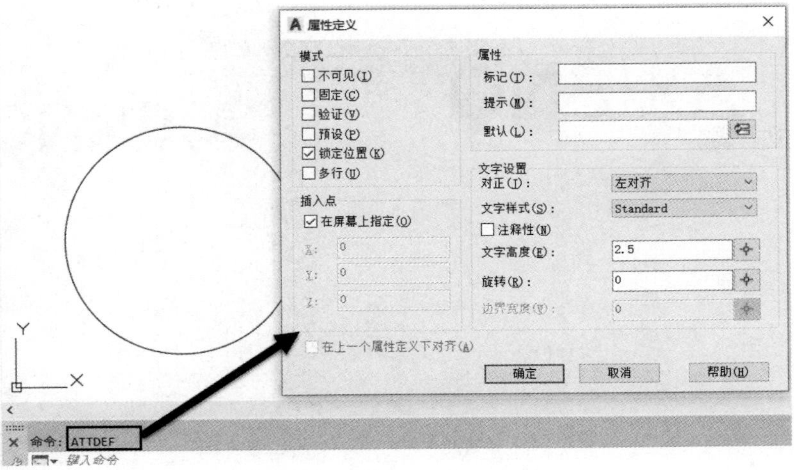

图 13-28

该对话框中右上角三个长的输入框，分别是：标记、提示、默认。

标记是指这个属性值是干什么的，比如宽度、长度、图纸名、审核人，轴号的标记可以写上 AXISNO。

提示是当插入属性块时命令行弹出的提示，提示可以写得很简单甚至忽略，也可以写得复杂，比如可以写上：请输入轴号。如果不输入，标记将作为提示。

默认是属性的一个默认值，比如轴号，可以将默认值设置为 1，在插入时可以输入其他数值，插入后还可以编辑成其他数值。

Step 03 在“属性定义”对话框中输入标记、提示和默认值后，将文字对正方式设置为正中，文字高度设置为 3，其他参数暂时可以忽略，如图 13-29 所示。此时的效果如图 13-30 所示。

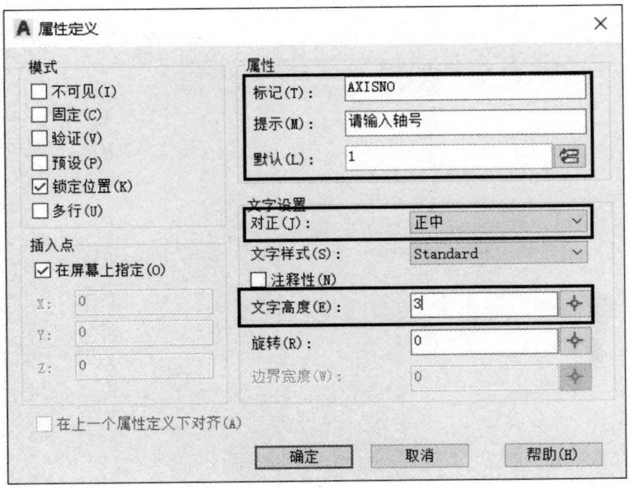

图 13-29

由于属性文字对齐方式选择的是正中，单击图 13-29 所示对话框中的“确定”按钮后，属性文字正好位于圆的中心位置，如图 13-31 所示。但现在显示的仍然是属性的标签，而不是属性的值。

图 13-30

图 13-31

Step 04 将圆和属性文字一起选中，输入 B 命令，回车，打开“块定义”对话框，给图块命名为 AXISNO，将图块基点指定到圆心或下面的象限点位置，如图 13-32 所示。

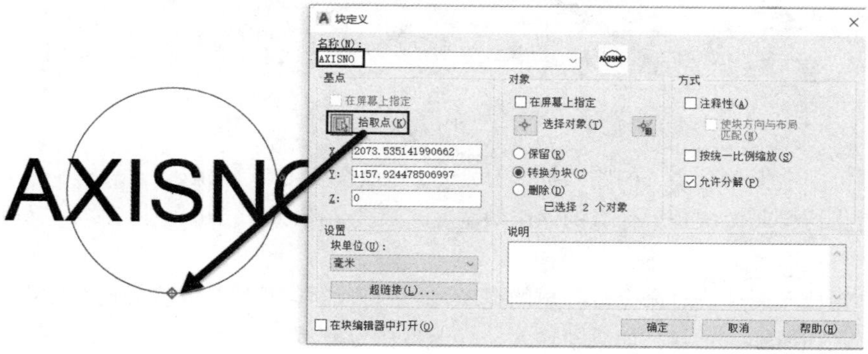

图 13-32

Step 05 单击“确定”按钮，关闭“块定义”对话框，此时弹出“编辑属性”对话框，在该对话框中显示之前设置的提示和默认值，而且可以看到图块中的标记也变成默认值，如图 13-33 所示。

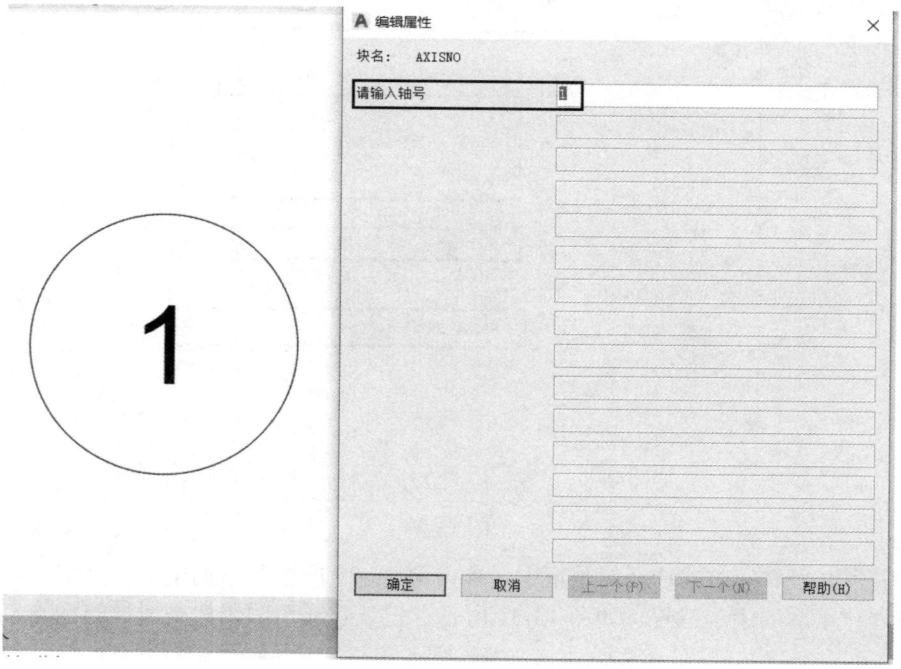

图 13-33

Step 06 单击“确定”按钮，关闭“编辑属性”对话框，使用默认值。

Step 07 输入 I 命令，回车，在弹出的面板中选择刚定义的图块 AXISNO，然后将光标移动到原图块的右侧，单击确定图块的位置（2019 及以下低版本会弹出“插入”对话框，在名称列表中选择 AXISNO，单击“确定”按钮关闭对话框，在图形窗口中定位图块的插入点）。低版本在命令行会出现属性的提示，可以输入 2，在高版本弹出“编辑属性”对话框，将属性值设置 2，这样就得到一个新的轴号，如图 13-34 所示。

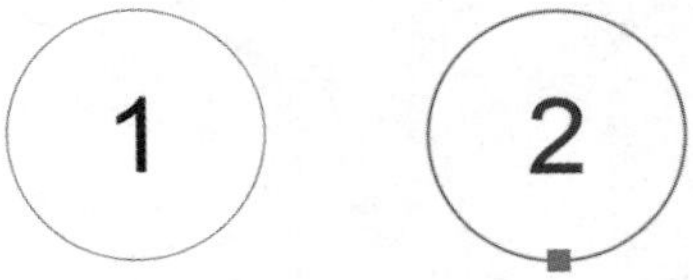

图 13-34

双击其中一个图块，弹出“增强属性编辑器”对话框，将属性值修改成其他需要的值，如图 13-35 所示。

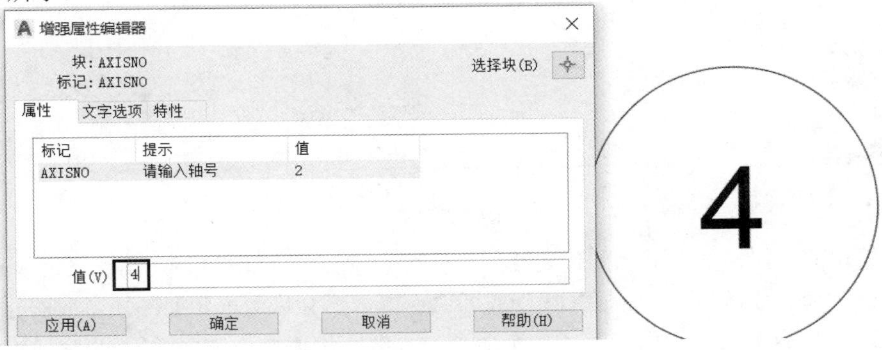

图 13-35

3.属性文字和普通文字有什么区别？

上面练习了创建和编辑属性文字与属性块，对于属性文字的特性应有所了解。如果想了解进一步了解属性文字和普通文字的区别，可以再画一个圆，然后在中间用单行文字写一个 1，将圆和 1 选中后做成图块，试试如果想把 1 改成 2 需要进行什么样的操作。通过实际的操作体验对比会对两者的区别认识更加深刻，可以更加充分体会属性块的好处。

小结

属性文字与普通文字最大的区别是方便修改，双击属性块弹出“增强属性编辑器”对话框，可直接对属性值进行修改。选中属性块，也可以在特性面板（Ctrl+1）中修改属性的值。而图块中的普通文字等同于其他图形，要想修改这些文字，必须分解图块或者用图块编辑的相关命令：参照编辑（refedit）或块编辑（bedit）。因此在定义图块时，需要修改的文字就定义成属性，不需要修改的就直接写普通文字，例如图 13-26 中的标题栏，“设计”“审核”“工艺”等这些文字就使用普通文字，而需要填写的设计人员名称、项目名称、日期、图名、图号等就会定义成属性。

建筑轴号、图框标题栏、明细表等属性块由建筑、机械等专业软件自动生成，因此很多人并没有定义过属性块。

13.6　如何将图块中的属性文字分解为普通文字？

CAD 中经常用到属性块，最常用的有图框、轴号和设备图块等，属性文字在不分解图块的情况下就可以轻松编辑。有时需要把属性块炸开（X），但炸开后发现属性文字显示的不是之前的文字，如图 13-36 所示。

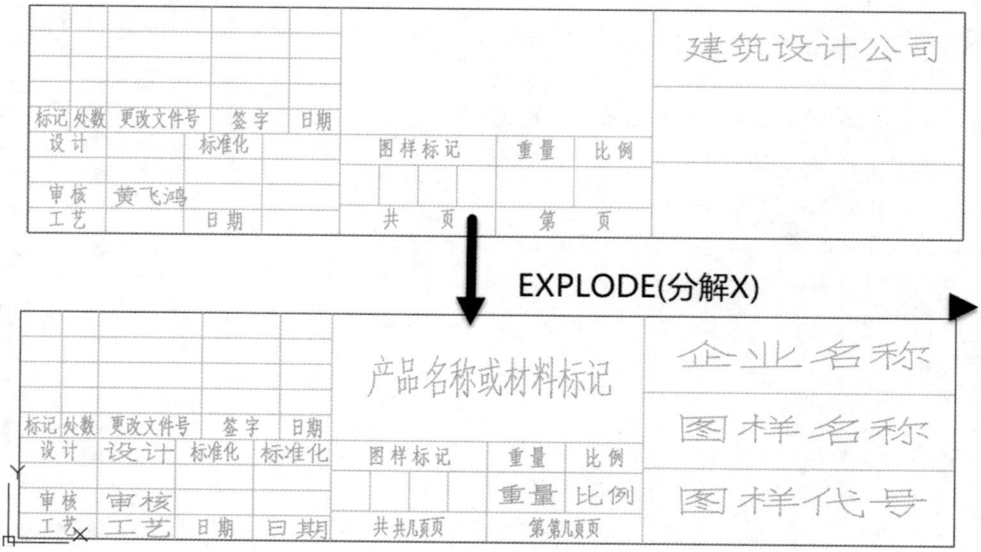

图 13-36

在定义图块前，属性文字显示的是属性的“标记”，在定义成图块后，属性文字显示的是属性文字的“值”，但用常规的分解（EXPLODE）命令炸开后会恢复成定义图块之前的样子。

在 CAD 的扩展工具中专门开发了一个命令：分解图块属性为文字（Explode Attributes to Text），命令是 BURST。如果用的是 AutoCAD 低版本，必须安装了扩展工具（ExpressTool）才能使用此命令，浩辰 CAD 等软件会自动安装扩展工具，在 AutoCAD 高版本中也自动带了这个命令。

同样是上面的图块，用 BURST 命令再分解一下，分解结果如图 13-37 所示。

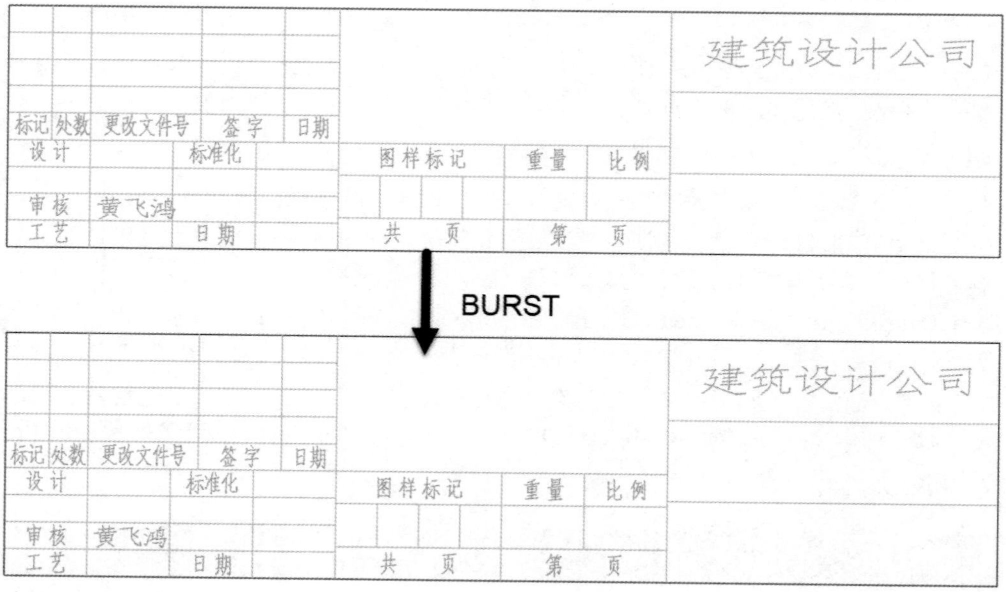

图 13-37

可以看到 BURST 后，属性文字转换成普通文字，而且显示的是属性的值，分解后与分解前效果完全一致。

13.7　为什么图块复制到另一张图中会变？如何批量重命名图块？

有不少人提类似的问题，在一张图中按 Ctrl+C 快捷键复制，到另外一张图中按 Ctrl+V 快捷键，结果发现粘贴的图形变了，与复制的图形不同。有时候能看出来，如果复制的东西比较多，当时可能看不出来，事后打印时才发现有些图形变了。如果不了解问题的原因，一定会觉得很奇怪。下面就跟大家讲为什么会这样，怎样避免出现类似的问题。

CAD 中保存了很多样式，比如文字样式、标注样式、多线样式等，图中还会有一些命名的图块，这些样式和图块定义都有名字，一个名字只能对应一个设置，当两张图中有同名的样式或图块但设置不同时，就会出现这样的问题。

在 1.16 节中介绍过各种图形复制粘贴后发生变化的各种情况，并重点介绍了图块发生变化的原因和解决方法，这里就不再重复了，下面重点介绍批量重命名的方法。

假如同名的图块很多，要想将其中定义不同的图块找出来很麻烦，于是全部重命名。而这种情况却有点不一样，他的图纸是从 UG 转出来的，里面的填充都转换成图块，而且都被命名为 HATCH+编号，要将不同的图纸复制粘贴到一起，结果就出现了重名情况，粘贴后的图形发生了变化，复制粘贴后图纸中的填充出现了移位，形状也变了。类似这种从其他软件转出来的图纸，图块是自动命名的，没有其他办法，除了炸开这些图块外，就是批量重命名，下面介绍图块重命名的方法。

1.重命名的基本操作

重命名（RENAME）的基本操作很简单，输入 REN 命令，回车，打开“重命名”对话框后，先在左侧选择需要重命名的类别，然后在右侧选择要修改的样式或图块，输入一个新名字即可，如图 13-38 所示。

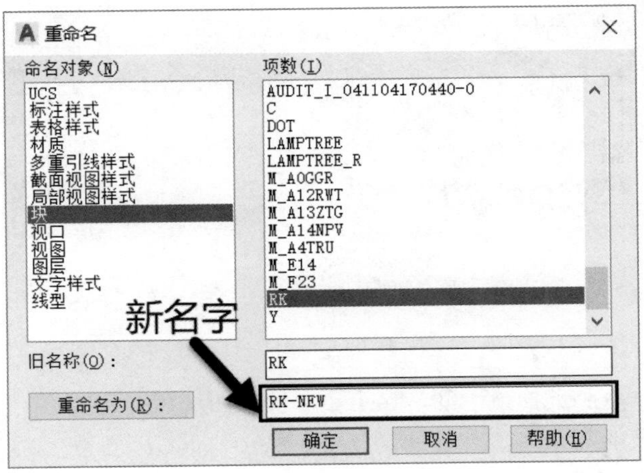

图 13-38

左侧这些需要重命名的样式和特性都有可能导致复制粘贴后图形发生变化，如果只是重命名一个图块或样式，大家都会，但要批量重命名，最主要的技巧是怎样批量选择定义样式或图块的新名字，下面介绍批量重命名的技巧。

2.如何批量选择和重命名图块？

（1）多选的技巧

在选择图块名时，可以在列表中选择，也可以利用名字输入框选择。在列表中选择时可以利用 Shift 键和 Ctrl 键多选，按住 Shift 键在列表中选择多个连续的图块，按 Ctrl 键在列表中加选，这是 Windows 常规的选择技巧，这种选择后，图块名显示的是*多种*，如图 13-39 所示。

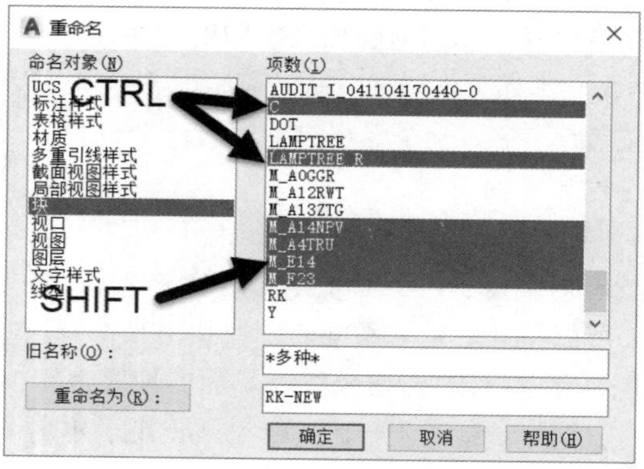

图 13-39

还有一种方式是在旧名称栏利用统配符*和?来选择，*代表任意多个字符，?表示一个字符。比如输入 HATCH?，只会选中编号小于 10 的图块，而输入 HATCH*，则会选中所有 HATCH 开头的图块，如图 13-40 所示。

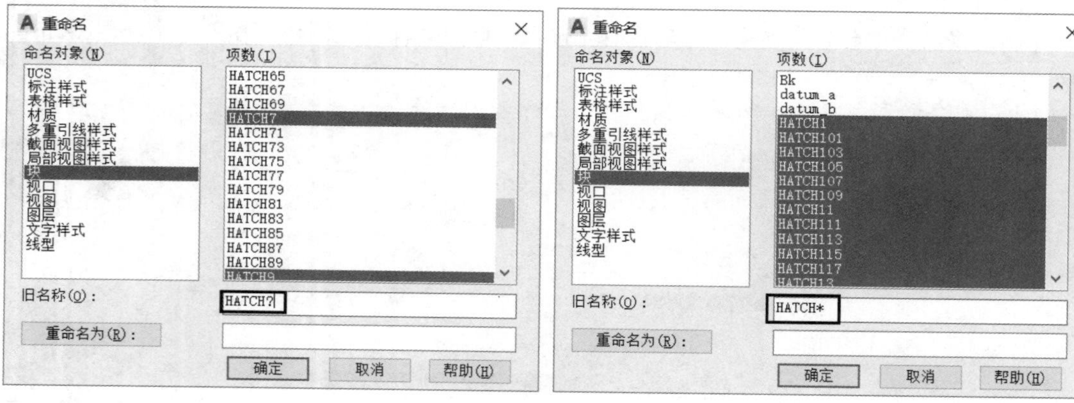

图 13-40

星号和问号也可以放到前面或中间，这主要取决于图块名的特征。

（2）设置批量替换的新名字

要想批量替换，也必须要利用通配符*号和?号。

如果是从列表中多选的，图块名字显示的是多种，图块旧名字没有任何共同特征，在新图块名中只能输入*号代替旧图块名，然后在前面和后面添加字母，比如在前面加一个前缀 A-，如图 13-41 所示。

如果在旧名称框中输入通配符来多选时，旧名中输入的通配符必须在新名用相同的通配符对应，而其他字符则可以用新的字符替代，比如 HATCH*可以用 HA*替代，将 HATCH 替代成 HA，如图 13-42 所示。

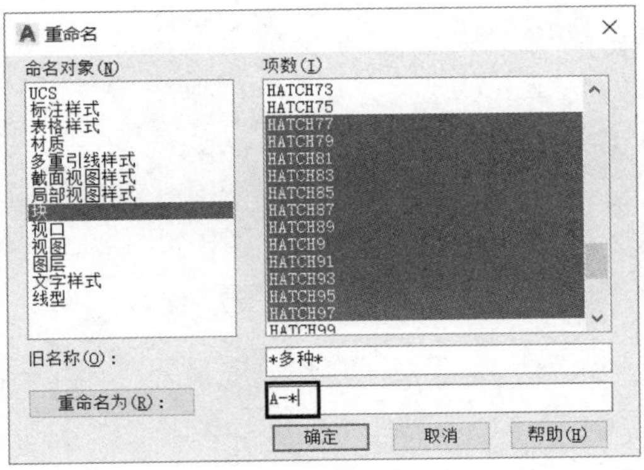

图 13-41

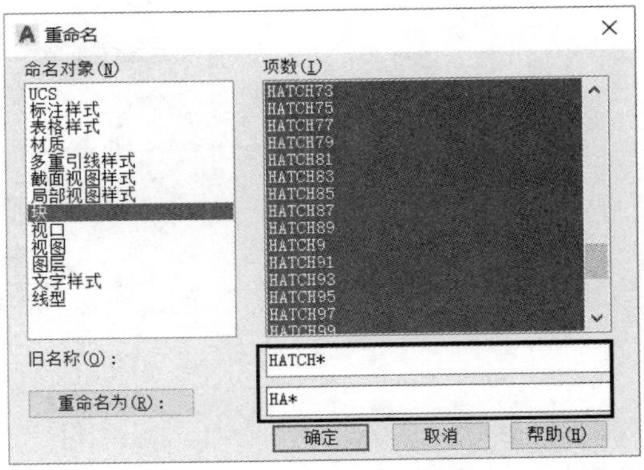

图 13-42

在名称中可以使用多个通配符，比如通过 H?A*来选择第一和第三个字母是 H 和 A 的所有图块，具体如何使用需要看图块名的特征和想重命名的方式。

小结

CAD 中图块和样式名对应的设置只能是唯一的，因此在给图块和各种样式命名时需要注意，不要图省事，直接设置 1、2 等简单的名字，而要根据特征起一个容易分辨的名字，不同的图块用不同的名字，保证不同图纸中同名图块的图形是相同的，这样才不会出现这样的问题。

如果是常规绘图，不建议在复制粘贴前将全图所有图块全部重命名，这样复制粘贴几次后，图中图块就会成倍增加。如果可以控制图块名，还是尽量避免图块同名但定义不同的情况。

13.8　修改图块的方法有哪些?

在 CAD 早期版本中图块无法直接编辑，如果图块定义错了，或者要修改图块，只有炸开，编辑后重新做成图块。后来 CAD 增加了参照编辑命令，双击图块就可以编辑图块图形，所有图块参照会同时修改。AutoCAD 2006 版，又增加了块编辑功能，不仅可以编辑图块的图形，还可以给图块添加参数、动作、可见性和查询列表等，将图块定义成动态块。下面简单介绍 CAD 中修改图块的相关命令，可以根据需要选择合适的命令。

1.块编辑（BEDIT）

如果只是编辑图块的图形，块编辑的操作非常简单。在块编辑中提供了大量的参数、动作设置，可以将一个普通图块变成动态块，这些操作就相对比较复杂了，在 13.4 节中已经介绍过动态块。

下面简单介绍块编辑的操作：

Step 01 创建一个图块或打开一张有图块的图纸，双击一个普通且没有属性文字的图块，弹出“编辑块定义”对话框，如图 13-43 所示。

也可以直接输入 BEDIT 命令，或者在“命令”面板单击“块编辑”按钮打开对话框，然后在列表中选择要编辑的图块。

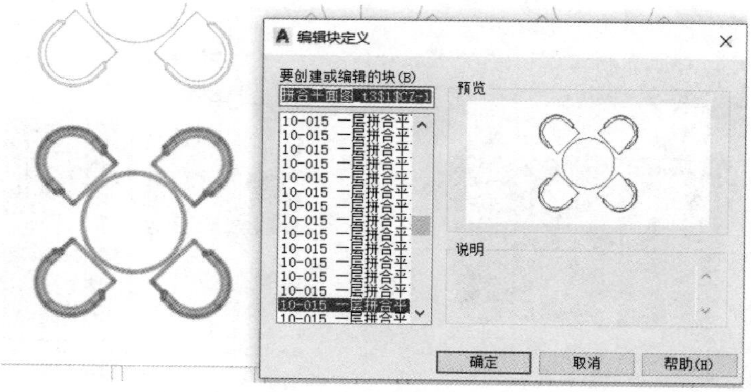

图 13-43

Step 02 从预览图和名称确认是我们要编辑的图块后，单击“确定”按钮，进入块编辑器，如图 13-44 所示。

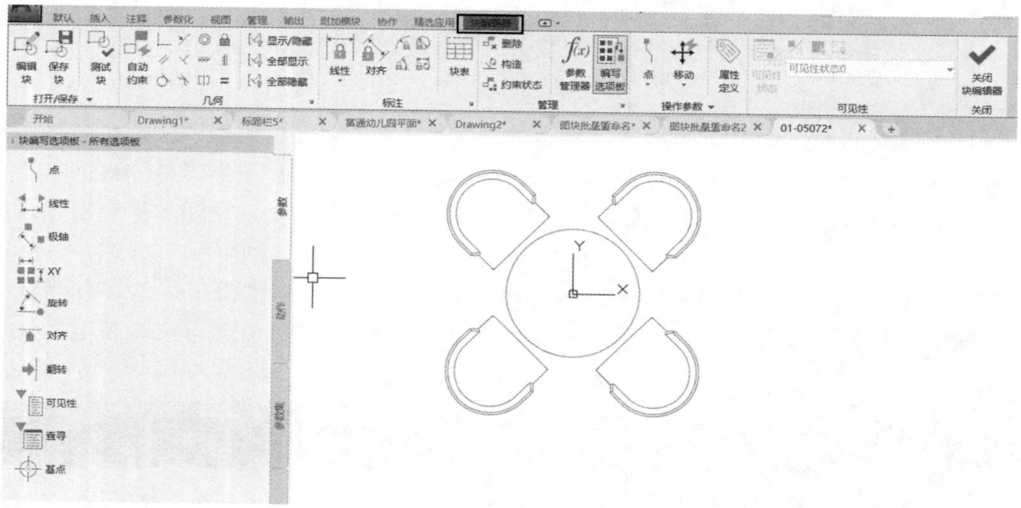

图 13-44

进入块编辑器后，图形窗口中将只显示图块的图形，同时显示块编辑器的面板、选项板，如果用经典界面，则显示块编辑相关的工具栏。

Step 03 在块编辑器状态下，可以使用绘图、修改的各项命令，添加、编辑、删除图形，也可以给图块设置参数、动作、约束、查询列表、可见性，让图块变成动态块，图形修改完毕，单击“关闭块编辑器”按钮。

Step 04 软件会提示是否保存对图块所做修改，选择将修改保存到图块，退出块编辑器。

退出块编辑后，图形将恢复显示，图中所有同名图块将自动更新。

2.参照编辑（REFEDIT）

在没有块编辑器之前，双击图块会进入参照编辑功能。参照编辑功能不仅可以编辑图块，还可以编辑外部参照（XREF）。在高版本 CAD 中双击外部参照时仍会自动执行参照编辑功能。

参照编辑功能就是选择图块插入后的任意一个块参照，通过编辑这个参照来修改图块的定义。参照编辑和块编辑不同的是，当进入参照编辑状态时，其他图形仍然可以显示，可以将其他图形添加到图块中，也可以将图块中的图形分离出去。

参照编辑时可以看到其他图形，而块编辑则不行，大多数人不会定义动态块，因此很多人仍喜欢用参照编辑，希望双击图块时自动执行参照编辑命令。

下面简单介绍参照编辑的操作。

Step 01 创建一个图块或打开一张有图块的图纸，选择图块，输入 REFEDIT 命令后回车，或者在右键菜单中选择“在位编辑块”命令，打开“参照编辑”对话框，如图 13-45 所示。

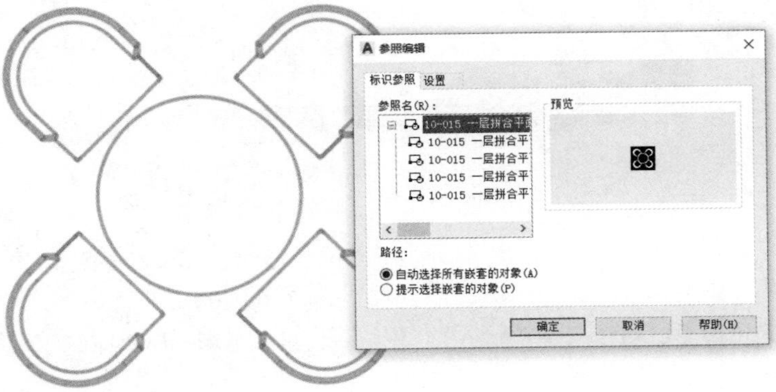

图 13-45

如果选择的只是一个简单的图块，列表中将只显示当前图块的名称。注意对话框底部有两个关于嵌套图块的选项。所谓嵌套图块，就是一个图块中包含其他图块，比如，桌子和椅子分别是两个独立的图块，我们可以将一张桌子和四把椅子再做成一个图块，这就是一个嵌套图块。如果选择的是嵌套图块，这里将显示一个列表，下一级的图块都将列出来，我们可以选择编辑整个图块或者选择一个下一级的图块进行编辑。

此外，“参照编辑”对话框还有一个“设置”选项卡，其中有三个选项，主要是最后一个“锁定不在工作集中的对象”会对编辑有一些影响，所谓不在工作集，也就是图块之外的其他图形。

Step 02 采用默认选项，单击“确定”按钮，关闭“参照编辑”对话框，进入参照编辑状态，如图 13-47 所示。

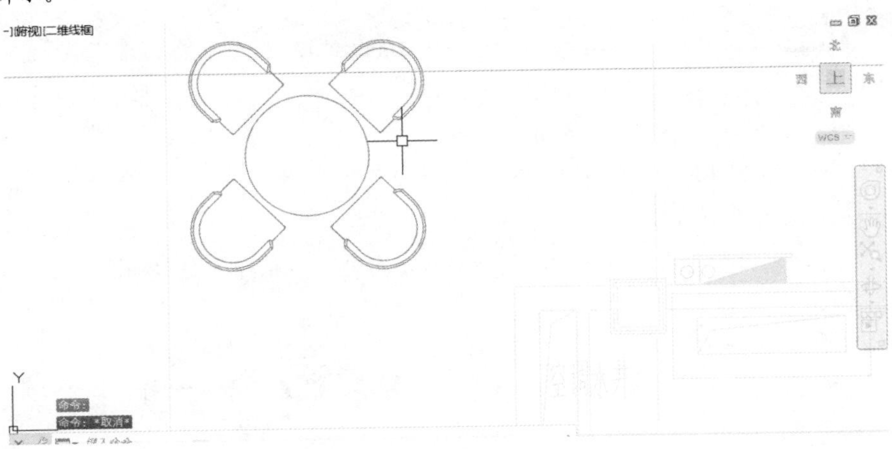

图 13-46

在“命令”面板中会显示参照编辑的面板，如果用经典界面，会弹出参照编辑工具栏。进入参照编辑状态后，图块内图形正常显示，其他图形会褪色显示，这样可以区别出内外的图形。

注意，在工具栏中有两个按钮，一个是添加到工作集，另一个是从工作集中删除，这就是块编辑器无法实现的功能。

Step 03 尝试上面两个编辑功能以及其他绘图和编辑命令后，单击“保存修改”或“放弃修改”按钮，退出参照编辑功能。

记住参照编辑后必须退出参照编辑功能，当年大家都使用经典界面，不少人在参照编辑完图块后直接将参照编辑工具栏关掉，没有退出参照编辑功能，结果发现图纸没法保存，每次保存都会弹出如图 13-47 所示的提示。

图 13-47

由于参照编辑工具栏被关闭，也不知道关闭参照编辑的命令，就不知道怎么办才好了。参照编辑关闭的命令是 REFCLOSE，万一遇到了上述状况，输入 REFCLOSE 命令退出参照编辑状态，即可保存。

3.参照裁剪（XCLIP）

XCLIP 命令不仅可以裁剪图块，也可以裁剪外部参照，不仅可以将封闭区域外的图块裁剪掉，也可以反向裁剪封闭区域内的图形。有些设计人员将复杂图形做成图块，然后在不同时间取图块的一部分，此时就可以用 XCLIP 命令进行裁剪。这个操作并不复杂，可以裁剪时画编辑，也可以实现画好封闭的多段线，裁剪时选择这条多段线。

图块的裁剪后面再单独讲解。

4.增强属性编辑器

如果图块内有属性文字，被称为属性块，双击此类图块时不会弹出块编辑器或参照编辑，而是弹出增强属性编辑器，参看 13.5 节中的讲解。

13.9 图块无法分解怎么办?

因为图块无法分解的原因有很多种，比如被设置成不允许分解，图块是多重插入的匿名块，，还有包含三维模型的各轴向比例不一致的图块等。

情况不一样，解决问题的方法也不一样。下面就简单介绍一下。

1.图块被设置为不可分解

创建图块时可以设置为不允许分解，我们来看一下设置不允许分解的操作，以及遇到这种情况后的处理办法。

Step 01 先绘制一个简单的图形，例如一个圆和一个矩形，选中绘制的图形后，输入 B 命令，回车，打开“块定义”对话框，在对话框中给图块起名字，设置好基点坐标，取消勾选“允许分解”复选框，如图 13-48 所示。

Step 02 单击“确定”按钮，关闭“块定义”对话框，同时完成了图块创建。

Step 03 在工具栏或面板中单击“分解”按钮，或者输入 X 后回车，选择图块，在命令行看到图块无法分解的提示，如图 13-49 所示。

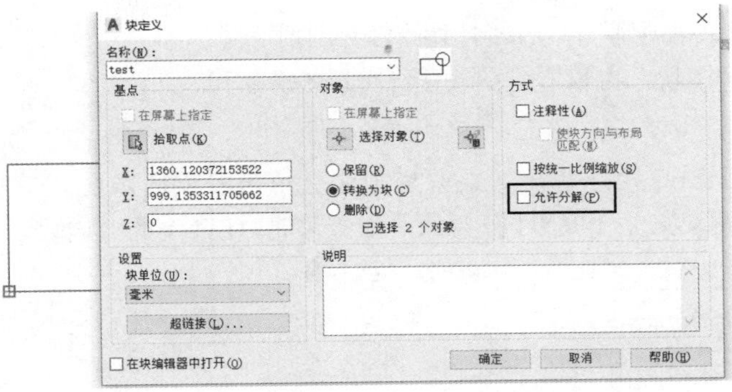

图 13-48

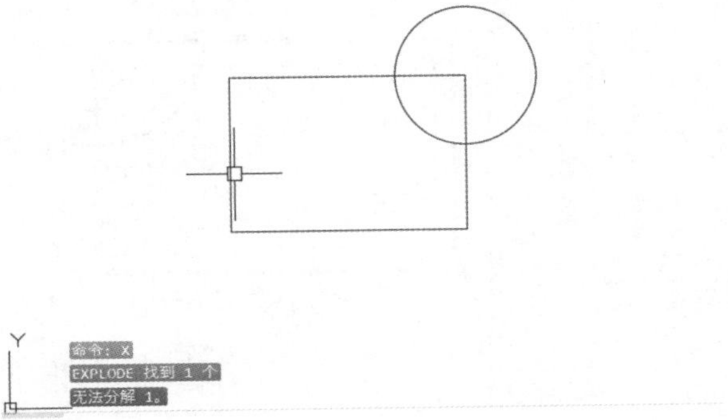

图 13-49

这种图块怎样重新设置成让它可以分解呢？操作也很简单。

Step 01 双击图块，打开“编辑块定义”对话框，单击“确定”按钮，进入块编辑器。（如果图块是属性块，双击会弹出“增强属性编辑器”对话框，可直接输入 BEDIT 命令后回车或在右键菜单中执行块编辑器功能）。

Step 02 进入块编辑器后不要选中任何图形，打开“特性”面板（Ctrl+1），找到允许分解的参数，在后面的下拉列表框中选择“是”选项，如图 13-50 所示。

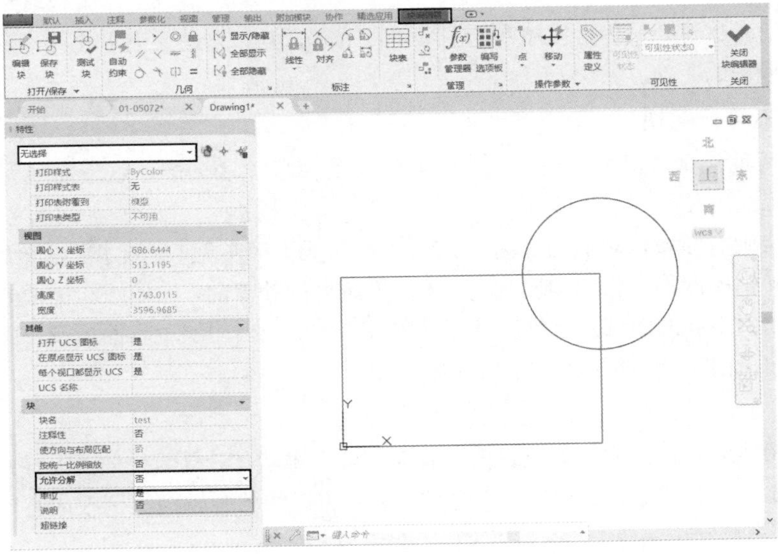

图 13-50

Step 03 单击“关闭块编辑器”，选择将更改保存到图块中。

此时再尝试分解图块，可以看到图块已经可以被分解了。

2.多重插入块

多重插入块也无法直接分解，如果看到图块显示为多重插入块，需要先在“特性”面板（Ctrl+1）中看一下图块名是不是*U 开头的，如果不是*U 开头的匿名块，要分解也很容易。

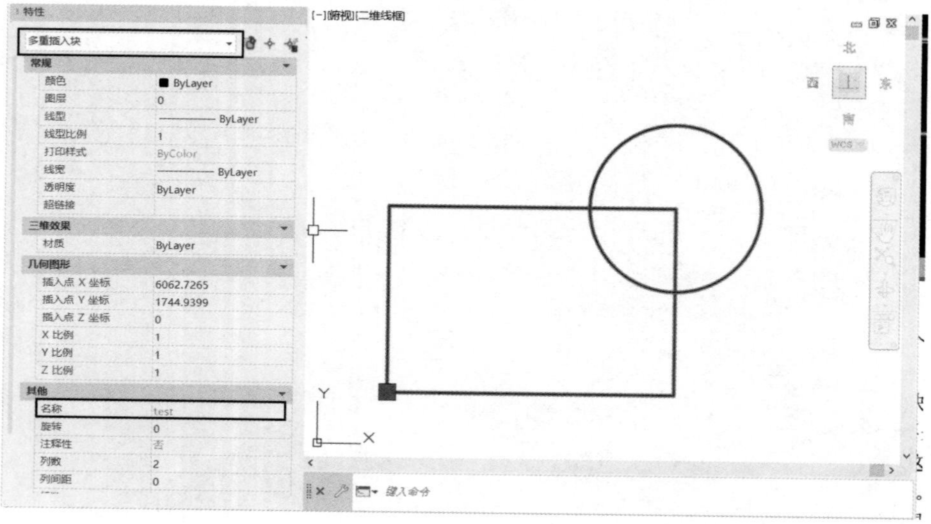

图 13-51

对于这样的多重插入块，要分解也不难，就是重新插入一个同名的图块，分解即可。

如果多重插入块的图块名前带*U，这种是匿名块（或无名块），匿名块在“插入”对话框中找不到，这类图块通常由一些加密的工具或插件生成，主要是为了防修改的。

这种图块用常规的 CAD 操作无法分解，网上专门针对这类图块出了一个解锁的插件。插件名称是 LOCKDWG.VLX，可以到网上去搜索这个插件，或者到 CAD 小苗微信公众号中找一下。

这个插件笔者试过，一些常规加密的图纸可以分解，但如果是天正等软件设置密码的多重插入块也是无法解密的。

3.特殊的不等比图块

除了上面两种常见情况外，还有一些特殊情况的图块无法分解，这就需要具体情况具体分析了。

例如，图块中有面域，然后图块的 X、Y 比例不一致，结果就导致了无法分解。

当分解 XY 轴比例不一致的图块时，二维图形是可以处理的，比如圆和椭圆会变椭圆或样条曲线，但各项比例不同的面域及三维实体无法处理。因此，当图块中有面域及三维实体时，必须在 X、Y、Z 各向比例一致的情况下才能分解。

解决办法

如果确认图块的各项比例不一致且内部有面域或三维实体，有两种处理方式：或者进入块编辑器将面域和实体炸开成线，保存块后再分解；或者将图块的各轴向比例改成相同的数值，然后再分解。

这个问题非常容易重现，比如创建一个面域并定义成图块，将图块 X、Y、Z 各轴向的命令设置成不一致的，例如 X 比例设置为 2，Y 比例设置为一，你就会发现这样的图块也无法分解，只能将各轴向比例改成一致才能分解。

小结

上面介绍了几种图块不能分解的几种情况和解决办法，但还是不能保证所有图块都能被分解。

如果实在无法分解，又想编辑图纸，那只能利用输出矢量文件再输入的方法，例如输出 PDF 文件再输入，输出 WMF 后再输入 WMF 文件，但输出这些文件再输入后，一些 CAD 图形可能就会丢失原有的属性，例如标注就不再是标注，如果输出成 WMF，文字都可能被转换成图形。

如果别人给我们的图纸经过加密处理，就是希望不要编辑。如果没有特殊需要，也没有必要非去分解。

13.10 如何才能彻底删除一个图块?

图块一旦被定义，会在图纸文件中保存一个图块的定义。在图形中插入图块就是将图块定义引用到图面上，插入的图块被称为块参照。将图面上所有块参照删除并不能彻底将图块定义删除，此图块仍可以随时随地插入。

有些人在使用 CAD 的过程中喜欢将图形复制后粘贴为块，位置定位好后就将图块炸开了。这种习惯很不好，会导致图纸中存在很多无用的垃圾图块，导致图纸成倍增大，对操作性能也有影响。

怎么样才能彻底删除一个图块呢？彻底删除图块分为以下两步：

（1）删除图面上插入的所有此图块的参照。

（2）删除块定义。

删除图面上所有此图块参照操作比较简单，主要是选择的技巧。比如用点选、选择类似对象、快速选择等各种技巧将所有块参照快速选择出来并删除。

只有删除了所有块参照后，才能删除块定义。删除块定义的方法就是清理，在命令行输入 PU（或者 PURGE）命令，回车，弹出“清理”对话框，选中要删除的块的名称后，单击“清除选中的项目”按钮即可，如图 13-52 所示。

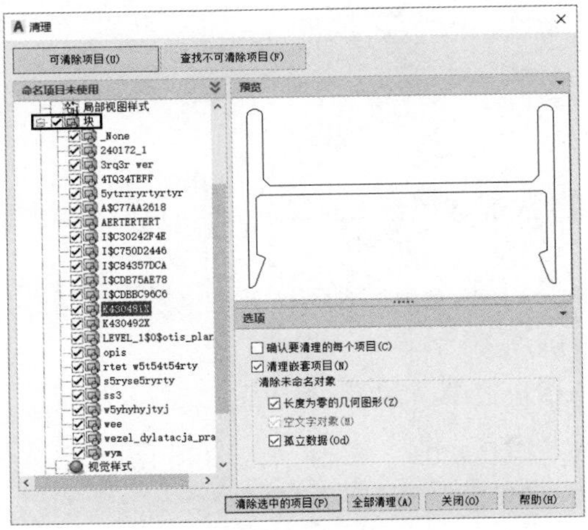

图 13-52

当图纸绘制完成后或者确认图面上未使用的图块不再使用时，可以用清理功能将所有多余的图块定义删除，有时清理图块后图纸大小会减少一半甚至更多。

13.11 什么是外部参照？它与图块有什么不同？

在 CAD 中插入图块时可以浏览 DWG 图纸，将其他图纸作为图块插入当前图纸中。在 CAD 中还有一种插入图纸的方式，被称为外部参照，外部参照和图块到底有什么不同？

1.什么是外部参照？

块参照、外部参照，首先了解什么是参照。参照是从英文 reference 翻译过来的，其实翻译成“引用”更好理解。图块定义好后，图块的定义被保存在图中，插入一个图块就是将图块引用一次，因此选中图块后在“特性”面板中可以看到图形的类型是“块参照”。所谓外部参照就是将外部的图纸引用到当前图中来。为了更好地了解外部参照的工作方式和作用，我们可以先看一下外部参照的基本操作。

Step 01 随意找两张图纸，图纸不必太大，我们将其中一张图纸称为 A，另外一张图纸称为 B。先打开图纸 A。

Step 02 在菜单或“命令”面板中调用插入 DWG 参照命令，或直接输入 ATTACH 或 XATTACH 命令，回车后插入 DWG 文件；也可以输入 XREF 命令，打开外部参照管理器，然后单击“附着 DWG”按钮，打开“选择参照文件”对话框，如图 13-53 所示。

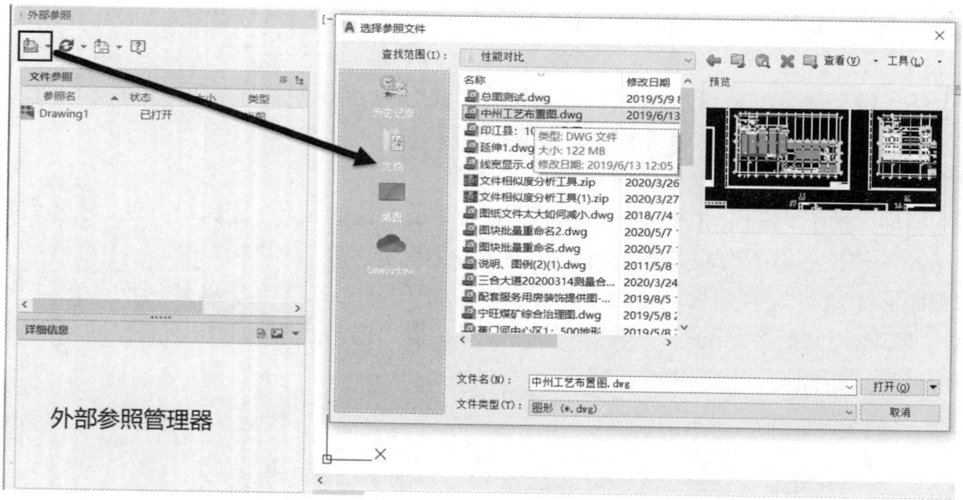

图 13-53

在参照管理器中可以看到外部参照插入的状态，并可以对外部参照进行各项操作，因此选择 XREF 命令。

Step 03 在“选择参照文件”对话框中浏览并选择文件 B，单击“打开”按钮，弹出“附着外部参照”对话框，如图 13-55 所示。

该对话框的参数与插入图块很像，也有比例、插入点、旋转角度、单位的设置，只是多了参照类型和路径类型，这些暂且不管，确认勾选了“在屏幕上指定”复选框。

Step 04 单击“确定”按钮，在屏幕上确定外部参照的位置，如图 13-55 所示。

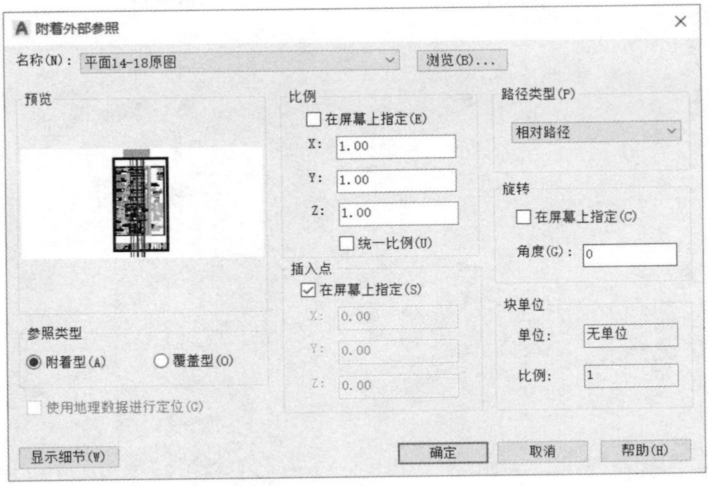

图 13-54

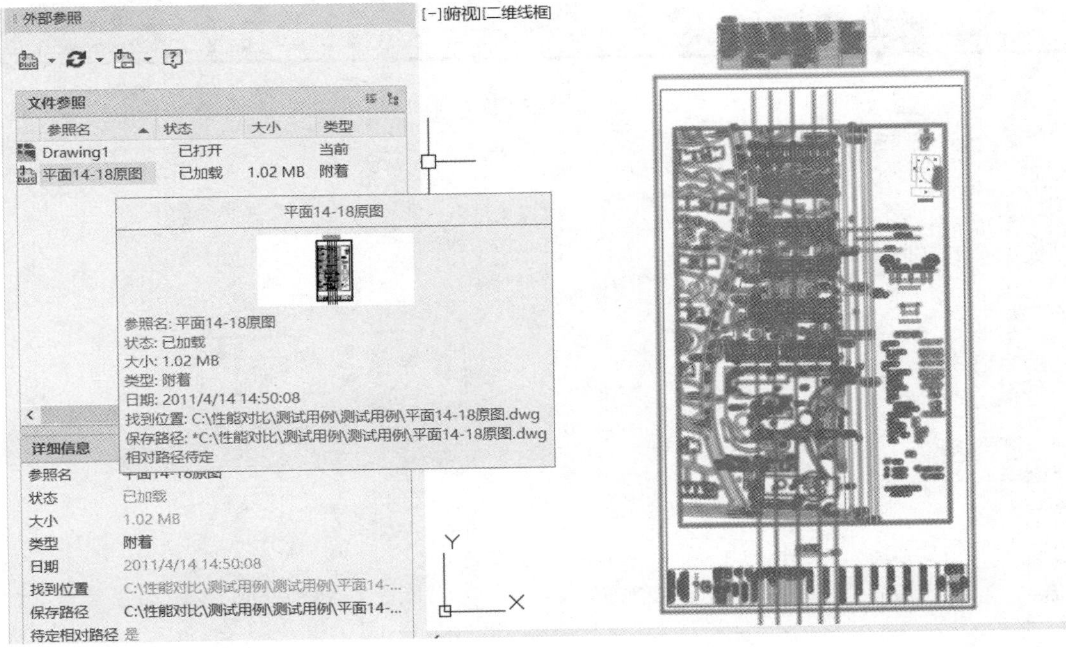

图 13-55

外部参照图纸被插入后，为了区别于其他图形，用浅色显示，外部参照的褪色度可以设置。同时看到外部参照管理器中显示了外部参照的图纸名，后面的状态是已加载。

Step 05 打开图纸 B，在图面上画一个图形，比如画一个很明显的圆，按 Ctrl+S 快捷键保存。切换回图纸 A，稍等几秒，在右下角会弹出一个窗口，提示图纸 B 已修改，需要重载，如图 13-56 所示。

Step 06 单击消息窗口中蓝色的链接重载图纸，重新加载后即可看到刚绘制的圆，如图 13-57 所示。

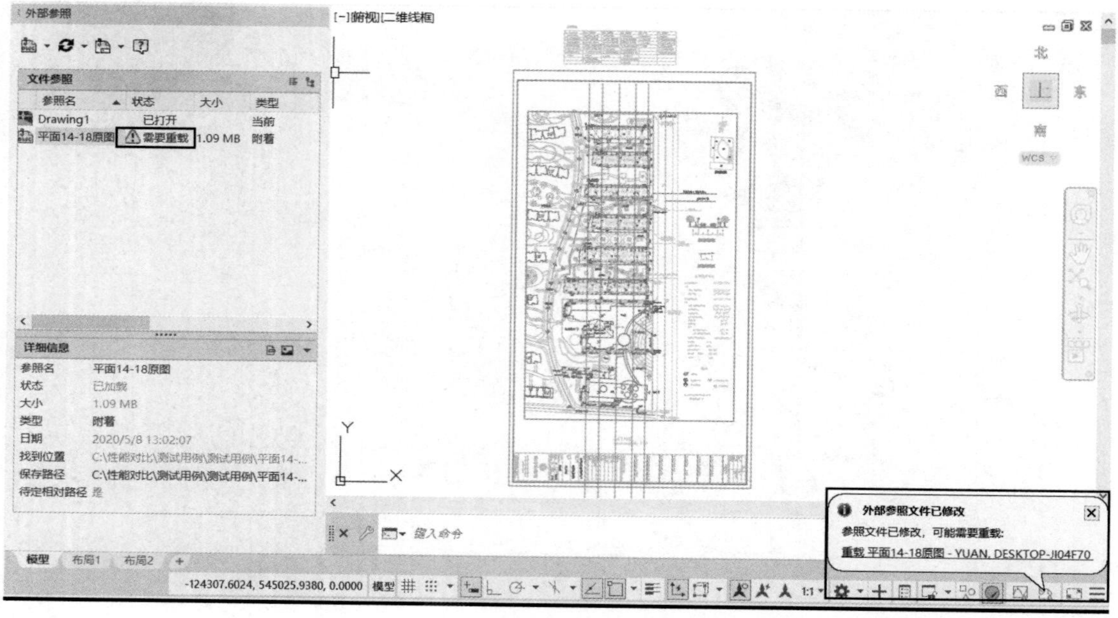

图 13-56

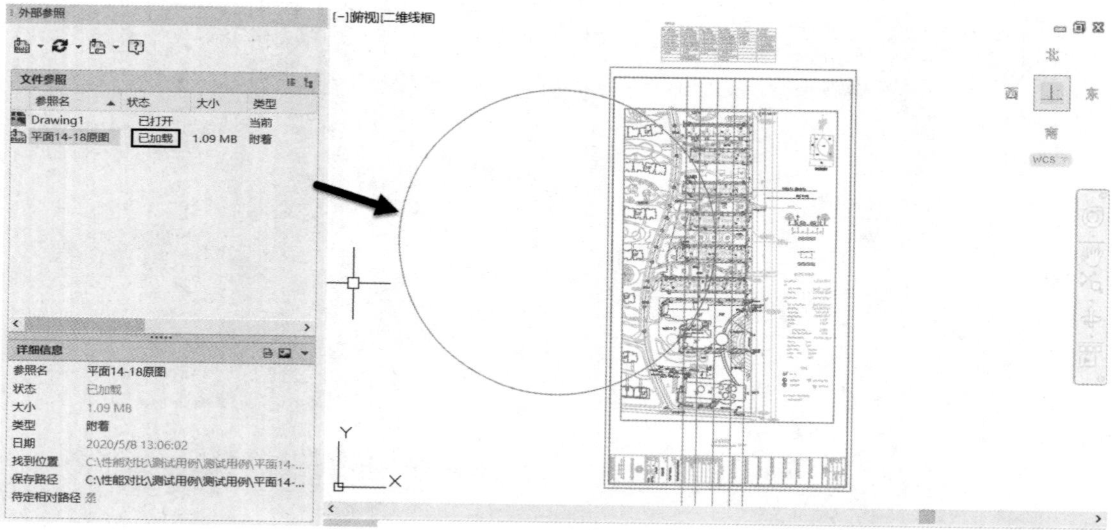

图 13-57

Step 07 保存图纸 A，关闭图纸 A 和 B。打开 Windows 资源管理器，将图纸 B 移动到其他目录。也就是说，在原始路径下找不到图纸 B，切换回 CAD，再打开图纸 A，并输入 XREF 命令，打开外部参照管理器，如图 13-58 所示。

在图中看不到插入的图纸 B，在外部参照管理器中显示 B 图纸未找到，放大观察外部参照的插入点，会发现这里显示“外部参照（或 XREF）.\”加上文件名。

通过上面的操作可以知道，外部参照在当前图中只是保存了文件名和位置比例等参数，如果能找到这个文件，图形就会被加载进来并显示。如果原文件被修改，当前图中重新加载后就可以更新，与原图保持一致。

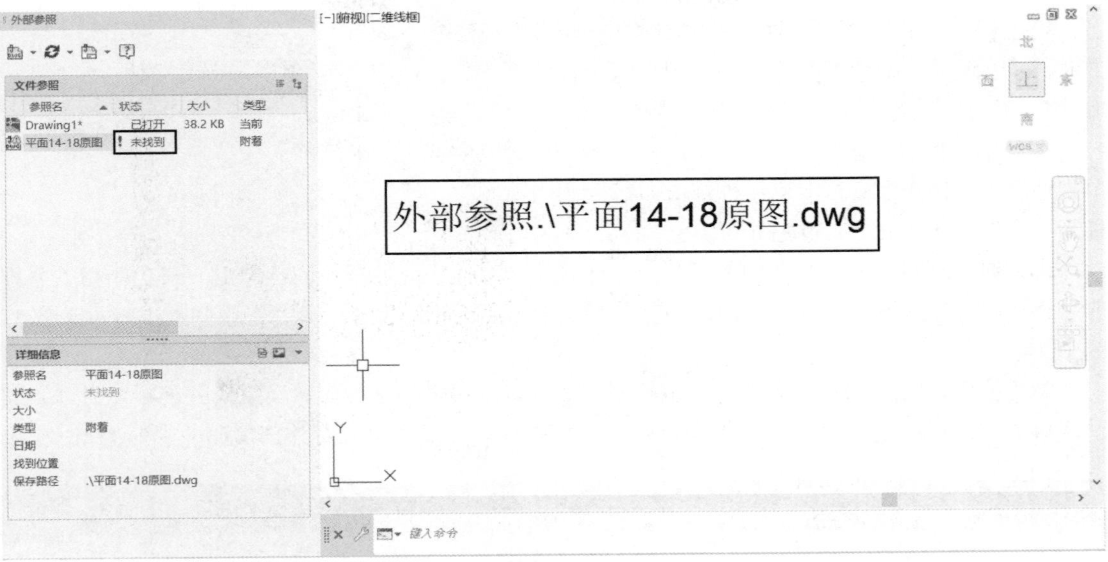

图 13-58

2.外部参照的基本应用

通过上面的练习基本了解了外部参照的一些基本操作和特征，外部参照通常在什么情况下使用呢？

可以先从 CAD 帮助中摘取一段对外部参照的解释：

将整个图形作为参照图形（外部参照）附着到当前图形中，通过外部参照，参照图形中所做的修改将反映在当前图形中。附着的外部参照链接至另一图形，并不真正插入。因此，使用外部参照可以生成图形，而不会显著增加图形文件的大小。

通过使用参照图形，用户可以在图形中参照其他用户的图形协调用户之间的工作，从而与其他设计师所做的修改保持同步。用户也可以使用组成图形装配一个主图形，主图形将随工程的开发而被修改。

确保显示参照图形的最新版本。 打开图形时，将自动重载每个参照图形，从而反映参照图形文件的最新状态。

请勿在图形中使用参照图形中已存在的图层名、标注样式、文字样式和其他命名元素。

简单地说，在设计过程中用外部参照有两种目的，一种是标准化，另一种是协同设计。

标准化：很多单位会使用标准的图框，在所有图纸中都用外部参照的形式将图框插入进来，如果单位图框有修改，没有必要每张图纸进行修改，所有图纸在打开时就自动更新了。

协同设计：在建筑设计中经常会用外部参照来实现简单协同设计，水暖电等设备专业都要在建筑图上绘制电缆、管线、设备，它将建筑图纸作为外部参照插入进来，作为底图，建筑图纸一旦更新，底图也会自动更新。

3.外部参照和图块的区别与联系

简单地说，图块是保存在图纸内部的，外部参照只是引用了其他独立的图纸。

插入图块时可以浏览其他图纸，但插入图纸的所有数据会被读取并保存到当前图中。如果插入外部参照，被插入的图形可以显示，但图中保存的只是一个路径。

如果将带外部参照的图纸复制到其他文件夹或其他机器，或者要发给其他人时，必须带上外部参照的图纸，可以用电子传递（ETRANMIT）命令将图纸打包压缩。

当工程完成并准备归档时，或者要将图纸发送给第三方时，可以将附着的参照图形和当前图形永久合并到一起，方法是通过绑定将外部参照转换为图块。

在外部参照管理器的图纸名上右击，在弹出的快捷菜单中选择“绑定”命令，即可将外部参照绑定到当前图中，称为一个图块，如图 13-59 所示。

图 13-59

绑定时有两种方式，只是对图层、标注样式、文字样式的处理不同，绑定方式会在相关名称前加上外部参照图纸的名称，插入方式则会忽略外部参照图纸名，直接将这些数据合并到当前图中。

参照编辑（REFEDIT）命令可以编辑图块，也可以编辑外部参照。当编辑外部参照时，等同于编辑原图，也就是编辑后原图也会被修改，所以有些图纸会限制对外部参照的参照编辑。

13.12 如何裁剪图块或外部参照？

在插入图块或外部参照后，正常情况下图块和外部参照的全部图形都会显示，但有时只需显示其中一部分，比如，关闭或冻结外部参照的某些图层，或通过裁剪只显示外部参照的局部。下面讲解图块或外部参照的裁剪方法，如图 13-60 所示。

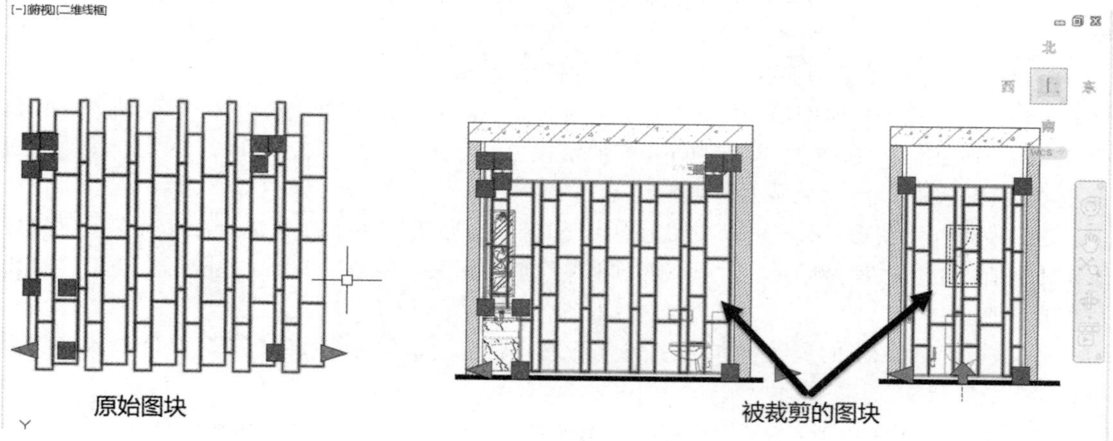

图 13-60

1.图块、外部参照裁剪的基本操作

图块和外部参照裁剪使用的命令相同，在菜单中选择“修改”→“裁剪”→“外部参照”选项，或直接输入 XCLIP 或 XC 命令，下面以外部参照为例介绍修剪的基本操作。

Step 01 为了方便观察裁剪的效果，开一张空图，然后输入 XATTACH 命令，将一张现成的 DWG 图纸作为外部参照插入进来，这张图纸不必太复杂，如图 13-61 所示。

Step 02 输入 XCLIP 命令，回车，命令行提示选择对象，单击刚刚插入的外部参照，回车，注意看命令行会弹出一些选项，如图 13-62 所示。

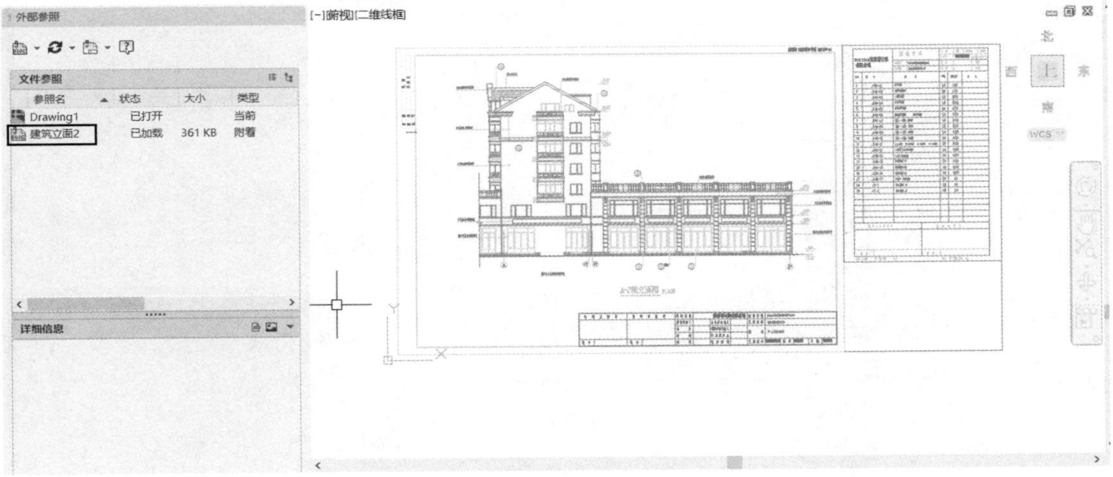

图 13-61

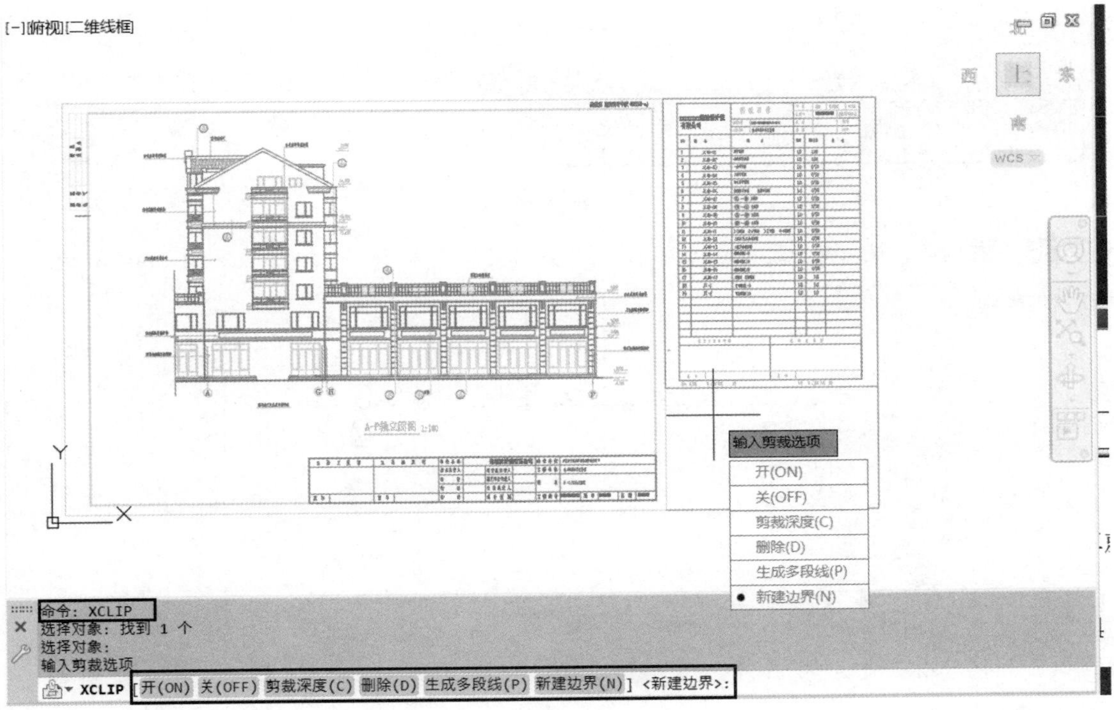

图 13-62

暂且不管这些选项，命令行提示的<>中是新建边界，这是默认选项，直接回车就会执行这个选项。

Step 03 直接回车，命令行提示当前的裁剪模式，并提示我们设置边界，如图 13-63 所示。

从选项可以看出，在定义裁剪边界时选择已经绘制好的封闭多段线，可以绘制多边形或矩形，还可以设置反向裁剪，矩形显然是用得最多的，也是默认选项。

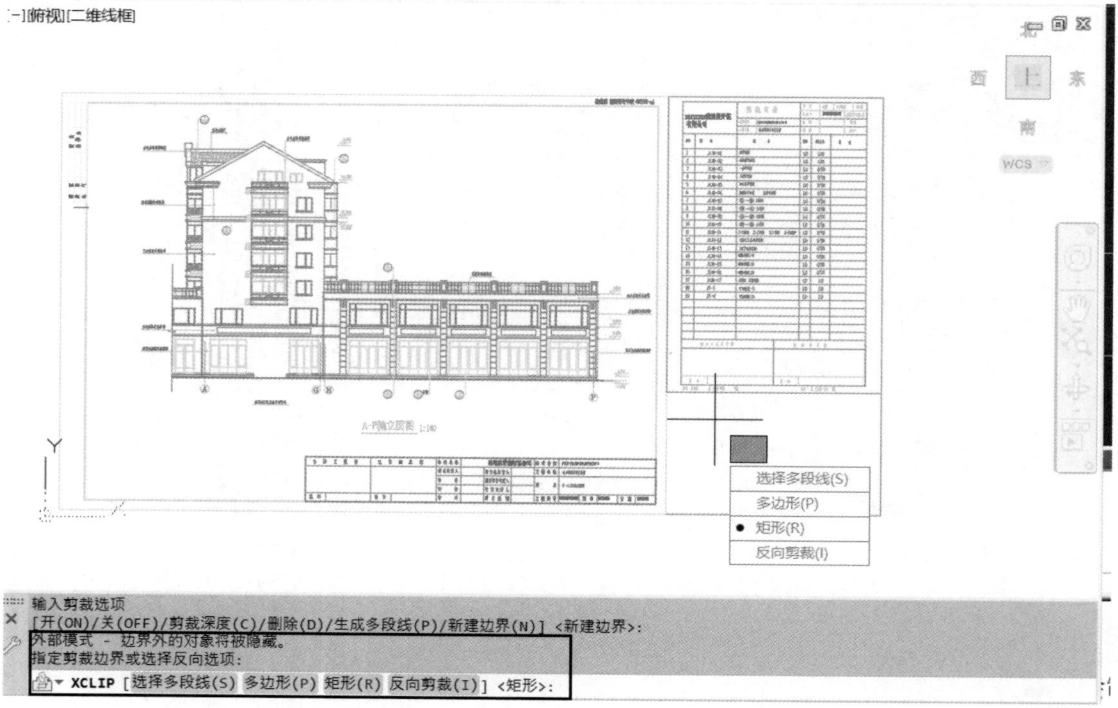

图 13-63

Step 04 直接回车，使用矩形边界，在视图中框用鼠标定义裁剪矩形的对角点，如图 13-64 所示。

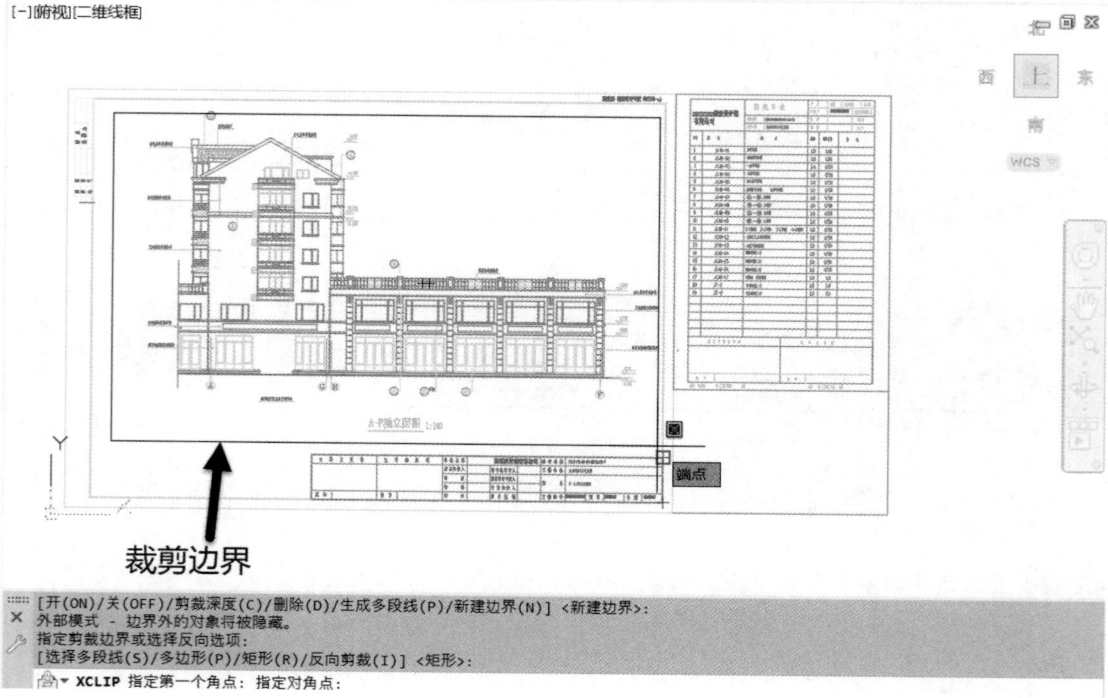

图 13-64

确定边界矩形的位置后，可以看到矩形外的部分就被裁剪掉了，如图 13-66 所示。

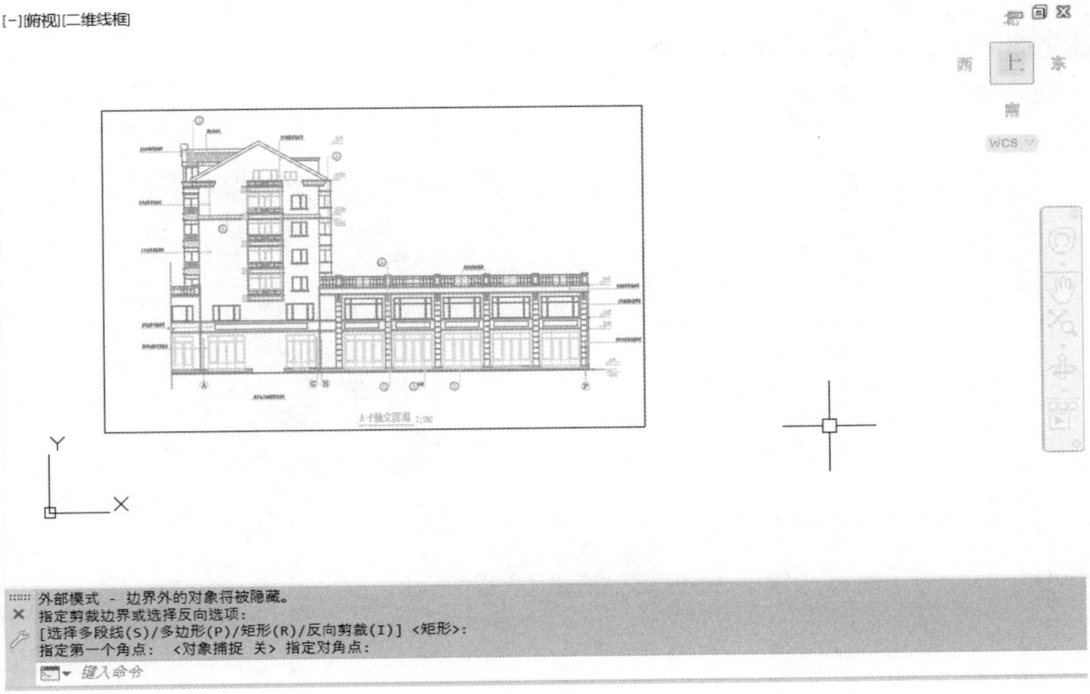

图 13-65

2.反向裁剪

所谓反向裁剪，就是将边界内部的图形裁剪掉，而保留边界外的部分。如果需要在图块或外部参照上开一个窗口时，可以使用反向裁剪。继续用上面的例子进行练习。

Step 01 选中被裁剪后的外部参照，可以看到裁剪边界显示一些夹点，如图 13-66 所示。

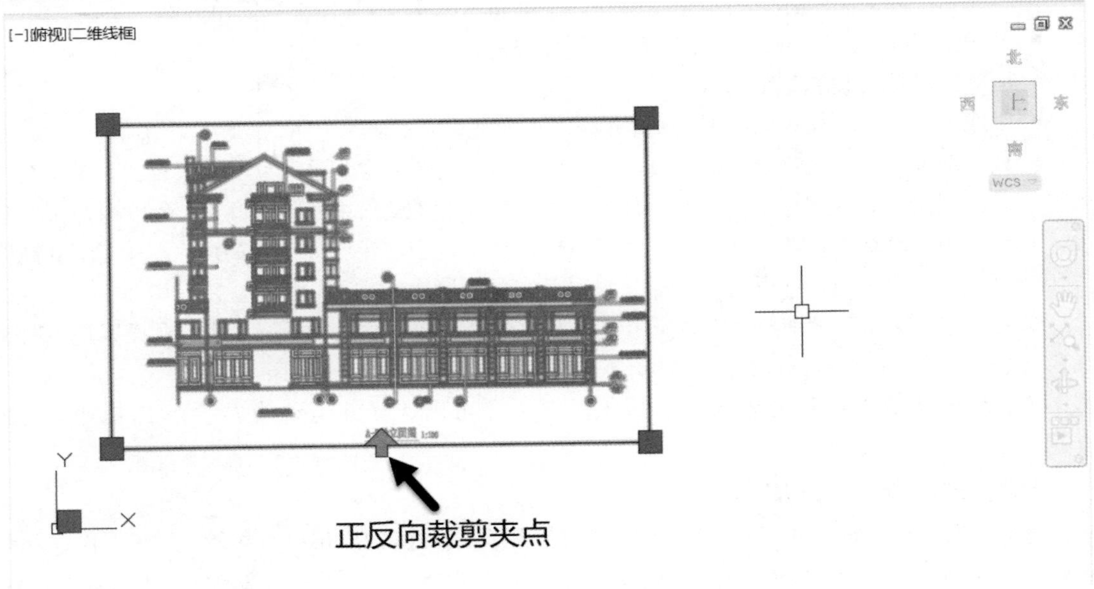

图 13-66

可以看到除了边界的角点处有夹点外，下面有一个箭头状的夹点，这个夹点就是控制正向或反向裁剪的夹点。

Step 02 单击箭头夹点，切换成反向裁剪，如图 13-67 所示。

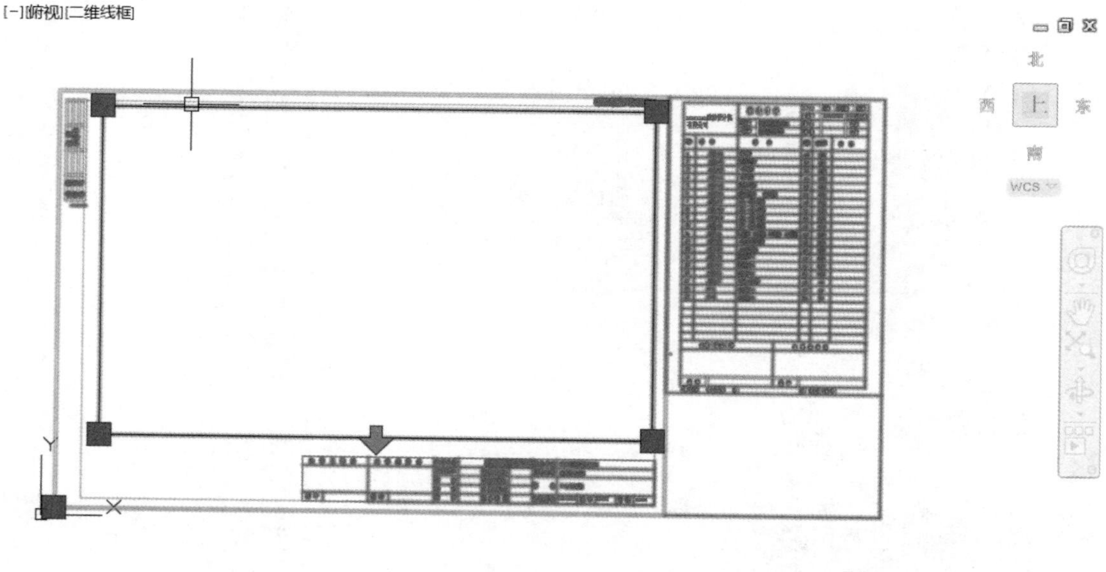

图 13-67

可以看到边界线内部被裁剪掉了，只剩下边界线外的图形。

如果使用的 CAD 版本过低，无法通过夹点进行正反向的调整，那么只能删除边界，重新裁剪，并且在裁剪之前设置反向参数。

3.XCLIP 其他选项简介

上面介绍了外部参照裁剪的最基本操作，下面将 XCLIP 的其他参数简单介绍一下。

- 开/关：保留边界，但可以设置是否显示裁剪效果。
- 删除：可以将设置好的边界删除。
- 生成多段线：利用现有边界生成多段线。
- 裁剪深度：这个比较难理解一点，但如果只画平面图，这个通常也不用设置。当图中有三维模型或者二维图形不在同一平面时才使用这个参数。三维实体有高度，所以剪裁平面有一个相对的深度，从确定平面往下是负值，往上是正值，比如 100 高度有一个圆，0 高度也有一个圆，剪裁深度为 100 时，只显示上面的圆。

如果边界形状比较复杂，可以事先用封闭多段线（PL）将边界线画好，然后在设置边界时输入 S（选择多段线）选项，选择绘制好的多段线。

除了这些参数外，裁剪外部参照或图块后，还可以选择并拖动边界的夹点来调整裁剪边界。

4.裁剪的总命令：CLIP

对于习惯命令行输入的用户，图块和外部参照的命令 XCLIP 可以直接输入 XC，图像裁剪 IMAGECLIP 和视口裁剪 VPCLIP 的命令太长了，而且还要记三个命令，太麻烦！因此高版本 CAD 中，在保留原有命令的基础上，将这几个命令合并成 CLIP。如果你的版本支持 CLIP，以后只用记这一个命令。

当执行 CLIP 命令并选择被裁剪对象后，软件会自动判断，然后弹出针对选定对象可支持的选项。比如选择一个视口，就会自动调用 VPCLIP 选项，如图 13-68 所示。

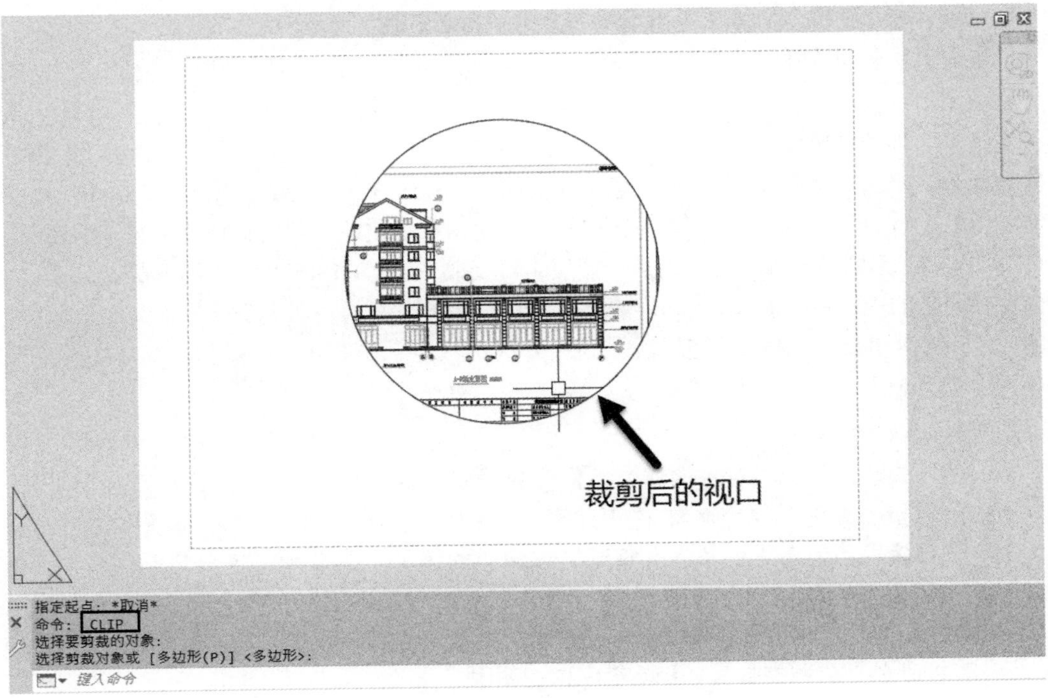

图 13-68

13.13　外部参照绑定选项中的绑定和插入有什么不同？

使用外部参照能够方便设计人员之间的图形共享、节省空间，但是也有不足之处。比如，外部参照文件被删除或被移动到其他路径，或者将文件传给其他人时忘了附上外部参照文件，则外部参照无法正常显示，只能显示外部参照的路径和文件名。如果项目完成或需要将图纸传给第三方时，可以将外部图形绑定到当前图形中，将外部参照转换为标准内部块定义，成为当前图形的固有部分。

绑定图形有以下两种方式：

（1）将外部参照整体绑定到当前图形，外部参照转变为图块，成为当前图纸的一部分。

（2）使用 XBIND 向当前文件添加依赖外部参照一些设置和对象，如图 13-69 所示。

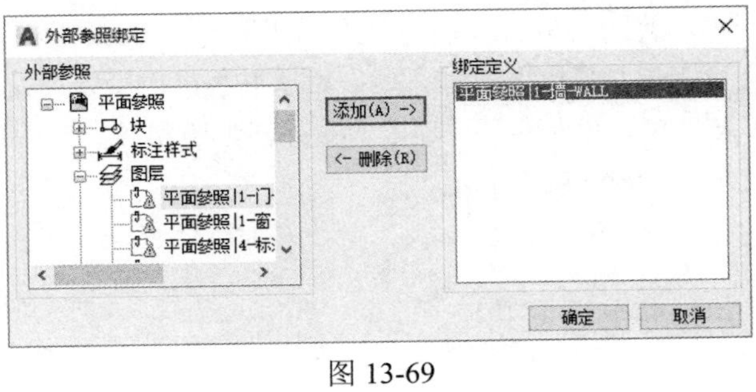

图 13-69

将外部参照绑定到当前图形有两种方法：绑定和插入，如图 13-70 所示。

在插入外部参照时，绑定方式改变外部参照的定义的图层、样式等名称，而插入方式则不改变名称。要绑定一个嵌套的外部参照，必须选择上一级外部参照。

图 13-70

1.绑定

将选定的外部参照绑定到当前图形中。依赖外部参照的属性、格式或对象名称将从参照名|定义名变为参照名n定义名，包括图层、文字样式、标注样式、图块、线型。举个例子，如果文件名为 FLOOR1 的外部参照中有一个 WALL 图层，在绑定前，图层管理器中显示的图层名为 FLOOR1|WALL，则绑定外部参照之后，图层名将变成 FLOOR1$0$WALL 的内部定义图层。如果已存在同名的内部命名对象，n中的数字将自动增加。例如，在绑定此外部参照前，图形中已存在 FLOOR1$0$WALL，依赖外部参照的图层 FLOOR1|WALL 将被重命名为 FLOOR1$1$WALL。

2.插入

插入时，依赖外部参照对象的属性、格式或对象名称不使用“块名n符号名”方式，而是从名称中直接去掉外部参照名称。对于插入的图形，如果外部参照与当前图中的特性或格式重名，则直接用当前图中的特性和格式。用同样的例子，如果文件名为 FLOOR1 的外部参照中有一个 WALL 图层，当前图中也有 WALL 图层，则直接使用本图中 WALL 图层的设置。

XBIND 命令可以将外部参照中一些设置或块定义绑定到当前图中，这些被绑定的图层、设置或图块，即使外部参照被拆离，仍然会保留在图中。

对于正在归档的文件，并且希望确保外部参照图形不被修改，那么把外部参照绑定到图形中是非常有用的，它也是向审校人员传送文件的简单办法。

13.14 为什么编辑外部参照时提示“选定的外部参照不可编辑”？

在 CAD 中插入外部参照时，并未改变比例或其他参数，双击外部参照，弹出“参照编辑”对话框后单击“确定”按钮，CAD 却提示“选定的外部参照不可编辑”，这是为什么呢？

这并不是你当前的文件有什么问题，而可能是被插入的参照原文件中进行了设置，不允许对此文件进行参照编辑。检查方法很简单，打开参照原文件，在命令行输入 xedit 变量，回车，看看值是否为 0。如果为 0，表示此文件作为外部参照插入到其他图形后是无法参照编辑的。

解决办法有以下两种：

（1）如果记得住变量，就输入 xedit，将值设置为 1 即可。

（2）如果觉得记变量麻烦，也可以在“选项”对话框中进行设置。输入 OP 命令，回车，打开“选项”对话框，单击“打开和保存”选项卡，在外部参照相关参数中勾选“允许其他用户参照编辑当前图形”复选框，如图 13-71 所示。

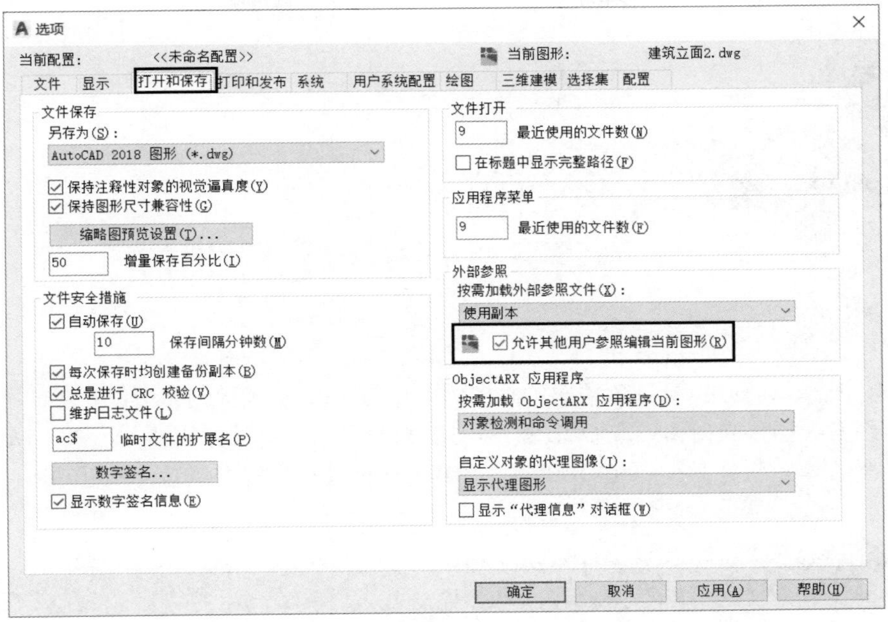

图 13-71

CAD 提供这个选项是有道理的，举个例子，建筑设计院中设备专业用建筑图纸作为底图，有时以外部参照的方式插入，而建筑专业并不希望其他专业通过参照编辑修改原图，就可以设置此参数，从而防止其他专业不小心修改了建筑底图。

第 14 章 图像和 OLE 图形

第 1 章中介绍过利用 CAD 内置驱动将图纸输出为 PDF 及多种光栅图像格式，不仅如此，CAD 图纸经常会插入光栅图像或 OLE 图形，同时也可以 OLE 的方式插入图像、Word 文档、Excel 表格等。本章将针对图像和 OLE 的一些常见问题进行讲解，帮助大家更好地使用图像和 OLE。

14.1 AutoCAD 中如何裁剪光栅图像？

光栅图像裁剪的操作与图块和外部参照的裁剪类似，可以直接进行矩形或多边形裁剪，如果裁剪边界比较特殊，可以事先用封闭多段线画好边界。因为操作类似，不再重复讲解，可参看 14.13 节中的讲解。下面来看一下特殊的边界：圆形裁剪如何处理。

Step 01 插入一个光栅图像，在图像上画一个用于裁剪的圆，如图 14-1 所示。

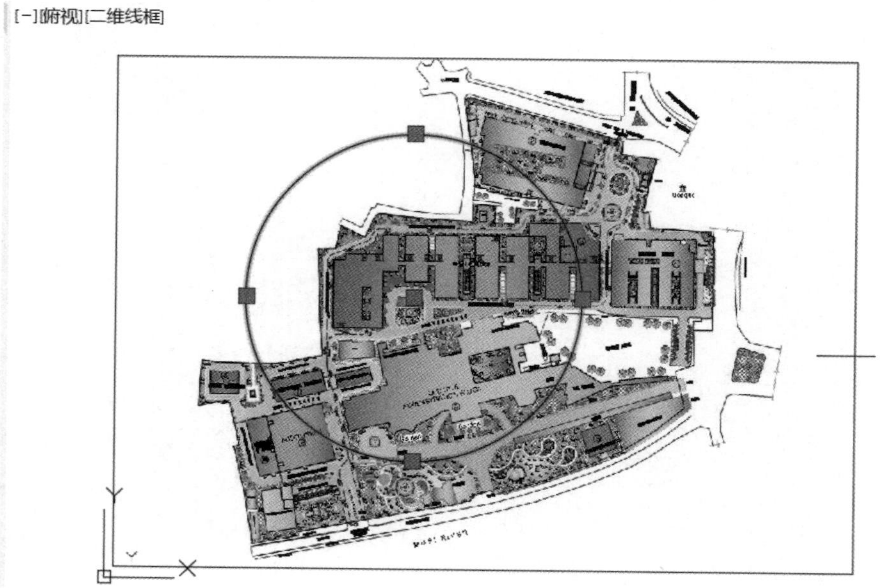

图 14-1

Step 02 在菜单或工具面板中选择裁剪图像或输入 CLIP 或 IMAGECLIP 命令（低版本可能没有 CLIP 命令），回车，根据提示单击选择光栅图像后回车，出现参数提示时直接回车采用默认选项“新建边界”。输入 S，回车，出现选择多段线提示时，单击图中用作裁剪编辑的圆，如图 14-2 所示。

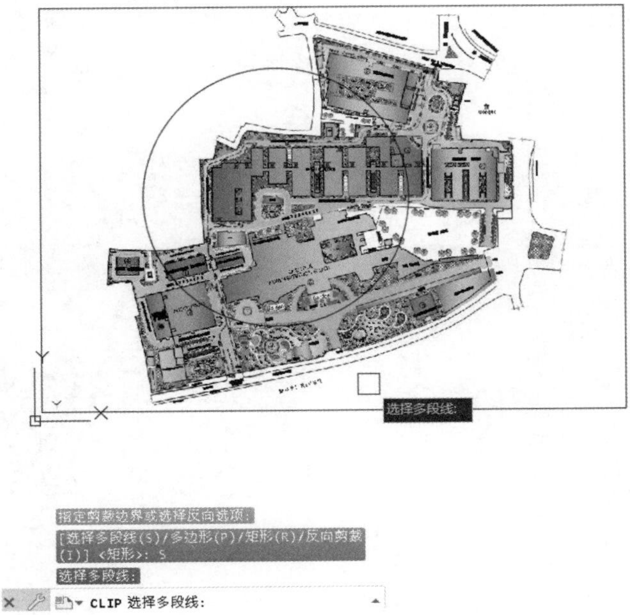

图 14-2

Step 03 选择圆后发现没有任何效果，命令行继续提示请选择多段线。

因为圆不是多段线，无法作为裁剪边界。而用 PE（编辑多段线）命令也无法将圆转换为多段线，如果用多段线画一个圆，也无法完成修剪，多段线包含圆弧段或直线段时，圆弧段也会被忽略，如图 14-3 所示。

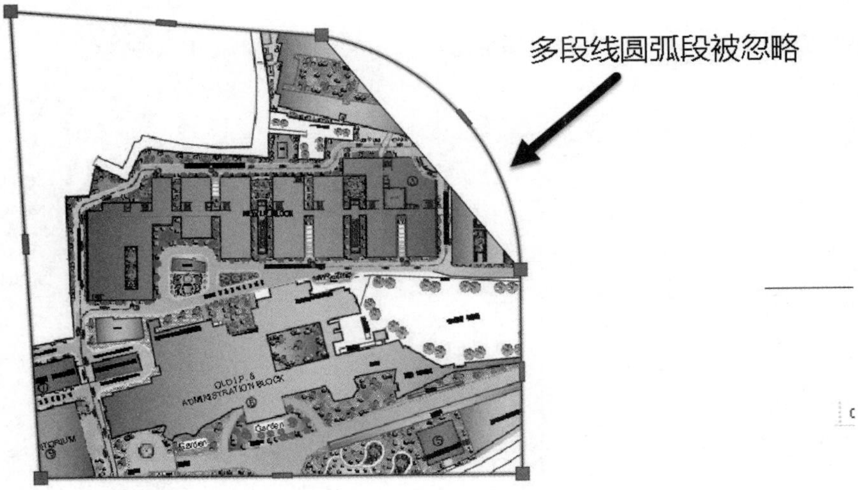

图 14-3

当我们想用圆来裁剪光栅图像时，只能借助椭圆或正多边形，而且要画出来的椭圆是多段线。

Step 04 输入 PELLIPSE 命令，回车，输入 1，回车，这样画出的椭圆将是多段线。

Step 05 执行椭圆（ELLIPSE）命令，用椭圆绘制一个裁剪边界，执行 IMAGECLIP 命令，重复上面的操作，完成光栅图像的裁剪，如图 14-4 所示。

用多段线椭圆可以裁剪，但可以明显看到边界也呈多边形，并不是椭圆。

还有一种方法就是创建一个正多边形，边数设置得多一点，可能看上去更像一个圆，如图 14-5 所示。

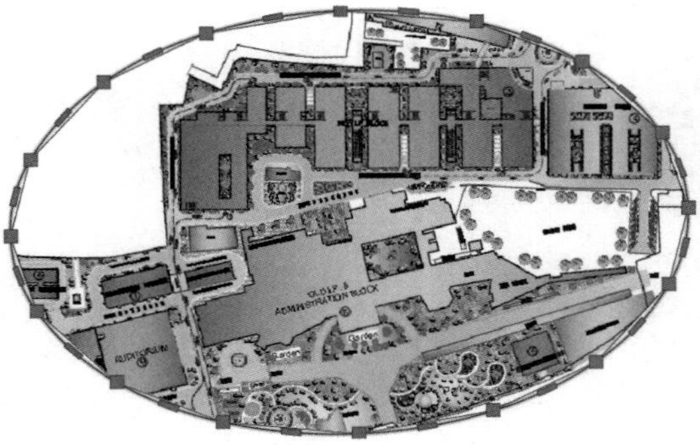

图 14-4

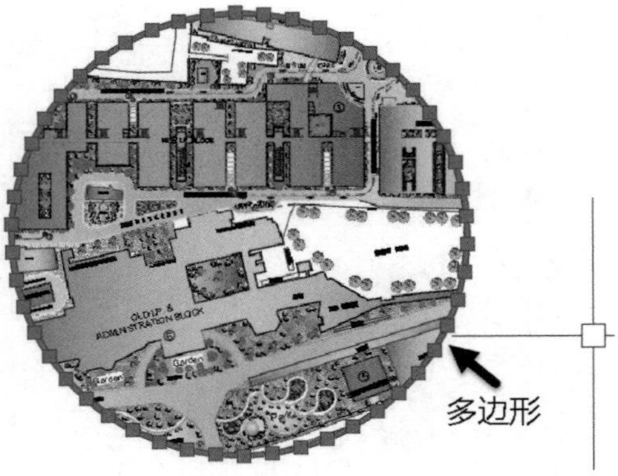

图 14-5

如果需要边界同时带直线段和弧线段，处理起来就非常麻烦。所以这种情况最好不要在 CAD 中裁剪，在 Photoshop 中对图片进行处理更简单。

14.2 插入图片的边框怎样去除?

插入光栅图像后，会显示一条白色的边界，这个边界还会打印出来，有时不希望出现这条边框线，应该怎么处理呢?

1.设置图像边框的显示

在 CAD 的修改菜单中，就有修改图像边界显示的命令，如图 14-6 所示。

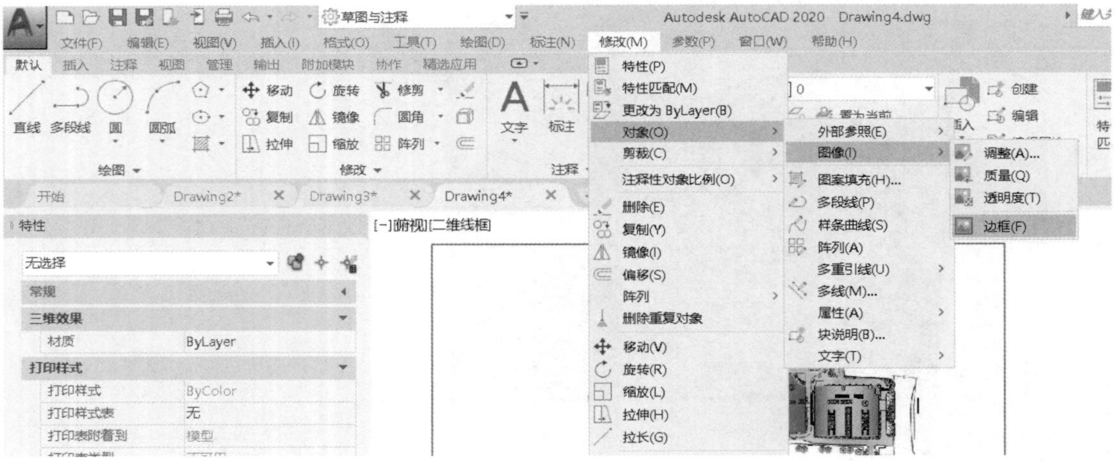

图 14-6

IMAGEFRAME 命令有三个选项，默认选项是 1，这种状态下不仅显示有边框，而且打印时也有边框，如图 14-7 所示。

如果设置为 2 时，显示有边框，但打印出来是没有边框的，如图 14-8 所示。

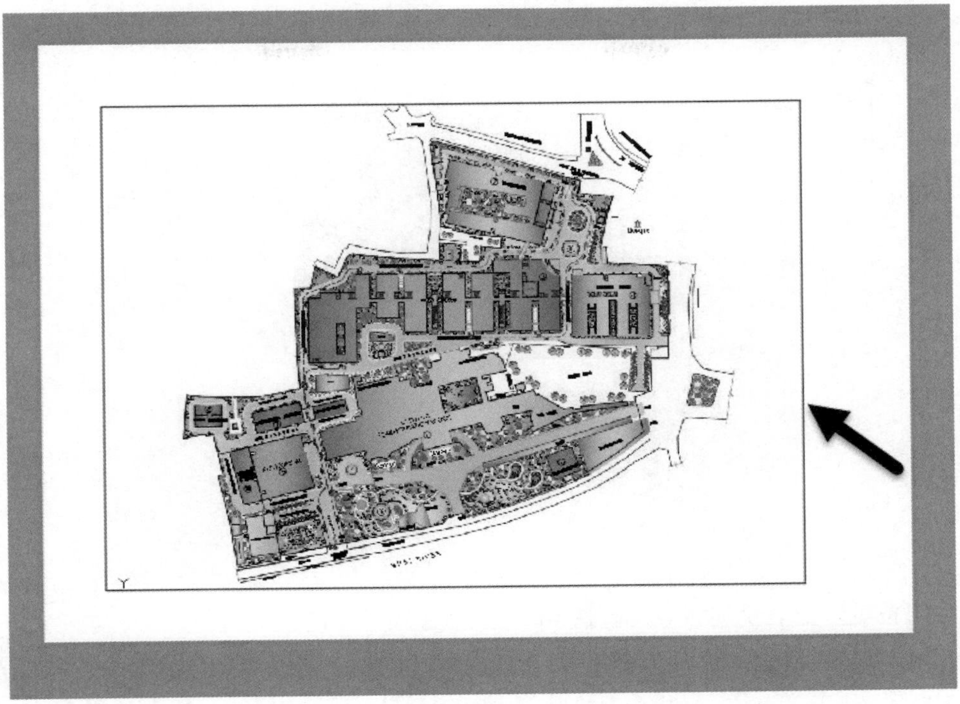

图 14-7

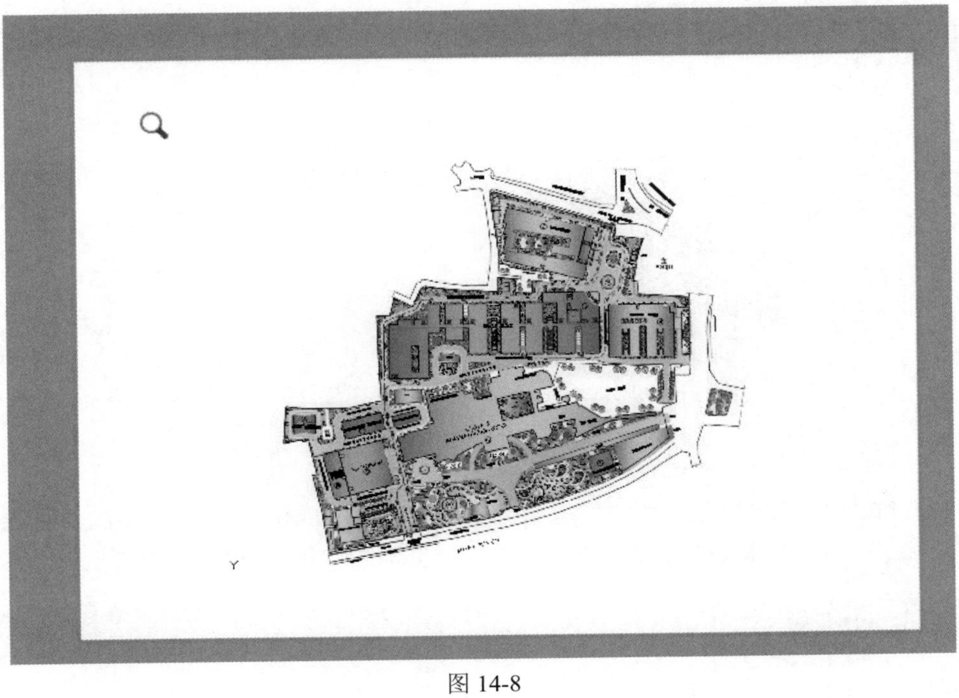

图 14-8

如果设置为 0，则显示和打印都不会出现边框，如图 14-9 所示。

也就是如果不想打印边框，可以将 IMAGEFRAME 的值设置为 0 和 2 即可。

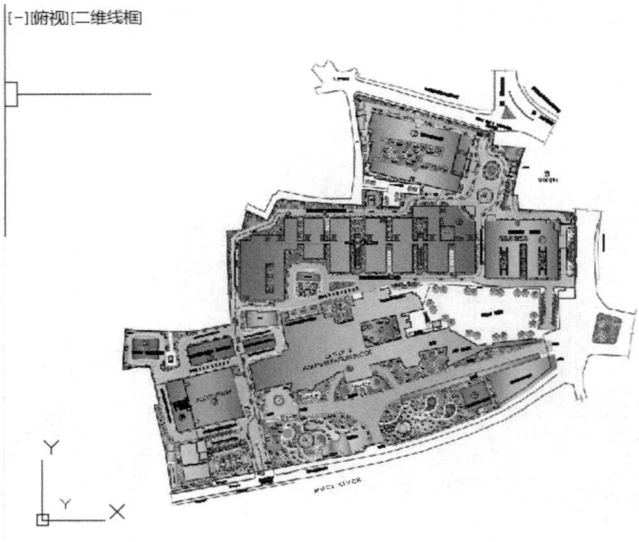

图 14-9

2.控制各类边框显示的命令：FRAME

在 CAD 中针对图像边框、外部参照和图块裁剪的边界、DWF/PDF/DGN 等各类底图的边框都有单独的命令，命令太多，记起来太麻烦，于是在 CAD 高版本中设置了一个总命令：FRAME，这个命令可以控制所有这些对象的边界。

不同的是，FRAME 命令有 4 个选项，0，1，2，3。当 FRMAE 设置为 3 时，各种图形的边界可以有不同的设置，例如图像边界设置为 0，图块裁剪边界设置为 1，效果如图 14-10 所示。

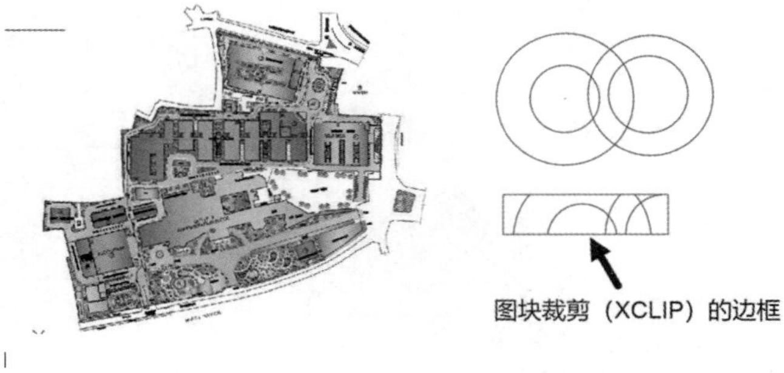

图 14-10

但如果 FRAME 设置为 0，1，2，这些边界命令，IMAGEFRAME、DWFFRAME、PDFFRAME、DGNFRAME 和 XCLIPFRAME 的设置将跟随变化，也就是将使用相同的设置。

14.3 如何将 AutoCAD 中插入图片的多余部分抠掉？

CAD 有裁剪功能，但裁剪边界只能是一条规则的边界线。比如公司 LOGO 形状相对规则，某些状况下可以绘制一条边界线来裁剪，但如果 LOGO 简洁到可以用边界来抠图，还不如直接在边界线里填充上颜色，直接用 CAD 图形替代图片。

但如果是一朵花、一个人物或建筑的照片，要想在 CAD 中将边界一点点画出来就太麻烦了，这不是 CAD 应该做的事情，最好借助 Photoshop 图像处理软件。

1.用 Photoshop 将图像处理成透明

这里只是简单介绍图像处理成什么状态，保存成什么格式就可以满足要求，具体选择技巧、图片处理技巧就不细讲了。

Step 01 启动 Photoshop，打开我们要处理的图片。

Step 02 想办法将其他空白区域删除并使这部分为透明，如图 14-11 所示。

图 14-11

Step 03 将编辑后的图像另存为 PNG 或 TIF 等能保存透明效果的 32 位图片。

CAD 可以识别透明效果，这样就把问题简单化了。

2.在 CAD 中插入图像并设置透明

将图片在 Photoshop 里抠好图后，在 CAD 中的操作就变得异常简单。

Step 01 执行附着（ATTACH）命令，或执行插入图像（IMAGEATTACH）命令后，打开刚才处理过的图片。

Step 02 弹出的附着图像对话框中，如果想让光栅图像按 1∶1 的尺寸插入，取消勾选“在屏幕上指定”复选框缩放比例，如图 14-12 所示。

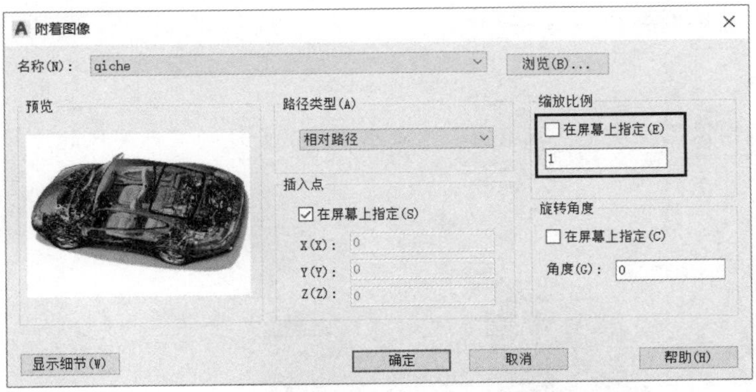

图 14-12

Step 03 设置好参数后，单击“确定”按钮关闭对话框，根据提示在窗口中指定图像的插入位置，如图 14-13 所示。

可以看到图片自动添加了白色的底色，并没有透明。

Step 04 双击插入的图像，在 CAD 高版本中会自动显示“图像”面板，其中包括图像相关的各种编辑工具，其中有一个功能是“背景透明度”。如果用的版本比较低，可以选中图像后在特性面板（Ctrl+1）中设置图像透明，如图 14-14 所示。

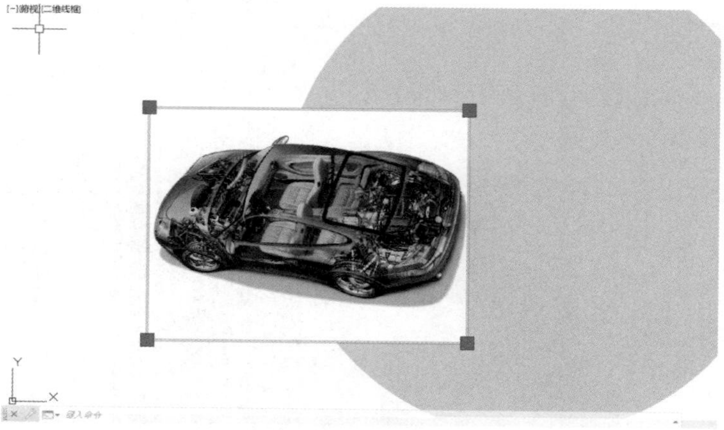

图 14-13

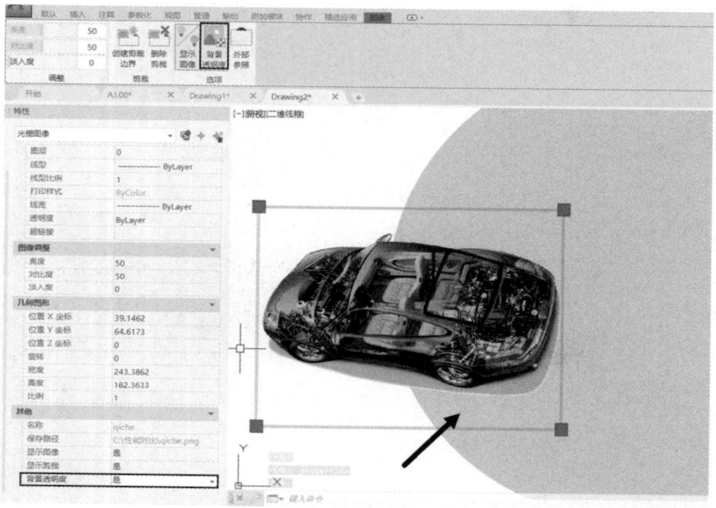

图 14-14

Step 05 可以看到图像已经被完整地抠出来，美中不足的是还会显示图像的矩形边框，如图 14-15 所示。

图 14-15

在面板中选择隐藏边框，用前一节介绍的 IMAGEFRAME 或 FRAME 命令，回车，将图像的边框隐藏，就能得到完美的抠图效果。

在设计过程中我们会用到多种软件，应该发挥每一种软件的长处，既然要处理图像，抠图，就要充分利用 Photoshop，CAD 主要还是用来画矢量图形。

CAD 图像透明不仅可以处理上面这种透明图像，一些扫描的地形图保存成黑白的 TIF 文件，CAD 可以自动处理成透明的效果，并且可以调整线条的颜色。如图 14-16 所示为同一个 TIF 图像分别设置是否透明和修改颜色的效果对比。

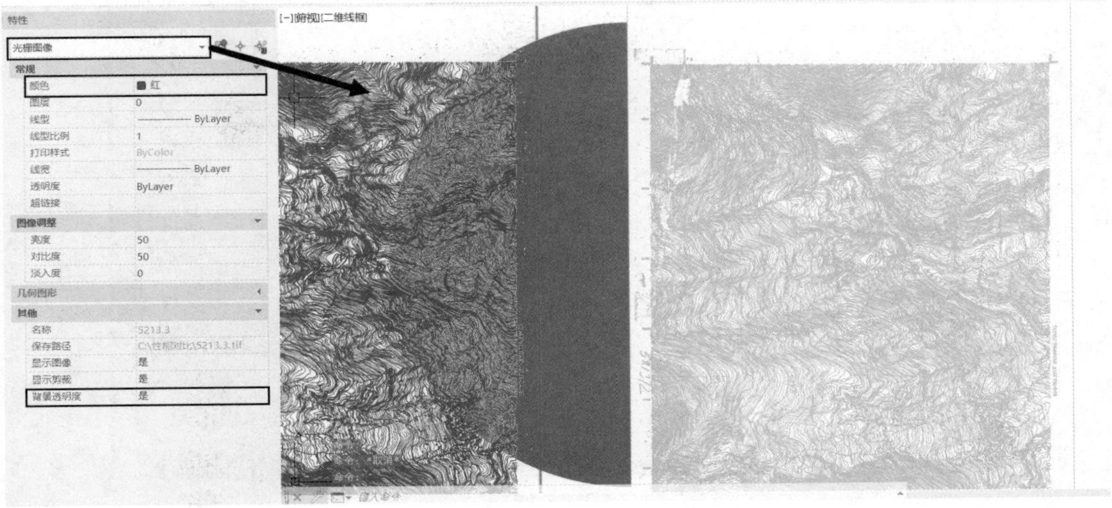

图 14-16

14.4　如何将图片保存到图纸中？

在 CAD 中插入光栅图像很简单，在菜单中选择“插入”→“光栅图像”选项，或使用 IMAGE、ATTACH 命令将各种格式的图片（*.bmp*.jpg*.tif*.tga 等）插入图纸中。但使用插入图像的方式，DWG 图纸中只是保存插入图像的文件名、位置、比例等信息，将图纸传给其他人时必须同时将图像文件一起发过去，否则对方打开时就看不到图像；如果自己没注意移动或删除了图像文件，打开图时也一样无法显示图像。

假如要在图框中用图像的方式插入一个公司的 LOGO，每次给别人传图时，都要附上一个 LOGO 的图像文件显然不可能。必须将 LOGO 的图片保存到图纸中。因此经常有人问：能不能将图像直接保存到 CAD 图纸中？

当然有办法了！那就是将图像以 OLE 的方式嵌入 CAD 图纸中。

1.复制粘贴

OLE 其实大家并不陌生，当我们将 Excel 表格或 Word 文档直接复制粘贴到 CAD 图中时就会生成一个 OLE 对象。在图像处理软件中复制图片到 CAD 也会变成 OLE，但图片效果却会随软件不同而不同。假如用的是 Photoshop，粘贴后可以直接显示图片，双击图片返回 Photoshop 对图片进行编辑。如果你没有装类似 Photoshop 这样专业级的图像处理软件，只能使用 Windows 附件中的“画图”，复制粘贴到 CAD 后通常也可以，但有些版本的 CAD 粘贴后会显示为白色方块。

下面以 Photoshop 为例简单介绍操作步骤。

Step 01 启动 Photoshop，在 Photoshop 中打开要插入的图片，然后选择要复制粘贴到 CAD 中的部分，如果要整图复制粘贴到 CAD，直接按 Ctrl+A 快捷键，全选，如图 14-17 所示。

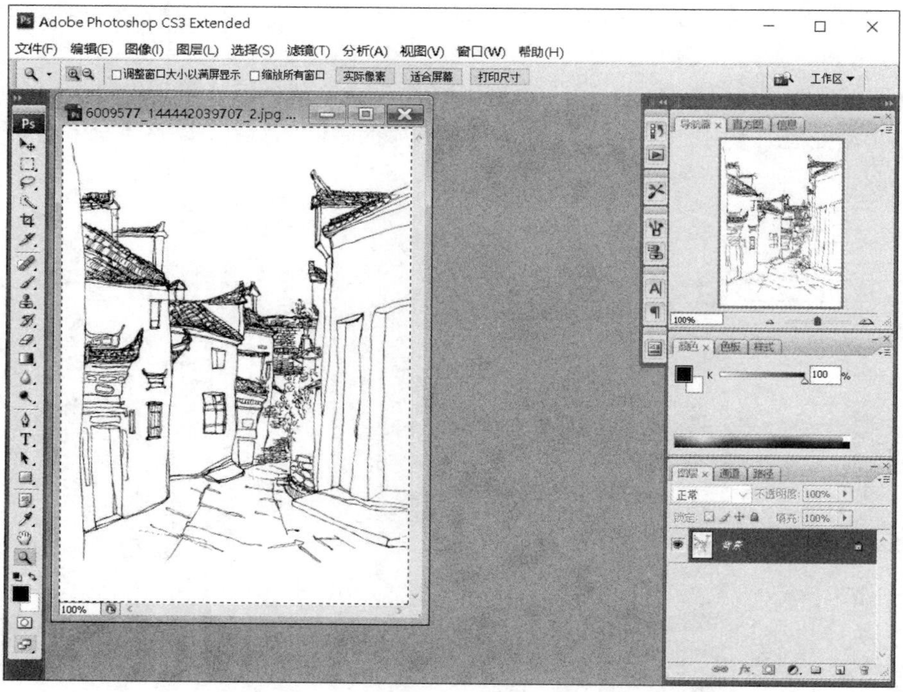

图 14-17

Step 02 按 Ctrl+C 快捷键，将选中的图片复制到 Windows 的剪贴板。切换到 CAD 软件，按 Ctrl+V 快捷键，软件提示指定插入点，单击确定图像粘贴的位置后，高版本 CAD 会弹出“OLE 文字大小”对话框，如图 14-18 所示。

图 14-18

当粘贴 Word 文档或 Excel 表格的 OLE 对象时，这个文字大小是有意义的，但粘贴图像时这个对话框可以忽略，直接关掉。

将图像以 OLE 形式插入 CAD 图中就是这么简单，插入后通过拖动夹点或在“特性”面板中调整参数来修改图片的尺寸，如图 14-19 所示。

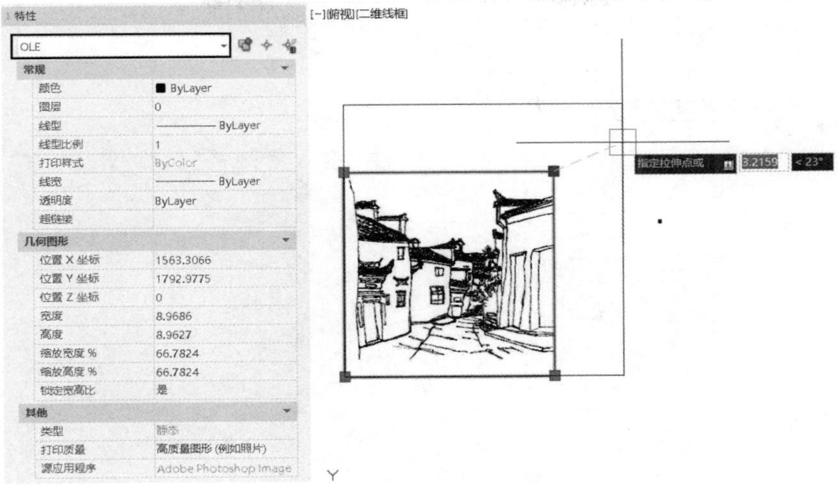

图 14-19

在 CAD 大部分版本中，图片的高宽比是不变的，只能等比缩放。2017 版，图片高宽的比例不一致了。

在 Photoshop 中将图像以 OLE 形式粘贴到 CAD 图纸中以后，双击图像还可以返回 PS 中进行编辑。

2.插入 OLE 对象

如果没有装 Photoshop，可以用 Windows 的画笔进行复制粘贴。在 CAD 内部就可以打开画笔并将图片以 OLE 的方式插入，操作步骤如下。

Step 01 在“插入”菜单或面板中找到插入 OLE 对象的命令，或者直接输入 INSERTOBJ 命令，打开“插入对象”对话框，如图 14-20 和图 14-21 所示。

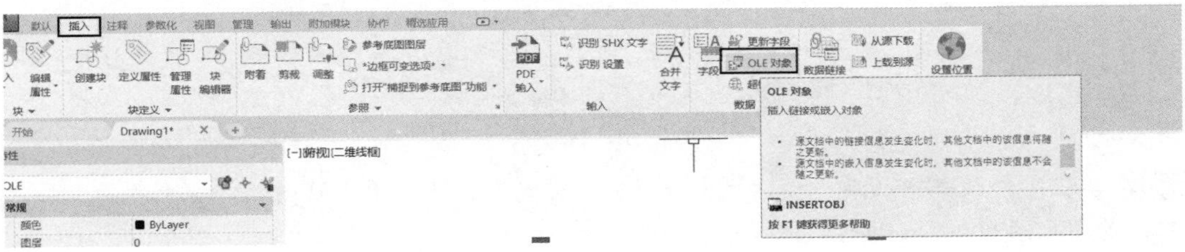

图 14-20

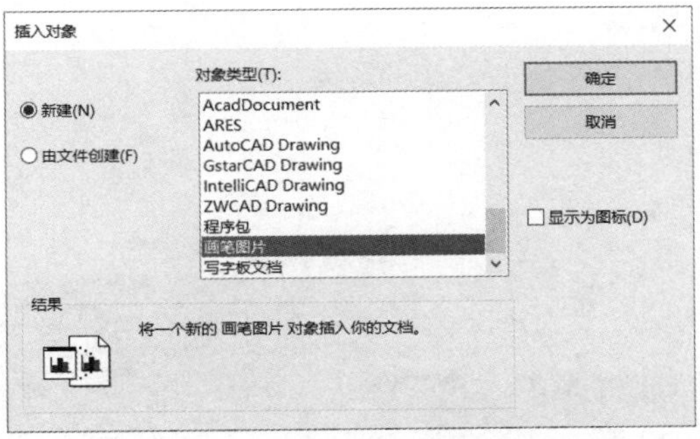

图 14-21

在该对话框中可以看到 CAD 可插入的各种 OLE 对象类型，如果安装了 Office，里面应该有 Word、Excel，如果安装了 PS，也会有 PS。

Step 02 在对话框的底部找到"画笔图片"，单击选中"画笔图片"，然后单击"确定"按钮关闭对话框，画图软件就自动启动，如图 14-22 所示。

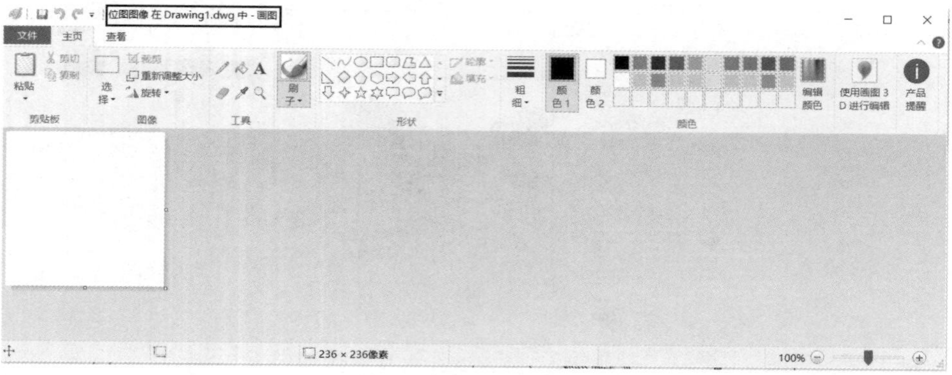

图 14-22

Step 03 单击"粘贴"下拉按钮，选择"粘贴来源"选项，如图 14-23 所示。浏览选择要插入的图片文件后，图片会显示到画图软件中。

图 14-23

Step 04 单击文件菜单中最后一项"退出并返回到文档"，或者单击画图软件右上角的"关闭"按钮，关闭画图软件，如图 14-24 所示。

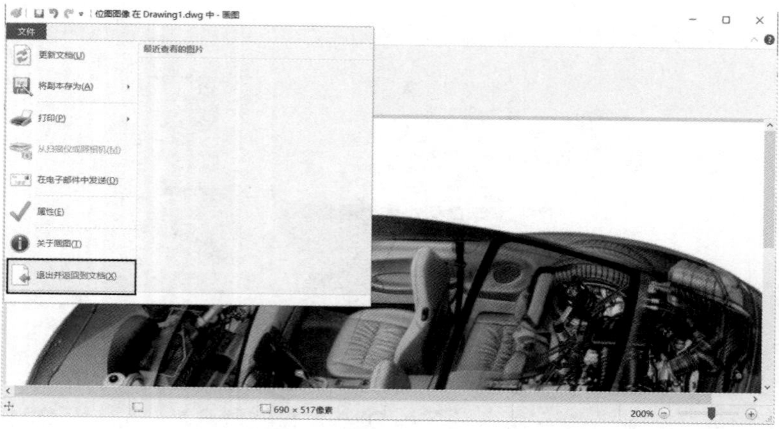

图 14-24

我们可以看到图片已经以 OLE 的形式插入到图纸中，如图 14-25 所示。

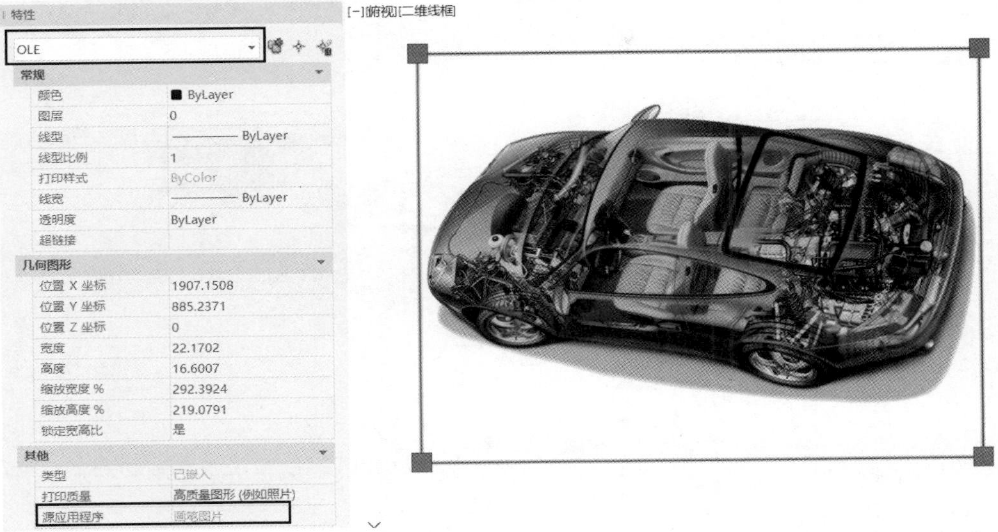

图 14-25

小结

OLE 对象不仅可以保存到图纸内部，还可以双击返回原软件中进行编辑，我们可以从 Word/Excel/PS/画图中将文档、表格、图像以 OLE 的方式粘贴到 CAD 中，也可以从 CAD 中将图形以 OLE 的方式复制粘贴到 Excel/Word/PPT 文档中。

相比于插入图像文件的好处就是 OLE 图像会保存在 CAD 图纸中，不需要附上图片文件，可以用 OLE 图片在图框中插入公司的 LOGO 和个人签名的扫描图片，也可以在图中插入一些小的图片。

如果图像文件很大，比如高分辨率的地形图，建议用插入图像（ATTACH、IMAGEATTACH）的方式，因为这种方式图纸文件中只需保存一个图像的文件名，不会增加图纸文件的大小。如果想显示图像，图像必须在原路径或者与图纸在同一文件夹下。

14.5　如何在 Word、Excel 文档中插入 AutoCAD 图纸？

有时需要将（不太复杂的）CAD 图形粘贴到 Word 文档或 Excel 文件中；可能是因为 Word 写图纸目录和分页打印比较简单吧，有些设计人员甚至用 Word 文档做好图框后插入 CAD 图纸。

从 Word 复制粘贴到 CAD 的操作与 Excel 复制粘贴到 CAD 类似，而且更简单，只能有 OLE 或文字两种形式。

下面介绍将 CAD 图纸粘贴到 Word 和 Excel 中的几种方法和基本机制，希望能对大家有帮助。

1.CAD 图形粘贴到 Word 和 Excel 后还需要编辑图形

这种需求看似最复杂，但操作却最简单。只需在 CAD 中选择图形，按 Ctrl+C 快捷键，然后切换到 Word 或 Excel 后按 Ctrl+V 快捷键，就可以将 CAD 图形以 OLE 的方式粘贴到 Word 或 Excel 中，如图 14-26 所示。

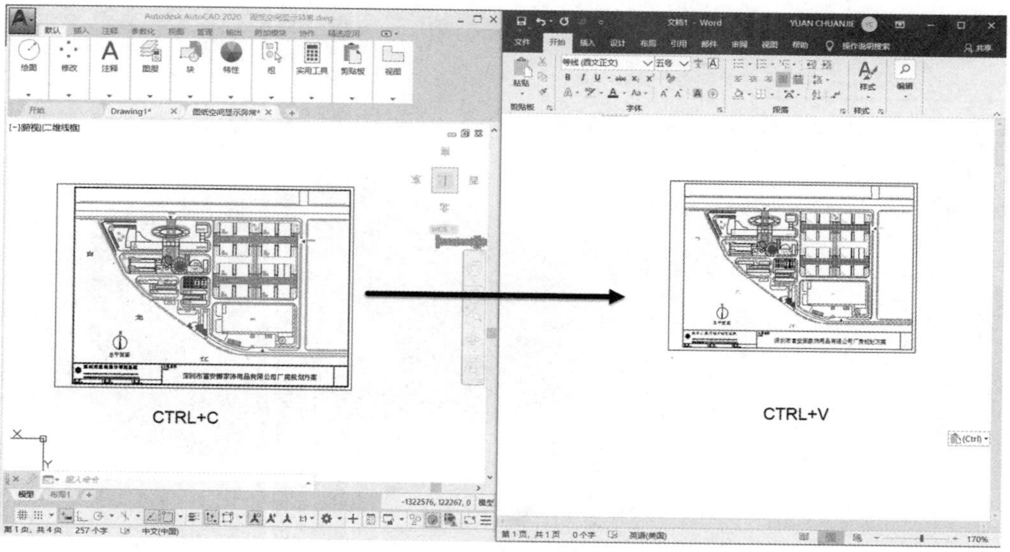

图 14-26

粘贴到 Word 中的图纸 OLE 对象与粘贴到 CAD 中的 OLE 对象一样，双击 OLE 图形，即可返回源程序进行编辑。双击粘贴的 CAD 图形，就会启动 CAD 并在 CAD 中打开被粘贴部分的图形，编辑图形后保存，Word 和 Excel 中粘贴的图形就会更新，如图 14-27 所示。

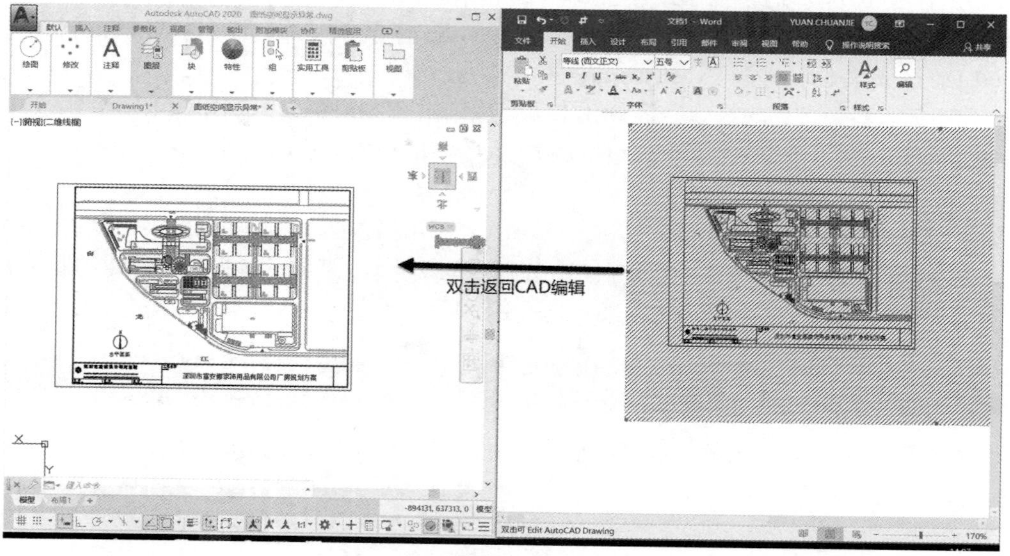

图 14-27

这种方式虽然简单，但可能会遇到一些问题，要知道问题产生的原因，首先要了解复制粘贴机制。

从 CAD 复制图形时，生成了几种数据到剪贴板，包括位图、WMF 和 CAD 图形，粘贴到 Word 和 Excel 中时显示的是 WMF，同时将 CAD 图形数据保存到 Word 和 Excel 文档中，显示效果由 WMF 的精度控制，双击 OLE 时读取 CAD 图纸数据，因此可以返回 CAD 编辑。

WMF 是微软公司定义的一种 Windows 平台下的图形文件格式，是由简单的线条和填充组成的矢量图。虽说矢量图可以任意缩放而不影响图像质量，但是从 CAD 复制时生成 WMF 的尺寸和精度与 CAD 图形尺寸和 CAD 的视图大小有关。即使在 CAD 中只是选择当前视图中的一小部分图形，粘贴到 Word 或 Excel 中的 OLE 对象仍然按图形窗口的大小粘贴，如图 14-28 所示。

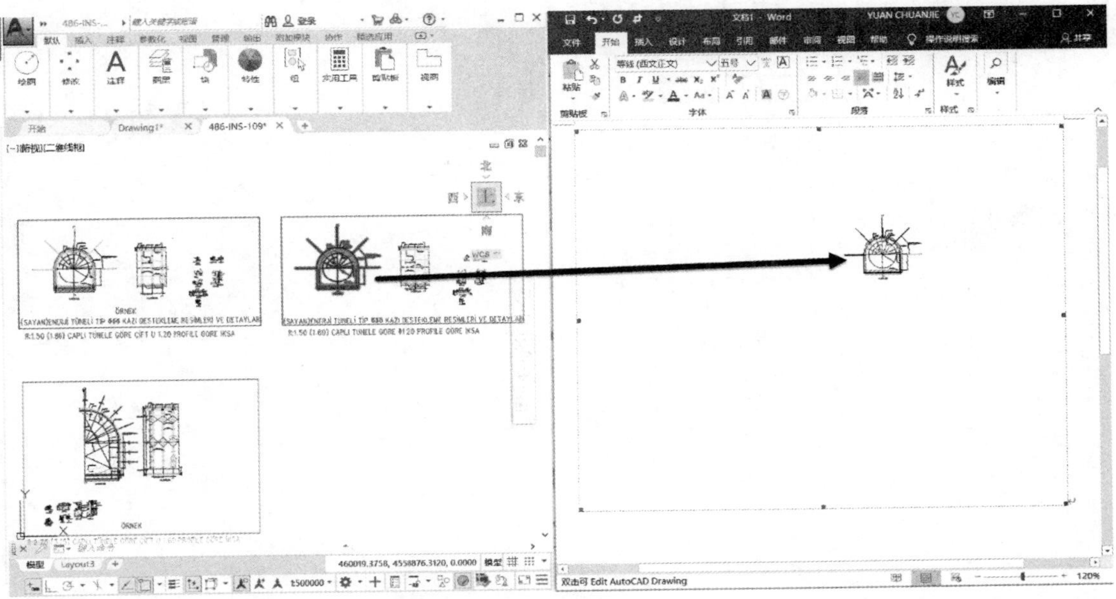

图 14-28

虽说粘贴后可以裁剪，然后拖动角点来改变大小，但如果原始图形特别小，图形缩放倍数比较多，低版本 CAD 粘贴的圆、弧或文字的效果不太好，高版本缩放后效果还比较好。

在从 CAD 复制生成 WMF 时，圆弧转换的精度与图形显示的大小有关系。所以在复制粘贴前，要缩放视图使复制的图形尽量充满图形窗口，这样图形显示尺寸比较大，生成的 WMF 精度比较高，另外四周的空白区域也比较少，不要反复进行裁剪和缩放。

但即使这样做了，因为长宽比的问题，粘贴到 Word 或 Excel 后两侧或上下仍可能有空白区域，出现这种情况后可以用 Word 或 Excel 的裁剪工具将空白处裁剪掉（和图片的裁剪操作一样）。

选择粘贴的 OLE 图形，在 Word/Excel 低版本可以显示图像工具，可以直接裁剪。但到了高版本，选择图像时可以显示裁剪按钮，但选择粘贴的 CAD 的 OLE 图形时，无法直接显示裁剪按钮，需要可以自定义界面。

2.CAD 图形不需要再返回 CAD 编辑

有时将 CAD 图形粘贴到 Word 或 Excel 后，并不需要再对图形进行编辑，但希望图形精度高一点，放大时能不出现锯齿（最好是矢量图形）。要得到这样的结果，有多种方式进行选择，下面介绍其中的几种。

（1）选择性粘贴成 Windows 图元文件

从 CAD 选择对象并按 Ctrl+C 快捷键复制后，到 Word 或 Excel 不直接粘贴，而是进行选择性粘贴，如图 14-29 所示。

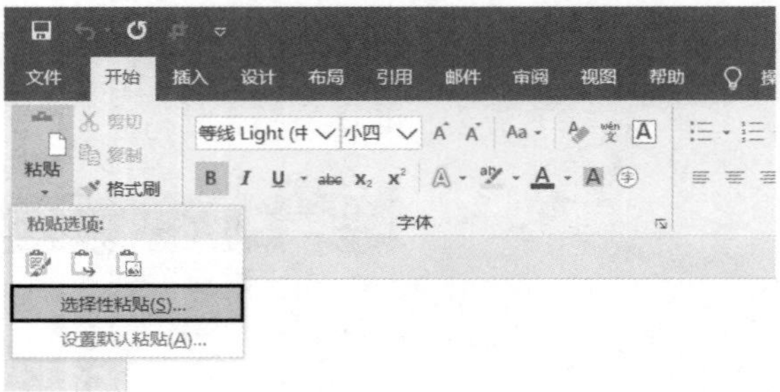

图 14-29

在弹出的“选择性粘贴”对话框中选择“图片（Windows 图元文件）”选项，如图 14-30 所示。

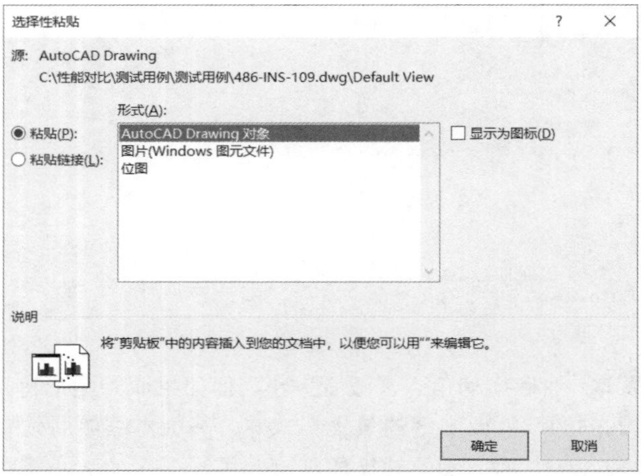

图 14-30

该对话框有三个选项，第一个选项是 CAD 图纸，与上面介绍的直接粘贴成 OLE 对象的方式相同，第二个选项 Windows 图元文件就是 WMF 图片文件，第三个是位图，是 BMP 的光栅图像。

选择粘贴成 WMF 图片，效果与直接粘贴成 OLE 相同，但因为粘贴的是图片，Office 软件会自动打开图片工具，对图片进行裁剪和尺寸调整。WMF 图片如果尺寸放大倍数不多，图形基本不会变形。

与粘贴 OLE 一样，在粘贴前也需要在 CAD 中尽量放大图形充满窗口。如果粘贴前图形在视口中显示很小，在 Word 和 Excel 中粘贴后会有大量空白区域，裁剪后将图形拉大后一些文字和圆可能会变形。

（2）利用 BETTERWMF 工具粘贴

粘贴 WMF 图片，用 BETTERWMF 工具很方便，很多设计人员都安装了这个工具。启动工具后，直接从 CAD 复制，然后在 Word 或 Excel 中粘贴，BETTERWMF 工具可以将剪贴板中 WMF 的空白区域自动裁剪掉，并且按设置的尺寸制动缩放。也就是说，在 Word 和 Excel 中直接按 Ctrl+V 快捷键即可，之前的裁剪和缩放操作都由 BETTERWMF 完成了。除此以外，还可以设置填充颜色，对不同颜色的线条设置不同的线宽等，这里就不再详细介绍了。

（3）在 CAD 中打印输出成图像后再插入到 Word 中

上面两种方式都是粘贴成 WMF，无论是直接选择性粘贴还是用 BETTERWMF 工具，WMF 生成的精度都是 CAD 复制时图形显示大小控制的。如果我们觉得 WMF 的精度不能满足要求，可以在 CAD 中利用打印输出成高分辨率的光栅图像（CAD 也提供了 WMF 的打印驱动，也可以通过打印来输出 WMF 格式的图片），然后在 Office 软件中插入此光栅图像。

打印输出光栅图像的好处是图形范围和图片精度都可以控制，在 Office 软件中不必再裁剪，而且可以通过打印样式表控制输出的颜色和线宽。

3.在 Word 或 Excel 中作为示意图使用，要求不高

如果对粘贴的图形要求不高，可以在 Word 或 Excel 中直接“选择性粘贴”为位图，用裁剪工具将空白边缘裁剪掉即可。

当然，还有很多方式可以选择，比如直接用截图软件在 CAD 中截图，然后在 Word 或 Excel 中粘贴。

在 CAD 中可以将屏幕显示输出为 BMP（用 BMPOUT 命令），然后在 Word 或 Excel 中插入等。

上面简单介绍了在 Office 软件中粘贴 CAD 图形几种常用的方法。

双击 OLE 图形时默认启动是当初粘贴图形时的 CAD 版本，如果更换了 CAD，比如，以前是用 AutoCAD 复制粘贴的，现在单位使用了国产的浩辰 CAD，这也没有关系，这些国产 CAD 软件在程序项中专门提供了一个 CAD 对象转换工具，可以对 Word 和 Excel 文档进行转换，转换后双击，用 AutoCAD 粘贴的图形可以转换成启动浩辰 CAD 进行编辑。

14.6 在 Office 2007 以上版本中插入 AutoCAD 图形后如何裁剪？

从 CAD 中复制图形，复制粘贴至 Word、Excel 后，四周总是有一些空白区域，就需要裁剪，在 Word 和 Excel 早期版本中单击粘贴的 CAD 图形后，很容易找到裁剪按钮。但在 2007 版开始使用 RIBBON 工具面板后，双击光栅图像会显示裁剪按钮，但双击从 CAD 粘贴过来的 OLE 图形，却不显示裁剪按钮，很多人就不知道怎么裁剪了。

其实解决这个问题的关键是如何把裁减按钮找出来，操作步骤如下：

Step 01 单击 Word 顶部快速访问工具栏后面的下拉箭头，如图 14-31 所示。

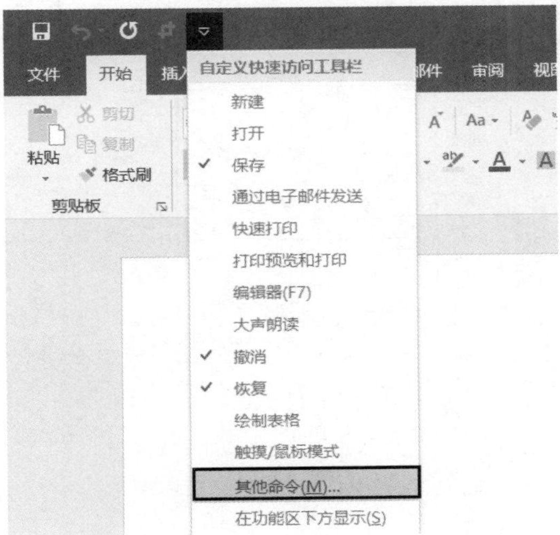

图 14-31

Step 02 选择“其他命令”选项，弹出“Word 选项”对话框，在上面的下拉列表框中选择“图片工具|格式选项卡”，在下方选择【裁剪图片】并单击“添加”按钮，即可将裁剪按钮添加到顶部的快速访问工具栏，如图 14-32 所示。

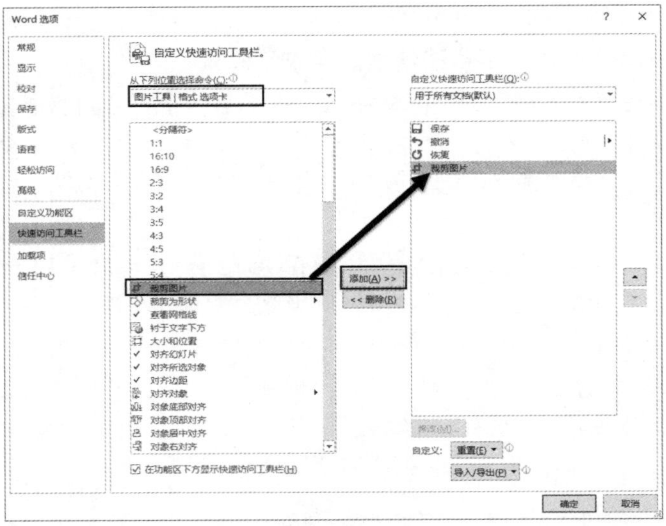

图 14-32

当你在 CAD 中复制粘贴 OLE，进入 Word 后，就可以单击顶部的裁剪按钮来裁剪四周空白的部分，如图 4-33 所示。

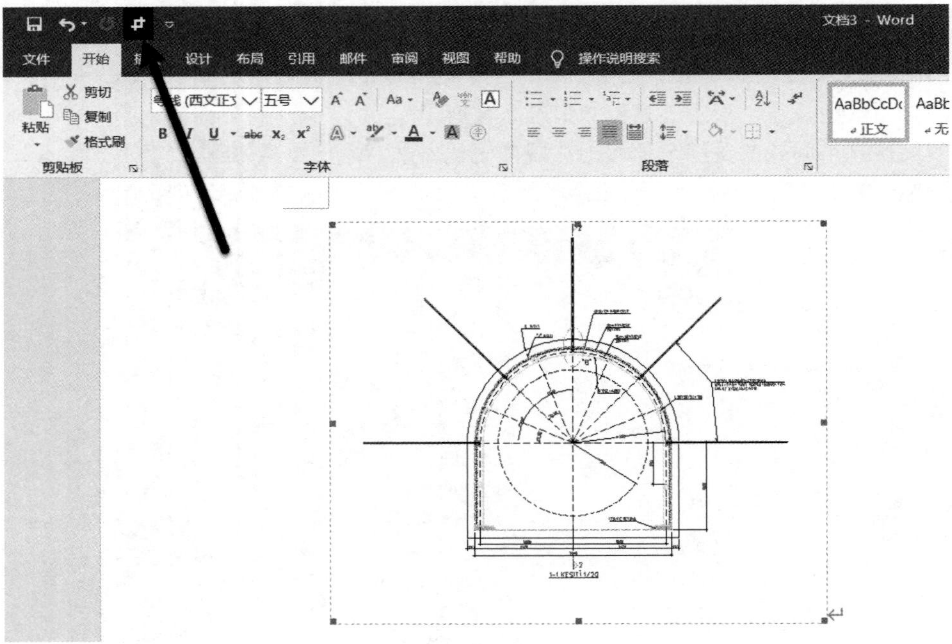

图 14-33

第 15 章 布局和视口

CAD 的布局英文是 LAYOUT，在布局中可以利用视口来显示模型空间绘制的图形，初学者对于如何使用布局有点迷茫。本章将针对布局和视口的一些基本操作和使用中遇到的问题进行讲解，帮助初学者了解布局的作用，同时告诉他们如何正确和规范地使用视口和布局。

15.1 AutoCAD 布局怎么用?

在 AutoCAD 或浩辰 CAD 等同类的 CAD 软件中，新建一张空图，可以看到底部有一个标签栏，分别写着“模型（Model）”和“布局（Layout）”，如图 15-1 所示。

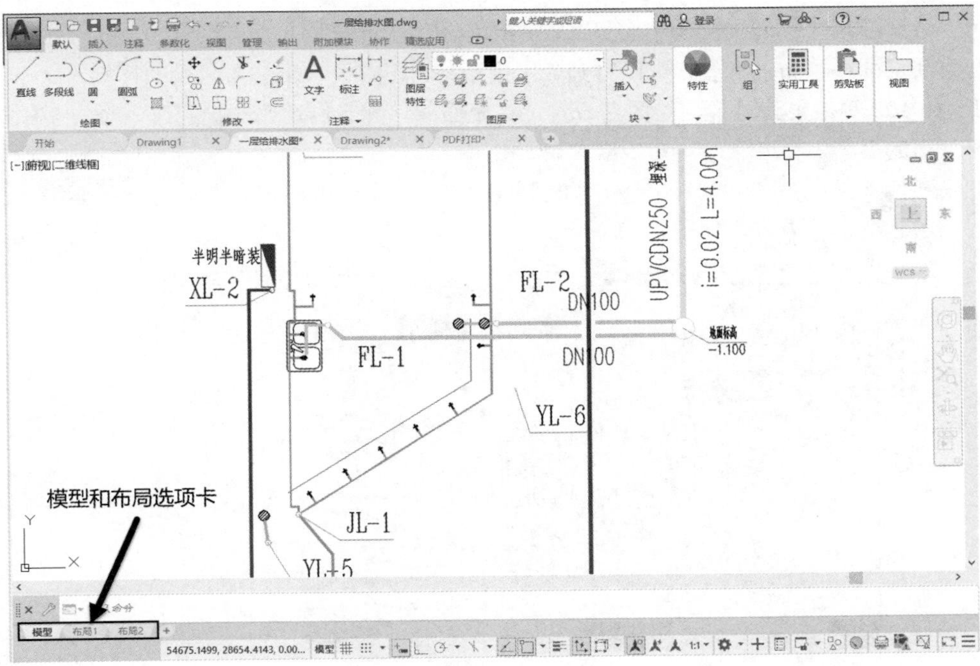

图 15-1

1.通过样例了解布局

首先找一张带布局的图纸看一下，对模型和布局的作用有一个感性认识，或者在模型空间随意画一点图形，按下面的步骤操作即可。

通常新建一张图纸时默认的是模型空间，但也有两个默认的布局，有些图纸如果切换到布局后保存，再次打开时就直接显示布局。

打开一张设置好布局的图纸，默认显示模型空间，如图 15-2 所示。

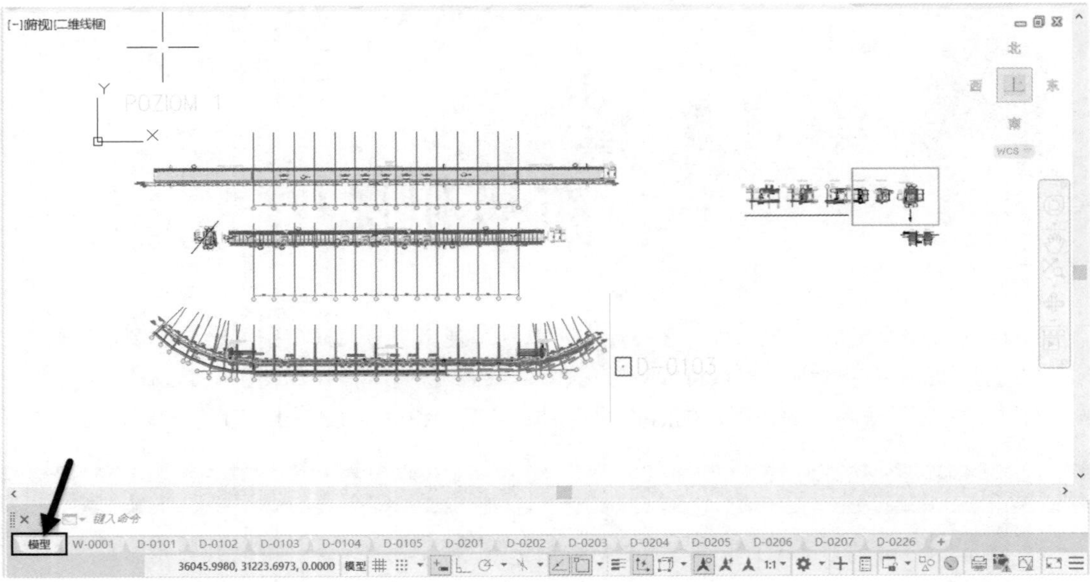

图 15-2

可以看到在模型空间中绘制了大量的图形，但没有一个图框。

观察底部的模型布局标签，可以看到除了模型外，还有很多重新命名过的标签，如 W-0001、D0101、D0102 等。也就是说，绘图者设置了多个布局，并且给这些布局起了一个对于绘图者比较容易分辨的名字。

在底部标签上单击 D-0001，显示此布局的内容，如果图纸比较复杂，可能需要等一会儿才能完全显示布局中的内容，如图 15-3 所示。

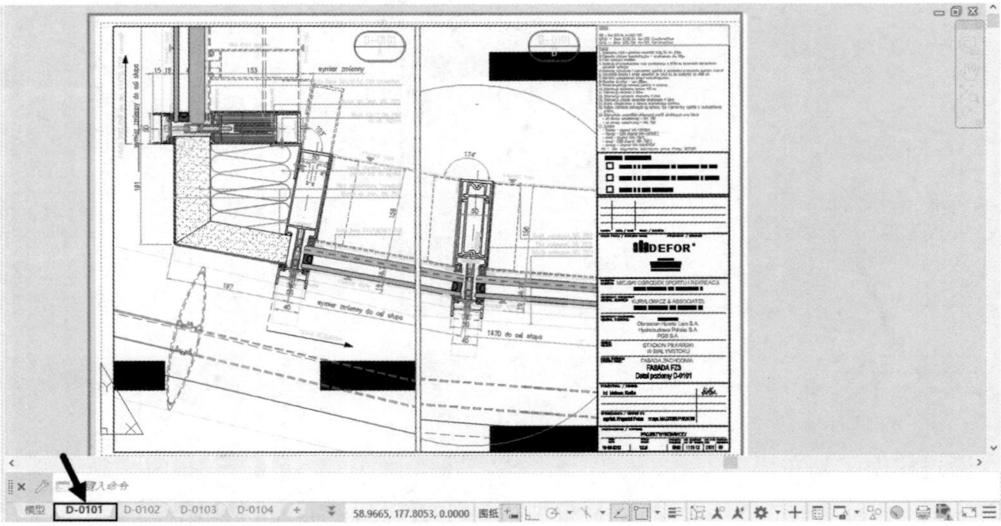

图 15-3

通常看到的布局中有一个标准的图框，观察这些图形会发现，除了图框以外，其他图形都与模型空间一样，只是位置和比例不同，而且很多图形都被一个方框套着。

双击其中一个方框，可以看到方框的边界变粗，同时左上角会显示俯视、二维线框的字样（低版本没有这些文字），如图 15-4 所示。

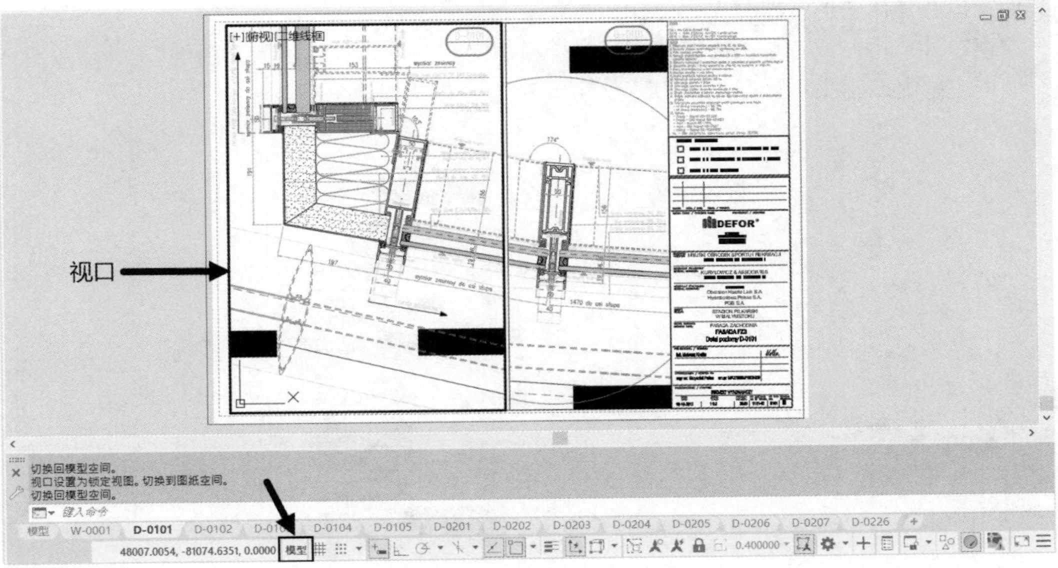

图 15-4

这个方框就是一个视口，或者说是一个窗口，通过这个窗口能看到或者说显示模型空间的图形。进入视口就是进入了模型空间，在底部状态栏可以看到“模型”的字样。

向下滚动滚轮，缩小图形，直到在视口中看到模型空间中的所有图形，如图 15-5 所示。

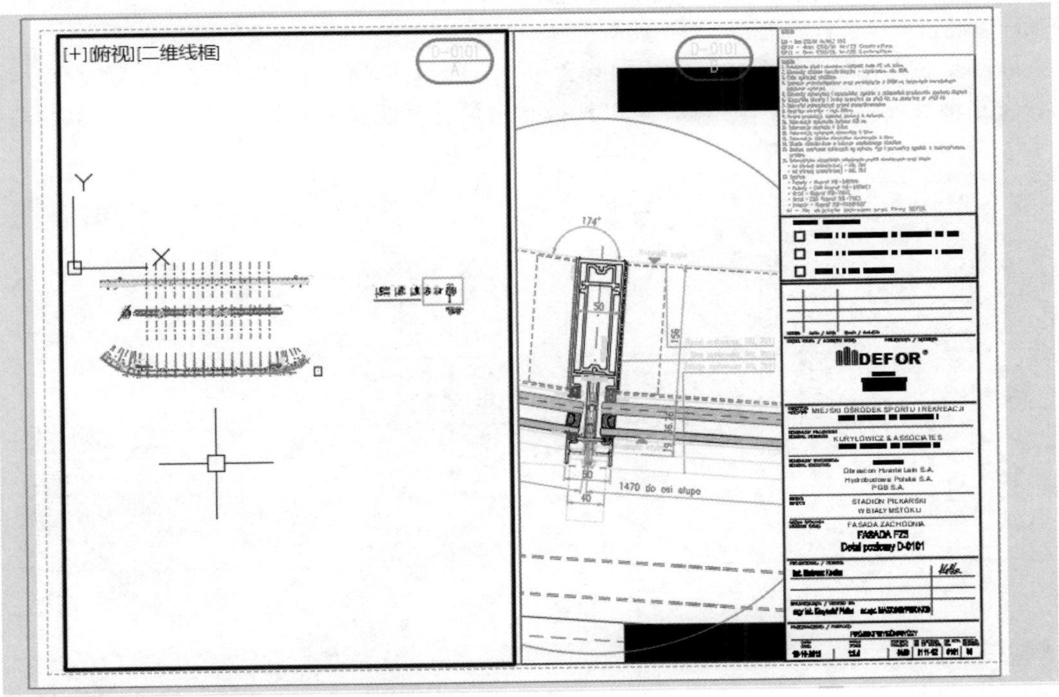

图 15-5

进入视口后，与在模型标签中一样，可以缩放视图，进行各项绘图和编辑操作，因此也称为模型空间。不过，在视口内缩放视图会改变视口比例，视口比例通常按打印比例设置，设置好后不希望因为缩放在改变比例，选择将视口锁定。当视口锁定后，即使进入视口进行缩放，视口会和其他视口及其他图形一起缩放。

在视口外单击，或者单击底部状态栏显示模型的按钮，让它显示为“图纸”，并缩放图纸让整个图框完整显示出来，如图 15-6 所示。

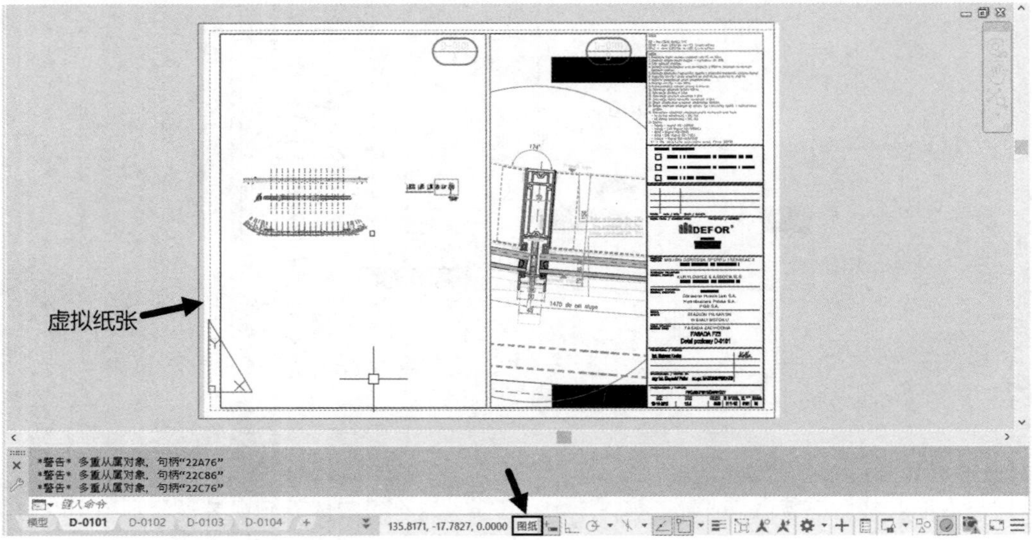

图 15-6

可以看到布局空间中间有一个矩形的白色区域，这个区域与图框匹配，这其实是一张虚拟的纸张，通过它可以查看图框和纸张的匹配程度。

只有设置了与图框匹配的打印页面设置时，虚拟纸张才能给图框匹配。如果没有设置，或者设置不合理，两者就不匹配，可以切换到未设置页面设置的布局中看一下，如图 15-7 所示。

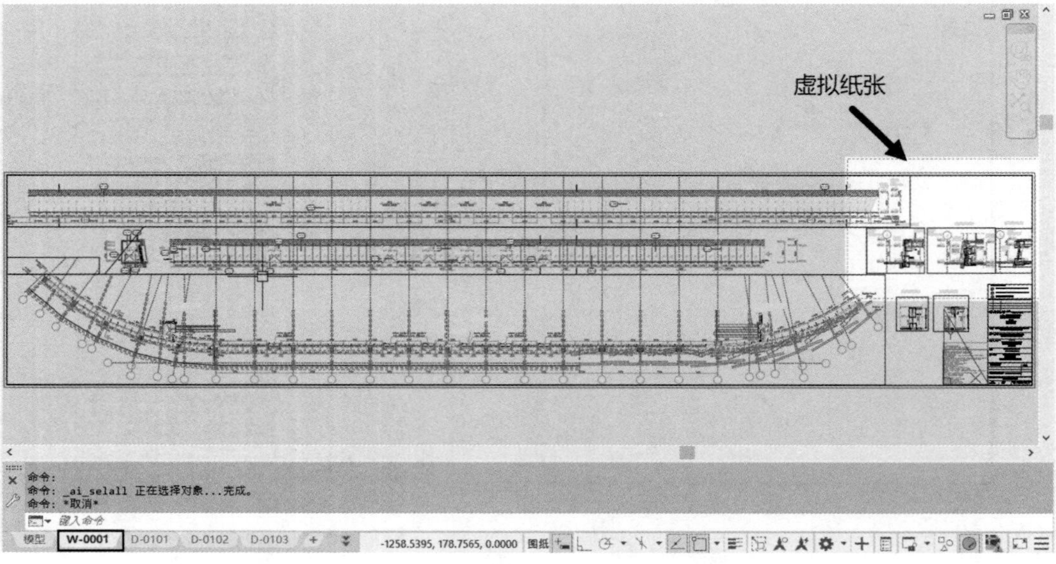

图 15-7

可以看到这是第一个非标准的超长图框，而且没有在打印页面设置中设置匹配的纸张和比例，我们从虚拟纸张的大小和位置就可以看出来。

在布局中单击视口边界，选中一个视口，打开“特性”面板（Ctrl+1），观察视口的相关参数，重点是比例，如图 15-8 所示。

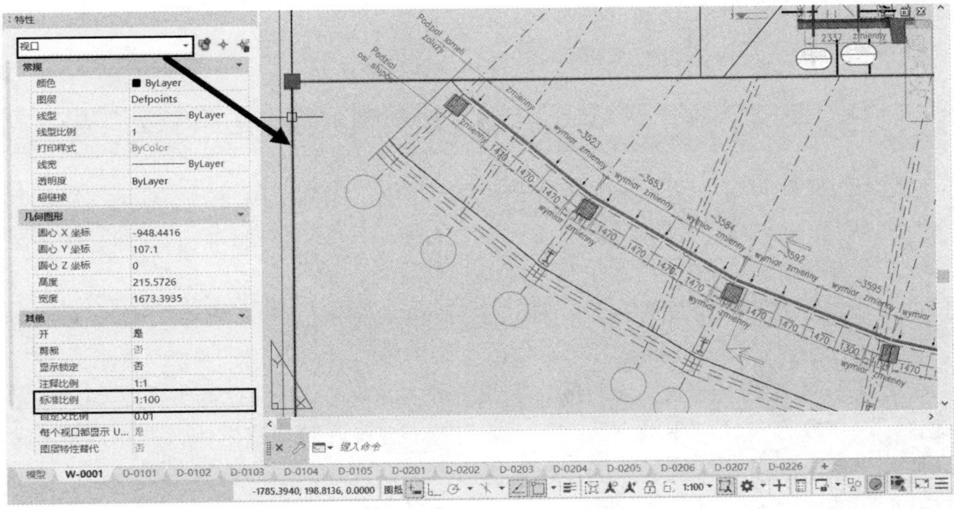

图 15-8

这张图中视口比例是 1∶100，也就是利用视口将模型空间的图纸缩小了 100 倍，在模型空间按 1∶100 打印的图纸，在布局空间即可按 1∶1 打印。

切换回设置好打印页面设置的那个布局，单击“打印”按钮或者输入 PLOT 命令后回车，观察“打印”对话框中的设置，如图 15-9 所示。

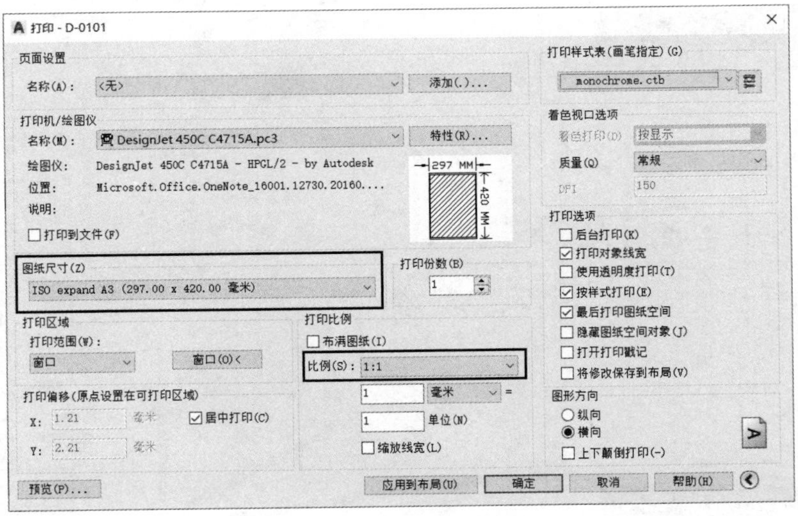

图 15-9

可以看到这个布局将用 A3 的纸张打印，打印比例是 1∶1。

2.布局是干什么的？

上面是国外的一张图纸，是比较有代表性布局空间应用的实例，通过上面的讲解大家应该对布局的用途有了初步的了解。下面再总结布局空间的作用。

布局就是设置一张虚拟的图纸，利用视口将模型空间的图形按不同比例排布到这张图纸上，同时在布局中插入图框或其他图形，在布局空间通常按 1∶1 打印。打印设置可保存到布局中，在布局中设置和检查打印的效果。

一张图纸可以根据需要设置多个布局，每个布局就是一张图纸，也就是说一个布局通常只插入一个图框，可以保存一个默认的打印页面设置。

简单地说，布局就是排图打印用的。

15.2 什么是视口？视口主要设置有哪些？

AutoCAD 的模型空间是一个虚拟的三维空间，可以在模型空间绘制二维或三维图形，而布局的图纸空间就是一张虚拟的纸张，要将模型空间的图形排在这张纸上，就需要在图形空间上开一个窗口来显示模型空间的图形，这个窗口就是视口。

视口的大小、形状可以随意使用。在视口中可对模型空间的图形进行缩放（ZOOM）、平移（PAN）、改变坐标系（UCS）等操作，可以理解为拿着这张开有窗口的“纸”放在眼前，然后离模型空间的对象远或者近（等效 ZOOM）、左右移动（等效 PAN）、旋转（等效 UCS）等操作，更形象地说，这些操作是针对图纸空间这张“纸”的，这就可以理解为什么在图纸空间进行若干操作，但是对模型空间没有影响的原因。如果视口已经设置好，不再希望改变视口中显示图形的大小，就需要将视口“显示锁定”。

如果一张图要按 1∶100 比例打印，在模型空间通常用 1∶1 绘图，进入布局空间后，创建一个比例为 1∶100 的视口，插入标准图框后，按 1∶1 打印输出。

在布局空间中可以创建多个视口，每个视口显示内容、比例、形状都不同，如图 15-10 所示。

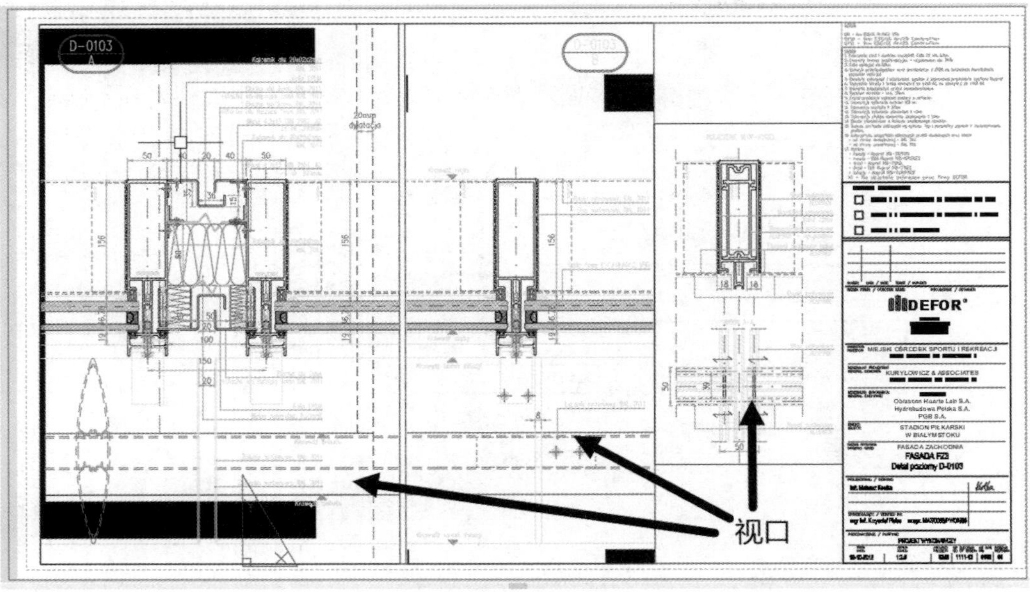

图 15-10

除此以外，利用视口还可以显示三维模型的不同视图以及消隐和着色的不同效果，如图 15-12 所示。

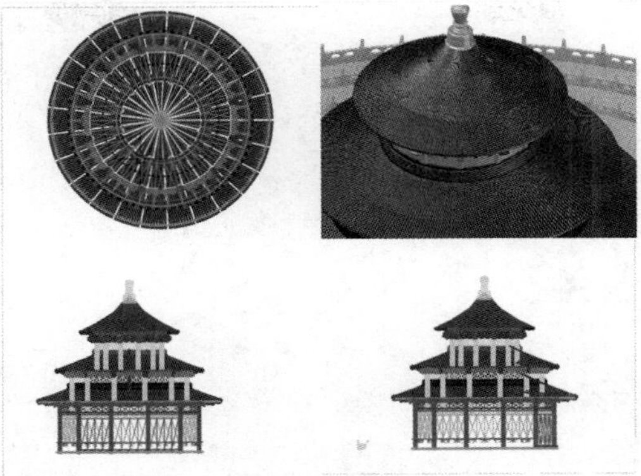

图 15-11

在视口内双击或用 MS 命令可从图纸空间进入模型空间，使用缩放平移使需要打印的那部分显示在视口范围内。

双击视口范围以外或用 PS 命令从模型空间退回图纸空间（也可以单击底部状态栏的模型/图纸切换按钮）。

设置视口的属性需要先选择视口，如果直接选不中，可以使用框选（从左往右框）。如果视口和图框的内框线重合，可能会同时选中框线。

如果只选中了视口，“特性”面板如图 15-12 所示，如果框选了视口及其他对象，在“特性”面板顶部的下拉列表框中选择“视口”选项，显示视口属性。

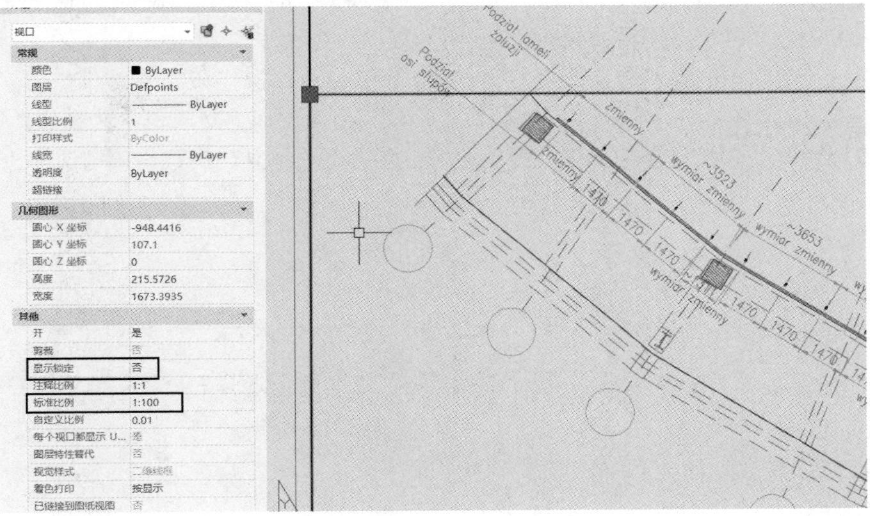

图 15-12

视口的主要参数是比例和显示锁定，比例保证视口中图形打印时的输出比例，在“标准比例”下拉列表中可以选择一些预设的比例值，“自定义比例”可以自己输入任意的比例。一旦比例设定且图形已经调整到合适位置后，建议打开“显示锁定”，避免进入视口后缩放视图导致比例发生变化。显示锁定在视口的右键菜单中也可以设置，视口比例在状态栏就可以直接设置，如图 15-13 所示。

在 CAD 高版本增加了注释性对象，因此会多一个“注释比例”，此比例决定注释性对象按什么比例显示，是否显示，此处就不再详细讲解。

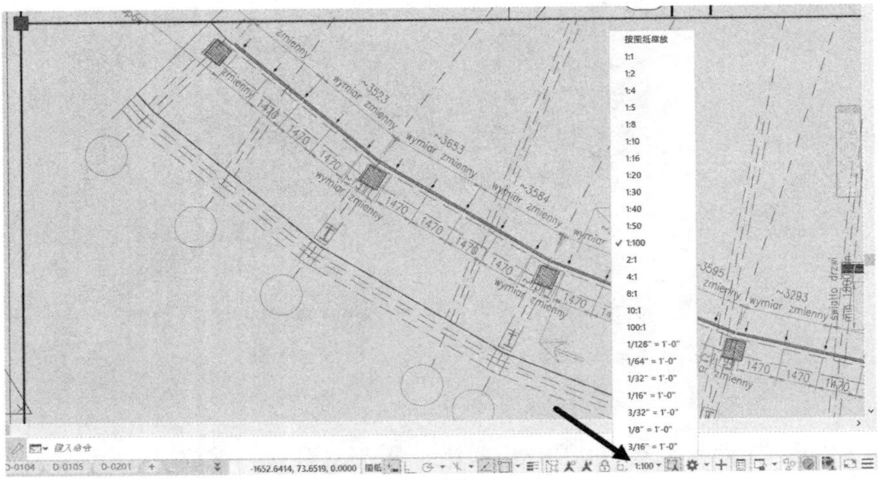

图 15-13

15.3　如何将图形从布局转换到模型中?

将图形从布局转换到模型中的需求有两种：一是将部分图形从布局转换到模型，二是将整个布局都转换到模型空间，这两种需求 CAD 都可以满足。

1.改变图形所在空间

CAD 专门提供了一个用于更改图形空间的命令：更改空间 CHSPACE（Change Space 的缩写），它在修改菜单中，只是平时用得比较少。

下面通过一个简单的样例介绍改变空间 CHSPACE 命令的操作和效果。

Step 01 在模型空间绘制一个半径为 500 的圆后切换到布局空间，进入视口，按住鼠标中键，将圆平移到视口中心。在视口外单击进入图纸空间，单击选中视口，将视口比例设置为 1∶10，如图 15-14 所示。

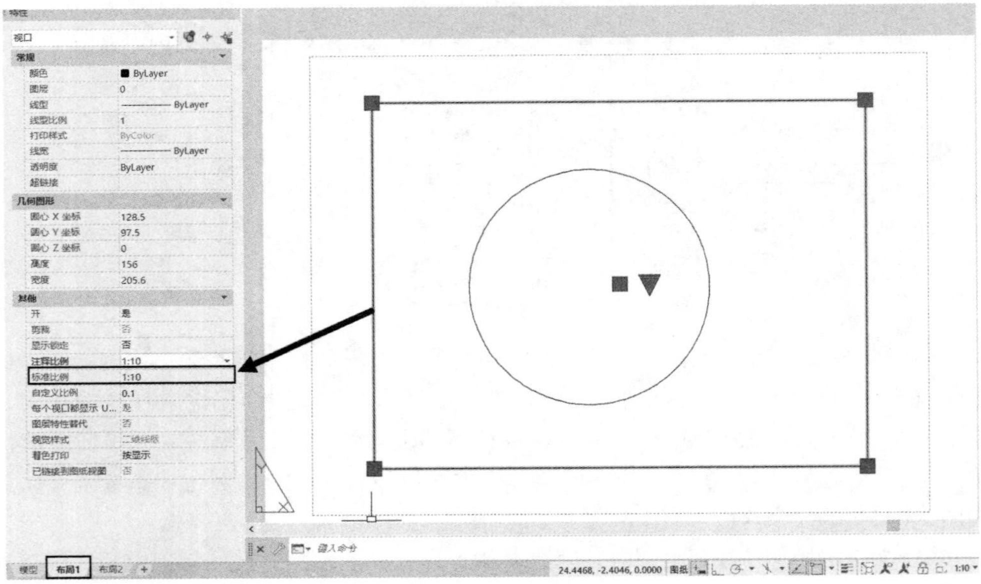

图 15-14

Step 02 在图纸空间画一个圆，圆的半径设置为 50，如图 15-15 所示。

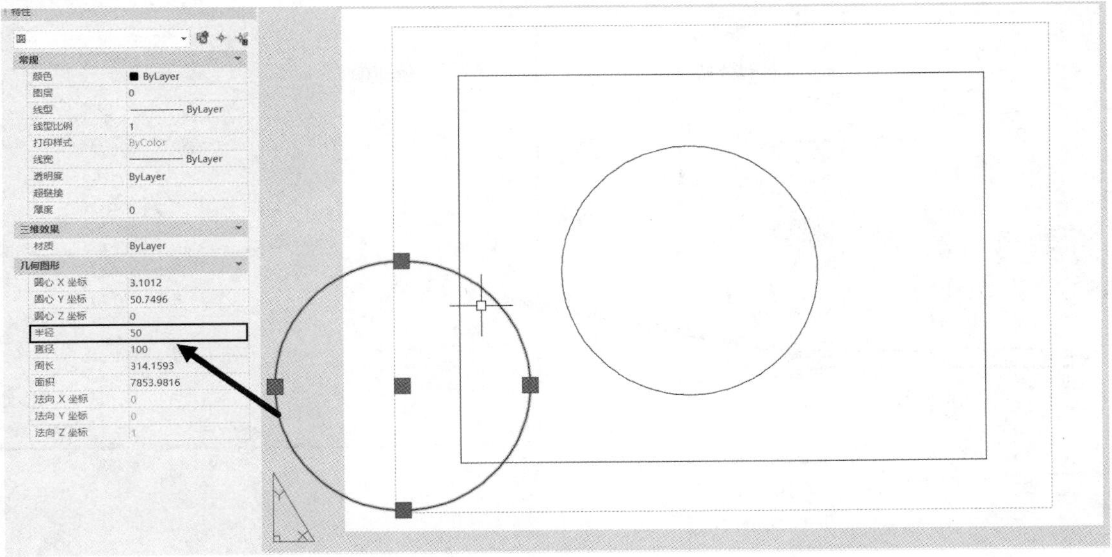

图 15-15

由于视口比例是 1∶10，可以看到视口外图纸空间半径为 50 的圆与视口内模型空间的半径为 500 的圆是一样大的。下面使用更改空间命令使两个圆在模型和图纸空间之间进行转换。

Step 03 先选择图纸空间的圆，在菜单或面板中执行“更改空间”命令，或直接输入 CHSPACE 命令后回车，如果布局中只有一个视口，圆就会自动变到这个视口内，而且圆的半径会自动乘以视口比例，变成 500，如图 15-16 和图 15-17 所示。

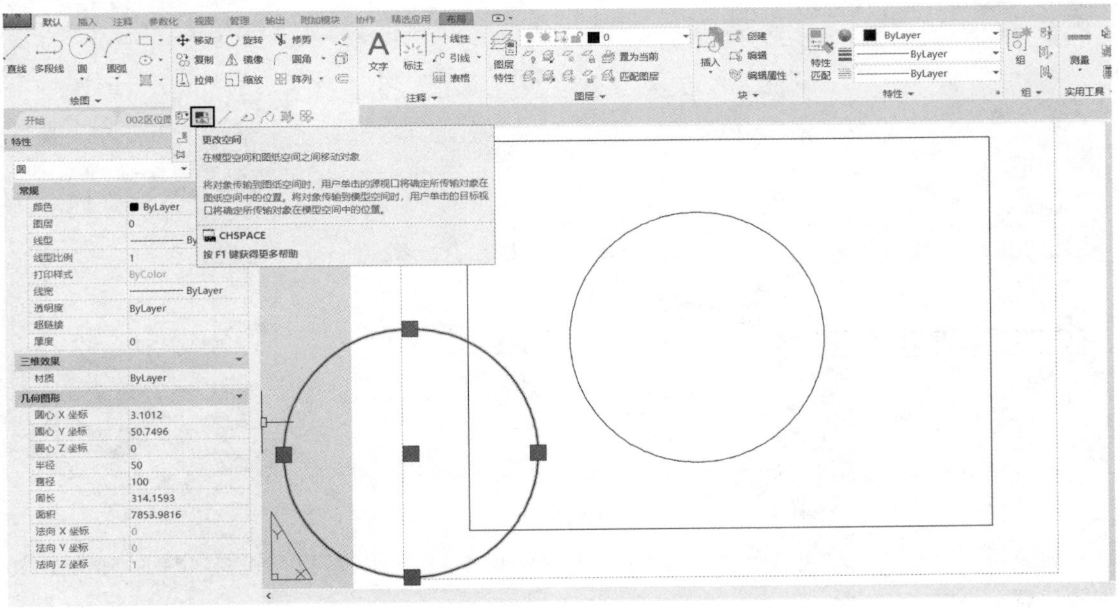

图 15-16

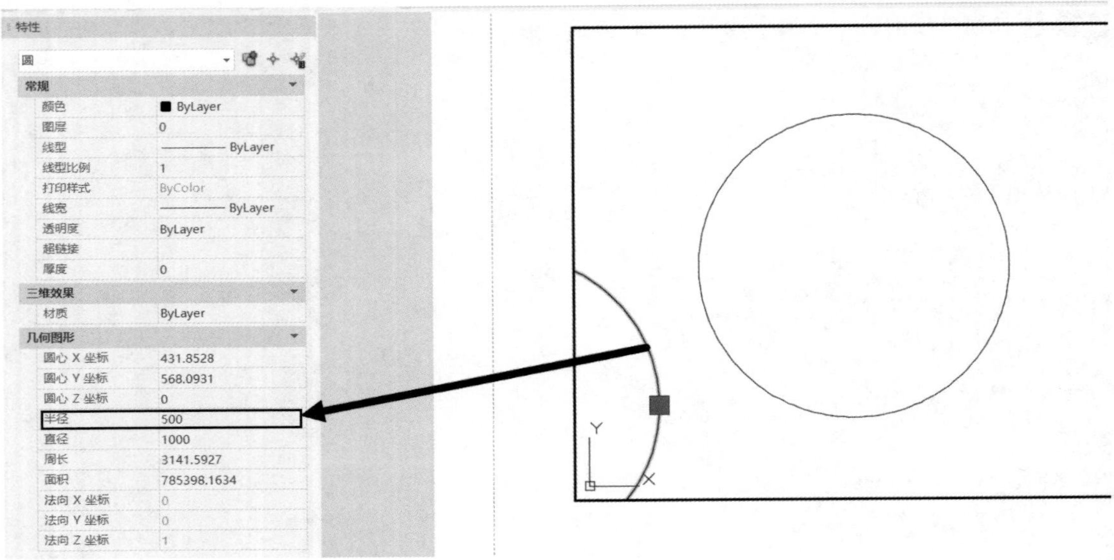

图 15-17

如果布局空间不止一个视口，当选择图形并执行 CHSPACE 命令后，软件提示激活一个要进行转换的视口。

将图形从模型空间转换到布局空间时，如果有多个视口，从不同视口进入模型空间后选择图形进行转换也是不一样的，因为视口比例不同，位置不同，转换后图形的尺寸和位置也不同。如图 15-18 和图 15-19 所示为同一个圆在不同视口进行转换的效果。

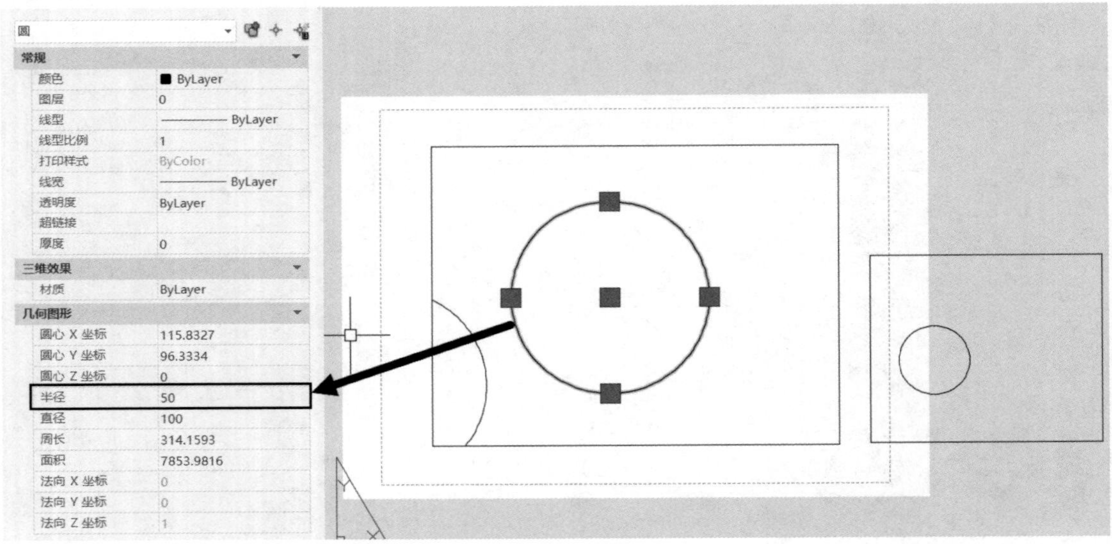

图 15-18

转换后圆显示在当前视口中圆原来所在的位置，由于圆已经从模型空间变到图纸空间，在其他视口就看不到了。

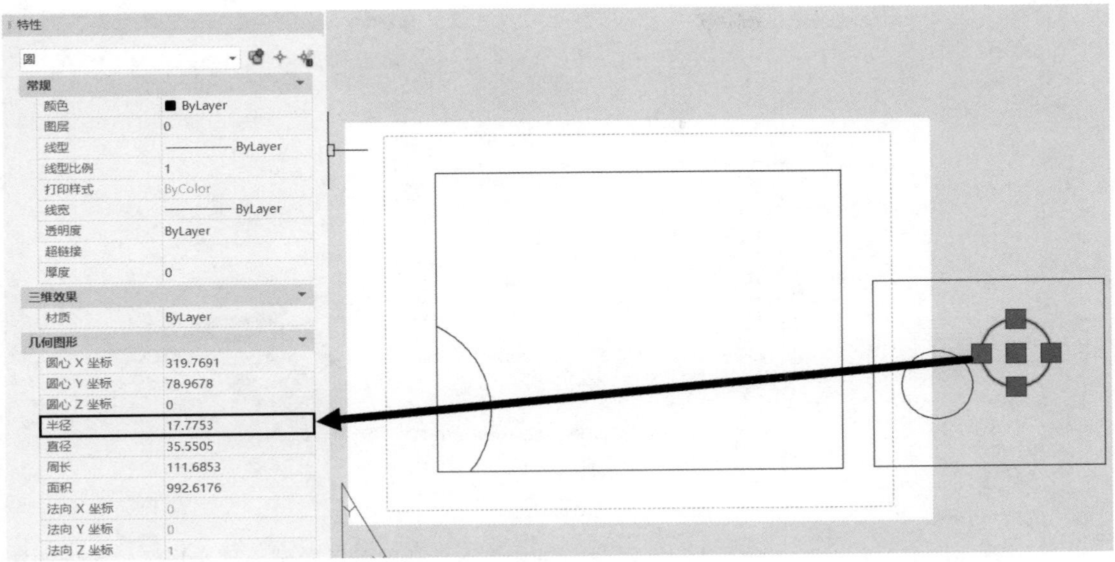

图 15-19

2.整个布局整体输出到模型

CAD 还专门提供了一个将整个布局转换到模型空间的命令，对于一些习惯或需要在模型空间绘图或处理图纸，当拿到的图纸是在布局中排图甚至绘图时，就可以用这个命令进行转换，这个操作就更简单了。

打开一张带布局的图纸，单击要输出的布局标签切换到要输出的布局，在布局标签上右击，在弹出的快捷菜单中选择“将布局输出到模型”命令，如图 15-20 所示。

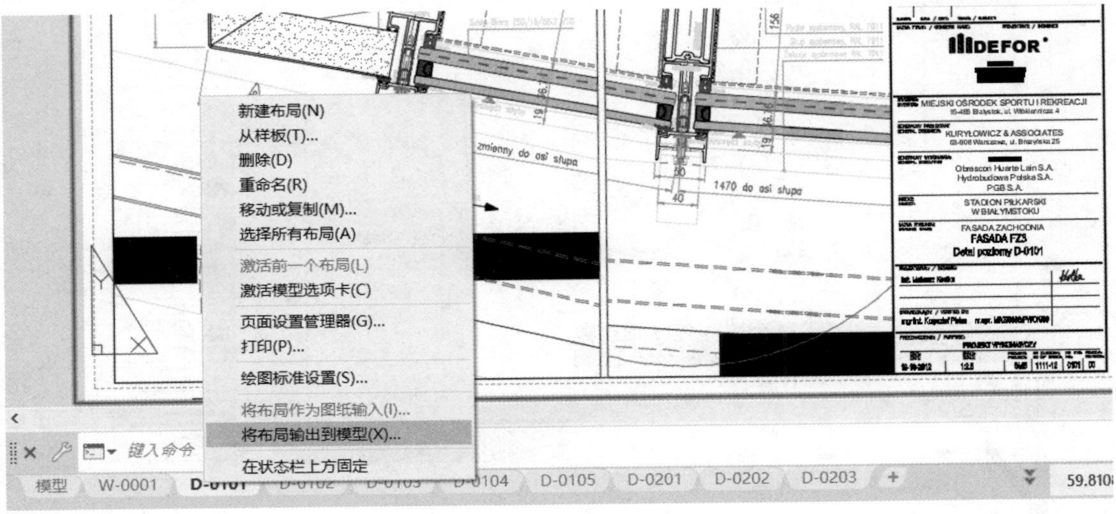

图 15-20

弹出“将布局输出到模型空间图形”对话框，保存图纸名称，默认的图纸名称是当前图纸名+布局名，如图 15-21 所示。

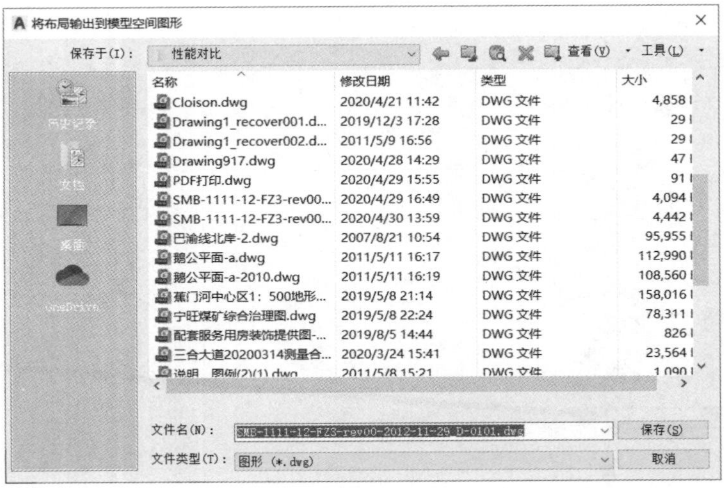

图 15-21

输出结束后 CAD 自动问我们是否打开输出的文件。打开后可以看到原来布局图纸空间的图框被转换到模型空间，同时原来视口中的图形也按视口比例被缩小了，如图 15-22 所示。

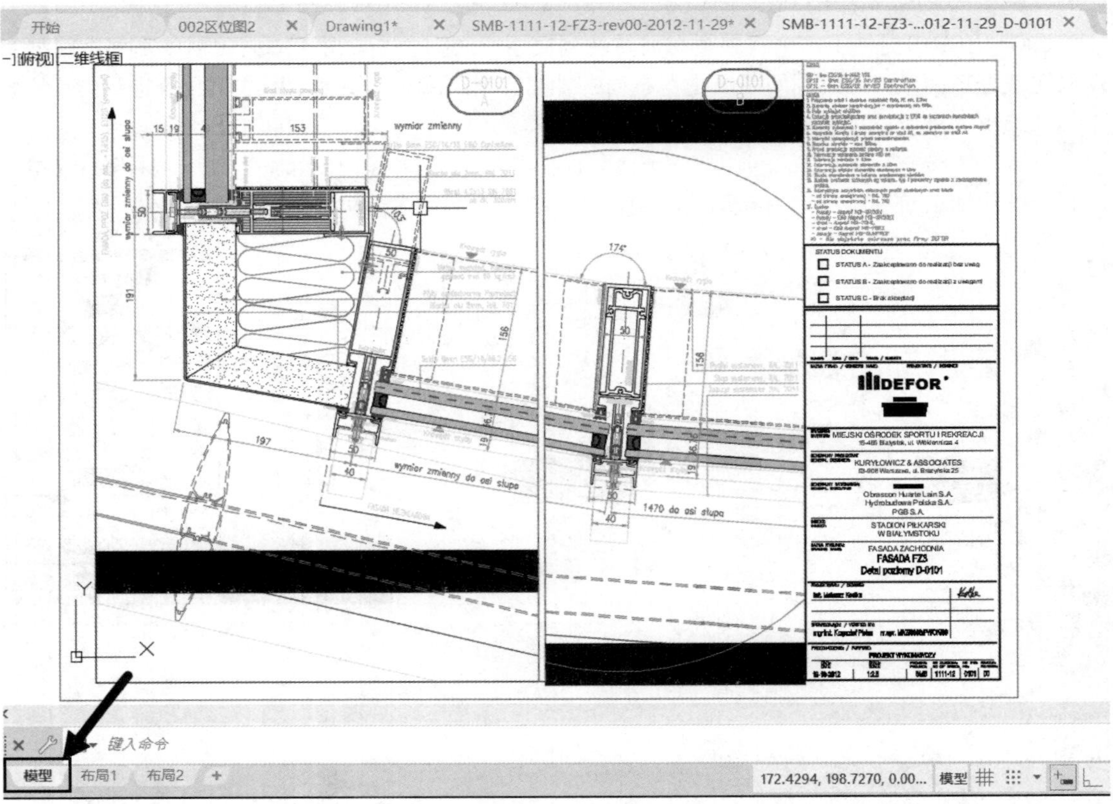

图 15-22

选择布局后，也可以直接输入 EXPORTLAYOUT 命令。

小结

按 Ctrl+C 快捷键或按 Ctrl+X 快捷键后，按 Ctrl+V 快捷键，也可以将图形从图纸空间复制到模型空间或从模型空间复制到图纸空间，但这种复制粘贴是不会考虑视口比例的，比如，图纸空间中半径为 50 的圆粘贴到比例为 1∶10 的视口中，半径仍然是 50，看上去比在图纸空间小 10 倍。

15.4　为什么我的图框和布局显示的图纸背景不匹配?

当进入布局空间后，我们会看到一张虚拟的图纸。但在插入标准图框后会发现图框和图纸背景不匹配，如图 15-23 所示。这怎么办呢？

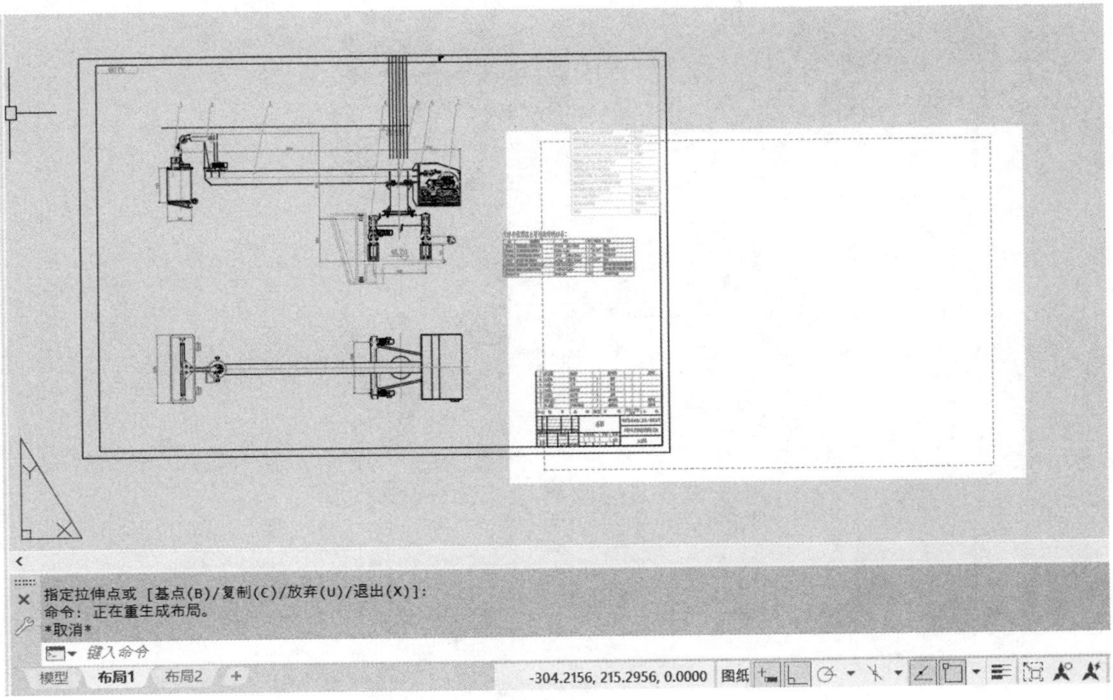

图 15-23

默认的图纸背景是固定的，肯定无法满足不同幅面图纸打印的需要，出现这种不匹配的现象很正常。要想使图纸背景与图框匹配，更真实反映图纸在纸张上的排布状况，就需要合理设置页面设置。操作很简单，就是进行一次正常的打印设置后将设置应用到布局。操作如下：

启动“打印”命令，弹出“打印-布局 1”对话框，在“打印范围”中选择“窗口”选项，框选图框，选择打印机型号，纸张尺寸，比例等各项参数，单击“应用到布局”按钮，如图 15-25 所示。

只要打印设置合理，图纸背景就与图框匹配，如图 15-26 所示。

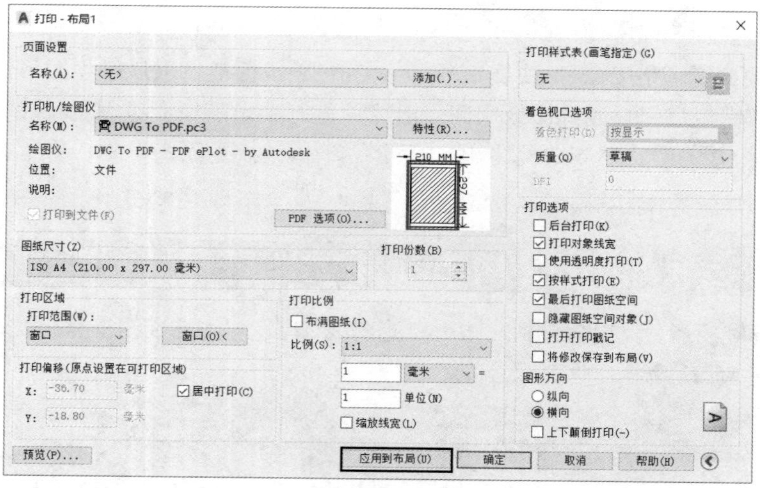

图 15-24

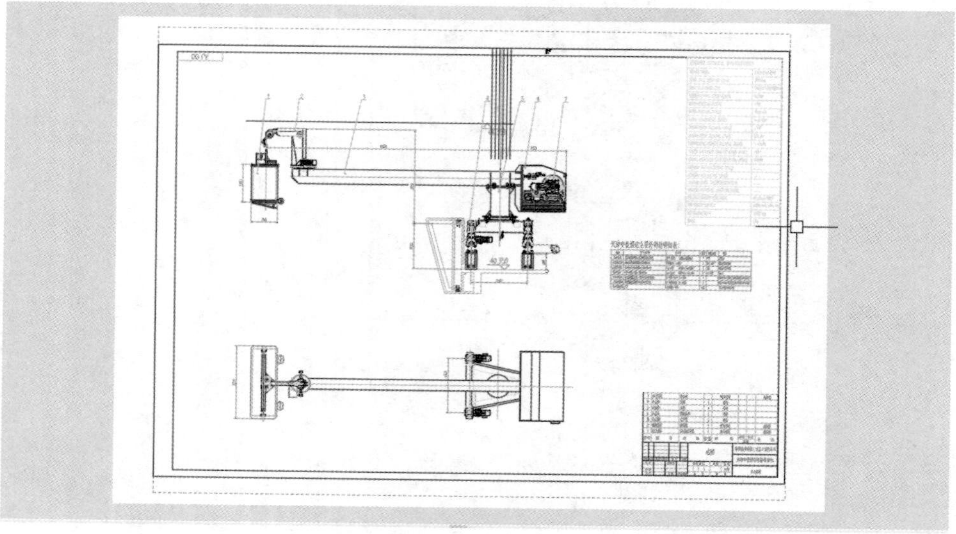

图 15-25

如果每个布局都设置好页面设置，可以利用“发布”功能进行批量打印，要求一个布局中只有一张图，并且这张图的打印设置已经设置完成。如果这次的打印设置要与上次打印设置基本一样，在“页面设置”下拉列表中选择“上一次打印”选项，即可完成大部分设置工作。

15.5 AutoCAD 布局最多可建多少个视口？

有些人喜欢把多个图框都放到一个布局中，而且一个图框内还不止一个视口，这种图纸不仅会降低 CAD 的操作性能，还会出现一些显示的问题。

1.通过实例了解 CAD 对视口数量的限制

CAD 并没有明确限制一个布局可以建多少视口，笔者曾经实验过，在一张简单的图纸中曾经阵列了上万个视口，虽然把 CAD 弄得反应很慢，但还是正常生成了。

因此，不建议创建过多视口，因为每个视口都会显示一份模型空间的图形，CAD 虽然有一些优化处理，但在 CAD 中不同视口中显示的图形不同，而且可以冻结不同图层。CAD 高版本中同一图层在不同视口还可以设置不同颜色、线宽、线型等。因此视口增多，无论如何都会增加数据量，影响 CAD 的操作性能，因此 CAD 对于同时可显示的视口数量是有限制的，这个限制就是最大激活视口数量，这个数量是可以设置的：MAXACTVP。

下面通过一个简单的实例来看看视口数量超出限制后是什么效果，并且看一下如何设置这个限制数量。

Step 01 为了加快操作速度，先建立一张最简单的图纸，在一张新图的模型空间画一个圆，然后切换到布局空间，布局空间默认有一个视口，如图 15-26 所示。

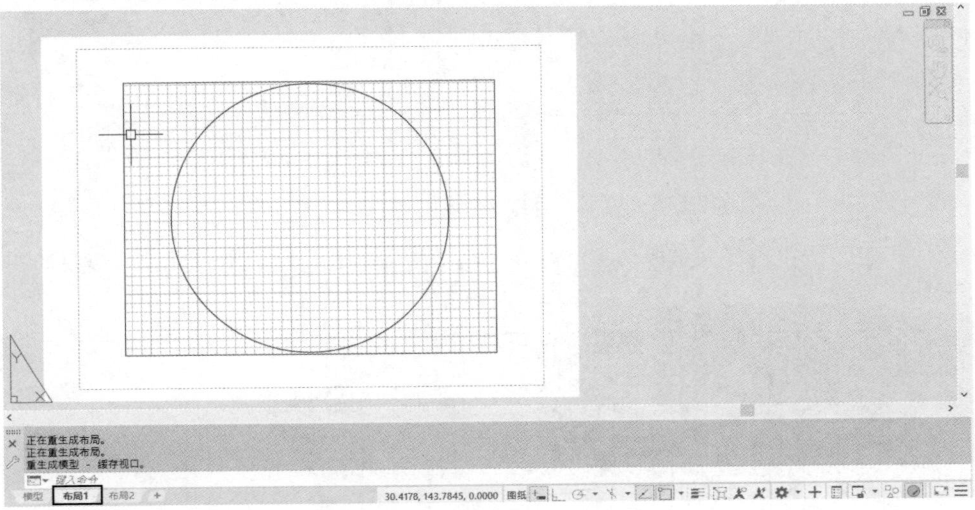

图 15-26

视口可以用 VPORTS 命令创建，也可以用常规的复制、阵列命令添加。

如果 CAD 版本比较低，可以直接用阵列（AR）命令。如果用的是 CAD 高版本，阵列功能无法复制视口，需要用 ARRAYCLASSIC 命令调用经典的“阵列”对话框。

Step 02 单击选择视口，执行“阵列”命令，打开“阵列”对话框，将数量设置成 8×8，如图 15-27 所示。

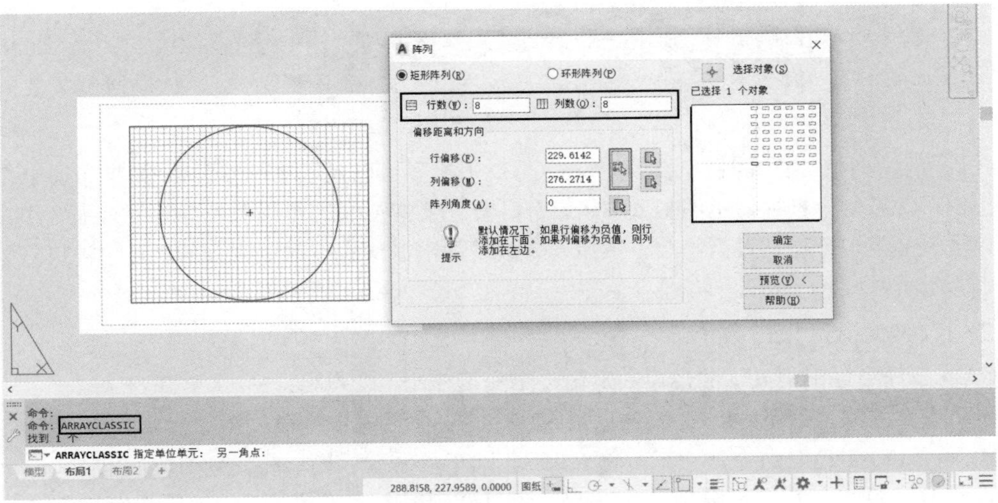

图 15-27

Step 03 单击行偏移和列偏移后面的大按钮，在图中拾取一个比视口稍大的方框，如图 15-28 所示。

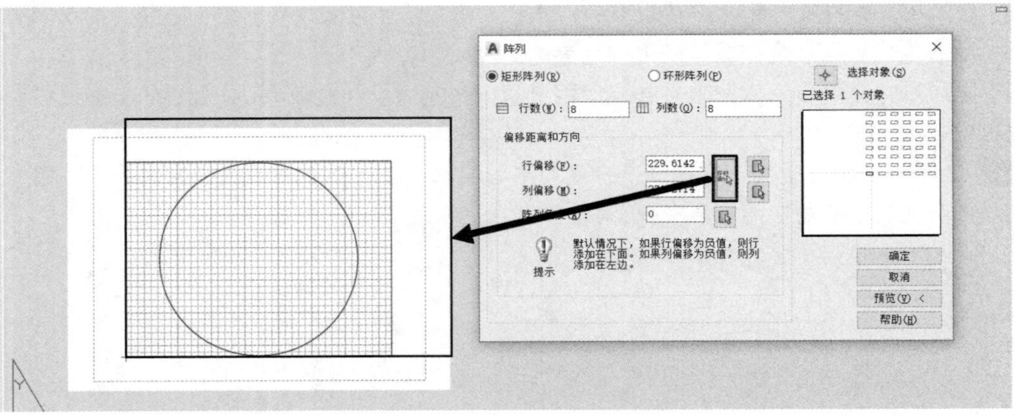

图 15-28

单击“确定”按钮，阵列生成 64 个视口。双击鼠标中键，显示所有视口，效果如图 15-29 所示。

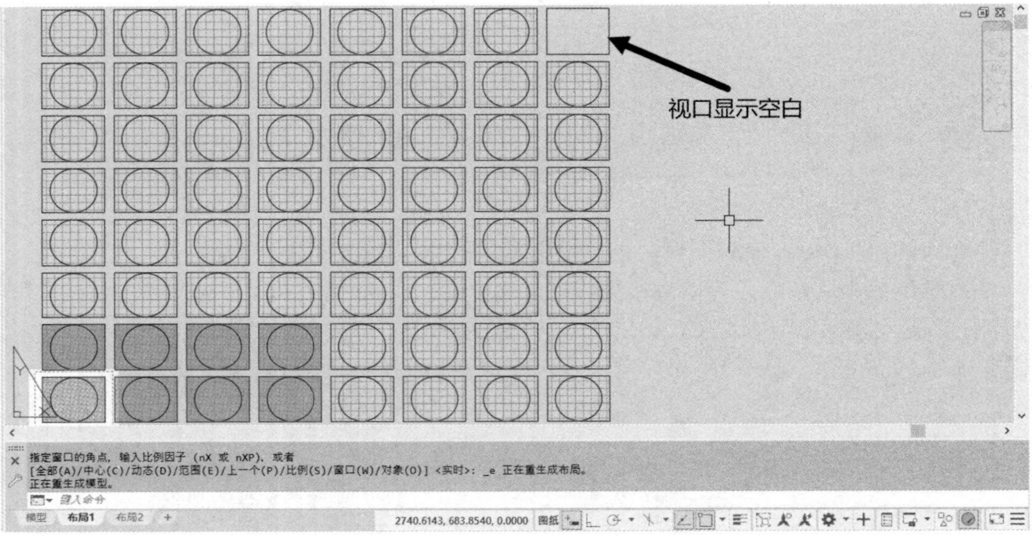

图 15-29

我们可以看到右上角的视口显示空白，CAD 中最多可以显示 63 个视口。如果布局中有视口显示空白，就需要检查视口是不是太多了。有时看到某些图纸的布局中视口并没有那么多，但仍有视口没有显示，可能是人为修改了激活视口数量的限制或者将这些视口的“显示视口对象”设置为“否”。

2.修改最大激活视口数

CAD 布局中可正常显示的视口数量由一个变量控制，变量名：MAXACTVP。

这个变量的默认值是 64，最大值也是 64。

输入 MAXACTVP 命令，回车，输入 128，回车，命令行提示此变量的数值范围为 2～64。

输入 16，回车，将数量限制设置为 16。可以看到图中可正常显示的视口数量就变成 15 个，如图 15-30 所示。

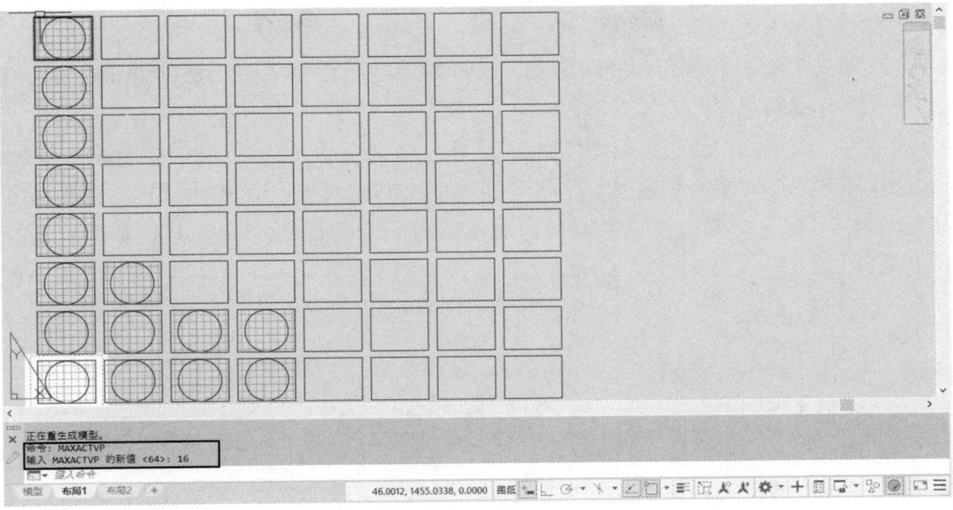

图 15-30

小结

其实正常使用布局，一个布局中只放一个图框，视口通常不会超过 64 个。

遇到类似问题的人并不多，之所以给大家介绍，主要有两个目的：一是要合理使用布局和视口；二是一个布局中视口过多会对性能造成影响，否则 CAD 也不会限制激活视口数量了。

15.6　AutoCAD 布局空间不同比例视口中的线型比例不同怎么办?

考虑到用户打印的需要，CAD 在默认状态下对布局空间的线型进行了处理，无论虚线是画在图纸空间，还是显示在不同比例的视口内，同样比例、相同线型的单元长度是相同的，如图 15-31 所示。

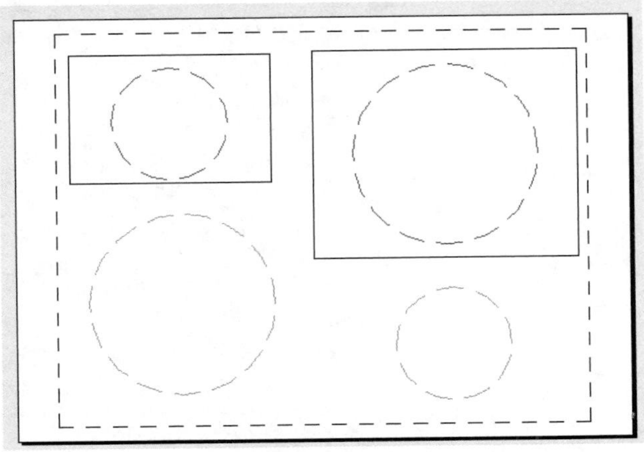

图 15-31

图 15-31 中外面有矩形线框的是同一个圆在不同比例视口中的效果，外面设有矩形线框的是画在图纸空间的圆，通过对比，可以看到不同比例视口中的线型单元也是一样的。

如果在布局空间发现相同比例的相同线型效果不同，或者我们希望线型在不同比例视口变得不一样，应该怎么办呢？

不同视口线型比例不一致有两种可能性，一种是修改了控制线型比例的变量，另一种是更改了视口比例后没有刷新显示。

CAD 提供了一个系统变量：PSLTSCALE，变量名称有点长，是图纸空间线型比例（Paper space linetype scale）的缩写，CAD 还有一个控制全局线型比例的变量：LTSCALE，这只是在那个变量前加了 PS。我们不一定非要记住这个变量，因为在线型管理器中可以通过选项来开关这个变量，如图 15-32 所示。

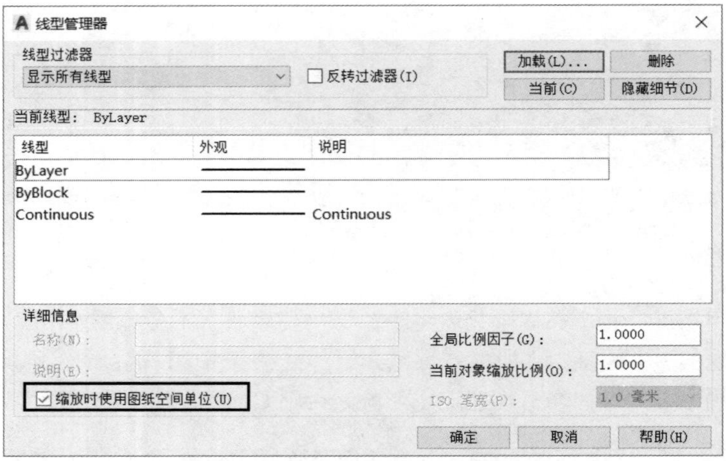

图 15-32

勾选“缩放时使用图纸空间单位”复选框，将 PSLTSCALE 设置为 1，此时布局中的图形按照图纸空间尺寸，也就是模型空间图形的尺寸乘以视口比例来显示线型，这样可以保证不同比例视口中相同的线型效果保持一致。如果 PSLTSCALE 设置为 0，所有视口都按模型空间尺寸计算，不考虑视口比例，不同比例视口的线型比例看上去不一致，如图 15-33 所示。

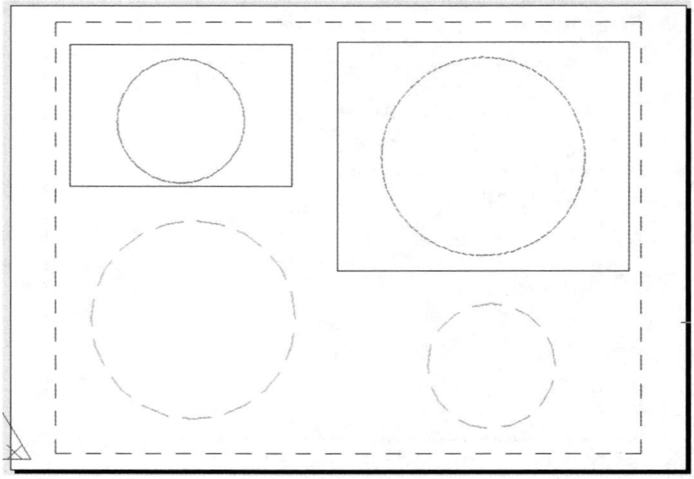

图 15-33

有时 PSLTSCALE 设置为 1，但是不同视口中同一图形显示的线型比例就是不一致，这又是为什么呢？

如果调整了视口的比例，比如，新建一个视口后将比例改成 1∶100，视口内图形的线型比例不会自动调整，而必须要双击进入视口输入 RE 命令后回车，重新生成线型的显示数据，视口内图形的线型比例才会调整过来。如果有好多视口，改了比例后一个个双击进去重生成嫌麻烦，可以直接输入 REGENALL（全部重生成）命令（在“视图”菜单中可以找到全部重生成命令），或者保存文件后关闭文件重新打开即可。

如果希望相同图形在不同比例视口显示不同线型比例，输入 PSLTSCALE 命令，回车，输入 0，回车，或者在线型管理器中取消勾选“缩放时使用图纸空间单位”复选框即可。当然所有视口也需要重新生成显示数据，否则看不到效果。

第 16 章 打印

虽然很多制造业企业已经普及了三维 CAD，许多环节实现了无纸化，直接使用电子版模型，但很多情况下还是需要纸质的图纸；大部分建筑、工程设计行业中仍然普遍在使用二维 CAD，而且在很长一段时间内离不开纸质图纸。因此打印也是 CAD 绘图中很重要的环节。要想打印出正确的图纸，在绘图前就需要合理规划，否则在打印时就会有很多问题。本章将介绍打印的基本操作和打印过程中的常见问题，帮助大家能打印出正确的图纸。

16.1 如何打印图纸?

开始画图之前就考虑到打印的需要，要用多大纸张，打印比例应该设置成多少，打印后的字高、线宽、颜色应该设置成多少，只有绘图前合理规划，才能保证打印出正确的图纸。

要想正确地打印图形，不光是打印设置要正确，关键绘图时就要做好与打印相关的设置。

CAD 的“打印”对话框相对于 Word 等其他文档打印来说更复杂，对于初学者来说有一定难度，就是一些资深设计师也会在打印中遇到问题。

每个单位和个人对打印的要求虽然各不相同，但基本操作步骤相同。

在顶部快速访问工具栏上单击“打印”按钮或者直接输入 PLOT 命令（低版本没有顶部的快速访问工具栏，直接在工具栏上单击“打印”按钮即可）或者按 Ctrl+P 快捷键，打开“打印-模型”对话框，如图 16-1 所示。

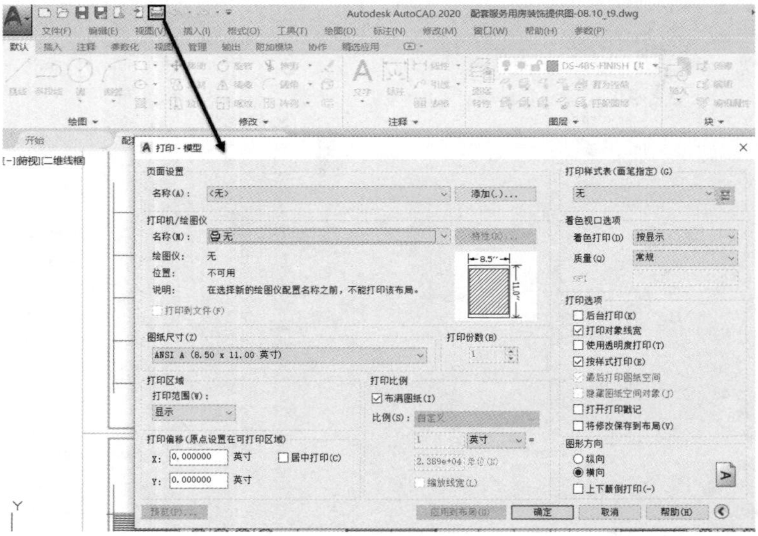

图 16-1

1.选择打印机/绘图仪

打印的第一步就是选择打印机/绘图仪，就是选择一种用于输出的打印驱动。

打印驱动分为两种：

一种是可以打印纸张的打印设备，包括小幅面的打印机和大幅面的绘图仪。可以是装在操作系统的打印驱动，也可以是 CAD 内置的打印驱动。

另一种是可以打印输出文件的虚拟打印驱动，例如用于输出 PDF、JPG、EPS、DWF 等各种文件的驱动，如图 16-2 所示。

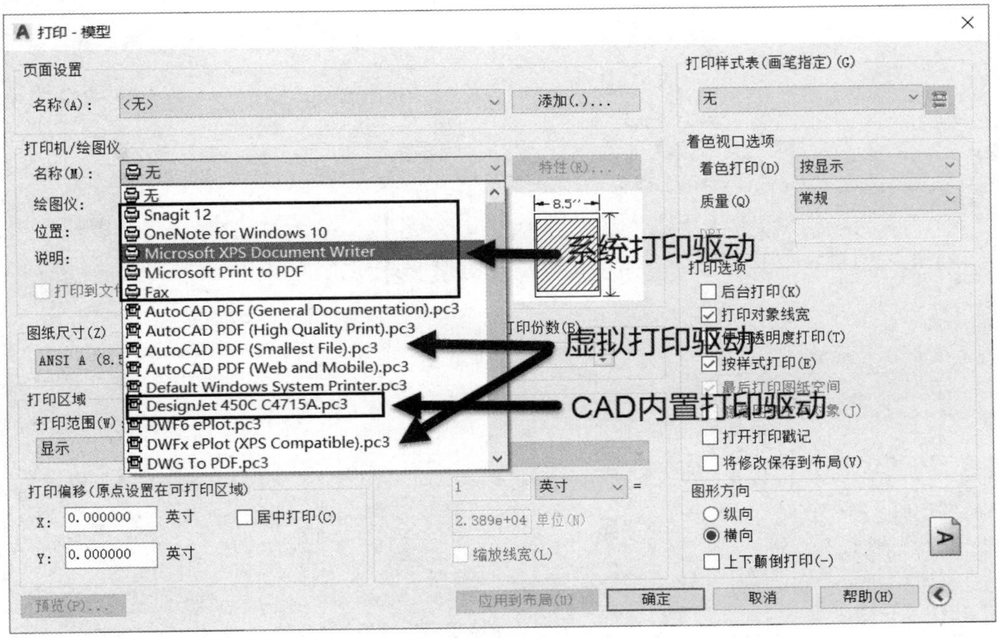

图 16-2

内置打印驱动和虚拟打印驱动都可以在文件菜单下通过绘图仪管理器添加，如图 16-3 所示。

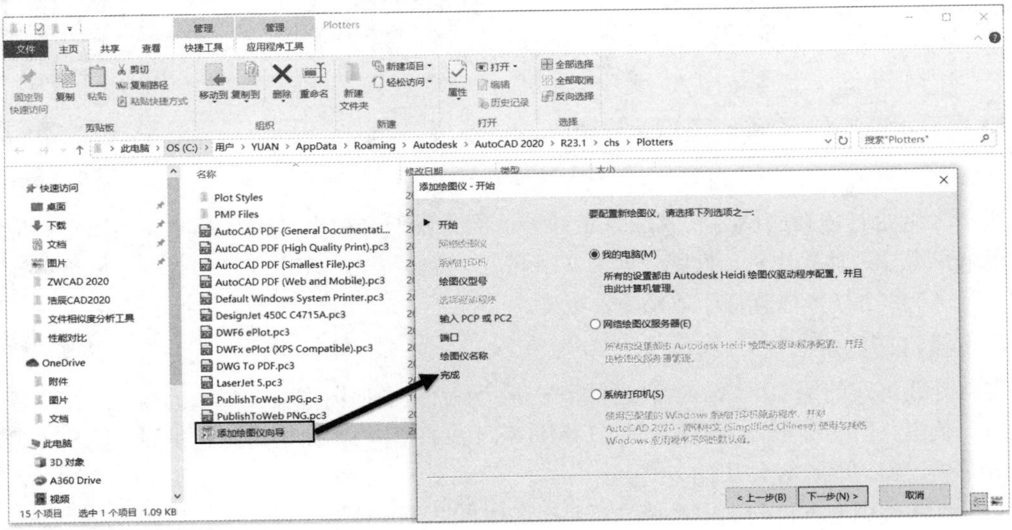

图 16-3

添加绘图仪时可以设置系统打印驱动的端口，也可以添加 CAD 内置的打印驱动和用于输出 PDF、DWF 及各种图像文件的虚拟打印驱动。添加方法在第 1 章已经介绍过，这里不再重复。

2.选择纸张

选择打印机后，纸张列表就会更新显示此打印机支持的各种纸张。一般情况下，在列表中选取一种纸张即可。如果使用的是大幅面的绘图仪，可以自定义纸张尺寸，有时可能会打印过 15 米甚至更长的图纸，如图 16-4 所示。

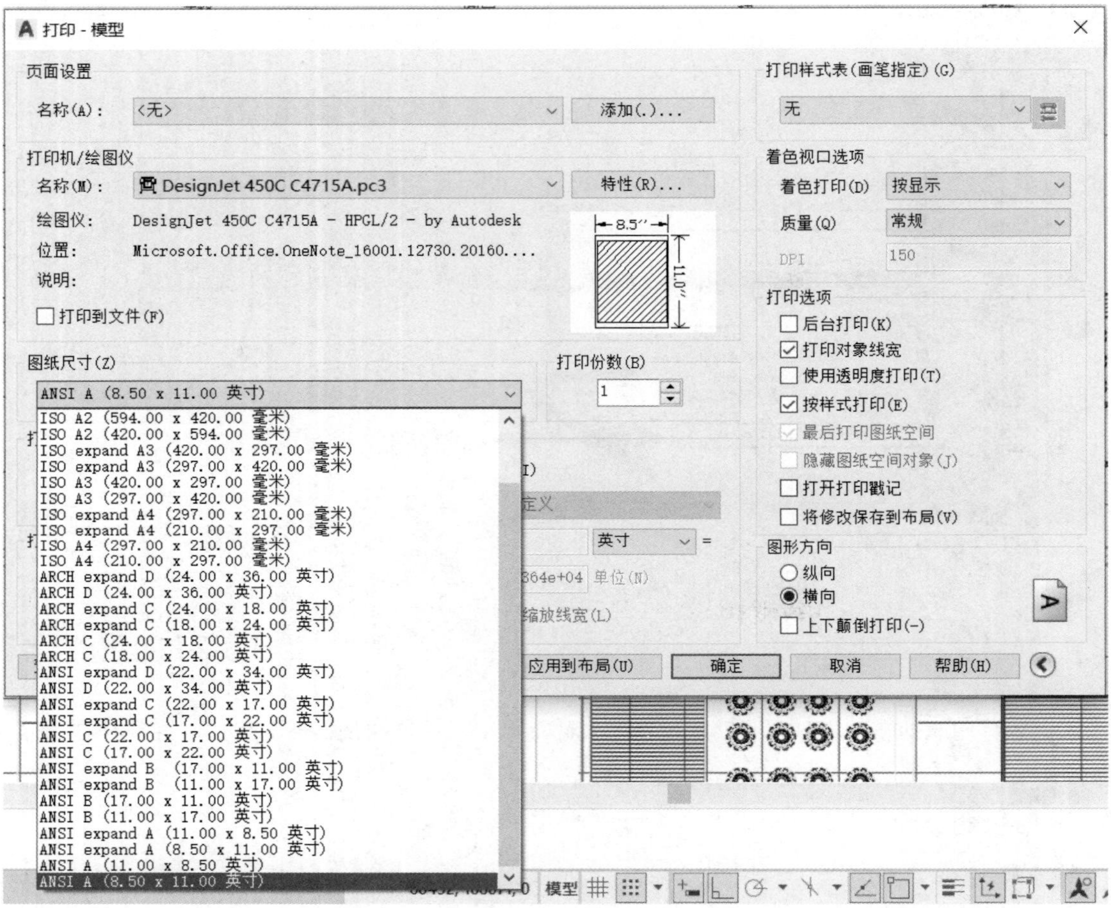

图 16-4

用多大纸张打印在画图之初就应该定好了，因为我们会根据打印纸张的大小选用对应的图框，用纸张尺寸来计算比例，设置合理的文字高度、标注样式。在正式打印大幅面图纸前有时会打印一张 A4 的小样，检查打印效果是否正确。

3.设置打印区域

也就是要打印的图面区域，默认选项是显示，也就是当前图形窗口显示的内容，还可以设置为窗口、范围（所有图形）、图形界限（LIMITS 设置的范围）。如果切换到布局，图形界限选项会变成布局。窗口是比较常用的方式。

在“打印范围”下拉列表中选择“窗口”选项，“打印-模型”对话框会临时关闭，命令行提示拾取打印范围的对角点，如图 16-5 和图 16-6 所示。

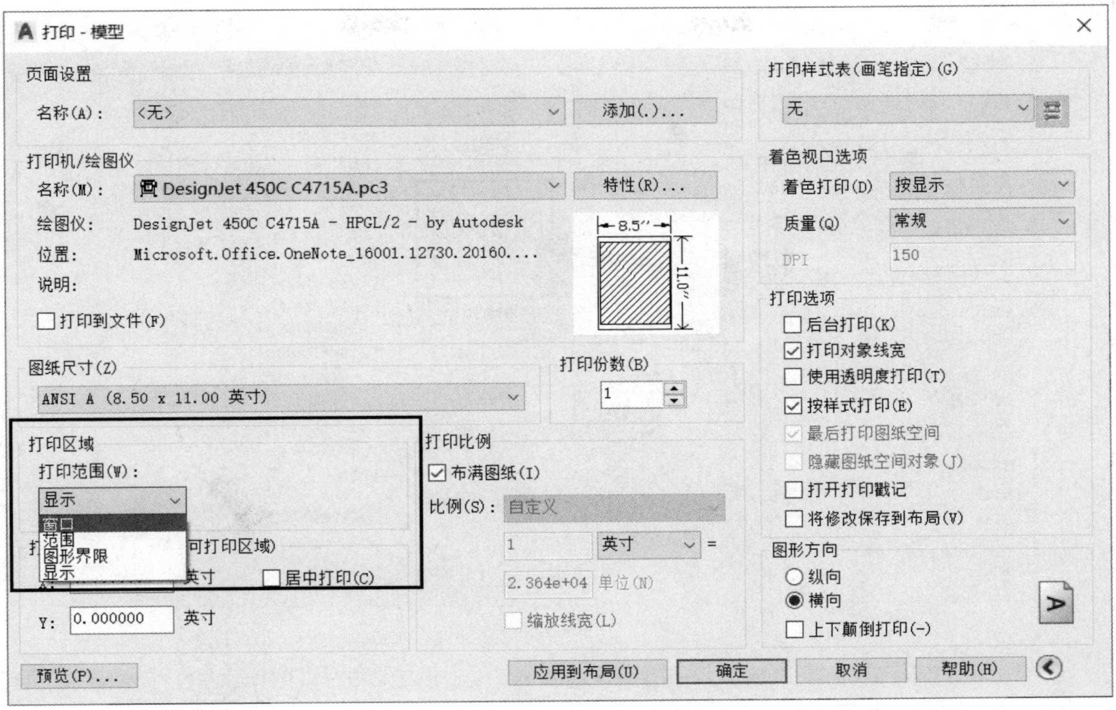

图 16-5

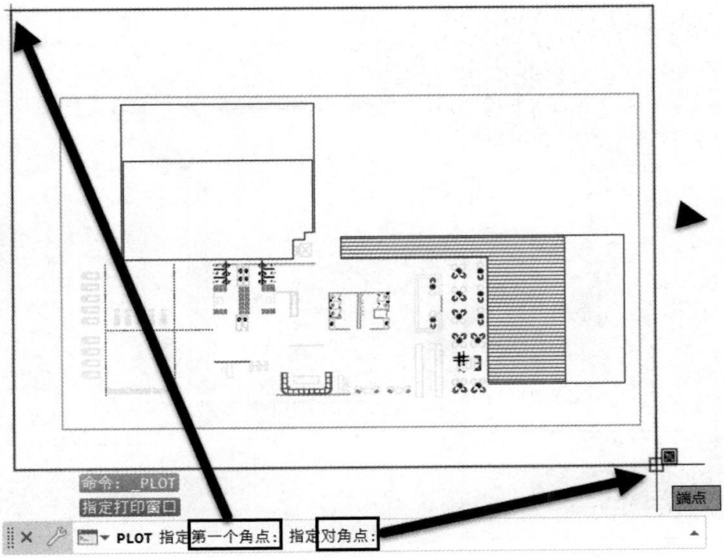

图 16-6

拾取完两点后会重新返回“打印-模型”对话框。

4.设置打印比例

如果只是打印一张 A4 小样看效果，比例设置比较简单，勾选“布满图纸”复选框，让软件自动根据图形和纸张尺寸计算比例即可，如图 16-7 所示。

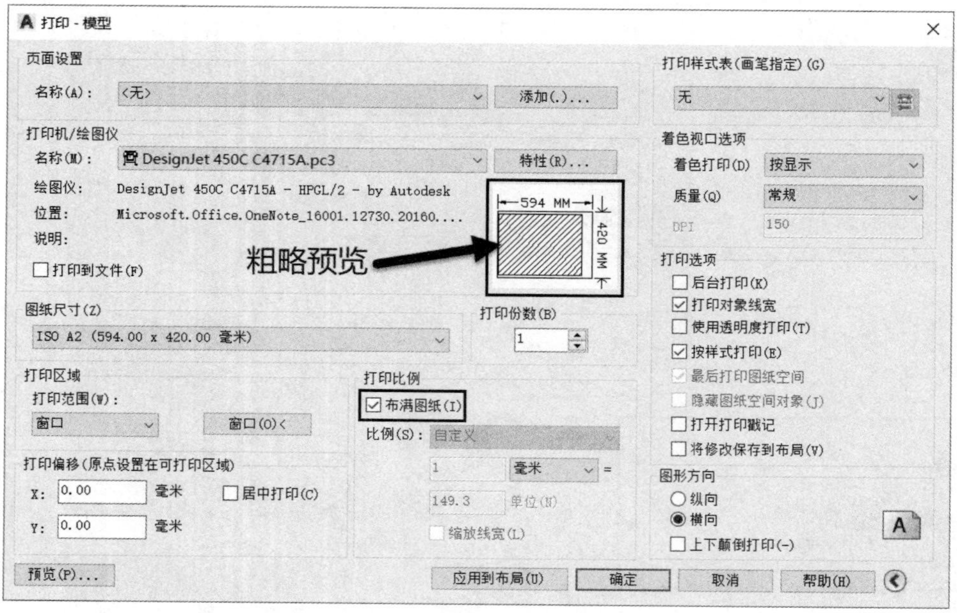

图 16-7

如果正式打印，就需要严格按照图纸上标明的、预先设定好的打印比例去打印，例如选择 1：100，如图 16-8 所示。

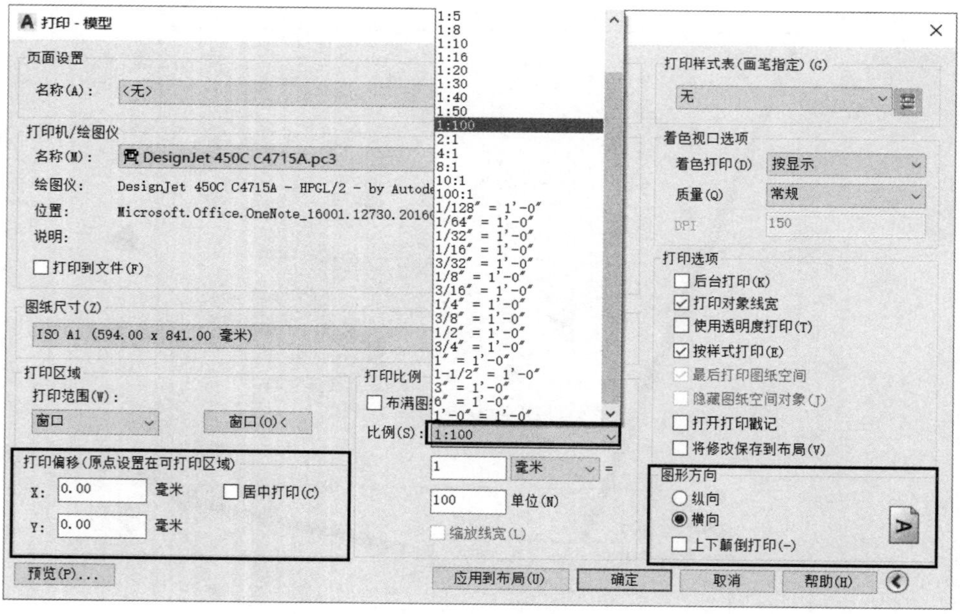

图 16-8

在“打印-模型”对话框中间有一个预览，可以看出图形在纸张排布的粗略效果，通过这个预览可以检查图纸的方向、比例和位置是否合适，然后根据需要调整图纸的横纵向，设置居中打印和图形的位置偏移。

5.设置打印样式

如果对图形的输出颜色和线宽没有要求，纸张和比例设置合适后即可打印。

很多行业和单位对打印的颜色和线宽有严格的要求，在绘图时就根据需要设置不同的颜色或线宽值，然后在“打印-模型”对话框中通过打印样式表来设置输出的颜色和线宽。

在“打印样式表”下拉列表中选择一种打印样式，如果单色打印选择 monochrome.ctb，如果彩色打印选择 acad.ctb，如果灰度打印选择 Grayscale.ctb，如图 16-9 所示。

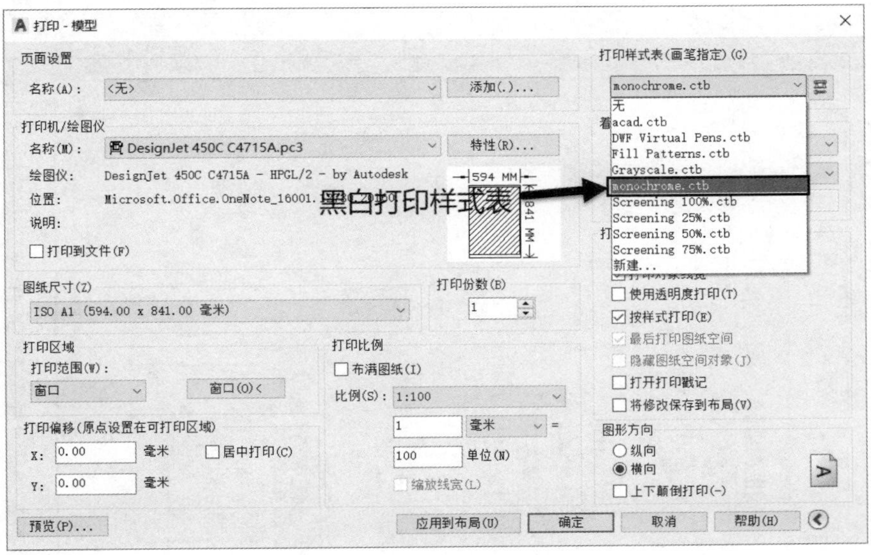

图 16-9

这些预设的打印样式表只是定义了常规的输出颜色，如果对输出颜色没有特殊需要，在图中已经通过图层或特性给图形设置好打印线宽，选择好打印样式表后就可以直接打印。

如果图中设置了颜色，但没有设置线宽，可以在“打印样式”下拉列表中设置每种颜色（255 种索引色）的输出线宽，设置完后单击“保存并关闭”按钮即可，如图 16-10 所示。

图 16-10

6.打印预览

在正式打印前最好先预览检查一下打印效果，免得打印后发现有问题浪费纸张。在预览窗口中可以进行缩放和平移，可放大观察局部的细节，例如文字打印是否正常，线宽打印是否正常等，如图 16-11 所示。

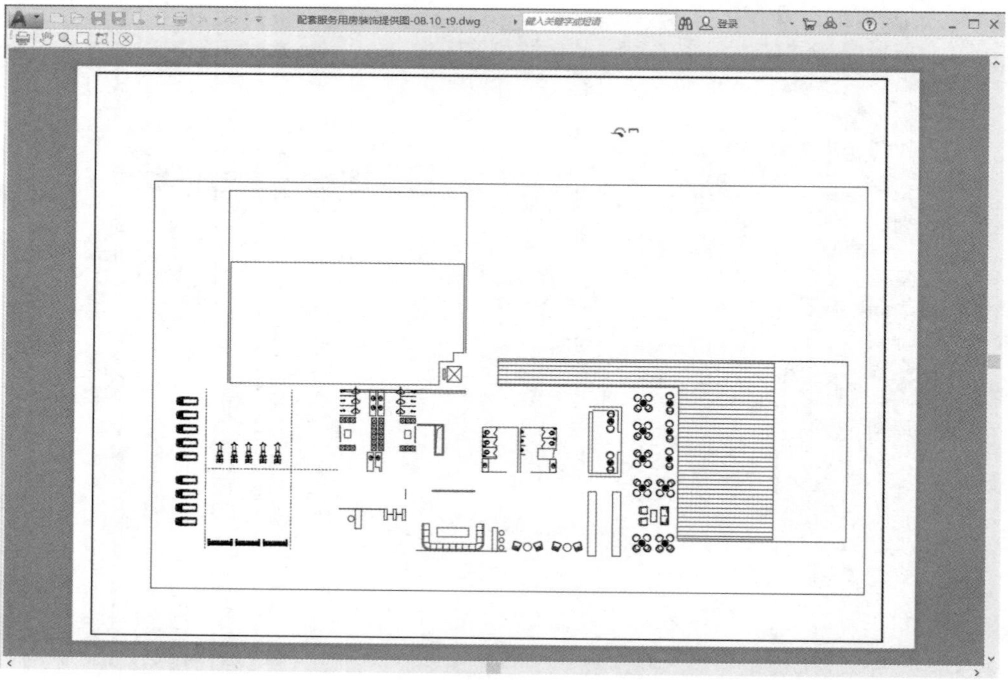

图 16-11

如果检查预览效果完全满足要求，关闭预览窗口，返回“打印-模型”对话框。

在“打印-模型”对话框中单击底部的“应用到布局”按钮，将设置好的打印页面设置保存到当前图中，下次打开图纸时就不用重复设置打印参数。

模型空间和每个布局都可以保存一个默认的页面设置，当然还可以通过页面设置管理器在模型或一个布局中保存多个页面设置。

确认打印参数设置无误后单击“确定”按钮，即可开始打印。

小结

上面只是介绍了打印的基本操作步骤，打印中间还有很多相关知识，例如如何安装打印驱动、如何设置打印驱动的相关特性、如何添加自定义纸张，如何控制打印颜色、如何控制打印线宽、如何设置图层的开关和冻结、如何设置布局、如何设置视口比例等，后面再陆续给大家介绍。

16.2 如何设置绘图比例和打印比例？

绘图比例和打印比例是困扰很多初学者的一个问题，绘图时应该怎么设置比例，打印比例与绘图比例有什么关系等。下面介绍几种比例之间的关系。

1.绘图比例

就是 CAD 中绘制图形与实际尺寸之间的比例关系。假如按 1∶1 绘图，实际尺寸 1 000mm 就在计算机上画长 1000 的线。如果按 1∶100 绘图，实际尺寸 1 000mm 的一条线就在计算机上画长 10 的线。对于 1∶100 这种比例画图时还比较好算，假设是 1∶50 或 1∶25 这样的比例就比较难算了，在 CAD 中在打印或布局中排图时设置整体的比例，因此首选按 1∶1 比例画图。

2.图纸比例

纸质图纸上可以在图签中的图纸名称旁看到图纸的比例，例如 1∶100，表示图纸上图形与实际图形之间的尺寸关系是 1∶100，图上 1 毫米代表实际图形的 100mm。

3.打印比例

将绘制的 CAD 图形打印输出到纸张上时的缩放比例。假如要将图纸中长 42 000×宽 29 700 的图框中打印到一张 420mm×297mm 的 A3 号图纸上，也就是图形被缩小了 100 被打印，也就是说打印比例是 1∶100。

要搞清楚这三个概念之间的关系，关键就是：图纸大小！

很显然，如果不知道要将图打印在多大的纸上，你怎么能知道图纸要缩放多少倍打印，又怎能知道文字或一些符号设置多大，打印出来才合适呢？

A4 图纸的尺寸是 210mm×297mm，A3 纸是 A4 纸的两倍大，即 420mm×297mm。A2 纸是 A3 纸的两倍大，即 420mm×594mm，这些如果记不住，可以到 CAD 的“打印-模型”对话框中看一下。

通常不同行业的图纸对比例、字体、字高、标注形式都是有要求的，比如，常规的建筑图纸的比例是 1∶100，市政给排水图的比例是 1∶200 等，按照单位要求来画图和打印即可。但弄清楚这些比例之间的关系，对理解 CAD 模型空间、布局空间视口、打印对话框、注释性等相关功能和参数非常有帮助。

举个例子，假设一张建筑标准层平面图，图纸比例为 1∶100，建筑物 45m 长×15m 宽。用 1∶1 比例画图，图形尺寸就是 45 000×15 000，加上尺寸标注和轴线标注还要更大一些。如果把这个图放在图框里，需要用多大的图框呢？这个问题换一个提法就是，这张图如果打印出来，保证 1∶100 打在多大的图纸上合适呢？将 A2 的图纸放大 100 倍即 59 400×42 000，可以将这张图包含在里面。可以这样做：画一个 594mm×420mm 的标准图框，因为它是按纸张的实际尺寸画的，所以图框里的字你需要多大就设置多大。图框的格子之间的距离也是纸张上的实际尺寸，就是说“设计”“审核”“制图”这些方框格想要 1 厘米宽，就在计算机上画 10 宽。（我们叫它标准图框，单位如果有定制的图框，就可以省去定义图框的操作）画好之后将这个图框放大 100 倍，框住原来画的图。然后将这个图框包括里面的图（59 400×42 000）按 1∶100 的比例打印在 594mm×420mm 的 A2 图纸上，这张图的比例就是 1∶100 的。

小结

图纸比例要求 1∶100，如果直接在模型空间出图，绘图比例用 1∶1，打印比例用 1∶100。

上面讲的是在模型空间直接套图框出图，在 CAD 中还可以在布局空间中插入图框出图。如果在布局中排图出图，可以在布局中直接插入一个 A3 图纸的图框，然后在图框中插入一个视口，视口比例设置成 1∶100，视口中会显示模型空间的图形，通过平移将图形放到视口合适的位置，打印时按 1∶1 打印即可。

打印时利用布局的视口，比例就有了一些变化，绘图比例 1∶1，视口比例 1∶100，因此打印比例 1∶1。

通过上面一个简单的例子已经基本将画图比例、打印比例和视口比例的关系解释清楚了。但真正的难点并不在这儿，而是如何合理设置图中的文字、标注、设备符号等。以文字为例，假设要求打印的文字高度要求是 3mm，如果要 1∶1 画图，1∶100 出图，在图面上写文字时高度应该是 300。

如果一张图只有一个比例还比较简单，假设一张图上有很多个图，比例又不同，如图 16-12 所示。

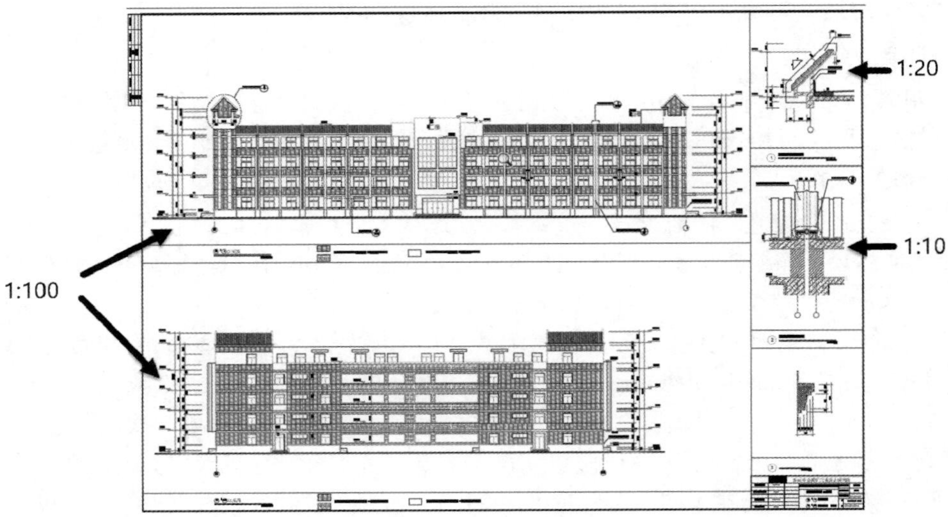

图 16-12

假设一张图纸比例是 1∶100，但局部详图或大样图的比例是 1∶10，此时应该按什么比例画图，标注和文字应该怎样设置呢？

由于同一张图纸上同时有 1∶100 和 1∶10 两种比例，这两部分图形将按相同的比例打印。假如直接在模型空间画图、排图打印，如图 16-12 所示，无法都按 1∶1 的比例绘制，通常主体图形，也就是要按 1∶100 打印到图纸上的图形按 1∶1 绘制，而 1∶10 的图纸则需要放大 10 倍绘制或绘制后放大 10 倍。文字和标注大小只与打印比例有关系，打印比例是 1∶100，文字和标注都要按规定尺寸放大 100 倍，在主体图形和详图、大样图中都一样。但如果要对放大的图形标注尺寸，需要设置标注的测量单位比例，使标注值按测量值缩小 10 倍。

如果在布局空间排图比例设置方法又不一样，所有图形都可以在模型空间按 1∶1 绘制，然后在布局空间建两个视口，显示主图形的视口比例设置为 1∶100，显示详图或大样图的视口比例设置为 1∶100。在这种情况下，文字、标注都可以使用注释性，注释性文字和标注在不同比例的视口中可自动按比例缩放，可以让布局中所有文字和标注的大小一致。如果不使用注释性，针对不同比例时设置不同标注特征比例的标注和不同高度的文字，这样就相对麻烦一点，当然有很多会选择在图纸空间进行文字和尺寸标注，这样就不用管视口比例是多少。

16.3 如何设置图层和对象的打印样式？

很多对打印设置有一定了解的朋友，知道打印样式表的作用，也就是控制输出打印的颜色、线宽以及其他效果。

在图层管理器中每个图层都有一个打印样式参数，这个打印样式是干什么用的？下面就结合这个问题介绍打印样式的作用。

1.什么是打印样式？

不仅图层可以设置打印样式，打印样式还是每个图形的基本属性。选中一条直线，打开“特性”面板（Ctrl+1），在常规属性中就可以看到打印样式，如图 16-13 所示。

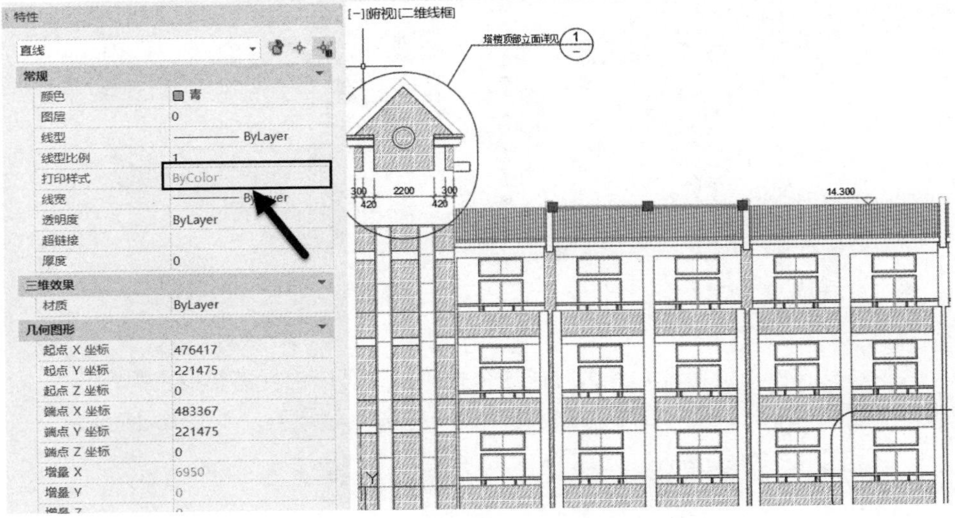

图 16-13

对象的默认打印样式是 BYCOLOR，在 CAD 低版本的图层管理器中，图层的打印样式名称与颜色对应，比如设置为 7 号色，打印样式就是 Color_7，设置为红色，打印样式就是 Color_4，如果把图层颜色设置为真彩色，如 255,255,255，打印样式就会显示相近的索引色编号：Color_7，如图 16-14 所示。

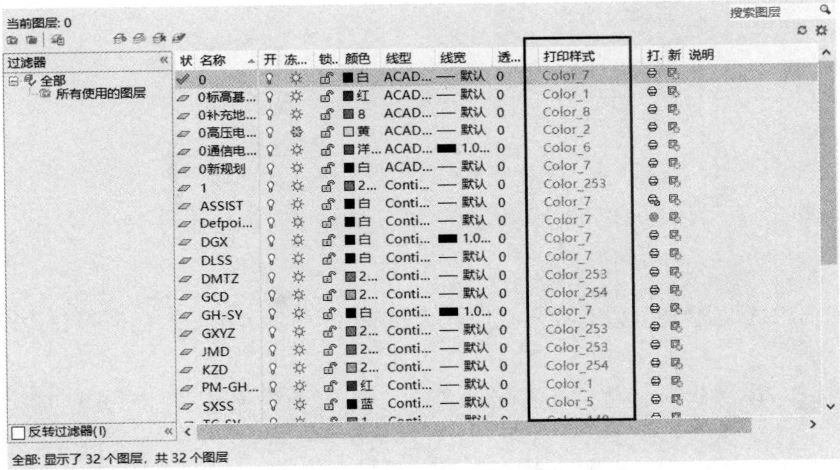

图 16-14

图 16-14 是 AutoCAD 2016 的图层管理器，高版本如 2020 和 2021 版本，如果图形使用 CTB 打印样式表，图层管理器是不显示打印样式的，在右键菜单中这一项是灰色的，如图 16-15 所示。

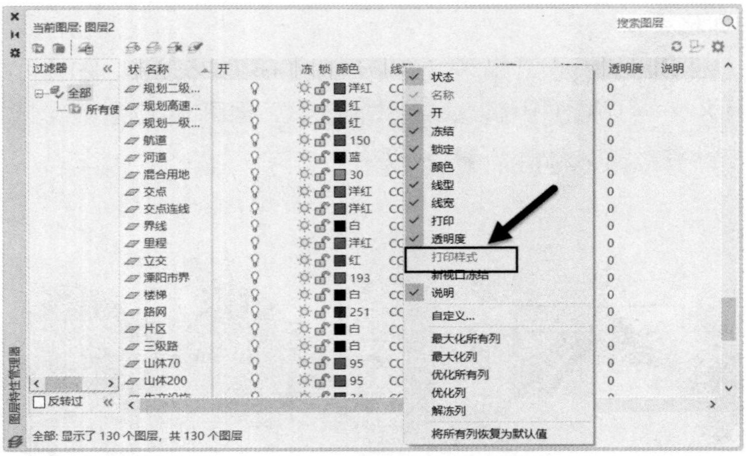

图 16-15

为什么默认状态下不能修改？什么时候这个打印样式可以根据需要设置呢？

因为打印选项太多，高版本的 CAD 将打印的一些选项隐藏了，如图 16-16 所示。

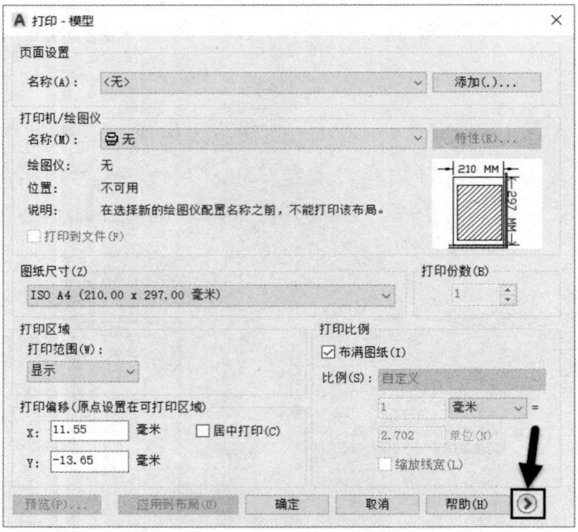

图 16-16

因为对话框中默认状态并没有显示打印样式表，很多初学者不知道如何找到并设置打印样式的设置。

单击“打印-模型”对话框右下角的小箭头，即可看到完整的打印对话框，如图 16-17 所示。

对话框完全展开后，右下角变成向左的箭头，单击此箭头可以将“打印-模型”对话框收拢。CAD 之所以这么处理，并不是右侧的选项不重要。同一单位或项目采用的设置类似，不需要频繁修改，改完隐藏起来，可以让“打印-模型”对话框变小一点，遮挡的图面更小。

为什么不能修改？单击“打印”按钮，打开“打印-模型”对话框，选择一个打印样式表的 CTB 文件，然后单击编辑打印样式表按钮，打开“打印样式表编辑器”对话框，如图 16-18 所示。

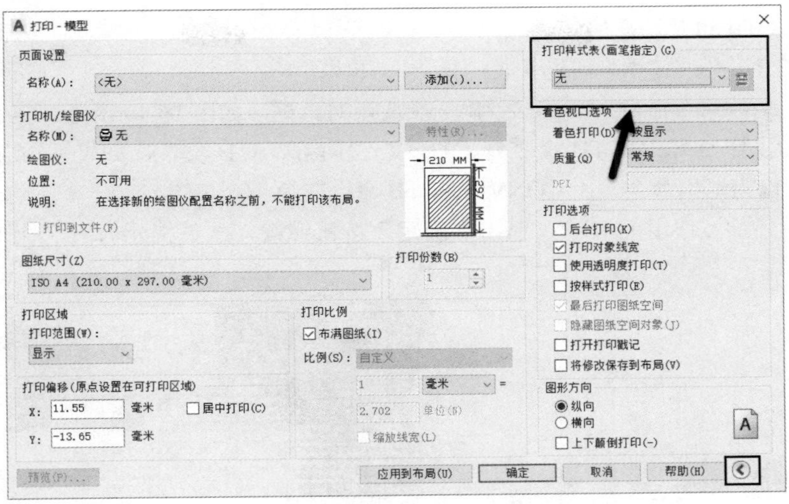

图 16-17

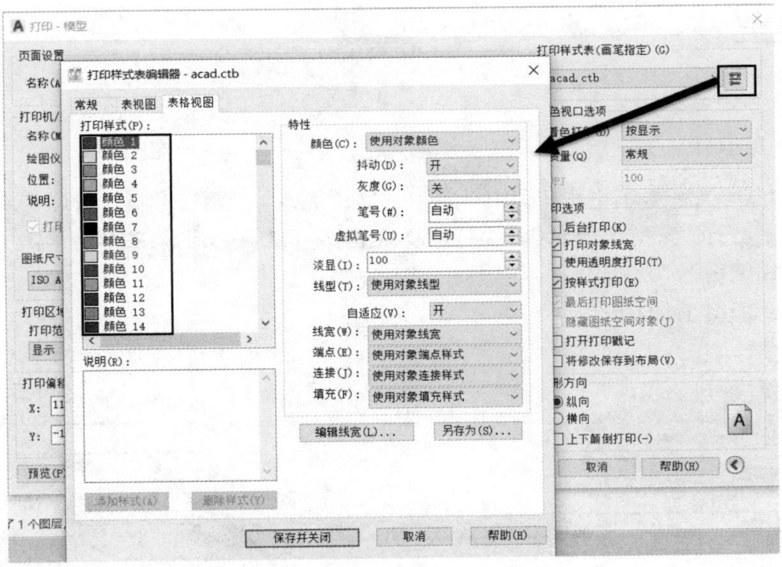

图 16-18

默认状态下，CAD 使用的是 CTB 打印样式表，是按颜色对应的打印样式表，左侧打印样式表中是按 255 种索引色来定义的打印样式，名称为颜色 1 到颜色 255，也就是在图层管理器中看到的 Color_1 到 Color_255，而右侧的列表就是打印样式的特性，也就是打印的参数，主要参数就是颜色和线宽。

CTB 中不同颜色打印样式的参数不同，例如彩色输出的 acad.ctb，也可以相同，例如用于黑白打印的 monochrome.ctb，还可以根据需要调整相关参数。

因为默认使用的是 CTB 文件，打印样式自动按图层和对象颜色使用相应的打印样式，无须设置，也不能调整。

2.如何调整图层和对象的打印样式？

CAD 默认使用的是按颜色对应的打印样式表文件，其实 CAD 中还有一种打印样式表文件：*.STB。在 STB 文件中可以设置多种命名的打印样式，比如样式名可以设置成黑色、粗实线等，样式的参数与 CTB 也是一样的。

要使用 STB，必须切换打印样式表的模式，具体如下。

输入 convertpstyles 命令，回车，弹出一个提示对话框，如图 16-19 所示。

提示可以用 CONVERTCTB 命令将 CTB 文件转换成 STB 文件，如果不知道是否有可用的 STB 文件，可以先退出命令，用 CONVERTCTB 命令转换一个 STB。

如果已经有了可使用的 STB，单击“确定”按钮继续，软件提示打开一个 STB 文件，如图 16-20 所示。

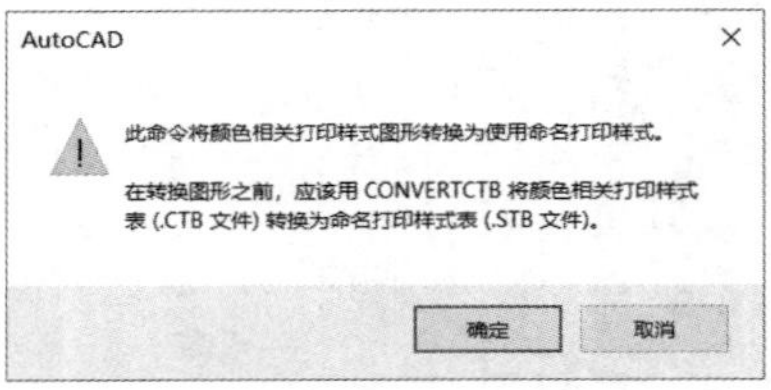

图 16-19

图 16-20

选择一个 STB 文件后，单击“打开”按钮，就已经转换成使用 STB 打印样式表。

再次打开“打印-模型”对话框，“打印样式表”中显示的都是 STB，单击“编辑”按钮，打开“打印样式编辑器”对话框，默认显示“表视图”页，可以将对话框拉宽，看看 STB 中有几个打印样式，如图 16-21 所示。

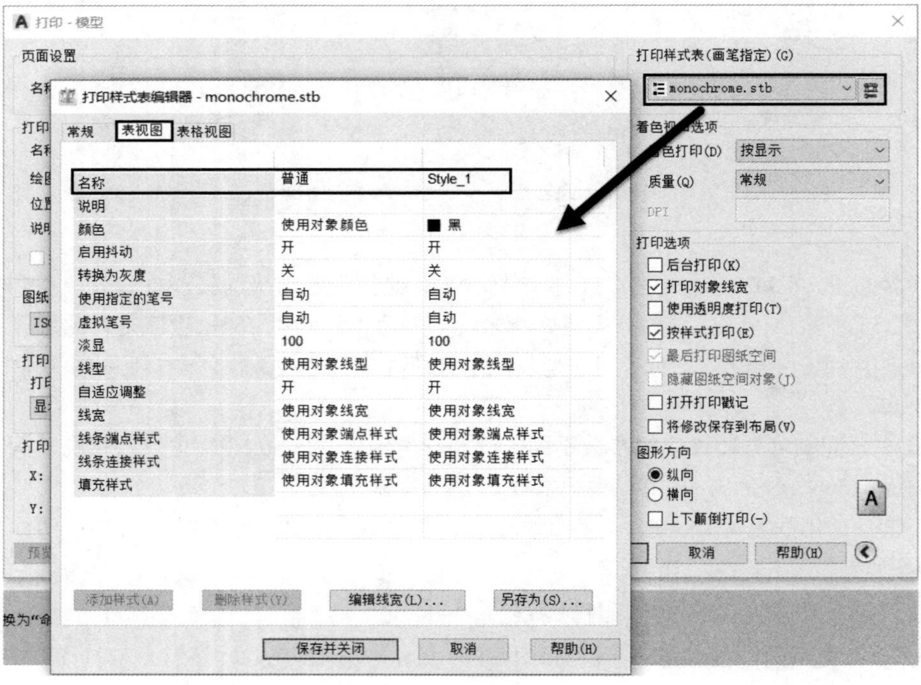

图 16-21

看上去跟 CTB 有很大区别，其实没有多大区别，只是将 255 种颜色的打印样式变成了几个打印样式名，切换到“表格试图”大家会感觉到熟悉了，如图 16-22 所示。

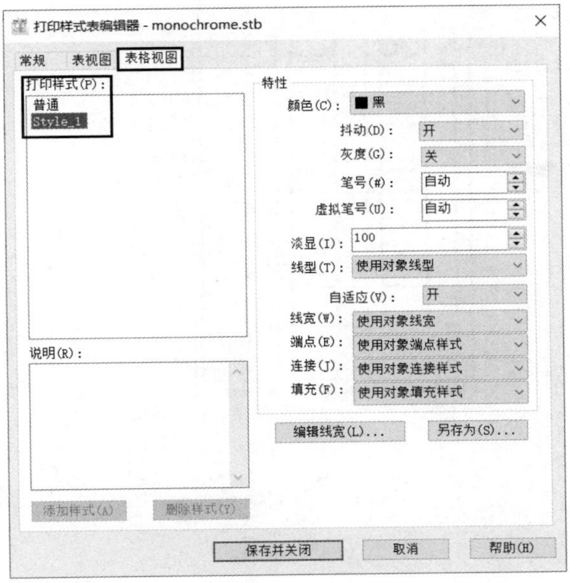

图 16-22

在 STB 中最上面的“普通（Normal）”是无法重命名的，下面的样式名都可以根据自己的需要修改，右击后选择“重命名”命令，根据打印样式的特征来命名，例如“黑色线宽 0.3”。

切换到使用 STB 文件后，打开图层管理器，单击图层后面的打印样式，弹出“选择打印样式”对话框，设置图层使用的打印样式，如图 16-23 所示。

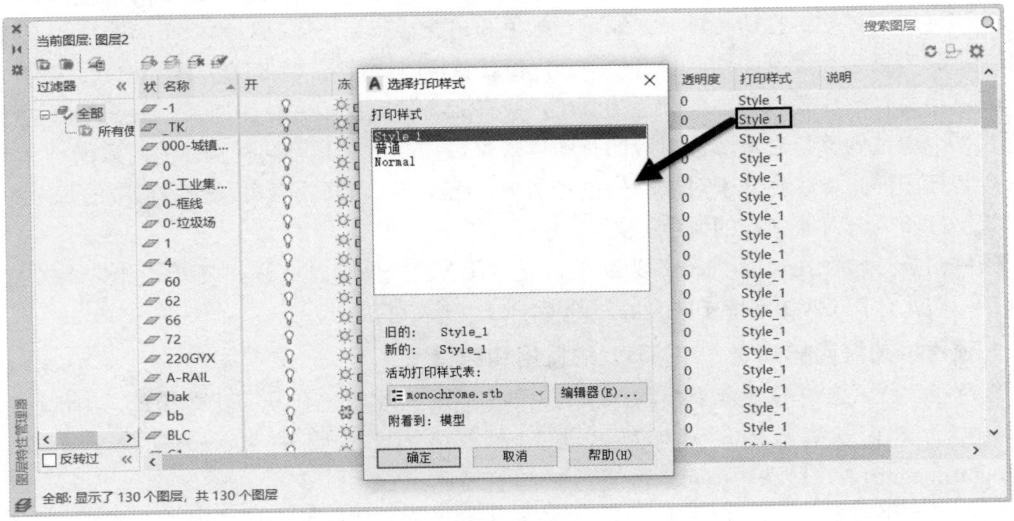

图 16-23

在 2020 和 2021 高版本的图层管理器中也显示“打印样式”列并可进行设置。

打开“特性”面板，图形的打印样式也可以设置了，如图 16-24 所示。

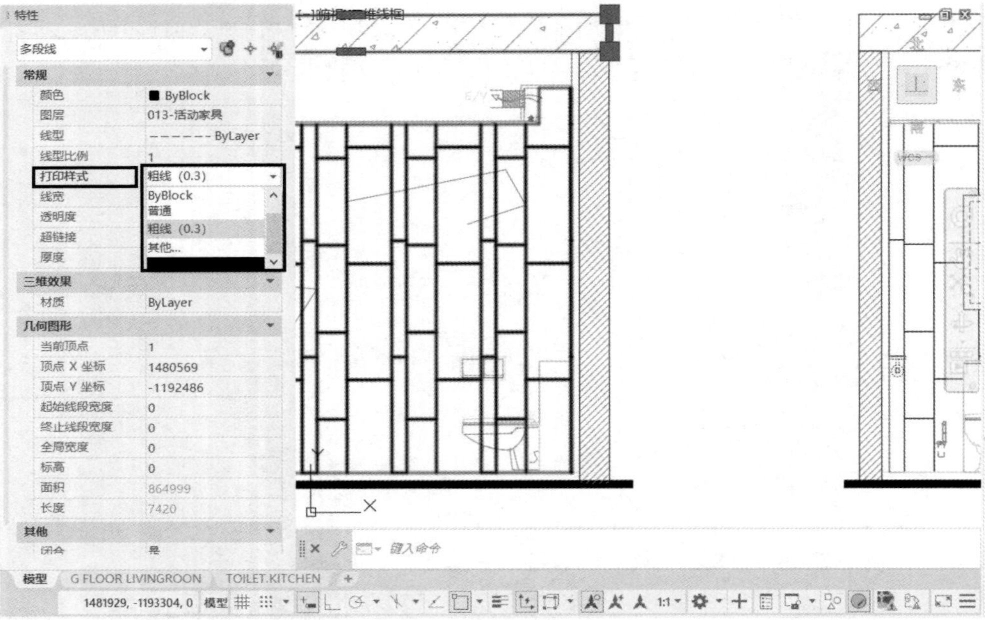

图 16-24

在“命令”面板中也可以设置图形的打印样式，在下拉列表框中选择“其他”选项，也可以弹出与图层管理器中一样的“选择打印样式”对话框。

16.4 如何设置打印样式表？CTB 和 STB 有什么区别？

16.3 节已经介绍过打印样式表的相关概念，本节再详细介绍 CTB 和 STB 的设置方法。

打印样式通过确定打印特性（如线宽、颜色和填充样式）来控制对象或布局的打印方式。打印样式可分为颜色相关打印样式表（*.CTB）和命名打印样式表（*.STB）两种模式。

颜色相关打印样式以对象的颜色为基础，共有 255 种颜色相关打印样式。在颜色相关打印样式模式下，通过调整与对象颜色对应的打印样式可以控制所有具有同种颜色的对象的打印方式。

命名打印样式可以独立于对象的颜色使用。使用这些打印样式表可以使图形中的每个对象以不同颜色打印，与对象本身的颜色无关。

颜色相关打印样式表以“.ctb”为文件扩展名保存，而命名打印样式表以“.stb”为文件扩展名保存，均保存在 CAD 支持文件夹的“plotstyles”子文件夹中。

1.颜色相关打印样式表（*.CTB）的使用和编辑

颜色相关样式表通过颜色来控制打印输出的颜色、线宽，操作起来比较简单，用得比较多，CAD 也提供了一些常用的打印样式表，有彩色的、灰度的（grayscale.ctb）、单色的(monochrome.ctb)，直接选用即可。

如果想使用 CAD 自带的 CTB 文件，又希望不同图形打印线宽有所区别，必须给图层或对象设置好合适的线宽值，因为 CTB 文件中输出线宽的默认设置是“使用对象线宽”。如果在绘图时没有设置线宽，但打印时又希望线宽有差别，就需要对 CTB 文件进行编辑，在“打印-模型”对话框选择 CTB 文件后，单击后面的编辑按钮，在弹出的对话框中手动调整不同颜色输出的线宽值，如图 16-25 所示。

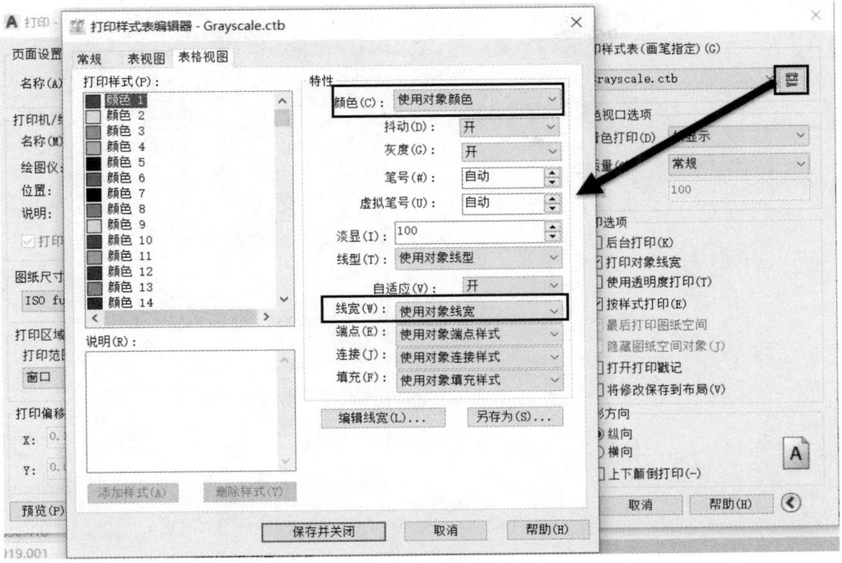

图 16-25

在打印样式表中设置的两个主要参数就是颜色和线宽，其他参数用得非常少，一般无须调整。在表格视图中按住 Shift 或 Ctrl 键一次选择多种颜色进行打印特性设置。

注 意

颜色相关打印样式表中的颜色只包括 255 种索引色，要利用打印样式表，在设置颜色时只能选择这 255 种颜色中的一种，不能使用真彩色或配色系统，真彩色在打印输出时不进行处理的，也就是按原色输出。如果是黑白打印机则会打印为不同程度的灰色，真彩色的白色（255,255,255）会打印成白色。

不同行业使用习惯不完全相同，例如机械行业，图层用得比较少，通常给图层设置好线宽，图形的线宽都设置为 BYLAYER（随层），打印时选择 monochrome.ctb 输出即可。工程建设行业图层比较多，通常使用专业软件，图层通常设置成不同颜色，但很少设置线宽，一些管线会利用多段线宽度来控制打印线宽。因此在打印时，通常需要对 CTB 文件的输出线宽做相应调整。一般设计院对输出线宽、字高等都有明确规定，单位设置好一个 CTB 文件，大家复制到 CAD 打印样式表目录下直接调用即可。

2.命名相关打印样式表（*.STB）的使用和编辑

命名相关打印样式表的设置选项与 CTB 相同，只是左侧样式名对应的不是颜色，而是样式名，如图 16-26 所示。默认的 STB 通常只有一个“普通”样式，其他样式需要自己添加，右侧输出特性设置与 CTB 文件相似。

在 AutoCAD 中有一些可以直接使用 STB 的样板文件，如 acadISO-Named PlotStyles.dwt，新建文件时如果选用这些模板就可以直接使用 STB 文件。使用 CTB 文件和 STB 文件的 pstylemode 变量分别为 1 和 0，不过这个变量是只读的。

如果图纸的 pstylemode 变量为 0，在打印时只能选择 CTB 的打印样式表。要想转为使用 STB，操作如下：运行 convertpstyles 命令，根据提示选择一个 STB 文件，这样就可以在图中设置 STB 了。

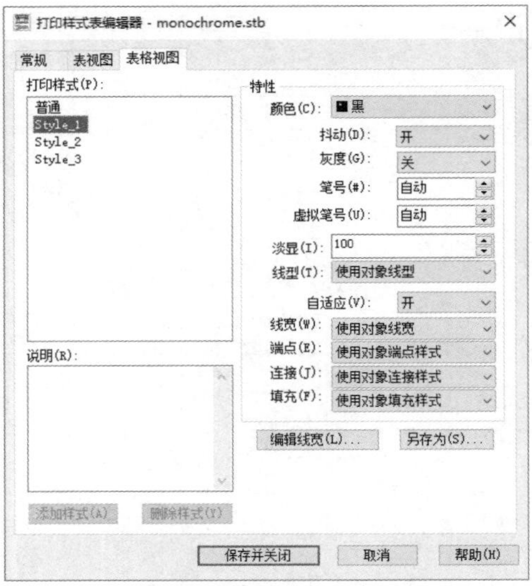

图 16-26

3.STB 的应用到底与 CTB 有什么不同呢？

CTB 文件按颜色自动对应打印样式，CAD 还提供了彩色、灰度、黑白等常用的 CTB 文件，简单编辑就可以正确打印输出。CTB 文件设置比较简单，是 CAD 默认也是比较常用的打印样式表。

使用 STB 时，先根据输出颜色和线宽的需要设置好几种打印样式，然后在绘图时将图层或对象设置对应的打印样式。通常图纸中输出线宽有 3～4 种，因此设置 3～4 种打印样式就够用了。一些设计单位利用 STB 实现图纸打印的规范化，设计院的样板文件中设置好图层和图层使用的打印样式，只要设计人员使用相同模板，并且严格按照规定将不同类型图形绘制在指定图层上，打印输出的效果就能确保一致。

16.5 如何设置打印输出的颜色？

与 Word 等文档处理软件打印时通常采用相同纸张大小分页打印不同，CAD 图纸的幅面变化很大，从 A4 到 A0 甚至加长到十几米，而且不同图纸打打印要求也不相同，有的需要打印成彩色，有的需要打印成黑白色，有的还需要打印成灰度，为了满足不同行业用户的需求，CAD 的“打印-模型”对话框非常复杂。

1.打印样式表（CTB）的设置

前面两节详细介绍了打印样式表的分类和区别，本节介绍用打印样式表控制输出颜色的实际操作。

CAD 提供了一些默认的打印样式表，可以先选择一种打印样式作为基础进行修改，选择一个打印样式表，比如 ACAD.CTB，然后单击后面的编辑打印样式表按钮，即可设置打印样式表的参数。

在“打印样式表编辑器”对话框中，左侧表格视图显示的是打印样式，也就是颜色列表，右侧则是要设置的打印特性。颜色 1 是红色，右侧设置的默认颜色是“使用对象颜色”，也就是说红色的图形打印时仍是红色。

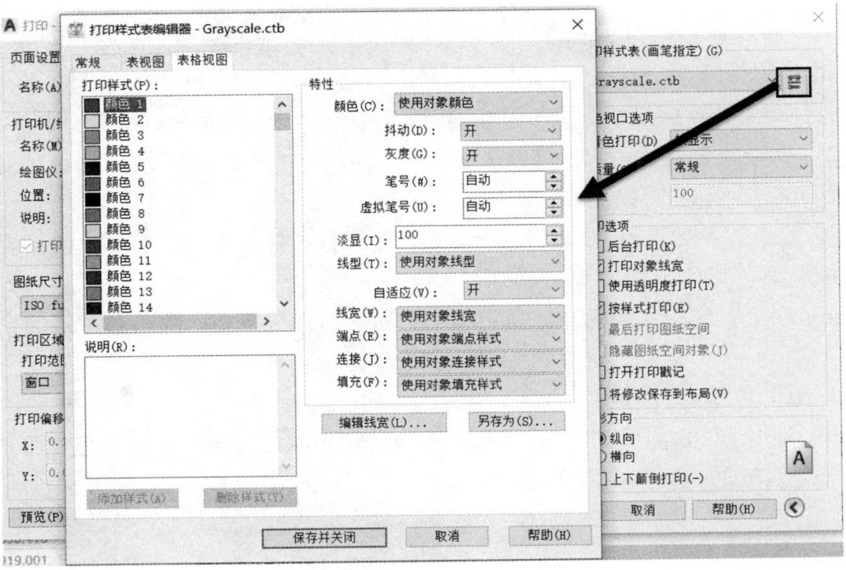

图 16-27

向下拖动左侧颜色列表的滚动条，可以看到颜色共有 255 种，也就是对应 CAD 的 255 种索引色，单击右侧的“颜色”下拉列表框，如图 16-28 所示。

图 16-28

在“颜色”下拉列表框中单击最后的“选择颜色”按钮，弹出“颜色选择”对话框，默认打开的是真彩色选项卡，而不是索引色，如图 16-29 所示。这是因为彩色打印机支持的是真彩色，而不识别 CAD 里的索引色。

小结

如果对象颜色设置为真彩色，将按原色输出。要想在打印时用 CTB 文件控制对象的输出颜色，必须使用 255 种索引色，在设置输出颜色时可以设置为真彩色。

如果只有黑白打印机，但设置的输出颜色却是彩色的，打印机会自动转换为相应灰度。

2.常用的打印样式表

为了简化打印的设置，CAD 提供了一些常用的打印样式表，如果没有特殊的需要，可以选用这些打印样式表。就算有特殊需要，也可以选择其中一种打印样式表，在现有的基础上修改。

下面介绍几种常用的打印样式表。

acad.ctb，其他软件如浩辰 CAD 是 gcad.ctb，这个打印样式表中所有颜色的设置都是使用对象颜色，也就是原色输出。

monochrome.ctb，黑色单色输出，所有索引色都将打印成黑色，这是最常用的一个打印样式表。

grayscale.ctb，灰度打印输出，就是将索引色映射成深浅不一的灰色进行打印，在有些特殊状况下会使用。这个打印样式表并不是将每种颜色的输出颜色设置成一种灰色，而是在“打印样式表”中打开了灰度的开关，如图 16-30 所示。

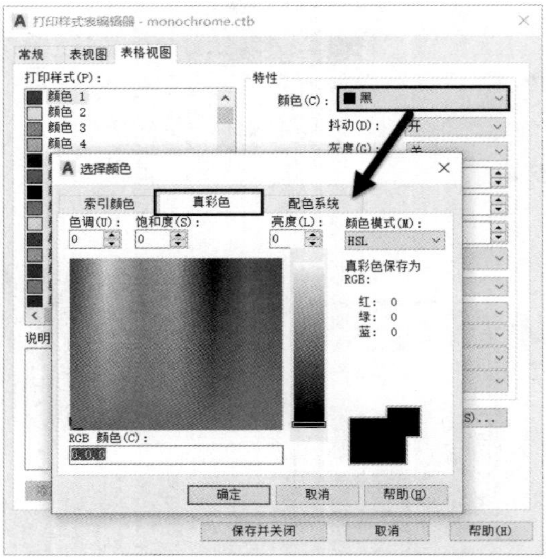

图 16-29

图 16-30

3.用 STB 打印样式表控制输出颜色

假如打印时使用 STB 控制输出颜色，只要设置好图层或图层使用的打印样式，无论图层和图形设置，打印效果都是一样的，即使真彩色设置成打印效果也不受影响。

16.6 是否可以输入其他图纸中的打印设置?

CAD 图纸可以将打印设置保存在图纸中，下次打开图纸，直接打印而不需重新设置。CAD 中保存的打印设置称为页面设置，默认状态下，模型空间和每个布局空间都可以保存一个当前的页面设置，在“打印-模型”对话框中设置好各项参数后，单击“应用到布局”按钮即可将页面设置保存。

模型和每个布局不光可以保存一个设置，在“打印-模型”对话框中设置好打印机及相关设置后，单击“名称”后面的“添加”按钮，将打印设置保存为命名的页面设置，如图 16-31 所示。

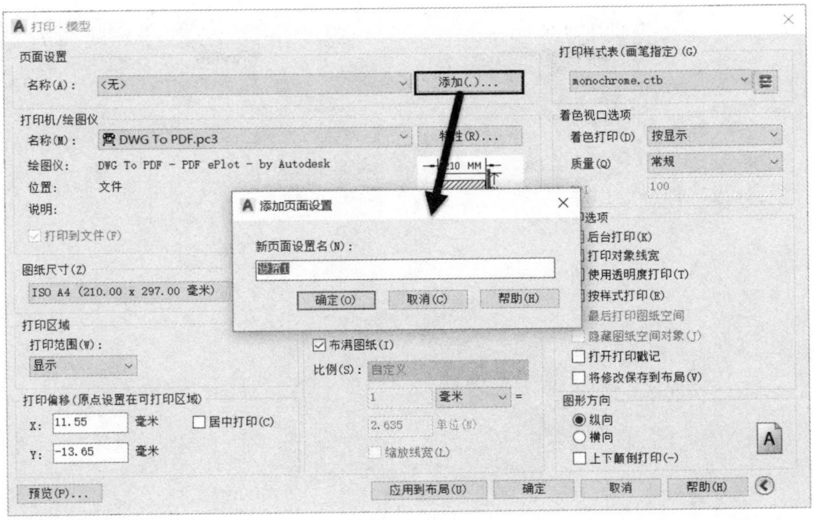

图 16-31

如果这次打印与上次打印的设置完全相同，也不必重复设置，直接在“页面设置”的“名称”下拉列表框中选择“上一次打印”命令。

如果有很多同类的图纸，图框大小、位置和打印的要求也完全相同，在一张图纸中设置好打印参数后，通过添加页面设置将打印设置保存，在打印其他图纸时直接输入之前图纸中保存好的页面设置即可，如图 16-32 所示。

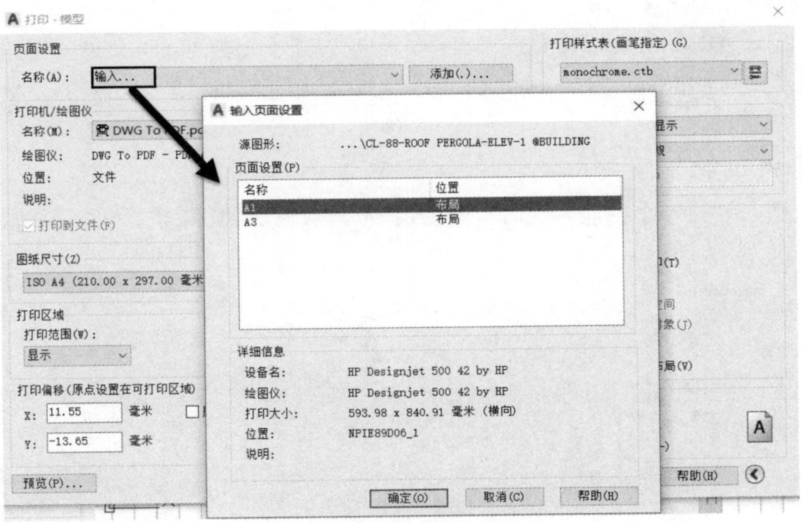

图 16-32

除了在“打印-模型”对话框中可以添加、输入页面设置外，CAD 还提供了专门管理打印设置的工具，页面设置管理器，如图 16-33 所示。

在“页面设置管理器”对话框中可以看到当前布局保存的打印设置，以及当前使用的页面设置，在页面设置管理器中也可以新建、修改和输入页面设置。

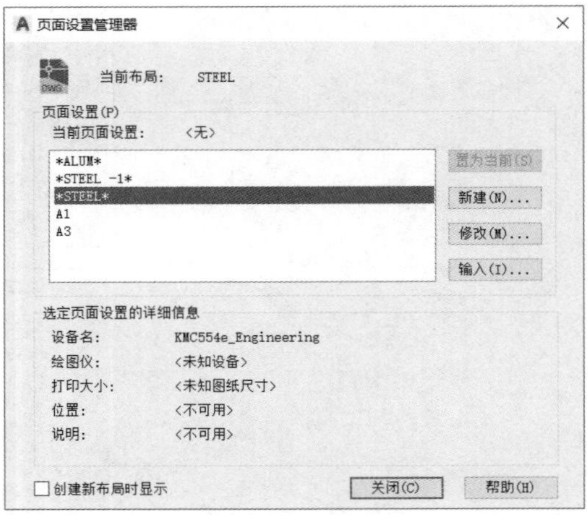

图 16-33

16.7　为什么有些图形能显示，却打印不出来?

图中的图形在打印后却消失，到底是什么原因呢？

图纸部分没有打印出来的原因不尽相同，只能将其中几种比较常见的问题列举出来，希望对大家有帮助。

1.图形被放到不打印的图层

图形被放到设置成不打印的图层，这是遇到这种问题时首先应该想到的。

很多人知道 CAD 图层可以设置成不打印，但也有人不知道 CAD 会自动创建一些不打印的图层，最常见的是 Defpoints 图层，而且大多数人不知道这个图层怎么出来的，有什么用，为什么会自动设置成不打印？

2.关于 Defpoints 图层

新开一张图，创建一个标注，这时打开图层管理器，就会发现多了一个 Defpoints 图层，如图 16-34 所示。

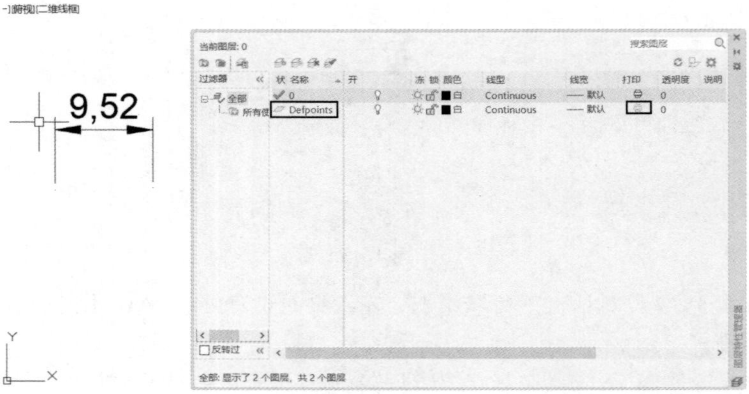

图 16-34

这个图层不仅被自动设置为不打印，而且无法修改成可打印。

这个图层是做什么用的呢？

所谓 Defpoints，就是定义标注的点，比如，创建线性标注时在图中拾取的起始点和终止点，在图形中有一个点的标记，如果不注意几乎看不到，选中标注后它们是标注的夹点，可以拖动改变标注的尺寸，如图 16-35 所示。

标注中只有这两个点在 Defpoints 图层上，就是为了保证在打印时这两个点不被打印出来，如图 16-36 所示。

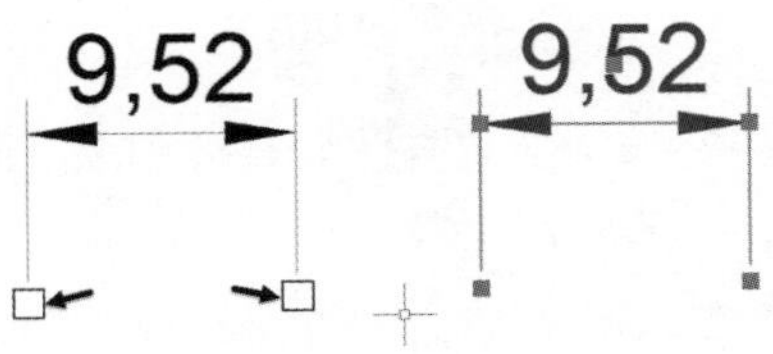

图 16-35

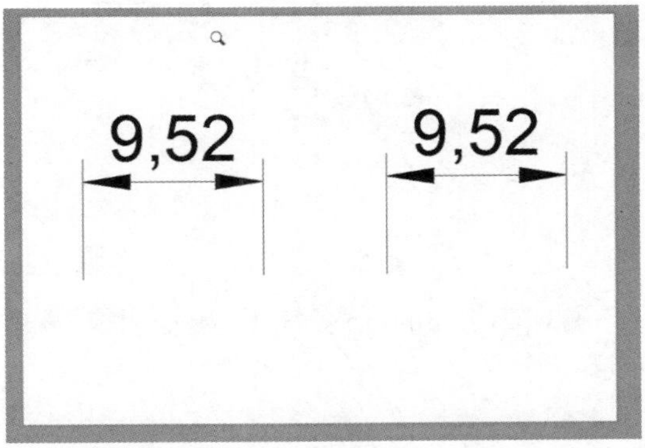

图 16-36

由此看出，CAD 图层设置成不打印还是有用的，CAD 中有时为了操作方便，会生成一些在打印图纸上不需要出现的图形，例如标注的定义点，还有视口的边框。

在布局中显示视口的边框，可以方便我们选择并设置视口参数，但如果视口边框不与图框边界或其他边界重合，有时候我们不希望打印出来，很多人就直接将视口放到 Defpoints 图层上。

由于有些人并不知道 Defpoints 默认设置成不打印，不小心将图形放到这个图层上，当出现图形没有打印出来时就会很奇怪。建议在遇到图形没有被打印出来时，首先要检查图形是否被放置到不打印的图层上。

如果发现图形在 Defpoints 或其他不打印图层，需要将这些图形选中，然后在图层列表中选择一个可正常打印的图层，将图形移到其他图层上。

图块的情况相对复杂一些，如果创建图块时图形不在 0 层，那么图块无论插入哪层，图形都在原来的图层，如果图块内的图形被放到不打印的图层，处理起来就比较麻烦。标注与图块类似，选中标注时，可以看到标注在其他层，只有标注的定义点在 Defpoints 上，因此只有那两个点打印不出来。

3.颜色设置错误

大多数人想不到颜色设置不对会导致图形没打印出来，其实这种情况不少，这种现象很容易忽视。

上面的例图中有两个标注，修改其中一个标注的颜色，因为默认背景颜色是黑色，两个标注看起来还是一样的，但打印预览时可以看到其中一个标注消失了，如图 16-37 和图 16-38 所示。

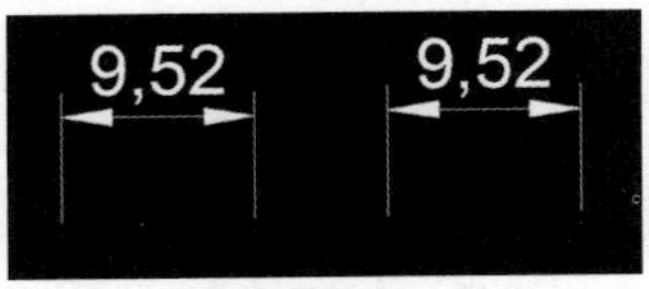

图 16-37

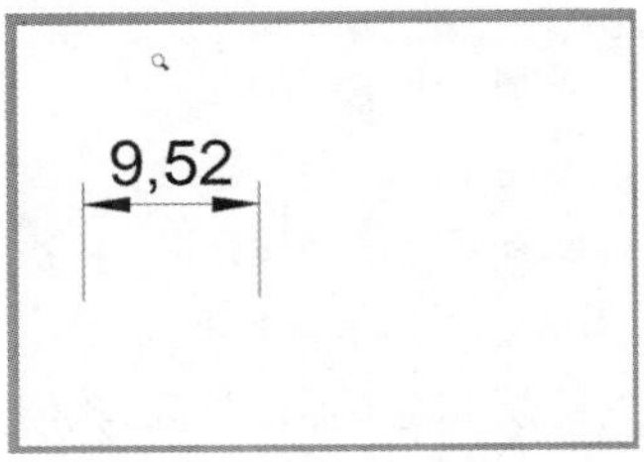

图 16-38

看一下消失的标注的颜色设置，然后再来看看打印样式表的设置。

如果背景颜色不是黑色，而是白色或其他颜色，是可以看出它们的区别，如图 16-39 所示。

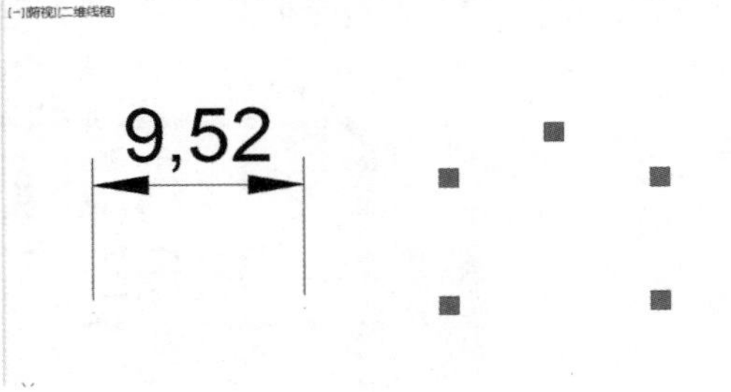

图 16-39

打印时消失的标注只是因为颜色被设置成真彩色的 255，255，255，也就是白色，如图 16-40 所示。

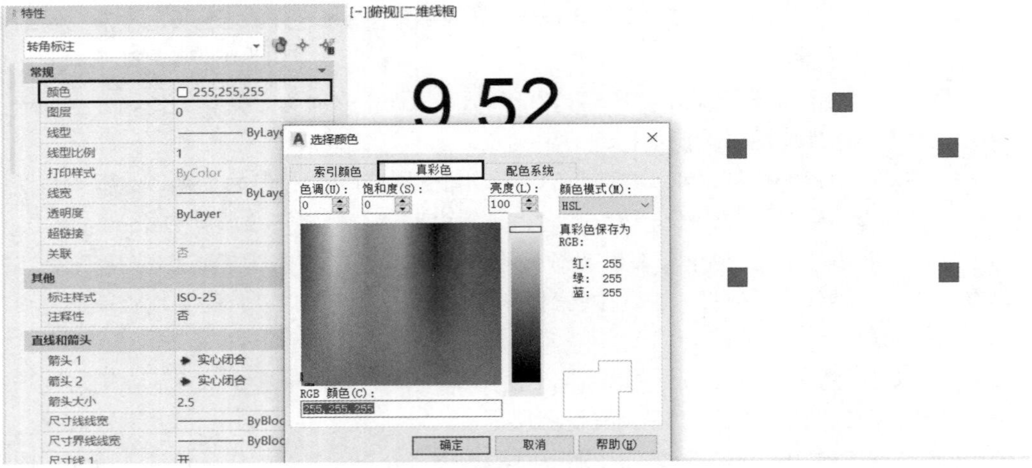

图 16-40

在默认的黑色背景下与索引色的 7 号色显示效果一样。在打印时，通常使用 CTB 文件，CTB 打印样式表只能设置 255 种索引色的输出颜色和线宽，真彩色在打印输出时将不做任何处理，按原色打印，在白纸上自然就什么也看不到了。

所以不要因为真彩色颜色更丰富就随意使用，而是必要时才使用真彩色，使用时要清楚它们在打印时是无法映射成其他颜色的，无法用打印样式表控制。

但一些图纸中有时也可以利用真彩色的这一特性，比如，在一个填充中出现一个反白的文字，就可以将文字设置成真彩色的白色，如图 16-41 所示。

小结

如果图纸能显示但没有打印出来，上面两种可能性最大，所以遇到这种情况，首先检查图层，再检查颜色。

当然还有其他可能，例如打印设备老旧，打印时内存溢出；有时可能与图形本身有关系，比如，有些文字因为缺少字体在打印输出成 PDF 时消失。

如果遇到图层和颜色都没有问题但打印不出来时，只能用对比的方法找出原因，比如用不同的打印设备打印，用不同的 CAD 软件打印，对比可以打印的图形和不能打印图形之间特性上有什么差异等。

图 16-41

16.8 已经设置了线宽，为什么画出来的线还是细的？打印时能正常吗？

之所以设置了线宽后画出来的仍是细线，是因为没有打开“线宽”显示。只需在 CAD 底部状态栏单击“线宽”按钮，即可显示线宽。

线宽要正常打印，不仅要正确给图层和图形设置线宽，最重要的是打印时要合理设置打印样式表（CTB）。

下面继续解答关于线宽的其他问题。

1.线宽的作用：控制打印

线宽是 CAD 图形的一个基本属性，可以通过图层进行设置，也可以直接选择对象单独设置线宽。

标准的线宽有 0.05、0.09、0.13、0.15、0.18、0.20、0.25、0.30、0.35、0.40、0.50、0.53、0.60、0.70、0.80、0.90、1.00、1.06、1.20、1.40、1.58、2.00、2.11。在看到这些数值时要注意，它们是有单位的，单位是毫米（mm）。当然线宽的单位还可以设置成英寸（in），如果设置成英寸，就是 0.039、0.042、0.047 等一系列数值。

CAD 图纸通常不设置单位，当然也可以设置成各种不同单位。总之，CAD 图纸的单位是变化的，可以一个单位表示 1 毫米，也可以表示 1 米、1 英寸；而且有些设计人员并不按 1∶1 的尺寸绘图；打印时也会根据图形和纸张大小选择不同的打印比例，如 1∶1、1∶100、1∶200。无论图形的单位和比例如何设置，“线宽”的单位始终不变，线宽是图形对象的一个基本属性，但不是一个几何属性，也就是说，线宽设置并不能改变图形的外观和形状。

线宽的主要作用就是控制打印，线宽是用来控制图形在打印时线条的宽度，无论图形尺寸多大，按 1∶1 还是 1∶100 打印，如果线宽设置为 0.2，打印出来线条的宽度都是 0.2mm。

2.图形窗口显示的线宽只是示意性质

由于图形尺寸不同，有些图纸在 1∶1 的情况下只能打满 A4 纸张，有些图纸却在 1∶1 000 的比例下还需要打印成 A0 加长的图纸，因此在视图中显示的线宽无法准确表现最终打印时的线宽效果，而只是示意效果，用来告诉我们线宽的粗细差别，这一点从线宽和图形的比例很容易看出来，如图 16-42 所示。

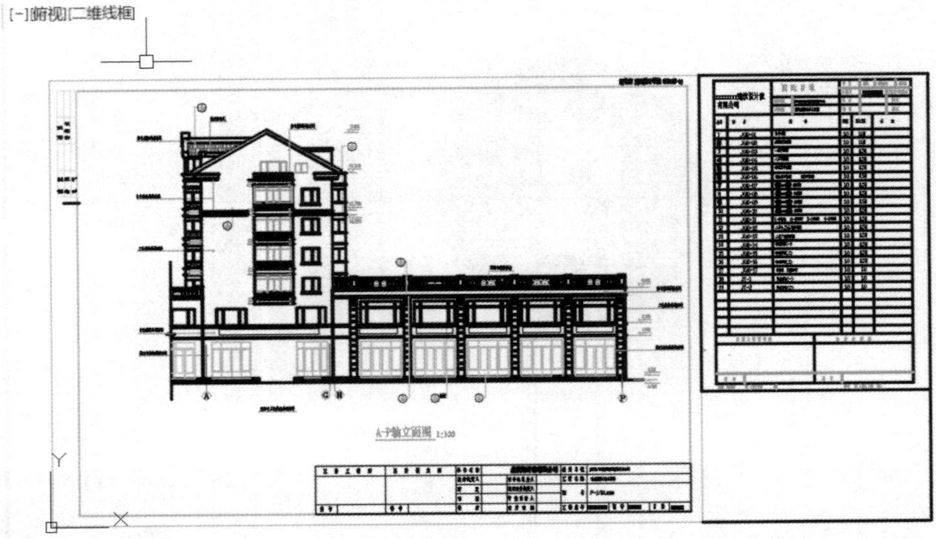

图 16-42

如果在布局空间设置并保存到页面设置，并且在“页面设置”对话框中勾选“显示打印样式”复选框，在布局中会按打印样式设置的线宽显示，这种效果比较接近于最终的打印效果，显示线宽相对比较精确，如图 16-43 所示。

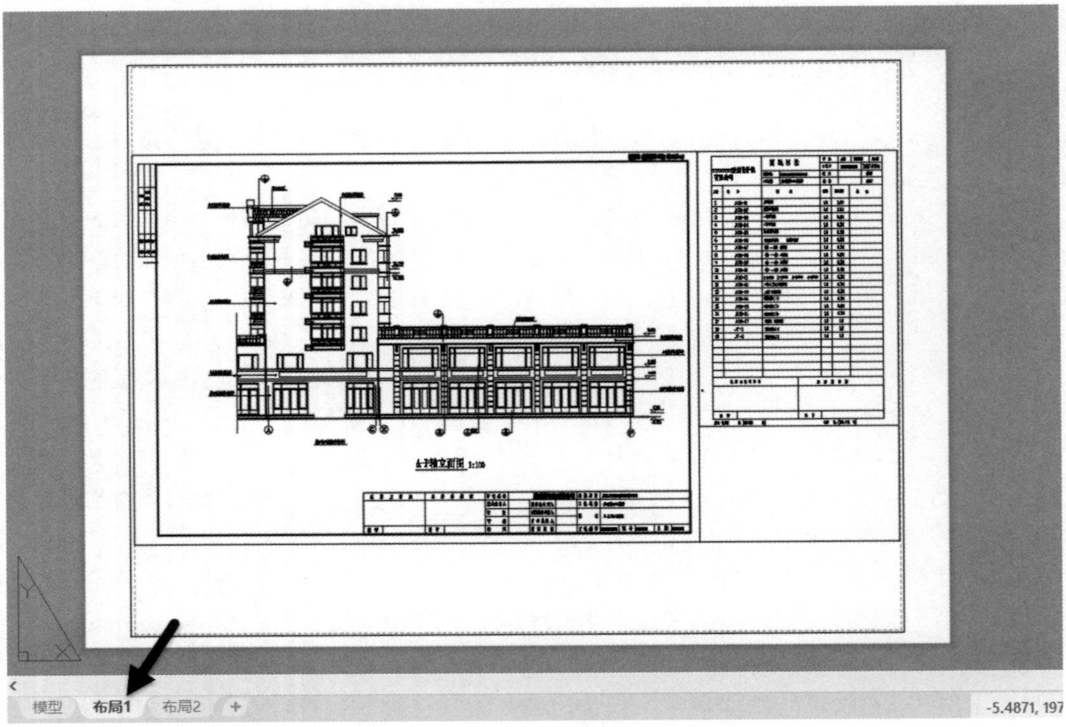

图 16-43

在打印预览时显示的线宽是精确的，如果对线宽设置不放心，可以打印预览并放大局部检查线宽，如图 16-44 所示。

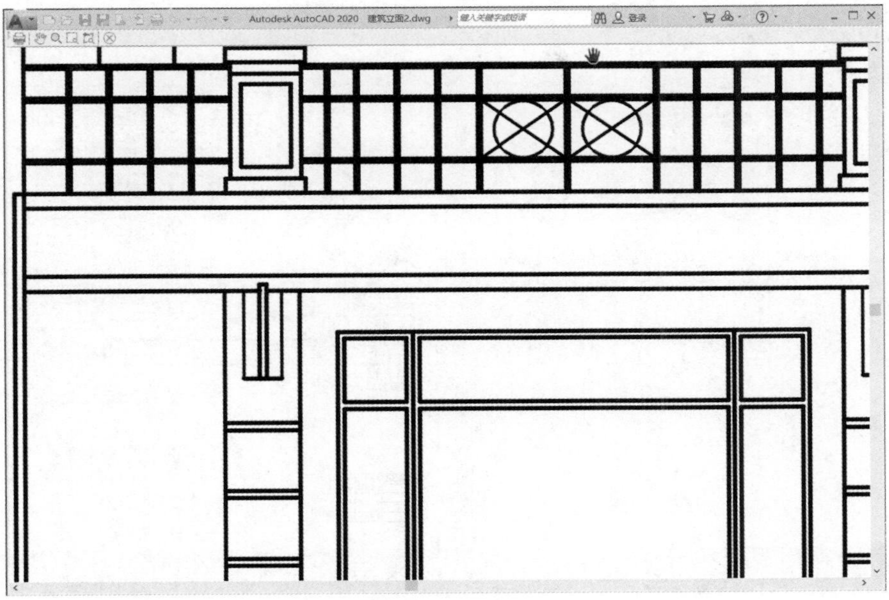

图 16-44

3.为什么默认不显示线宽？

由于显示线宽会增加图形的显示数据，会降低 CAD 的显示和操作性能，如果图形特别复杂，显示线宽对性能的影响更明显，因此 CAD 默认状态下不显示线宽。

4.是否一定要先设置好线宽才能正常打印？

一些简单的机械图纸，只分简单的几个图层，会利用图层来区分粗细线，在一些复杂的建筑或地形图中很少设置线宽，通常将不同图层设置成不同颜色，在打印输出时直接利用打印样式表（CTB）按颜色来设置输出线宽。在画图是否设置线宽取决于想用什么方式来控制打印，而不是必需的。

5.默认（default）线宽的值是多少？

线宽的默认值是 0.25mm，但这个数值可以设置。在“线宽”下拉列表中选择最下面的“线宽设置”选项，或者输入 OP 命令，在“选项”对话框中单击“用户系统配置”选项卡，单击“设置线宽”按钮，打开“线宽设置”对话框，如图 16-45 所示。

在“线宽设置”对话框中设置默认线宽，调整线宽的列出单位是毫米还是英寸，还可以调整线宽在图形窗口中的显示比例（这也是为什么图形窗口中显示的线宽不精确的原因，因为显示效果可以调整）。

6.线宽和多段线的宽度有什么不同？

“线宽”与图形尺寸、打印比例没有关系，而多段线线宽是一个几何属性，与绘图比例、打印比例有关系，例如，要将多段线打印成 0.3mm，绘图是以 1∶1 绘图，单位为毫米，打印比例是 1∶100，那么在绘制多段线时，宽度就要设置为 0.3×100=30。具体区别在 16.9 节再介绍。

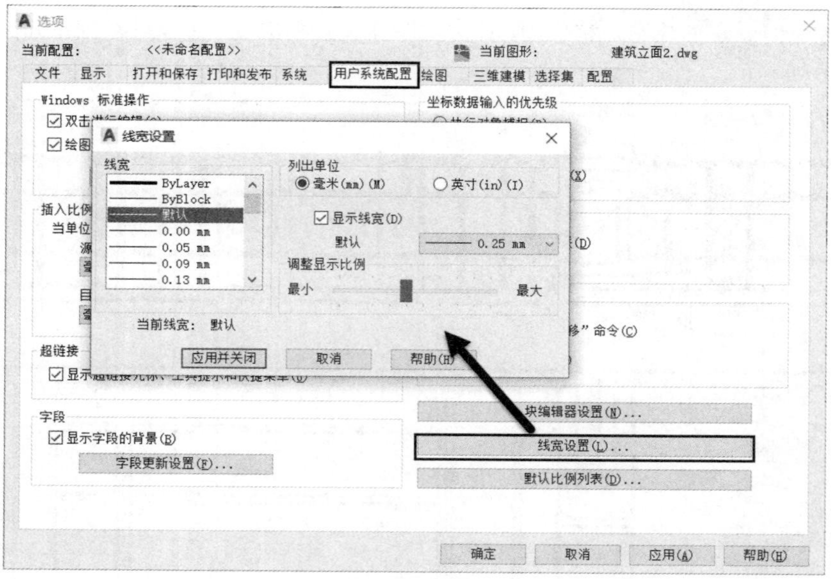

图 16-45

16.9 如何控制图形的打印线宽？

无论建筑图纸还是机械图纸，打印输出时图形的线宽都是有区别的，打印的图纸通常会加粗本专业的重点图形，而一些辅助线和次要图形则会用细线或虚线打印。例如，建筑图纸中的轴线、机械图纸的中心线都会用虚线表示，且线宽设置得较细，建筑平面图中会突出墙体、门窗等基本建筑构件，而电气、暖通、给排水软件中则需要突出本专业的线缆、管线和设备，墙和门窗则会打印成细线。

在 CAD 中提供了几种控制打印线宽的方法，这些方法并没有孰优孰劣之分，只是结合行业和图纸的特点可以选择更适合的方式。例如，机械软件通常只设置几个图层，中心线、细实线、粗实线等，这些图层中将线型和线宽都设置好了，在绘制图纸时只要将图形绘制到相应的图层上即可。即使没有机械专业软件，也不妨建立一个模板，按线型和线宽需要设置好几个图层，这样每次绘图和出图时就无须重新设置。建筑行业图纸相对要复杂一些，通常按建筑构件来分层，例如墙体、门窗，有时墙体还会分为好几个图层，因此建筑图纸可能有上百个图层，大部分都采用按颜色来设置输出线宽。而一些建筑设备专业软件，例如浩辰 CAD 电气，线缆直接用带宽度的多段线。

1.使用实体（对象）线宽来控制打印线宽

所谓“实体线宽”是给图形设置的线宽。实体线宽最好通过图层来设置，而图形线宽直接用默认值（Bylayer 随层）即可，这样便于对图形进行整体管理和编辑，如图 16-46 所示。

如果图形简单，没有分图层，或者同一图层上的对象要打印不同的线宽，可以直接选取对象，单独给图形设置线宽，如图 16-47 所示。

在图中已经设置了线宽后，如果想按设置的线宽打印，必须选择合适的打印样式表文件，在打印样式表中设置输出线宽为“使用对象线宽”，否则设置的线宽也会被忽略。采用这种方式的好处是，在图中设置好线宽后，无论使用 CAD 自带的彩色或单色的 CTB 文件，默认设置都是“使用对象线宽”，不需要再做任何调整，直接输出即可，如图 16-48 所示。

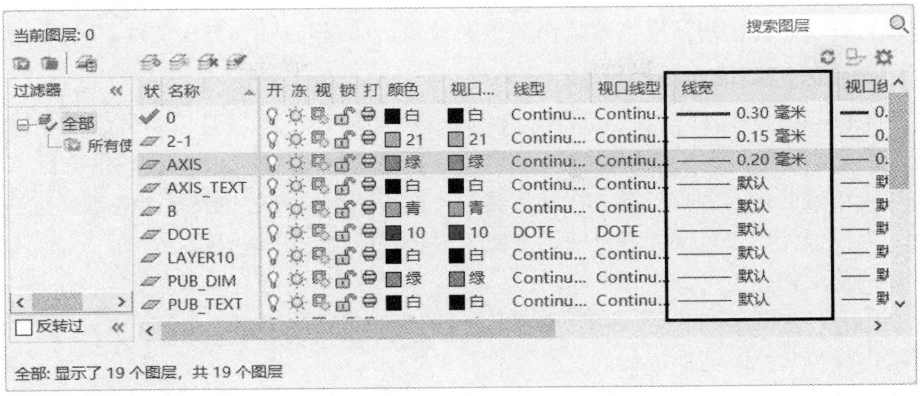

图 16-46

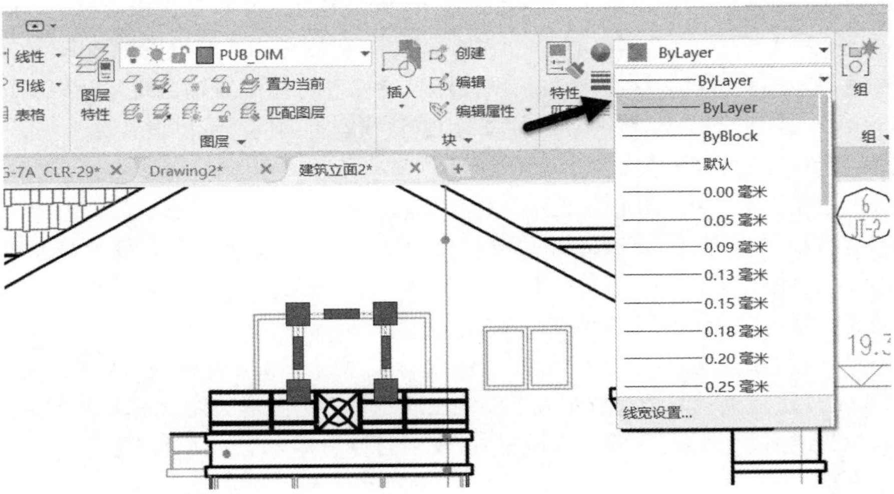

图 16-47

图 16-48

线宽设置好了，打印时还要注意输出颜色的设置，选择合适的 CTB 文件。

2.利用颜色来控制输出线宽

CAD 中最常用的打印样式表是 CTB（颜色相关打印样式表），就是按索引色来控制输出的颜色、线型、线宽。使用颜色来控制输出线宽的好处就是直观，打开图纸后，颜色一目了然。而线宽相对来说就很难分辨，即使打开“线宽”显示，在屏幕上看到的也只是示意效果。

因此，当图纸使用颜色来控制打印输出线宽时要注意以下几个问题。

（1）必须使用索引色（255 色）

要想利用 CTB 控制输出线宽和颜色，图层或图形必须使用索引色（255 色），如果使用了真彩色，是输出颜色和线宽无法控制的。

（2）不要使用太多颜色，特别是需要设置打印线宽的图形

用颜色可以在图面上很好区分不同类型的图形，CAD 共提供了 255 种索引色，但建议不要使用太多颜色，用 1～7 号色基本就够了。一般来说，一张图纸中线宽设置有 2～4 种，重点要表现的图形颜色用几种就可以。这样，在打印样式表（*.CTB）中设置输出线宽时简单一点，出错的概率也小一点。当然，对于一些次要图形，只用默认线宽打印的图形多设几种颜色影响不太大。

（3）必须选择合适的 CTB 文件

要用颜色控制输出线宽，图形肯定五颜六色，但大多数图纸是黑白输出，即使用黑白打印机，也要选择合适的 CTB 文件（monochrome.ctb）。如果认为打印机是黑白的，而没有选择单色 CTB 文件，彩色线条会被打印机转换为灰色而不是黑色，导致线条打印不清晰。

（4）需要对默认 CTB 文件进行编辑

由于 CTB 文件默认输出线宽为“使用实体线宽”，由于图形未单独设置线宽，必须对 CAD 自带的 CTB 文件进行编辑，调整特定颜色的输出线宽，否则图形的输出线宽都是默认线宽。如果平时绘制的图纸都采用相同设置，编辑完 CTB 后可以另存为新的文件或覆盖原有文件，以后就不用重复设置了。

3.利用多段线线宽来控制打印线宽。

这种方式设置起来太麻烦，而且还要考虑打印比例，通常只在一些专业软件中使用，例如，专业软件用多段线绘制电气的线缆、给排水和暖通的管线。无论设计人员用什么打印设置出图，只要打印比例设置正确，线宽都能保证。这些专业软件在绘图前要设置出图比例，目的就是用来推算多段线的宽度，例如设置 1∶100 出图，线缆打印宽度设置为 0.15，那么软件在绘制多段线时会用 0.15×100，自动将宽度设置为 15，如图 16-49 所示。给排水图纸打印比例是 1∶200，管线打印线宽要求是 0.2，多段线的宽度就被设置为 40。

如果用通用 CAD，例如 AutoCAD 或浩辰 CAD 等来绘图，用多段线控制输出线宽不太方便，不仅设置起来复杂，必须要先考虑出图比例，而且直线、圆和弧等很多图形无法设置宽度。

小结

利用图层或图形的线宽和颜色属性加上打印样式表来控制打印线宽是最常用的方式，有一些特殊情况下会采用多段线线宽来设置。

如果正在使用一款专业软件，需要了解软件已经实现了哪些设置，从而决定自己还需要做哪些事情。例如，某种机械软件已经设置好图层并设置好图层的线宽，那么只需将图形画在对应的图层上，打印时合理设置 CTB 即可；而建筑软件会设置好图层和颜色，在使用建筑软件功能绘图时，会自动将图形放置到相应的图层上，那么需要做的就是打印时按要求选择和编辑 CTB 文件。

无论是否使用专业软件，使用哪种专业软件，在绘图前必须了解单位或行业对出图比例、文字、线型、线宽输出的要求，画图前合理规划，画完图后正确设置，才能顺利绘制并输出规范标准的图纸。

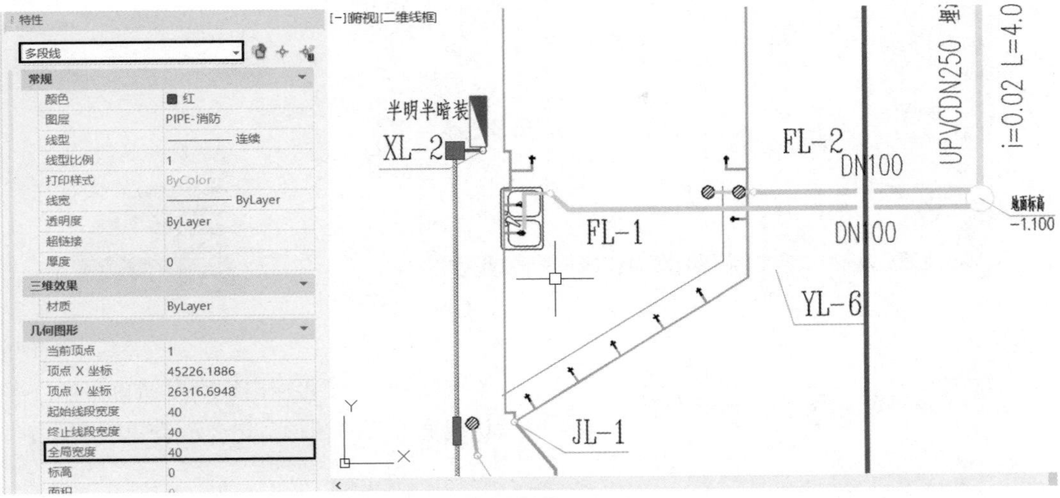

图 16-49

16.10　发布（Publish）命令怎么用？

有些单位在一张图纸中放上数个相同的图框，希望能自动识别这些图框，进行拆分打印；有些单位想一次选中多张图纸，将这些图纸按统一的设置输出；有些单位情况更复杂，图框大小不一，打印比例也不完全相同，一个空间内还有多个图框，希望能自动识别图框及图框中标明的打印比例，自动优化达到省纸的目的。因此很难有一款批量打印软件能满足所有人的需求。

CAD 提供了一种可以批量打印的工具：发布（Publish），在高版本的菜单中称这个功能为批量打印。

发布用来创建图纸图形集或电子图形集，也就是说将多张图纸和布局批量输出成 DWF 文件（高版本可以输出 PDF 文件），也可以直接批量进行打印。

调用发布（Publish）命令后，弹出“发布”对话框，并将当前图的模型和布局自动加入图纸列表中，如图 16-50 所示。

注：这是 AutoCAD 2021 版的“发布”对话框，相对低版本形式有所变化，选项更多，但各版本操作基本类似。

单击“添加图纸”按钮，可以添加其他图纸。添加图纸的模型和布局空间都将被加入图纸列表中，在对话框右下角选择是否添加模型选项卡或布局选项卡。在添加完毕后，选中多余的布局，单击“删除图纸”按钮将其删除。添加完图纸后在底部设置发布到：页面设置中指定的绘图仪（也就是打印），或者输出为 DWF 文件。

要想利用“发布”功能来批量打印图纸，最关键的步骤就是给图纸需要打印的模型或布局设置好页面设置。

当我们一张张打印图纸时，也需要进行页面设置，如选择打印机、设置打印范围、打印比例、打印样式表等参数。设置好这些参数后，在“打印-模型”对话框中单击“应用到布局”按钮，将页面设置保存到当前布局，以后打开图纸时无须再重新进行打印设置，直接打印即可。如果不单击“应用到布局”按钮，每次要打印图纸都需要重新设置。

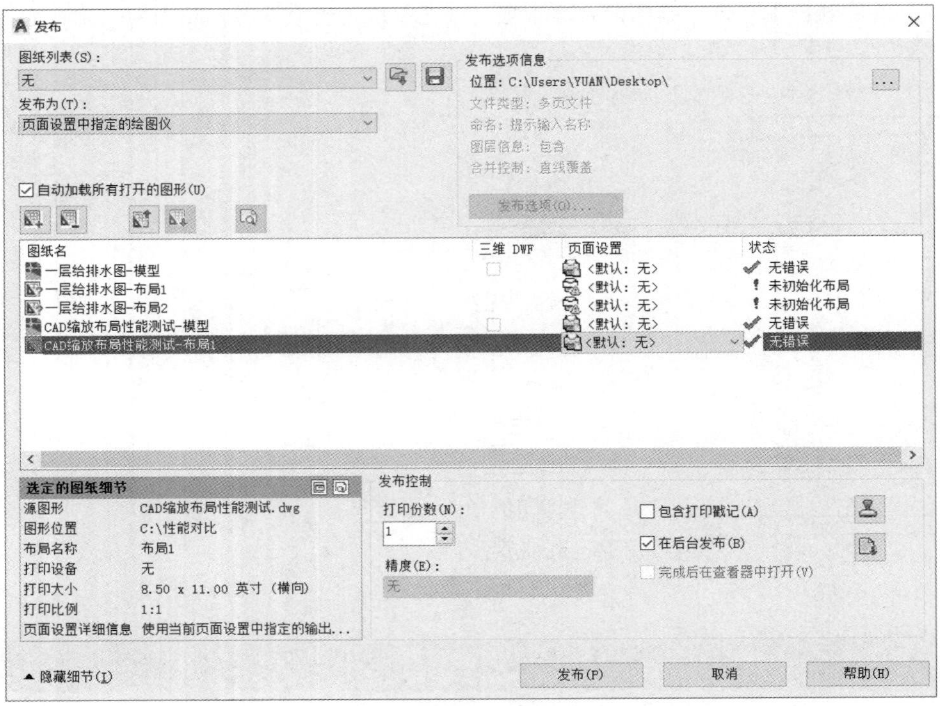

图 16-50

除了在每个布局可以保存一个页面设置外，CAD 还提供了“页面设置管理器”，可以保存一些命名的页面设置，在当前图纸可以调用，在其他图纸中也可以输入此页面设置。发布时也可以输入其他图纸中的页面设置，但前提是两张图纸的图框位置相同，而且能使用相同的打印设置。

因此要利用发布批量打印图纸，不是在“发布”对话框中添加图纸和设置几个选项那么简单，更多的工作需要在绘图时来完成，必须按照发布功能的要求合理规划图纸并正确设置页面设置。

主要注意事项有以下几点：

（1）要发布图纸的模型或每个布局只能有一个图框。

（2）图纸的模型或布局空间最好已经设置好页面设置。

（3）如果所有图纸要使用相同的页面设置，这些图纸的图框位置和大小必须一致。

（4）确认每个模型和布局后面的状态是“无错误”。

（5）如果要保证打印效果，最好选中一些布局，单击“预览”按钮检查一下。

（6）如果选中图纸的页面设置中配置了不同的打印机，要确认这些打印机都能正常连接。

（7）在进行大批量打印前最好先用两三张图纸试验一下，把规律摸清楚后再进行真正的批量打印，免得由于设置错误浪费纸张。

上面只是简单介绍了发布功能和使用中的注意事项，并没有过多讲解操作步骤，关于页面设置、发布等还需要通过具体操作来实验，可以先输出 PDF 试一下，如果 PDF 能成功输出，然后尝试在实际打印机上输出。

16.11　本机无法直接打印，需要在其他计算机上打印应该怎么办？

有时受条件设置，本机无法直接打印图纸，当然，原因有很多种，例如本机没有连接打印机或绘图仪、单位规定统一由打印室出图等。遇到这种情况，应该怎么办呢？以下两种处理方式。

1.将 DWG 图纸复制过去，用 CAD 打开图纸然后打印

这种方式要求打印的人知道打印设置，或者图纸中保存好打印的页面设置，同时要求 CAD 版本最好相同，而且字库、线型等也要基本相同。如果缺一两个字体或虽有字体但版本不同，打印时可能会出现问号。另外，CAD 版本不同，也可能导致文字显示效果不完全相同，即使是 AutoCAD 的不同版本也不能保证完全兼容。

2.本机利用打印驱动“打印到文件”，生成 PLT 文件，将 PLT 文件复制过去，直接发送到打印机进行输出。如果有 PLT 文件输出工具，还可以批量进行打印

这种方式出错概率比较小，对负责打印的人几乎没什么要求，不需要任何 CAD 基础。

对于画图的人就稍微麻烦一点，他需要安装好同型号的打印驱动（最好是同型号的驱动，有些不同型号驱动生成的 PLT 也可以输出，但不能保证完全正确），按照正常的打印设置，勾选“打印到文件”复选框，即可打印输出 PLT 文件。

对于打印的人来说，最简单的方法就是找一个 PLT 打印工具，有些绘图仪厂商就提供了这样的工具，例如 OCE，可以批量输出 PLT 文件，而且还可以对 PLT 文件进行预览和检查。AutoCAD 在扩展工具中提供了 PLT 输出工具。就算没有 PLT 打印工具，只需用 DOS 的拷贝命令将打印机文件输出到打印机，方法为：copy ＜打印机文件＞ prn /b，须注意的是，为了能使用该功能，需先在系统中添加别的计算机上特定型号打印机驱动，并将它设置为默认打印机，另外，COPY 后不要忘了在最后加 / b，表明以二进制形式将打印机文件输出到打印机。

注：实际上 WORD 等其他软件也可以打印到文件，然后用复制到打印端口的方式输出。

具体采用哪种方式取决于实际情况，假如要在别的计算机上去打印，打印计算机上的 CAD 软件版本、字体、填充、线型等相关文件都跟你的完全相同。只需把 DWG 图纸复制过去，用 CAD 打开，直接设置、打印即可。（如果你的机器上装有相同的驱动，你可以在自己机器上保存好页面设置，在其他机器中打开 DWG 图，直接单击“打印”按钮即可）。

假如交给本单位的打印室或其他人打印，最好用 PLT 文件方式。如果必须用 DWG 文件，首先确认这些机器上的 CAD 版本与你的相同，而且有图纸使用的字体等相关数据，最好将页面设置设置并保存好，不需要对方做任何设置，让对方打开图后直接单击“打印”按钮，在“打印-模型”对话框中单击“确定”按钮即可。如果一个模型空间中有多个图框要打印就麻烦了，即使你保存了页面设置，对方也要一个个去框选。总之，让别人操作越多，出现错误的概率也越高。

如果要到打印社去打印，优先用 PLT 文件。如果事先不知道对方的绘图仪型号，那就比较麻烦了。如果幅面不大，可以先输出成高分辨率的光栅图像，例如 JPG 或者 PDF 格式。如果幅面比较大，只能用 DWG 文件，那么最好准备充分一点，将与 DWG 图纸文件相关的字体、图片等文件最好都复制上。如果有外部参照，最好先绑定成图块。

16.12 A4 的图框为什么在 A4 纸上打不下？

A4 的标准图框大小是 210×297，而 A4 的纸张也是 210×297，如果要 1∶1 打印，图框的边线必须正好打印到纸张的边界上，用过 A3 和 A4 这种打印机的人都应该知道，打印机在打印时都会留一定宽度的空白边界，也就是 A4 纸张的实际有效打印区域为 200×287（不同打印机可能不太相同），也就是四周有 5 毫米的空白区域，因此标准的 A4 图框是不可能按 1∶1 打印到 A4 纸张上的。在“打印-模型”对话框中有个小的预览框，可以显示纸张尺寸和可打印区域，并可以红线显示图形在哪些方向超出打印区域，如图 16-51 所示。

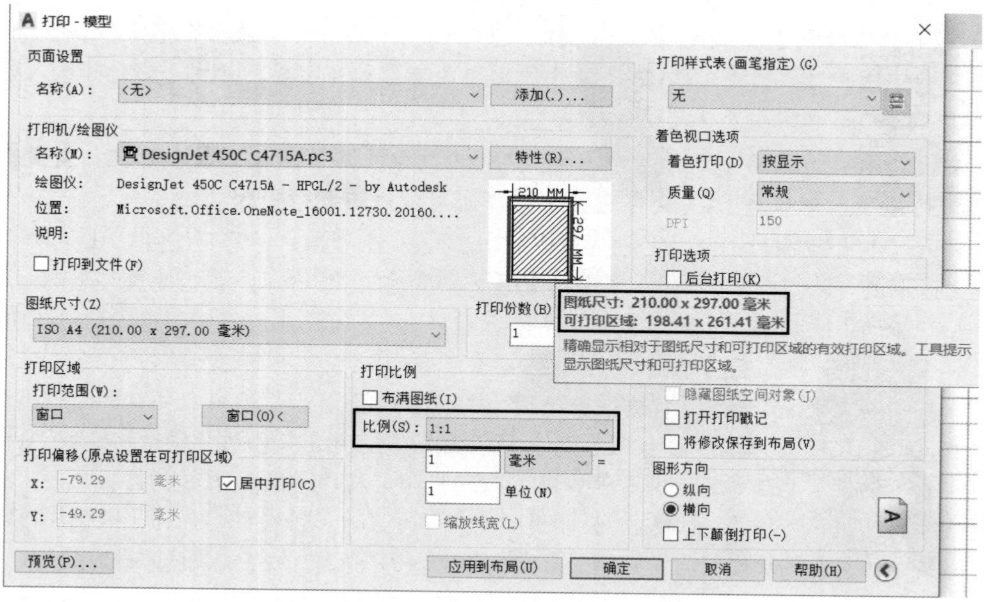

图 16-51

为什么会这样呢？这个问题应该怎么处理呢？

首先要告诉大家这没有问题，这是正常的。

我们来看看图框的设计标准就明白了，如图 16-52 和图 16-53 所示。

标准图框的外框线就是纸边界线，而内部的粗线才是真正的图框边界线，图框线距离纸张边界都是有要求的，可以是等距的，也可以在一侧留的距离比较大，以满足装订的需要。

为什么要把纸边界线画出来呢？因为设计单位出图时通常使用 A1、A0 幅面的绘图仪，当在这些大幅面绘图仪上打印 A2、A3、A4 等小幅面图纸时，最终需要将图纸按照实际尺寸进行裁剪，纸边界线就是裁剪的边界。

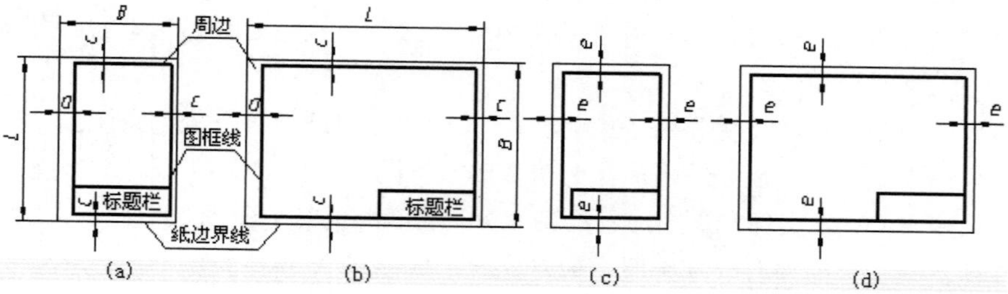

图 16-52

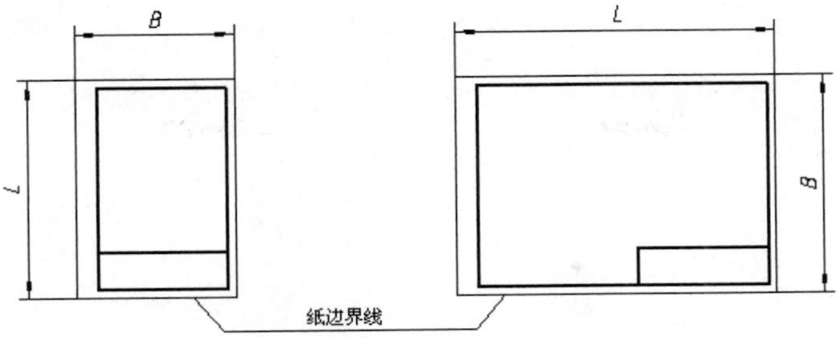

幅面代号	A0	A1	A2	A3	A4
尺寸 $B \times L$	841×1189	594×841	420×594	297×420	210×297
c	10			5	
a	25				
e	20		10		

图 16-53

但对于一般办公用打印机，比如 HP1010 等打印机，设计单位配置这样的打印机多用于打印小样。在打印小样时，主要检查整个图纸打印出来的效果，比例就不重要了，通常选择“布满图纸”，保证图形和图框都能完整打印到纸张上。

有些行业或部分图形用 A4、A3 打印机就可以满足要求。如果要在 A4 的纸张上按 1∶1 打印 A4 图框，打印时仍可以框选外边界，只要比例都设置为 1∶1，这种情况下外边框肯定打印不出来，这是正常的，只要内部的图框线和图形能打印出来就是正确的。如果内部图框线没有打印出来，就需要检查图形比例和打印的偏移值是否设置正确。

如果非要打印图框的纸边界线，则只能对图框进行一些修改，根据打印机的可打印区域大小，将图框尺寸修改的比可打印区域小一点。

16.13　为什么输出成 PDF 预览时正常，但打印后很多文字都消失或变宽了？

同一图层，同一颜色，同一文字样式的文字，打印成 PDF 时，打印预览显示全部文字，但打印成 PDF 后只显示部分字体，如图 16-54 所示。这是什么地方出了问题？

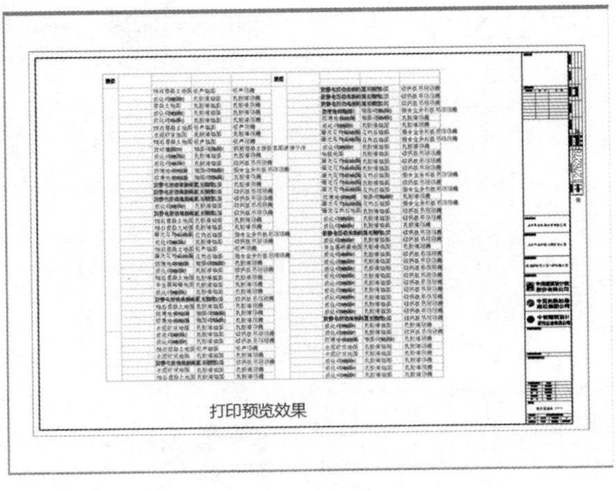

图 16-54

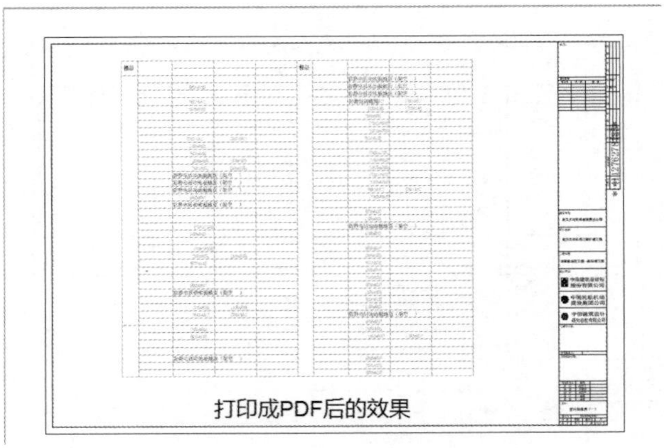

图 16-54（续）

这个问题在不同版本的现象还不太一样，有的版本会出现图 16-54 所示的打印不出来的现象，但有些版本文字都可以打印出来，本来在方框内的文字可能出了框，还有些版本打印效果与显示效果一样，但在 PDF 中有些文字可以选中，有些文字无法选中。

打印完 PDF 后，首先看哪些文字能打印出来，哪些文字不能打印出来，然后在图中分别选中一个可以打印和一个不能打印的文字，打开“特性”面板（Ctrl+1）看看它们有哪些共同属性，哪些不同的属性，如图 16-55 所示。

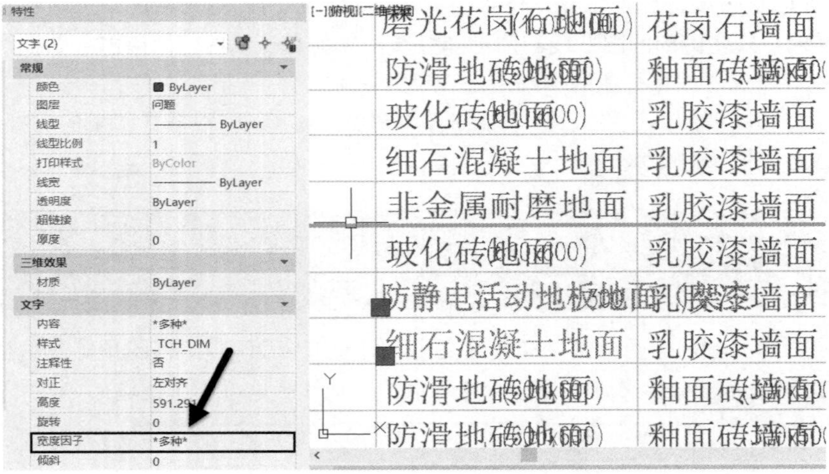

图 16-55

从“特性”面板中可以看出，两个文字是单行文字，图层相同，文字样式相同，只是宽度因子不同。其实从图面上也可以看出文字的宽度不同，而且一个边界比较平滑，另一个则能看到一些锯齿。

为了看到比“特性”面板更多的信息，输入 LI（LIST）命令，进一步查看这两个文字的参数，如图 16-56 所示。

从图 16-56 中可以看到，两个文字的宽度因子分别是 1 和 0.9，可以打印出来的是 0.9。将宽度因子为 1 的宽度因子改为 0.9，这些字就能打印出来了。

在图 16-56 中我们可以看到这个文字样式的字体是 simplex，字体名后面没有带 shx，说明用的是操作系统的字体 simplex.ttf，而不是 CAD 字体 simplex.shx。与 CAD 的 simplex.shx

字体类似，simplex 也只有单字体字符，不包含汉字，那些汉字是如何显示出来的呢？

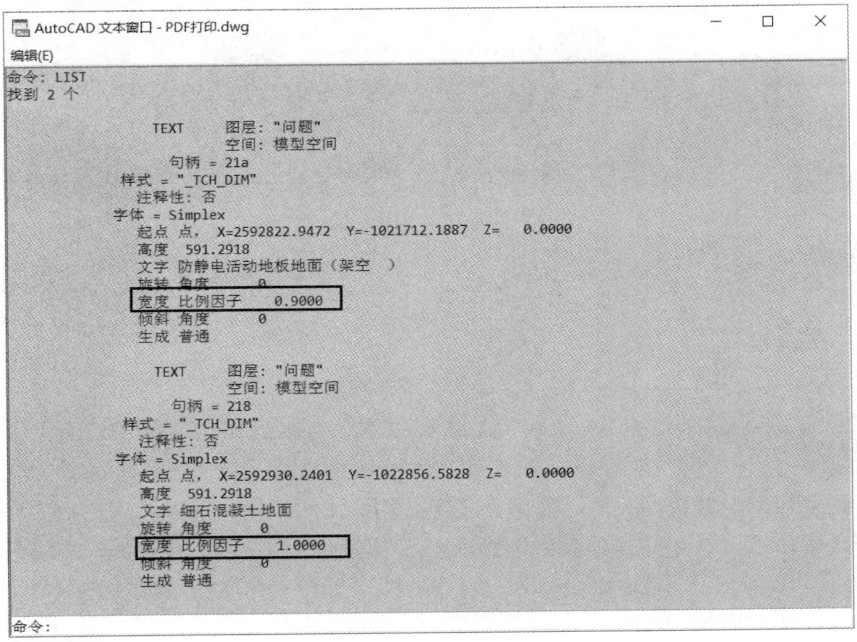

图 16-56

输入 ST 命令，打开“文字样式”对话框，发现这个文字样式真的很奇怪，如图 1-57 所示。

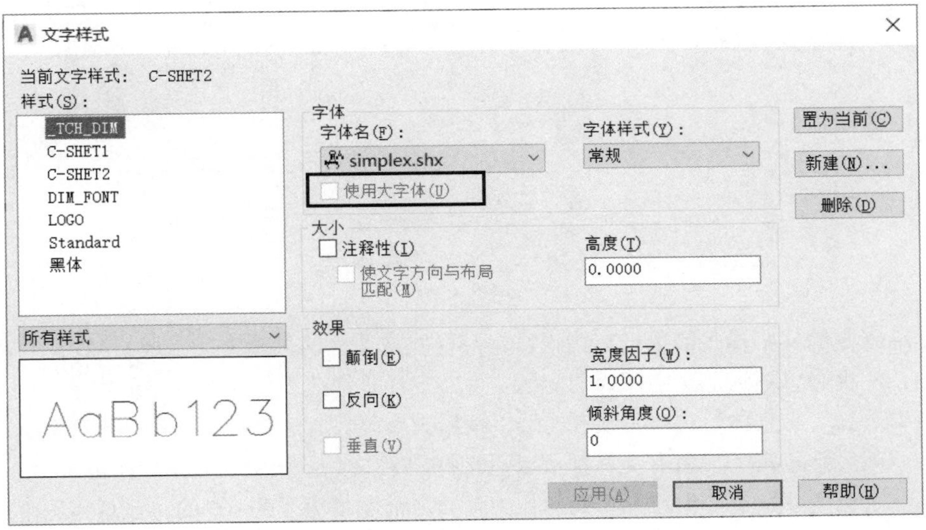

图 16-57

这个文字样式设置的字体是 simplex，“使用大字体”是灰色的，而且右侧“字体样式”下拉列表被激活了，说明使用的是系统字体，这个字体不包括中文，国内几乎没有人这么设置字体。而图中的中文之所以能显示，是 CAD 采取了自动替换的策略，应该被替换成宋体显示了。选择与 simplex 类似的 SHX 字体试一下，就知道正常显示是什么状态。在“字体名”列表中选择一种其他的 SHX 文件，然后再选回 simplex.shx，如图 16-58 所示。

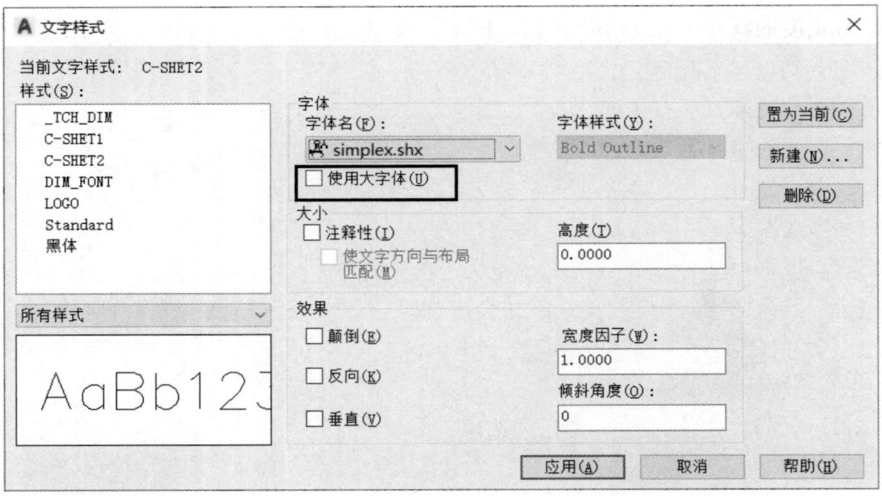

图 16-58

如果单击"应用"按钮并关闭"文字样式"对话框，然后输入 RE 命令重生成图形，刚才那些汉字都变成了问号，这才是这种文字样式设置下中文的正常状态，如图 16-59 所示。

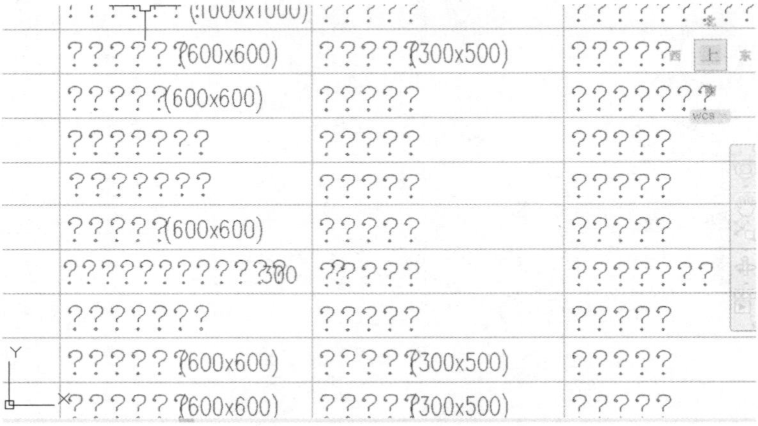

图 16-59

显然这张图的文字样式的数据有错误，本身样式设置无法显示中文，但 CAD 的自动替换蒙蔽了我们，使我们想不到是文字样式的问题。将文字样式修改成能显示汉字的字体，例如在"字体"列表中选择"新宋体"选项，或者勾选"使用大字体"复选框后，大字体选择 hztxt.shx，然后在打印，就完全正常了，所有文字都可以正常打印了。

虽然这个问题解决了，但还有个疑问：为什么之前宽度因子为 0.9 的可以打印出来，而宽度因子为 1 的却打印不出来？

CAD 在打印输出 PDF 时，如果文字使用的是操作系统的 TTF 字体，而且宽度因子是 1，就会保留原有的字体和文字，在 PDF 文件中可以选中这些文字，而宽度因子不是 1 的，在输出 PDF 时则会转换为图形，在 PDF 中无法选中。

CAD 输出 PDF 的流程是：在输出成 PDF 文件时，宽度因子不是 1 的文字，CAD 先按错误的文字样式生成图形数据写入 PDF 文件，宽度因子是 1 的文字则将文字内容和字体写入 PDF 文件，而写入的字体是 simplex，PDF 查看器中能找到这个字体，但这个字体中根本就没有汉字，因此那些正常宽度的汉字无法显示。而打印预览与图形窗口显示的流程类似，能显示的文字在打印预览中都能看到。

这张图纸比较特殊，打印 PDF 时可能出现文字问题的原因大致有以下几种：

（1）文字样式的字体数据出现错误；

（2）字体没有找到；

（3）文字的宽度因子不为 1。

不同版本表现不一样，比如宽度因子不为 1 时，2011 或 2021 版正常输出，这些有宽度因子的文字会自动转换为图形，但在 2016 版却会正常输出成宽度因子为 1 的文字，导致文字变宽。

如果打印 PDF 时文字出现异常，而文字本身的设置是合理的，最简单的解决办法如下。

（1）设置将文字输出为图形。

（2）PDF 驱动的自定义特性中有相关选项，如图 16-60 所示。

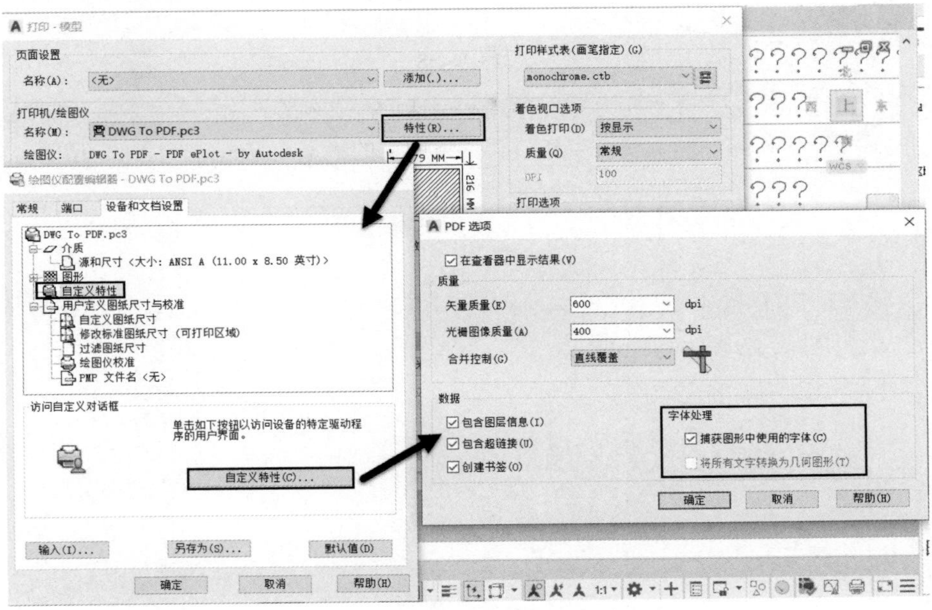

图 16-60

高版本 CAD 中内置了多种 PDF 驱动，还有一些人会使用 Adobe 或其他公司的 PDF 虚拟打印驱动，不同 CAD 版本 PDF 打印驱动的特性不完全相同，只要找到文字处理成几何图形的选项，勾选上即可。